できる®

Windows 11

ウィンドウズ

パーフェクトブック
困った！& 便利ワザ大全

2023年 改訂2版　Home/Pro対応

法林岳之・一ヶ谷兼乃・清水理史＆できるシリーズ編集部

インプレス

ご利用の前に必ずお読みください

本書は、2023年2月現在の情報をもとに「Microsoft Windows 11」の操作方法について解説しています。本書の発行後に「Microsoft Windows 11」の機能や操作方法、画面などが変更された場合、本書の掲載内容通りに操作できなくなる可能性があります。本書発行後の情報については、弊社のWebページ（https://book.impress.co.jp/）などで可能な限りお知らせいたしますが、すべての情報の即時掲載ならびに、確実な解決をお約束することはできかねます。また本書の運用により生じる、直接的、または間接的な損害について、著者ならびに弊社では一切の責任を負いかねます。あらかじめご理解、ご了承ください。

本書で紹介している内容のご質問につきましては、巻末をご参照のうえ、お問い合わせフォームかメールにてお問合せください。電話やFAX等でのご質問には対応しておりません。また、本書の発行後に発生した利用手順やサービスの変更に関しては、お答えしかねる場合があることをご了承ください。

無料電子版について

本書の購入特典として、気軽に持ち歩ける電子書籍版（PDF）を以下の書籍情報ページからダウンロードできます。PDF閲覧ソフトを使えば、キーワードから知りたい情報をすぐに探せます。

▼書籍情報ページ

https://book.impress.co.jp/books/1122101145

動画について

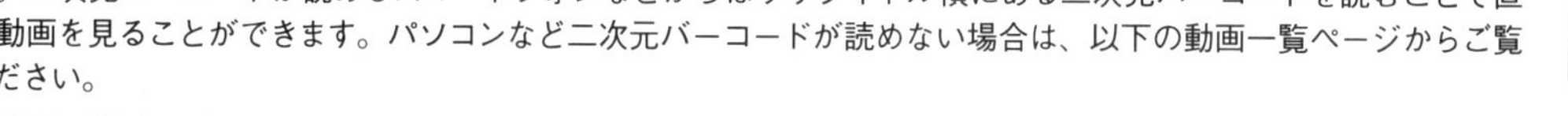

操作を確認できる動画をYouTube動画で参照できます。画面の動きがそのまま見られるので、より理解が深まります。二次元バーコードが読めるスマートフォンなどからはワザタイトル横にある二次元バーコードを読むことで直接動画を見ることができます。パソコンなど二次元バーコードが読めない場合は、以下の動画一覧ページからご覧ください。

▼動画一覧ページ

https://dekiru.net/win11pbv2

●本書の特典のご利用について

本書の特典はご購入者様向けのサービスとなります。図書館などの貸し出しサービスをご利用の場合は「購入者特典無料電子版」はご利用できません。なお、各レッスンの練習用ファイル、YouTube動画はご利用いただくことができます。

●用語の使い方

本文中では、「Microsoft Windows 11」のことを「Windows 11」または「Windows」、「Microsoft Windows 10」のことを「Windows 10」または「Windows」、「Microsoft Windows 8.1」のことを「Windows 8.1」または「Windows」、「Microsoft Windows 7」のことを「Windows 7」または「Windows」と記述しています。また、本文中で使用している用語は、基本的に実際の画面に表示される名称に則っています。

●本書の前提

本書では、「Windows 11」がインストールされているパソコンで、インターネットに常時接続されている環境を前提に画面を再現しています。また、一部の画面にはめ込み画像を使用しています。

まえがき

世界でもっとも多くのパソコンに搭載されているオペレーティングシステム「Windows」。直近では2015年にリリースされた「Windows 10」が半期に一度のアップデートをくり返しながら、広く普及しましたが、2021年10月にはデザインを一新した「Windows 11」がリリースされました。

Windows 11はこれまでのWindowsの流れを受け継ぎながら、より多くの人がいつでも、どこでも、いち早く目的を達成できるように、次世代へ向けたプラットフォームとして、開発されました。ユーザーインターフェイスとユーザビリティを見直す一方、ここ数年の社会の変化を考慮し、リモート環境での利用スタイルに対応するため、ビデオ会議やチャット、ウィジェットなどのコミュニケーション環境を強化し、「Outlook.com」や「OneDrive」といったオンラインサービスともシームレスに連携することで、オフィスから自宅、出張先、リモートオフィスなど、さまざまな利用シーンにおいて、効率よく作業ができる環境を整えています。

そして、2022年10月には新たなアップデートとして、「Windows 11 2022 Update」が公開されました。登場から約1年が経過したWindows 11に数多くの修正と改善を加えながら、エクスプローラーのタブ表示やスタート画面のカスタマイズ、強化されたスナップレイアウトなど、新機能も追加され、さらに快適な利用環境を実現しています。

本書ではこうしたWindows 11で新たに搭載された機能をはじめ、Windows 10以前から継承された便利な機能、実用的なノウハウをわかりやすく解説しています。用語集もパソコンの操作に必要とされるものに加え、インターネットでよく使われる用語なども数多く収録しています。本書で解説した数々のワザを覚えておけば、Windows 11を使って、誰もが効率よく作業を進められるはずです。リファレンスとして、パソコンの横に置いておけば、わからないことがあったときに、すぐに手に取って、調べることができます。

最後に、本書を執筆するにあたり、堅実に作業を進めていただいた小野孝行さん、できるシリーズ編集部のみなさん、情報提供などでご協力いただいた日本マイクロソフトのみなさん、本書の制作にご協力いただいたすべてのみなさんに、心からの感謝の意を述べます。一人でも多くの方がWindows 11の新しい環境を便利に活用できるようになれば、幸いです。

2023年2月　法林岳之・一ヶ谷兼乃・清水理史

本書の読み方

中項目

各章は、内容に応じて複数の中項目に分かれています。あるテーマについて詳しく知りたいときは、同じ中項目のワザを通して読むと効果的です。

ワザ

各ワザは目的や知りたいことからQ&A形式で探せます。

解説

「困った!」への対処方法を回答付きで解説しています。

イチオシ①

ワザはQ&A形式で紹介しているため、A（回答）で大まかな答えを、本文では詳細な解説で理解が深まります。

イチオシ②

操作手順を丁寧かつ簡潔な説明で紹介！ パソコン操作をしながらでも、ささっと効率的に読み進められます。

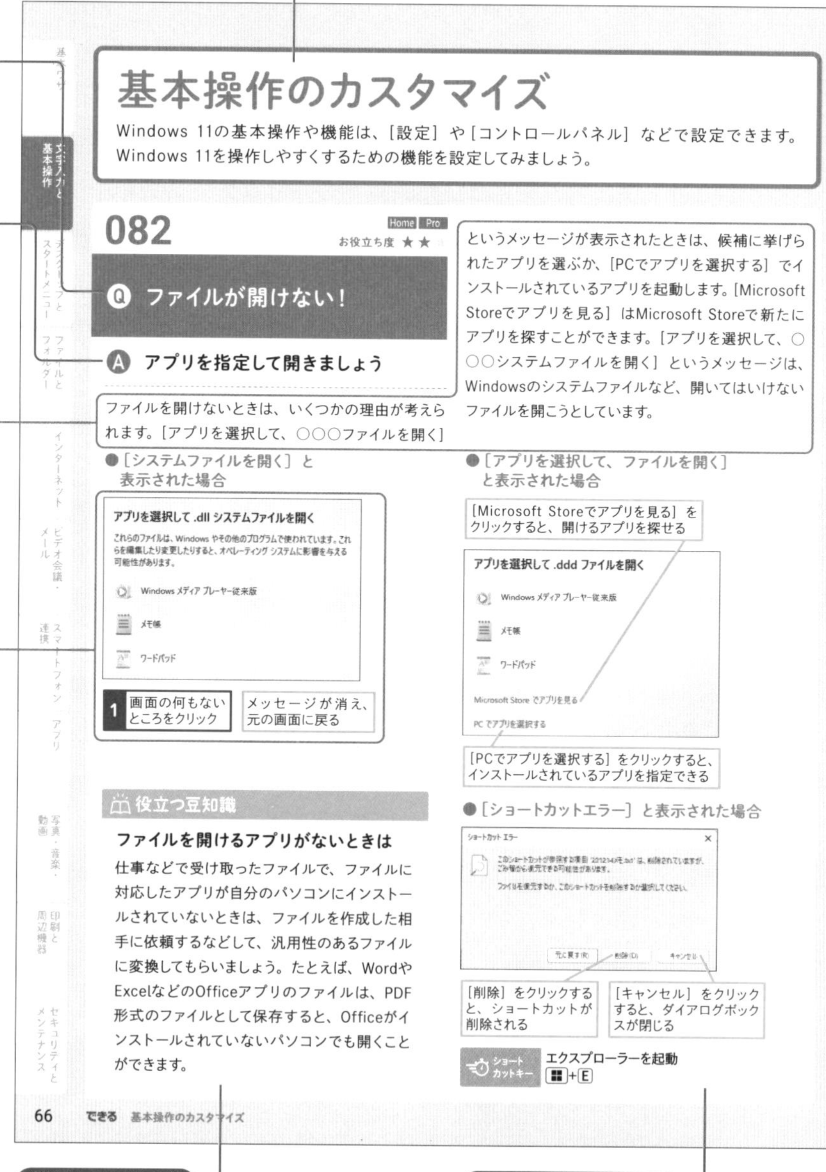

役立つ豆知識

ワザに関連した情報や別の操作方法など、豆知識を掲載しています。

ショートカットキー

ワザに関連したショートカットキーを紹介しています。

対応エディション

ワザが実行できるエディションを表しています。

解説動画

ワザで解説している操作を動画で見られます。QRをスマホで読み取るか、Webブラウザーで「できるネット」の動画一覧ページにアクセスしてください。動画一覧ページは2ページで紹介しています。

お役立ち度

各ワザの役立つ度合いを★で表しています。

左右のつめ

カテゴリーでワザを探せます。ほかの章もすぐに開けます。

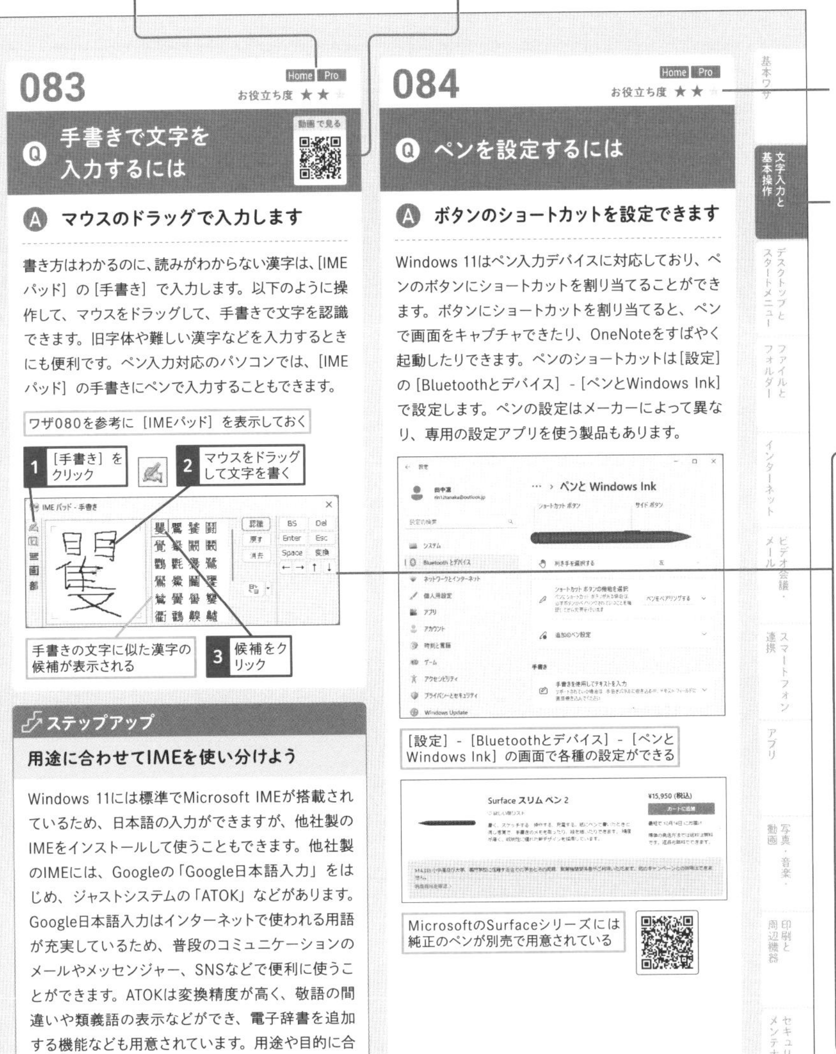

083　Home Pro　お役立ち度 ★★

Q 手書きで文字を入力するには　動画で見る

A マウスのドラッグで入力します

書き方はわかるのに、読みがわからない漢字は、[IMEパッド] の [手書き] で入力します。以下のように操作して、マウスをドラッグして、手書きで文字を認識できます。旧字体や難しい漢字などを入力するときにも便利です。ペン入力対応のパソコンでは、[IMEパッド] の手書きにペンで入力することもできます。

ワザ080を参考に [IMEパッド] を表示しておく

1 [手書き] をクリック

2 マウスをドラッグして文字を書く

手書きの文字に似た漢字の候補が表示される

3 候補をクリック

ステップアップ

用途に合わせてIMEを使い分けよう

Windows 11には標準でMicrosoft IMEが搭載されているため、日本語の入力ができますが、他社製のIMEをインストールして使うこともできます。他社製のIMEには、Googleの「Google日本語入力」をはじめ、ジャストシステムの「ATOK」などがあります。Google日本語入力はインターネットで使われる用語が充実しているため、普段のコミュニケーションのメールやメッセンジャー、SNSなどで便利に使うことができます。ATOKは変換精度が高く、敬語の間違いや類義語の表示などができ、電子辞書を追加する機能なども用意されています。用途や目的に合わせて、IMEを選ぶようにすれば、一段とスムーズに文字入力ができるようになります。

084　Home Pro　お役立ち度 ★★

Q ペンを設定するには

A ボタンのショートカットを設定できます

Windows 11はペン入力デバイスに対応しており、ペンのボタンにショートカットを割り当てることができます。ボタンにショートカットを割り当てると、ペンで画面をキャプチャできたり、OneNoteをすばやく起動したりできます。ペンのショートカットは [設定] の [Bluetoothとデバイス] - [ペンとWindows Ink] で設定します。ペンの設定はメーカーによって異なり、専用の設定アプリを使う製品もあります。

[設定] - [Bluetoothとデバイス] - [ペンとWindows Ink] の画面で各種の設定ができる

MicrosoftのSurfaceシリーズには純正のペンが別売で用意されている

関連438 アプリを追加するには ▸P.238

基本操作のカスタマイズ　できる　67

手順

操作説明

「○○をクリック」など、それぞれの手順での実際の操作です。番号順に操作してください。

ワザ080を参考に [IMEパッド] を表示しておく

1 [手書き] をクリック

2 マウスをドラッグして文字を書く

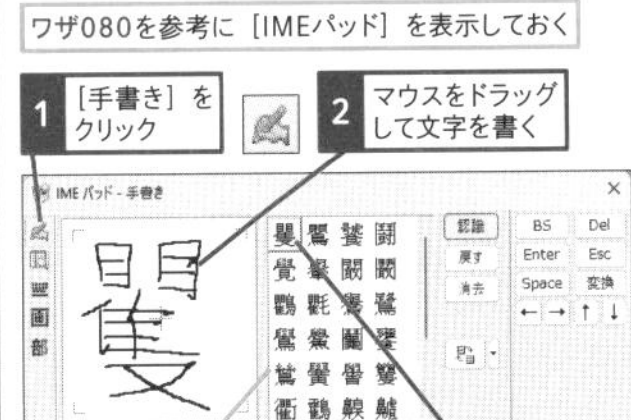

手書きの文字に似た漢字の候補が表示される

3 候補をクリック

解説

操作の前提や意味、操作結果について解説しています。

ステップアップ

一歩進んだ活用方法や、さらに便利に使うためのお役立ち情報を掲載しています。

関連ワザ参照

紹介しているワザに関連する機能や、併せて知っておくと便利なワザを紹介しています。

※ここに掲載している紙面はイメージです。実際のレッスンページとは異なります。

目次

第1章 使いはじめの基本ワザ

基本ワザ

第2章 文字入力と基本操作の活用ワザ

基本操作のカスタマイズ 41

文字入力の基本ワザ 56

入力効率が上がる便利ワザ 60

タッチキーボードでの入力と設定 68

第3章 デスクトップの便利ワザ

スタートメニューを活用する 70

タスクバーの使いこなし 76

デスクトップの使いこなし 81

第4章 ファイルとフォルダーの活用ワザ

ファイルとフォルダー

OneDriveでファイルを管理・共有する 125

第5章 インターネットを活用するワザ

インターネット

インターネットの基本 135

Microsoft Edgeの特徴を知りたい 141

Microsoft Edgeの活用 160

第6章 ビデオ会議・メールの便利ワザ

Outlook.comを活用する 211

メールについてのQ&A 216

第7章 スマートフォン連携の便利ワザ

第8章 アプリを活用するワザ

アプリ

アプリの基本 234

標準アプリの便利ワザ 243

動画を編集して楽しむ 271

デスクトップで写真を楽しむ 274

パソコンで音楽を楽しむ 276

第10章 印刷と周辺機器、メディアの活用ワザ

ディスクメディアの活用 303

パソコンをメンテナンスする 325

バックアップとリカバリーを実行する 333

ショートカットキーの便利ワザ 340

第1章 使いはじめの基本ワザ

Windows 11の基礎知識

Windows 11はマイクロソフトが提供する最新のOSです。従来のWindows 10から画面デザインを一新し、多彩な新機能により、幅広いユーザーのための使いやすさを追求しています。

001

Home Pro

お役立ち度 ★★★

Q Windows 11の特長は何?

A 多様な環境で使いやすさを追求

Windows 11はさまざまな環境でも誰もが快適に作業を進められるように、使いやすさを追求しています。たとえば、Windowsでは複数のアプリを起動し、ウィンドウに表示できますが、[スナップレイアウト] を使って、ウィンドウをきれいに並べ替えたり、デスクトップを追加して、仕事用とプライベートを分けて表示できます。エクスプローラーはタブ機能で複数のフォルダーが表示できるようになり、ノートパソコンなどの限られた画面でも効率よく使うことができます。インターネットとの連携機能も充実しています。[ウィジェット] ですぐに知りたい情報を確認できるほか、マイクロソフトが提供するWebメールサービス「Outlook.com」、クラウドストレージサービス「OneDrive」などのサービスもシームレスに利用できます。この他にもビデオ会議やチャットを使い、離れたところに居る人たちとコミュニケーションを取りやすくしているほか、今後もアップデートによって、新しい機能が順次、追加される予定です。

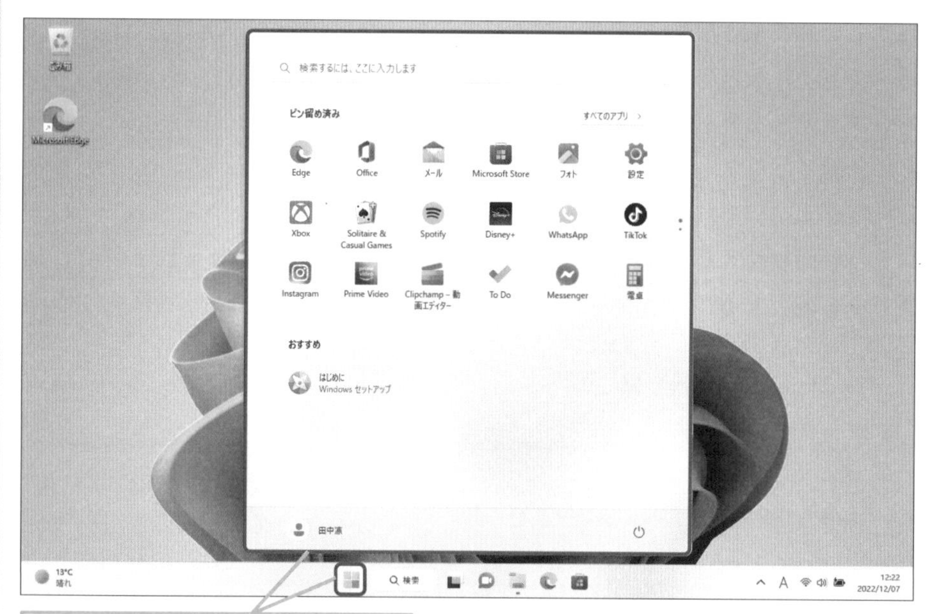

[スタート] ボタン、[スタート] メニューはデスクトップ中央にレイアウトされた

002

Home Pro
お役立ち度 ★★★

Q Windows 11は最新のパソコンじゃないと動かないの？

A 要件を満たしたパソコンが必要です

Windows 11はデスクトップパソコンやノートパソコン、タブレットをはじめ、ディスプレイを取り外して使える2in1スタイルのパソコンなど、さまざまなパソコンで動作します。Windows 11は従来のWindows 10から無償でアップグレードできますが、Windows 10とは内容が異なるため、右の表のシステム要件を満たす必要があり、2017年後半以降に発売されたパソコンがひとつの目安になります。システム要件を満たしているかどうかは、ワザ003で説明している［PC正常性チェック］アプリで確認できます。

●Windows 11のシステム要件

CPU	1GHz
メモリー	4GB
ストレージ	64GB以上の空き容量
セキュリティ	TPM 2.0対応
グラフィックス	DirectX 12.0以上のGPU、WDDM 2.0対応ドライバー
ディスプレイ	対角サイズ9インチ以上、8ビットカラー、720p以上の解像度
インターネット接続	初期セットアップ、アップデートの実行、一部の機能およびダウンロード時に必要

関連 003 Windows 10からアップグレードするには ▸ P.29

003

Home Pro
お役立ち度 ★★★

Q Windows 10からアップグレードするには

A 要件を満たせば、無償でアップグレードできます

ワザ002でも説明したように、Windows 11には動作するシステム要件が示されています。これを満たしているパソコンであれば、Windows 10から無償でアップグレードできます。Windows 11にアップグレードするためのシステム要件を満たしているかどうかは、マイクロソフトが配布している「PC 正常性チェックアプリ」をインストールして、実行すれば、確認できます。システム要件を満たしているパソコンでは、Windows 11がインストールできるようになると、［設定］の［Windows Update］でアップグレードできる旨が表示されます。システム要件を満たしていない環境については、各パソコンメーカーのWebページなどで、Windows 11への移行についての情報が掲載されていないかを確認します。また、Windows 10 Homeを使っていて、Windows 11 Proへアップグレードしたいときは、別途、ライセンスを購入する必要があります。ライセンスはMicrosoft Storeでも購入できます。

▼Windows 11をダウンロードする
https://www.microsoft.com/ja-jp/software-download/windows11

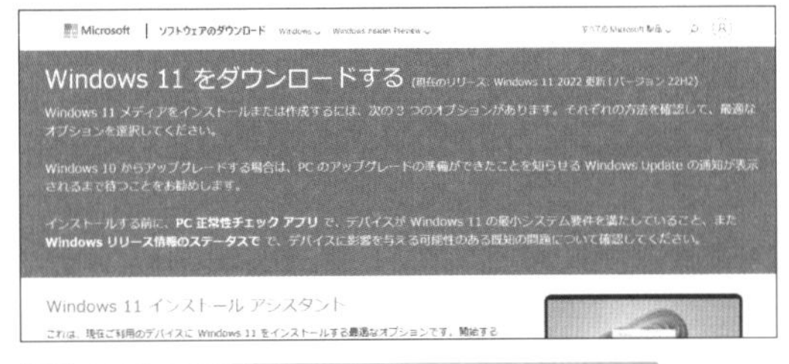

条件を満たしたWindows 10のPCであれば、OSの無償アップデートのほか、Windows 11をダウンロードしてインストールできる

▼PC正常性チェックアプリ
https://www.microsoft.com/ja-jp/windows/windows-11

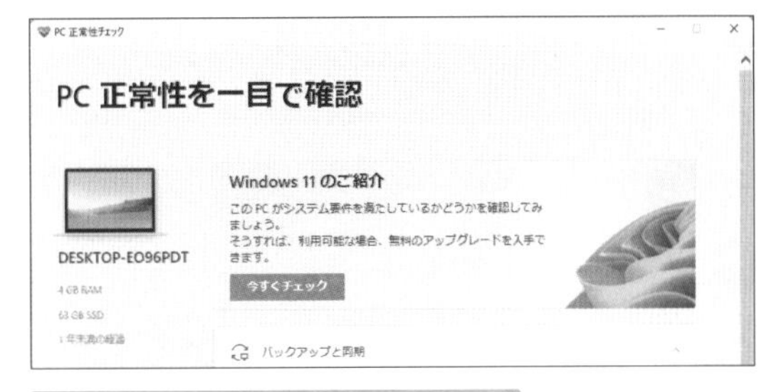

使用中のパソコンにWindows 11がインストールできるかを確認できる

004

Home Pro

お役立ち度 ★★★

Q Windows 11のエディションとバージョンを確認するには

A ［設定］アプリの［システム情報］で確認できます

パソコンで利用するWindows 11には、主に2つのエディションがあります。基本的な機能は共通ですが、それぞれに若干の仕様の違いがあります。「Windows 11 Home」は一般的な個人ユーザー向けのもので、市販のWindowsパソコンの多くにプリインストールされています。これに対し、企業やビジネス向けに提供されているのが「Windows 11 Pro」で、企業向けの管理機能やドメインへの参加、ビジネスユース向けのセキュリティ機能などが搭載されています。「Windows 11 Pro」は企業向けパソコンなどにインストールされているほか、一部の市販のWindowsパソコンにも搭載されています。この他にも教育向けの「Windows 11 SE」や大企業向けの「Windows 11 Enterprise」などが提供されます。また、Windows 11はWindows 10に引き続き、年号と半期を組み合わせた形でバージョンを表記します。2022年10月に公開されたWindows 11は、2021年下半期を表す「22H2」となっています。今後、大規模なアップデートが実施されると、バージョンが更新される見込みです。エディションとバージョンは、次の方法で確認できます。

［設定］の画面を表示しておく

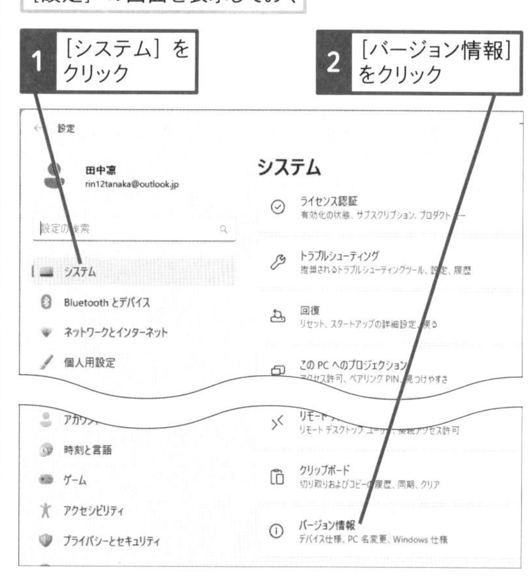

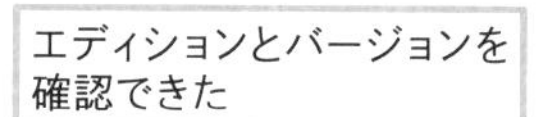

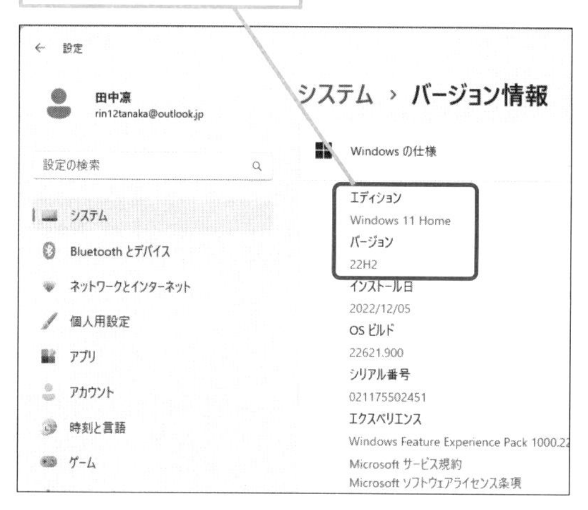

関連 023 ［設定］と［コントロールパネル］はどう使い分けるの？ ▶ P.41

005

Home Pro

お役立ち度 ★★★

Q Windowsのライセンスキーを他のパソコンで利用できる？

A 利用できません

Windows 11のライセンスキーは、ほかのパソコンにセットアップしたWindows 11で使うことはできません。ただし、企業向けなどに提供されるボリュームライセンスには、複数のライセンスが含まれていて、複数のパソコンにインストールできます。しかし、この場合でも同一のライセンスキーを複数のパソコンで使うことはできません。

関連 003 Windows 10からアップグレードするには ▶ P.29

Windows 11のセットアップ

Windows 11をはじめて使うときは、セットアップを行なう必要があります。ここではWindows 11をセットアップするときの疑問を解決します。

006

Home Pro
お役立ち度 ★★

Q 「Microsoftアカウント」って何？

A マイクロソフトが提供するサービスが利用できます

Windows 11を利用するには、セットアップ時に「Microsoftアカウント」でサインインします。Microsoftアカウントはマイクロソフトが提供するクラウドサービスを利用するために必要で、Outlook.comのメールやOneDriveなどが使えるようになります。Microsoftアカウントはこれまで Windows 10などで利用してきたものを使うことができ、Windows 11のセットアップ時に新たに取得することもできます。

007

Home Pro
お役立ち度 ★★

Q Microsoftアカウントで年齢制限を行なうには

A 保護者のファミリーグループに登録します

Microsoftアカウントは年齢に制限なく、作成できますが、未成年や13歳未満の子どもは、管理者権限を持つ保護者のMicrosoftアカウントのファミリーグループに登録して、利用します。保護者がアクティビティや使用時間などを管理でき、利用するアプリやゲームを制限したり、メディア、Webページの閲覧をブロックできます。Microsoftアカウントによるショッピングを制限したり、購入時に保護者の確認を求めるようにも設定できます。

008

Home Pro
お役立ち度 ★★

Q すでに持っているMicrosoftアカウントは使える？

A そのまま使えます

これまでのWindows 10などで使っていたMicrosoftアカウントをはじめ、マイクロソフトの各サービスを利用中のMicrosoftアカウントもWindows 11で利用できます。

●主なMicrosoftアカウントのドメイン名

○△□@hotmail.com、○△□@hotmail.co.jp
○△□@live.com、○△□@live.jp
○△□@msn.com、○△□@outlook.com
○△□@outlook.jp

009

Home Pro
お役立ち度 ★★

Q 古いMicrosoftアカウントも使える？

A 利用していないアカウントは再開が必要

マイクロソフトが提供するサービスのアカウントの多くは、サービスが終了したものも含め、Microsoftアカウントとして利用できます。一定期間、利用されていないアカウントは、利用停止になったり、削除されます。利用停止になったアカウントは、以下のWebページでセキュリティコードの受信と入力をすると、利用を再開できます。

▼Microsoft アカウント（マイクロソフト）
https://account.microsoft.com/

010

Home Pro

お役立ち度 ★★★

Q Windows 11をセットアップするには

A インターネットに接続して実行します

Windows 11がインストールされたパソコンをはじめて起動すると、セットアップがはじまります。画面の指示に従って、必要な情報を入力し、セットアップを進めましょう。セットアップの途中でMicrosoftアカウントを新規作成するか、既存のMicrosoftアカウントでサインインしますが、インターネットに接続していないと、Microsoftアカウントを利用できないので、インターネットに接続できる環境を準備したうえで、セットアップをはじめましょう。

セットアップ開始の画面が表示された

1 [日本] が選択されていることを確認

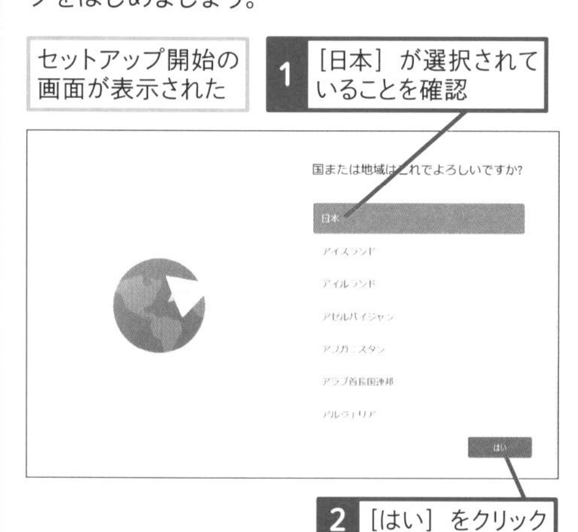

2 [はい] をクリック

3 [これは正しいキーボードレイアウトまたは入力方式ですか?]の画面が表示されたら、[はい] をクリック

4 [2つ目のキーボードレイアウトを追加しますか?]の画面が表示されたら、[スキップ] をクリック

[ネットワークに接続しましょう] の画面が表示されたら、無線LANに接続しておく

ライセンス契約の画面が表示された

5 ここを下にスクロールして、内容を確認

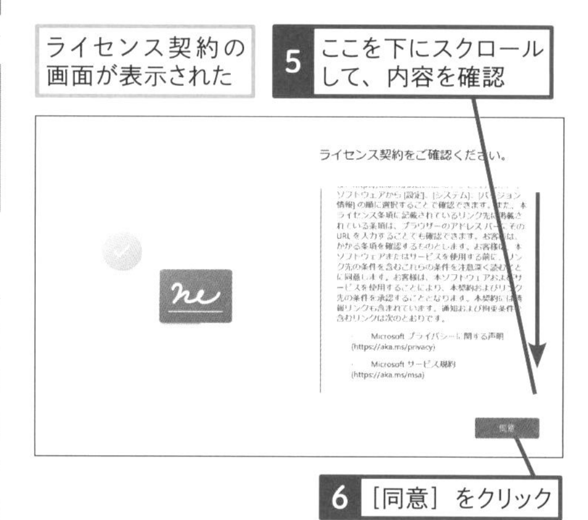

6 [同意] をクリック

[デバイスに名前を付けましょう] の画面が表示されたら、名前を入力して [次へ] をクリックするか、[今はスキップ] をクリックしておく

7 [Microsoftアカウントでサインイン] の画面が表示されたら、[サインイン] をクリック

[Microsoftアカウントを追加しましょう] の画面が表示された

Microsoft アカウントを追加しましょう

Microsoft

サインイン

メール、電話、または Skype

アカウントをお持ちでない場合、作成できます。

セキュリティ キーでサインイン

ここではMicrosoftアカウントを新規に作成する

8 [作成] をクリック

1つのアカウントで、Office、OneDrive、Microsoft Edge、Microsoft Store などの Microsoft アプリとサービスをデバイスに結びつけます。

Microsoft

アカウントの作成

someone@example.com

または、電話番号を使う

新しいメールアドレスを取得

9 [新しいメールアドレスを取得] をクリック

10 画面の指示に従って情報を入力し、Microsoftアカウントを作成する

顔認証の画面が表示された

11 [今はスキップ]をクリック

[PINを作成します] の画面が表示された

12 [PINの作成] をクリック

13 PINを2回入力

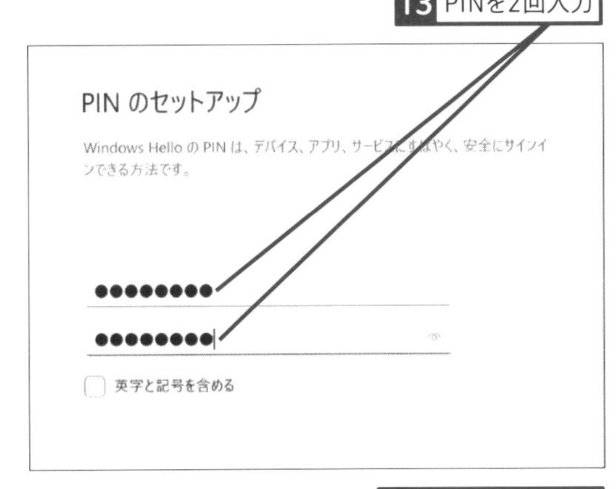

14 [OK] をクリック

関連 011 「PIN」を変更するには ▶ P.34

[デバイスのプライバシー設定の選択] の画面が表示された

15 ドラッグして下にスクロール

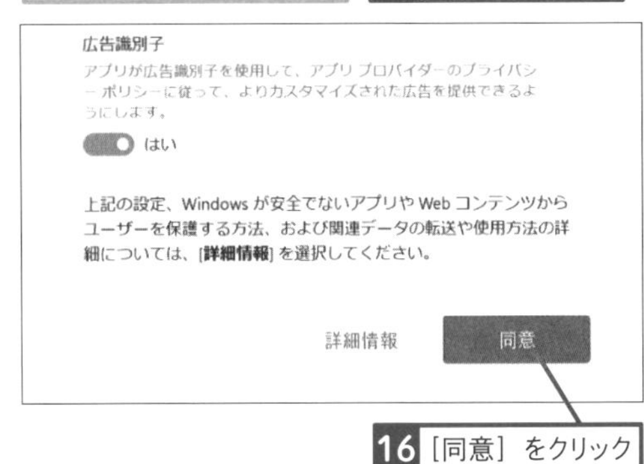

16 [同意] をクリック

[エクスペリエンスをカスタマイズしましょう] の画面が表示された

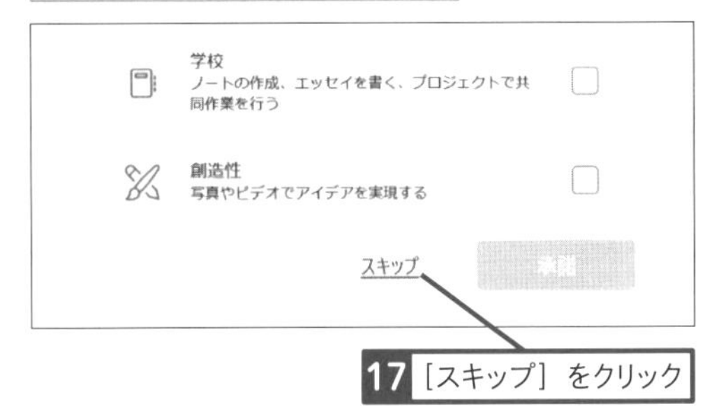

17 [スキップ] をクリック

18 [PCからAndroidスマートフォンを使用する] の画面が表示されたら、[スキップ] をクリック

[ご使用のMicrosoftアカウントとOneDriveの画面が表示された

19 [次へ] をクリック

20 [100作品以上の高品質のPCゲームをPC Game Passでプレイしましょう] の画面が表示されたら、[今はしない] をクリック

セットアップが完了する

011

Home Pro
お役立ち度 ★★★

Q 「PIN」を変更するには

A ［サインインオプション］で変更します

Windowsをセットアップするときやアップグレードをするとき、「PIN」を設定する画面が表示されます。セットアップ時にPINを設定しなかったときは、セットアップ完了後に設定しておきましょう。PINは（Personal Identification Number／個人識別番号）の略で、Windowsでは4桁以上の数字を設定しますが、英字と記号を組み合わせたものも設定できます。PINを設定することで、そのパソコンではMicrosoftアカウントのパスワードを入力せず、PINを入力するだけで、サインインできるようになります。PINはMicrosoftパスワードと違い、設定したパソコンのみで利用するため、万が一、PINを入力するところを第三者に盗み見られても他のパソコンからMicrosoftアカウントでサインインできないため、Microsoftアカウントを乗っ取られるような重大なリスクは避けられます。また、Windows Helloによる指紋認証や顔認証を利用するときは、PINの設定が必須となります。設定したPINを変更したいときは、以下の手順のように、［設定］の［サインイン オプション］から操作します。

1 ［設定］をクリック

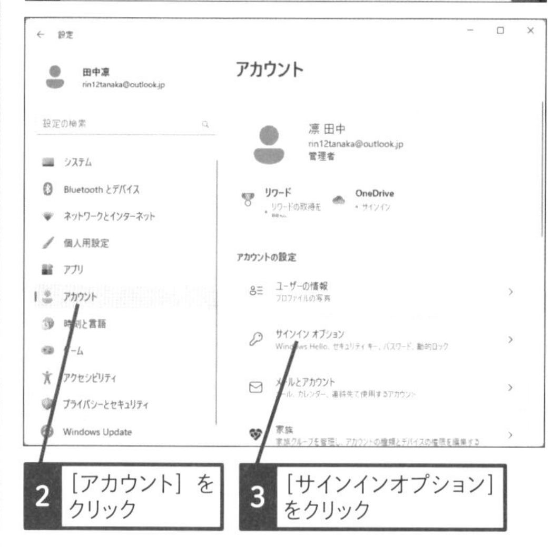

2 ［アカウント］をクリック

3 ［サインインオプション］をクリック

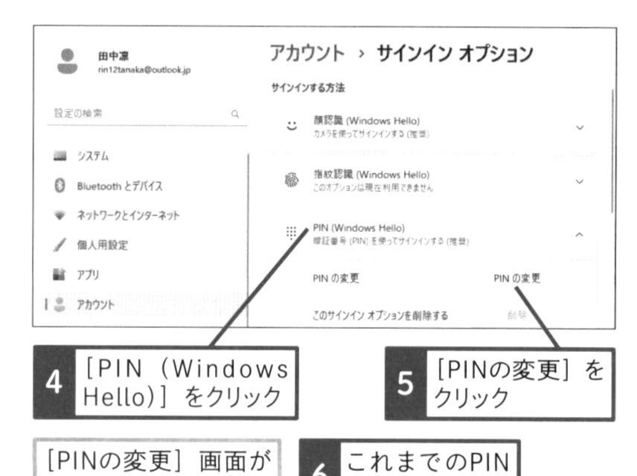

4 ［PIN（Windows Hello）］をクリック

5 ［PINの変更］をクリック

［PINの変更］画面が表示された

6 これまでのPINを入力

7 新しいPINを2回入力

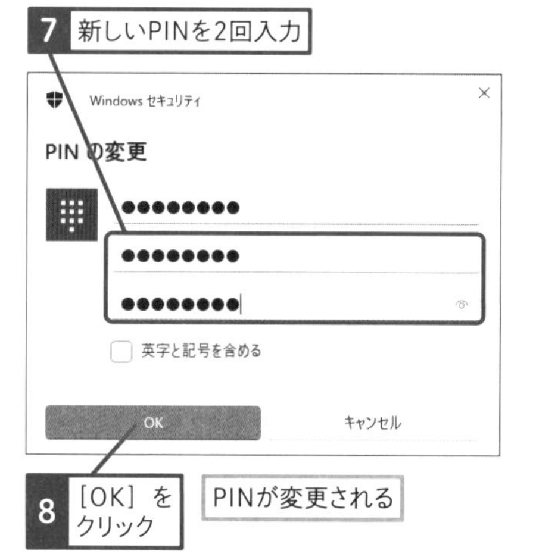

8 ［OK］をクリック

PINが変更される

012

Home Pro

お役立ち度 ★★★

Q Windows 11のデスクトップについて教えて！

A デザインが一新されました

Windows 11のデスクトップは、従来のWindows 10からデザインが一新されています。これまでのWindowsでは、画面左下に［スタート］ボタンがありましたが、Windows 11では見やすさや使いやすさを考慮し、画面中央部分にレイアウトされています。［スタート］ボタンの位置は左端に変更することも可能です。［スタート］ボタンをクリックしたときに表示される［スタート］メニューもデザインが一新され、最上段に「検索ボックス」、上半分に「ピン留め済み」のアプリ、右上に「すべてのアプリ」、下半分には「おすすめ」、最下段には「アカウント」と「電源」のアイコンが表示されています。タスクバーの右端には通知領域があり、ネットワーク接続や音量、時計などが表示されます。タスクバー中央には「エクスプローラー」や「タスクビュー」などのほかに、新たに「ウィジェット」が追加され、いつでもニュースや天気予報などを確認できるようになりました。

●デスクトップの主な名称

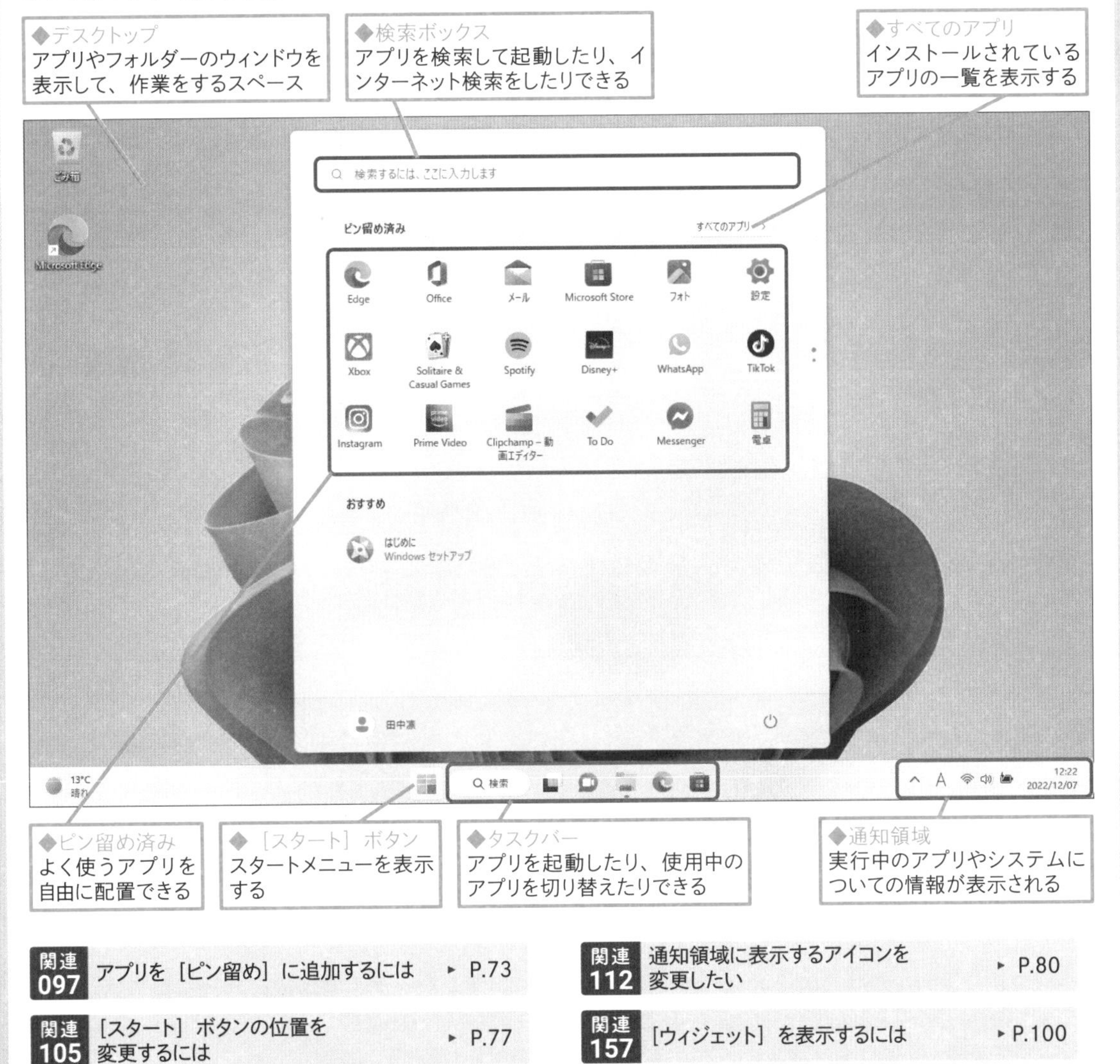

関連097 アプリを［ピン留め］に追加するには ▸ P.73
関連105 ［スタート］ボタンの位置を変更するには ▸ P.77
関連112 通知領域に表示するアイコンを変更したい ▸ P.80
関連157 ［ウィジェット］を表示するには ▸ P.100

013

Home Pro
お役立ち度 ★★★

Q Microsoftアカウントの同期をオフにするには

A ［自分の設定を保存する］をオフにします

同じMicrosoftアカウントを使って、別のWindowsパソコンにサインインすると、Windowsの設定や言語設定、パスワードの設定などがパソコン間で同期されます。設定を同期したくないときは、［設定］の［アカウント］-［Windowsバックアップ］-［自分の設定を保存する］をオフにします。Windowsの設定や言語設定は同期するが、パスワードは同期させないときは、それぞれを個別にオフにできます。

●すべての同期をオフにする方法

［設定］-［アカウント］-［Windowsバックアップ］の画面を表示しておく

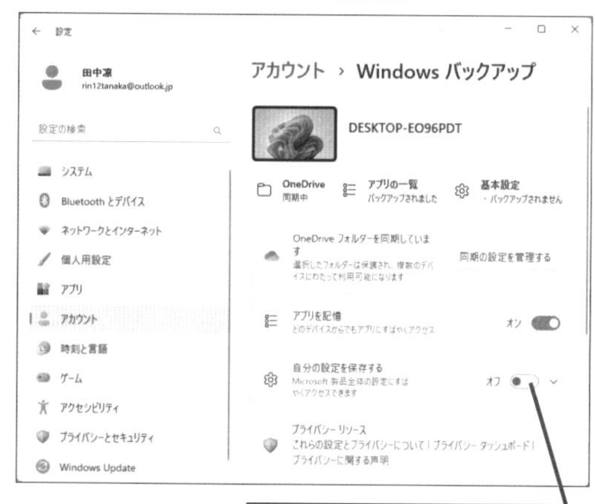

1 ［自分の設定を保存する］をクリックしてオフにする

●一部の設定の同期をオフにする方法

［自分の設定を保存する］をオンにしておく

1 ［自分の設定を保存する］をクリック

2 同期したくない機能のチェックマークをはずす

関連 228 OneDriveのオンデマンドを解除したい ▸P.132
関連 234 OneDriveを使いたくないときは ▸P.134

ステップアップ

ほかのパソコンからデータを引っ越すには

Windows 11への移行に伴い、パソコンを買い換えたときは、これまで使ってきたパソコンに保存されているデータを引き継ぐ必要があります。データの引き継ぎにはいくつかの方法がありますが、WindowsではクラウドストレージのOneDriveが便利です。古いパソコンでOneDriveを利用できるように設定し、［OneDrive］の［設定］の［同期とバックアップ］で［バックアップを管理］を選び、［ドキュメント］［写真（ピクチャ）］［デスクトップ］の3つの項目を有効にします。続いて、新しいパソコンに同じMicrosoftアカウントでサインインすると、バックアップされた内容を復元できます。ただし、バックアップされるのは前述の3つのフォルダーなので、それほかのファイルは別途、クラウドストレージに保存してコピーするか、USBメモリーや外付けハードディスクなどを利用して、新しいパソコンにコピーします。

起動と終了に関するワザ

パソコンを使うには、まず、起動する必要があります。パソコンを使い終わったときには、正しく終了させることも大切です。ここではパソコンの起動や終了について、説明します。

014

Home Pro
お役立ち度 ★★★

Q パソコンが起動しない

A 電源ケーブルやバッテリーを確認します

パソコンの電源が入らないときは、まず、電源ケーブルが正しくパソコンに接続されていることを確認します。デスクトップパソコンは電源ケーブルが外れていると、電源が入りません。電源ケーブルを正しく接続し直して、電源を入れ直してみましょう。また、ノートパソコンやタブレットなどではバッテリーの残量がないと、起動できません。バッテリーを十分に充電してから起動するか、電源ケーブルを接続して、起動しましょう。バッテリー残量が十分にあるのにパソコンが起動しないときは、一度、本体からバッテリーを取り外してから、電源に接続すると、パソコンを起動できることがあります。バッテリーを取り外せない機種では、一時的にバッテリーをオフにするスイッチがないかを確認しましょう。

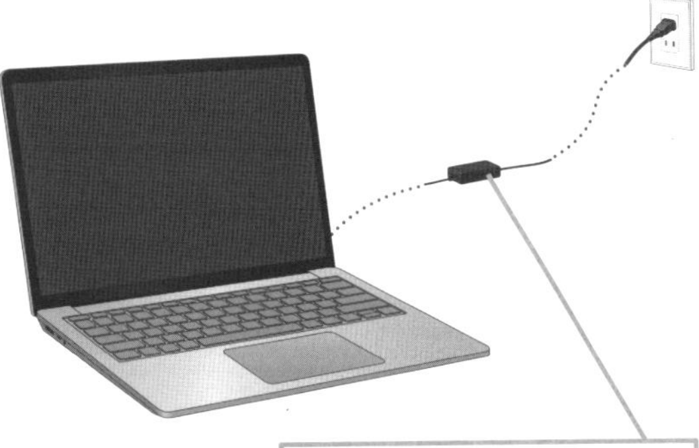

バッテリーの残量や電源ケーブルの接続を確認する

●デスクトップパソコンの主な症状の例

症状	原因	対応策
電源が入らない	❶電源ケーブルが正しく接続されていない	電源ケーブルの接続を確認する
	❷電源ケーブルが正しく接続されていて、電源ランプが付かない	故障の可能性があるので、メーカーに問い合わせる
ディスプレイに何も映らない	❶ディスプレイの電源が入っていない	ディスプレイの電源を入れる
	❷パソコンとディスプレイが正しく接続されていない	ディスプレイケーブルの接続を確認する
	❸スリープ状態か休止状態になっている	任意のキーや電源ボタンを押して、しばらく待つ
	❹ディスプレイが故障している	メーカーに問い合わせる

●ノートパソコンの主な症状の例

症状	原因	対応策
電源が入らない	❶バッテリーの残量がない	電源ケーブルを接続して、電源を入れる
	❷電源ケーブルが正しく接続されていない	電源ケーブルの接続を確認する
	❸電源ケーブルが正しく接続されていて、電源ランプが付かない	故障の可能性があるので、メーカーに問い合わせる
ディスプレイに何も映らない	❶スリープ状態か休止状態になっている	任意のキーや電源ボタンを押して、しばらく待つ
	❷本体もしくはディスプレイが故障している	メーカーに問い合わせる

関連015 電源を入れたとき「修復中」と表示された ▸ P.38
関連016 パソコンから離れている間に画面が暗くなった ▸ P.38
関連021 パソコンがスリープしたまま動かない ▸ P.40
関連025 電源ボタンを押したときの動作は変更できる? ▸ P.42
関連644 パソコンが起動しなくなったときは ▸ P.339

015

Home Pro

お役立ち度 ★★☆

Q 電源を入れたとき「修復中」と表示された

A エラーチェックが終わるまで待ちます

パソコンの電源を入れたとき、以下のようにストレージのエラーをチェックする画面が表示されることがあります。エラーチェックが終了すると、Windowsが起動するので、しばらく待ちましょう。

ストレージのエラーチェック中はこの画面が表示される

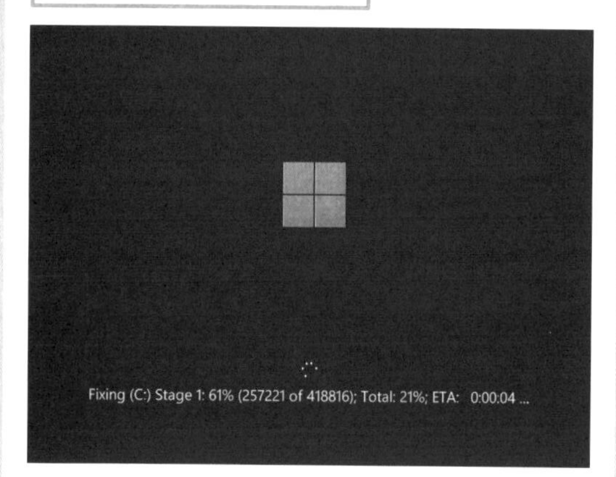

関連 644 パソコンが起動しなくなったときは ▶P.339

ステップアップ

Windowsの起動時にドライブのエラーチェックをするには

起動ドライブのエラーチェックをするには、chkdskコマンドを利用します。検索ボックスに「cmd」と入力して、[管理者として実行] をクリックして、コマンドプロンプトを起動します。コマンドプロンプトのウインドウで「chkdsk c: /f」と入力すると、エラーチェックが実行されます。起動ドライブを指定したときは、次回のWindowsの起動時に実行されます。同様に、コマンドプロンプトで「sfc /scannow」と入力すると、システムファイルの整合性をチェックし、修復できます。

016

Home Pro

お役立ち度 ★★★

Q パソコンから離れている間に画面が暗くなった

A いずれかのキーを押してみましょう

一定時間、パソコンを操作していないと、パソコンの画面が真っ黒になることがありますが、これは「スリープ」と呼ばれる省電力モードに移行したためです。スリープはキーボードのいずれかのキーを押せば、解除されます。キーを押しても何も反応がないときは、休止状態に移行しているため、パソコンの電源ボタンを操作します。このとき、電源ボタンを長く押しすぎると、パソコンの電源が切れてしまうことがあるので、注意しましょう。

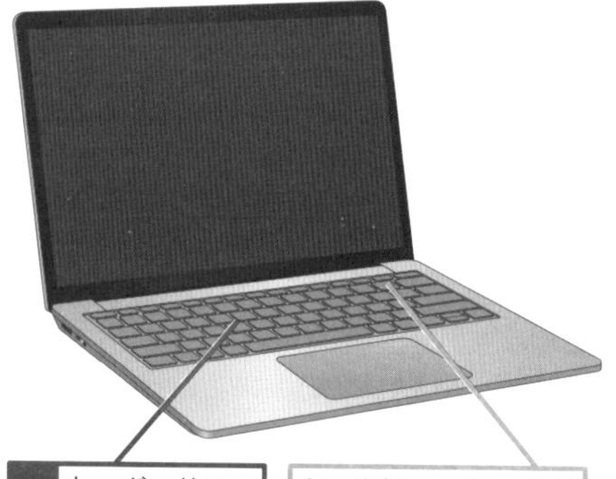

1 キーボードのいずれかのキーを押す

キーを押しても反応がないときは電源ボタンを押す

タブレットではWindowsボタンか、電源ボタンを押す

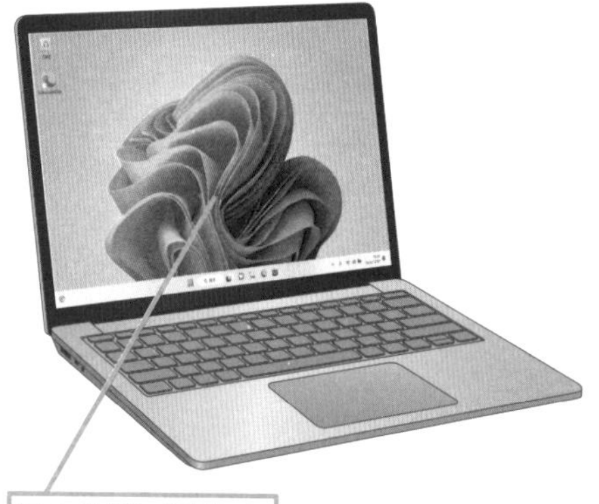

元の状態に復帰した

017

Home Pro
お役立ち度 ★★★

Q Windowsを終了するには

A シャットダウンします

パソコンで作業が終わったときは、Windowsを終了(シャットダウン)します。Windowsを終了するには、[スタート] メニューの [電源] をクリックし、[シャットダウン] を選びます。タブレットやパソコンをタッチ操作で使っているときも同様に、[電源] のアイコンから操作します。[電源] のメニューでは [スリープ] と [シャットダウン] が選べますが、2つの違いについては、ワザ020で解説します。

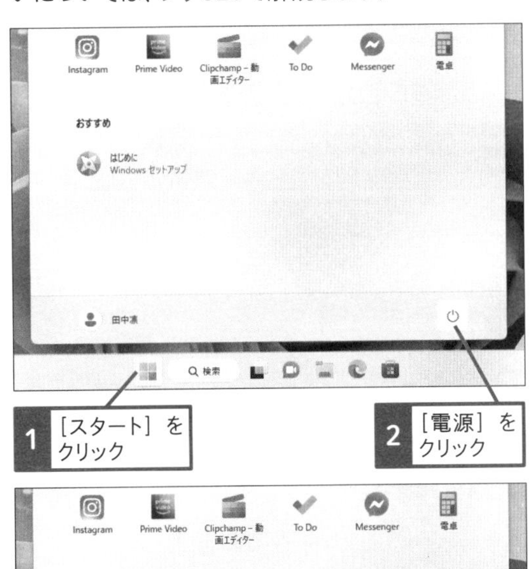

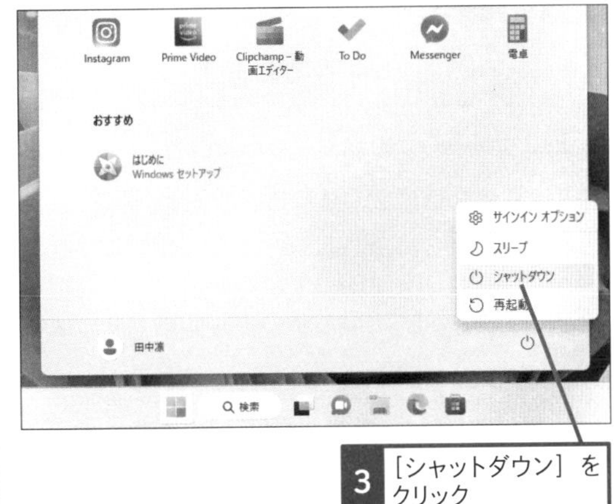

関連 020 スリープとシャットダウンの違いは何? ▸ P.40

018

Home Pro
お役立ち度 ★★★

Q 実行中のアプリをすべて終了させます

A 実行中のアプリをすべて終了させます

Windowsをシャットダウンしようとすると、[●つのアプリを閉じて、シャットダウンします] という画面が表示され、シャットダウンできないことがあります。この画面が表示されたときは [キャンセル] をクリックして、Windowsに戻り、実行中のアプリをすべて終了します。文書など、作業中のファイルをそのままにして、[強制的にシャットダウン] をクリックすると、作業中の内容が破棄されます。作業中のファイルを必ず保存してからアプリを終了し、すべてのアプリを終了したら、再び、シャットダウンを実行しましょう。

アプリを実行したまま終了しようとすると、確認の画面が表示される

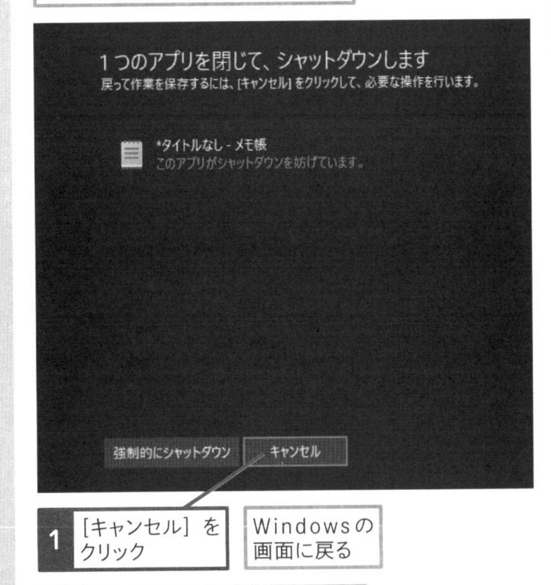

1 [キャンセル] をクリック

Windowsの画面に戻る

アプリを終了してから、もう一度、シャットダウンを実行する

関連 017 Windowsを終了するには ▸ P.39
関連 433 反応しなくなったアプリを終了するには ▸ P.236

019

Home Pro
お役立ち度 ★★★

Q Windowsが終了しない

A 本体の電源ボタンを4秒以上、押します

［スタート］メニューからの動作で、Windowsが終了できないときは、強制的にパソコンの電源を切ります。パソコンの電源を切る方法は、機種によって違いますが、本体の電源ボタンを4秒以上、押すことで、電源を切ることができます。ただし、保存していない作業の内容は破棄されるので、注意しましょう。

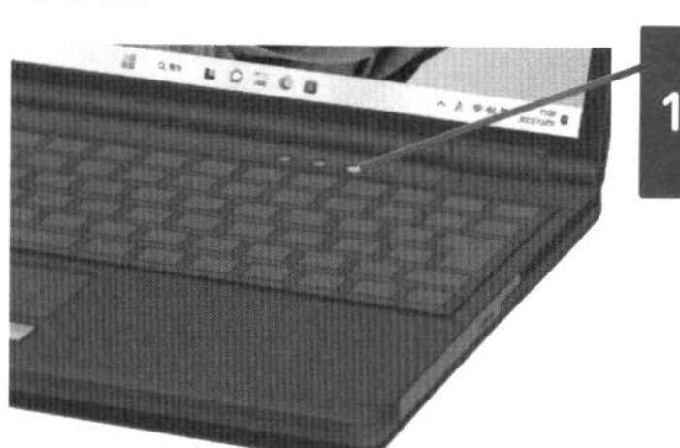

1 電源ボタンを4秒以上、押し続ける

020

Home Pro
お役立ち度 ★★★

Q スリープとシャットダウンの違いは何？

A 電源が切れているかどうかの違いです

シャットダウンはパソコンの操作を完全に終了して、電源を切る操作のことです。一方、スリープはパソコンを最小限の電力で、待機させる状態で、キーボードのキーを押すなどの操作で、すぐにWindowsに復帰できます。長時間、パソコンを使わないときはシャットダウン、しばらくパソコンから離れた後、また使うときはスリープと使い分けましょう。

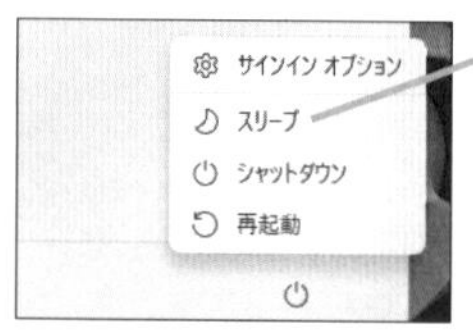

スタートメニューの［電源］から［スリープ］を選択できる

021

Home Pro
お役立ち度 ★★★

Q パソコンがスリープしたまま動かない

A 電源を切って、再起動します

何らかの原因で、パソコンがスリープや休止状態から復帰できないことがあります。たとえば、パソコンの動作が不安定な状態のまま、スリープや休止状態に移行すると、復帰できなくなることがあります。ワザ016を参考に、操作しても復帰しないときは、ワザ019の方法でパソコンの電源を切りましょう。電源が切れたら、しばらく待ってから、もう一度、電源ボタンを押して、パソコンを起動し直しましょう。

関連016 パソコンから離れている間に画面が暗くなった ▸ P.38
関連019 Windowsが終了しない ▸ P.40
関連022 いきなりパソコンの電源を切っても大丈夫? ▸ P.40

022

Home Pro
お役立ち度 ★★★

Q いきなりパソコンの電源を切っても大丈夫？

A できるだけやめておきましょう

Windowsでアプリを使って作業をしているとき、いきなり電源を切ることはやめましょう。たとえば、Wordで文書を作成しているときに、いきなり電源を切ってしまうと、編集中の文書が失われます。作業をしていたファイルがあれば、必ず保存し、アプリを終了してから、Windowsを終了しましょう。また、ストレージへの読み書きが実行されているときに電源を切ると、ファイルが正しく保存されないだけでなく、Windowsを構成するファイルなどが壊れ、動作が不安定になることもあります。

第2章 文字入力と基本操作の活用ワザ

基本操作のカスタマイズ

Windows 11の基本操作や機能は、[設定] や [コントロールパネル] などで設定できます。Windows 11を操作しやすくするための機能を設定してみましょう。

023

Home Pro
お役立ち度 ★★★

Q [設定] と [コントロールパネル] はどう使い分けるの?

A [設定] を使いましょう

Windows 11のさまざまな機能を設定するには、[設定] を使います。Windows 7など、従来のWindowsで利用していた [コントロールパネル] も残されていますが、ほとんどの設定項目は [設定] に統合されているため、[設定] から各機能を設定できます。一部に [コントロールパネル] にしか登録されていない項目もあり、それらを設定するときのみ、使うようにすれば、いいでしょう。[設定] は [スタート] メニューから起動できるほか、タスクバーの [通知領域] をクリックして、[すべての設定] から起動することもできます。[コントロールパネル] は以下のように、エクスプローラーのアドレスの左端の [>] をクリックして、一覧から起動できます。

● [設定] を表示する方法

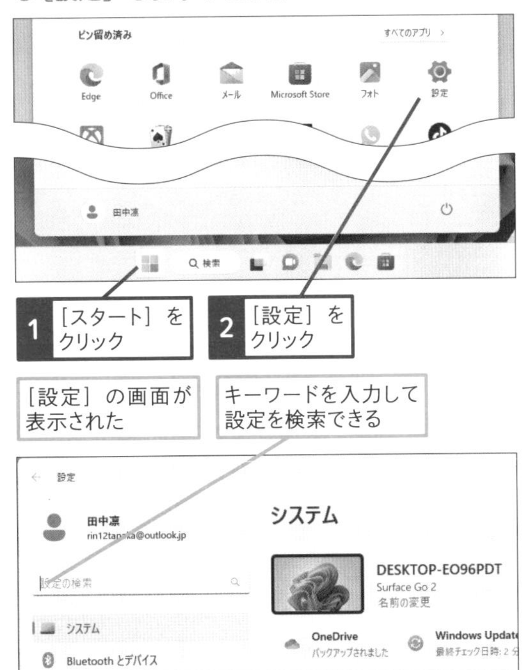

ショートカットキー [設定] の表示 ⊞+I

● [コントロールパネル] を表示する方法

["(移動先の名前)"へ] をクリックして、コントロールパネルを表示することもできる

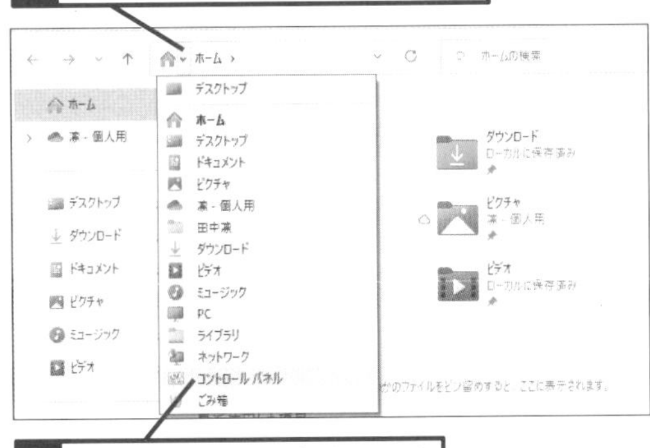

ショートカットキー エクスプローラーの起動 ⊞+E

024

Home Pro
お役立ち度 ★★★

Q ディスプレイの電源が切れるまでの時間を変えたい

A ［電源とスリープ］で設定します

Windowsは一定時間、操作をしていないと、自動的にディスプレイの電源が切れるように設定できます。ディスプレイの電源が切れるまでの時間を変更したいときは、［設定］の［システム］-［電源&バッテリー］、もしくは［電源］で設定できます。

ワザ023を参考に、［設定］の画面を表示しておく

1 ［システム］をクリック

2 ［電源&バッテリー］をクリック

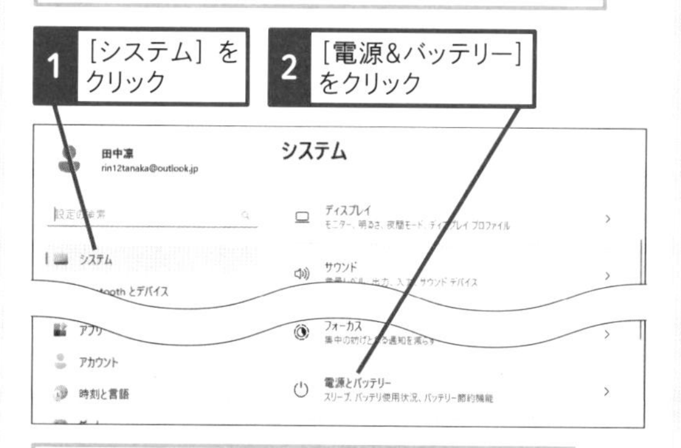

デスクトップパソコンでは［電源］をクリックする

3 ［画面とスリープ］をクリック

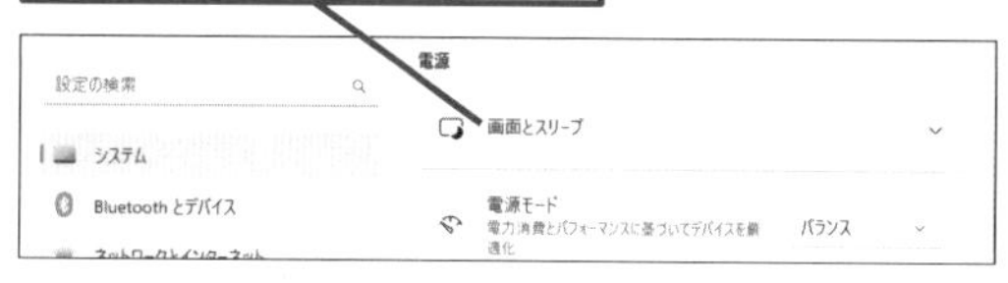

4 ここをクリック

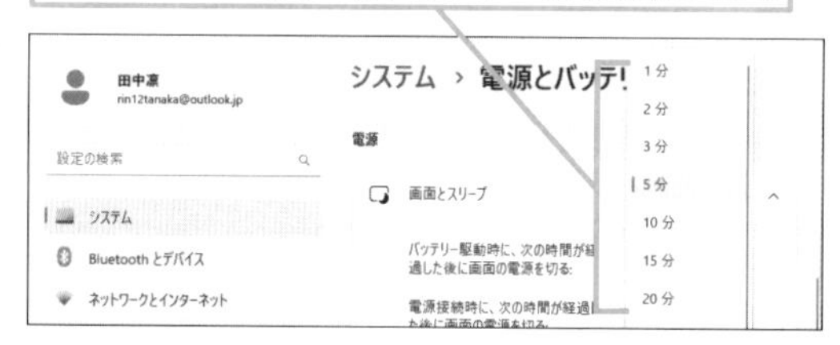

ディスプレイの電源が切れるまでの時間を設定できる

025

Home Pro
お役立ち度 ★★★

Q 電源ボタンを押したときの動作は変更できる？

動画で見る

A 休止状態やスリープに変更できます

Windows 11ではパソコン本体の電源ボタンを押すと、スリープ状態になります。設定を変更したいときは、コントロールパネルの［ハードウェアとサウンド］を表示し、［電源オプション］グループ内の［電源ボタンの動作を変更］をクリックします。ノートパソコンとデスクトップパソコンでは表示内容が少し違いますが、電源ボタンを押したときの動作を［スリープ状態］［休止状態］［シャットダウン］から選べます。ノートパソコンでは「バッテリ駆動」と「電源に接続」で個別に設定できます。

ワザ023を参考に、［コントロールパネル］を表示しておく

1 ［ハードウェアとサウンド］をクリック

［ハードウェアとサウンド］の画面が表示された

2 ［電源ボタンの動作の変更］をクリック

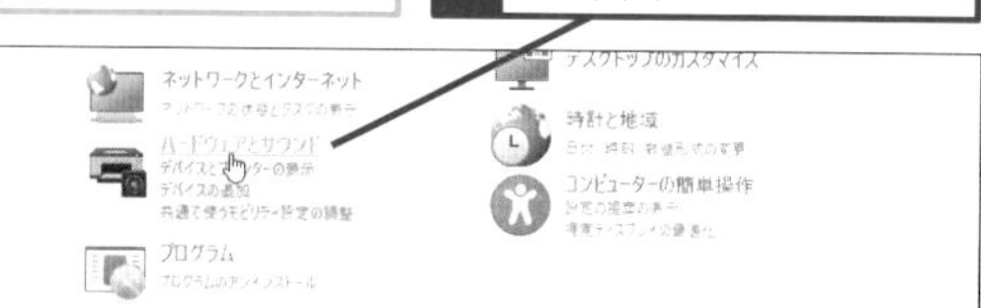

［電源ボタンの定義とパスワード保護の有効化］の画面が表示された

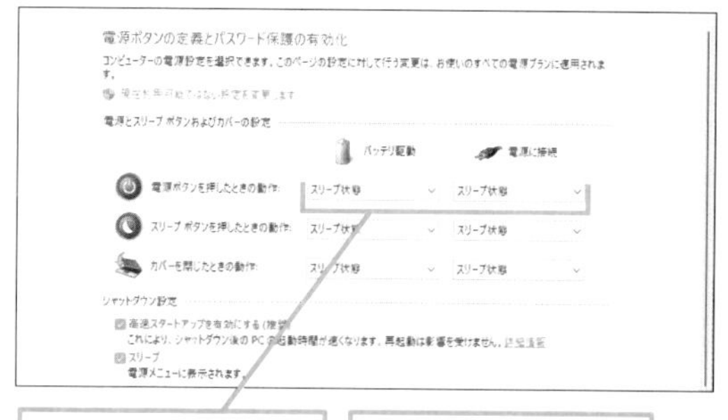

電源ボタンを押したときの動作を変更できる

メーカーによっては、独自の設定ができる

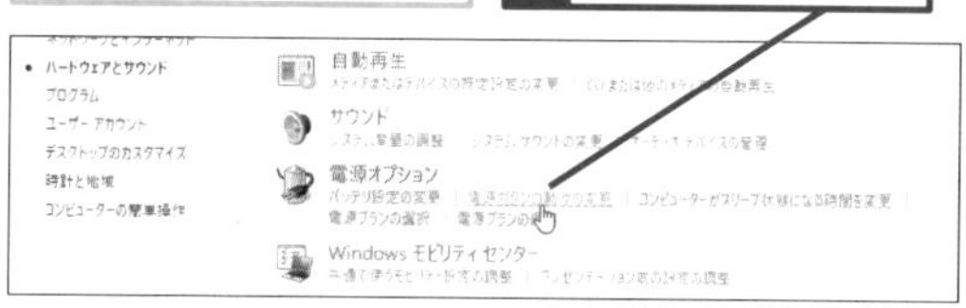

026

Home Pro

お役立ち度 ★★★

Q スリープまでの時間を変更したい！

A 使い方に合わせて、変更しましょう

Windowsは一定時間、操作をしていないと、自動的にスリープ状態になります。スリープまでの時間は［設定］の［システム］-［電源とバッテリー］、もしくは［電源］で設定できます。

ワザ023を参考に、［設定］-［システム］の画面を表示しておく

1 ［電源&バッテリー］をクリック

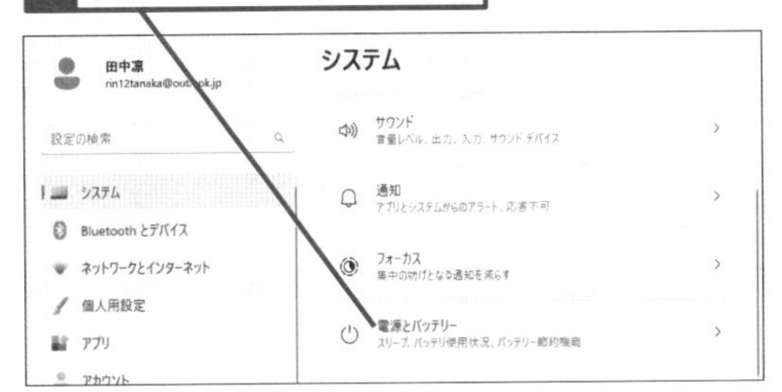

2 ［画面とスリープ］をクリック

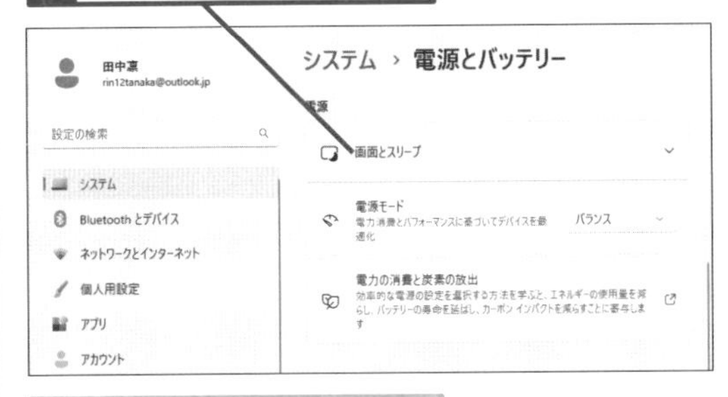

スリープまでの時間を設定できる

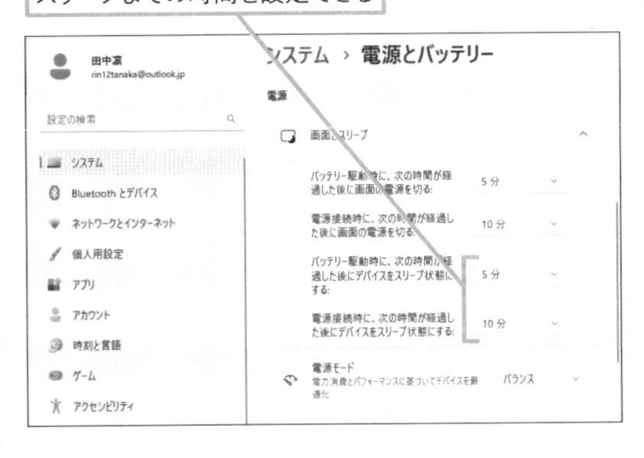

027

Home Pro

お役立ち度 ★★

Q ノートパソコンを閉じたときの動作を変更できる？

A 使い方に合わせた動作に変更できます

ノートパソコンの場合、標準の設定ではカバーを閉じると、スリープ状態になります。カバーを閉じたときに休止状態になるように設定を変更すれば、パソコンを使っていないときの電力消費を抑えられます。コントロールパネルの［ハードウェアとサウンド］-［電源オプション］の［電源ボタンの動作を変更］を表示すると、それぞれの項目を設定できます。

ワザ025を参考に、［電源ボタンの定義とパスワード保護の有効化］の画面を表示しておく

1 ここをクリック

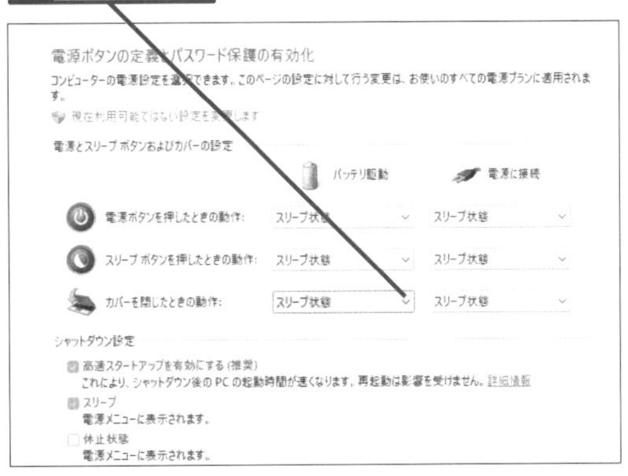

カバーを閉じたときの動作を設定できる

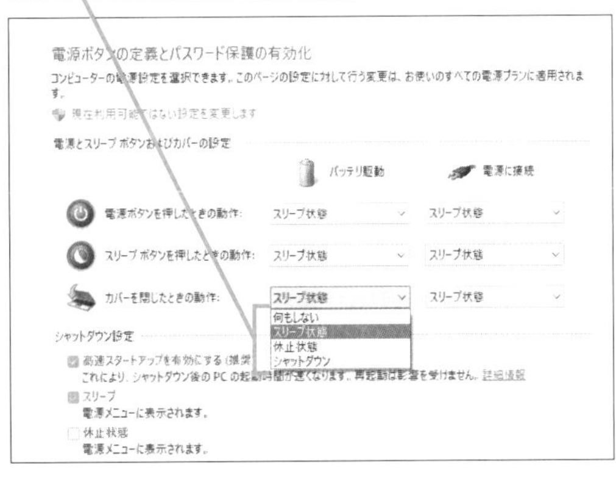

関連 025 電源ボタンを押したときの動作は変更できる？ ▸ P.42

028

Home Pro
お役立ち度 ★★

Q アカウント画像を変更するには

A カメラで撮影するか、画像を選びます

アカウントの画像を変更するには、［スタート］メニューのアカウントのアイコンをクリックし、表示されたメニューから［アカウント設定の変更］をクリックします。パソコンにカメラが搭載されているときは［カメラを開く］をクリックして、撮影します。あるいは［ファイルの参照］をクリックして、パソコンに保存されている画像を登録することもできます。ちなみに、肖像権や著作権を侵害する可能性のある画像は利用しないようにしましょう。

ワザ017を参考に、スタートメニューを表示しておく

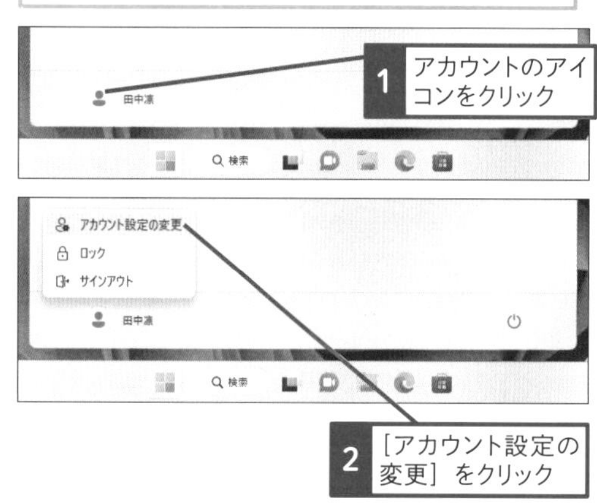

1 アカウントのアイコンをクリック

2 ［アカウント設定の変更］をクリック

［ユーザーの情報］の画面が表示された

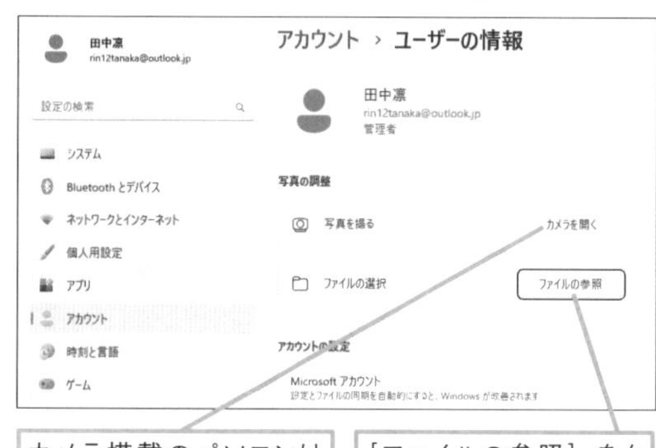

カメラ搭載のパソコンは［カメラを開く］をクリックして、画像を撮影できる

［ファイルの参照］をクリックすると、アカウント用の画像を選択できる

029

Home Pro
お役立ち度 ★★★

Q Windowsを一時的にロックしたい

A ［スタート］メニューから操作できます

作業を中断して、席を離れるときなど、他人にパソコンを使われたくないときは、Windowsを一時的にロックします。ロックされた状態では、パスワードやPINを知らない限り、操作できません。ロックは以下の手順で操作するか、［Windows］+［L］でもロックできます。

ワザ017を参考に、スタートメニューを表示しておく

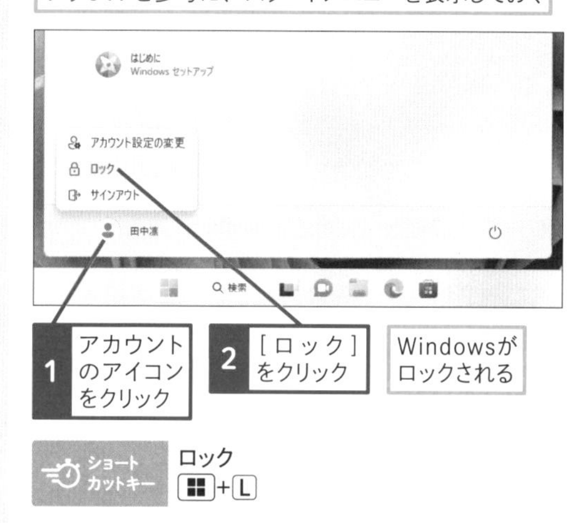

1 アカウントのアイコンをクリック

2 ［ロック］をクリック

Windowsがロックされる

ショートカットキー ロック
［Windows］+［L］

030

Home Pro
お役立ち度 ★★★

Q ロック画面の画像はなぜ自動的に変わるの？

A 「Windowsスポットライト」の機能です

Windows 11ではロック画面をはじめ、サインイン時のパスワード入力画面の背景が自動的に変わりますが、これはWindows 11の「Windowsスポットライト」と呼ばれる機能です。自動的に変わらないときは、［設定］の［個人用設定］-［ロック画面］-［ロック画面を個人用に設定］で［Windowsスポットライト］が選ばれていることを確認しましょう。

031

Home Pro
お役立ち度 ★★

Q ロックとサインアウトの違いは何？

A サインアウトはアプリを終了します

Windowsではロックを選ぶと、作業中のアプリはすべて起動したまま、操作がロックされます。ロックを解除すると、直前の状態から作業を継続できます。一方、サインアウトは、起動していたアプリをすべて終了します。パソコンでの作業を継続したいときはロック、作業を終了したいときはサインアウトというように使い分けましょう。

ワザ017を参考に、スタートメニューを表示しておく

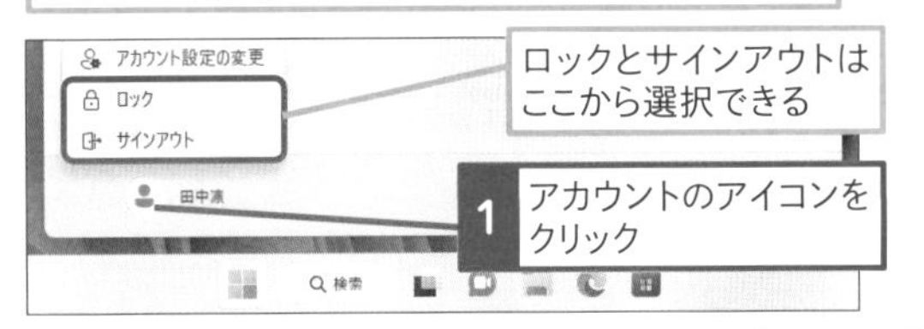

032

Home Pro
お役立ち度 ★★★

Q ロック画面の背景を好きな画像に変更するには

A 表示したい画像を選びます

ロック画面の背景は、Windowsスポットライトによって、自動的に変わりますが、好きな画像に変更することもできます。使いたい画像を［ピクチャ］フォルダーなどに保存しておき、以下の手順で設定を変更します。

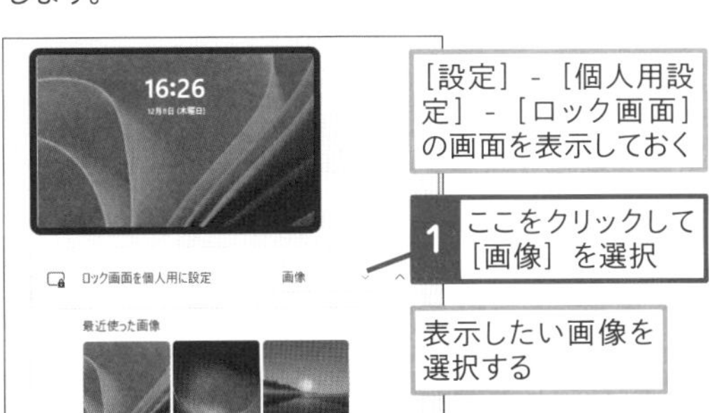

033

Home Pro
お役立ち度 ★★

Q ロック画面の画像を定期的に変えたい

A ［スライドショー］に設定しましょう

ロック画面の画像を定期的に変えるには、［設定］の［個人用設定］-［ロック画面］で、［背景］を［スライドショー］に設定します。

［設定］-［個人用設定］-［ロック画面］の画面を表示しておく

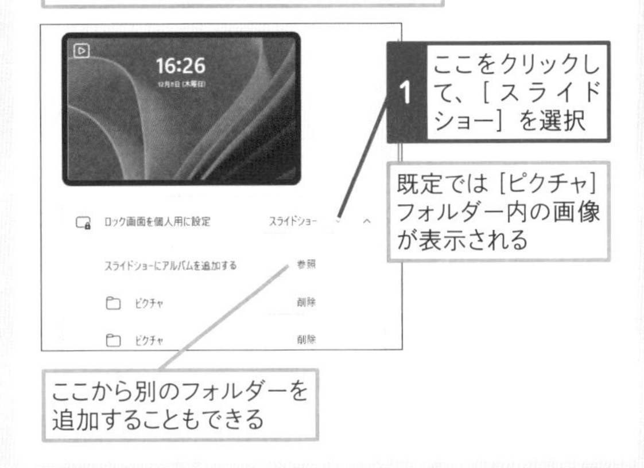

034

Home Pro
お役立ち度 ★★

Q ロック画面からパソコンを終了できる？

A ［電源］ボタンから終了できます

スリープさせておいたパソコンの電源を切りたいときは、サインインしなくてもロック画面から電源を切ることができます。ロック画面から電源を切るには、サインイン画面を表示して、画面右下の［電源］ボタンをクリックし、［シャットダウン］を選びます。

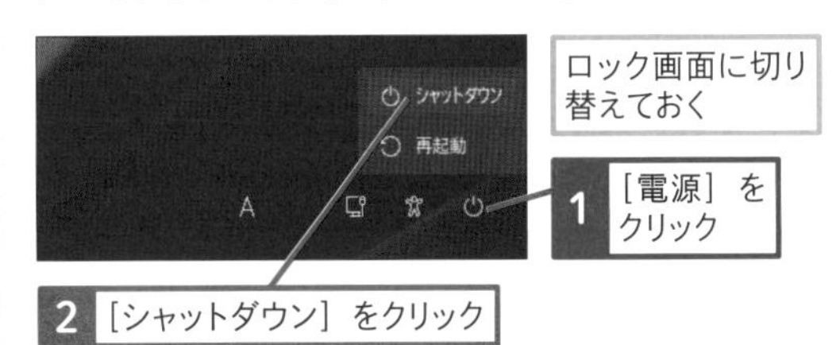

035

Home Pro

お役立ち度 ★★

Q ロック画面に表示される通知を変更するには

A 選択したアプリの通知を表示できます

ロック画面にはアプリからの通知などが表示できます。ロック画面に通知が表示されるアプリや項目を変更したいときは、[設定] の [システム] - [通知] で選ぶことができます。

ワザ023を参考に、[設定] - [システム] の画面を表示しておく

1 [通知] をクリック

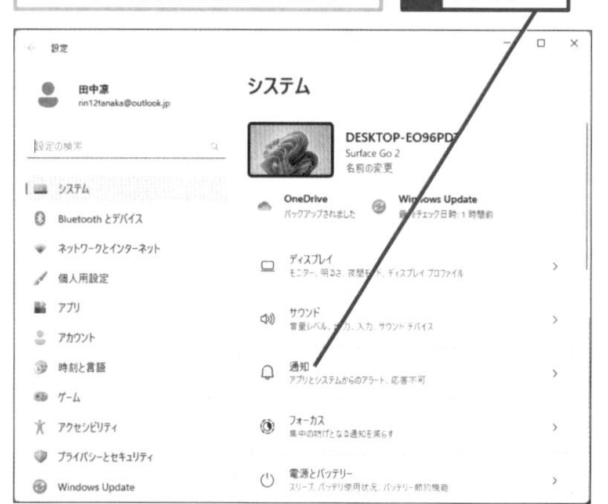

2 通知するアプリをオンにする

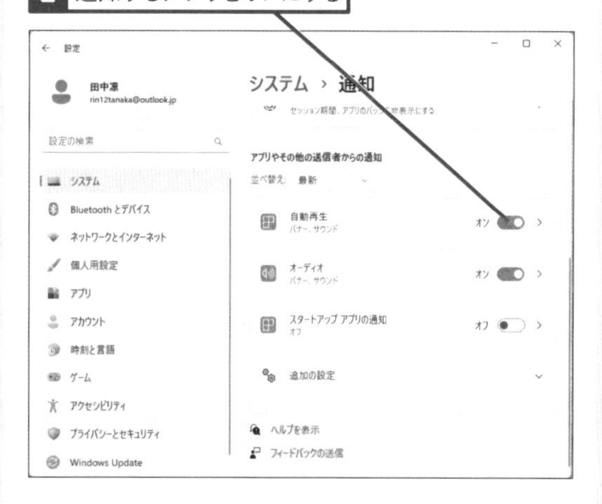

関連 036 ロック画面の通知をオフにしたい ▸ P.46
関連 135 見逃した通知を確認するには ▸ P.90

036

Home Pro

お役立ち度 ★

Q ロック画面の通知をオフにしたい

A ロック画面の通知を非表示にできます

ロック画面に表示される通知を第三者に見られたくないときは、以下の手順で非表示にできます。ただし、すべての通知が表示されないので、注意しましょう。

ワザ023を参考に、[設定] - [システム] の画面を表示しておく

1 [通知] をクリック

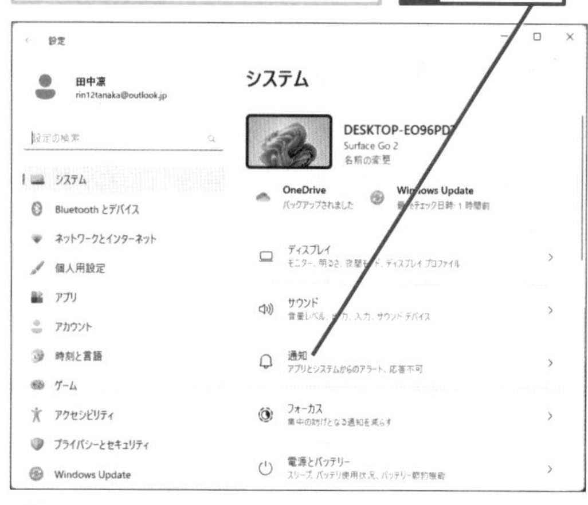

2 [ロック画面に通知を表示する] のチェックマークをはずす

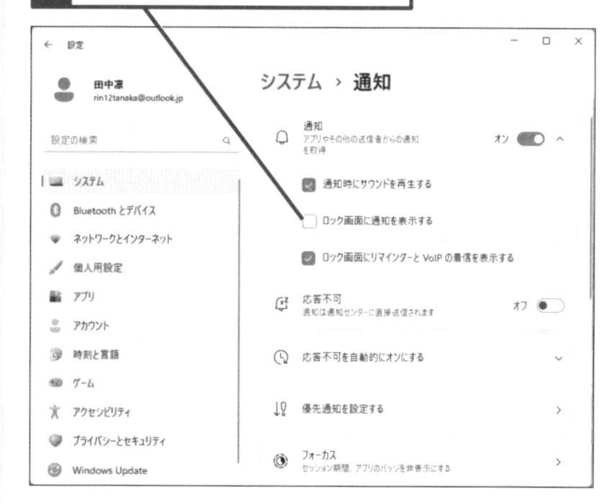

関連 035 ロック画面に表示される通知を変更するには ▸ P.46
関連 141 すべての通知をオフにしたい ▸ P.93

037

Home Pro
お役立ち度 ★★★

Q 席を離れたときにパソコンをロックするには

A スマートフォンで自動ロックができます

パソコンとスマートフォンをBluetoothでペアリングしておくと、パソコンがスマートフォンを認識できなくなったときに、パソコンを自動的にロックできます。この機能を使うには［設定］の［Bluetoothとデバイス］-［デバイスの追加］でスマートフォンをペアリングします。［設定］の［アカウント］-［サインインオプション］で［動的ロック］を有効にしておきます。

［設定］-［アカウント］の画面を表示しておく

1 ［サインインオプション］をクリック

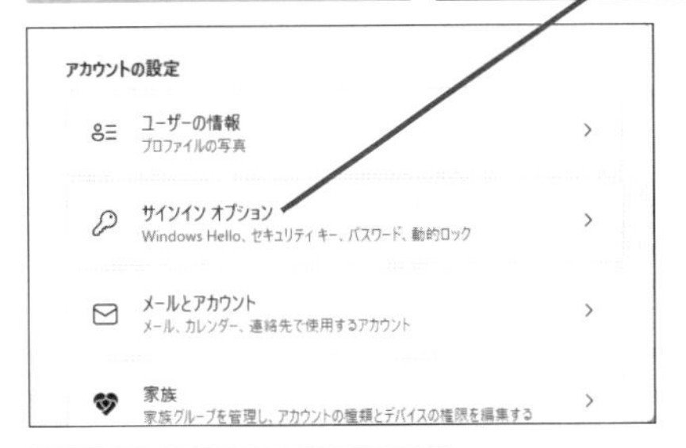

2 ［動的ロック］をクリック

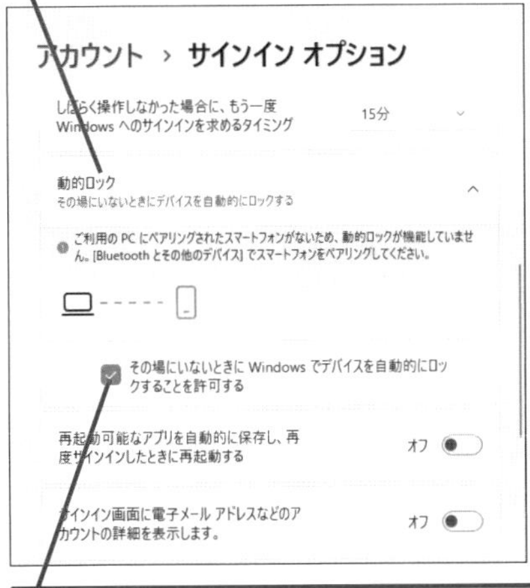

3 ［その場にいないときにWindowsでデバイスを自動的にロックすることを許可する］をクリック

関連029 Windowsを一時的にロックしたい ▸ P.44

038

Home Pro
お役立ち度 ★★★

Q 外出先からパソコンをロックするには

A Webページからロックできます

外出先からロックするには、まず、ブラウザーでMicrosoftアカウントのページにサインインします。［デバイス］-［デバイスを探す］をクリックして、ロックしたいパソコンが見つかったら、［デバイスを探す］の一覧でパソコンを選んで、クリックします。［ロック］をクリックすると、そのパソコンをロックすることができます。

MicrosoftアカウントのWebページを表示しておく

▼Microsoftアカウント
https://account.microsoft.com/

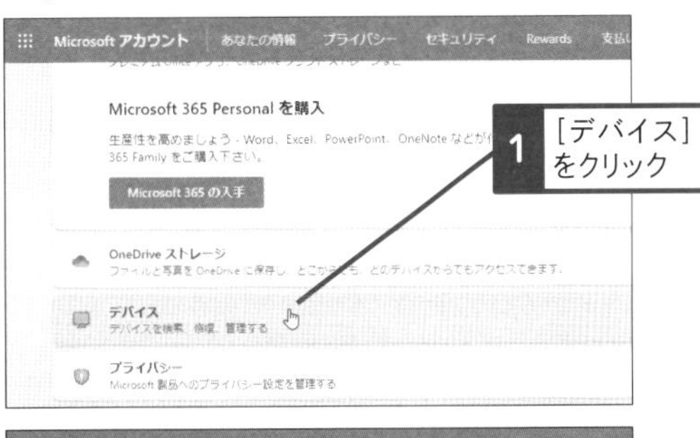

1 ［デバイス］をクリック

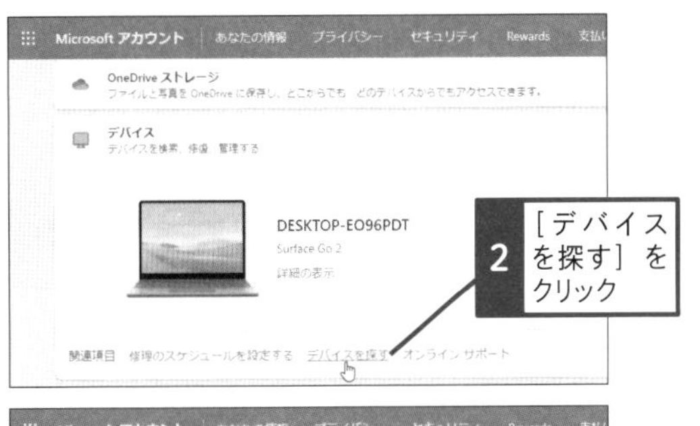

2 ［デバイスを探す］をクリック

3 ［ロック］をクリック

パソコンがロックされる

039

Home Pro

お役立ち度 ★★★

Q タスクバーからできる便利な設定を教えて！

A 通知領域から操作できます

Windows 11のタスクバーの右端には、通知領域が表示されていますが、Windowsからの通知があるときは丸付き数字の通知が表示され、ここをクリックすると、通知を確認できます。新着メールやアラートなどの通知もいっしょに表示されます。また、通知領域のネットワークや音量設定のアイコンをクリックすると、「クイック設定」が表示されます。ここでは[Wi-Fi] や[Bluetooth] のON/OFF、機内モードや夜間モード、集中モードなどをすぐに切り替えられるほか、音量や画面の明るさなども調整できます。歯車のアイコンをクリックすれば、[設定] が起動します。クイック設定に表示される内容は、ノートパソコンやデスクトップパソコン、タブレットなどで、パソコンの種類や搭載されている機能によって、違います。

Windowsからの通知やアラート、新着メールなどが表示される

◆クイック設定
各種設定のオン／オフを変更できる

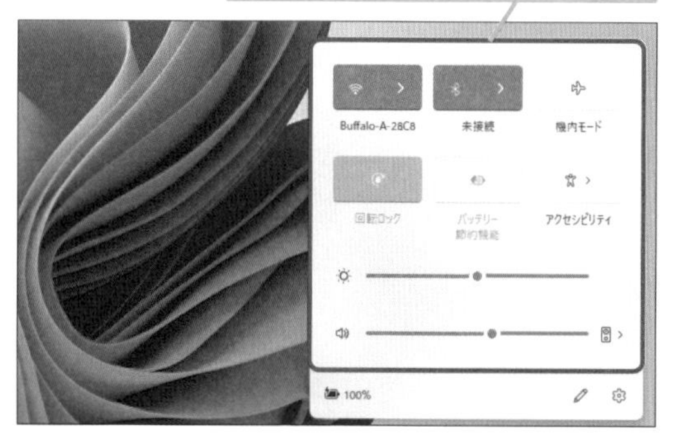

040

Home Pro

お役立ち度 ★★★

Q クイック設定をカスタマイズするには

動画で見る

A 追加や削除、並べ替えができます

クイック設定には［Wi-Fi］や［Bluetooth］などのアイコンが表示されていますが、これらは［クイック設定の編集］をクリックすることで、表示するアイコンの追加や削除、並べ替えができます。自分の使い方に合わせて、カスタマイズしましょう。

1 通知領域をクリック

2 ［クイック設定の編集］をクリック

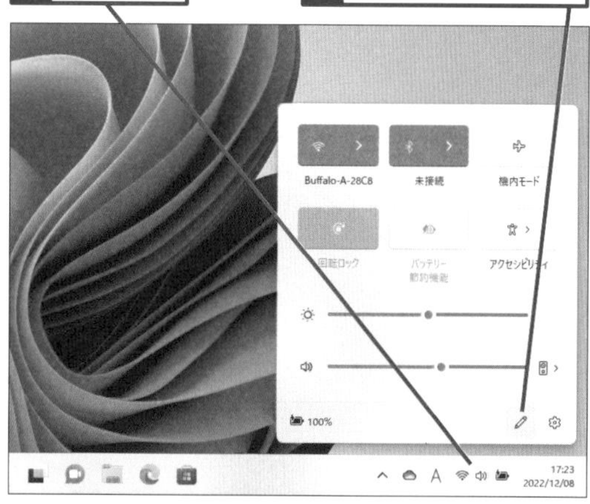

クイック設定をドラッグして並べ替えられる

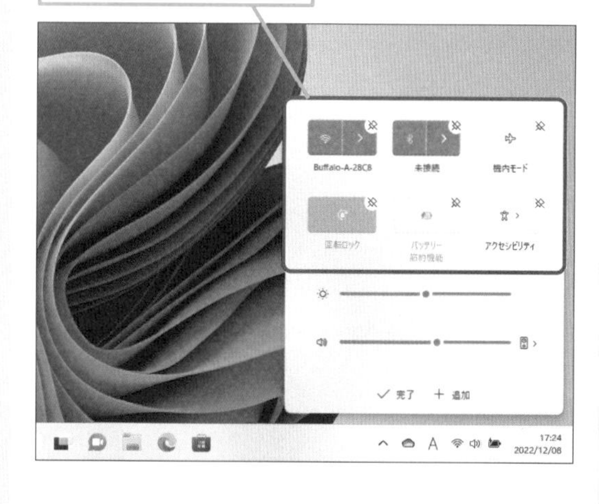

関連 039 タスクバーからできる便利な設定を教えて！ ▶ P.48

041

Home Pro

お役立ち度 ★★★

Q 暗いところで画面を見やすくしたい！

A ダークモードを設定しましょう

暗いところで明るい画面を見ていると、目が疲れることがあります。このようなときはWindowsの画面表示を「ダークモード」に切り替えましょう。ダークモードは暗めの色で構成されたモードで、暗いところでも画面がまぶしくなく、見やすくなります。

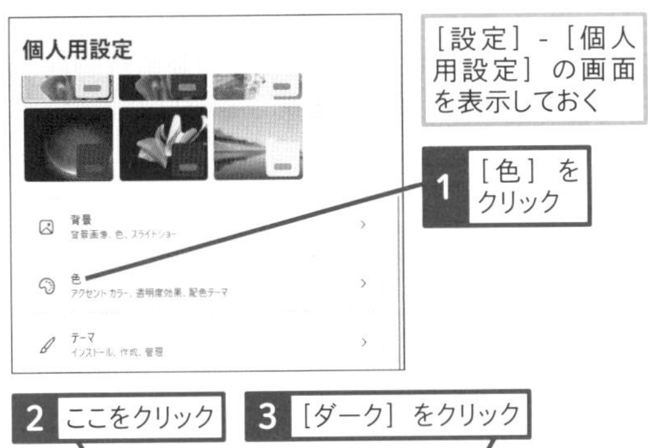

［設定］-［個人用設定］の画面を表示しておく

1 ［色］をクリック

2 ここをクリック

3 ［ダーク］をクリック

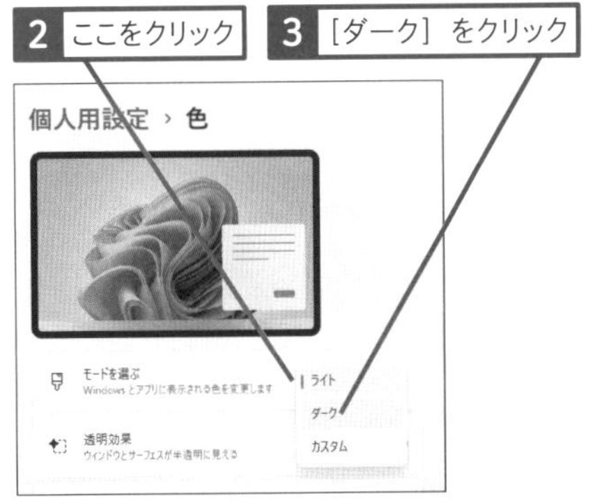

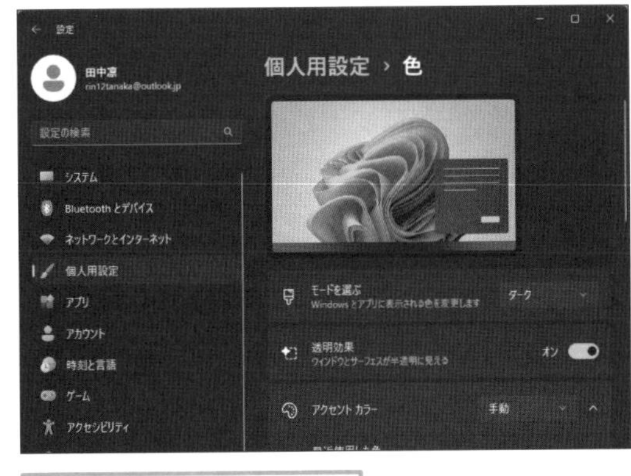

アプリの背景色が黒になった

042

Home Pro

お役立ち度 ★★

Q 「夜間モード」って何？

A ブルーライトを抑える機能です

ディスプレイが発するブルーライトは、目に負担をかけ、夜間の睡眠を妨げることがあります。「夜間モード」はブルーライトを抑え、ディスプレイの表示を暖色系の色合いにする機能です。目が疲れるときや就寝前に使ってみましょう。［夜間モード］をクリックして、設定画面を表示すると、利用する時間帯や暖色の度合いを設定できます。日没から日の出まで、自動的に切り替わる設定したり、切り替わる時刻を指定することもできます。

ワザ004を参考に、［システム］の画面を表示しておく

1 ［ディスプレイ］をクリック

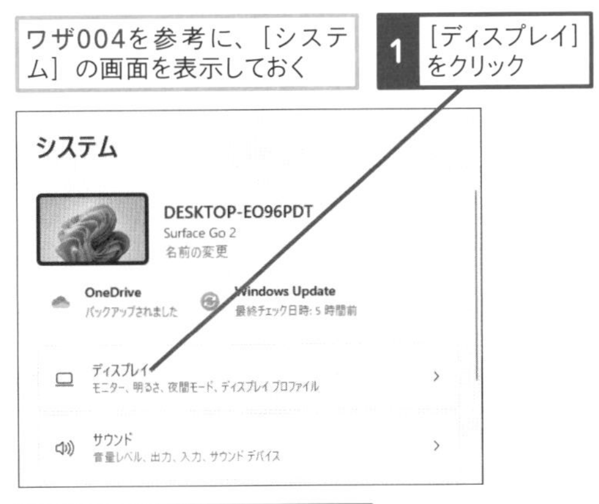

2 ここをクリックしてオンにする

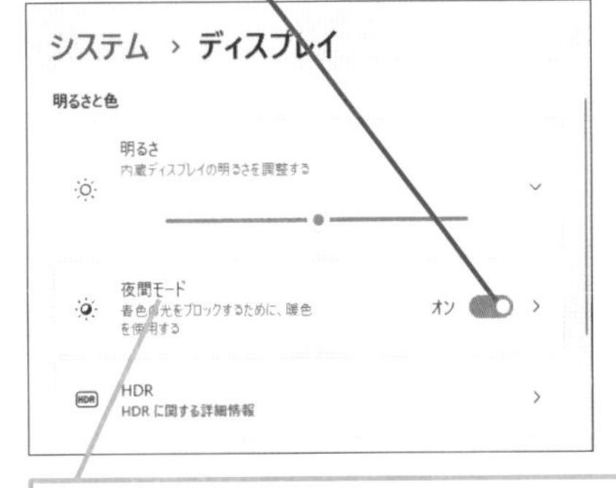

［夜間モード］をクリックすると、夜間モードに切り替える時間帯などを設定できる

関連 041 暗いところで画面を見やすくしたい！ ► P.49

043

Home Pro

お役立ち度 ★★★

Q ［設定］で設定する項目や機能を探すには

A 機能や項目の一部を検索できます

Windowsにはさまざまな機能や設定項目がありますが、［設定］のどのカテゴリーに含まれているのかがわからないことがあります。そのようなときは［検索］で探してみましょう。［設定］を表示し、検索ボックスに探したい設定項目や機能の名称の一部を入力すると、それに合致する候補が表示されます。検索結果をクリックすれば、その項目の画面が表示されます。

ワザ023を参考に、［設定］の画面を表示しておく

1 検索したい設定項目の一部を入力

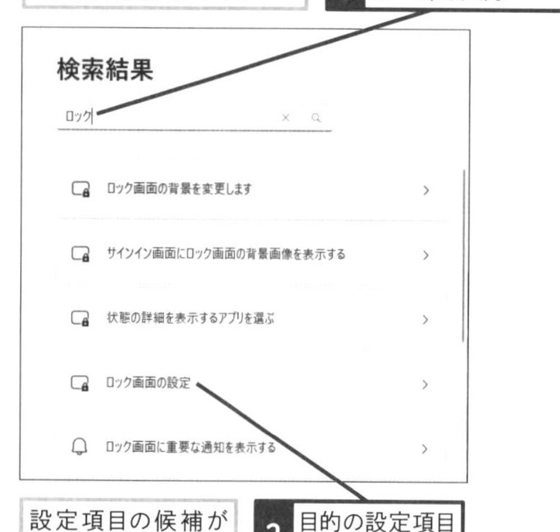

設定項目の候補が表示された

2 目的の設定項目をクリック

設定用の画面が表示された

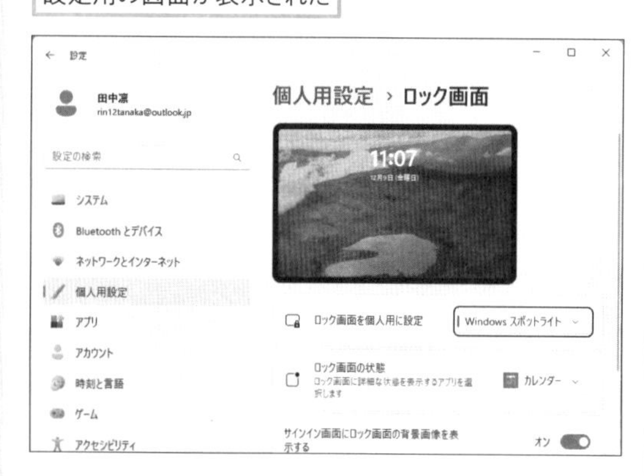

044

Home Pro

お役立ち度 ★★★

Q 音量を調整するには

A ［クイック設定］のスライダーを操作します

音量を調整するには、通知領域をクリックして、［クイック設定］を表示します。音量のスライダーを左右にドラッグして、調整します。スライダーの左のスピーカーのアイコンをクリックすれば、ミュート状態になり、音声の再生をオフにできます。パソコン本体の音量キーを操作して、音量を調整することもできます。

1 通知領域をクリック

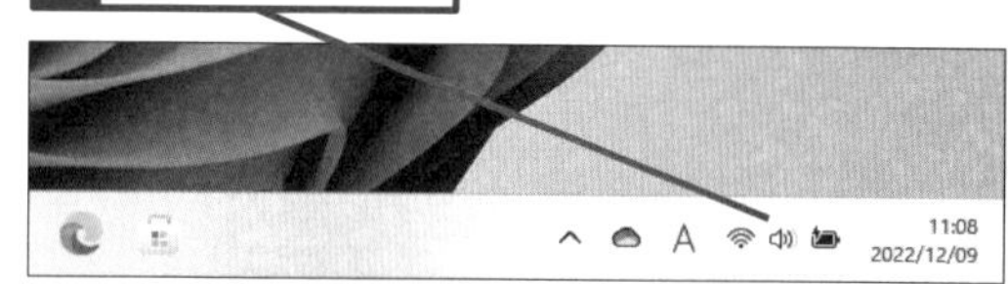

2 ここを左右にドラッグ

音量が調整される

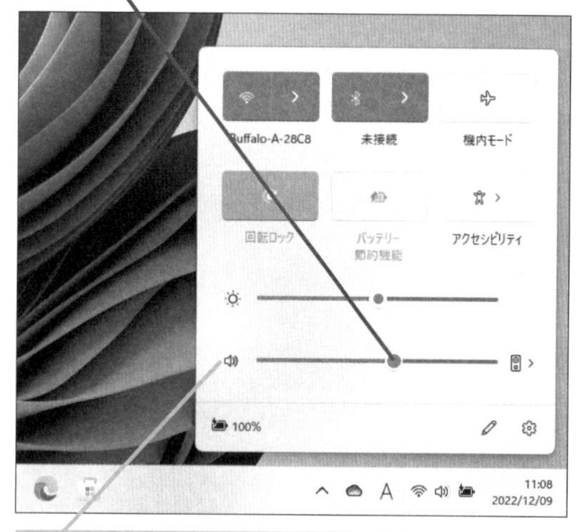

ここをクリックすると、ミュートにしたり、ミュートを解除したりできる

関連 039 タスクバーからできる便利な設定を教えて！ ► P.48
関連 040 クイック設定をカスタマイズするには ► P.48

045

Home Pro

お役立ち度 ★★★

Q 画面の文字を大きくするには

A ［アクセシビリティ］で設定します

Windowsに表示される文字が小さくて、読みにくいときは、［設定］の［アクセシビリティ］-［テキストのサイズ］でスライダーをドラッグして、表示するテキストのサイズを大きくします。画面全体の表示を拡大したいときは、［設定］の［ディスプレイ］-［拡大/縮小］で［100％（推奨）］を変更します。

●文字を拡大する

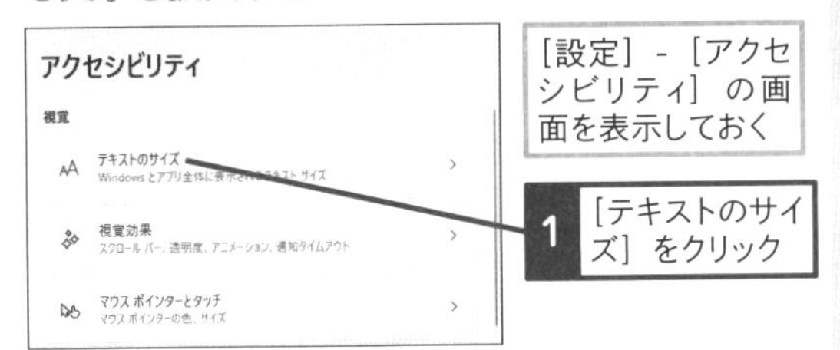

［設定］-［アクセシビリティ］の画面を表示しておく

1 ［テキストのサイズ］をクリック

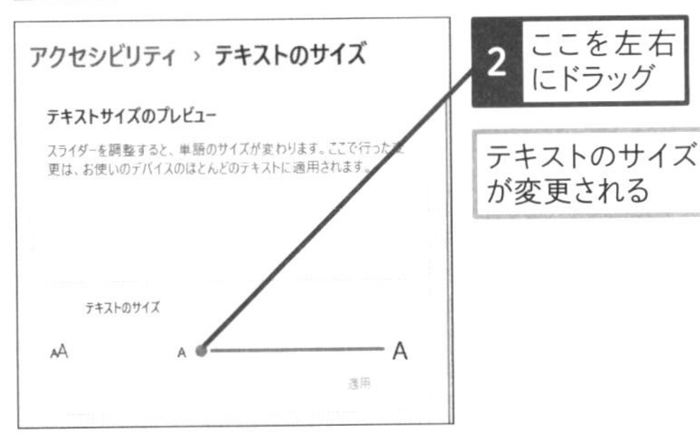

2 ここを左右にドラッグ

テキストのサイズが変更される

●全体を拡大する

［設定］-［システム］-［ディスプレイ］の画面を表示しておく

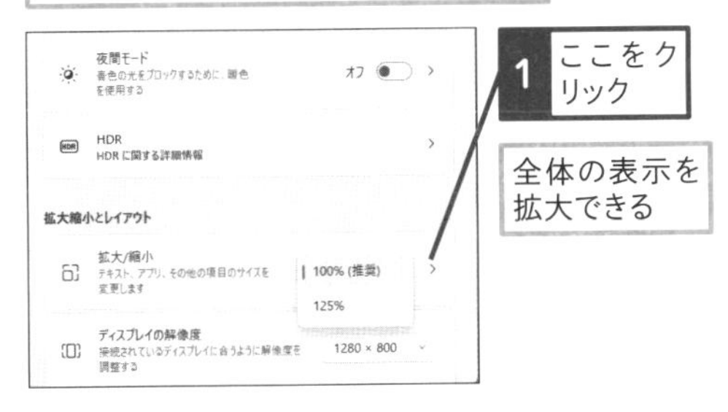

1 ここをクリック

全体の表示を拡大できる

関連 046 画面の一部を拡大するには ► P.51

046

Home Pro

お役立ち度 ★★★

Q 画面の一部を拡大するには

A ［拡大鏡］が使えます

Windowsの画面に表示されている内容が小さく、見えにくいときは、［拡大鏡］が便利です。通知領域から［クイック設定］を選び、［アクセシビリティ］をクリックします。［拡大鏡］をオンにすると、デスクトップ全体を拡大表示できます。［アクセシビリティ］が表示されていないときは、ワザ040を参考に、［クイック設定］をカスタマイズします。

ワザ040を参考に、［クイック設定］の画面を表示しておく

1 ［アクセシビリティ］をクリック

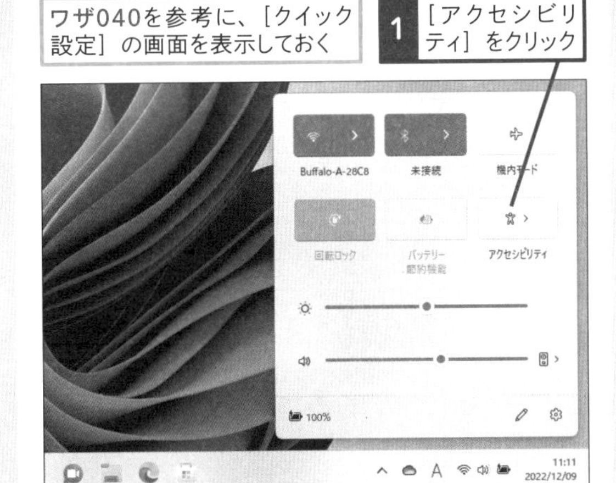

2 ［拡大鏡］のここをクリックしてオンにする

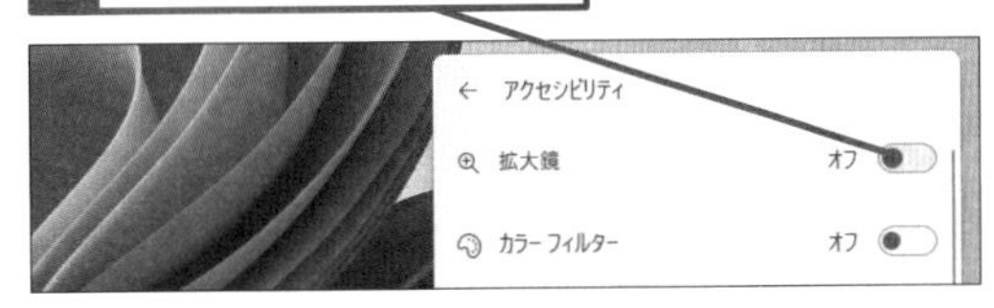

画面が拡大された

操作2で「オフ」にすると、画面が元に戻る

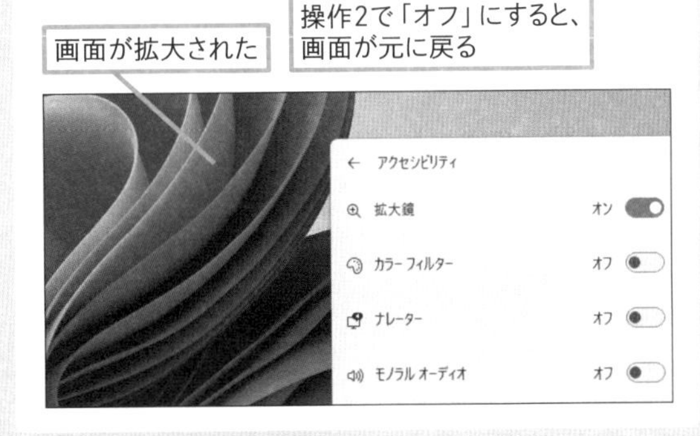

047

Home Pro

お役立ち度 ★★☆

Q ノートパソコンで画面の明るさを細かく調整したい

A ［ディスプレイ］で調整します

ノートパソコンやタブレットで画面の明るさを調整したいときは、通知領域から［クイック設定］を表示し、以下のようにスライダーをドラッグします。デスクトップパソコンのときは、ディスプレイ本体のボタンなどで明るさを調整します。

ワザ040を参考に、［クイック設定］の画面を表示しておく

1 ここを右にドラッグ

048

Home Pro

お役立ち度 ★★☆

Q マウスポインターをもっと大きくしたい

A ［アクセシビリティ］でサイズを変えられます

マウスポインターを見失ってしまうときは、マウスポインターのサイズを大きくしてみましょう。［マウスポインターのスタイル］を変更して、見やすくすることもできます。また、マウスの各メーカーなどが提供する専用ツールで設定できるものもあります。

［設定］-［アクセシビリティ］の画面を表示しておく

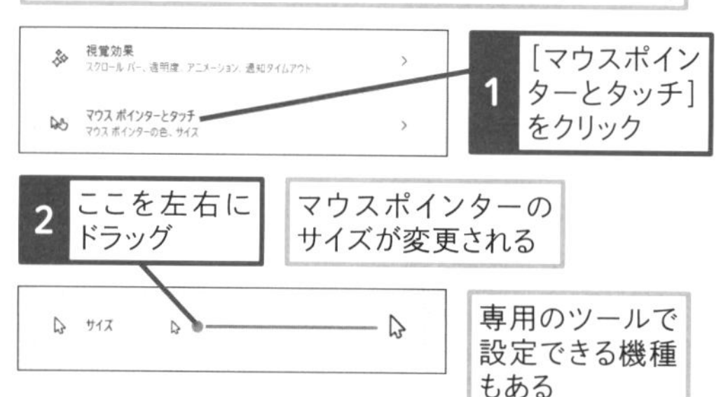

049

Home Pro

お役立ち度 ★☆☆

Q 画面の色が見えにくいときは

A ［カラーフィルター］で調整できます

画面に表示される色合いは、人によって、見え方が異なるため、見えにくいことがあります。そのようなときは［設定］の［アクセシビリティ］-［カラーフィルター］で設定します。［カラーフィルター］をオンに切り替え、下に表示されている項目のいずれかを選びます。［カラーフィルタープレビュー］を見ながら、自分が見やすい項目を選びましょう。

［設定］-［アクセシビリティ］の画面を表示しておく

1 ［カラーフィルター］をクリック

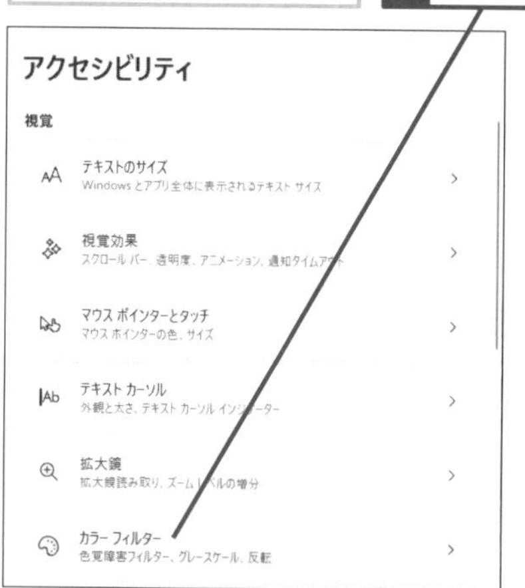

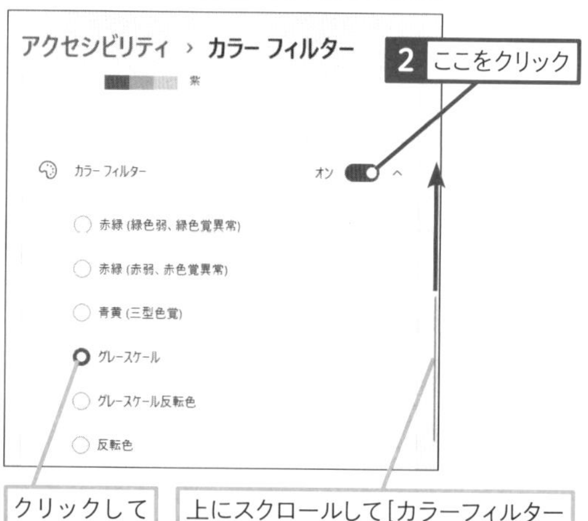

050

Home Pro

お役立ち度 ★★☆

Q ダブルクリックをうまく認識させるには

A クリックの間隔を調整します

ダブルクリックをするときに、クリックの間隔が速すぎたり、遅すぎたりすると、うまく認識されないことがあります。クリックの間隔は［マウスのプロパティ］-［ダブルクリックの速度］で調整できます。

［設定］-［Bluetoothとデバイス］-［マウス］の画面を表示しておく

1 画面を下にスクロール

2 ［マウスの追加設定］をクリック

Bluetooth とデバイス › マウス

ホバーしたときに非アクティブ ウィンドウをスクロールする　オン

関連設定

マウスの追加設定　ポインター アイコンと可視性

マウス ポインター　ポインターのサイズと色

マルチ ディスプレイ

［マウスのプロパティ］の画面が表示された

3 ［ボタン］タブをクリック

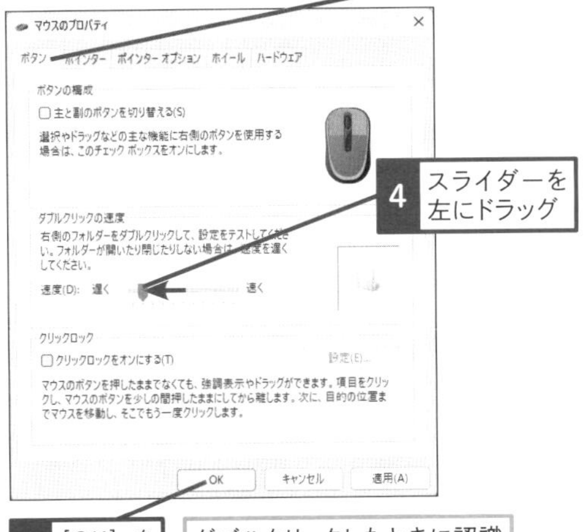

5 ［OK］をクリック

ダブルクリックしたときに認識される速度が遅くなる

関連053 ダブルタップの速さを調整したい ► P.54

051

Home Pro

お役立ち度 ★★★

Q マウスポインターが移動する速さを変更するには

A ［マウスポインターの速度］で変更します

マウスポインターの動きが速すぎたり、遅すぎるときは、マウスポインターの移動速度を変更します。マウスポインターの移動速度は以下のように、［マウスポインターの速度］で調整します。

［設定］-［Bluetoothとデバイス］-［マウス］の画面を表示しておく

1 ［マウスポインターの速度］のスライダーを右にドラッグ

マウスポインターの移動が速くなる

Bluetooth とデバイス › マウス

マウスの主ボタン　左

マウス ポインターの速度

052

Home Pro

お役立ち度 ★★☆

Q 画面がスクロールする速さを調整したい

A ホイール操作の速度を変更します

マウスの左右ボタンの中間にある「ホイール」は、前後に回転させることで、画面をスクロールできます。ホイールを回転させたときに画面がスクロールする速さは、［一度にスクロールする行数］のスライダーを調整して、設定できます。

［設定］-［Bluetoothとデバイス］-［マウス］の画面を表示しておく

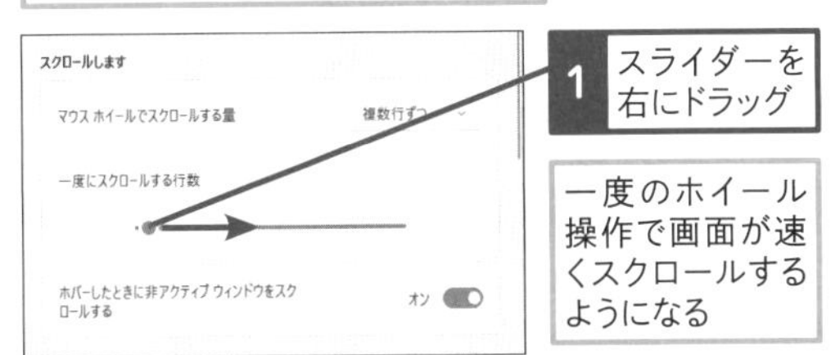

053

Home Pro

お役立ち度 ★★

Q ダブルタップの速さを調整したい

A [ダブルタップの設定] でスピードを変更します

タブレットやタッチパネル対応ノートパソコンで、思うようにダブルタップの操作ができないときは、ダブルタップの速度を変更しましょう。[コントロールパネル] の [ペンとタッチ] でタッチ操作に関する設定ができます。以下のように操作して、[ダブルタップの設定] が表示されたら、[スピード] のスライダーを [遅い] 側に動かします。設定後は [設定のテスト] で確認できるので、試してみましょう。

ワザ023を参考に、[コントロールパネル] の画面を表示しておく

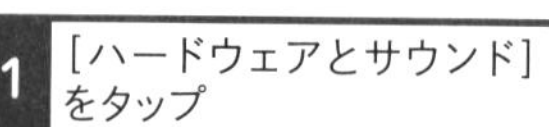

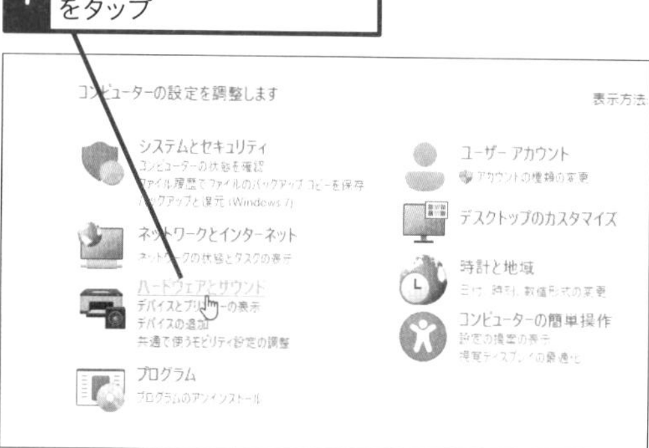

2 [ペンとタッチ] をタップ

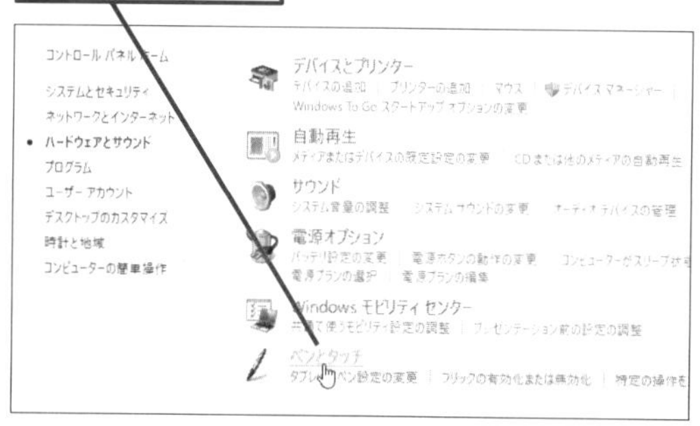

[ペンとタッチ] の画面が表示された

3 [タッチ] タブをタップ

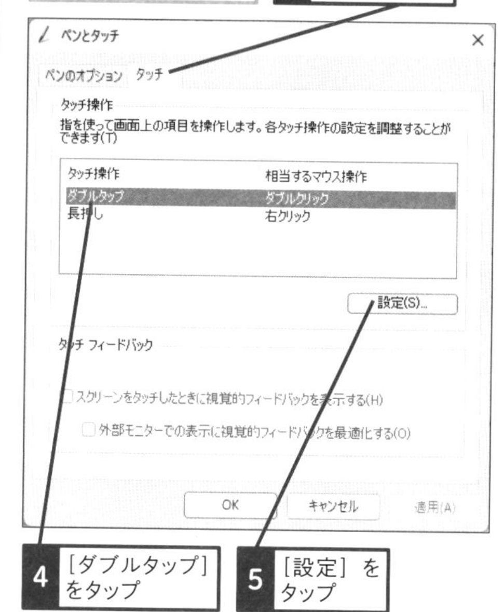

4 [ダブルタップ] をタップ

5 [設定] をタップ

[ダブルタップの設定] の画面が表示された

6 スライダーを左にドラッグ

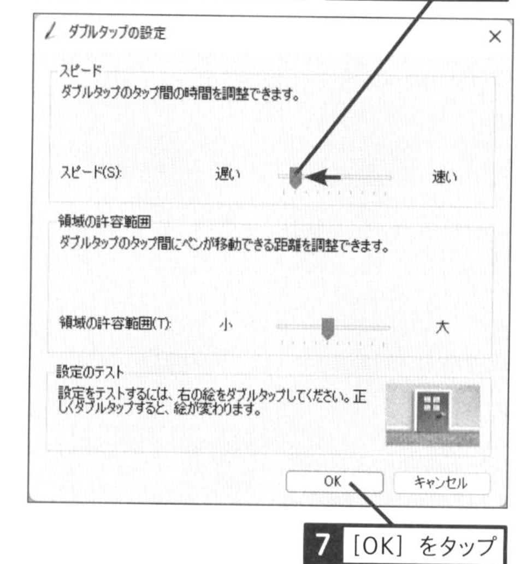

7 [OK] をタップ

ダブルタップとしたときに認識される速度が遅くなった

[設定のテスト] の右側の図をダブルタップすると、設定後の速度が確認できる

関連 054 長押しが有効になるまでの時間を調整するには ▸ P.55

054

Home Pro

お役立ち度 ★★☆

Q 長押しが有効になるまでの時間を調整するには

A ［長押しの設定］でスピードを変更します

タッチ操作の長押しに必要な時間は、調整できます。ワザ053を参考に、［ペンとタッチ］の画面を表示します。［長押し］を選んで、［設定］をタップすると、［長押しの設定］が表示されます。［スピード］のスライダーを左右に動かして調整します。設定後は［設定のテスト］で確認できるので、試してみましょう。

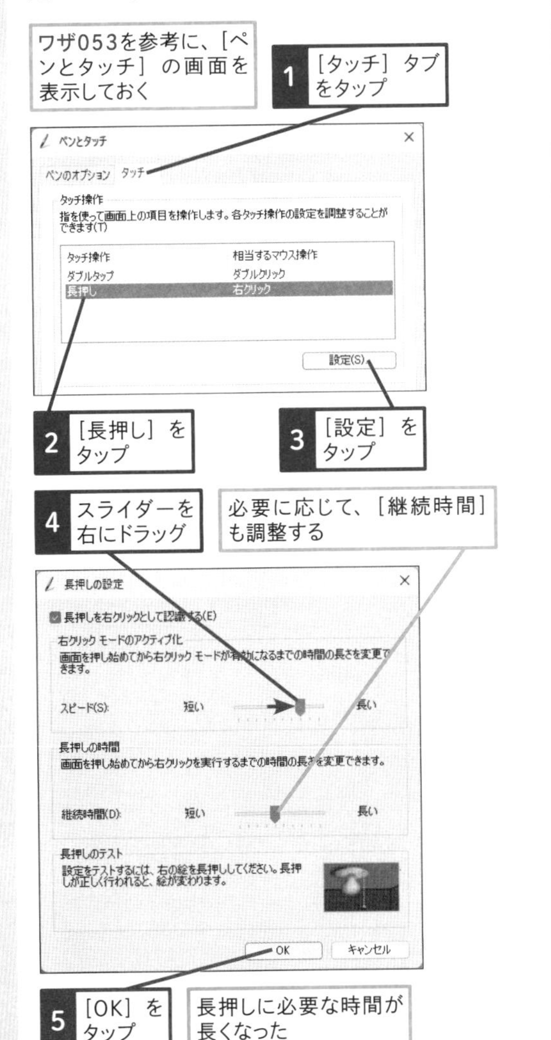

055

Home Pro

お役立ち度 ★★★

Q タッチパッドを便利に使うには

動画で見る

A ジェスチャで効率よく作業できます

タッチパッドはマウスポインターの移動やボタンのクリック以外に、さまざまなジェスチャによる操作を使うことで、効率よく作業ができます。タッチパッドのジェスチャは［設定］の［Bluetoothとデバイス］-［タッチパッド］の［ジェスチャと操作］で設定できます。［タップ］の［2本の指でタップして右クリックする］、［スクロール&ズーム］の［2本の指をドラッグしてスクロールする］は、もっとも基本的なものなので、覚えておきましょう。パソコンによっては［3本指ジェスチャ］や［4本指ジェスチャ］の項目が用意されていたり、まったく別のジェスチャが設定されていることもあるので、確認しておきましょう。

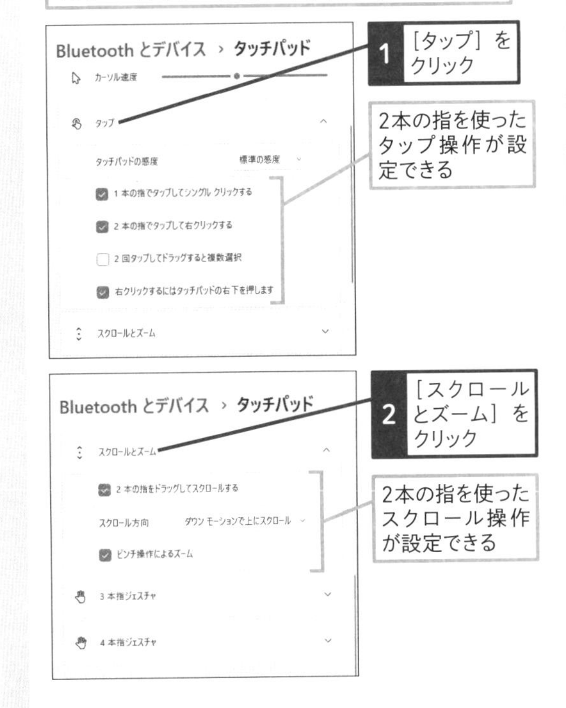

関連 023 ［設定］と［コントロールパネル］はどう使い分けるの？ ▸ P.41

文字入力の基本ワザ

パソコンを使ううえで、文字入力はもっとも基本的な操作です。思い通りに文字を入力できれば、パソコンを快適に使うことができます。ここでは文字の入力に役立つワザを説明します。

056

Home Pro

お役立ち度 ★★★

Q 英数字と日本語の入力モードを切り替えるには

A [半角/全角]キーで切り替えます

英数字と日本語の入力モードを切り替えるには、[半角/全角]キーを押します。英数字入力モードのときは日本語入力モードに、日本語入力モードのときは英数字入力モードに切り替わります。入力モードを切り替えると、以下のように現在のモードが表示されます。

関連060 言語バーを表示するには ▸ P.57
関連062 カタカナや英字に簡単に変換するには ▸ P.58

入力モードが半角英数のときは[A]と表示されている

1 [半角/全角]キーを押す

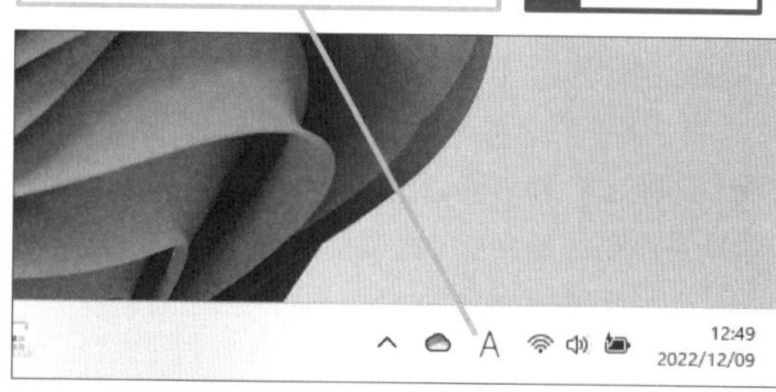

入力モードが切り替わり、[あ]と表示された

アイコンをクリックしても切り替えられる

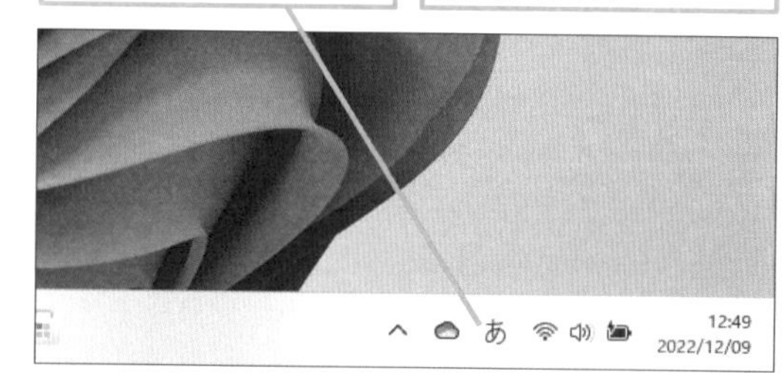

057

Home Pro

お役立ち度 ★★★

Q ローマ字で日本語を入力するには

A [IMEオプション]で切り替えられます

日本語の文字入力が「かな入力」モードになってしまったときは、ローマ字入力に戻すことができます。通知領域のIMEのアイコンを右クリックして、[IMEオプション]を表示します。[かな入力]をクリックして、[かな入力(オフ)]にすると、ローマ字入力に切り替わります。

関連059 かな入力モードで入力したい! ▸ P.57

1 IMEのアイコンを右クリック

2 [かな入力]をクリックして、オフにする

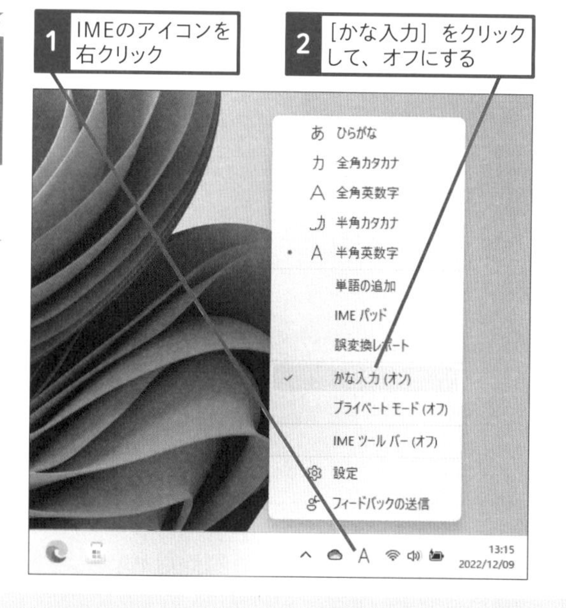

058

Home Pro

お役立ち度 ★★

Q 言語バーはどこにあるの？

A 通常は非表示になっています

Windows 11の標準設定では、言語バーは表示されません。通知領域にある［あ］や［A］と表示されたIMEのアイコンを右クリックすると、言語バーの機能である［IMEパッド］の表示や辞書への登録ができます。従来のWindowsと同様に言語バーを表示するには、ワザ060を参照してください。

Windows 11では言語バーが表示されない

アイコンを右クリックすると、メニューが表示される

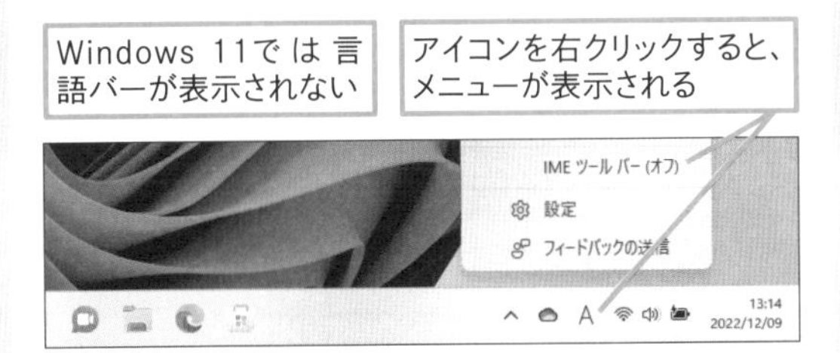

059

Home Pro

お役立ち度 ★

Q かな入力モードで入力したい！

A ［IMEオプション］で切り替えられます

日本語入力をローマ字入力からかな入力に切り替えるには、通知領域のIMEのアイコンを右クリックして、［IMEオプション］を表示します。［かな入力（オフ）］をクリックして、［かな入力］にすると、かな入力に切り替わります。意図せず、ローマ字入力に切り替わったときは、この方法で元に戻しましょう。

1 IMEのアイコンを右クリック

2 ［かな入力］をクリックしてオンにする

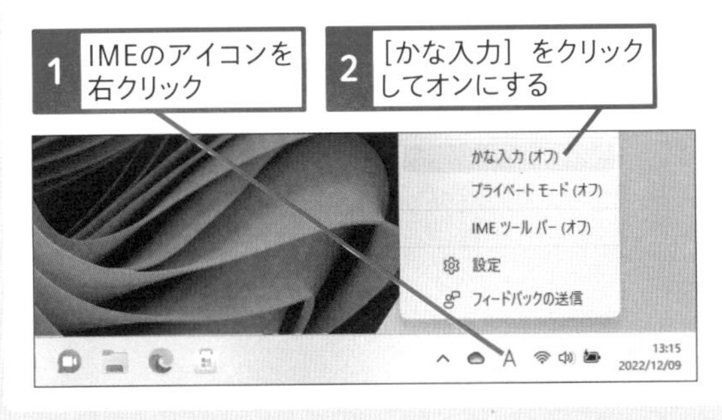

060

Home Pro

お役立ち度 ★★★

Q 言語バーを表示するには

A ［キーボードの詳細設定］で設定します

Windows 11の標準設定では、言語バーが表示されていません。［IMEパッド］や各種ツールなど、IMEのさまざまな機能を頻繁に切り替えたいときは、言語バーを表示しておくと便利です。以下のように操作すると、言語バーを表示できます。

ワザ023を参考に、［設定］の画面を表示しておく

1 ［時刻と言語］をクリック

2 ［入力］をクリック

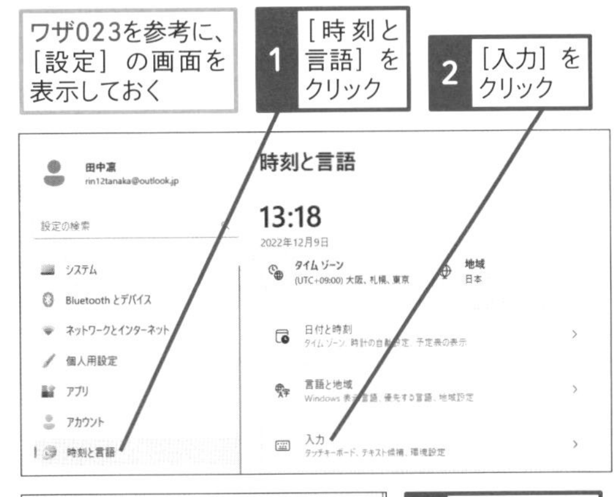

3 ［キーボードの詳細設定］をクリック

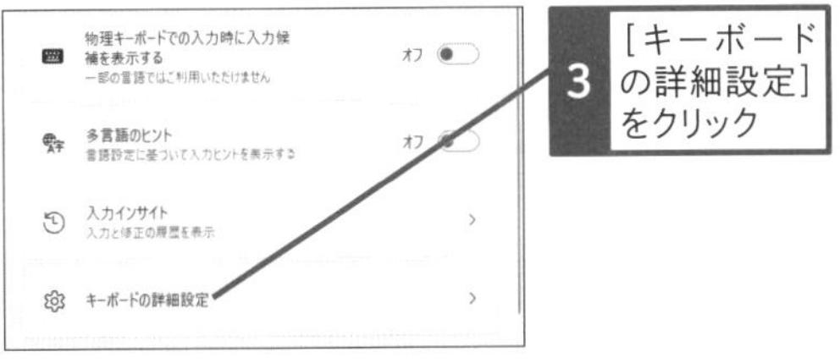

4 ［使用可能な場合にデスクトップ言語バーを使用する］をクリックして、チェックマークを付ける

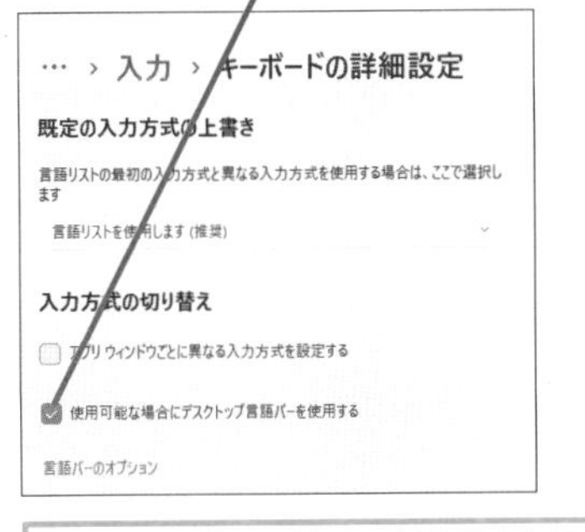

デスクトップに言語バーが表示される

061

Home Pro

お役立ち度 ★★★

Q 英字を大文字で入力したい

A Shift キーを押しながら入力します

インターネットでWebページにパスワードを入力するときに、大文字と小文字の英字を交えて入力することがあります。英字入力モードのときは、Shift キーを押しながら入力すると、英字の大文字を入力できます。また、ひらがな入力モードの状態でも Caps Lock キーを押すと、一時的に英字を入力できます。もう一度、Caps Lock キーを押せば、ひらがなの入力モードに戻ります。

1 Shift キーを押しながら、文字を入力

大文字を入力できる

Dekiru I

062

Home Pro

お役立ち度 ★★

Q カタカナや英字に簡単に変換するには

A ファンクションキーで変換します

キーボード上段の F7 ～ F10 のファンクションキーを使うと、入力中の文字をいろいろな種類の文字に変換できます。ファンクションキーに他の機能が割り当てられているときはワザ064を参考に切り替えます。

●ファンクションキーによる文字変換の例

キー	変換内容	例
F7	全角カタカナに変換	デキル
F8	半角カタカナに変換	ﾃﾞｷﾙ
F9	全角英数字に変換	ｄｅｋｉｒｕ
F10	半角英数字に変換	dekiru

063

Home Pro

お役立ち度 ★

Q 音声を使って入力するには

A ⊞+Hで入力できます

Windows 11ではパソコンのマイクを使い、音声で文字を入力できます。［メモ帳］などで文字を入力できる状態にしておき、⊞+Hキーを押すと、音声入力の画面が表示されます。効果音が鳴り、［マイク］のアイコンが反転すると、音声入力が可能な状態になり、話した内容が認識され、文字が入力されます。音声で文字を入力するには、インターネットに接続されている必要があります。

ショートカットキー 音声入力 ⊞+H

音声入力をしたい箇所にマウスカーソルを合わせておく

1 ⊞+Hキーを押す

音声入力の画面が表示された

2 「おはようございます」と話す

話した内容がテキストで表示された

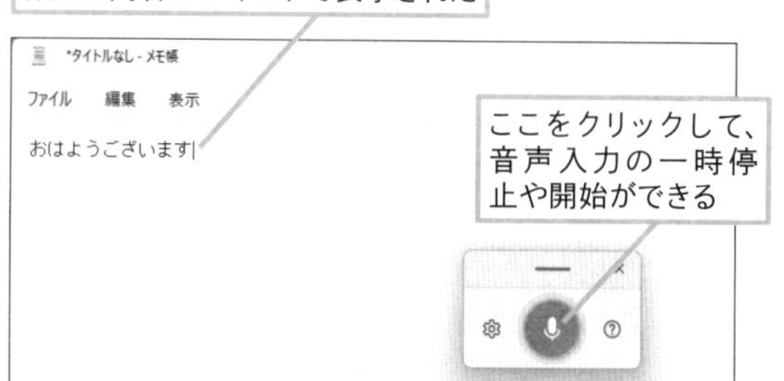

ここをクリックして、音声入力の一時停止や開始ができる

064

Home Pro

お役立ち度 ★★☆

Q ファンクションキーが使えないときは

A Fnキーを押して、切り替えます

キーボード上段にはF1～F12キーがありますが、パソコンによってはキーバックライトの調整やミュート（消音）など、他の機能が割り当てられていて、ファンクションキーとして使えないことがあります。このようなときはFnキーと組み合わせて押すことで、ファンクションキーとして利用できます。パソコンによっては割り当てを解除して、Fnキーと組み合わせて押したときに、他の機能を利用できるものもあります。機種によって、操作が異なるので、パソコンメーカーのサポートページなどを確認してみましょう。

065

Home Pro

お役立ち度 ★★☆

Q 入力した文字が目的の位置に表示されないときは

A 入力したい位置をクリックします

キーを押して、文字を入力したら、目的の位置とは別のウィンドウに入力されたり、デスクトップの左上に表示されることがあります。目的の位置に文字を入力できないときは、文字を入力するウィンドウが正しく選択されていません。入力したいウィンドウと位置をクリックして、選択しましょう。たとえば、メモ帳に文字を入力したいときは、メモ帳のウィンドウをクリックして、カーソルを表示させます。その状態でキーを押せば、正しく文字が入力されます。

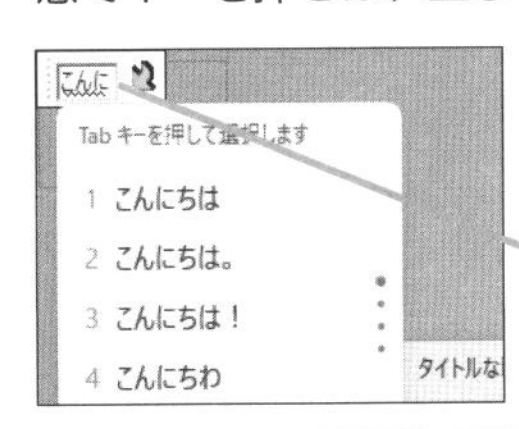

1 文字を入力

位置が指定できておらず、デスクトップの左上などに入力した文字が表示された

2 Escキーを押す

入力がキャンセルされる

066

Home Pro

お役立ち度 ★★☆

Q キーに印字されているのに入力できない文字がある！

A 直接、入力できない文字は変換します

使っているキーボードによっては、キーに印字されている「.」や「々」、「＼」がキーボードから入力できないことがあります。これらの文字は、読みから変換をすれば、簡単に入力できます。

「～」は「から」と入力して変換する

「々」は「どう」と入力して変換する

「＼（バックスラッシュ）」は「すらっしゅ」と入力して変換する

関連077 「→」や「☆」などの記号や顔文字を入力するには ▸ P.63

067

Home Pro

お役立ち度 ★★☆

Q 入力した文字が上書きされてしまう

A 上書きモードを解除しましょう

キーを押して、文字を入力したら、入力済みの文字が上書きされてしまうときは、「上書きモード」になっています。Insertキーを押して、上書きモードを解除しましょう。

Windows|

「Windows」の文字列の前に「Microsoft」を挿入したい

文字が挿入されず、上書きされてしまった

1 Insertキーを押す

上書きモードが解除され、挿入モードになる

入力効率が上がる便利ワザ

Windowsではさまざまな機能を使い、効率良く文字を入力することができます。Microsoft IMEの機能をはじめ、クリップボードの使い方など、便利ワザを解説しましょう。

068

Home Pro
お役立ち度 ★★

Q 予測変換機能はどうやって使うの？

A 変換候補から選択しましょう

Windows 11の日本語入力「Microsoft IME」には、予測変換機能が搭載されています。読みを入力すると、予測される単語や短い文言を表示する機能です。読みを入力すると、予測される候補が表示されるので、↑キーや↓キー、Tabキー、Shift＋Tabキー、マウス操作などで、入力したい文字を選びます。

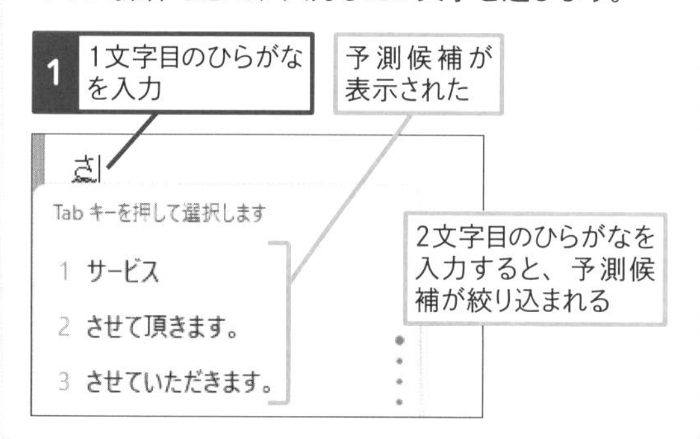

069

Home Pro
お役立ち度 ★★

Q 入力した英字が大文字になってしまうときは

A Caps Lockキーをオフにします

入力した英字が大文字になるときは、Caps Lockキーが有効になっています。Shiftキーを押しながら、Caps Lockキーを押して、設定を解除しましょう。パソコンによってはCaps Lockキーが有効かどうかを示すインジケーターのランプが付いています。

070

Home Pro
お役立ち度 ★

Q 旧仮名遣いの「ゑ」を簡単に入力したい

A 「え」から変換できます

ローマ字入力ではWYEと打つと、「ゑ」を入力できますが、「え」から変換することもできます。入力方法がわからない文字は、同じ読みの別の文字を変換するといいでしょう。

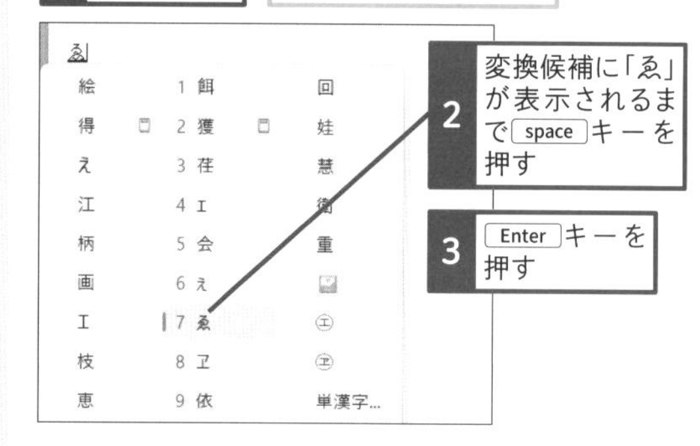

071

Home Pro
お役立ち度 ★★

Q 郵便番号から住所を入力するには

A 郵便番号を入力して変換します

読みとして、「100－0001」などの郵便番号を入力して、変換すると、該当する住所（この例では「東京都千代田区千代田」）に変換できます。「－」（ハイフン）を忘れずに入力しましょう。

072

Home Pro

お役立ち度 ★★★

Q クリップボードの履歴を利用するには

A ［クリップボードの履歴］を有効にします

クリップボードは選択した文字列や画像などをコピーし、一時的に記憶しておくことができますが、従来は直前のものしか記憶できませんでした。Windows 11では以下のように［クリップボードの履歴］を有効にすることで、以前にコピーした内容をさかのぼって、貼り付けることができます。クリップボードの履歴を表示するには、■+Vを押します。

ワザ004を参考に［システム］の画面を表示しておく

1 ［クリップボード］をクリック

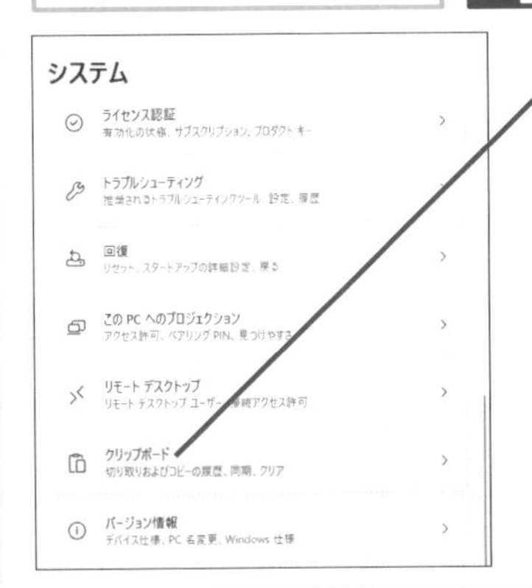

2 ［クリップボードの履歴］のここをクリックして、オンにする

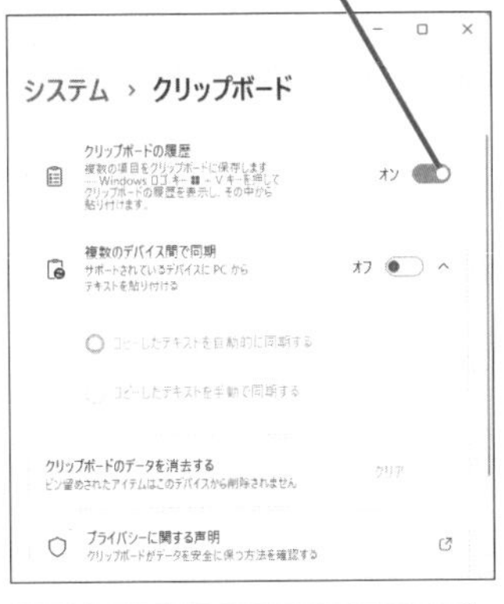

クリップボードの履歴が有効になる

■+Vキーでクリップボードの履歴が表示できる

073

Home Pro

お役立ち度 ★★★

Q クリップボードの履歴から貼り付けるには

A ■+Vで表示できます

ワザ072で説明した［クリップボードの履歴］が有効になっていると、コピーした内容は履歴として、保存されています。コピーした内容を貼り付けるときは、Ctrl+Vではなく、■+Vを使います。今までクリップボードにコピーした内容が一覧表示されるので、保存された文字列や画像を貼り付けることができます（ファイルなどは除く）。

文字列の場合は、履歴を貼り付ける場所にカーソルを合わせておく

1 ■+Vキーを押す

2 履歴をクリック

クリップボードの内容が貼り付けられた

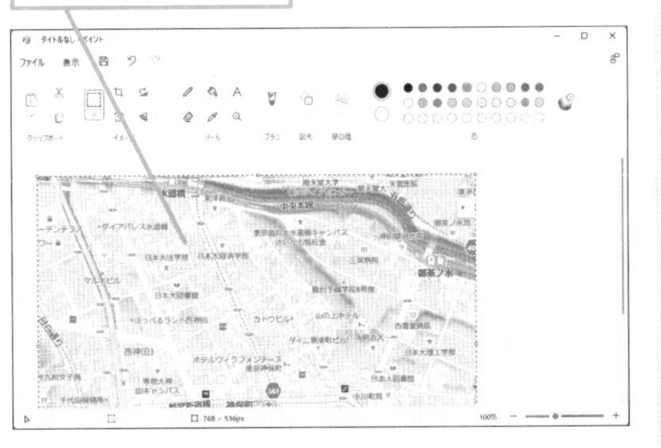

ショートカットキー クリップボードの履歴 ■+V

074

Home Pro

お役立ち度 ★★★

Q クリップボードにコピーした内容の一部だけを同期させたい

A 自動同期をしないように設定します

クリップボードの内容は、同じMicrosoftアカウントを設定したデバイス間で自動的に同期できますが、すべてではなく、一部を手動で同期する設定にもできます。[設定] の [システム] - [クリップボード] で [複数のデバイス間で同期] をオンに切り替え、[コピーしたテキストを手動で同期する] を選びましょう。⊞+Ⓥを押し、以下のように操作すると、一覧から選択した内容だけが同期されます。

[設定] - [システム] - [クリップボード] の画面を表示しておく

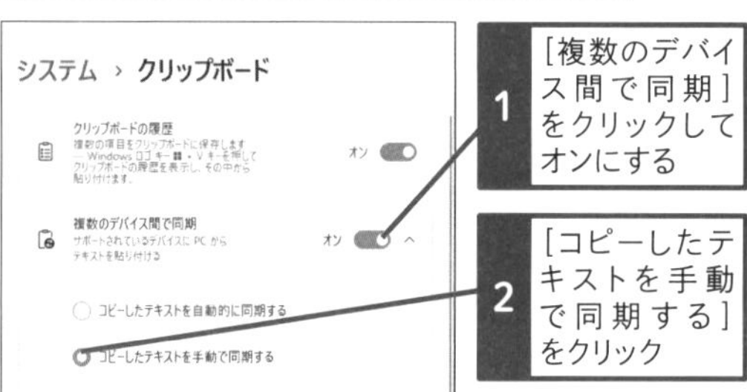

1 [複数のデバイス間で同期] をクリックしてオンにする

2 [コピーしたテキストを手動で同期する] をクリック

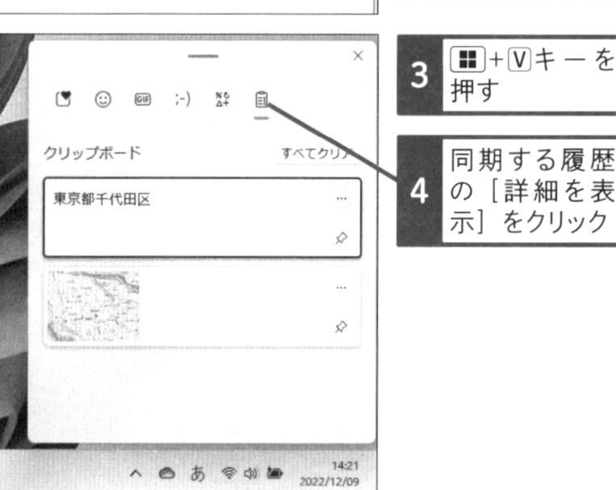

3 ⊞+Ⓥキーを押す

4 同期する履歴の [詳細を表示] をクリック

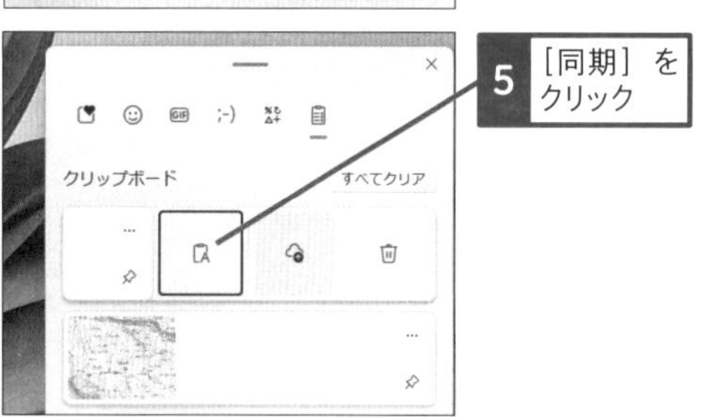

5 [同期] をクリック

075

Home Pro

お役立ち度 ★★★

Q クリップボードの履歴をクリアするには

A [すべてクリア] でクリアできます

⊞+Ⓥを押したときに表示されるクリップボードの履歴は、そのままにしておくと、どのような内容をコピーしたのかがわかってしまいます。共有で利用するパソコンの場合は、クリップボードの履歴で作業の内容が把握できてしまうため、定期的にクリップボードの履歴を消去しましょう。クリップボードの履歴をクリアするには、⊞+Ⓥを押して、[すべてクリア] をクリックします。ちなみに、[すべてクリア] を選択しても「アイテムの固定」でピン留めされた内容は消去されません。クリップボードの項目をピン留めするには、ピン留めしたい項目をクリックしてから、[アイテムの固定] をクリックします。頻繁に貼り付けをしたい内容は、ピン留めしておくと、履歴から消去されないため、便利に使うことができます。

●クリップボードの履歴をクリアする

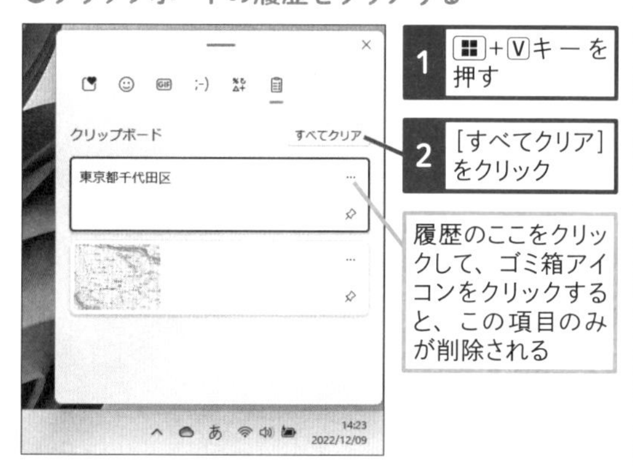

1 ⊞+Ⓥキーを押す

2 [すべてクリア] をクリック

履歴のここをクリックして、ゴミ箱アイコンをクリックすると、この項目のみが削除される

●クリップボードにピン留めする

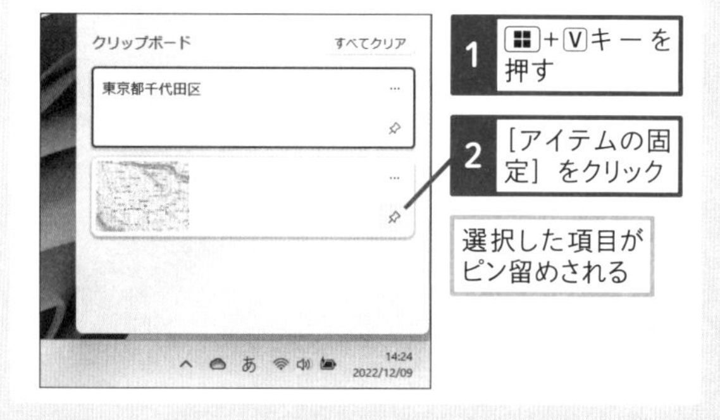

1 ⊞+Ⓥキーを押す

2 [アイテムの固定] をクリック

選択した項目がピン留めされる

076

Home Pro
お役立ち度 ★★★

Q 入力時に表示される予測入力の候補を消したい

A Microsoft IMEの設定でオフにできます

文字を入力していて、予測入力の候補が邪魔なときは、ワザ057を参考に、[IMEオプション] から [設定] をクリックします。[Microsoft IME] の設定で[全般] をクリックして、予測入力で [オフ] を選ぶと、文字入力時に予測入力の候補が表示されなくなります。

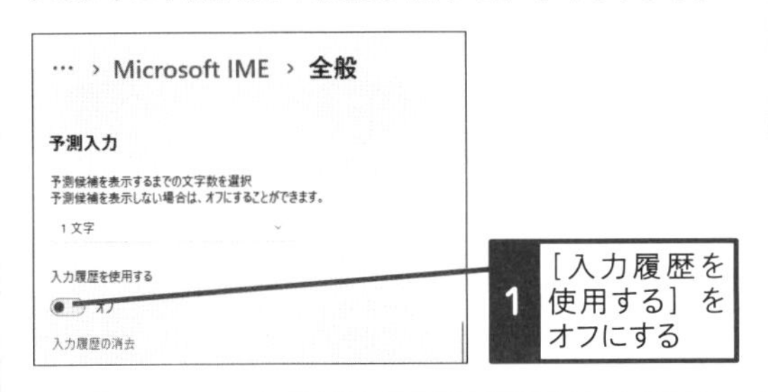

077

Home Pro
お役立ち度 ★★★

Q 「→」や「☆」などの記号や顔文字を入力するには

A 読みを入力して変換しましょう

「→」や「☆」「※」などの記号は、読みを入力すれば、変換できます。たとえば、「やじるし」と入力して変換すると、「↑」や「↓」などの記号を入力できます。また、「かお」や「かおもじ」を入力して変換すると、顔文字も入力できます。

●入力できる記号と読みの例

記号	読み	記号	読み
↑↓←→⇔⇒	やじるし	○●◎	まる
※	こめ	△▲▽▼	さんかく
〒	ゆうびん	□■◇◆	しかく
♪	おんぷ	☆★	ほし

関連 085 キーボードで絵文字を入力するには ▸ P.67

078

Home Pro
お役立ち度 ★★★

Q 文章を好きなところで区切って変換するには

A 文節区切りを変更しましょう

入力した読みが意図しない文節で変換されてしまうときは、変換の対象となる文節の区切りを変更します。文節の区切りを変更すると、その文節単位で漢字に変換されます。

「明日は医者に行きます」という文章を入力する

1 「あしたはいしゃにいきます」と入力

あしたはいしゃにいきます

Tab キーを押して選択します

1 明日歯医者に行きます

意図しない予測候補が表示された

2 space キーを押す

意図しない候補で変換が行なわれた

明日歯医者に行きます

3 Shift + → キーを押す

変換の文節区切りが変更された

あしたはいしゃに行きます

4 space キーを押す

意図した文節で変換された

明日は医者に行きます

5 Enter キーを押す

文章の入力が完了した

関連 079 間違って確定した漢字を再変換するには ▸ P.64

079

Home Pro
お役立ち度 ★★★

Q 間違って確定した漢字を再変換するには

A 文字を選択して 変換 キーを押します

文字を入力しているとき、間違って変換した文字を確定してしまうことがあります。このようなとき、文字をもう一度、入力し直す必要はありません。間違って確定した文字をドラッグして選択し、変換 キーを押せば、選択した文字を再変換できます。

意図しない漢字で変換を確定してしまった

1 再変換したい文字列をドラッグして選択

2 変換 キーを押す

明日は医者に行きます

再変換候補が表示された

3 目的の変換候補になっていることを確認

明日歯医者に行きます

1 歯医者
2 敗者
3 廃車
4 配車
5 拝謝
6 廃止や
7 肺子や

4 Enter キーを押す

漢字が再変換された

明日歯医者に行きます

関連 078 文章を好きなところで区切って変換するには ▸ P.63

080

Home Pro
お役立ち度 ★★★

Q 読み方がわからない漢字を入力したい

A ［IMEパッド］から入力します

読み方がわからない漢字は、［IMEパッド］を使って、画数や部首から探すことができます。以下のように操作して、［IMEパッド］を起動します。たとえば、画数から漢字を探したいときは［総画数］（画）、部首から探したいときは［部首］（部）をクリックすれば、それぞれ画数や部首から読みのわからない漢字を探し、入力することができます。

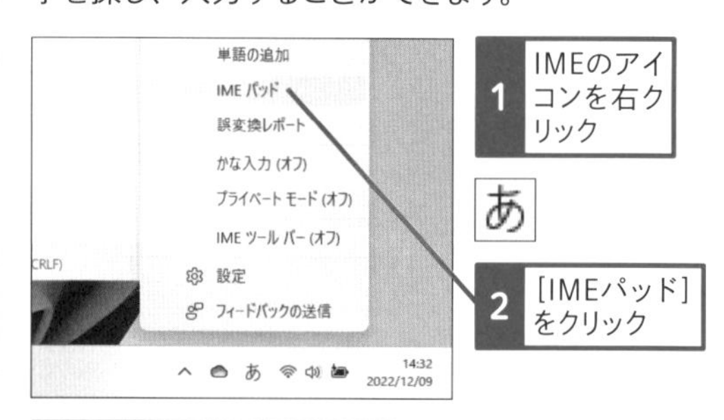

1 IMEのアイコンを右クリック

あ

2 ［IMEパッド］をクリック

［IMEパッド］が表示された

3 ［部首］をクリック

部

4 ここをクリックして画数を選択

5 目的の部首をクリック

6 目的の漢字をクリック

マウスポインターを合わせると、読み方が表示される

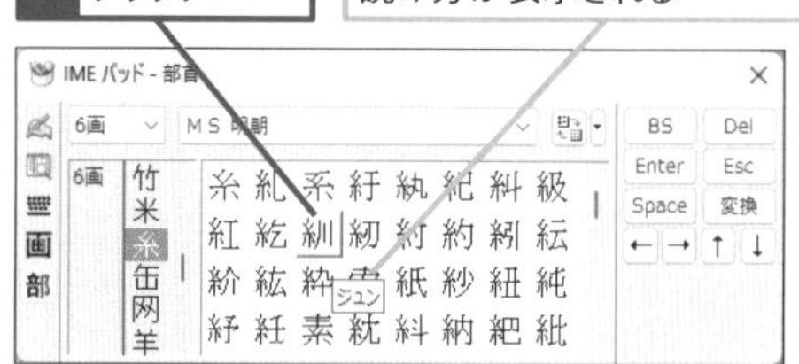

入力画面に文字が表示された

7 Enter キーを押す

081

Home Pro

お役立ち度 ★★★

Q kgや㎡などの単位を入力するには

A ［IMEパッド］-［文字一覧］を使います

単位記号などの特殊文字は、読みを入力して、変換できます。たとえば、「へいほうめーとる」を変換すれば、「㎡」が候補に表示されます。読みがわからないときなどは、［IMEパッド］の［文字一覧］から選んで、入力することができます。

ワザ080を参考に、［IMEパッド］を表示しておく

1 ［文字一覧］をクリック

記号の一覧が表示された

2 ここをクリックして、［Meiryo UI］を選択

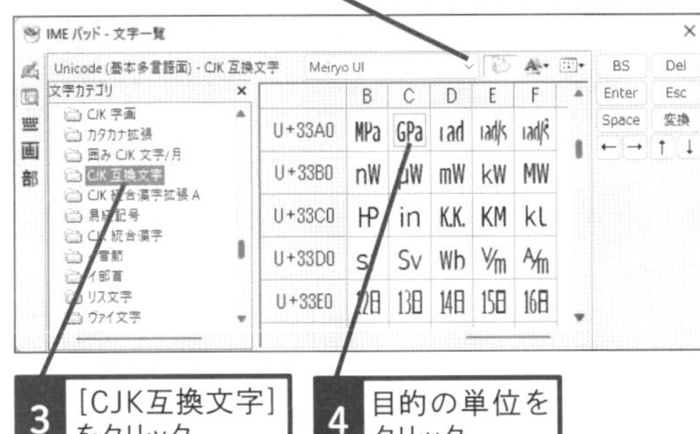

3 ［CJK互換文字］をクリック

4 目的の単位をクリック

入力画面に単位が表示された

5 Enter キーを押す

関連077 「→」や「☆」などの記号や顔文字を入力するには ▸ P.63

082

Home Pro

お役立ち度 ★★★

Q 変換しても表示されない漢字をすばやく入力するには

A Microsoft IMEの辞書に登録します

「読み」を入力して、変換されない単語は、Microsoft IMEの辞書に単語として、登録しておくと、次回から変換できるようになります。特に、人名などは変換できないことが多いので、登録しておくと、次回以降、すぐに変換できます。

ここでは「ひがしたけにし」と入力して、「東嵩西」と変換できるようにする

1 IMEのアイコンを右クリック

2 ［単語の追加］をクリック

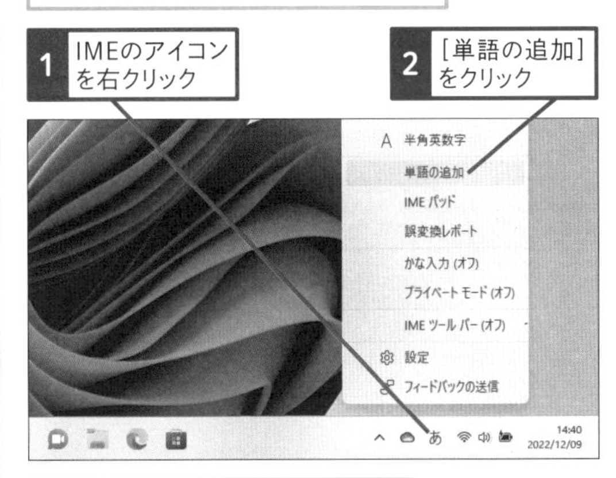

［単語の登録］の画面が表示された

3 登録する単語を入力

4 読みを入力

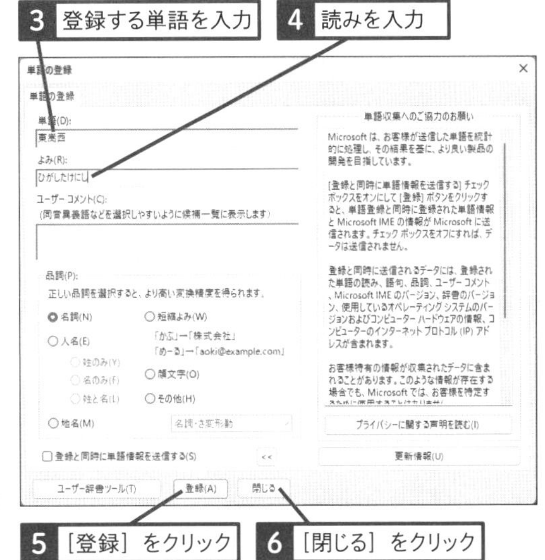

5 ［登録］をクリック

6 ［閉じる］をクリック

083

Home Pro
お役立ち度 ★★

Q 手書きで文字を入力するには

A マウスのドラッグで入力します

書き方はわかるのに、読みがわからない漢字は、[IMEパッド] の [手書き] で入力します。以下のように操作して、マウスをドラッグして、手書きで文字を認識できます。旧字体や難しい漢字などを入力するときにも便利です。ペン入力対応のパソコンでは、[IMEパッド] の手書きにペンで入力することもできます。

ワザ080を参考に [IMEパッド] を表示しておく

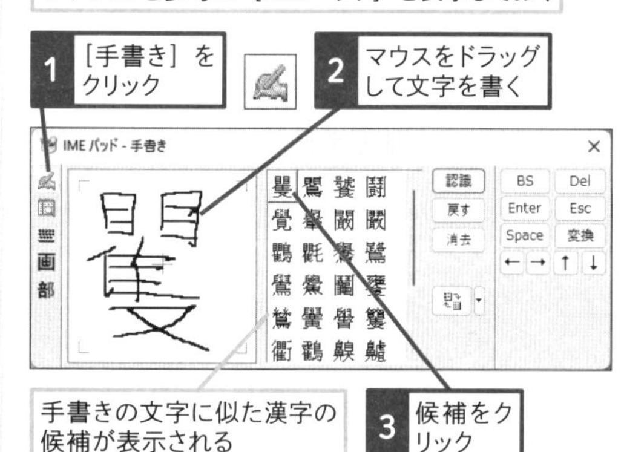

ステップアップ

用途に合わせてIMEを使い分けよう

Windows 11には標準でMicrosoft IMEが搭載されているため、日本語の入力ができますが、他社製のIMEをインストールして使うこともできます。他社製のIMEには、Googleの「Google日本語入力」をはじめ、ジャストシステムの「ATOK」などがあります。Google日本語入力はインターネットで使われる用語が充実しているため、普段のコミュニケーションのメールやメッセンジャー、SNSなどで便利に使うことができます。ATOKは変換精度が高く、敬語の間違いや類義語の表示などができ、電子辞書を追加する機能なども用意されています。用途や目的に合わせて、IMEを選ぶようにすれば、一段とスムーズに文字入力ができるようになります。

084

Home Pro
お役立ち度 ★★

Q ペンを設定するには

A ボタンのショートカットを設定できます

Windows 11はペン入力デバイスに対応しており、ペンのボタンにショートカットを割り当てることができます。ボタンにショートカットを割り当てると、ペンで画面をキャプチャできたり、OneNoteをすばやく起動したりできます。ペンのショートカットは[設定]の [Bluetoothとデバイス] - [ペンとWindows Ink] で設定します。ペンの設定はメーカーによって異なり、専用の設定アプリを使う製品もあります。

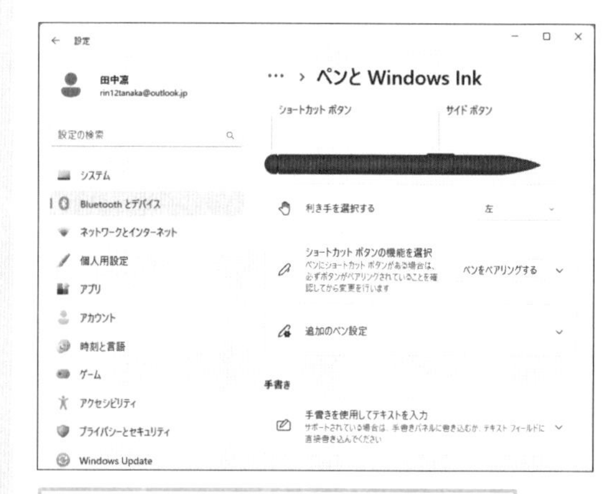

[設定] - [Bluetoothとデバイス] - [ペンとWindows Ink] の画面で各種の設定ができる

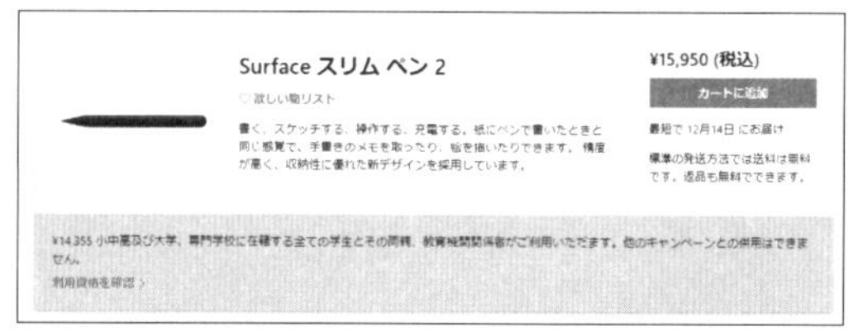

MicrosoftのSurfaceシリーズには純正のペンが別売で用意されている

▼Surface ペン 製品情報
https://www.microsoft.com/ja-jp/d/surface-%E3%83%9A%E3%83%B3/8zl5c82qmg6b?activetab=pivot%3aoverviewtab

085

Home Pro

お役立ち度 ★★☆

Q キーボードで絵文字を入力するには

動画で見る

A ⊞+.キーで一覧を表示できます

絵文字や記号は、一覧を表示して、選んで入力することができます。⊞+.キーまたは⊞+Vキーを押すと、絵文字の一覧が表示されるので、入力したい絵文字をクリックして、入力します。また、上段の［顔文字］タブをクリックすると顔文字、［記号］タブをクリックすると記号の一覧が表示されます。入力したい文字の種類を選んで、使い分けましょう。

●絵文字を表示する

絵文字を入力したい箇所にカーソルを移動しておく

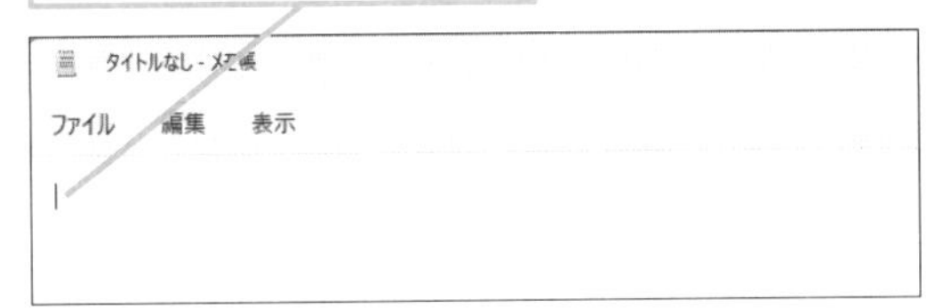

1 ⊞+.キーを押す

［絵文字］画面が表示された

2 使いたい絵文字をクリック

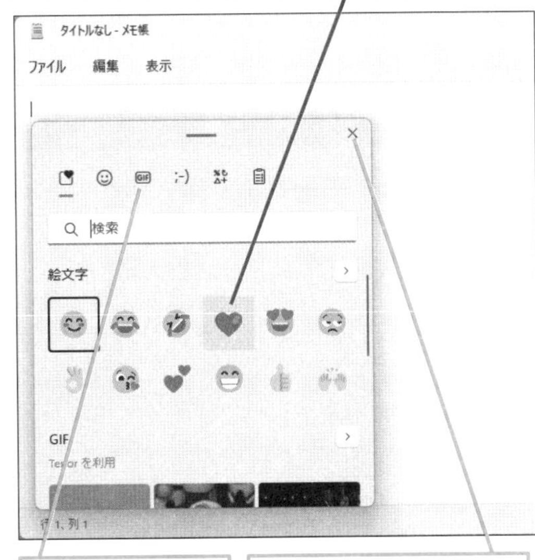

カテゴリーから他の絵文字を選べる

［絵文字］画面を閉じるにはここをクリックする

●顔文字を表示する

［絵文字］画面を表示しておく

1 ［顔文字］をクリック

顔文字が表示された

●記号を表示する

［絵文字］画面を表示しておく

1 ［記号］をクリック

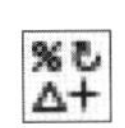

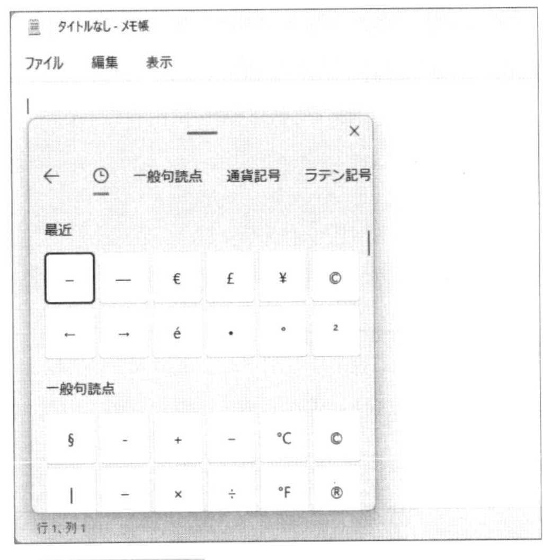

記号が表示された

ショートカットキー 入力パネルの表示 ⊞+.

関連 077 「→」や「☆」などの記号や顔文字を入力するには ▸ P.63

タッチキーボードでの入力と設定

タブレットで文字を入力するには、画面に表示されるタッチキーボードを使います。タッチキーボードの基本的な使い方をはじめ、自由に文字を入力する方法をマスターしましょう。

086

Home Pro
お役立ち度 ★★★

Q タッチキーボードで入力モードを切り替えるには

A [A] キーや [あ] キーをタップします

タッチキーボードで日本語（ローマ字）を入力するときは、スペースキーの左隣にある [A] キーをタップします。表示が[A] のときは英字入力、表示が[あ] のときは日本語（ローマ字）入力が選ばれています。

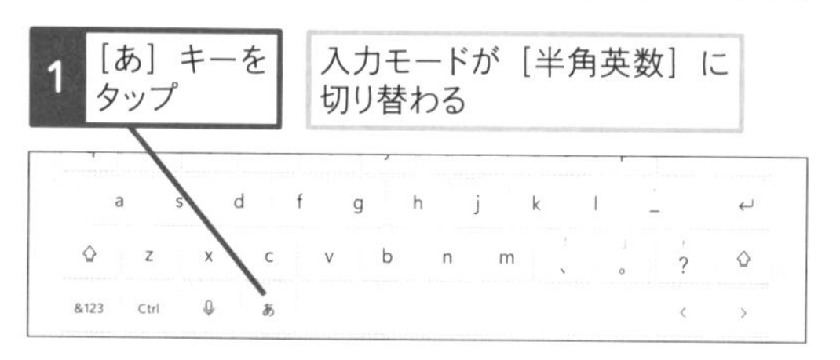

087

Home Pro
お役立ち度 ★★

Q タッチキーボードで Shift キーを押したままの状態にするには

A [↑] キーをダブルタップします

英字の大文字を継続して入力するには、[↑]（シフトキー）をダブルタップします。キーが反転表示され、Caps Lockをオンにしたときと同じ状態になります。解除するときはもう一度、[↑] をタップしましょう。

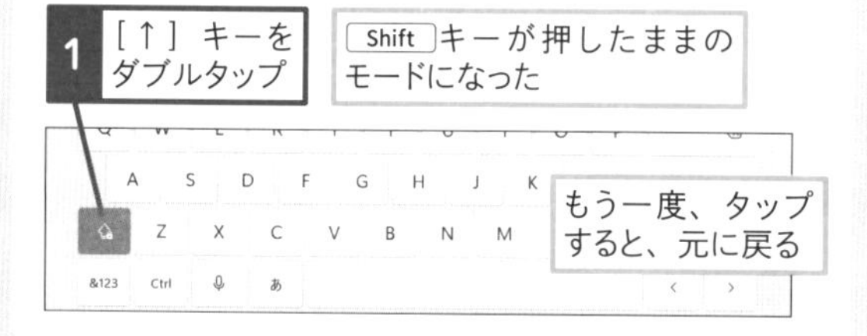

088

Home Pro
お役立ち度 ★★

Q タッチキーボードでショートカットキーを使うには

A 同時ではなく順番にタップします

タッチキーボードで Ctrl キーを使ったショートカットを使うには、キーボードのように同時にキーを押すのではなく、Ctrl キー、英字キーの順に、タップして入力します。

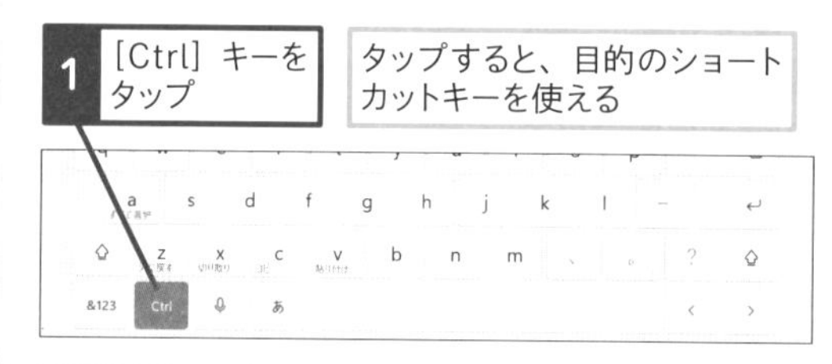

089

Home Pro
お役立ち度 ★★★

Q タッチキーボードで数字や記号を入力するには

A [&123] キーで切り替えます

タッチキーボードで数字や記号を入力するには、[&123] キーをタップします。キーボードが切り替わり、記号や数字を簡単に入力できます。左側に表示されている [>]（▶）キーを押すと、一覧を切り替えられます。標準のキーボードに戻すには、もう一度、[&123] キーをタップします。

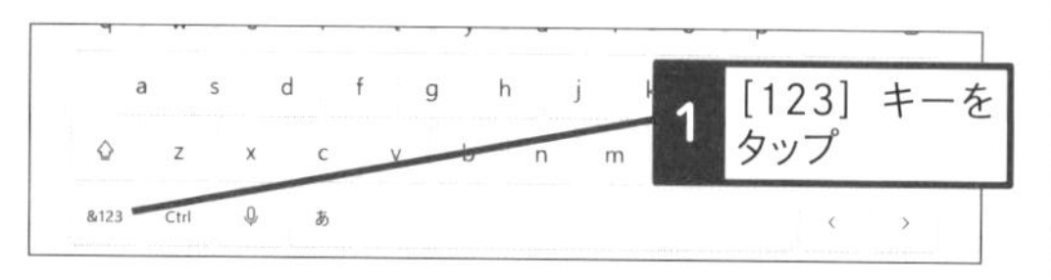

090

Home Pro

お役立ち度 ★★★

Q タッチキーボードで手書き入力するには

A 手書きパネルを表示します

タッチキーボードの手書きパネルでは、指やスタイラスペンを使って、手書きで文字を入力できます。ワザ083で説明した［IMEパッド］の［手書き］と違い、タッチキーボードの手書きパネルでは、漢字かな交じり文を入力して、文字認識ができるほか、ひらがなを入力して、予測変換を利用できます。入力を確定したあとは、タッチキーボードで改行したり、カーソルを移動するなど、文章の編集も可能です。

1 ここをタップ

2 ［手書き］をタップ

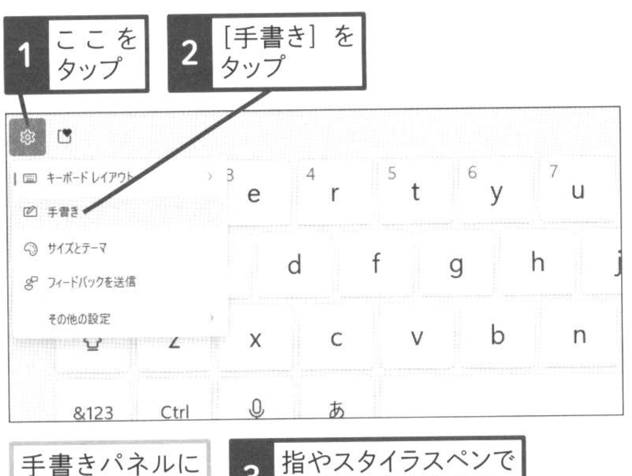

手書きパネルに切り替わった

3 指やスタイラスペンでなぞって文字を入力

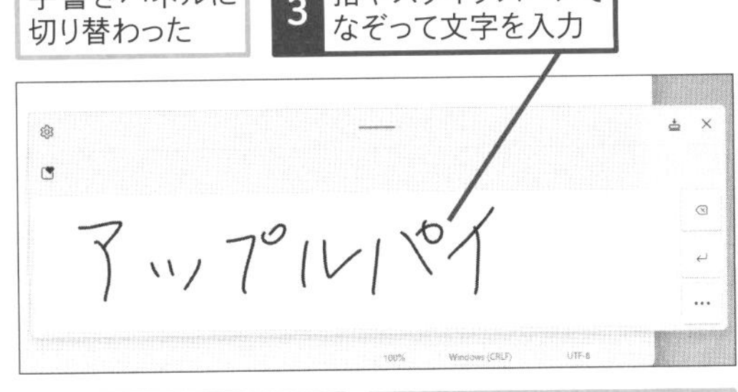

文字が認識され、変換候補が表示された

変換候補をタップすると、入力が確定する

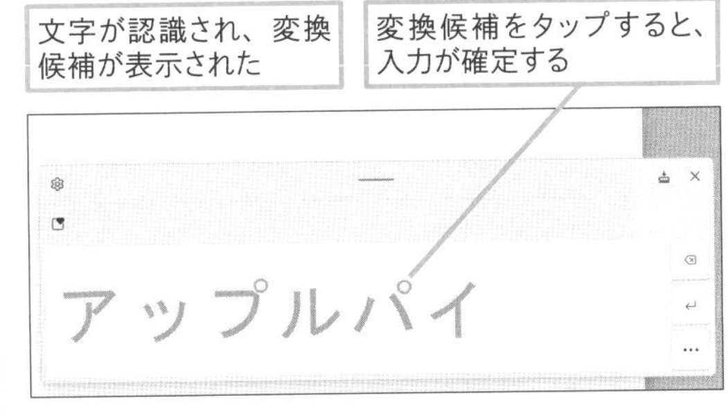

091

Home Pro

お役立ち度 ★★★

Q ［ペン］メニューにアプリを追加するには

A ［もっと見る］から追加できます

ペン入力対応のパソコンでは、［ペン］メニューが表示されます。［ペン］メニューにはペン入力に対応したアプリも表示されますが、以下のように操作することで、その他のペン入力対応アプリを追加することができます。表示されている［おすすめのアプリ］のアプリから、自分がよく使うアプリを選んで、ピン留めしておきましょう。逆に、ピン留め済みのアプリで、あまり使わないものがあるときは、アプリ名の右に表示されている［×］をクリックして、削除することができます。

1 ［ペン］をクリック

2 ［もっと見る］をクリック

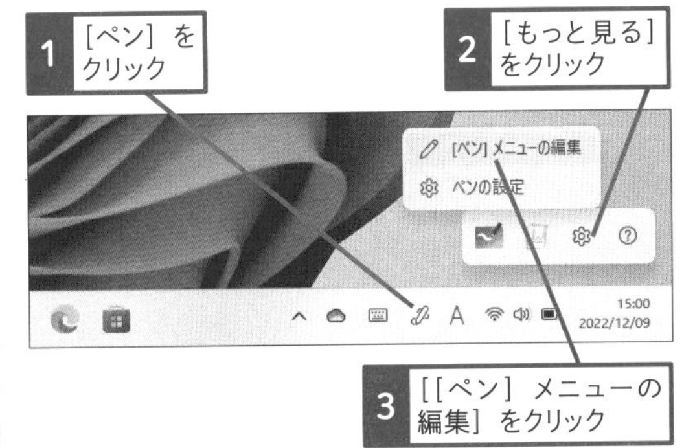

3 ［［ペン］メニューの編集］をクリック

ここをクリックすると、ピン留めするアプリを追加できる

第3章 デスクトップの便利ワザ

スタートメニューを活用する

Windows 11にはこれまでのWindowsと違った新しいデザインの［スタート］メニューが搭載されています。Windows 11の［スタート］メニューを使いこなすワザを解説します。

092

Home Pro

お役立ち度 ★★★

Q アプリを起動するには

A ［スタート］メニューから起動します

タスクバーに表示されている[スタート] ボタンをクリックすると、[スタート] メニューが表示されます。［スタート］メニューにはピン留めされたアプリが表示されていて、これらをクリックすると、アプリが起動できます。右上の［すべてのアプリ］をクリックすると、インストールされているすべてのアプリがアルファベット順、五十音順に一覧で表示されます。［すべてのアプリ］の右上の［戻る］をクリックすれば、再び最初の［スタート］メニューに戻ります。

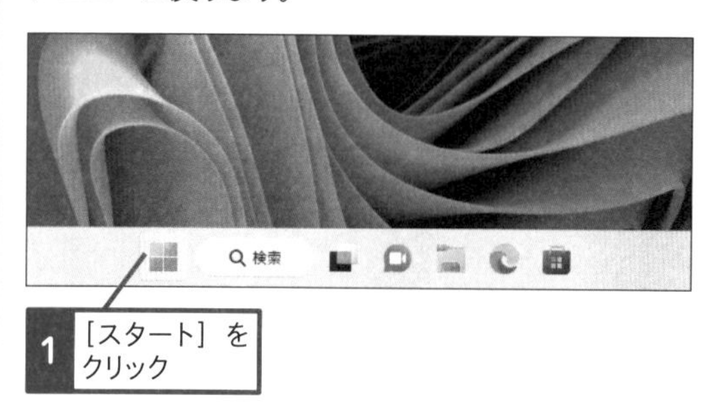

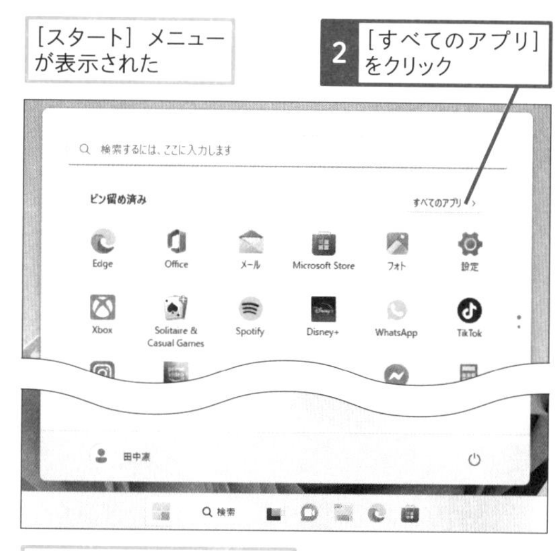

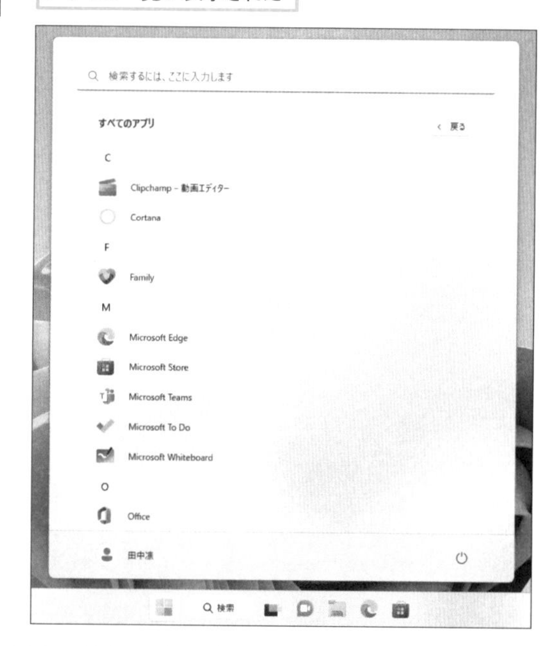

ショートカットキー ［スタート］メニューの表示
⊞

関連 095 頻繁に使うアプリを起動しやすくするには ▸ P.72

関連 097 アプリを［ピン留め］に追加するには ▸ P.73

093

Home Pro
お役立ち度 ★★★

Q [スタート] メニューのレイアウトを変更するには

動画で見る

A [スタート設定] で変更できます

[スタート] メニューに表示されているアプリやおすすめは、以下のように操作し、[スタート設定] を選ぶと、変更できます。[さらにピン留めを表示する] や [さらにおすすめを表示する] を選ぶと、ピン留めしたアプリやおすすめをそれぞれ多く表示できます。[規定値] で元に戻すこともできます。

[スタート] メニューを表示しておく

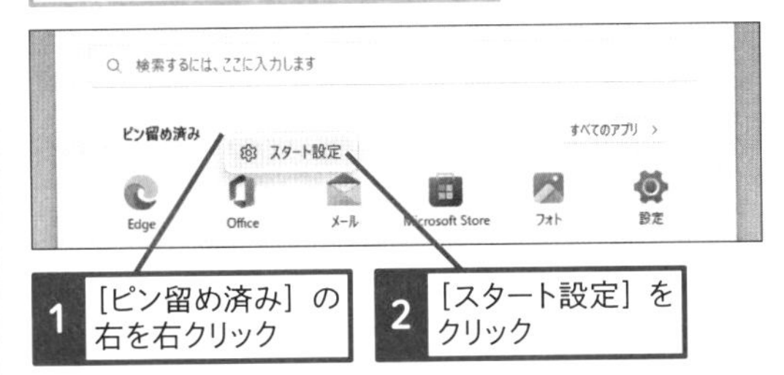

1 [ピン留め済み] の右を右クリック

2 [スタート設定] をクリック

3 [さらにピン留めを表示する] をクリック

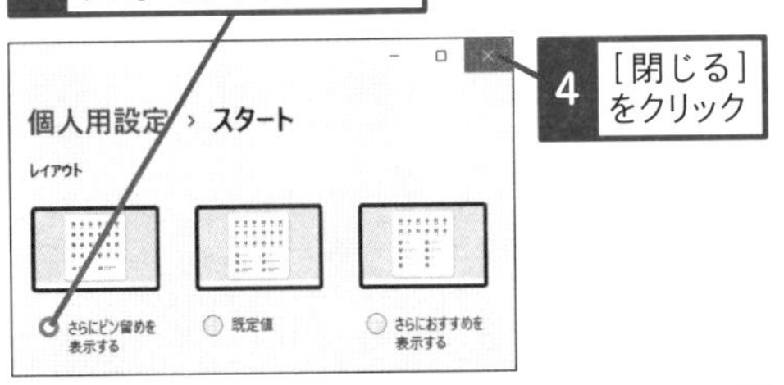

4 [閉じる] をクリック

[スタート] メニューを表示しておく

隠れていたピン留め済みのアプリが表示された

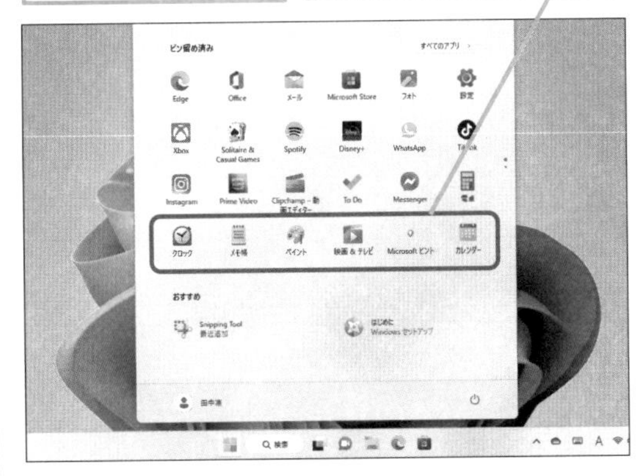

094

Home Pro
お役立ち度 ★★

Q すばやくアプリを見つけるには

A インデックスの一覧を表示します

[スタート] メニューから [すべてのアプリ] をクリックすると、インストールされているアプリの一覧が表示されます。アプリはアルファベット順、五十音順に表示されていますが、インデックスの文字をクリックすると、インデックスの一覧が表示されます。インデックスの文字をクリックすると、その文字からはじまるアプリが一覧で表示されます。

ワザ092を参考に、[すべてのアプリ] を表示しておく

1 インデックスの文字をクリック

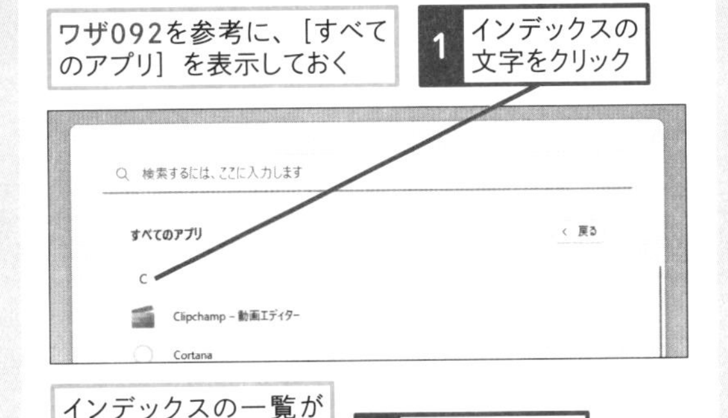

インデックスの一覧が表示された

2 [M] をクリック

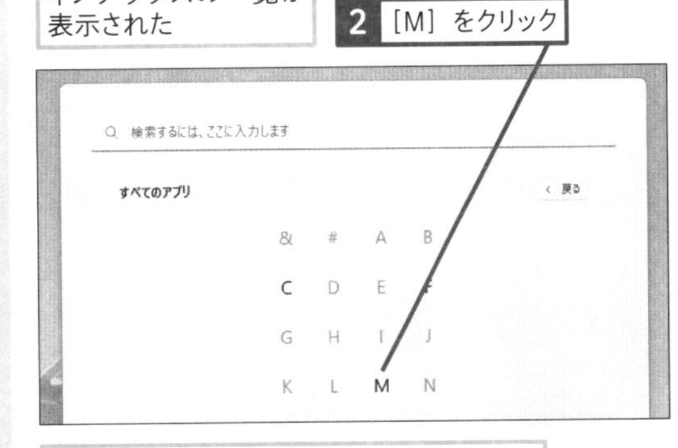

[M] から始まるアプリの一覧が表示された

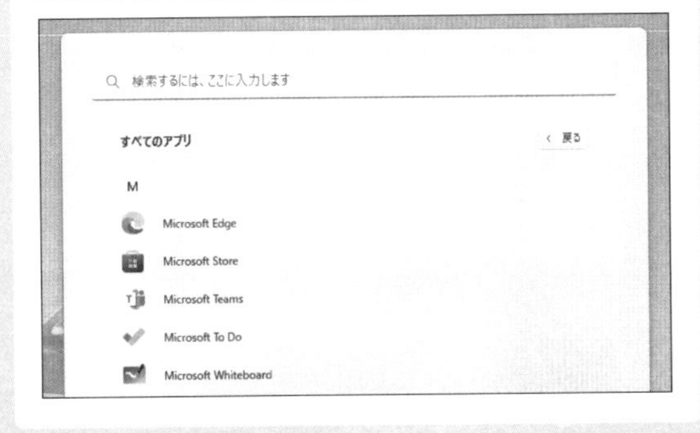

095

Home Pro
お役立ち度 ★★☆

Q 頻繁に使うアプリを起動しやすくするには

A ［よく使うアプリ］を有効にします

以下のように設定すると、［スタート］メニューの［すべてのアプリ］に、利用頻度の高いアプリを自動的に表示できます。たとえば、［メモ帳］を何度も使っていると、［すべてのアプリ］の最初に表示され、起動しやすくなります。

ワザ023を参考に、［設定］の画面を表示しておく

1 ［個人用設定］をクリック

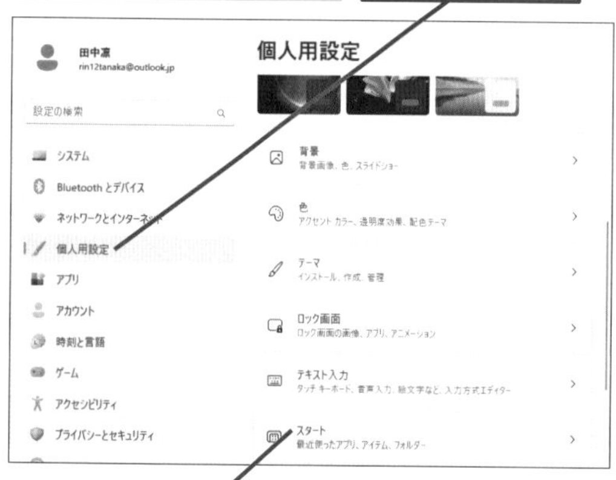

2 ［スタート］をクリック

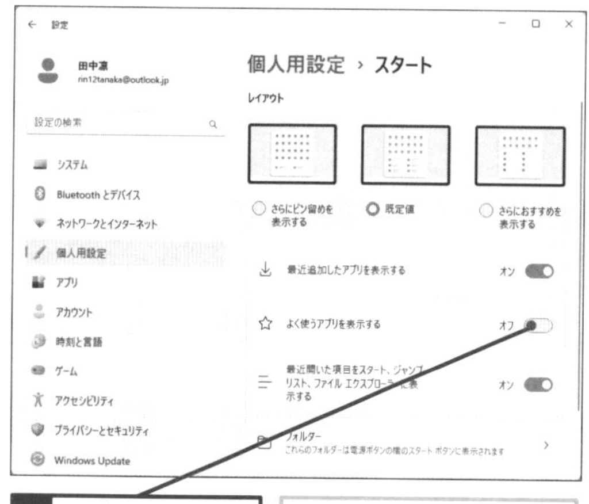

3 ここをクリックして、オンにする

［よく使うアプリ］の一覧が表示されるようになる

関連 103 タスクバーからアプリを起動できるようにしたい ▸ P.76

096

Home Pro
お役立ち度 ★★★

Q すばやく作業を再開するには

A ［おすすめ］の一覧から操作します

［スタート］メニューの［おすすめ］の一覧には、最近使ったファイルが表示されます。文書作成を作業を中断したときなどは、［おすすめ］のファイルを選ぶと、すぐに作業を再開できます。頻繁に使うファイルは、以下の手順で、［スタート］メニューにピン留めしておくと便利です。

1 ［おすすめ］に表示されたアプリを右クリック

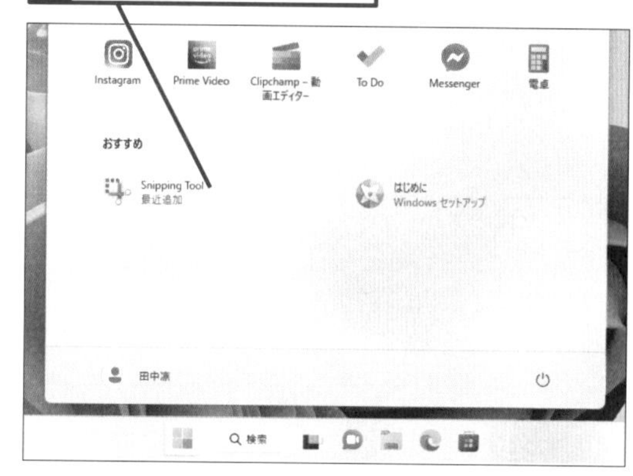

［スタートにピン留めする］をクリックすると、［ピン留め済み］に常に表示されるようになる

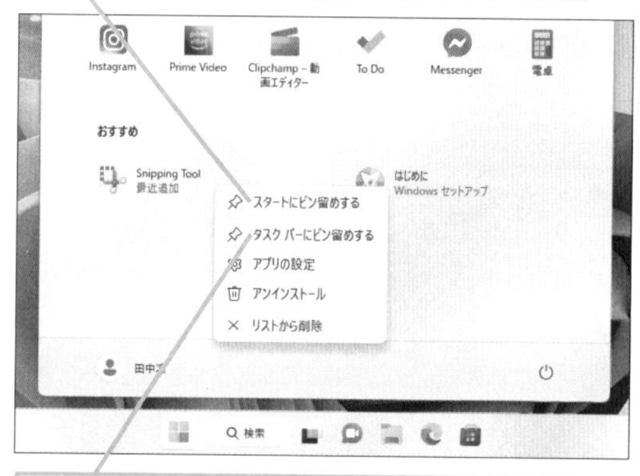

［タスクバーにピン留め済みする］をクリックすると、タスクバーにアイコンが常に表示されるようになる

関連 093 ［スタート］メニューのレイアウトを変更するには ▸ P.71

097

Home Pro

お役立ち度 ★★★

Q アプリを［ピン留め］に追加するには

A ［すべてのアプリ］から追加します

よく使うアプリは［スタート］メニューの［ピン留め済み］に登録ができます。［スタート］メニューの［すべてのアプリ］を表示し、ピン留めしたいアプリを右クリックし、［スタートにピン留めする］を選ぶと、［スタート］メニューにピン留めできます。［スタート］メニューの［ピン留め済み］は複数ページ構成で表示されるため、登録したアプリは2ページめに表示されることがあります。

ワザ092を参考に、［すべてのアプリ］を表示しておく

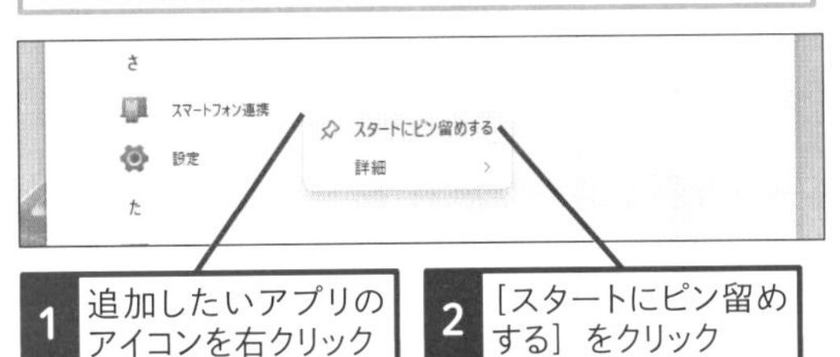

1 追加したいアプリのアイコンを右クリック

2 ［スタートにピン留めする］をクリック

アプリがピン留め済みの一覧に表示された

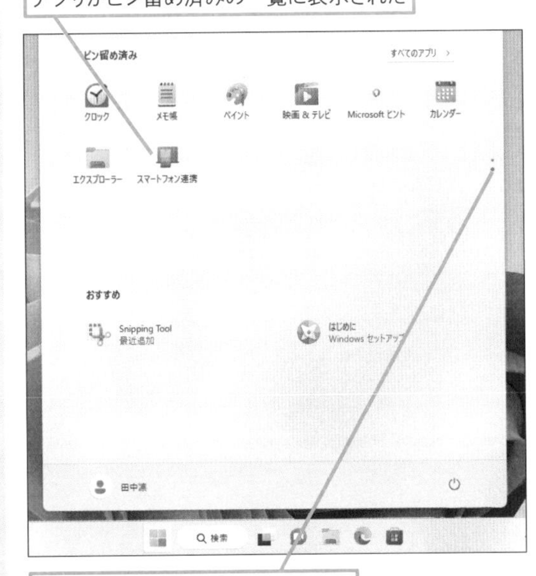

表示されないときは、ここをクリックして、2ページめを確認する

098

Home Pro

お役立ち度 ★★★

Q ［ピン留め済み］アプリを並べ替えるには

A ドラッグして、並べ替えられます

［スタート］メニューには［ピン留め済み］のアプリが表示されていますが、これらはアイコンをドラッグして、自由に並べ替えることができます。タッチ操作のときは、アイコンを長押ししてから、ドラッグすると、移動できます。

ワザ092を参考に、［スタート］メニューを表示しておく

1 移動したいアイコンを、移動先の左右のアイコンの間にドラッグ

アイコンとアイコンが重なると、フォルダーが作成されるので注意する

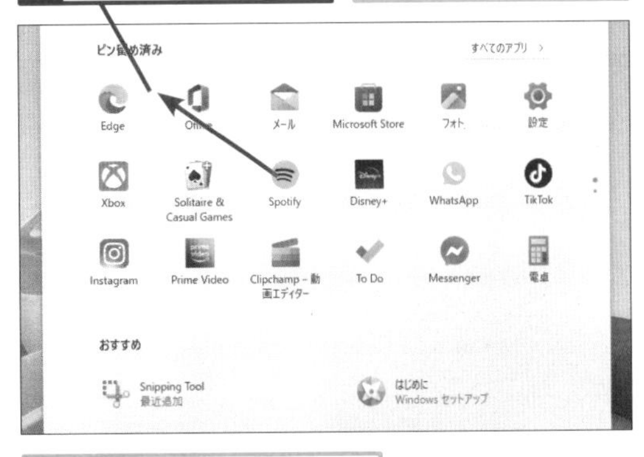

タッチ操作のときは、アイコンを長押ししてからドラッグする

目的の位置まで移動すると、自動的に整列する

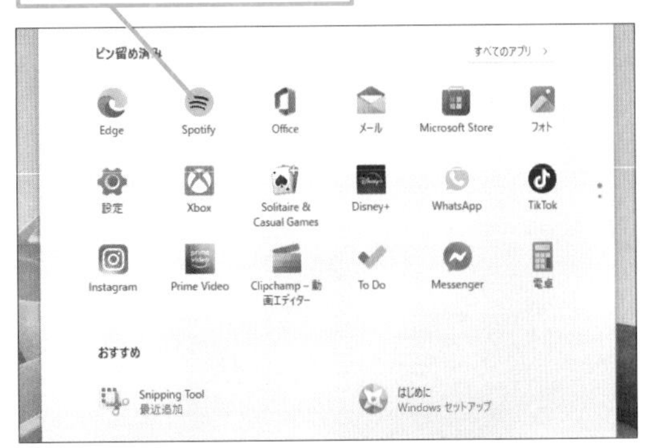

関連 099 ［ピン留め済み］アプリを整理したい ▸ P.74

099

Home Pro
お役立ち度 ★★★

Q ［ピン留め済み］アプリを整理したい

動画で見る

A フォルダーにまとめましょう

［スタート］メニューの［ピン留め済み］アプリは、以下のように操作すると、フォルダーにまとめることができます。用途や目的に合わせ、整理すると便利です。フォルダーには名前を付けることもできます。フォルダーを削除するときは、フォルダー内のすべてのアイコンを［スタート］メニューにドラッグします。フォルダーが空になると、フォルダーは削除されます。

2つのアイコンをまとめる

1 1つのアイコンにマウスポインターを合わせる

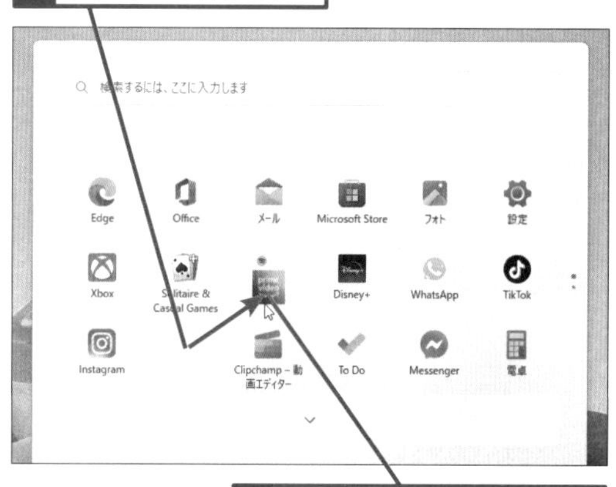

2 もう1つのアイコンまでドラッグ

フォルダーが作成された

3 フォルダーをクリック

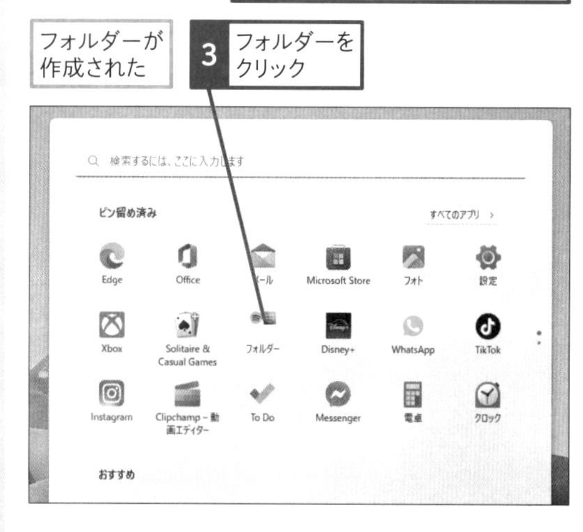

4 ［名前の編集］をクリック

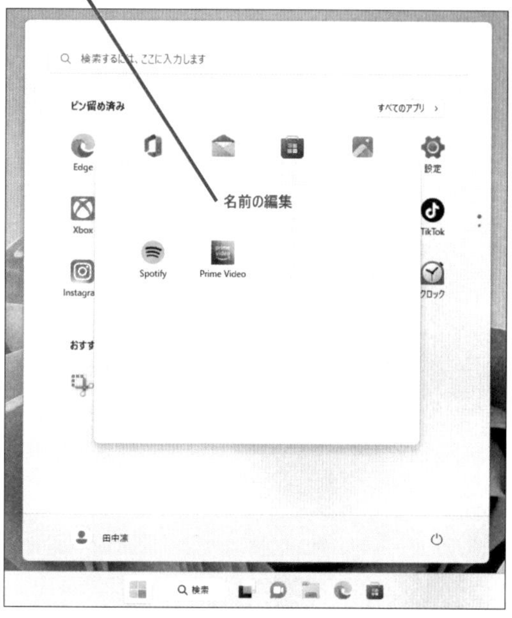

5 フォルダー名を入力

6 Enter キーを押す

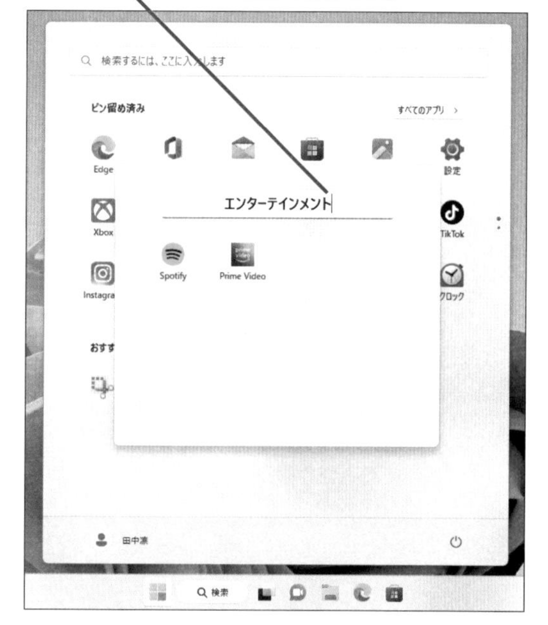

関連 097 アプリを［ピン留め］に追加するには ▸ P.73

関連 098 ［ピン留め済み］アプリを並べ替えるには ▸ P.73

100

Home Pro

お役立ち度 ★★★

Q [ピン留め済み] から アプリを外すには

A [スタートからピン留めを外す] を選びます

[スタート] メニューの [ピン留め済み] のアプリを外すには、アプリを右クリックして、[スタートからピン留めを外す] を選びます。タッチ操作のときは、アイコンを長押しして、表示されたメニューから [スタートからピン留めを外す] をタップします。

ワザ092を参考に、[スタート] メニューを表示しておく

1 削除したいアプリを右クリック

タッチ操作の場合はアイコンを長押しする

2 [スタートからピン留めを外す] をクリック

ピン留め済みアプリの一覧からアイコンが削除された

削除したアプリは [すべてのアプリ] から起動できる

関連097 アプリを [ピン留め] に追加するには ▶ P.73

101

Home Pro

お役立ち度 ★★★

Q よく使うフォルダーをすばやく 表示できるようにするには

A [スタート] メニューにフォルダーの ショートカットを追加します

[スタート] メニューには[ダウンロード] や[ピクチャ] など、フォルダーへのショートカットを追加できます。よく使うフォルダーをオンに設定しておくと、すぐにフォルダーを開くことができます。

[設定] - [個人用設定] - [スタート] の画面を表示しておく

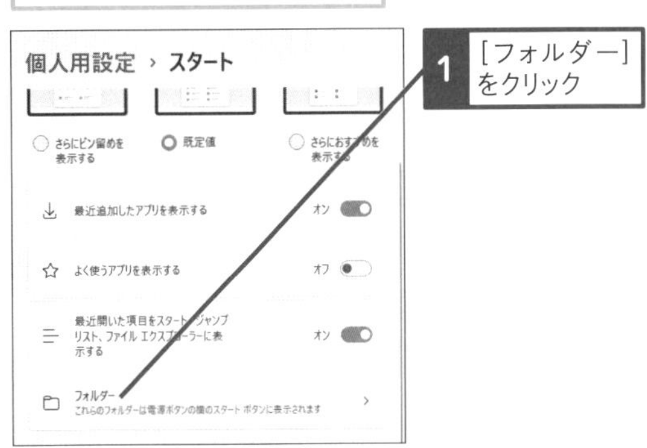

1 [フォルダー] をクリック

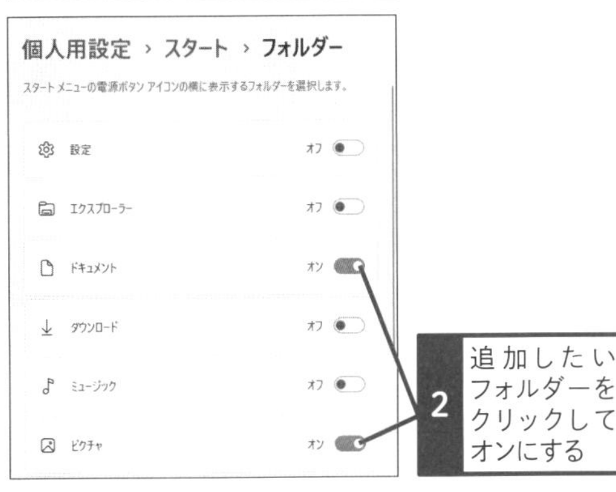

2 追加したいフォルダーをクリックしてオンにする

追加したフォルダーのアイコンがスタートメニューに表示された

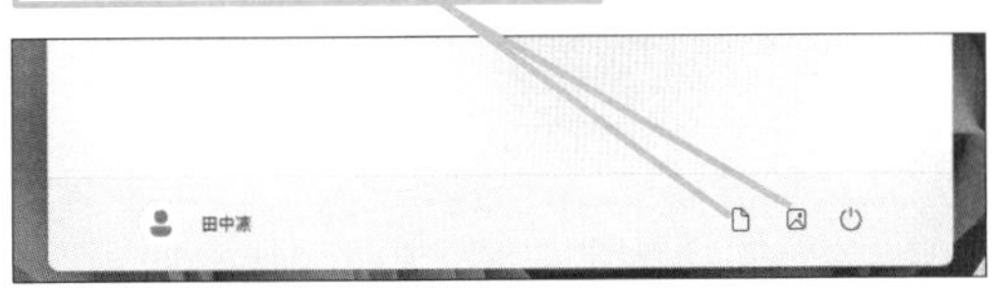

関連093 [スタート] メニューのレイアウトを変更するには ▶ P.71

タスクバーの使いこなし

Windows 11のタスクバーの便利な使い方について、説明します。タスクバーを上手に活用することで、Windows 11を快適に使うことができます。

102

Home Pro
お役立ち度 ★★★

Q 起動しているアプリを切り替えるには

A タスクバーのアイコンをクリックします

起動中のアプリは、タスクバーにアイコンが表示されているので、そのアイコンをクリックすると、アプリを切り替えることができます。同じアプリで複数のウィンドウを開いているときは、タスクバーのアイコンにマウスポインターを合わせ、表示されたサムネイルをクリックすると、ウィンドウを切り替えられます。

Microsoft Edgeを起動しておく

1 アイコンにマウスポインターを合わせる

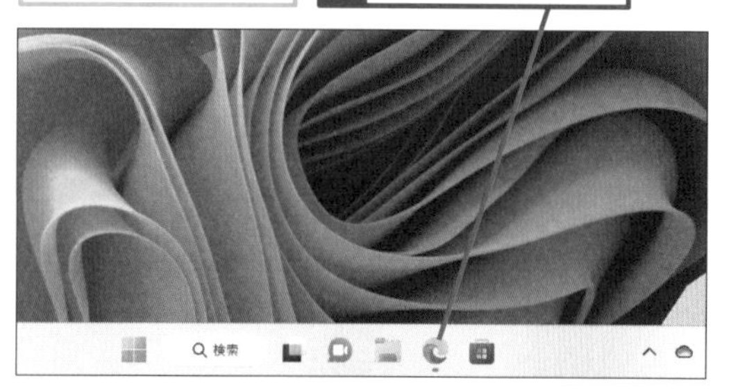

ウィンドウのサムネイルが表示された

2 表示したいウィンドウのサムネイルをクリック

クリックしたサムネイルのウィンドウが表示される

103

Home Pro
お役立ち度 ★★★

Q タスクバーからアプリを起動できるようにしたい

A タスクバーにピン留めします

よく使うアプリをタスクバーに登録しておくと、すぐに起動できます。［スタート］メニューから起動するときよりもすばやく作業をはじめられます。デスクトップのショートカットが隠れていて、クリックできないときにも役立ちます。

ワザ092を参考に、［スタート］メニューを表示しておく

1 追加したいアプリのアイコンを右クリック

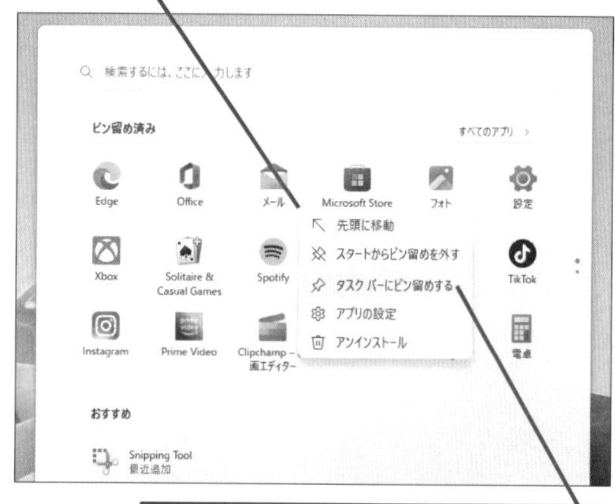

2 ［タスクバーにピン留めする］をクリック

タスクバーにアプリが追加された

104

Home Pro

お役立ち度 ★★★

Q タスクバーに表示する項目を変更するには

A ［タスクバー項目］で設定できます

［タスクバー］には［スタート］ボタンのほかに、［検索］や［ウィジェット］などの項目が表示されています。これらの項目は［設定］の［個人設定］-［タスクバー］の［タスクバー項目］で、個別に表示するかどうかを変更できます。使わない項目があるときはオフに設定すると、誤ってタスクバーのボタンを押すことがなくなります。

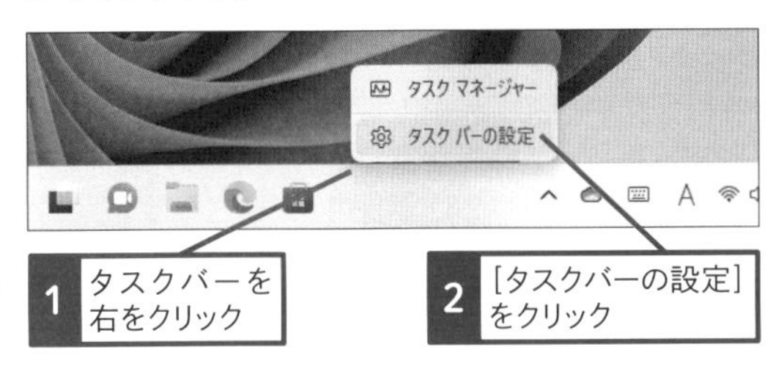

タスクバーの操作を設定する画面が表示された

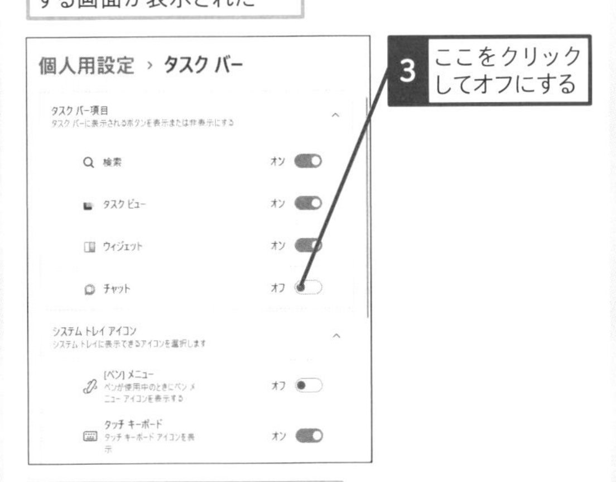

オフにしたアイコンがタスクバーで表示されなくなった

関連 164 ［ウィジェット］のボタンを非表示にしたい ▶P.103

105

Home Pro

お役立ち度 ★★★

Q ［スタート］ボタンの位置を変更するには

A ［左揃え］に設定できます

Windows 11ではこれまでのWindowsと違い、［スタート］ボタンの位置がタスクバーの中央付近にレイアウトされています。［設定］の［個人用設定］-［タスクバー］-［タスクバーの動作］で［タスクバーの配置］を［左揃え］にすると、［スタート］ボタンをはじめ、それぞれのアイコンが左寄せで表示されます。

ワザ104を参考に、［タスクバー］の画面を表示しておく

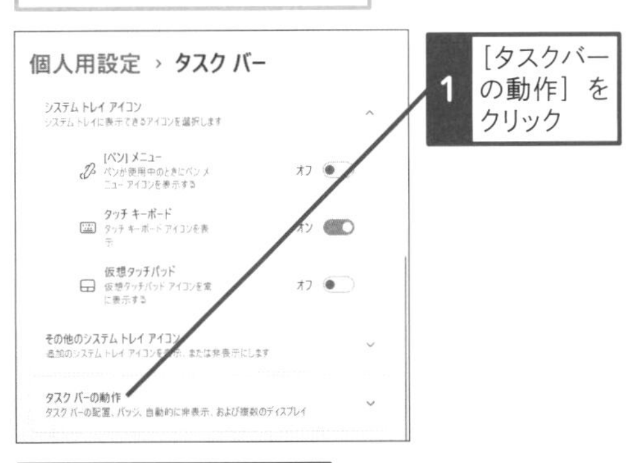

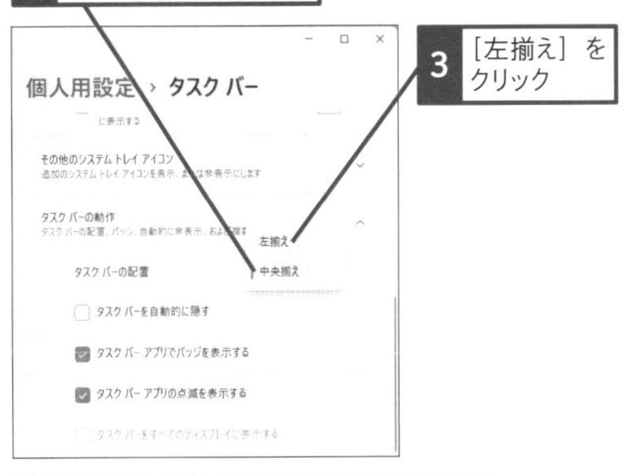

タスクバーの配置が左揃えに変更された

106

Home Pro
お役立ち度 ★★★

Q 隠れているウィンドウの内容を確認するには

A ウィンドウのサムネイルにマウスポインターを合わせます

背後に隠れているウィンドウは、タスクバーに表示されているアプリのアイコンにマウスポインターを合わせると、ライブサムネイルによってプレビューが表示され、内容を確認できます。

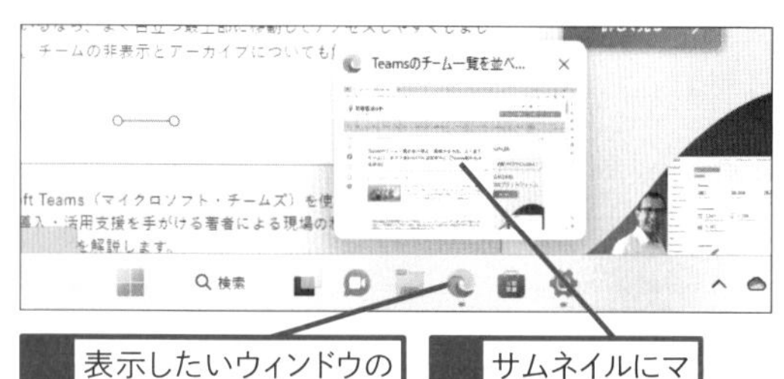

1 表示したいウィンドウのボタンにマウスポインターを合わせる

2 サムネイルにマウスポインターを合わせる

107

Home Pro
お役立ち度 ★★

Q ウィンドウの内容を確認してから閉じるには

A サムネイルの［×］をクリックします

タスクバーのアイコンにマウスポインターを合わせると、ライブサムネイルが表示され、内容を確認できます。ライブサムネイルの右上の［×］をクリックすれば、ウィンドウが閉じられます。複数のウィンドウを表示しているときは個別に閉じることができます。

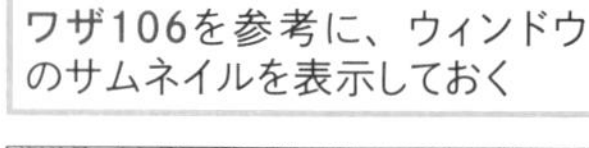

1 ［閉じる］をクリック

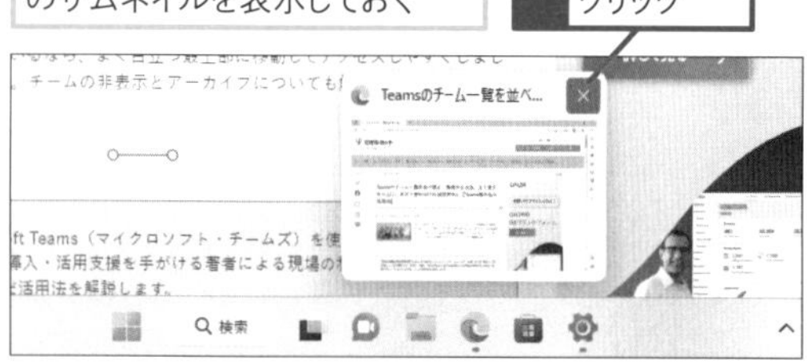

108

Home Pro
お役立ち度 ★★★

Q 起動しているアプリのウィンドウを一覧で表示するには

A ［タスクビュー］を利用します

タスクバーの［タスクビュー］ボタンをクリックすると、現在の起動中のアプリがサムネイルで表示されます。どのアプリのウィンドウが表示されているのかがわかり、目的のウィンドウにすぐに切り替えられます。仮想デスクトップを起動しているときは、それぞれの仮想デスクトップにマウスポインターを合わせると、［タスクビュー］の表示も切り替わります。

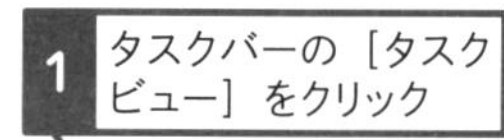

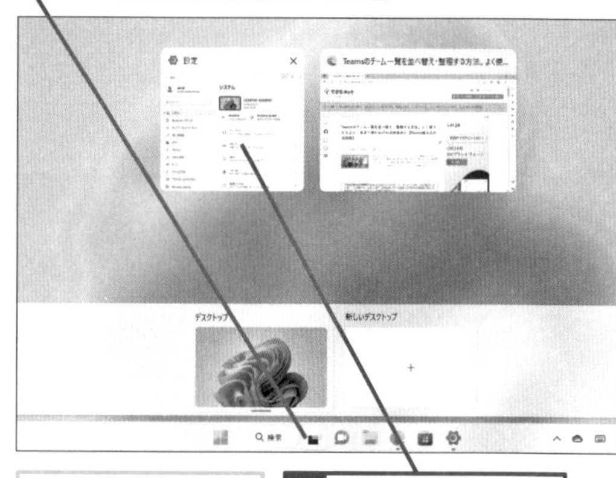

すべてのウィンドウの一覧が表示された

2 表示したいウィンドウをクリック

クリックしたウィンドウが最前面に表示された

関連 121 スナップされたウィンドウをまとめて操作するには ▶ P.84

109

Home Pro

お役立ち度 ★★☆

Q 最近使ったファイルをすばやく開くには

A タスクバーのアイコンから開けます

タスクバーのアプリなどのアイコンを右クリックすると、「ジャンプリスト」が表示されます。そのアプリで最近使ったファイルが一覧の［最近］に表示され、すぐに開くことができます。

1 タスクバーのアイコンを右クリック

2 目的のファイルをクリック

アプリが起動して、ファイルが開かれる

110

Home Pro

お役立ち度 ★★☆

Q よく使うファイルをすぐに開けるようにするには

A ジャンプリストにピン留めします

ジャンプリストにはよく使うファイルなどをピン留めできます。いつも使うファイルを登録しておくと便利です。エクスプローラーでは最近使ったフォルダーが［最近］に表示され、ジャンプリストで［一覧にピン留めする］を選ぶと、ピン留めできます。

1 タスクバーのアイコンを右クリック

2 目的のファイルにマウスポインターを合わせる

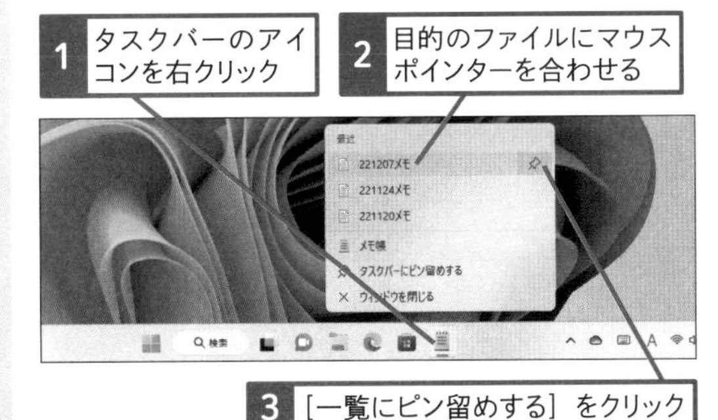

3 ［一覧にピン留めする］をクリック

111

Home Pro

お役立ち度 ★★☆

Q 不要なときにタスクバーを非表示にするには

A タスクバーが自動的に隠れるようにします

以下のように設定すると、タスクバーを使わないときに自動的に隠れるようにできます。マウスポインターをデスクトップの下部に近づけると、タスクバーが表示されます。ノートパソコンなど、ディスプレイが狭い環境でもデスクトップを広く使うことができます。

ワザ104を参考に、［タスクバー］の画面を表示しておく

1 ［タスクバーの動作］をクリック

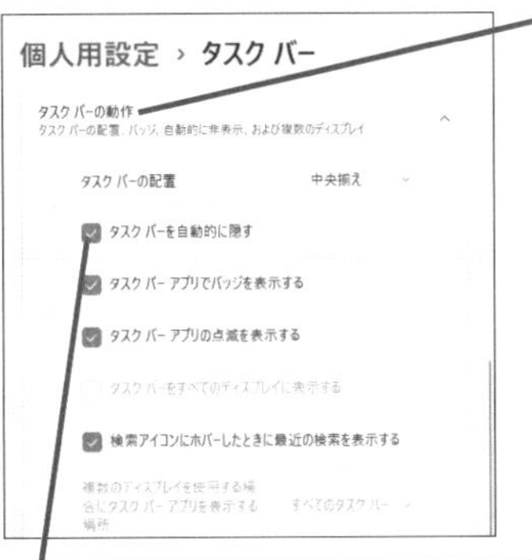

2 ［タスクバーを自動的に隠す］のここをクリックしてチェックマークを付ける

タスクバーが隠れるようになった

マウスポインターをデスクトップの下端に移動すると、表示される

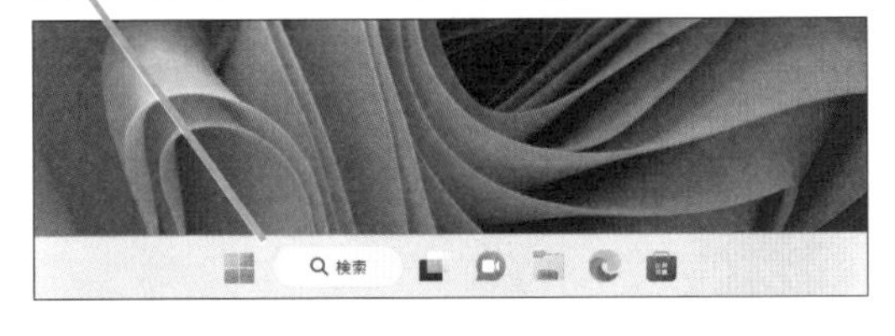

関連 113 外付けディスプレイのタスクバーを非表示にするには ▸ P.80

112

Home Pro
お役立ち度 ★★

Q 通知領域に表示するアイコンを変更したい

A 必要なものだけを表示できます

タスクバーの通知領域に表示するアイコンは、ユーザーの使い方に応じて、指定したアイコンを表示できます。よく使う機能のアイコンを常に表示しておけば、効率よくパソコンを操作できます。通知領域に表示されていないアイコンは、[設定] の [個人用設定] - [タスクバー] の [その他のシステムトレイアイコン] で、表示するアイコンを個別に設定できます。

ワザ104を参考に、[タスクバー] の画面を表示しておく

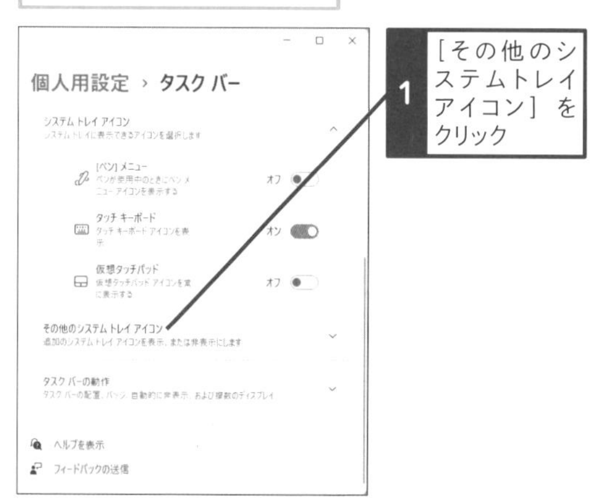

1 [その他のシステムトレイアイコン] をクリック

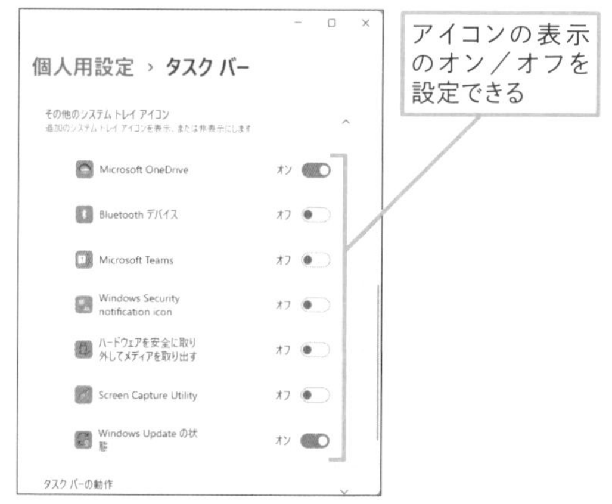

アイコンの表示のオン/オフを設定できる

関連 104 タスクバーに表示する項目を変更するには ► P.77

113

Home Pro
お役立ち度 ★★

Q 外付けディスプレイのタスクバーを非表示にするには

A [タスクバーの動作] で設定します

ノートパソコンで外付けディスプレイを接続しているとき、外付けディスプレイのデスクトップにはタスクバーが表示されています。そのままでも利用できますが、外付けディスプレイの画面を他の人に見せているときなどは、タスクバーが邪魔になることがあります。このようなときは、[設定] の [個人用設定] - [タスクバー] - [タスクバーの動作] で、[タスクバーをすべてのディスプレイに表示する] のチェックマークを外すと、外付けディスプレイのタスクバーを非表示に切り替えられます。デスクトップパソコンに複数のディスプレイを搭載しているときも同様の手順で、2台目以降のディスプレイのタスクバーを非表示にできます。

外部ディスプレイを接続して、画面を拡張しておく

ワザ111を参考に、[タスクバーの動作] を表示しておく

1 [タスクバーをすべてのディスプレイに表示する] のここをクリックして、チェックマークを外す

外部ディスプレイのタスクバーが非表示になった

デスクトップの使いこなし

Windowsではデスクトップにさまざまなウィンドウを表示して、作業をします。Windows 11で強化された「仮想デスクトップ」の使い方をマスターして、効率良く作業を進めましょう。

114

Home Pro

お役立ち度 ★★★

Q デスクトップにアプリのショートカットを追加するには

A アプリのアイコンをドラッグしましょう

よく使うアプリはデスクトップにショートカットを作成しておくと、［スタート］メニューから操作しなくてもすぐに起動でき、作業をはじめられます。［スタート］メニューやタスクバーへのピン留めと組み合わせて、上手に使い分けましょう。

ワザ092を参考に、［すべてのアプリ］を表示しておく

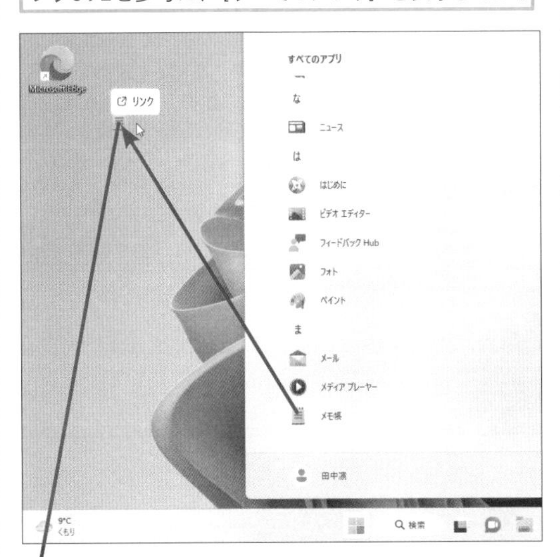

1 追加したいアプリのアイコンをデスクトップまでドラッグ

ショートカットが作成された

115

Home Pro

お役立ち度 ★★★

Q デスクトップのアイコンをきれいに並べたい

A ［アイコンの自動整列］を利用します

デスクトップに表示されるアイコンは、自動的に整列したり、間隔を調整することができます。デスクトップを右クリックして、［表示］から［アイコンの自動整列］や［アイコンを等間隔に整列］で設定します。

1 デスクトップを右クリック

2 ［表示］をクリック

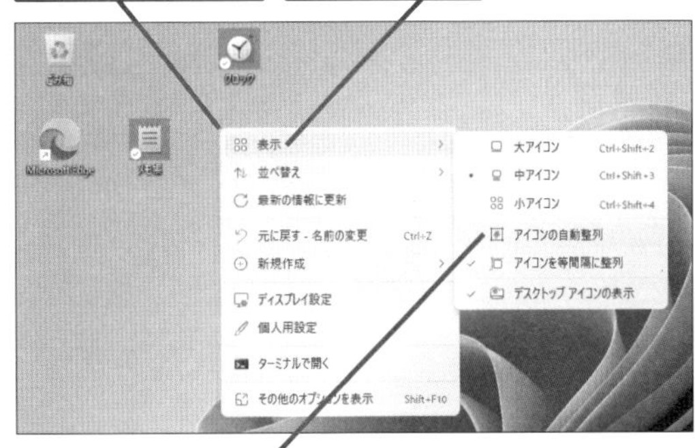

3 ［アイコンの自動整列］をクリックしてチェックマークを付ける

アイコンが自動的に整列された

関連 118 デスクトップアイコンを非表示にするには ▸ P.82

116

Home Pro

お役立ち度 ★★

Q デスクトップのアイコンを並べ替えるには

A ［並べ替え］を利用します

デスクトップに配置したアイコンは、名前順などで、並べ替えられます。デスクトップにアイコンが散乱しているときは、アイコンを並べ替えると、目的のファイルなどを見つけやすくなります。

1 デスクトップを右クリック

2 ［並べ替え］をクリック

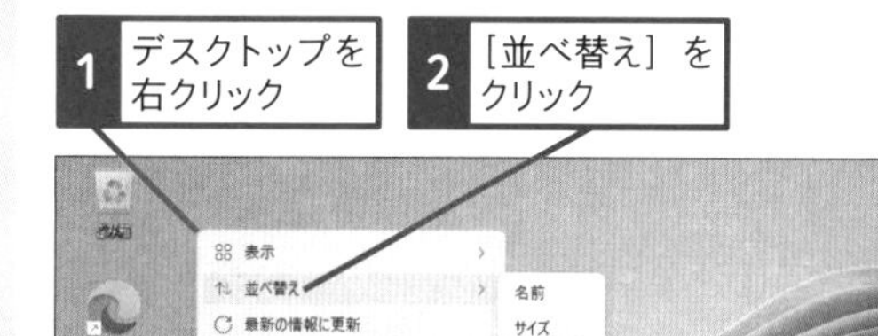

名前や種類の順に並べ替えられる

117

Home Pro

お役立ち度 ★★

Q デスクトップのアイコンの大きさを変更するには

A ［表示］からサイズを変更します

デスクトップに表示されているアイコンの大きさは、デスクトップを右クリックして表示される［表示］から［大アイコン］［中アイコン］［小アイコン］を選んで変更できます。ホイール付きマウスを使っているときは、Ctrlキーを押しながら、ホイールを回すことで、簡単にサイズを変更できます。

1 デスクトップを右クリック

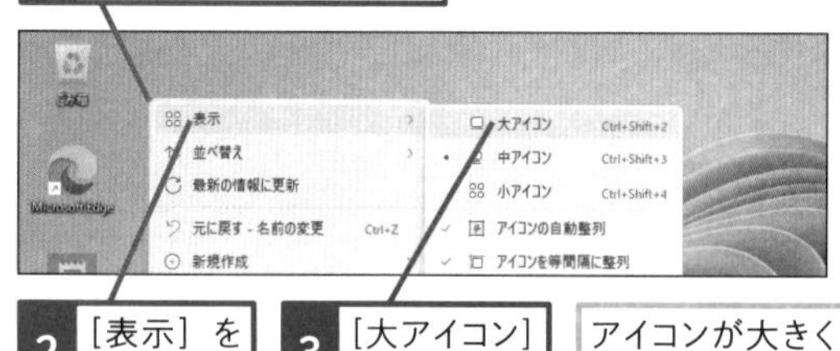

2 ［表示］をクリック

3 ［大アイコン］をクリック

アイコンが大きく表示される

118

Home Pro

お役立ち度 ★★★

Q デスクトップアイコンを非表示にするには

A ［表示］から切り替えられます

パソコンをプレゼンテーションで利用するときなど、デスクトップにアイコンなどを表示したくないときは、デスクトップを右クリックして、表示されたメニューの［表示］で［デスクトップアイコンの表示］のチェックマークを外します。もう一度、チェックマークを付ければ、元通り、アイコンが表示されます。

1 デスクトップを右クリック

2 ［表示］をクリック

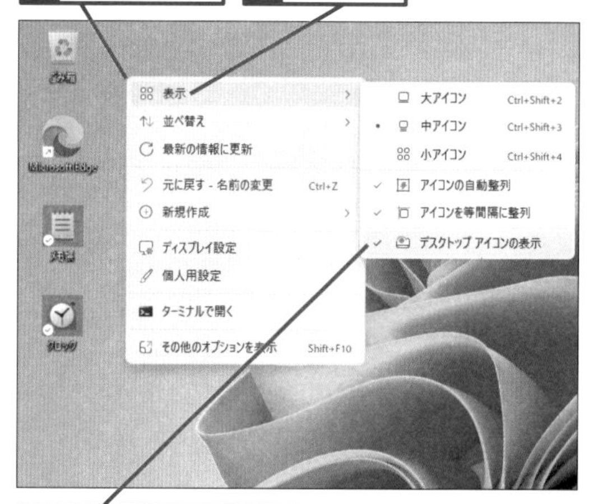

3 ［デスクトップアイコンの表示］をクリックして、チェックマークを外す

デスクトップのアイコンが表示されなくなった

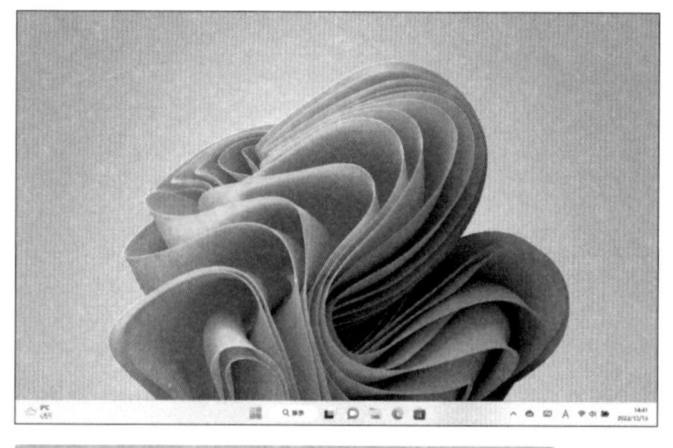

同様の手順で［デスクトップアイコンの表示］にチェックマークを付けると、再びアイコンが表示される

119

Home Pro

お役立ち度 ★★★

Q ウィンドウをきれいに配置するには

A ウィンドウを画面の端にドラッグします

「スナップ」という機能を使い、ウィンドウをきれいに配置できます。ウィンドウをデスクトップの上端にドラッグすると最大化、左右端にドラッグするとデスクトップの縦半分の大きさに、四隅に移動すると、1/4の大きさに変更できます。

1 ウィンドウをデスクトップの上端にドラッグ

透明の枠が表示されたら、マウスボタンを離す

ウィンドウが最大化された

120

Home Pro

お役立ち度 ★★★

Q ウィンドウをデスクトップに合わせて配置するには

A スナップレイアウトで配置します

アプリのウィンドウをデスクトップに合わせて配置するには、スナップレイアウトのメニューからの操作が簡単です。ウィンドウの最大化ボタンにマウスポインターを合わせ、表示されたメニューでウィンドウを配置する位置を選びます。複数のアプリのウィンドウを三分割や四分割で配置することもできます。

1 ［最大化］にマウスポインターを合わせる

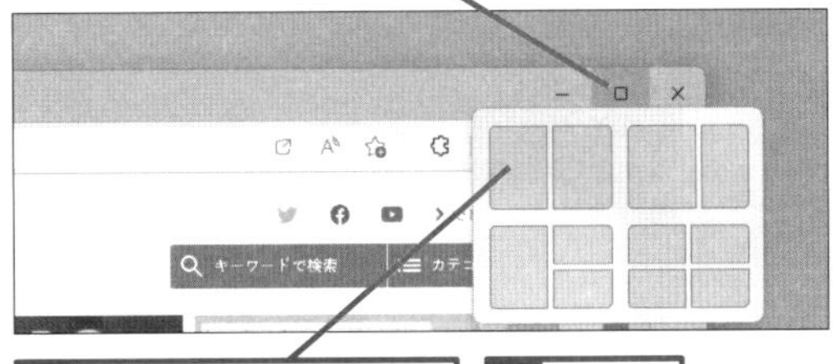

2 ここにマウスポインターを合わせる

3 そのままクリック

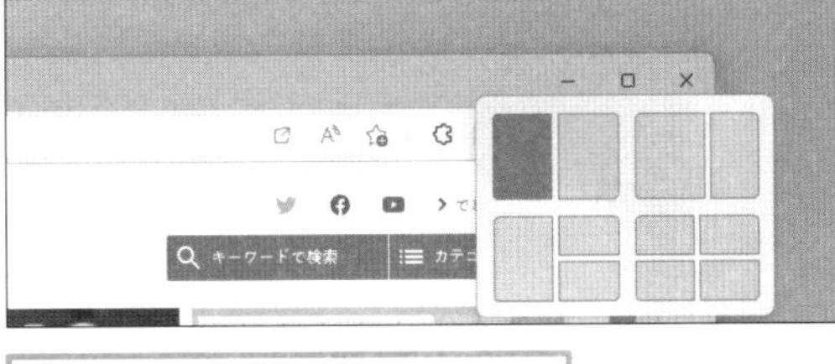

ウィンドウがデスクトップの左半分に縮小表示された

関連 467 スナップレイアウトを細かく設定できないの？ ▶P.254

121

Home Pro
お役立ち度 ★★★

Q スナップされたウィンドウをまとめて操作するには

動画で見る

A ［タスクビュー］の［グループ］から操作します

複数のアプリのウィンドウをスナップで整列しているときは、以下のように、[タスクビュー] の [グループ] からアプリをまとめて閉じたり、新しいデスクトップに移動できます。

3つのアプリのウィンドウがスナップで整列している

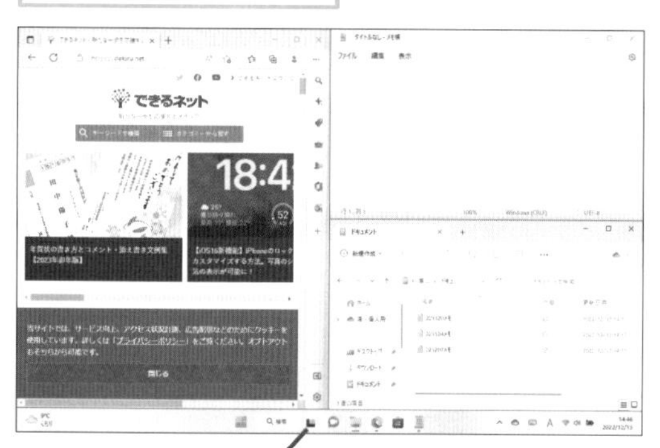

1 ［タスクビュー］をクリック

2 ［グループ］を右クリック

3 ［閉じる］をクリック

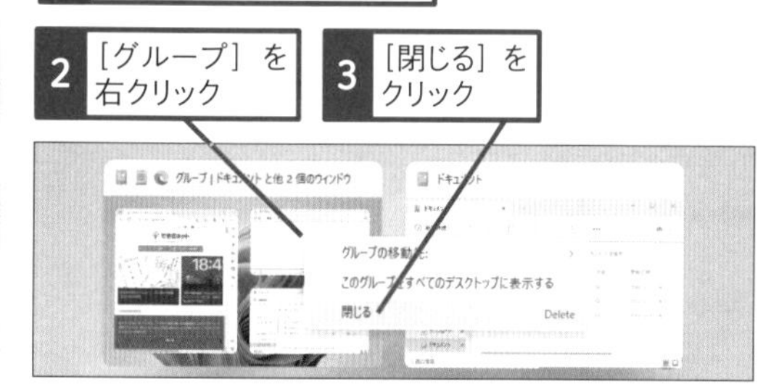

3つのウィンドウがすべて閉じた

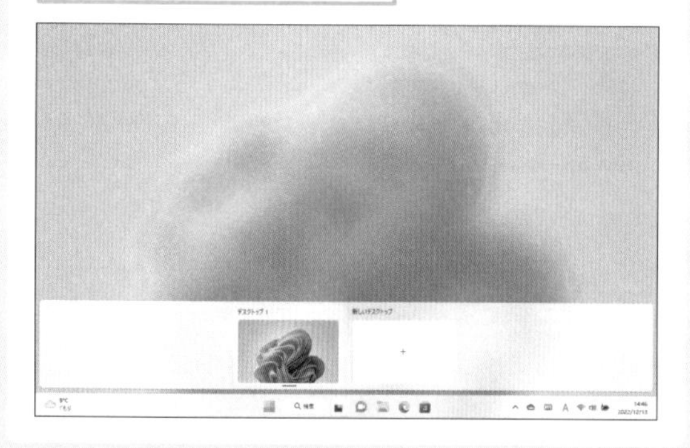

122

Home Pro
お役立ち度 ★★★

Q ウィンドウをすばやく切り替えるには

A Alt + Tab キーで切り替えられます

起動しているアプリや表示しているウィンドウをすばやく切り替えるには、Alt + Tab キーを使います。アプリとウィンドウの一覧がサムネイルで表示されるので、Altキーを押したまま、Tab キーを押して、目的のウィンドウを選び、キーから指を離します。

デスクトップに複数のウィンドウを表示している

1 Alt + Tab キーを押す

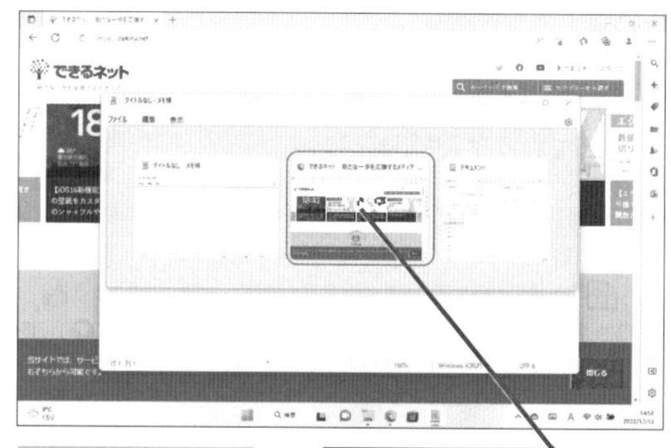

ウィンドウの一覧が表示された

2 Alt キーを押したまま、Tab キーを押して、ウィンドウを選択

3 キーから指を離す

ウィンドウが切り替わる

ショートカットキー
ウィンドウの切り替え
Alt + Tab

関連 131 Alt + Tab キーですべてのウィンドウを表示するには ▸ P.89

123

Home Pro

お役立ち度 ★★★

Q ウィンドウをすべて隠すには

A ［デスクトップの表示］をクリックします

デスクトップに表示されているウィンドウをまとめて最小化するには、タスクバーの右端にある［デスクトップの表示］をクリックします。⊞＋Dキーでも同じように操作できます。もう一度、同じ操作をすると、ウィンドウは元の状態に戻ります。

表示しているウィンドウをすべて最小化する

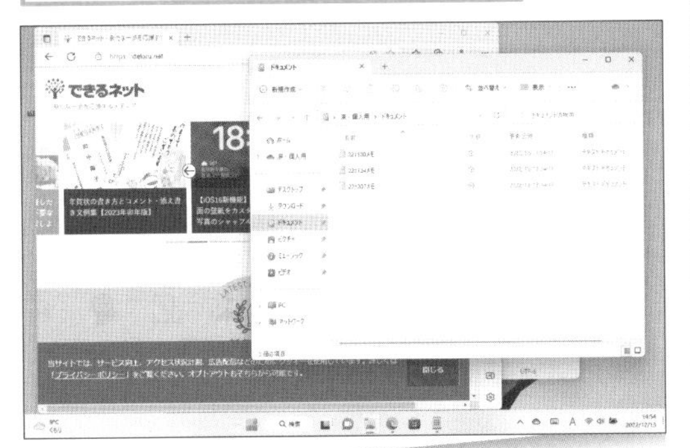

表示していたウィンドウが一括で最小化され、デスクトップが表示された

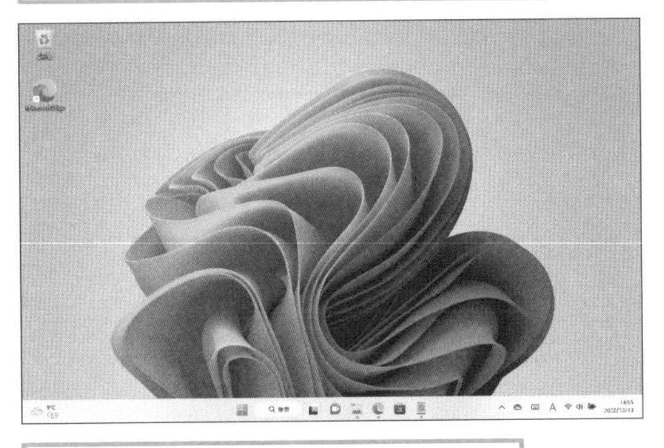

もう一度、［デスクトップの表示］をクリックすると、ウィンドウが表示される

ショートカットキー　デスクトップの表示
⊞＋D

124

Home Pro

お役立ち度 ★★

Q 操作中のウィンドウ以外をすばやく最小化するには

A ［シェイク］を有効に設定します

複数のウィンドウを開いて、作業をしているとき、［シェイク」という機能を使い、操作中のウィンドウ以外を最小化することができます。［設定］の［システム］-［マルチタスク］を表示し、［タイトルバーウィンドウのシェイク］をオンにします。複数のウィンドウが開かれた状態で、ウィンドウのタイトルバーをグラブして、シェイクすると、そのウィンドウ以外のすべてのウィンドウが最小化されます。

［設定］-［システム］の画面を表示しておく

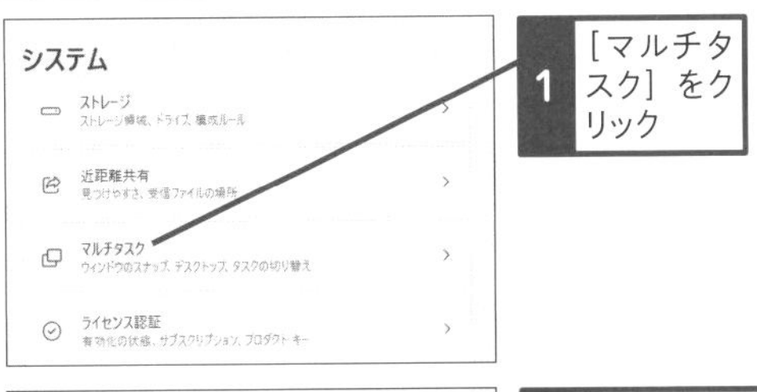

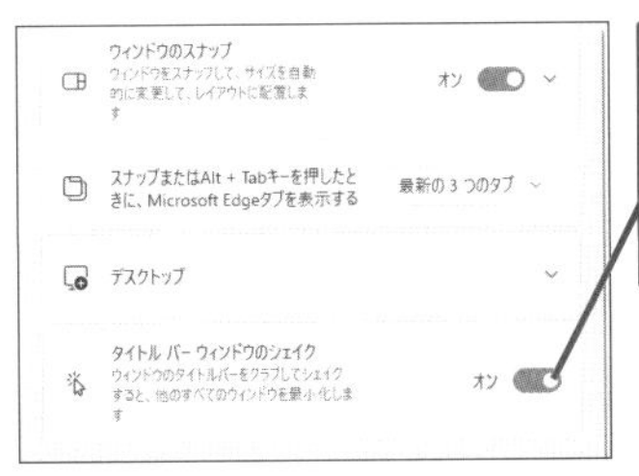

3 操作中のタイトルバーを左右に2回ドラッグ（シェイク）

操作中のウィンドウが最小化される

125

Home Pro

お役立ち度 ★★★

Q ウィンドウが画面の外にはみ出してドラッグできない！

A 方向キーで移動できます

ウィンドウをデスクトップの端に移動すると、操作しにくくなることがあります。特に、タブレットではデスクトップの隅に表示されたウィンドウの操作が困難です。このようなときはキーボードの方向キーを使い、ウィンドウを見やすい位置に移動できます。

ウィンドウが画面の下端に移動してしまった

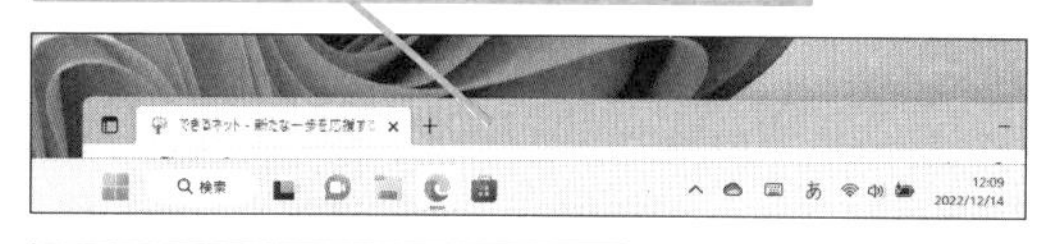

1 タスクバーのボタンにマウスポインターを合わせる

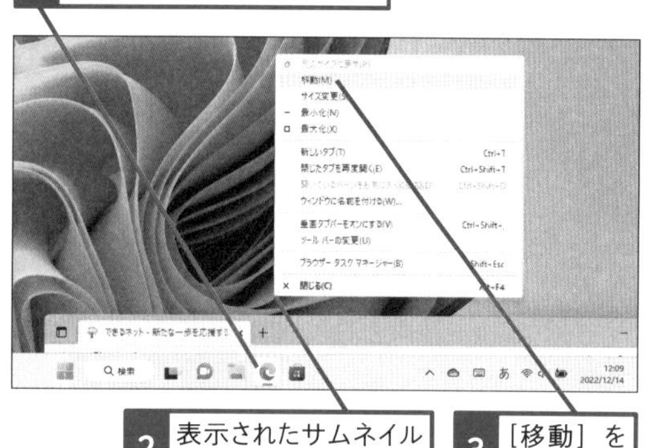

2 表示されたサムネイルを右クリック

3 ［移動］をクリック

↑↓←→キーでウィンドウを上下左右に移動できる

4 ↑キーを押し続ける

ウィンドウが上に移動した

126

Home Pro

お役立ち度 ★★★

Q 仮想デスクトップを追加するには

A ［タスクビュー］から追加できます

Windows 11では1台のパソコンで、いくつものデスクトップを同時に利用できる「仮想デスクトップ」という便利な機能が利用できます。デスクトップごとに「仕事用」「プライベート用」など、用途を決めて使えば、効率よく作業ができます。仮想デスクトップでデスクトップを追加するにはタスクビューから操作します。

1 ［タスクビュー］をクリック

2 ［新しいデスクトップ］をクリック

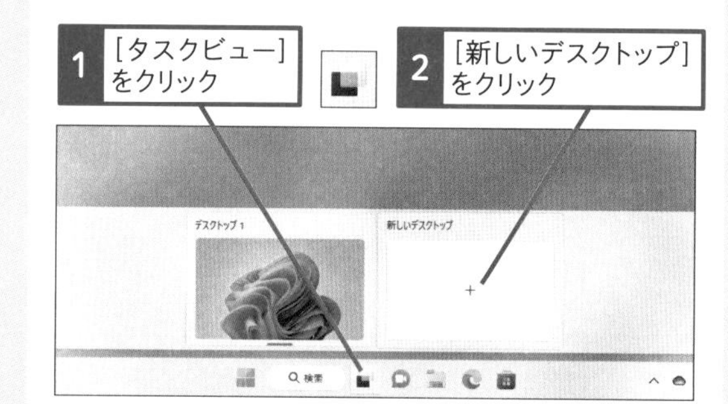

［デスクトップ2］が追加された

ここをクリックすると、名前を変更できる

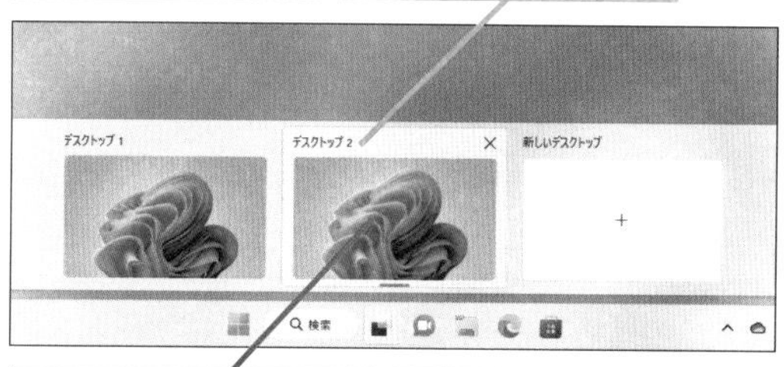

3 ［デスクトップ2］のサムネイルをクリック

デスクトップ2のデスクトップが表示された

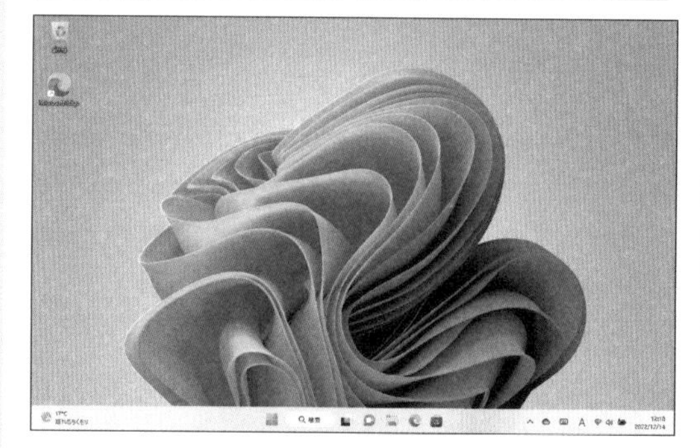

127

Home Pro

お役立ち度 ★★★

Q 仮想デスクトップ間でウィンドウを移動するには

動画で見る

A ［タスクビュー］から移動します

デスクトップに開いているウィンドウは、ほかの仮想デスクトップへ移動できます。移動するときは［タスクビュー］を表示し、移動したウィンドウを右クリックして、［移動先］を指定します。用途に合わせて、複数のデスクトップを使い分けるために、ウィンドウを適切なデスクトップに移動しましょう。

ワザ121を参考に、タスクビューを表示しておく

1 ウィンドウを右クリック

3 ［デスクトップ2］をクリック

ウィンドウが［デスクトップ2］に移動した

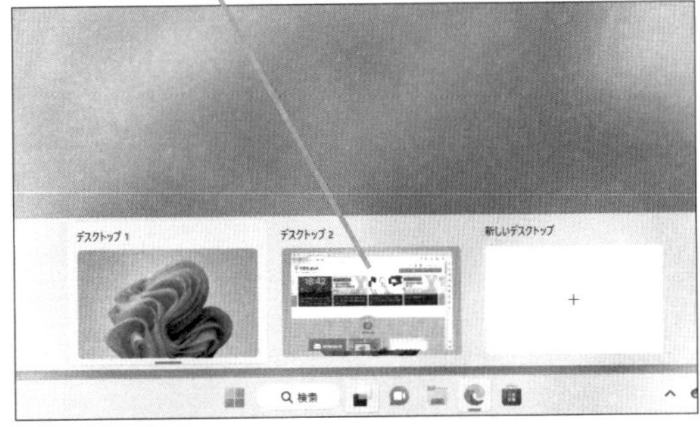

関連 108 起動しているアプリのウィンドウを一覧で表示するには ▸ P.78

関連 126 仮想デスクトップを追加するには ▸ P.86

128

Home Pro

お役立ち度 ★★

Q タスクバーにすべての仮想デスクトップのウィンドウを表示するには

A ［マルチタスク］で設定できます

仮想デスクトップを利用しているとき、タスクバーにはそのデスクトップで開いているウィンドウしか表示されません。以下のように設定すると、ほかの仮想デスクトップで起動しているすべてのウィンドウを表示することができます。

［設定］-［システム］の画面を表示しておく

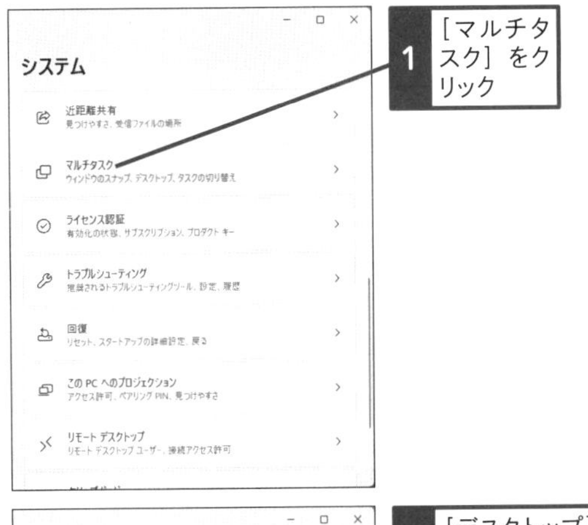

1 ［マルチタスク］をクリック

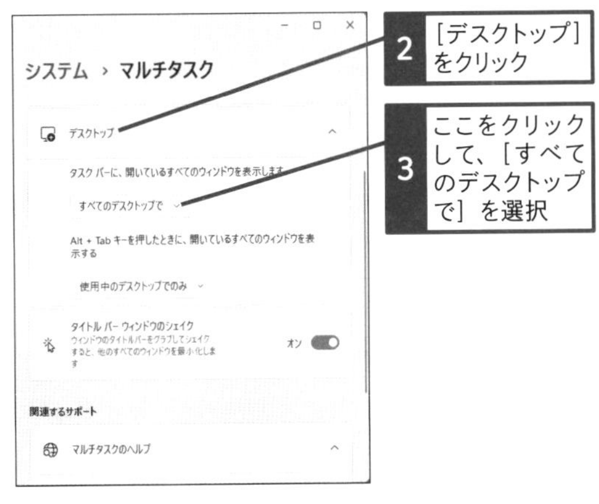

2 ［デスクトップ］をクリック

3 ここをクリックして、［すべてのデスクトップで］を選択

関連 023 ［設定］と［コントロールパネル］はどう使い分けるの？ ▸ P.41

関連 126 仮想デスクトップを追加するには ▸ P.86

129

Home Pro
お役立ち度 ★★

Q 仮想デスクトップの背景を変更するには

A ［個人用設定］で変更できます

仮想デスクトップではそれぞれのデスクトップごとに、個別の背景を設定できます。背景を変更したいデスクトップを表示し、以下のように操作して、背景を選びます。デスクトップごとに背景を変更することで、どのデスクトップで、どの作業をしているのかがわかりやすくなります。

ワザ126を参考に、仮想デスクトップを追加しておく

1 デスクトップを右クリック

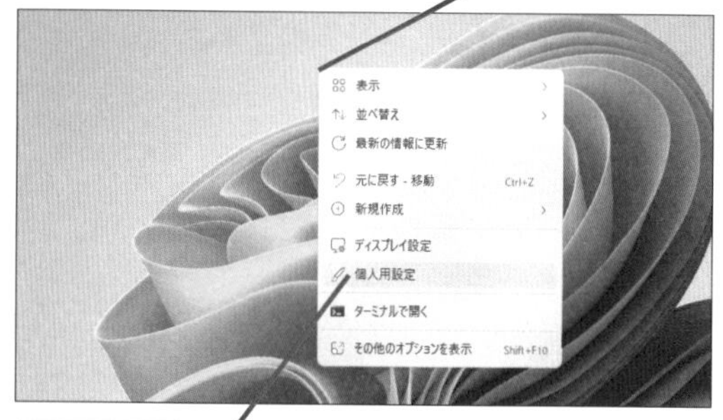

2 ［個人用設定］をクリック

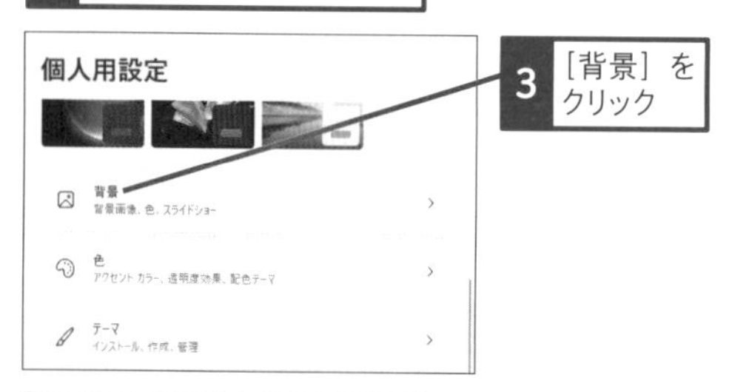

3 ［背景］をクリック

4 変更したい画像をクリック

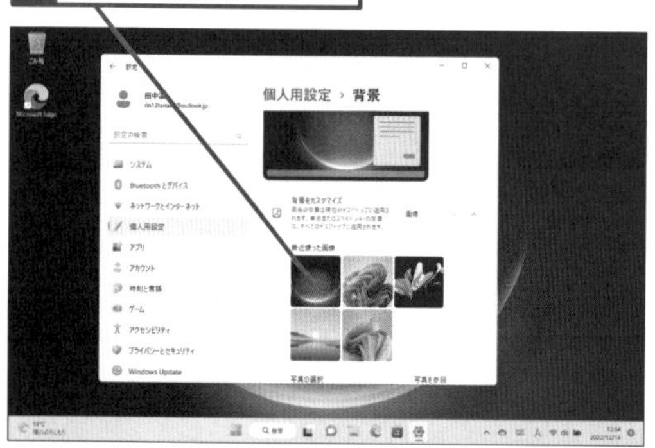

130

Home Pro
お役立ち度 ★★

Q 仮想デスクトップを終了するには

A タスクビューで閉じることができます

仮想デスクトップはタスクビューを表示して、［×］をクリックすると、閉じることができます。仮想デスクトップを閉じるとき、そのデスクトップで起動しているアプリは終了せず、閉じるデスクトップの左隣のデスクトップへ自動的に移動します。また、仮想デスクトップは追加した順番に関係なく、閉じることができます。

1 ［タスクビュー］をクリック

2 終了したいデスクトップの［×］ボタンをクリック

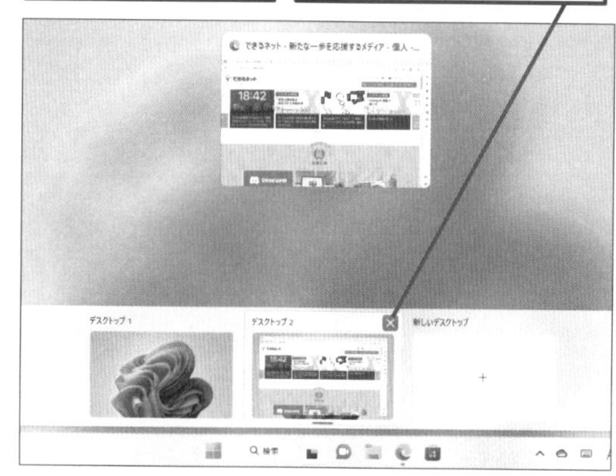

仮想デスクトップが終了した

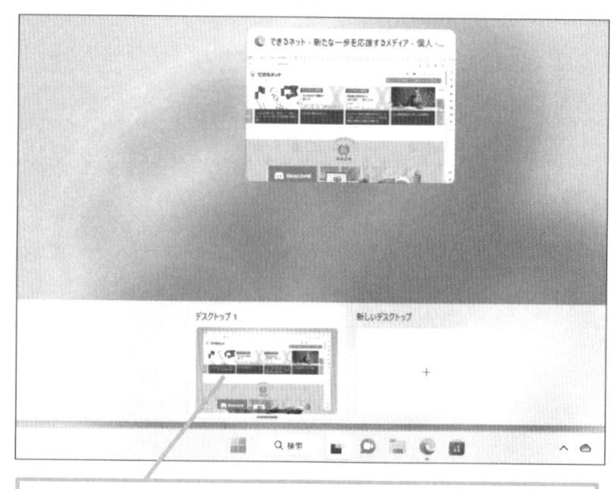

起動していたアプリは終了せず、閉じたデスクトップの左隣のデスクトップへ自動的に移動する

131

Home Pro

お役立ち度 ★★

Q Alt + Tab キーですべてのウィンドウを表示するには

A ［マルチタスク］で設定できます

Alt + Tab キーを押すと、そのデスクトップで起動しているアプリが表示されますが、ほかのデスクトップで起動しているアプリは表示されません。ワザ128と同じように設定を変更すれば、すべての仮想デスクトップで起動中のアプリを一覧に表示できます。

［設定］-［システム］-［マルチタスク］の画面を表示しておく

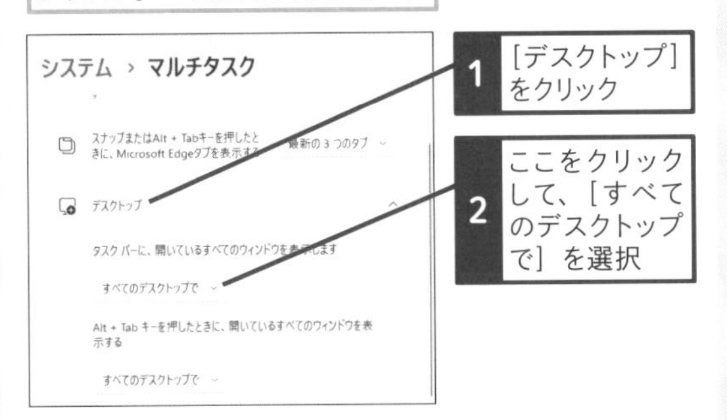

ショートカットキー ウィンドウの切り替え Alt + Tab

132

Home Pro

お役立ち度 ★★

Q 並べて表示したウィンドウの幅を変えるには

A 分割バーをドラッグします

ワザ120で「スナップレイアウト」機能によって、並べて表示したウィンドウは、境目の分割バーをドラッグすることで、幅を変えることができます。三分割や四分割に表示した場合は、上下にもドラッグできます。ただし、いずれの場合もドラッグして変更できるウィンドウの幅や大きさが限られていて、それ以上はサイズが変更できません。

133

Home Pro

お役立ち度 ★★

Q デスクトップ右下に表示されるメッセージは何？

A デバイスの接続などを知らせる通知です

パソコンにUSBメモリーを挿したり、DVDなどのメディアを光学ドライブにセットすると、画面の右下に通知メッセージが表示されることがあります。通知をクリックすると、その内容が表示されます。

デバイスの接続時やセキュリティの警告などで表示される

クリックすると、通知内容についての操作ウィンドウが表示される

134

Home Pro

お役立ち度 ★★

Q 通知センターを表示するには

A タスクバーの日付をクリックします

Windowsやアプリなどの通知を表示する通知センターは、タスクバーの日付をクリックすると、表示されます。タッチ操作の場合は、画面右端の外から左に向かって、スワイプすると、表示できます。⊞ + N キーを押しても表示できます。

1 タスクバーの日付をクリック

通知センターが表示された

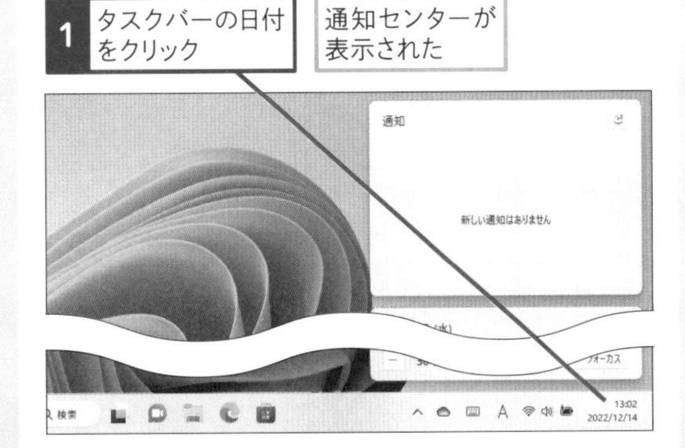

135

Home Pro

お役立ち度 ★★

Q 見逃した通知を確認するには

A 通知センターで確認できます

デスクトップに表示される通知は、一定の時間が経過すると、自動的に消えてしまいます。見逃した通知を確認したいときは、タスクバーの日付をクリックして、通知センターを表示しましょう。

ワザ134を参考に、通知センターを表示しておく

通知センターが表示され、見逃した通知を確認できる

136

Home Pro

お役立ち度 ★★

Q 通知を削除するには

A 通知センターでクリアできます

通知センターに表示されている通知をそのままにしておくと、新たな通知や確認した通知がわからなくなってしまいます。内容を確認した通知は［×］をクリックしておくことで、「まだ確認していない通知」のみを表示できるようになります。

ワザ134を参考に、通知センターを表示しておく

1 クリアしたい通知の［クリア］をクリック

137

Home Pro

お役立ち度 ★★★

Q ［応答不可］モードって何？

A 通知を非表示にするモードです

Windowsを使っていると、メールの着信やアラーム、カレンダー、アプリなど、さまざまな通知が表示されます。［応答不可］はこれらの通知を一時的に非表示にできます。［応答不可］モードをオンにすると、すべての通知を非表示にしたり、重要な通知のみを表示できるため、パソコンを使った作業に集中できます。

●［応答不可］モードをオンにする方法

1 タスクバーの日付をクリック

2 ［応答不可：オフ］をクリック

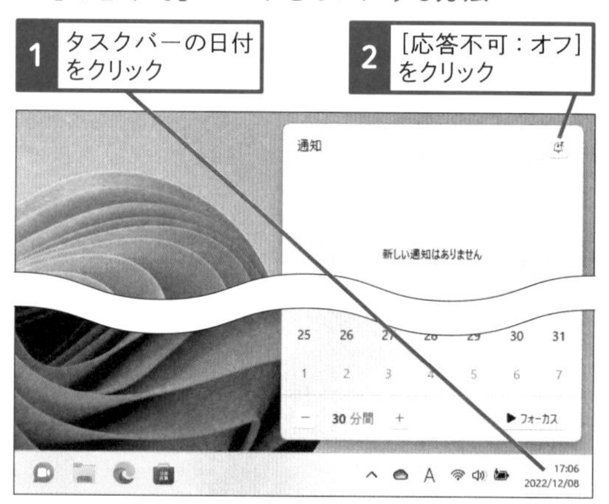

●［応答不可］モードをオフにする方法

上の画面を表示しておく

1 ［応答不可：オン］をクリック

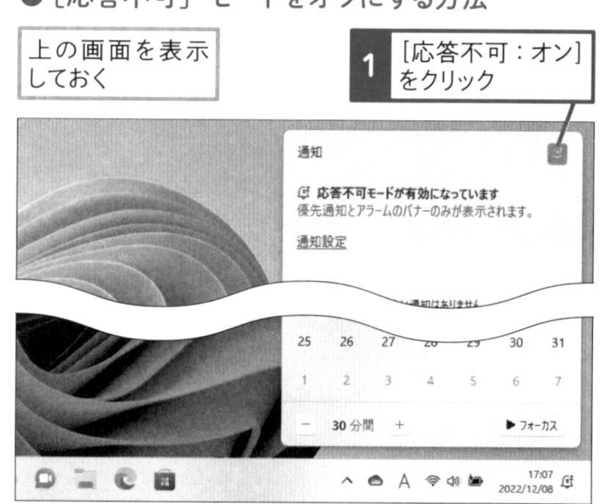

関連 140 ［応答不可］でも表示される通知を設定するには ► P.92

138

Home Pro

お役立ち度 ★★★

Q 特定の時間だけ通知をオフにしたい

A 開始と終了の時刻を設定できます

パソコンを利用する時間帯が決まっているときは、自動的に［応答不可］をオンにできます。［設定］の［システム］-［通知］-［応答不可を自動的にオンにする］を選ぶと、時間帯を設定でき、［連続再生］にチェックマークを付けると、［日単位］［週末］［平日］といった設定もできます。［設定］の［システム］-［フォーカス］を選ぶと、一定時間、通知などを非表示にでき、作業に集中できます。

ワザ137を参考に、［応答不可］モードをオンにしておく

1 ［通知設定］をクリック

通知
応答不可モードが有効になっています
優先通知とアラームのバナーのみが表示されます。
通知設定
新しい通知はありません

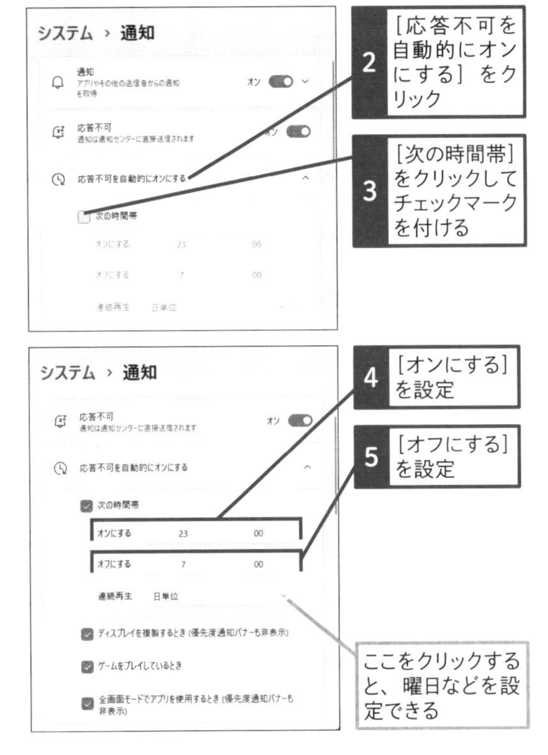

関連141 すべての通知をオフにしたい ▸ P.93

139

Home Pro

お役立ち度 ★★★

Q プレゼンテーション中などに通知をオフにしたい

A 外部ディスプレイ接続時に通知をオフにできます

パソコンでプレゼンテーションをしているときに、通知が表示されると、相手に無関係な情報を見せることになります。［応答不可］モードでは外部ディスプレイを接続して、画面を複製するときに、自動的にオンになるように設定できます。

関連118 デスクトップアイコンを非表示にするには ▸ P.82

関連137 ［応答不可］モードって何? ▸ P.90

ワザ138を参考に、［応答不可］モードの設定画面を表示しておく

1 ［ディスプレイを複製しているとき］をクリックして、チェックマークを付ける

ステップアップ

［機内モード］［夜間モード］［応答不可］［フォーカス］を使い分けるには

［機内モード］はパソコンの無線通信をすべて無効にするモードで、航空機内など、外部通信が禁止されている場所にいるときに、ワンクリックでパソコンからの電波の発信を停止できます。機内モードをオンにすると、Bluetooth、モバイルデータ通信、GPS、NFC、無線LANなど、すべての無線通信が無効になりますが、機内Wi-Fiサービスやイヤホンを使うため、無線LANやBluetoothを個別に有効にできます。［夜間モード］はディスプレイの色合いを暖色系に変更して、ディスプレイから発生するブルーライトを軽減できます。長時間、パソコンを使うときや夜間に暗い場所でパソコンを使うときに有効です。［応答不可］は通知を非表示にできる機能で、表示されなかった通知は通知センターで確認できます。［フォーカス］は一定時間、［応答不可］を有効にしたり、タスクバーアプリを非表示にすることで、パソコンでの作業に集中できるようにします。それぞれのモードの役割や用途を覚えて、上手に使い分けましょう。

1 通知領域をクリック

2 ［機内モード］をクリック

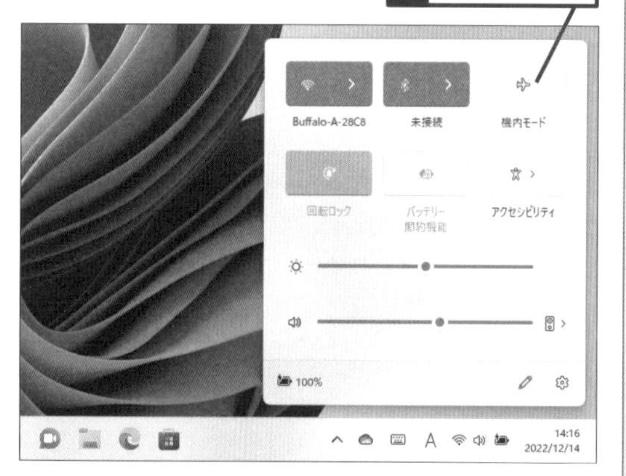

140

Home Pro
お役立ち度 ★★★

Q ［応答不可］でも表示される通知を設定するには

A ［優先順位の一覧］で設定できます

［応答不可］モードをオンにすると、通知が表示されなくなりますが、［設定］の［システム］-［通知］-［優先通知を設定する］で、特定のアプリや機能の通知を有効にできます。たとえば、VoIPを含む着信を通知したり、アラームなどのリマインダーを表示できます。

ワザ138を参考に、［応答不可］を設定しておく

1 ［優先通知を設定する］をクリック

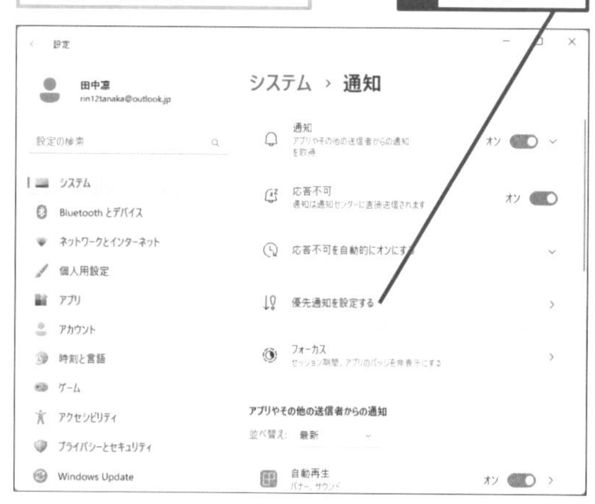

応答不可モードを機能やアプリごとに設定できる

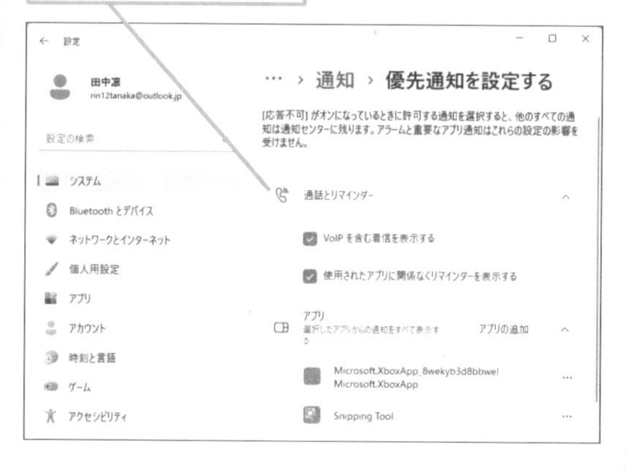

関連 137 ［応答不可］モードって何？ ▶ P.90

141

Home Pro

お役立ち度 ★★★

Q すべての通知をオフにしたい

A ［設定］の［システム］-［通知］でオフにできます

Windows 11の通知は［設定］の［システム］-［通知］でオフにできます。ただし、通知をオフにしてしまうと、重要な通知もすべて表示されなくなるため、セキュリティを含めたデメリットがあります。通知が煩わしいときは、［応答不可］や［フォーカス］で一時的に通知を制限したり、特定のアプリの通知をオフにするといった使い方も検討しましょう。

［設定］-［システム］の画面を表示しておく

1 ［通知］をクリック

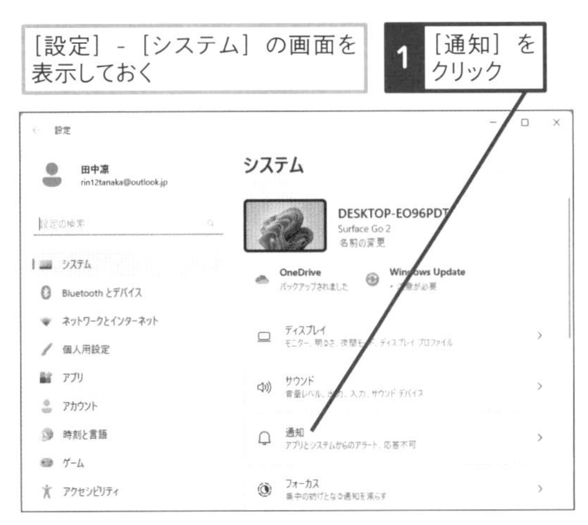

2 ［通知］のここをクリックして、オフにする

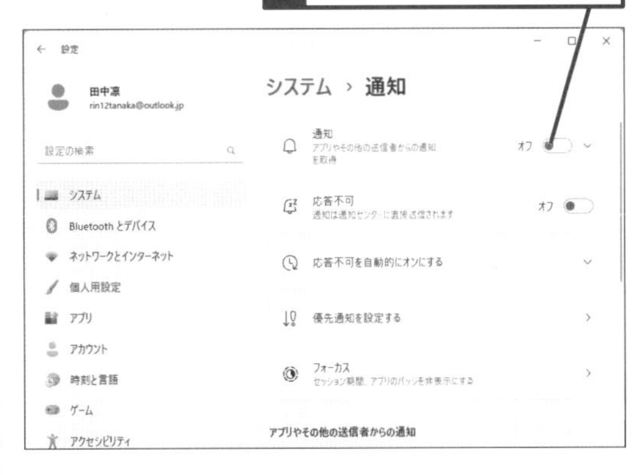

関連 138 特定の時間だけ通知をオフにしたい ▸ P.91

142

Home Pro

お役立ち度 ★★★

Q 特定のアプリの通知をオフにしたい

A 通知したいアプリを選ぶことができます

通知センターなどに表示される通知は、アプリごとに通知するかどうかを選ぶことができます。［設定］の［システム］-［通知］を選ぶと、［アプリやその他の送信者からの通知］でアプリごとに通知のオン/オフの設定できます。また、各アプリを選ぶと、通知バナーを表示するか、音を鳴らすか、ロック画面に表示するかなどを細かく設定できます。

ワザ141を参考に、［通知］の画面を表示しておく

1 下にスクロール

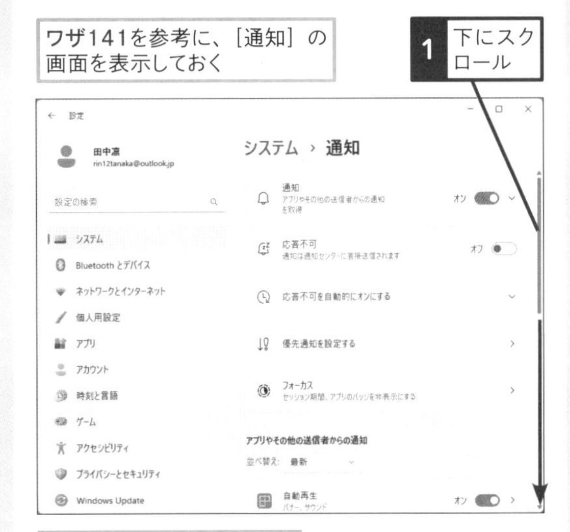

通知のオンとオフをアプリごとに設定できる

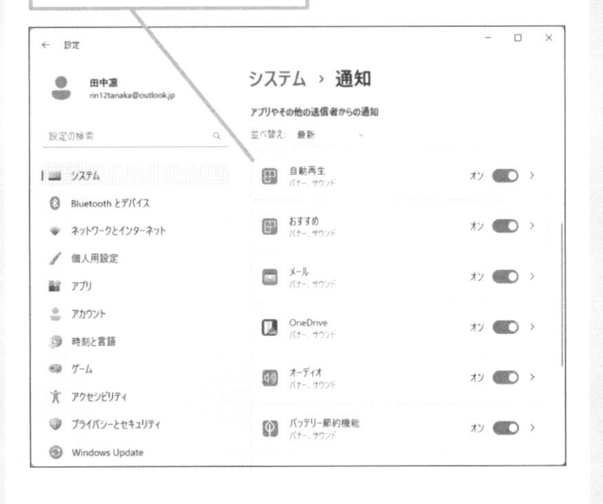

143

Home Pro

お役立ち度 ★★

Q 画面が回転しないようにしたい

A［回転ロック］をオンにします

タブレットではデバイスの方向に応じて、画面を回転させることができます。画面を回転させたくないときは、［設定］の［システム］-［ディスプレイ］-［回転ロック］をオンにします。ちなみに、デスクトップパソコンなどでは［回転ロック］の項目が表示されません。

ワザ004を参考に、［システム］の画面を表示しておく

1 ［ディスプレイ］をクリック

2 ［回転ロック］のここをクリックして、オフにする

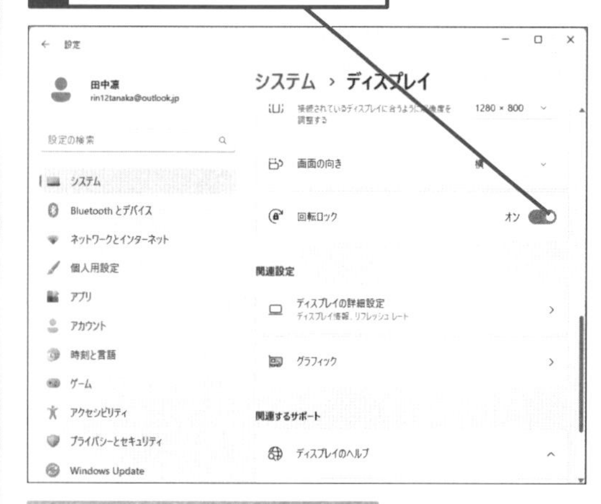

画面が縦、または横で固定される

144

Home Pro

お役立ち度 ★★★

Q デスクトップの背景を変更したい

A 好きな画像に変更できます

デスクトップの背景は、自由に設定できます。デスクトップの背景に使いたい画像は、あらかじめ［ピクチャ］フォルダーや［画像］フォルダーにコピーしておきます。スマートフォンやデジタルカメラで撮影した写真をコピーしておけば、撮影した写真をデスクトップの背景として表示できます。

［設定］-［個人用設定］の画面を表示しておく

1 ［背景］をクリック

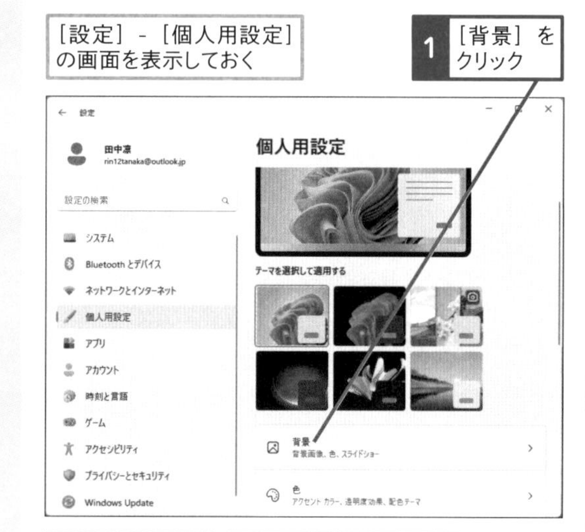

［背景］の画面が表示された

あらかじめ用意された画像から選択できる

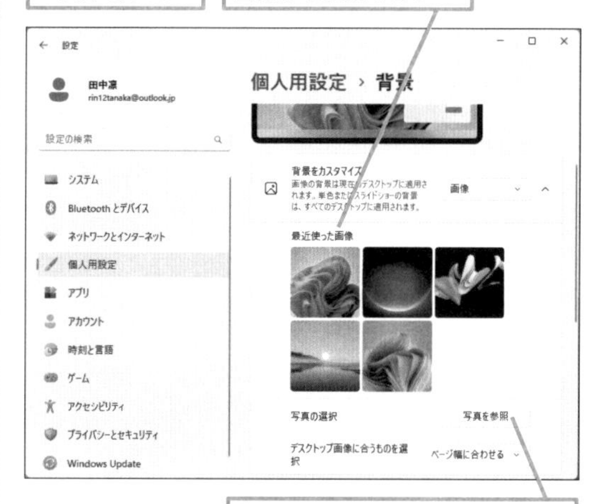

［写真を参照］をクリックすると、他の画像を選択できる

145

Home Pro
お役立ち度 ★★★

Q デスクトップの背景をスライドショーや単色にするには

A ［背景］の設定を変更します

デスクトップの背景は、一定の時間が経過したときに違う画像が表示されるスライドショーに変更できます。画像でなく、単色に設定することも可能です。

［設定］-［個人用設定］-［背景］の画面を表示しておく

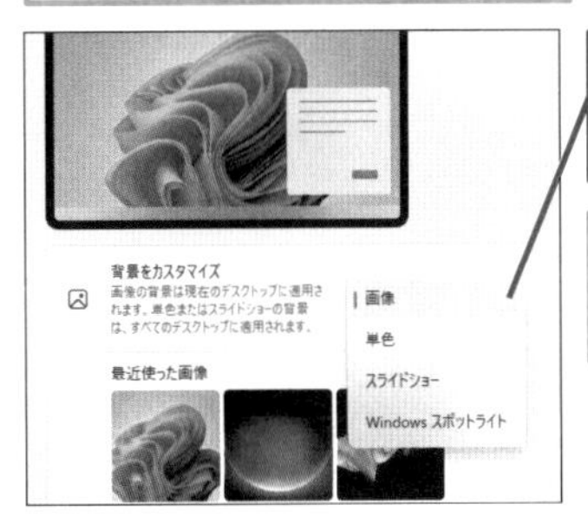

1 ［背景をカスタマイズ］のここをクリック

スライドショーや単色の背景に変更できる

146

Home Pro
お役立ち度 ★★

Q ウィンドウの色を変更したい

A 背景と同じように自由に変更できます

ウィンドウの枠などの色は、［設定］の［個人用設定］-［色］で自由に選択できます。

［設定］-［個人用設定］の画面を表示しておく

1 ［色］をクリック

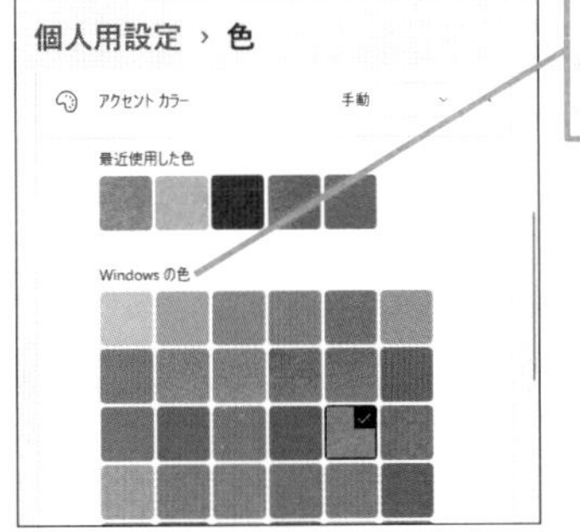

［Windowsの色］で好みの色を選択できる

147

Home Pro
お役立ち度 ★★★

Q デスクトップのデザインをまとめて変更するには

A Microsoft Storeから入手できます

標準で用意されているテーマ以外に、Microsoft Storeから追加のテーマを無料で入手できます。種類が豊富なので、お気に入りのテーマを探してみましょう。

［設定］-［個人用設定］-［テーマ］の画面を表示しておく

1 ［テーマの参照］をクリック

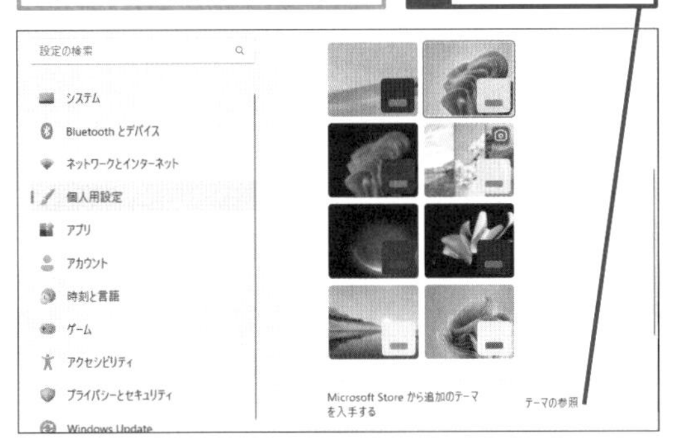

Microsoft Storeの画面が表示された

2 インストールしたいテーマをクリック

テーマの詳細が表示された

3 ［入手］をクリック

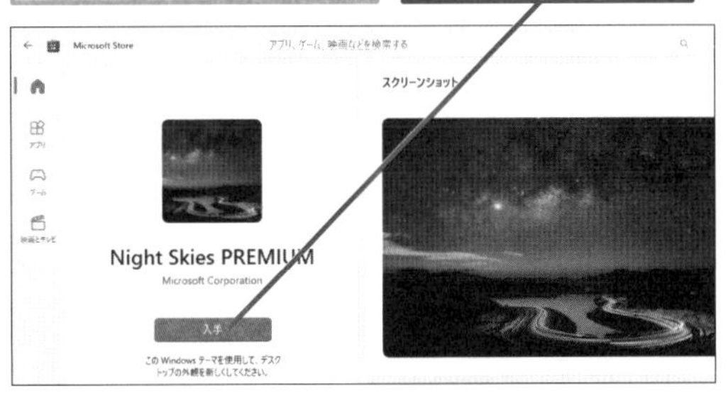

テーマがインストールされ、選択可能になる

148

Home Pro
お役立ち度 ★★★

Q 表示するテキストを見やすくするには

A ［テキストのサイズ］が変更できます

Windowsでは利用するアプリによって、表示するテキストのサイズを変更できますが、Windows全体でテキストのサイズを変更することもできます。［設定］の［アクセシビリティ］-［テキストのサイズ］を選び、スライダーをドラッグし、［適用］をクリックすると、Windowsだけでなく、ほとんどのアプリで表示するテキストのサイズが変更できます。画面の表示が崩れない程度に、自分の見やすいサイズに変更してみましょう。

［設定］-［アクセシビリティ］の画面を表示しておく

1 ［テキストのサイズ］をクリック

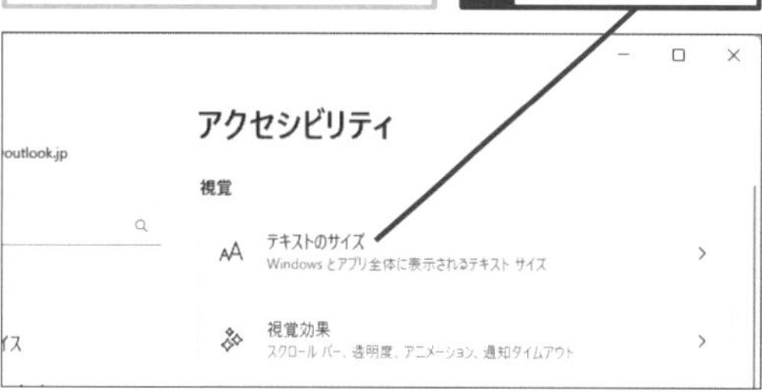

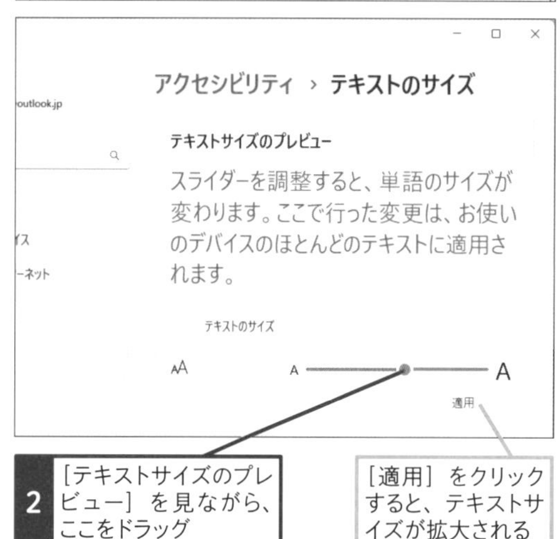

2 ［テキストサイズのプレビュー］を見ながら、ここをドラッグ

［適用］をクリックすると、テキストサイズが拡大される

関連 288 Webページを拡大して読みやすくするには ▸P.162

149

Home Pro
お役立ち度 ★★

Q 位置情報のオン／オフを切り替えるには

A ［設定］の［位置情報］で設定します

アプリやサービスによっては、デバイスの位置情報を参照します。位置情報のオン/オフを切り替えるには、［設定］の［プライバシーとセキュリティ］-［位置情報］で設定します。Windows全体だけでなく、個別のアプリについて、設定することもできます。

［設定］-［プライバシーとセキュリティ］の画面を表示しておく

1 ［位置情報］をクリック

［位置情報サービス］のここをクリックして、オン／オフを切り替える

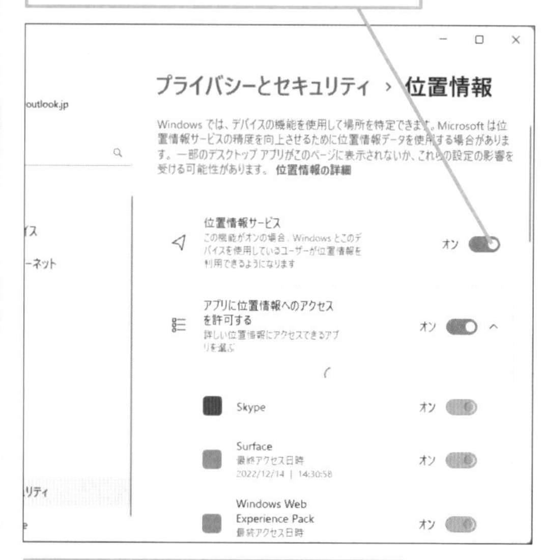

アプリごとの位置情報のアクセス許可も設定できる

150

Home Pro

お役立ち度 ★★★

Q スクリーンセーバーを設定するには

A ［ロック画面］の設定を変更します

スクリーンセーバーは一定時間、パソコンを使わないと、画面にアニメーションや画像が表示される機能です。スクリーンセーバーを設定しておけば、席を離れているときに作業中の画面をほかの人に見られないので安心です。

［設定］-［個人用設定］-［ロック画面］の画面を表示しておく

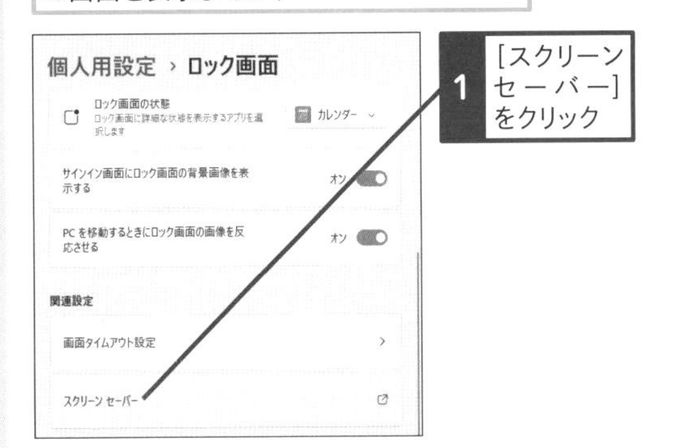

1 ［スクリーンセーバー］をクリック

［スクリーンセーバーの設定］の画面が表示された

2 ここをクリック

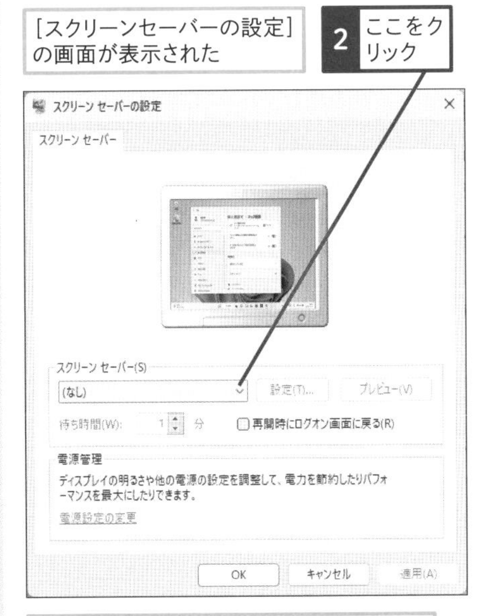

スクリーンセーバーの種類を選択して、［OK］をクリックすると、設定が完了する

151

Home Pro

お役立ち度 ★★

Q スクリーンショットを撮影するには

A Snipping Toolを使います

Windowsにはスクリーンショットを撮影する「Snipping Tool」というアプリが用意されています。スクリーンショットを撮影したい画面を表示し、⊞＋Shift＋Sキーを押します。全画面、四角形、ウィンドウなど、撮りたい形を選んで、撮影します。ペン対応のパソコンでは［ペン］メニューから［SnippingTool］を起動できます。撮影後にプレビューが表示され、画像は［ピクチャ］-［スクリーンショット］に保存されますが、プレビュー画面から［名前を付けて保存］でも保存できます。

スクリーンショットを撮影したい画面を表示しておく

1 ⊞＋Shift＋Sキーを押す

Snipping Toolが起動した

2 ［四角形の領域切り取り］をクリック

3 画面上をドラッグ

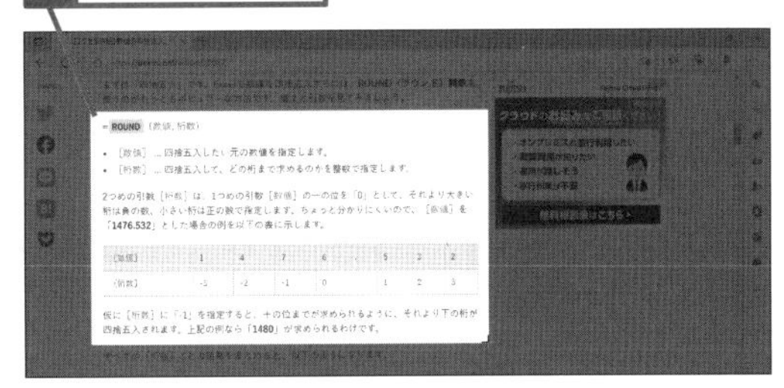

四角形で切り取った形にキャプチャーできる

関連155 Print Screenキーでスクリーンショットを撮るには? ▸ P.99

関連156 撮影したスクリーンショットを編集したい ▸ P.100

152

Home Pro

お役立ち度 ★★★

Q 時間差でスクリーンショットを撮影するには

A 待ち時間を設定して撮影できます

Snipping Toolでは待ち時間を設定して、スクリーンショットを撮影できます。[スタート] メニューの[すべてのアプリ] からSnipping Toolを起動します。撮影したいアプリを起動しておき、Snipping Toolで[待ち時間]を3/5/10秒後のいずれかから選びます。[＋新規] をクリックすると、待ち時間が過ぎた後、Snipping Toolが表示され、スクリーンショットを撮る領域を指定して、撮影できます。

ワザ092を参考に、[すべてのアプリ] を表示しておく

1 [Snipping Tool] をクリック

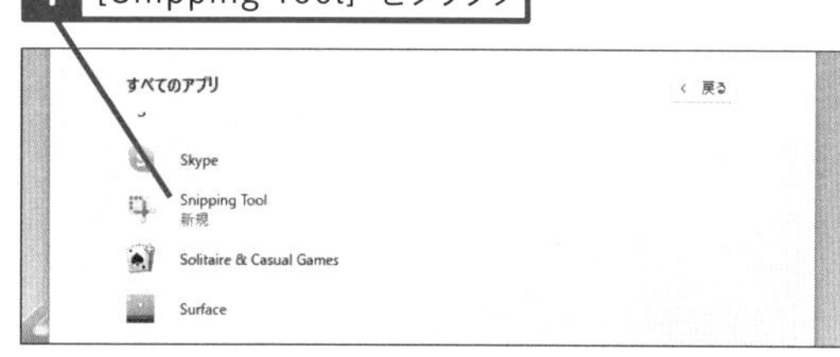

2 [待ち時間なし] のここをクリック

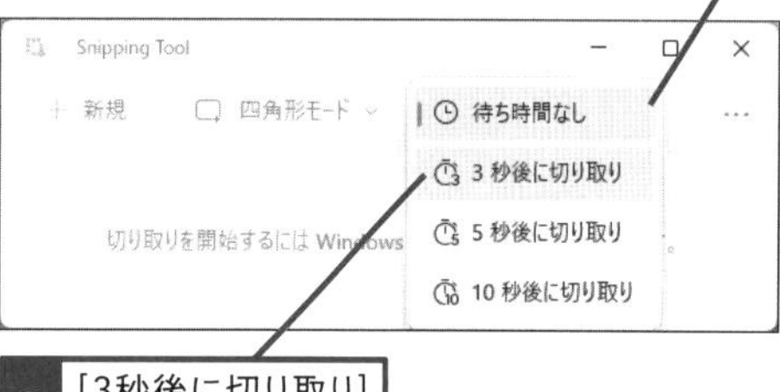

3 [3秒後に切り取り] をクリック

4 [新規] をクリック

3秒後にスクリーンショットが撮影される

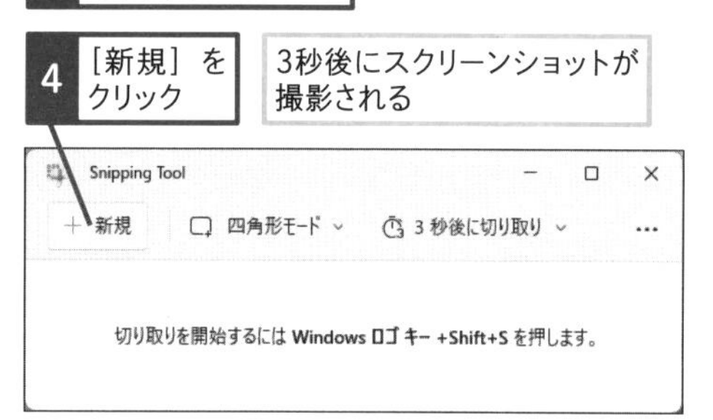

関連 155 Print Screenキーでスクリーンショットを撮るには? ▸ P.99

153

Home Pro

お役立ち度 ★★★

Q 複数のスクリーンショットを撮って比較するには

A [クリップボードの履歴] でできます

Snipping Toolは最新のスクリーンショットのみがクリップボードに保存されるため、連続して、スクリーンショットを撮影すると、ひとつ前のスクリーンショットが表示できなくなります。このようなときは、[設定] の[システム] [クリップボード] -[クリップボードの履歴] をオンに切り替えます。Snipping Toolで連続して、スクリーンショットを撮った後、⊞+Vキーを押すと、クリップボードに複数のスクリーンショットが表示されるので、そこから選んで、ファイルに保存できます。

ワザ072を参考に、[クリップボードの履歴] を [オン] にしておく

1 画面キャプチャーを連続して撮影

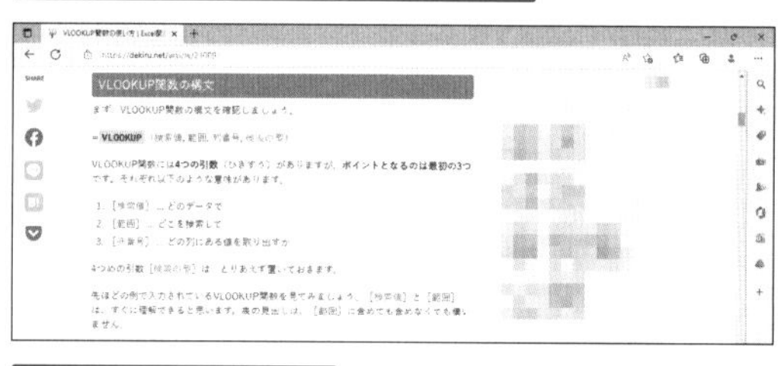

2 ⊞+Vキーを押す

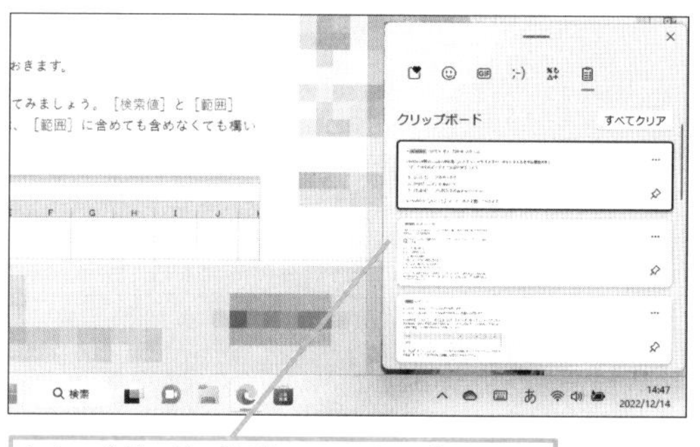

クリップボードに複数の画面キャプチャーが表示される

関連 072 クリップボードの履歴を利用するには ▸ P.61

154

Home Pro
お役立ち度 ★★★

Q 撮影後のスクリーンショットに枠線を追加するには

A Snipping Toolで設定できます

Snipping Toolでスクリーンショットを撮ったとき、そのまま保存すると、画像の周囲に枠がなく、文書などに貼り付けたときに見えにくくなってしまうことがあります。このようなときは以下のように設定することで、撮影したスクリーンショットに枠線を付けることができます。枠線は太さや色を選ぶことができます。

ワザ152を参考に、Snipping Toolを起動しておく

1 ［もっと見る］をクリック

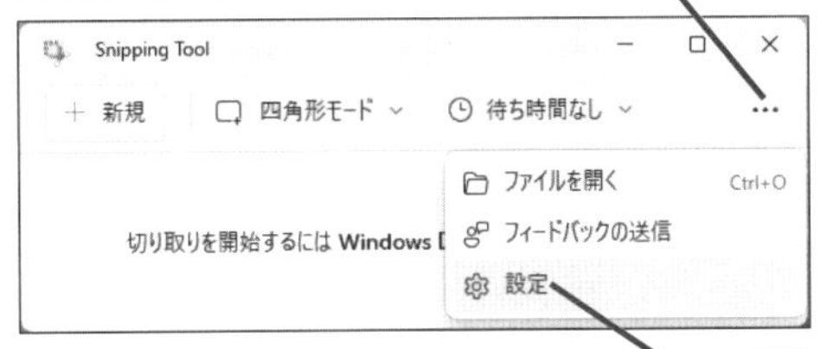

2 ［設定］をクリック

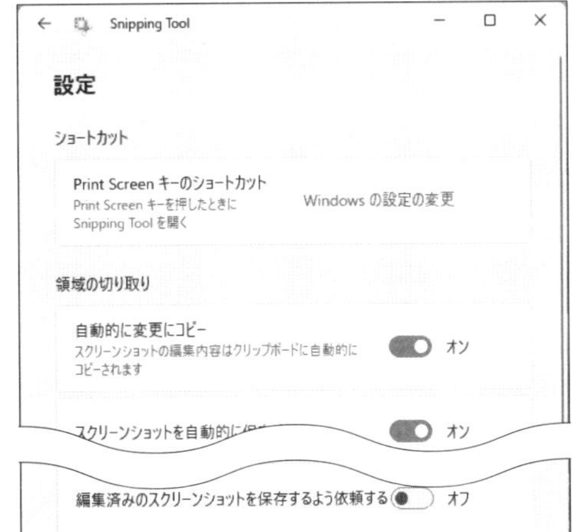

3 ［各スクリーンショットに境界を追加］のここをクリックして、オンにする

撮影したスクリーンショットに枠線を付けることができる

155

Home Pro
お役立ち度 ★★★

Q Print Screenキーでスクリーンショットを撮るには？

A ［アクセシビリティ］でオンにしておきます

Print Screenキーを押して、スクリーンショットを撮ることができます。［設定］の［アクセシビリティ］-［キーボード］で、［プリントスクリーンボタンを使用して画面切り取りを開く］をオンに切り替えます。Print Screenキーを押すと、Snipping Toolが起動し、スクリーンショットを撮ることができます。Print Screenキーはキーに［PrtSc］と印刷されている機種もあります。

［設定］-［アクセシビリティ］の画面を表示しておく

1 ［キーボード］をクリック

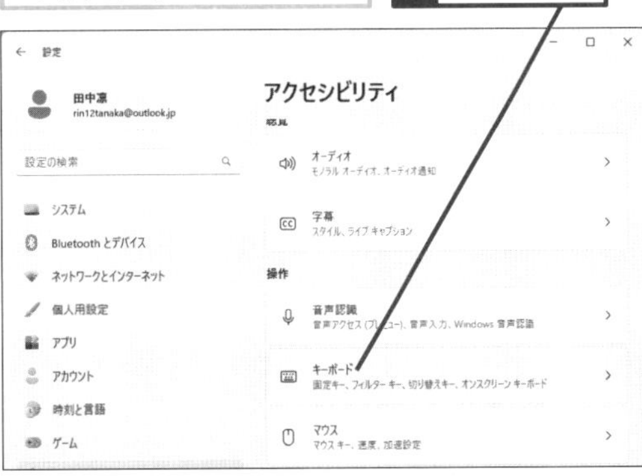

2 ［プリントスクリーンボタンを使用して画面切り取りを開く］をオンにする

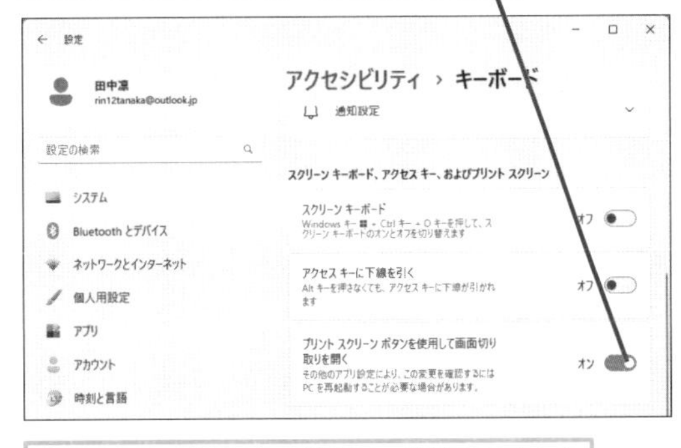

OneDriveに保存するダイアログが表示されたときは、パソコンを再起動する

関連151 スクリーンショットを撮影するには ▸ P.97

156

Home Pro

お役立ち度 ★★★

Q 撮影したスクリーンショットを編集したい

A 線の書き込みやトリミングができます

Snipping Toolで撮影したスクリーンショットは、描画ツールで書き込みをしたり、トリミングができます。たとえば、地図や写真のスクリーンショットに指示を書き込んだり、トリミングで不要な部分を削除することができます。このほかにも［定規］や［分度器］のツールが用意されているので、直線や円を描くことができるので、試してみましょう。

［Snipping Tool］の［新規］、または［ファイルを開く］で撮影した画像を表示しておく

1 描画ツールと色をクリックして選択

［画像のトリミング］をクリックすると、トリミングできる

2 ドラッグして書き込む

ここをクリックすると、保存できる

［画像のトリミング］をクリックしておく

3 ドラッグして切り取る範囲を調整

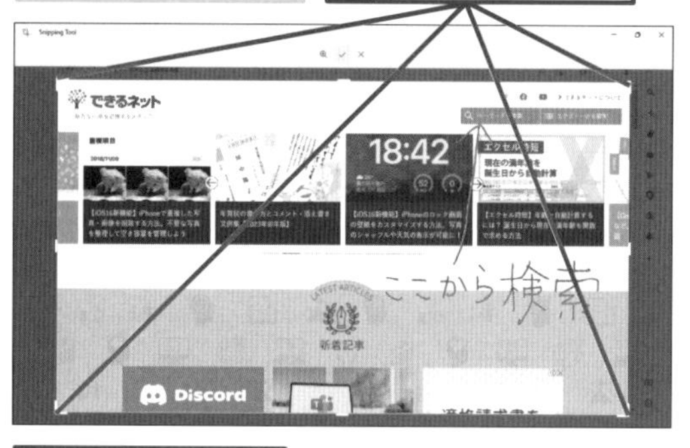

4 ［適用］をクリック

157

Home Pro

お役立ち度 ★★

Q ［ウィジェット］を表示するには

A ［ウィジェット］ボタンをクリックします

Windows 11では新たに「ウィジェット」と呼ばれる機能が追加されました。タスクバーの［ウィジェット］をクリックすると、現在地の天気やニュース、株価の情報、スポーツの結果などで構成されたウィジェットが表示されます。ウィジェットは他のアプリを起動中でもタスクバーからすぐに起動でき、いつでも最新の情報を確認できます。ウィジェットを表示中、ウィジェット以外の部分か、タスクバーの［ウィジェット］をクリックすると、ウィジェットは閉じます。

1 ［ウィジェット］をクリック

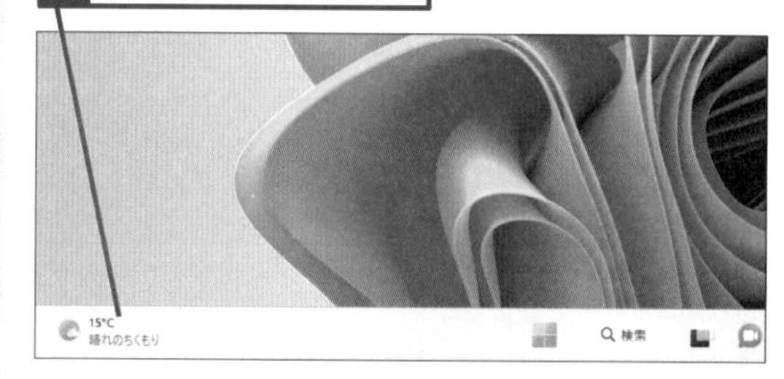

ウィジェットが表示された

ウィジェットの表示
⊞+W

158

Home Pro

お役立ち度 ★★

Q ウィジェットに表示された内容の詳細を見たい

A ウィジェットのパネルをクリックします

ウィジェットに表示された天気やニュースなどの情報について、より詳しい内容を見たいときは、それぞれのパネルをクリックします。たとえば、天気のパネルをクリックすれば、Microsoft Edgeが起動し、天気のWebページが表示されます。再びウィジェットを表示し、他の項目をクリックすれば、同じようにMicrosoft Edgeにその項目のWebページが表示されます。

ワザ157を参考に、ウィジェットを表示しておく

1 ［天気］をクリック

Edgeが起動して、天気の詳しい情報が表示された

関連 160 ウィジェットを追加したい ▸P.102

159

Home Pro

お役立ち度 ★★

Q ウィジェットの表示内容を変更したい

A ウィジェットの表示はカスタマイズできます

ウィジェットに表示される内容は、自分の好みに合わせて、自由にカスタマイズできます。ウィジェットの右上の［…］をクリックし、［ウィジェットのカスタマイズ］を選ぶと、その項目の内容を変更できます。たとえば、株価は企業名や証券コードで検索して、(+)をクリックすると、表示する項目に追加できます。また、同じメニューで［小］［中］［大］を選んで、ウィジェットのサイズを変更したり、ウィジェットをドラッグして、位置を移動することもできます。

ワザ157を参考に、ウィジェットを表示しておく

1 ［その他のオプション］をクリック

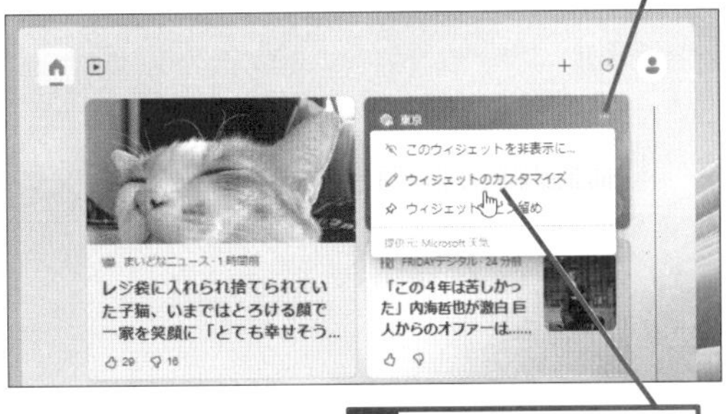

2 ［ウィジェットのカスタマイズ］をクリック

ウィジェットのカスタマイズができる

関連 161 追加したウィジェットを削除したい ▸P.102

160

Home Pro
お役立ち度 ★★★

Q ウィジェットを追加したい

動画で見る

A ［ウィジェットを追加設定］で追加できます

ウィジェットは自分の好みに合わせて、表示する項目を自由に追加できます。ウィジェットを表示した状態で、最上段の［+］（「ウィジェットを追加」）をクリックすると、「ウィジェットの追加」が表示されるので、表示したい項目の(+)をクリックします。追加したウィジェットはワザ159を参考に、表示する内容をカスタマイズできます。

ワザ157を参考に、ウィジェットを表示しておく

1 ［ウィジェットを追加］をクリック

2 追加したいウィジェットをクリック

3 ［ポップアップを閉じます］をクリック

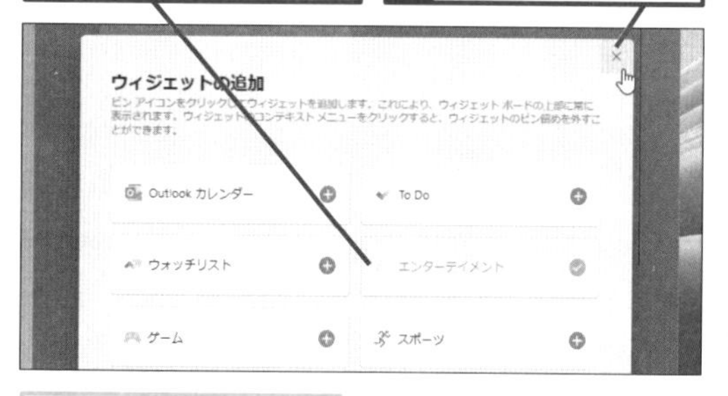

ウィジェットが追加された

161

Home Pro
お役立ち度 ★★★

Q 追加したウィジェットを削除したい

A ［ウィジェットのピン留めを外す］で削除できます

追加したウィジェットが不要なときは削除できます。追加したウィジェットの右上の［…］をクリックし、［ウィジェットのピン留めを外す］をクリックします。また、ニュースなどのパネルはワザ162やワザ163のように操作すると、表示される内容を自分の好みにカスタマイズできます。

ワザ157を参考に、ウィジェットを表示しておく

1 ［その他のオプション］をクリック

2 ［ウィジェットのピン留めを外す］をクリック

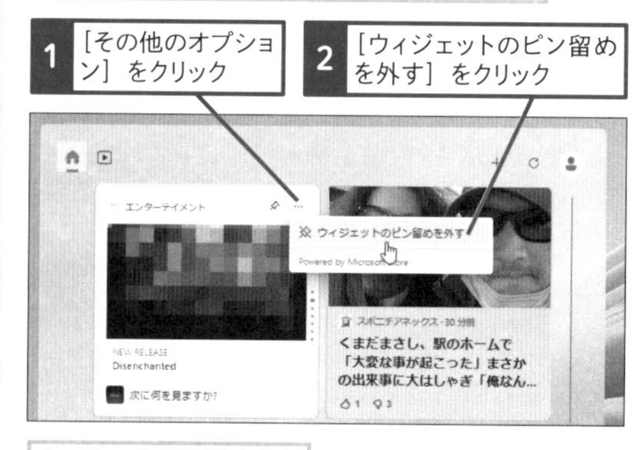

ウィジェットが削除された

関連 162 ウィジェット内の記事を削除したい ►P.103

関連 164 ［ウィジェット］のボタンを非表示にしたい ►P.103

162

Home Pro
お役立ち度 ★★★

Q ウィジェット内の記事を削除したい

A [この記事を表示しない] をクリックします

ウィジェットに表示されているニュース記事のうち、記事に興味がなかったり、表示する記事を減らしたいときは、以下のようにそれぞれの記事の右上の[×](この記事を表示しない) をクリックします。記事を好まない理由を一覧から選んで、回答します。

ウィジェットで記事を表示しておく

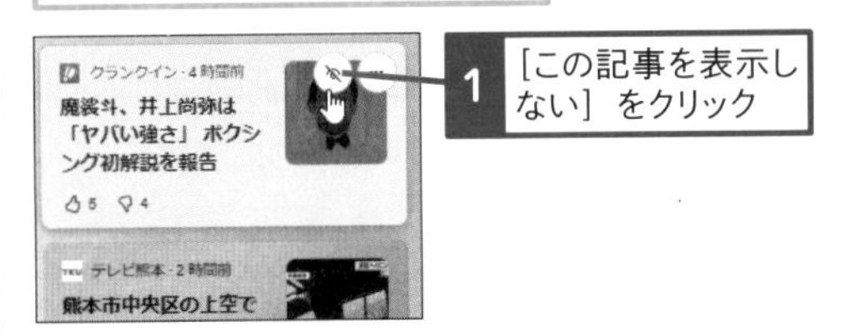

1 [この記事を表示しない] をクリック

163

Home Pro
お役立ち度 ★★★

Q 記事を評価するには

A […] (もっと見る) で評価できます

ウィジェットに表示されている記事を評価したいときは、右下の [...] (もっと見る) をクリックして、一覧から「このような記事を増やす」「このような記事を減らす」を選びます。自分の好みが反映されたニュースが表示されるようになります。「○○からの記事を非表示」を選ぶこともできます。

1 評価したい記事の [もっと見る] をクリック

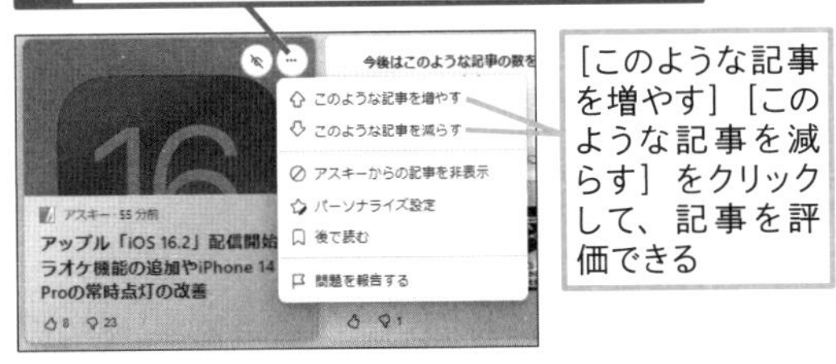

[このような記事を増やす] [このような記事を減らす] をクリックして、記事を評価できる

164

Home Pro
お役立ち度 ★★★

Q [ウィジェット] のボタンを非表示にしたい

A タスクバーの設定から設定できます

[ウィジェット] はさまざまな情報やニュースをすぐに参照できますが、マウスポインターを合わせるだけで表示されるため、操作の邪魔になることがあります。このようなときは [設定] の [個人用設定] - [タスクバー] で、[ウィジェット] の表示をオフにできます。タスクバーを右クリックして、表示されたメニューで [タスクバーの設定] を選んで、設定することもできます。

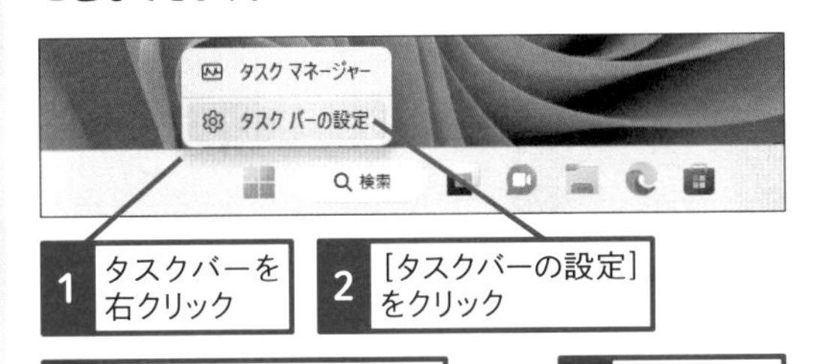

1 タスクバーを右クリック

2 [タスクバーの設定] をクリック

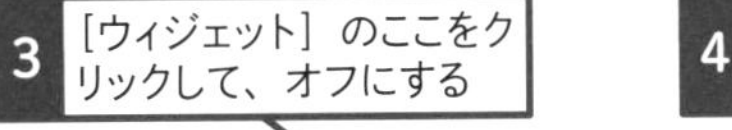

3 [ウィジェット] のここをクリックして、オフにする

4 [閉じる] をクリック

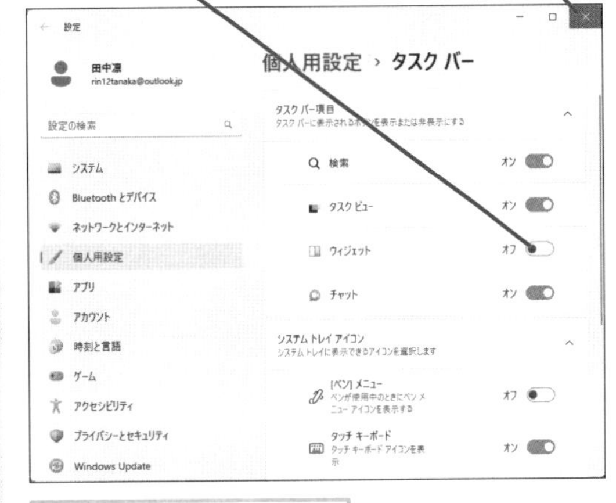

ウィジェットが非表示になった

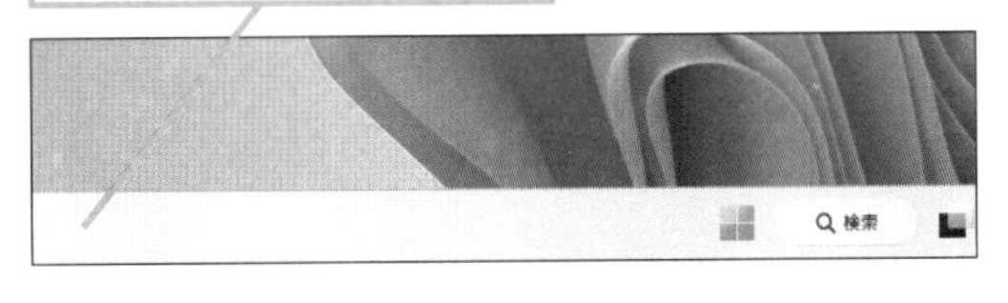

関連 104 タスクバーに表示する項目を変更するには ► P.77

第4章 ファイルとフォルダーの活用ワザ

ファイルやフォルダーを操作する

Windowsではファイルやフォルダーを扱います。「もっと簡単にファイルを選択したい」「効率良くファイルを整理したい」といったニーズに応えるテクニックを解説します。

165

Home Pro

お役立ち度 ★★★

Q エクスプローラーにある［ホーム］って何？

A ファイルやフォルダーを操作する起点となる場所です

エクスプローラーを起動したとき、最初に［ホーム］という画面が表示されます。従来のWindows 11では［クイックアクセス］が表示されていましたが、2022年に公開された「Windows 11 22H2」で仕様が変更され、［ホーム］が表示されます。［ホーム］はファイルやフォルダーなどを操作するときの起点になる画面で、上段のアドレスバーや左側のナビゲーションウィンドウなどは同じですが、右側に［クイックアクセス］や［最近使用した項目］に加え、［お気に入り］が表示されます。［お気に入り］にファイルをピン留めしておけば、すぐに操作できます。［ホーム］は他のフォルダーなどを表示していてもナビゲーションウィンドウ上段の［ホーム］をクリックすれば、すぐにこの画面を表示することができます。

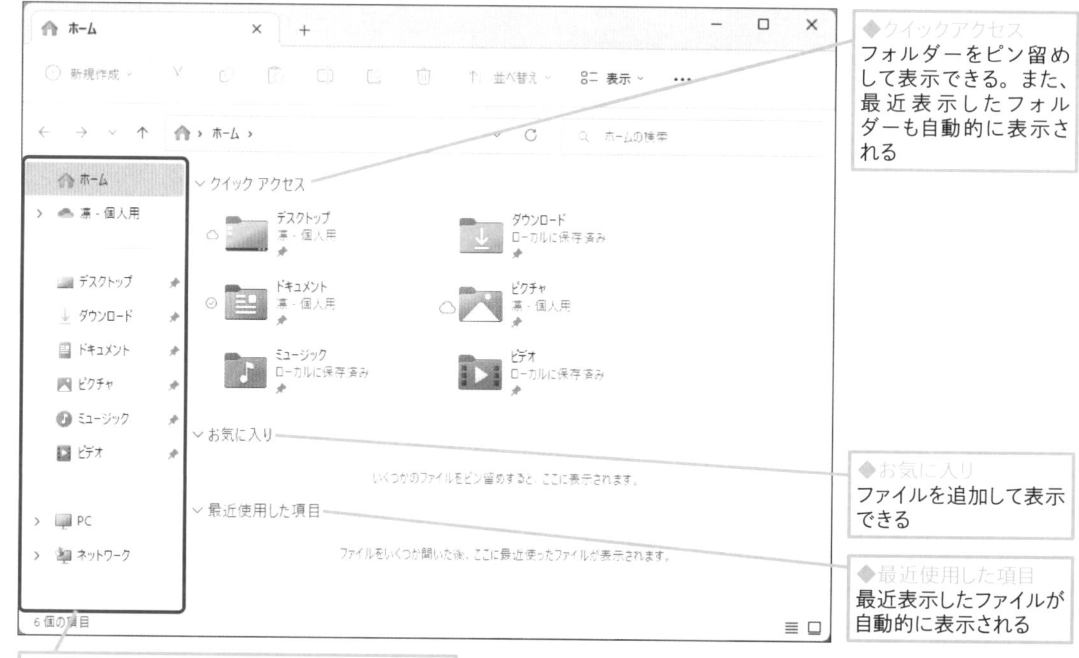

◆クイックアクセス
フォルダーをピン留めして表示できる。また、最近表示したフォルダーも自動的に表示される

◆お気に入り
ファイルを追加して表示できる

◆最近使用した項目
最近表示したファイルが自動的に表示される

クイックアクセスに表示されているフォルダーはナビゲーションウィンドウにも表示される

166

Home Pro

お役立ち度 ★★★

Q エクスプローラーのタブを追加するには

動画で見る

A ［新しいタブの追加］（＋）で追加します

エクスプローラーはブラウザーと同じように、タブを追加し、複数のフォルダーをひとつのウィンドウで表示できます。エクスプローラーのウィンドウの上段の［新しいタブの追加］（＋）をクリックすると、タブが追加されます。

エクスプローラーを表示しておく

1 ［新しいタブの追加］をクリック

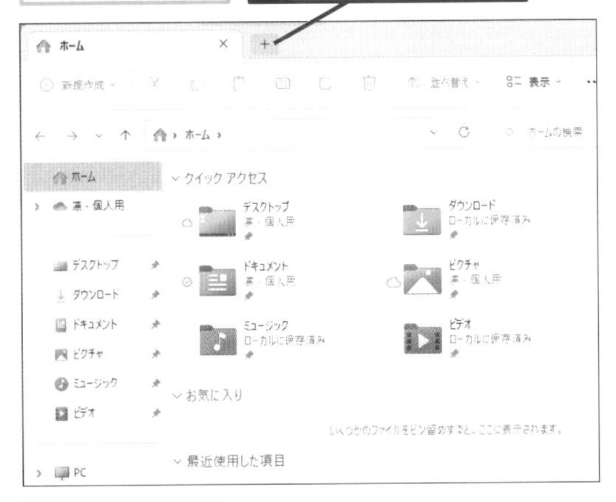

タブが追加された

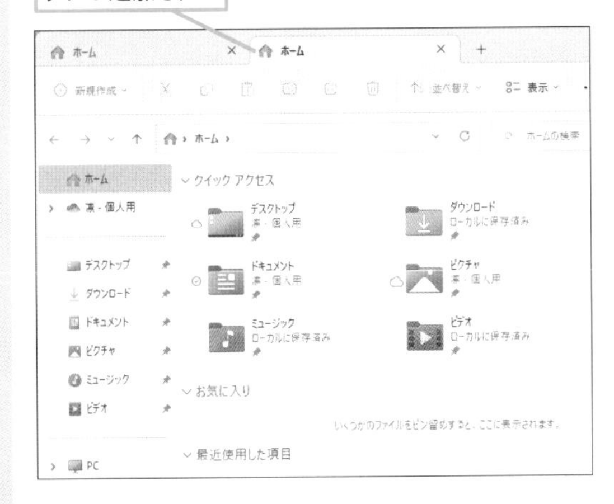

ショートカットキー タブの追加 Ctrl+T

167

Home Pro

お役立ち度 ★★★

Q エクスプローラーのタブを閉じるには

動画で見る

A ［閉じる］（×）をクリックします

エクスプローラーで追加したタブは、［閉じる］（×）をクリックすると、閉じることができます。タブをまとめて閉じるときは、以下のように操作します。タブがひとつしか表示されていない状態で［閉じる］と、エクスプローラーが終了し、ウィンドウが閉じられます。

●タブを閉じる

ワザ166を参考に、タブを1つ追加しておく

1 ［タブを閉じる］をクリック

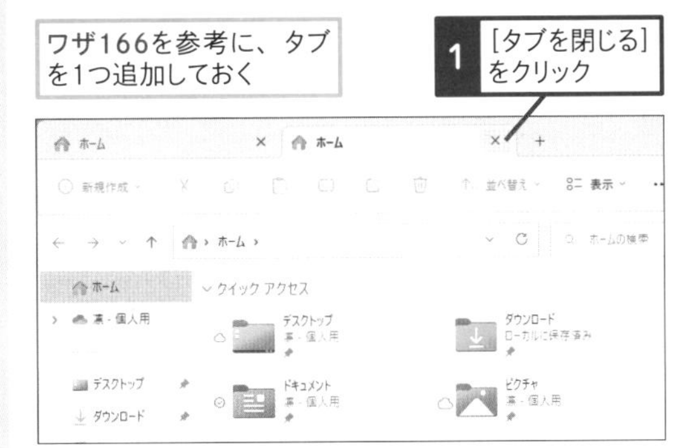

●タブをまとめて閉じる

ワザ166を参考に、タブを複数追加しておく

1 真ん中のタブを右クリック

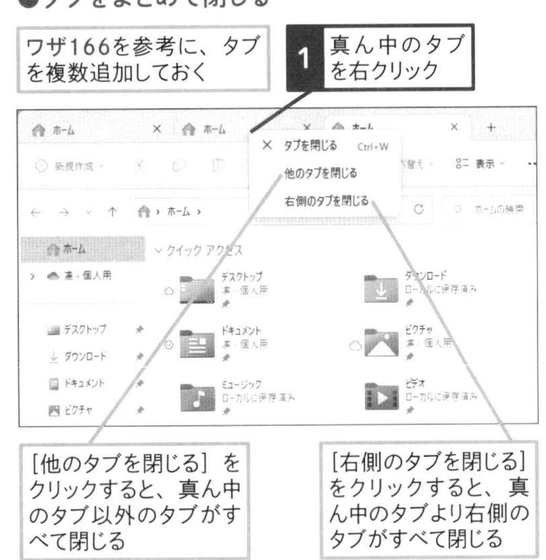

［他のタブを閉じる］をクリックすると、真ん中のタブ以外のタブがすべて閉じる

［右側のタブを閉じる］をクリックすると、真ん中のタブより右側のタブがすべて閉じる

ショートカットキー タブを閉じる Ctrl+W

168

Home Pro

お役立ち度 ★★★

Q ファイルの名前が途中で切れて読めない

A 表示方法を変更しましょう

エクスプローラーでフォルダーの内容を表示したとき、長いファイル名が途切れて、表示されることがあります。そのようなときは、ファイル名にアイコンにマウスポインターを合わせ、表示されたツールチップを確認できます。どんなに長い名前でも確認することができます。また、ファイルの表示方法を［一覧］に変更することでも長いファイル名を表示できます。ただし、あまりにも名前が長いときは、［一覧］の表示形式でも表示しきれないことがあります。

●ツールチップでファイル名を確認する方法

1 ファイルにマウスポインターを合わせる

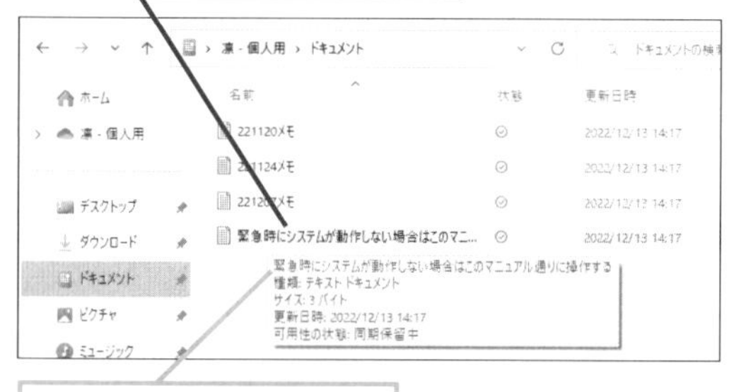

ツールチップが表示され、ファイル名を確認できる

●表示方法［一覧］でファイル名を確認する方法

1 ［表示］をクリック

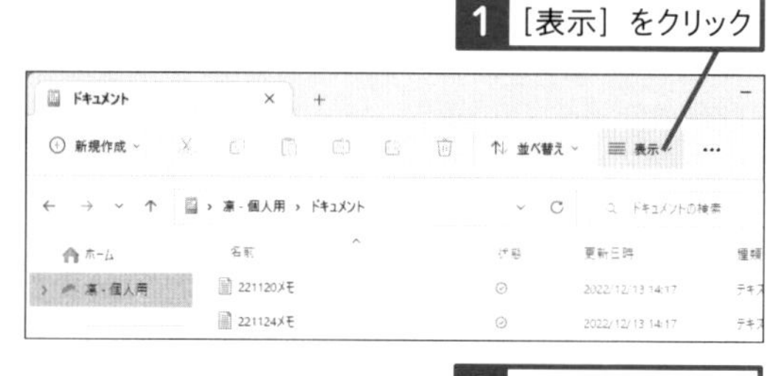

2 ［一覧］をクリック

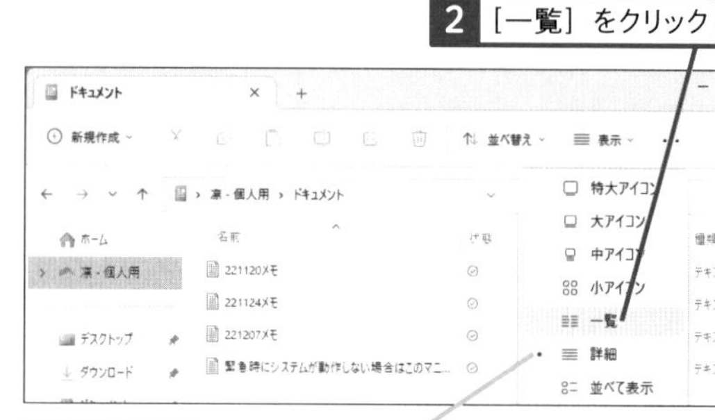

設定済みのレイアウトは黒い点が付く

ファイルが一覧で表示され、ファイル名がすべて表示された

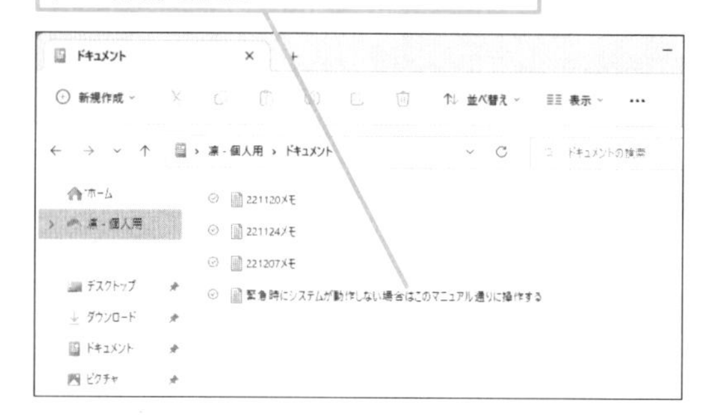

169

Home Pro

お役立ち度 ★★★

Q アイコンをもっと大きくしたい

A ［表示］から表示方法を変更できます

エクスプローラーに表示されるファイルやフォルダーのアイコンは、［表示］で表示方法を変更できます。［小アイコン］ではアイコンとファイル名のみが小さく表示され、［大アイコン］ではアイコンが大きく表示され、画像はサムネイルが表示されます。

1 ［表示］をクリック

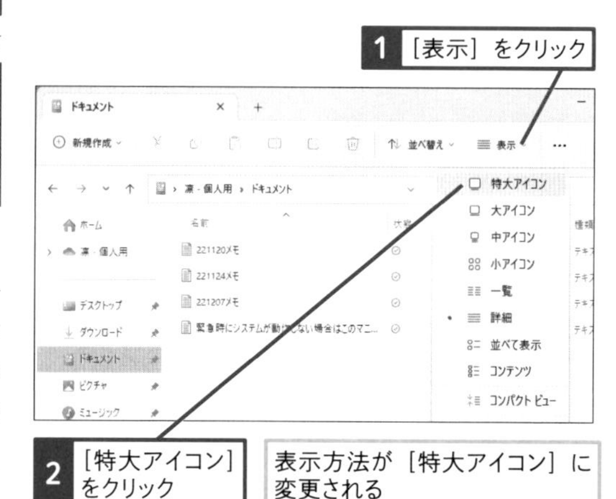

2 ［特大アイコン］をクリック

表示方法が［特大アイコン］に変更される

170

Home Pro
お役立ち度 ★★★

Q ファイルを種類や日付の順序に表示したい

A 表示方法を［詳細］に変更します

ファイルがたくさんあってわかりにくいときは、ワザ168を参考に、表示方法を［詳細］に設定して、ファイルの表示順序を変更しましょう。［種類］や［更新日時］などでアイコンを表示でき、目的のファイルを見つけやすくなります。

アイコンの表示形式を［詳細］にしておく

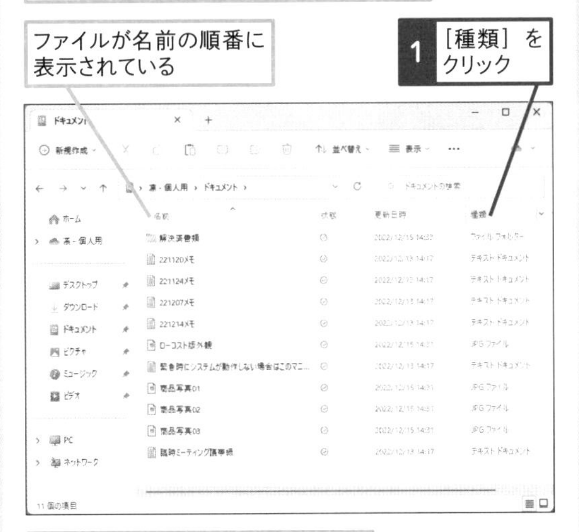

ファイルが種類別に並べ替えられた

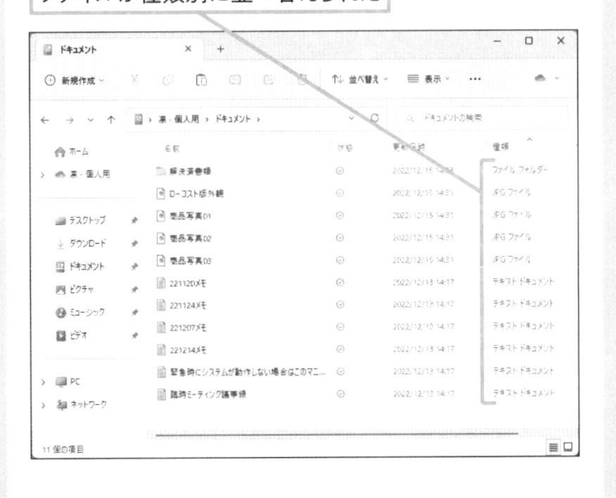

関連 168 ファイルの名前が途中で切れて読めない ▸P.106

171

Home Pro
お役立ち度 ★★★

Q ファイルの作成日やサイズを確認するには

A ［詳細ウィンドウ］を利用します

ファイルの作成日やサイズなどを調べたいときは、［表示］から［表示］-［詳細ウィンドウ］をクリックして、目的のファイルを選択しましょう。ウィンドウ右側に表示される詳細ウィンドウで、ファイルの名前や種類、更新日時と作成日時、サイズなどを確認できます。また、ファイルを右クリックして［プロパティ］を選択すれば、ファイルの詳細な情報を確認できます。

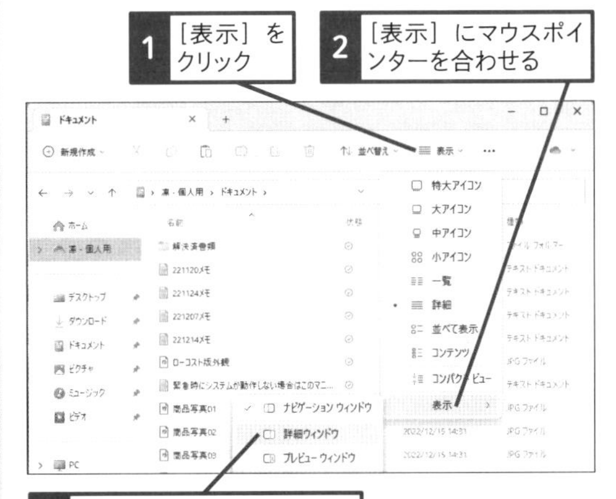

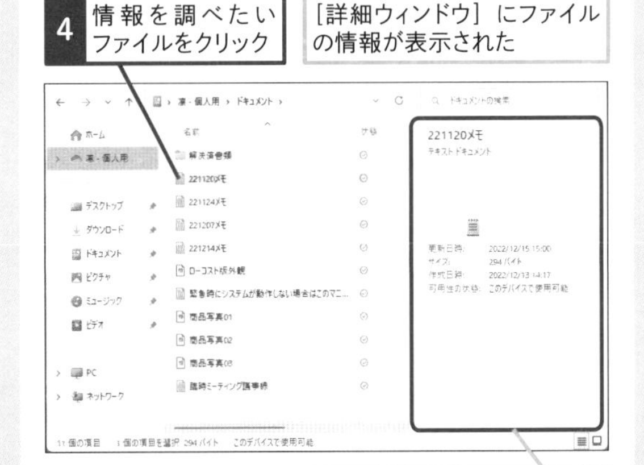

◆詳細ウィンドウ
選択したファイルの詳細な情報を確認できる

172

Home Pro
お役立ち度 ★★★

Q ファイルが開けない！

A アプリを指定して開きましょう

ファイルを開けないときは、いくつかの理由が考えられます。［アプリを選択して、○○○ファイルを開く］というメッセージが表示されたときは、候補に挙げられたアプリを選ぶか、［PCでアプリを選択する］でインストールされているアプリを起動します。［Microsoft Storeでアプリを見る］はMicrosoft Storeで新たにアプリを探すことができます。［アプリを選択して、○○○システムファイルを開く］というメッセージは、Windowsのシステムファイルなど、開いてはいけないファイルを開こうとしています。画面の何もないところをクリックして、操作を中断しましょう。［ショートカットエラー］が表示されたときは、ショートカットの参照先となるファイルが移動したり、削除されています。参照先のファイルが見つけられるときは、そちらを直接、開きましょう。

●［アプリを選択して、ファイルを開く］と表示された場合

［Microsoft Storeでアプリを見る］をクリックすると、開けるアプリを探せる

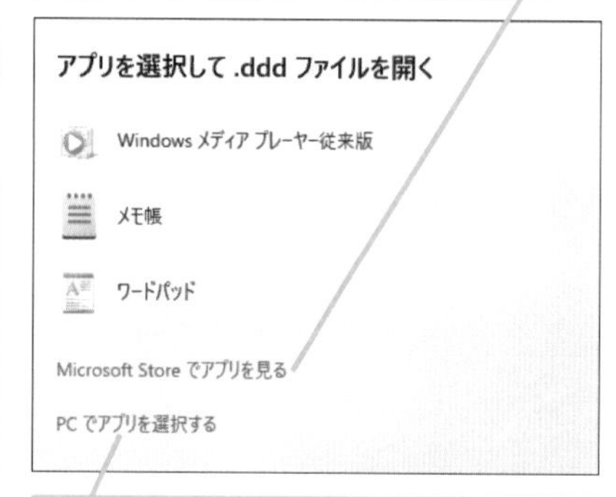

［PCでアプリを選択する］をクリックすると、インストールされているアプリを指定できる

役立つ豆知識

ファイルを開けるアプリがないときは

仕事などで受け取ったファイルで、ファイルに対応したアプリが自分のパソコンにインストールされていないときは、ファイルを作成した相手に依頼するなどして、汎用性のあるファイルに変換してもらいましょう。たとえば、WordやExcelなどのOfficeアプリのファイルは、PDF形式のファイルとして保存すると、Officeがインストールされていないパソコンでも開くことができます。

●［システムファイルを開く］と表示された場合

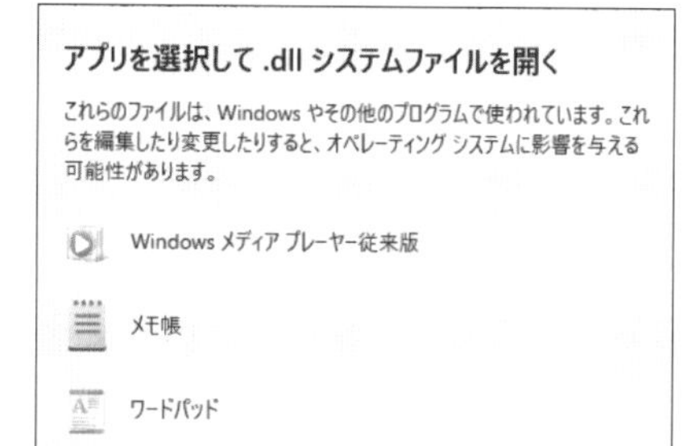

1 画面の何もないところをクリック

メッセージが消え、元の画面に戻る

●［ショートカットエラー］と表示された場合

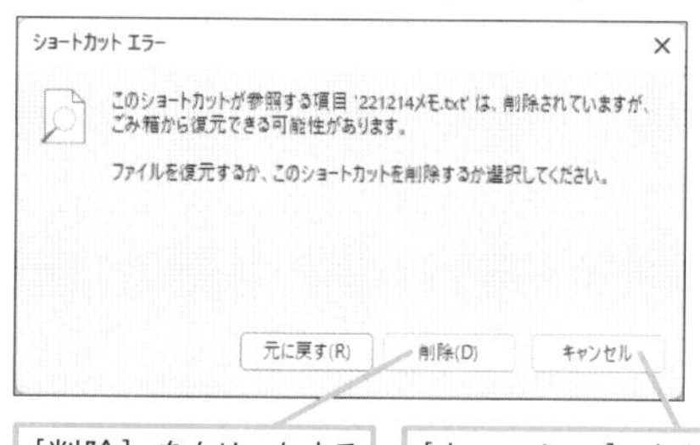

［削除］をクリックすると、ショートカットが削除される

［キャンセル］をクリックすると、ダイアログボックスが閉じる

関連 173 「既定のアプリ」ってどういうアプリ？ ▸P.109
関連 174 ［既定のアプリ］以外でファイルを開くには ▸P.109
関連 438 アプリを追加するには ▸P.238

173

Home Pro

お役立ち度 ★★★

Q 「既定のアプリ」ってどういうアプリ？

A ダブルクリックで開くアプリです

Windowsではファイルをダブルクリックすると、そのファイルの既定のアプリとして設定されたアプリが起動して、ファイルが開きます。たとえば、テキストファイルは［メモ帳］が既定のアプリに設定されており、開こうとすると、メモ帳が起動します。それぞれのファイルの「拡張子」に対応したアプリを設定して使うというしくみです。既定のアプリは［設定］の［アプリ］で変更できるほか、アプリのインストール時に自動的に設定されることもあります。

［設定］-［アプリ］-［既定のアプリ］の画面を表示しておく

1 Microsoft Edgeをクリック

アイコンをクリックすると、既定のアプリを変更できる

ファイルの種類ごとに設定したり、アプリ側から設定したりすることもできる

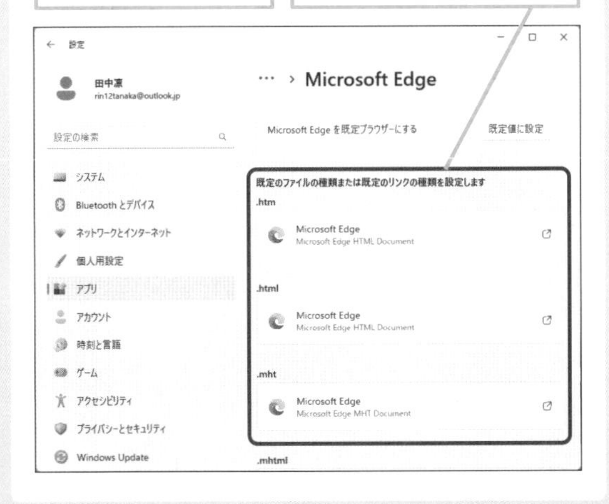

174

Home Pro

お役立ち度 ★★★

Q ［既定のアプリ］以外でファイルを開くには

A アプリを指定して開きます

既定のアプリとして設定されたアプリ以外でファイルを開きたいときは、ファイルを右クリックして、［プログラムから開く］にマウスカーソルを合わせます。そのファイルに対応したアプリの一覧が表示されるので、使いたいアプリを選択しましょう。既定のアプリを変更すると、常に指定したアプリでファイルを開くことができます。

●開くアプリを選択する

1 開きたいファイルを右クリック

2 ［プログラムから開く］にマウスカーソルを合わせる

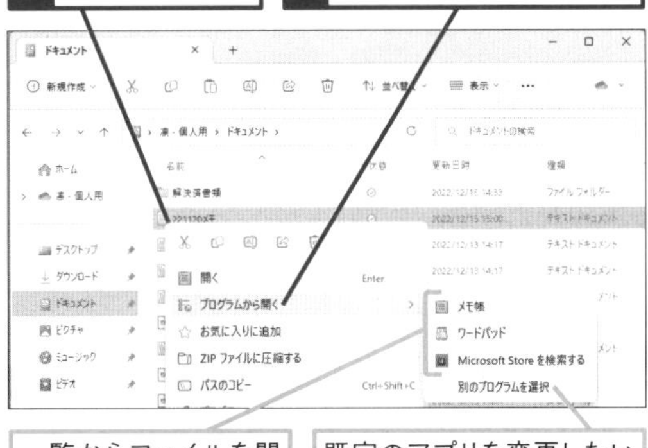

一覧からファイルを開くアプリを選択できる

既定のアプリを変更したいときは［別のプログラムを選択］をクリックする

●既定のアプリを変更する

上の手順を参考に、［別のプログラムを選択］をクリックしておく

1 既定に設定したいアプリをクリック

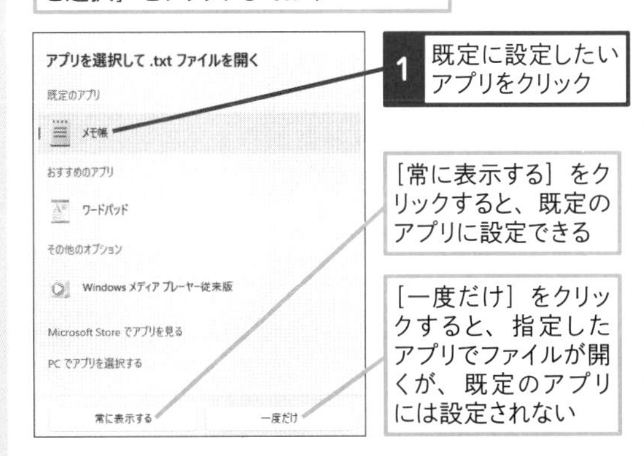

［常に表示する］をクリックすると、既定のアプリに設定できる

［一度だけ］をクリックすると、指定したアプリでファイルが開くが、既定のアプリには設定されない

175

Home Pro
お役立ち度 ★★★

Q 複数のファイルを選択するには

A ドラッグ操作や Ctrl キーを押しながら選びます

複数のファイルを選択するとき、もっとも簡単でよく使われるのは、エクスプローラーで範囲をドラッグして、ファイルをまとめて選択する方法です。また、Ctrl キーを押しながらファイルをクリックすると、1つずつ複数のファイルを選択できます。複数のファイルの中から、任意のファイルをいくつか選びたいときに便利です。さらに、1つ目のファイルを選択した状態で、Shift キーを押しながら、2つ目のファイルをクリックすると、2つのファイルの間にあるファイルをまとめて選択できます。どのファイルを選択したいのかに合わせて、方法を使い分けましょう。

●ドラッグでファイルを選択する方法

1 選択したいファイルを囲む範囲をドラッグ

ドラッグした範囲内のファイルが選択される

●Ctrl キーを押しながらファイルを選択する方法

1 Ctrl キーを押しながらファイルをクリック

クリックしたファイルが個別に選択される

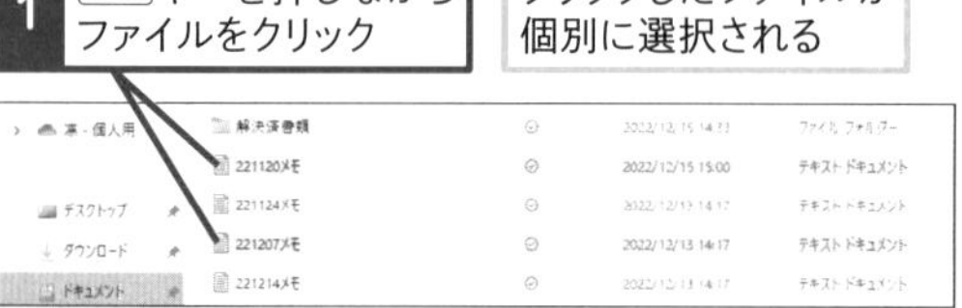

●Shift キーを押しながらファイルを選択する方法

起点となるファイルを選択しておく

1 Shift キーを押しながらファイルをクリック

2つのファイルの間にあるすべてのファイルが選択される

176

Home Pro
お役立ち度 ★★

Q タッチ操作対応パソコンでファイルを選択するには

A チェックボックスをタップします

タブレットやタッチ操作に対応するパソコンでは、ファイルのアイコンにチェックボックスが表示されます。チェックボックスをタップすれば、ファイルを選択できるので、タッチ操作でも簡単に複数のファイルを選択できます。チェックボックスが表示されていないときは、[表示] - [表示] の [項目チェックボックス] をタップして、チェックマークを付けましょう。

●タッチ操作で選択する

複数のファイルを選択できる

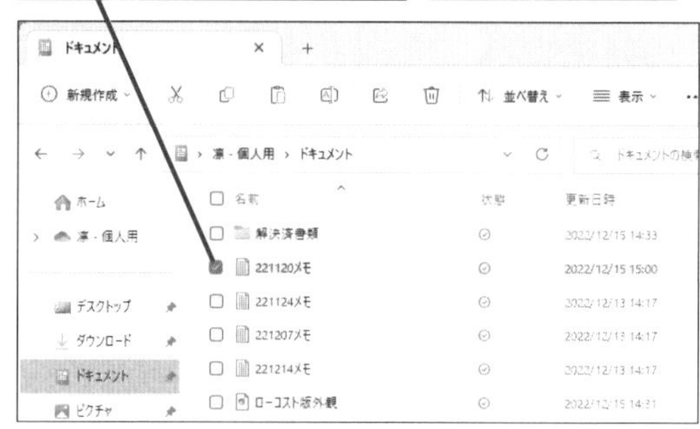

●チェックボックスを表示する方法

1 [表示] をタップ

2 [表示] にマウスポインターを合わせる

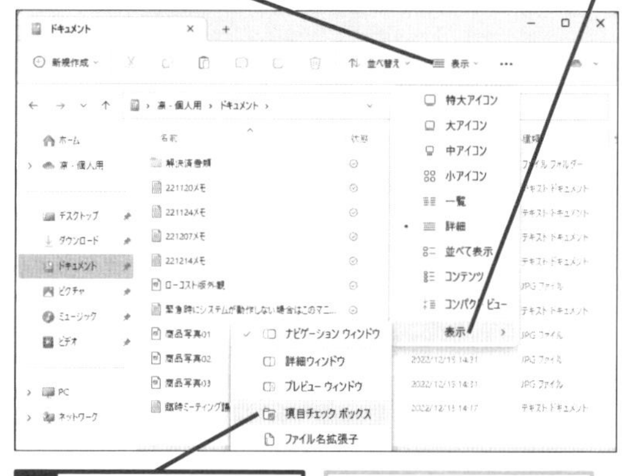

3 [項目チェックボックス] をクリック

アイコンにチェックボックスが表示される

177

Home Pro

お役立ち度 ★★★

Q 多くのファイルをまとめて選択するには

A ［すべて選択］を活用します

エクスプローラーでは［もっと見る］の［すべて選択］をクリックするか、Ctrl＋Aキーを押すと、すべてのファイルを選択できます。すべてのファイルから、一部のファイルを除いて選択したいときは、すべてのファイルを選択したあとで、Ctrlキーを押しながら選択したくないファイルをクリックして、選択からはずしましょう。あるいは、最初に選択したくないファイルを選んで、［もっと見る］の［選択の切り替え］をクリックすると、目的のファイルだけ選択された状態になります。全体のファイルの数に対して、選択したくないファイルの数が多いか少ないかで、操作の方法を使い分けましょう。

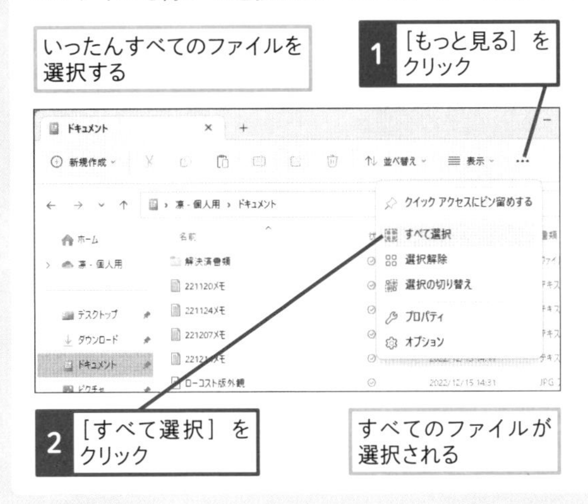

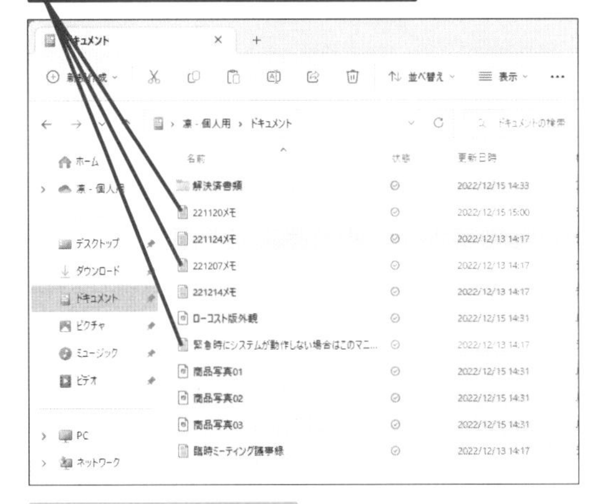

178

Home Pro

お役立ち度 ★★

Q ファイルを移動するには

A ファイルをドラッグします

ファイルを簡単に移動するには、移動したいフォルダーを表示して、ウィンドウ内へドラッグします。パソコンの内蔵ストレージからUSBメモリーなど、別のドライブへファイルをドラッグしたときは、ファイルが移動ではなく、コピーされます。別のドライブにファイルを移動したいときは、Shiftキーを押しながら、ドラッグしましょう。ファイルの移動はツールバーの［切り取り］［貼り付け］で操作できます。移動したいファイルの数や自分の操作方法の好みに合わせて、それぞれの方法を使い分けましょう。

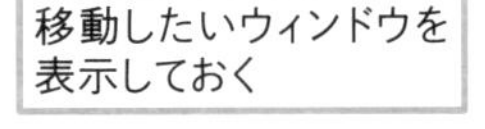

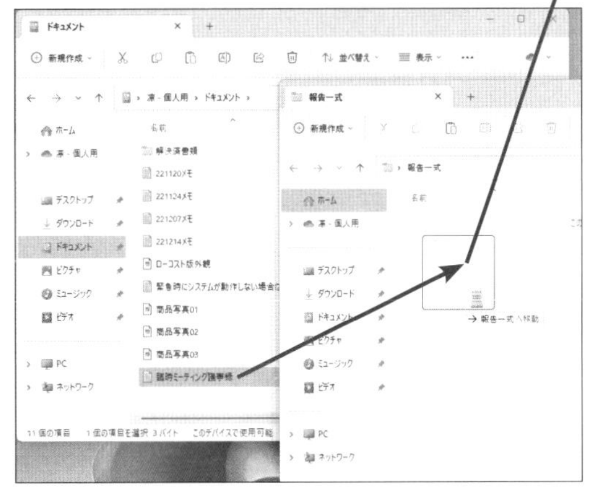

関連 181 タブを使って、ファイルを移動するには ▸P.112

179

Home Pro
お役立ち度 ★★

Q ファイルをコピーするには

A Ctrl キーを押しながらファイルをドラッグします

ファイルを同じドライブの別のフォルダーにドラッグすると、ファイルは移動しますが、Ctrl キーを押しながら、ドラッグすると、ファイルはコピーされます。また、CドライブからDドライブにドラッグするなど、ドラッグ先が別のドライブのときは、Ctrl キーを押さなくてもファイルはコピーされます。

1 Ctrl キーを押しながらドラッグ

ファイルがコピーされる

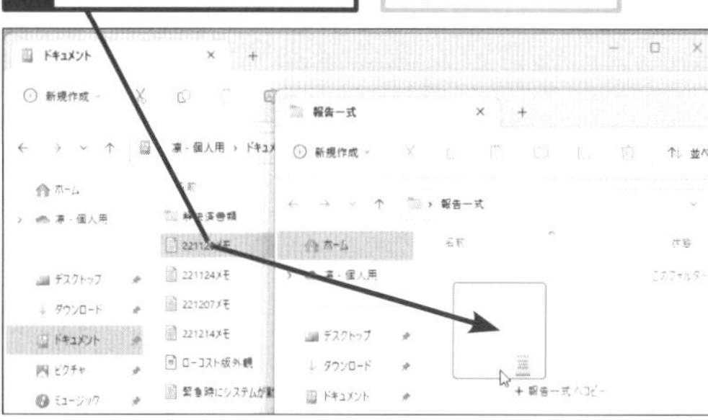

180

Home Pro
お役立ち度 ★★

Q ファイルやフォルダーを誤って移動したときは

A ［元に戻す］で元に戻せます

ファイルやフォルダーを間違って移動したり、コピーしたときは、［元に戻す］を使うと、元の状態に戻せます。ただし、［元に戻す］は直前の操作のみを元に戻すため、別の操作をしたあとは、ファイルを元に戻せません。

1 何もないところを右クリック

2 ［元に戻す］をクリック

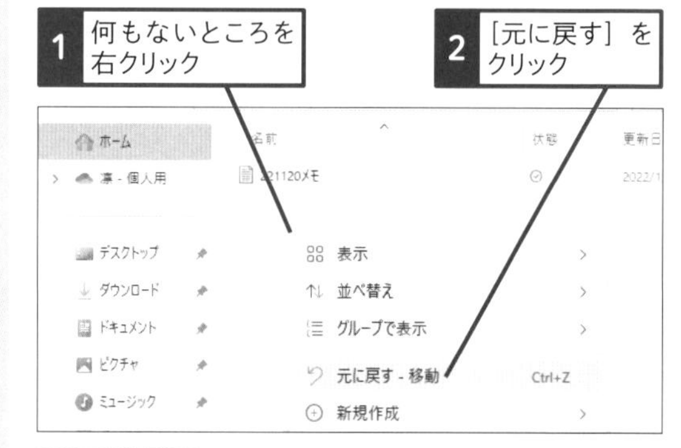

ショートカットキー 元に戻す
Ctrl + Z

181

Home Pro
お役立ち度 ★★★

Q タブを使って、ファイルを移動するには

動画で見る

A ファイルを移動先のタブにドラッグします

エクスプローラーでタブを使って、複数フォルダーを表示しているとき、ファイルを移動するには、ファイルを移動先のタブにドラッグします。表示されるタブが切り替わるので、移動先のフォルダーのウィンドウ内でドロップします。移動先にフォルダーがあるときは、フォルダーまでファイルのアイコンをドラッグすると、そのフォルダーに移動できます。

1 ファイルを移動先のタブにドラッグ

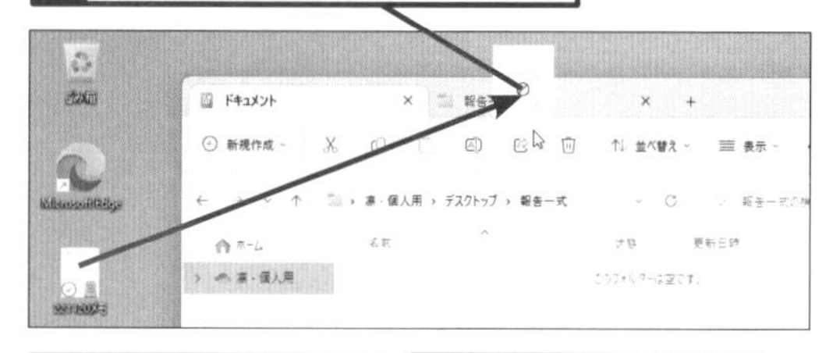

移動先のフォルダーが表示された

2 ファイルを移動先のウィンドウにドラッグ

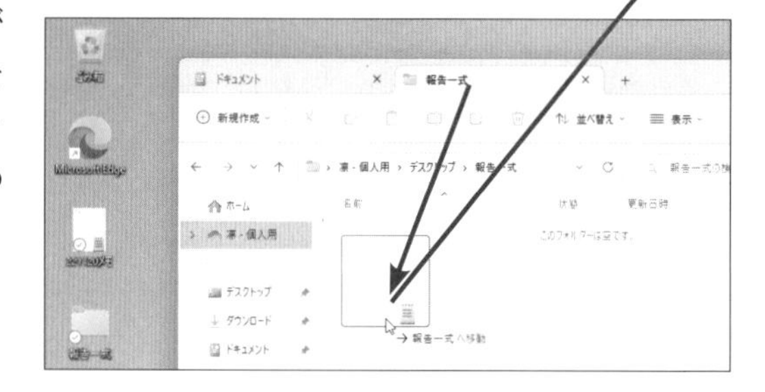

182

Home Pro
お役立ち度 ★★

Q ツールバーでコピーや貼り付けを実行するには

A ツールバーで操作します

ツールバーにはファイルの基本操作についての各種機能が用意されています。たとえば、ファイルを選択してから［コピー］や［名前の変更］をクリックすると、ファイルのコピーや名前の変更ができます。

ツールバーでコピーや切り取り、貼り付けの操作ができる

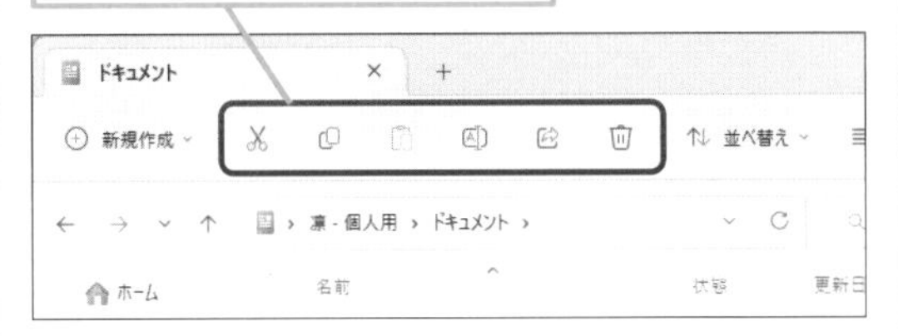

183

Home Pro
お役立ち度 ★★

Q 「ファイルの置換またはスキップ」が表示された

A 適切な方を選びます

コピー先や移動先に同じ名前のファイルがあると［ファイルの置換またはスキップ］画面が表示されます。ファイルを上書きしたいときは［ファイルを置き換える］を選びます。［ファイルは置き換えずにスキップする］を選べば、コピー先のファイルを維持します。

ファイルを置き換えるか、そのままにするかを選べる

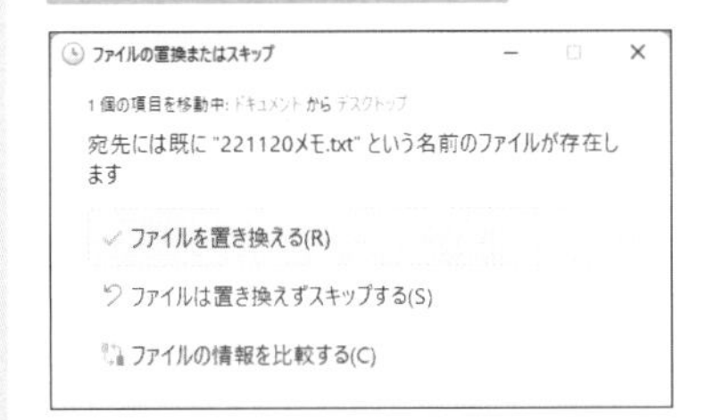

184

Home Pro
お役立ち度 ★★

Q フォルダーをスタートメニューにピン留めするには

A 右クリックしてピン留めします

よく使うフォルダーはスタートメニューにピン留めしておくと便利です。以下のように、追加したいフォルダーを右クリックして、［スタートメニューにピン留めする］を選択しましょう。よく使うフォルダーをスタートメニューからすばやく開けるようになります。なお、スタートメニューでフォルダーのアイコンを右クリックして［ピン留めを外す］を選択すると、ピン留めを解除できます。

1 追加したいフォルダーを右クリック

2 ［スタートメニューにピン留めする］をクリック

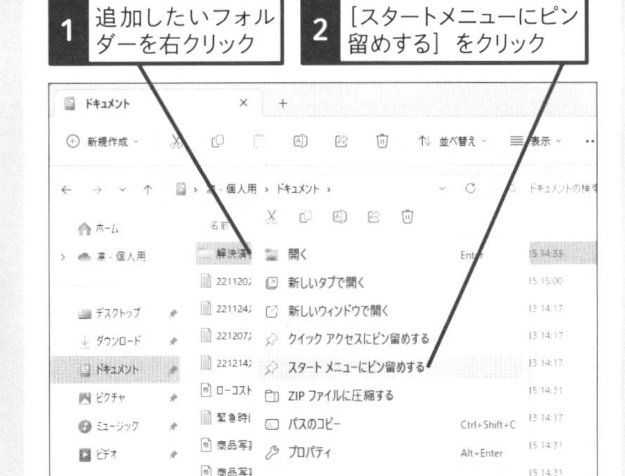

スタートメニューにピン留めされた

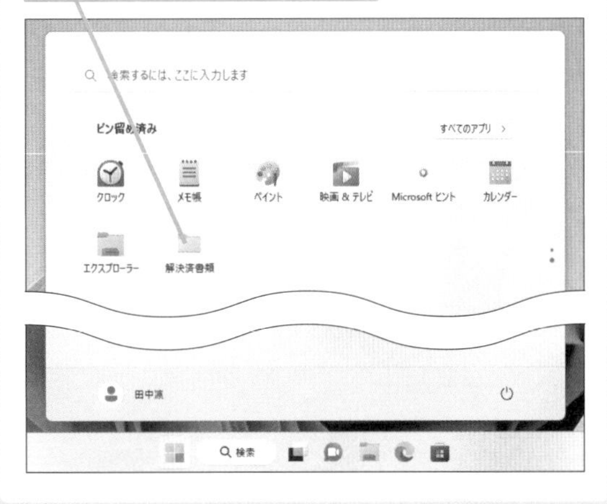

185

Home Pro

お役立ち度 ★★★

Q よく使うフォルダーにすばやくアクセスできるようにするには

A クイックアクセスに登録します

クイックアクセスにフォルダーを登録しておくと、そのフォルダーをすぐに開くことができます。頻繁に使うフォルダーを登録しておきましょう。クイックアクセスに登録されているフォルダーは、ナビゲーションウィンドウにも表示されるため、別のフォルダーからファイルを移動したり、コピーするときも簡単に操作できます。

●クイックアクセスに登録する方法

1 登録したいフォルダーを右クリック

2 [クイックアクセスにピン留めする]をクリック

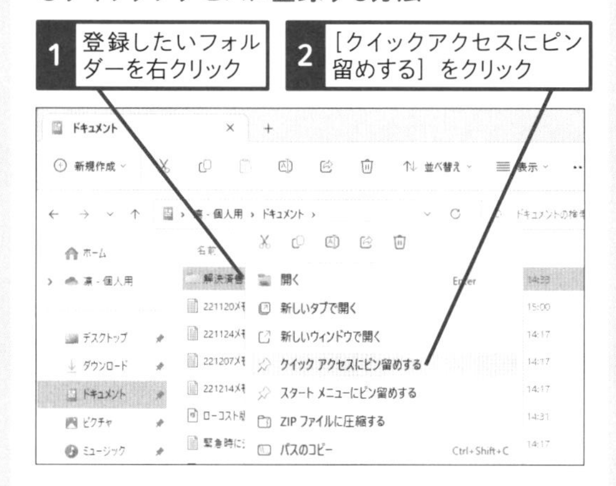

●登録を解除する方法

1 解除したいフォルダーを右クリック

2 [クイックアクセスからピン留めを外す]をクリック

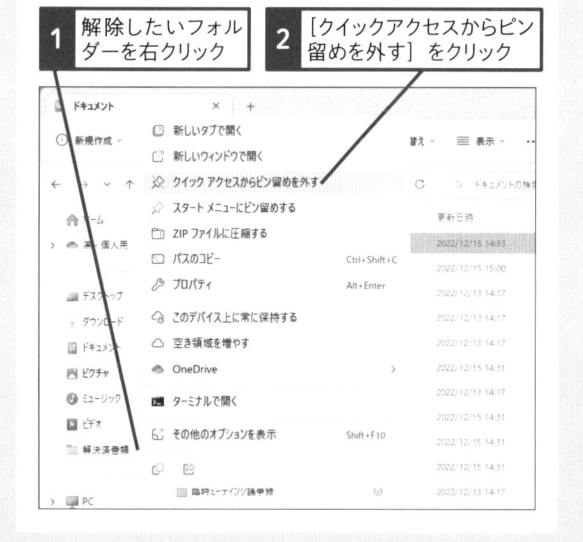

186

Home Pro

お役立ち度 ★★★

Q よく使うファイルをすばやく開けるようにするには

動画で見る

A お気に入りに登録します

よく使うファイルは、お気に入りに登録しておくと、すぐに開くことができます。お気に入りには複数のファイルを登録できます。お気に入りから削除したいときは、お気に入りに表示されているファイルを右クリックして、[お気に入りから削除]をクリックします。お気に入りから削除しても元のファイルは削除されません。

登録するファイルを表示しておく

1 ファイルを右クリック

2 [お気に入りに追加]をクリック

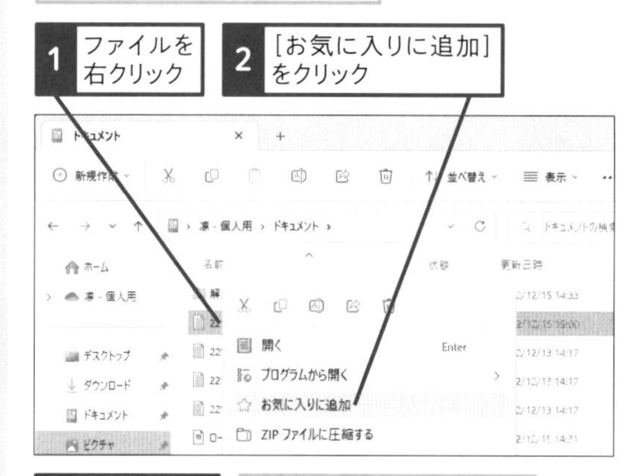

3 [ホーム]をクリック

[お気に入り]にファイルが追加された

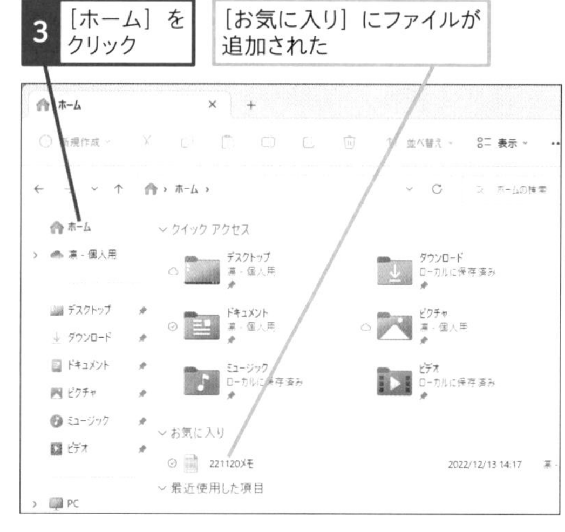

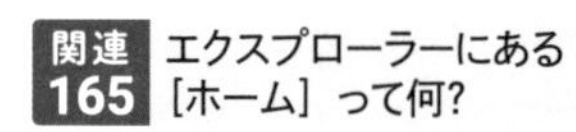

関連 165 エクスプローラーにある[ホーム]って何? ▶P.104

187

Home Pro

お役立ち度 ★★★

Q フォルダーの設定を変更するには

A 操作や表示の方法を変更できます

ファイルやフォルダーの操作方法や表示方法は、[フォルダーオプション] ダイアログボックスで細かく設定できます。[全般] タブではファイルウィンドウの操作方法について、[表示] タブではウィンドウの詳細な表示方法について、[検索] タブでは検索方法について、それぞれ設定できます。

1 [もっと見る] をクリック

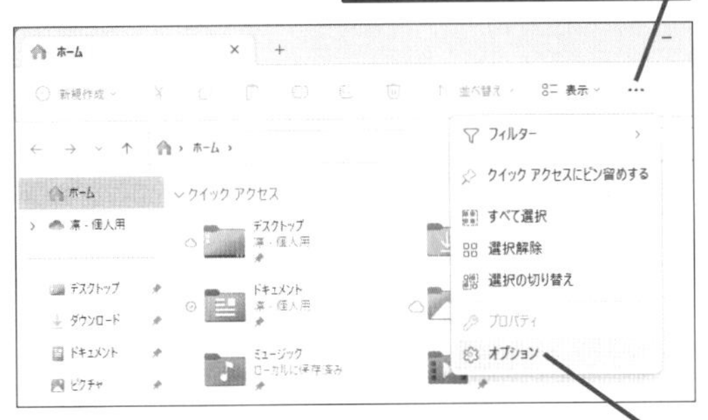

2 [オプション] をクリック

[フォルダーオプション] ダイアログボックスが表示された

ファイルやフォルダーの設定を変更できる

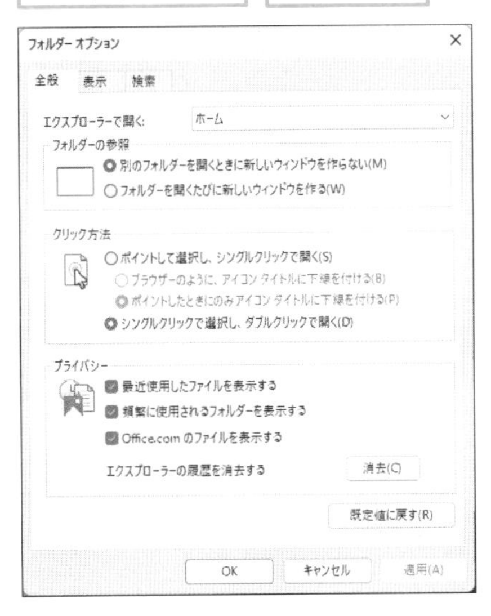

188

Home Pro

お役立ち度 ★★★

Q [最近使用した項目] を非表示にしたい

A クイックアクセスに表示しない設定にできます

エクスプローラーを起動したときや [クイックアクセス] を表示したとき、ウィンドウ内の [最近使用した項目] には使ったファイルの一覧が表示されます。家族などとパソコンを共有しているときは、直前にどんなファイルを開いたのかがわかってしまいます。最近使用した項目は非表示にできるので、必要に応じて、設定しましょう。

[設定] - [個人用設定] - [スタート] の画面を表示しておく

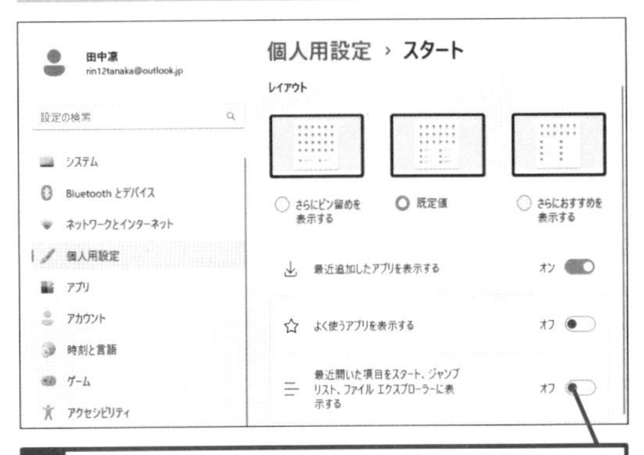

1 [最近開いた項目をスタート、ジャンプリスト、ファイルエクスプローラーに表示する] のここをクリックして、オフにする

[最近使用した項目] が表示されなくなった

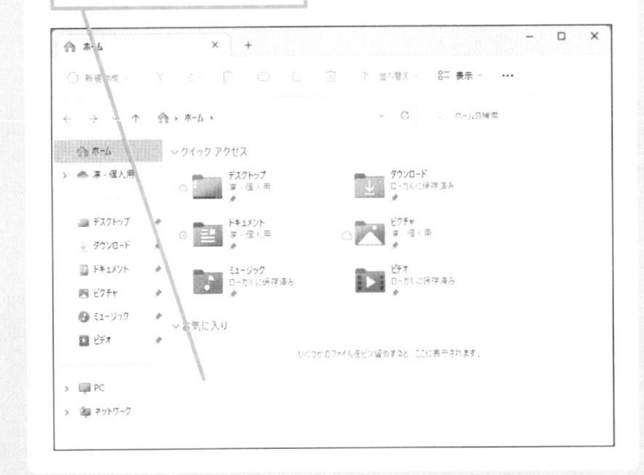

189

Home Pro
お役立ち度 ★★☆

Q ストレージやドライブを簡単に表示するには

A エクスプローラーに［デバイスとドライブ］を表示しましょう

エクスプローラーを起動したとき、［ホーム］を表示するか、パソコンに接続されているデバイスやストレージのウィンドウを表示するのかは、変更できます。クイックアクセスウィンドウをあまり使わないときは、デバイスやストレージを表示する設定にした方が便利に使うことができます。

［フォルダーオプション］ダイアログボックスを表示しておく

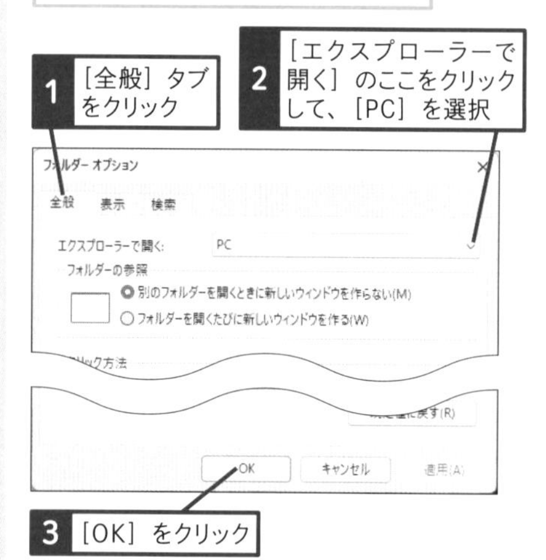

エクスプローラーで［デバイスとドライブ］が表示されるようになった

190

Home Pro
お役立ち度 ★★★

Q フォルダー間をすばやく移動するには

A アドレスバーで移動します

アドレスバーを使うと、フォルダーの階層を簡単に移動できます。アドレスバーの一番左の（›）をクリックすると、［デスクトップ］や［OneDrive］などのフォルダーを表示できます。また、途中にある（›）をクリックすると、パスの各階層にあるフォルダーの一覧を表示できます。この操作を使えば、目的のフォルダーをすばやく表示できるようになります。

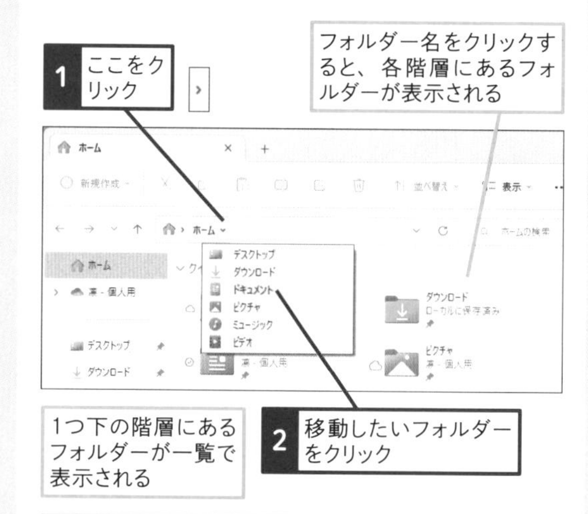

選択したフォルダーに移動した

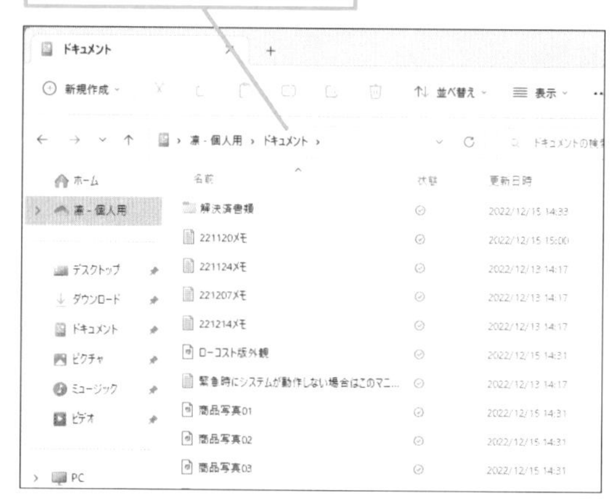

関連184 フォルダーをスタートメニューにピン留めするには ►P.113

191

Home Pro

お役立ち度 ★★

Q フォルダーの場所を確認するには

A アドレスバーに表示できます

表示しているフォルダーの場所を知りたいときは、アドレスバーを確認しましょう。アドレスバーの左側のアイコンをクリックすると表示が切り替わります。なお、「C:¥Users¥satoy¥Documents¥会議資料」など、ファイルやフォルダーの場所を示す文字列を「パス」と言います。パスの文字列は［もっと見る］から［パスのコピー］でコピーできます。

●フォルダーのパスを表示する方法

1 アドレスバーのアイコンをクリック

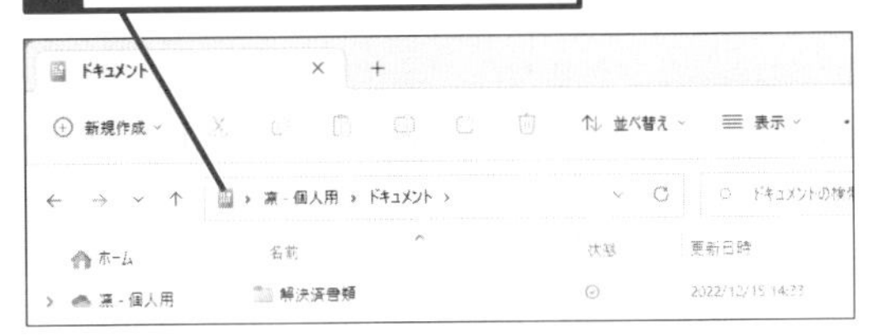

フォルダーのパスが表示された

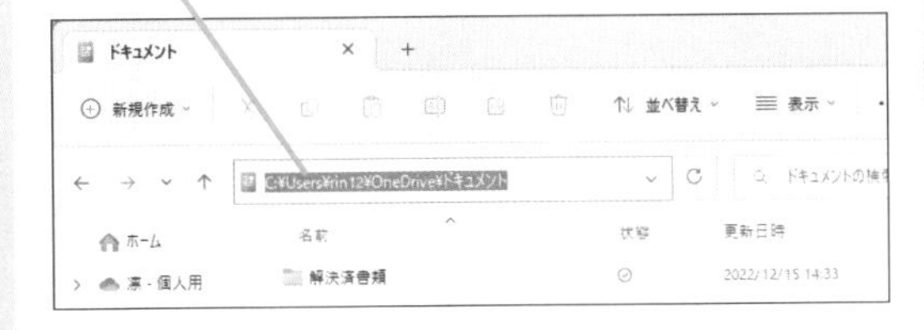

●フォルダーのパスをコピーする方法

パスをコピーするフォルダーをクリックして、選択しておく

1 ［もっと見る］をクリック

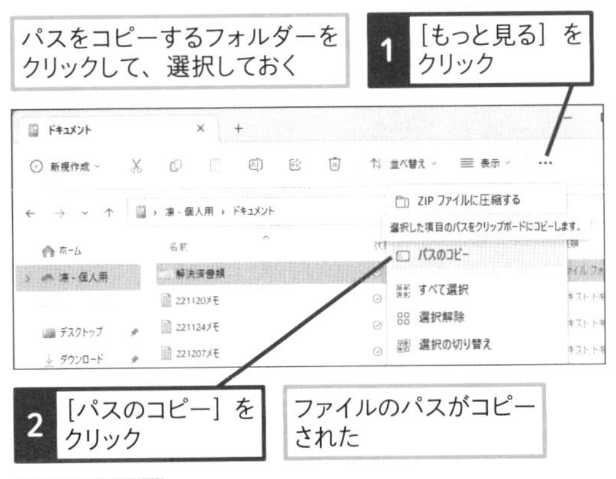

2 ［パスのコピー］をクリック

ファイルのパスがコピーされた

ショートカットキー パスのコピー
Ctrl + Shift + C

192

Home Pro

お役立ち度 ★★

Q ［保存］と［名前を付けて保存］はどう違うの？

A ファイルを置き換えるかどうかが異なります

［保存］はすでに存在するファイルの内容を書き換えて、上書き保存するときに使い、［名前を付けて保存］は編集したファイルを新しい別のファイルとして保存するときに使います。

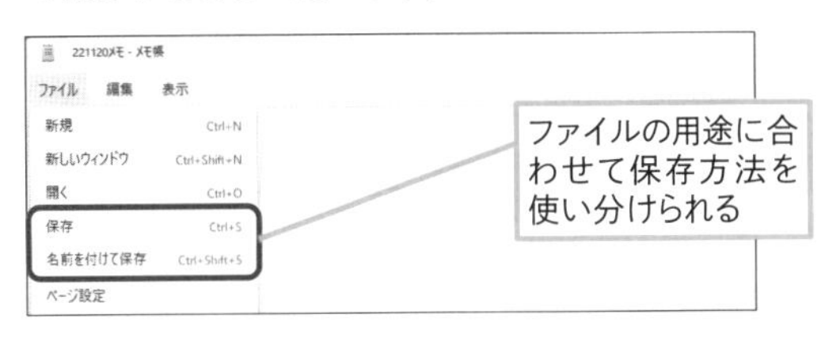

ファイルの用途に合わせて保存方法を使い分けられる

193

Home Pro

お役立ち度 ★★

Q ファイルの保存先を変更するには

A ナビゲーションウィンドウから選択します

アプリでファイルを保存するときは、［ドキュメント］フォルダーが標準の保存先となっています。アドレスバーやナビゲーションウィンドウからフォルダーを選べば、他のフォルダーにも保存できます。

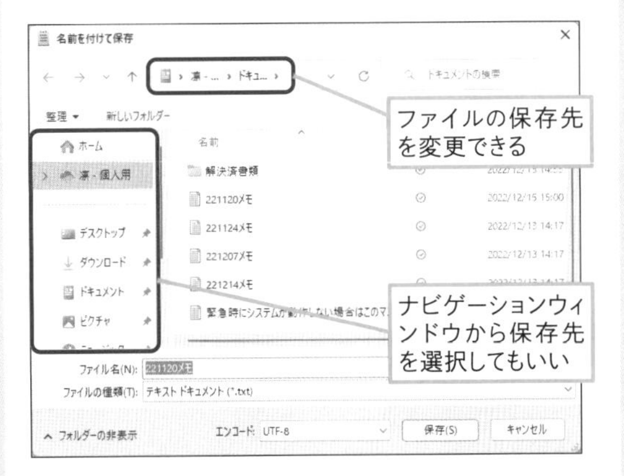

ファイルの保存先を変更できる

ナビゲーションウィンドウから保存先を選択してもいい

基本ワザ / 文字入力と基本操作 / デスクトップとスタートメニュー / ファイルとフォルダー / インターネット / ビデオ会議・メール / スマートフォン連携 / アプリ / 写真・音楽・動画 / 印刷と周辺機器 / セキュリティとメンテナンス

194

Home Pro
お役立ち度 ★★☆

Q 新しいフォルダーを作るには

A ツールバーから作成します

新しいフォルダーを作るには、ツールバーの［新規作成］-［フォルダー］をクリックします。また、Ctrl＋Shift＋Nキーを押すか、ウィンドウ内の何もないところを右クリックして、［新規作成］-［フォルダー］の順にクリックして、作成することもできます。

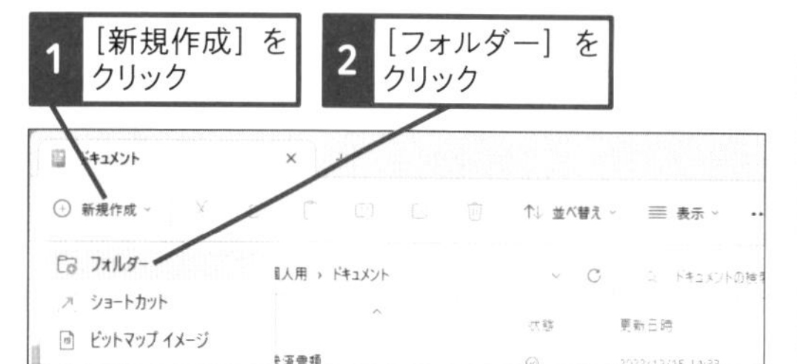

ショートカットキー　フォルダーの新規作成
Ctrl＋Shift＋N

195

Home Pro
お役立ち度 ★★☆

Q ファイルやフォルダーを削除するには

A ［ごみ箱］にドラッグします

削除したいファイルやフォルダーは、［ごみ箱］に移動しましょう。削除したいファイルやフォルダーを選択して、Deleteキーを押しても削除できます。

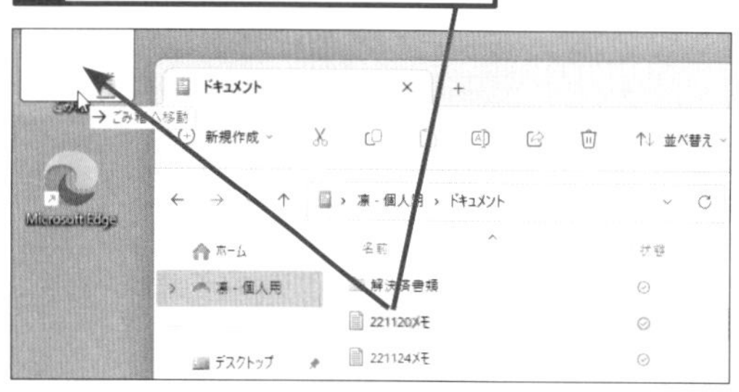

196

Home Pro
お役立ち度 ★★☆

Q ファイルやフォルダーの名前を変えるには

A F2キーなどで変更します

名前を変えたいファイルやフォルダーを選択した状態で、名前の部分をクリックすると、入力ボックスが表示され、名前を編集できます。また、F2キーを押すか、ツールバーの［名前の変更］をクリックして、変更することもできます。

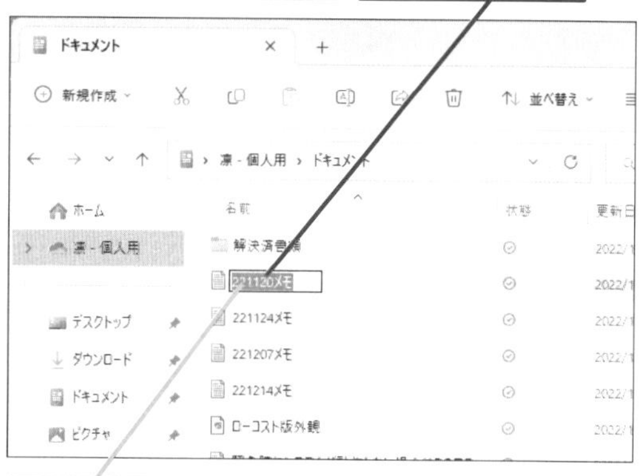

ショートカットキー　名前の変更
F2

役立つ豆知識

ファイル名に使えない文字に注意しよう

ファイル名にはどんな文字でも使えるわけではありません。たとえば、パスの区切りを表す「¥」やドライブを表す「:」などは、ファイル名として、使うことができません。そのほかにも「/」「*」「?」「"」「<」「>」「|」などの記号も使えません。これらの記号も全角文字であれば、ファイル名として使えますが、おすすめしません。

●ファイル名に使えない文字の例

¥　/　:　*　?　"　<　>　|

197

Home Pro

お役立ち度 ★★★

Q 削除したファイルを元に戻すには

A ［ごみ箱］を開いて元に戻します

通常、削除したファイルはゴミ箱を空にするまで、［ごみ箱］に残っているため、以下の操作で、元の場所に戻すことができます。ただし、サイズが非常に大きいファイルや外付けのドライブのファイルは、ごみ箱に残らず、直接、削除されるため、元に戻すことはできません。

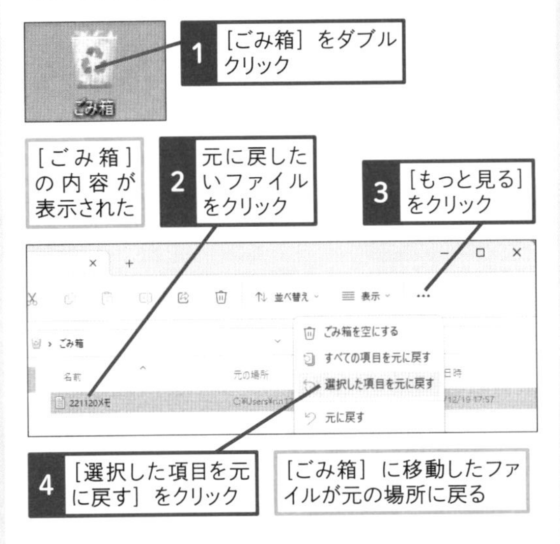

198

Home Pro

お役立ち度 ★★★

Q ［ごみ箱］に捨てたファイルを完全に削除するには

A ［ごみ箱を空にする］をクリックします

デスクトップで［ごみ箱］を右クリックして、［ごみ箱を空にする］をクリックすると、［ごみ箱］に捨てたファイルを完全に削除できます。完全に削除したファイルは、元に戻せないので注意しましょう。

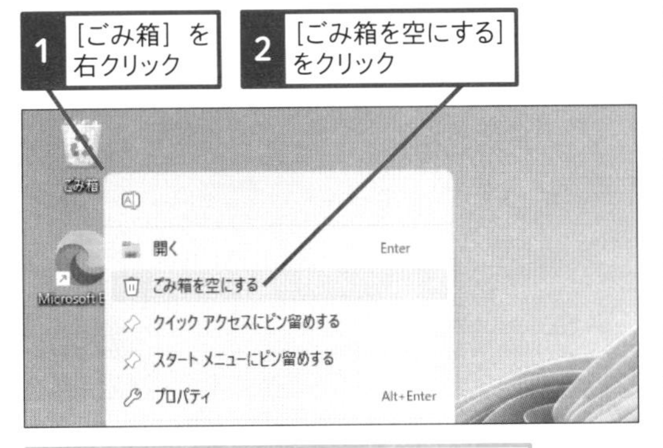

削除していいかを確認する画面が表示された

199

Home Pro

お役立ち度 ★

Q 捨ててはいけないファイルってどれ？

A システムファイルは削除してはいけません

システムファイルを移動したり、削除したりすると、アプリが起動しなくなったり、Windowsが起動しなくなることがあります。特に重要なのは、Windowsがインストールされている［Windows］フォルダー、アプリがインストールされている［Program Files］フォルダーのファイル、ユーザーのデータが保存されている［ユーザー］フォルダーのファイルです。これらのフォルダーに含まれているファイルは、絶対に削除しないようにしましょう。

［Windows］の直下にあるフォルダーは削除しない

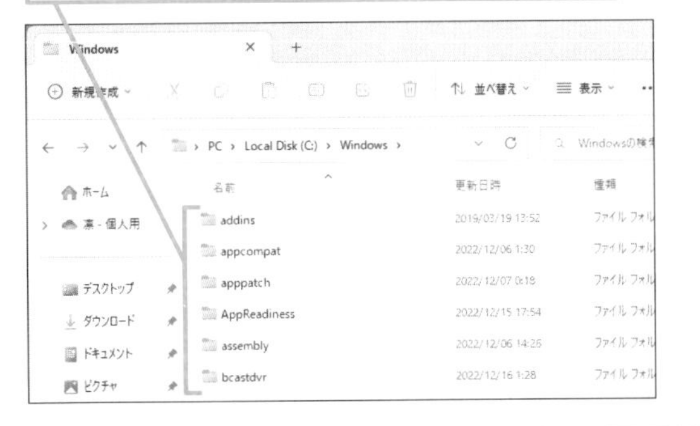

200

Home Pro

お役立ち度 ★★★

Q ファイルの「圧縮」「展開」って何?

A ファイルのサイズを小さくしたり、復元することです

「圧縮」はその名の通り、ファイルを圧縮して、サイズを小さくする操作を指します。圧縮の操作で、複数のファイルを1つのファイルにまとめることもできます。圧縮したファイルやフォルダーは「圧縮ファイル」や「圧縮フォルダー」と呼びます。一方、「展開」は圧縮されたファイルを元に戻す操作です。

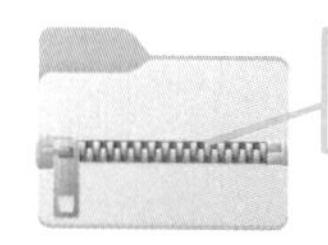

圧縮されたファイルはジッパー付きのアイコンで表示される

201

Home Pro

お役立ち度 ★★★

Q ファイルを圧縮するには

A ファイルを選んで圧縮します

ファイルやフォルダーを圧縮したいときは、対象のファイルやフォルダーを選択してから、[もっと見る]、もしくは右クリックから[ZIPファイルに圧縮する]を選びます。複数ファイルを選んで実行すると、1つの圧縮ファイルにまとめられます。

圧縮したいファイル、またはフォルダーを選択しておく

1 [もっと見る]をクリック

2 [ZIPファイルに圧縮する]をクリック

圧縮ファイルが作成された

202

Home Pro

お役立ち度 ★★★

Q ファイルを展開するには

A [すべて展開]で展開します

圧縮されたファイルを展開するには、圧縮ファイルを選択し、ツールバーで以下のように操作するか、右クリックして[すべて展開]を選択します。Windowsの標準機能で展開できるのは、ZIP形式の圧縮ファイルのみで、ほかの形式の圧縮ファイルの展開には、それぞれの形式に対応したアプリが必要です。

展開したい圧縮ファイルを選択しておく

1 [もっと見る]をクリック

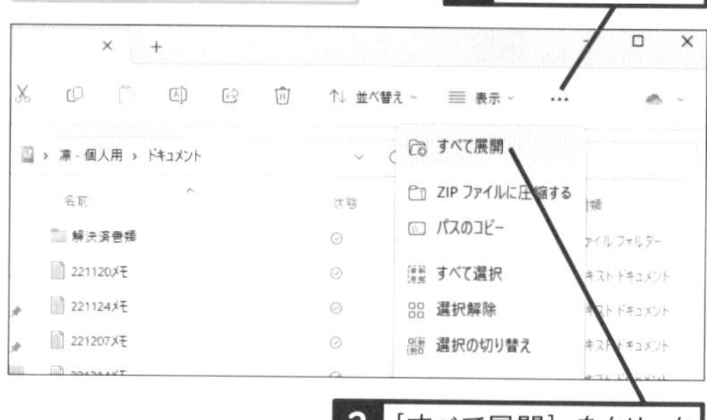

2 [すべて展開]をクリック

展開先を指定する画面が表示された

3 ファイルの展開先を確認

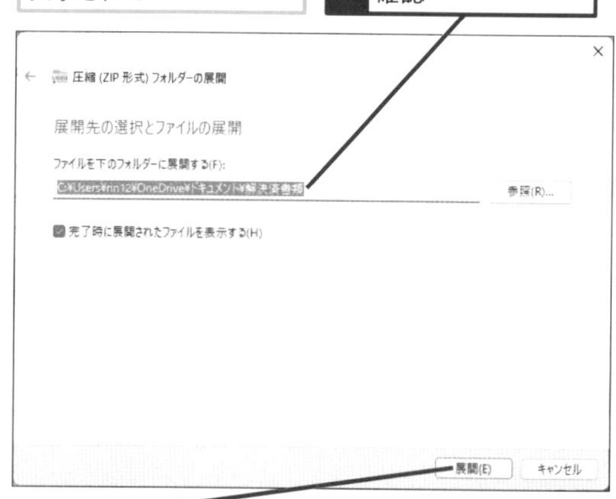

4 [展開]をクリック

圧縮ファイルが展開される

関連201 ファイルを圧縮するには ▶P.120

203

Home Pro

お役立ち度 ★★★

Q フォルダー内のファイルを検索するには

A 検索ボックスを利用します

フォルダー内のファイルは、検索ボックスを使って、簡単に探すことができます。検索ボックスにキーワードを入力すると、自動的に検索がはじまり、該当するファイルがリストアップされます。文書ファイルなどは、その内容も検索の対象になります。

◆検索ボックス

1 検索ボックスをクリック

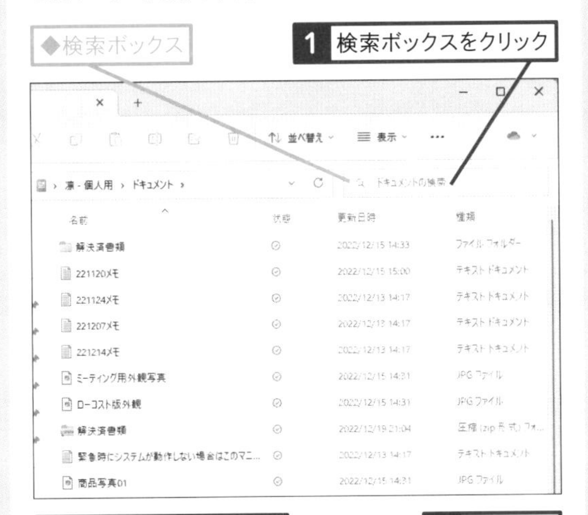

2 検索したいキーワードを入力

3 ここをクリック

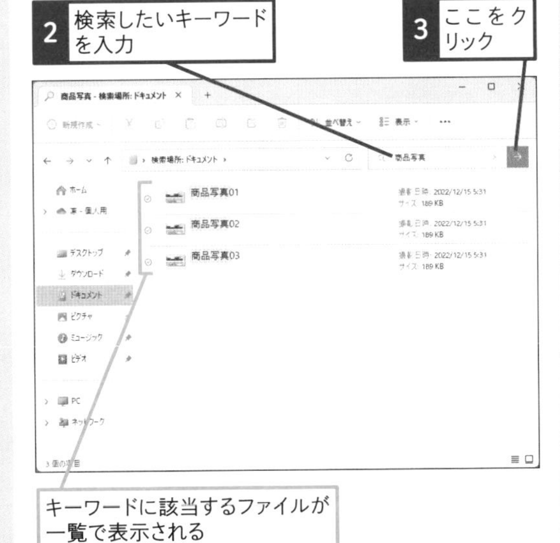

キーワードに該当するファイルが一覧で表示される

関連 204 検索結果を絞り込むには ▸P.121

204

Home Pro

お役立ち度 ★★★

Q 検索結果を絞り込むには

A ファイルの種類などで絞り込めます

フォルダーを検索して、たくさんの結果が表示され、目的のファイルが見つからないことがあります。そのようなときは検索条件を追加して、検索結果を絞り込みます。［検索オプション］からファイルの種類（分類）や更新日時、ファイルサイズなどを指定できます。

ワザ203を参考に、検索を実行しておく

1 ［もっと見る］をクリック

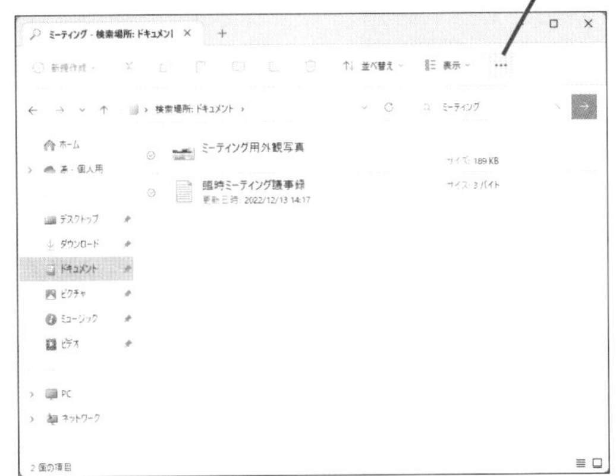

2 ［検索オプション］をクリック

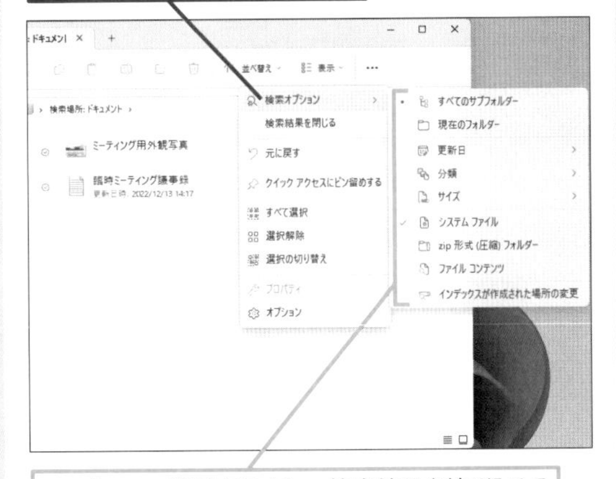

ファイルの一覧が表示され、検索結果を絞り込める

関連 205 ファイルを日付やサイズから検索するには ▸P.122

205

Home Pro
お役立ち度 ★★★

Q ファイルを日付やサイズから検索するには

A ［検索オプション］タブで絞り込み条件を選択します

［検索オプション］は用途によって使い分けると、便利です。たとえば、先週更新したファイルが見つからないときは［更新日］で［先週］を指定したり、ストレージを圧迫しているファイルを削除したいときは、［サイズ］を指定すると、見つけやすくなります。

キーワードを入力して検索しておく

1 ［もっと見る］をクリック

2 ［検索オプション］をクリック

3 ［更新日］にマウスカーソルを合わせる

4 ［先週］をクリック

先週更新したファイルのみが表示された

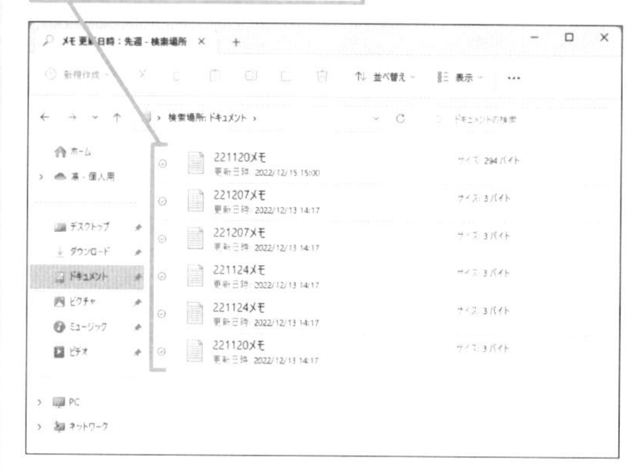

関連 203 フォルダー内のファイルを検索するには ▸P.121

206

Home Pro
お役立ち度 ★★★

Q ファイルを開かずに内容を確認するには

A プレビューウィンドウが便利です

プレビューウィンドウはファイルを開かずに内容を表示できます。［表示］から［表示］の［プレビューウィンドウ］をクリックしましょう。画像やテキスト、WordやExcelなどのファイルを選択すると、ウィンドウの右側のプレビューで内容を確認できます。

1 ［表示］をクリック

2 ［表示］にマウスカーソルを合わせる

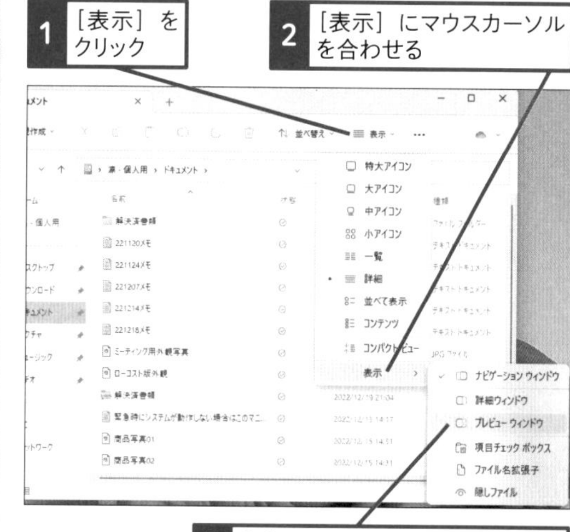

3 ［プレビューウィンドウ］をクリック

プレビューウィンドウが表示された

4 プレビューしたいファイルをクリック

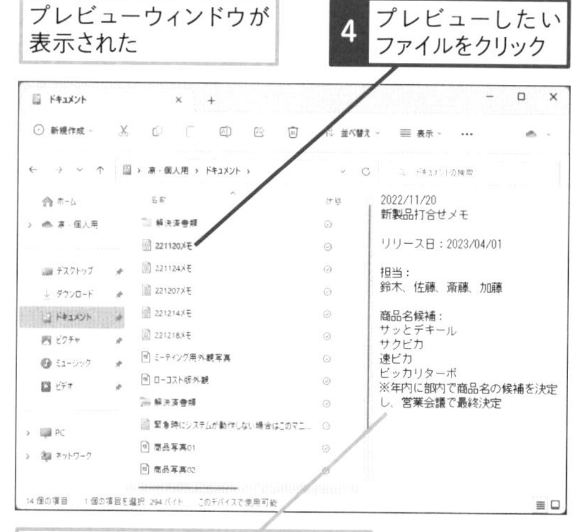

プレビューウィンドウにファイルの内容が表示された

207

Home Pro

お役立ち度 ★★

Q ファイルの「拡張子」とは

A ファイルの種類を表示するものです

ファイル名の「.」（ドット）以降の文字列を拡張子と呼びます。通常は表示されていませんが、ワザ226の手順で表示できます。たとえば、アプリは実行ファイルと呼ばれる「.exe」、テキストファイルは「.txt」、Wordで作成した文書は「.docx」や「.doc」という拡張子が使われています。ファイルの拡張子の種類を覚えておけば、見ただけでファイルの種類がわかるだけでなく、普通のファイルに偽装されたウイルスとの見分けがつきやすいなどの隠れたメリットもあります。

●主な拡張子と対応するファイルの種類

拡張子	対応するファイルの種類
.txt	エディターなどで作られたテキストファイル
.docx	Word 2007以降の文書ファイル
.doc	Word 2003以前の文書ファイル
.xlsx	Excel 2007以降のブックファイル
.xls	Excel 2003以前のブックファイル
.pptx	PowerPoint 2007以降のファイル
.ppt	PowerPoint 2003以前のファイル
.mdw	Access 2007以降のデータベースファイル
.mdb	Access 2003以前のデータベースファイル
.html/.htm	Webページのファイル
.bmp	BMP形式の画像ファイル
.gif	GIF形式の画像ファイル
.jpg/.jpeg	JPEG形式の画像ファイル
.png	PNG形式の画像ファイル
.exe	アプリなどの実行ファイル
.inf	ドライバーなどの情報ファイル
.zip	ZIP形式で圧縮されたファイル
.avi	AVI形式の動画ファイル
.mpg/.mpeg	MPEG形式の動画ファイル
.mp3	MP3形式の音声ファイル
.mp4	MP4形式の動画ファイル
.wmv	WMV形式の動画ファイル
.wma	WMA形式の音楽ファイル
.flac/.fla	FLAC形式のハイレゾ音声ファイル

208

Home Pro

お役立ち度 ★★

Q 「ファイル形式」って何？

A 内容や作成したアプリを表します

「ファイル形式」はそのファイルがどのような内容なのか、どんなアプリで作成されたのかを表します。特別な形式でない限り、ファイルの拡張子を見れば、形式がわかります。たとえば、「.docx/.doc」はWord、「.xlsx/.xls」はExcelで作成されたファイルです。そのほかにもGIFやJPEGなどの画像ファイル、Webページで使われるHTMLなど、ファイル形式にはさまざまな種類があります。

209

Home Pro

お役立ち度 ★★

Q ファイルの拡張子を表示するには

A ［ファイル名拡張子］をオンにします

Windowsを操作するうえで、ファイルの拡張子を意識する必要はありませんが、開けないファイルのアプリを探したり、どのバージョンのアプリで作成されたのかを調べる手がかりにもなります。たとえば、Excelのファイルには Excel 2007以降で作成した「.xlsx」とExcel 2003以前で作成された「.xls」のような違いがあり、拡張子で見分けることができるわけです。

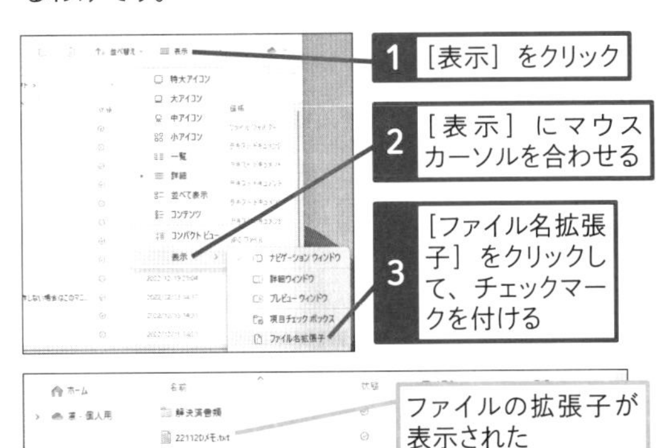

210

Home Pro

お役立ち度 ★★★

Q 隠しファイルを表示するには

A ［隠しファイル］にチェックを付けます

「隠しファイル」はファイル属性の1つで、標準ではエクスプローラーで表示されないファイルを指します。隠しファイルにはアプリの設定が記録されたファイル、書き換えられたり、削除されたりすると困る重要なファイルなどがあります。これらのファイルを操作する必要があるときは、慎重に扱いましょう。隠しファイルを表示するには、以下のように操作するか、ワザ187で解説している［フォルダーオプション］ダイアログボックスの［表示］タブで設定を変更します。

1 ［表示］をクリック

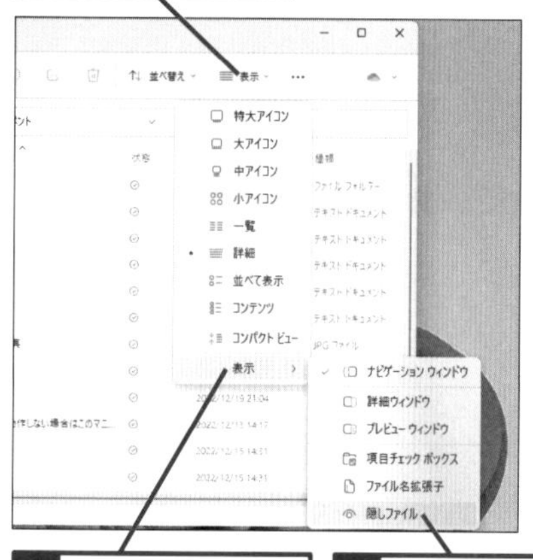

2 ［表示］にマウスカーソルを合わせる

3 ［隠しファイル］にチェックマークを付ける

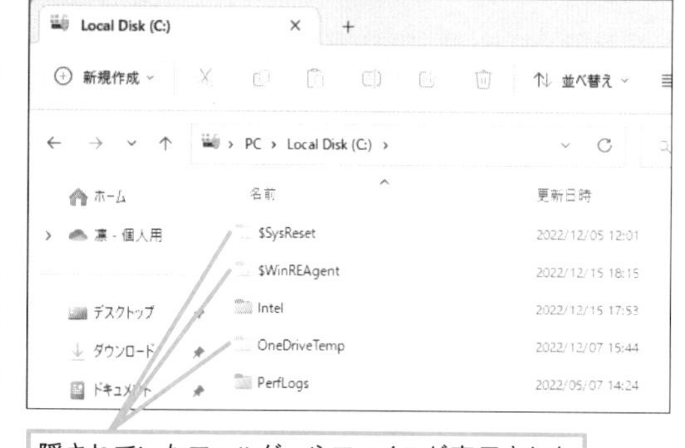

隠されていたフォルダーやファイルが表示された

211

Home Pro

お役立ち度 ★★★

Q ファイル属性を確認するには

A ファイルのプロパティを表示します

すべてのファイルは「ファイル属性」と呼ばれる情報を持っていて、そのファイルがどのような性質のものなのかを表しています。代表的なファイル属性には「読み取り専用」「隠しファイル」「システムファイル」などがあり、それぞれ「書き込みができないファイル」「通常は表示されないファイル」「Windowsやアプリの起動や実行に必要なファイル」であることを表しています。また、1つのファイルが複数の属性を持つこともあります。システムファイルは［フォルダーオプション］ダイアログボックスの［表示］タブで［保護されたオペレーティングシステムファイルを表示しない］のチェックマークをはずせば、表示できます。

ファイル属性を知りたいファイルを選択しておく

1 ［もっと見る］をクリック

2 ［プロパティ］をクリック

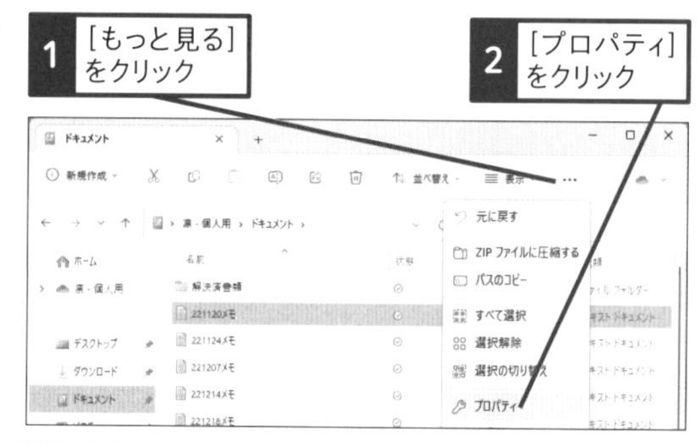

［（ファイル名）のプロパティ］の画面が表示された

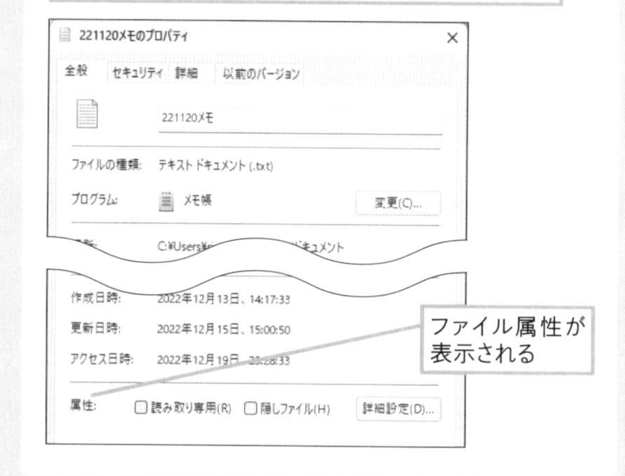

ファイル属性が表示される

OneDriveでファイルを管理・共有する

Windows 11ではマイクロソフトが提供するクラウドストレージサービス「OneDrive」を簡単に利用できます。ファイルの管理や共有など、OneDriveを便利に使いこなすワザを説明します。

212

Home Pro
お役立ち度 ★★★

Q OneDriveを使うと何ができるの？

A クラウドにファイルを保存できます

OneDriveはマイクロソフトが提供するクラウドストレージサービスです。Windows 11にMicrosoftアカウントでサインインし、インターネットに接続されていれば、[OneDrive] フォルダーにファイルをコピーしたり、移動するだけで、インターネット上にある専用のクラウドストレージにファイルを保存できます。これらのファイルは、ほかのパソコンやスマートフォン、タブレットなどでも利用できます。

OneDriveと同期するフォルダーが標準で用意されている

OneDriveに保存したファイルはWebブラウザーでも閲覧できる

213

Home Pro
お役立ち度 ★★★

Q ファイルの状態を確認するには

A [OneDrive] フォルダーの状態マークでわかります

OneDriveを利用すると、クラウドストレージに保存された内容をパソコンで閲覧したり、修正できます。このとき、[OneDrive]フォルダーのファイルに表示されている状態マークを見ると、そのファイルがどのような状態なのかを確認できます。

OneDrive内の各ファイルに状態を表すマークが表示される

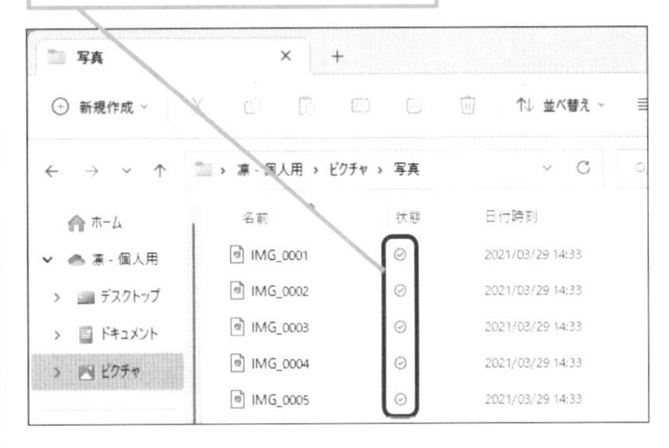

●マークの種類と状態

マーク	状態
(クラウド)	クラウドにあり、パソコンには保存されていないファイル
(チェック)	クラウドからダウンロードし、パソコンに保存されているファイル
(塗りつぶしチェック)	常にパソコンに保持されているファイル
(同期)	同期中のファイル

関連 230 OneDriveとの同期状態を確認するには ▶P.133

214

Home Pro

お役立ち度 ★★★

Q OneDriveにあるファイルをパソコンで開くには

A ［OneDrive］フォルダーから開けます

OneDriveではパソコンに保存されているファイルだけではなく、クラウド上だけに存在するファイルも開くことができます。インターネットに接続している状態で、クラウド上のファイルを開こうとすると、自動的にファイルのダウンロードがはじまります。

1 開きたいファイルをダブルクリック

ファイルがダウンロードされ、開いた

パソコンに保存されていることを表すマークに変わった

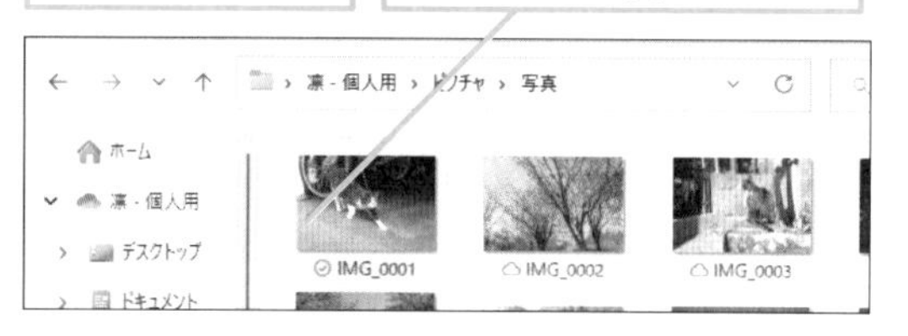

215

Home Pro

お役立ち度 ★★★

Q OneDriveにあるファイルを常にパソコンに保存しておくには

A 右クリックから保存するようにします

移動中など、インターネットに接続できない場所でも作業する可能性があるときは、OneDriveのファイルを常にパソコンに保存しておきましょう。インターネットに接続できなくてもファイルを開けます。

1 ファイルを右クリック

216

Home Pro

お役立ち度 ★★★

Q OneDriveを使ってパソコンの容量を節約するには

A OneDriveのみに保存する設定にします

パソコンのストレージの空き容量が少ないときは、ファイルをOneDriveのみに保存する設定にすることで、空き容量を増やすことができます。必要なときに自動的にダウンロードできるので、あまり使わないファイルはOneDriveに待避しておきましょう。

1 ファイルを右クリック

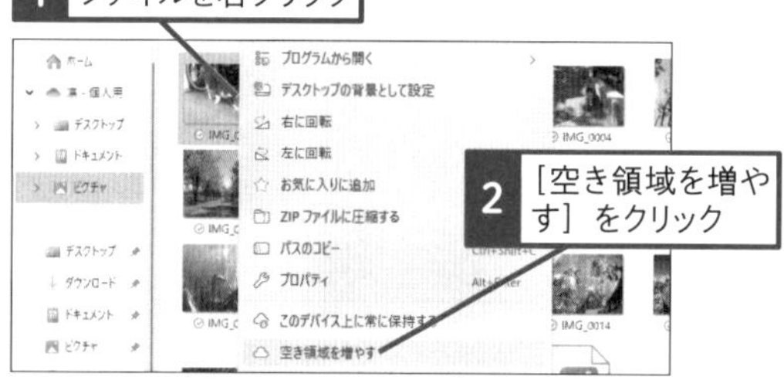

同期中を表すマークに変わった

同期が完了すると、クラウドにあることを表すマークが表示される

217

Home Pro

お役立ち度 ★★★

Q WebブラウザーでOneDriveにあるファイルを確認するには

A OneDriveのページにアクセスします

Webブラウザーを使えば、OneDriveに保存したファイルやフォルダーをほかのパソコンなどからも簡単に確認することができます。MicrosoftアカウントでOneDriveのWebページにサインインして、同期されたファイルを表示しましょう。

▼OneDriveのWebページ
https://onedrive.live.com

WebブラウザーでOneDriveのWebページにアクセスしておく

Microsoft Edgeを使うと、自動でサインインされるため、サインインされないときは以下のように操作する

1 ［既にOneDriveをお使いですか? サインイン］をクリック

Microsoftアカウントを入力して、サインインする

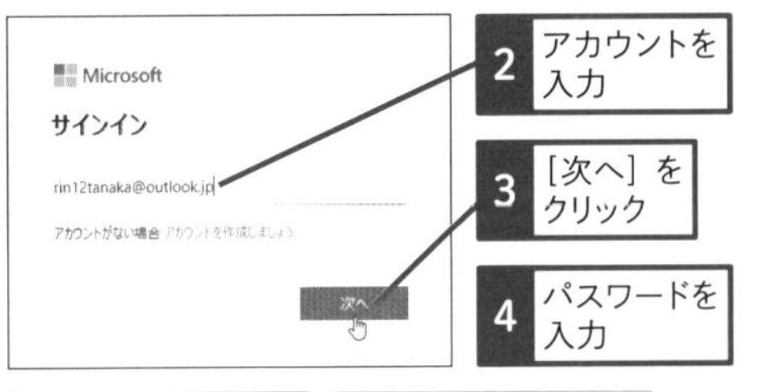

2 アカウントを入力

3 ［次へ］をクリック

4 パスワードを入力

5 ［サインイン］をクリック

OneDriveの画面が表示された

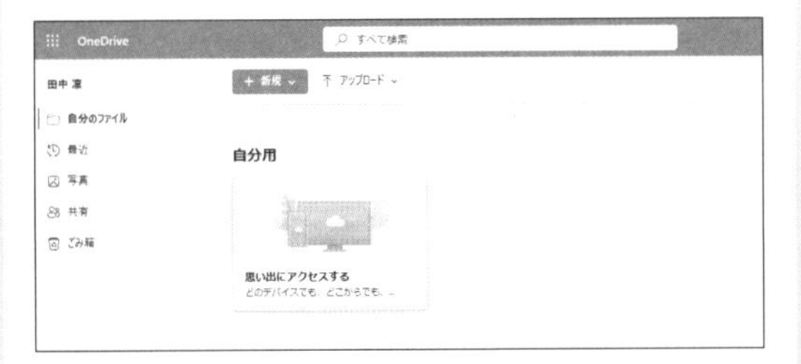

218

Home Pro

お役立ち度 ★★★

Q Webブラウザーでファイルをアップロードするには

A ［アップロード］でファイルを選択します

ほかのパソコンから自分のOneDriveにファイルをアップロードするには、Webブラウザーを使います。OneDriveのWebページにアクセスして、Microsoftアカウントでサインインし、［アップロード］-［ファイル］からファイルを選択します。

1 ［アップロード］をクリック

2 ［ファイル］をクリック

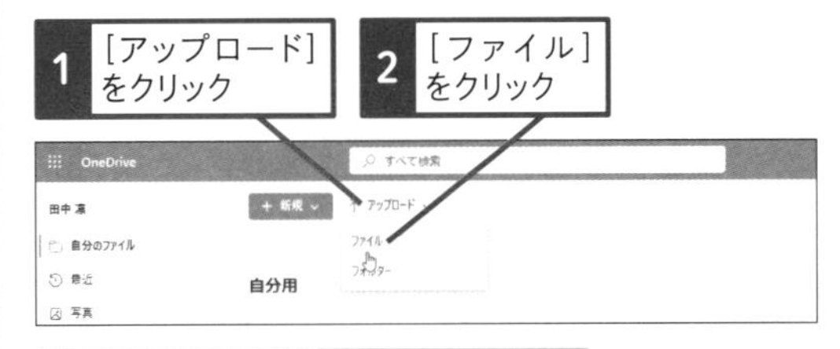

［開く］ダイアログボックスで、アップロードするファイルを選択する

3 アップロードするファイルをクリック

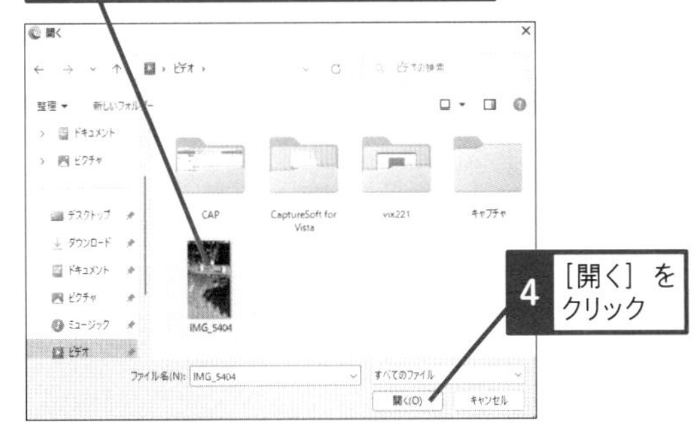

4 ［開く］をクリック

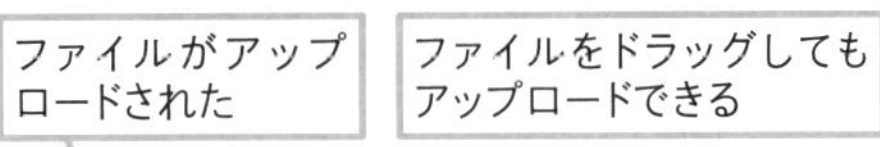

ファイルがアップロードされた

ファイルをドラッグしてもアップロードできる

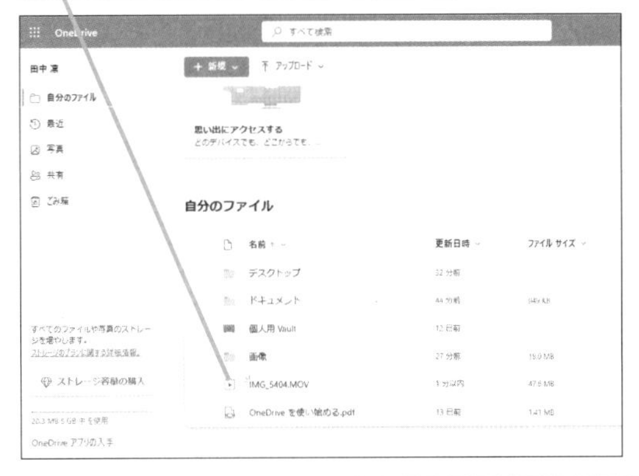

219

Home Pro
お役立ち度 ★★★

Q OneDriveに保存したファイルを共有するには

A 右クリックで共有のURLを取得します

OneDriveのファイルやフォルダーは、ほかのユーザーと共有できます。エクスプローラーからOneDriveにあるファイルを右クリックして、[共有]ボタンをクリックするか、以下のように操作すると、共有のためのURLを取得できます。このURLをメールやSNSで共有したい相手に送りましょう。この方法で共有したファイルはURLを知っていれば、誰でも開くことができます。特定の相手だけと共有したいときは、ワザ220を参考に設定します。

1 共有するOneDriveのファイルを右クリック

2 [OneDrive]にマウスカーソルを合わせる

3 [共有]をクリック

4 [コピー]をクリック

共有のためのURLがクリップボードにコピーされる

220

Home Pro
お役立ち度 ★★★

Q 特定の相手とファイルを共有するには

A 特定のユーザーと共有します

OneDriveのファイルやフォルダーを特定の相手と共有したいときは、共有する[リンクの設定]画面で[特定のユーザー]を選択します。共有したい相手のメールアドレスを指定して、送信しましょう。指定したメールアドレスでOneDriveにサインインした人以外は、共有されたファイルを開くことができないため、安全にファイルの共有ができます。

ワザ219を参考に、[リンクの送信]画面を表示しておく

1 ここをクリック

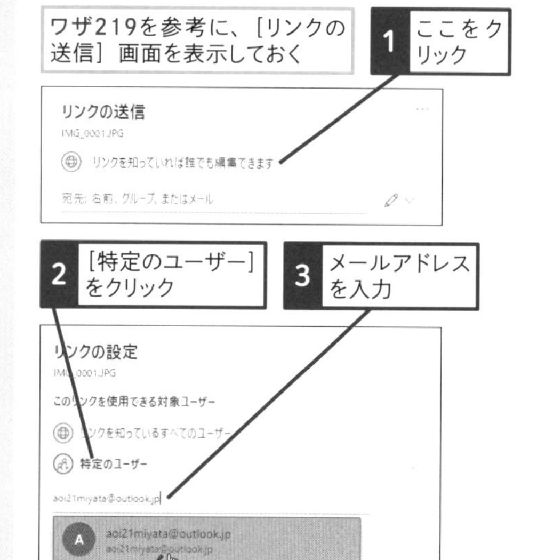

2 [特定のユーザー]をクリック

3 メールアドレスを入力

4 表示されたメールアドレスをクリック

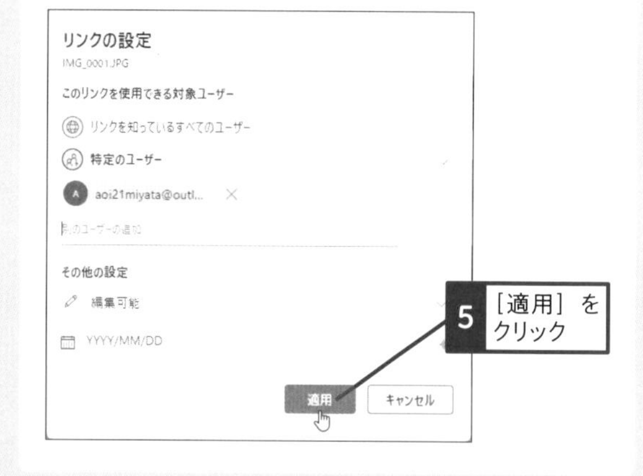

5 [適用]をクリック

221

Home Pro
お役立ち度 ★★

Q 共有されたファイルをダウンロードするには

A ブラウザーで［ダウンロード］から行ないます

OneDriveで共有されたファイルのURLを受け取ったときは、ファイルやフォルダーを表示して閲覧するだけではなく、パソコンにダウンロードできます。ファイルやフォルダーをダウンロードしたいときは、［ダウンロード］をクリックしましょう。

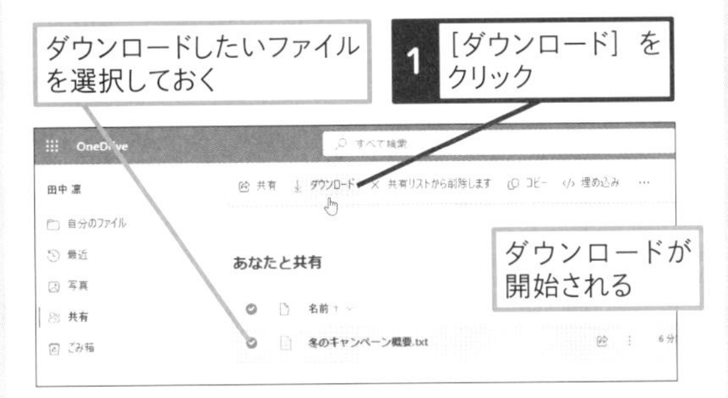

222

Home Pro
お役立ち度 ★★

Q 共有されているファイルを確認するには

A ［共有］メニューで表示できます

いろいろなファイルやフォルダーを共有していると、どのファイルを共有しているかがわからなくなってしまうことがあります。OneDriveのWebページの左側にあるメニューで［共有］をクリックすると、共有しているファイルやフォルダーを確認できます。

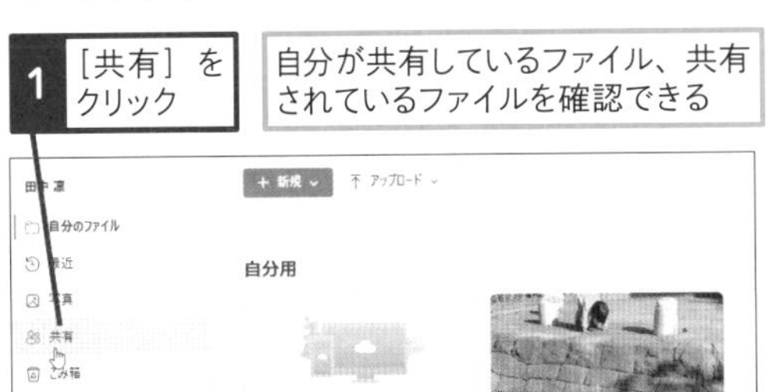

223

Home Pro
お役立ち度 ★★★

Q OneDriveにサインインできないときは

A タスクバーのアイコンからサインインします

Windowsを起動して、タスクバーのOneDriveのアイコンに斜線が付いていたり、灰色で表示されているときは、OneDriveにサインインしていません。OneDriveのアイコンをクリックし、表示された画面でMicrosoftアカウントとパスワードを入力して、サインインしましょう。タスクバーにOneDriveのアイコンが表示されていないときは、［スタート］メニューから［OneDrive］のアプリを起動し、サインインします。

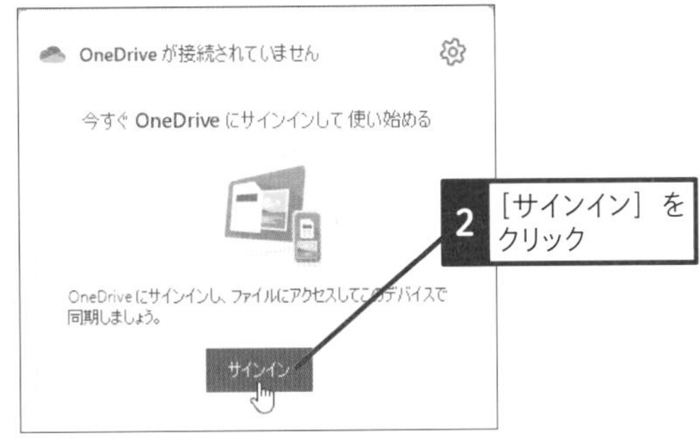

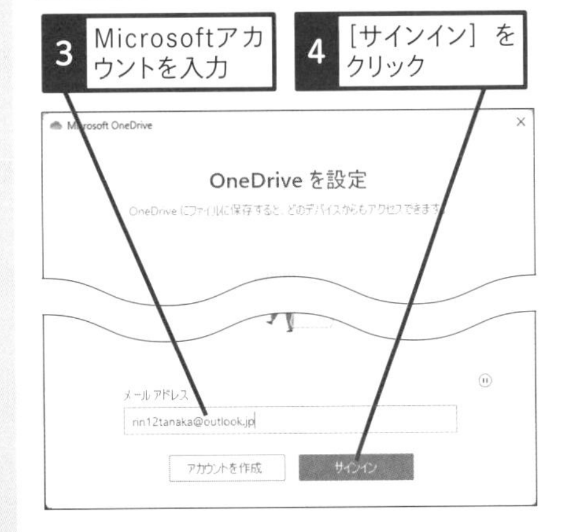

224

Home Pro
お役立ち度 ★★★

Q Officeがインストールされていないパソコンでファイルを編集できる?

A Web版のOfficeで編集可能です

OneDriveに保存されているOfficeファイルは、Officeがインストールされていないパソコンでも Webブラウザーで簡単な編集ができます。ファイルをWebブラウザーで開くと、Web版のOfficeが表示され、デスクトップアプリのOfficeと同じような画面で編集できます。

1 編集したいPowerPointファイルをクリック

新しいタブでWeb版のPowerPointのページが表示され、ファイルが開かれた

文書を編集できるようになった

225

Home Pro
お役立ち度 ★★

Q OneDriveに保存したメモが文字化けするときは

A UTF-8形式で保存します

OneDriveに保存したテキストファイルやCSVファイルをWebブラウザーで開くと、文字化けして読めないことがあります。これは文字コードがシフトJISやANSI形式のときに発生します。文字化けを防ぐには文字コードをUTF-8形式で保存し直しましょう。メモ帳でファイルを開き、[名前を付けて保存]で[文字コード]を[UTF-8]に変更して保存します。なお、メモ帳は標準で[UTF-8]で保存されるので、新規作成した文書は自動的にUTF-8形式で保存されます。

日本語が文字化けして内容が読めない

元のファイルをUTF-8形式で保存し直す必要がある

226

Home Pro
お役立ち度 ★★

Q OneDriveの「ファイルオンデマンド」とは

A クラウドだけに保存するかを選べます

OneDriveには「ファイルオンデマンド」と呼ばれる機能があります。この機能を利用すると、パソコンのOneDriveフォルダーの内容をパソコンに保存するのか、クラウドのみに保存するのかを設定できます。「ファイルオンデマンド」機能を使うと、ファイルを開くときにインターネットに接続する必要がありますが、パソコンのストレージが圧迫されません。ファイルのオンデマンドは、標準でオンになっていますが、オフにしたいときは、ワザ228を参考に操作します。

雲のマークが付いたファイルは開くときにダウンロードされる

チェックマークが付いたファイルはパソコンのストレージに保存されている

ステップアップ

Web版Officeを使えるライセンスを確認しよう

Web版のOfficeはライセンスによって、用途が限定されています。趣味や学習目的での利用は無料ですが、ビジネス文書を扱うには「Microsoft 365 Personal」などのサブスクリプション版のMicrosoft 365のライセンスが必要です。パソコンにOfficeがプリインストールされている場合でもMicrosoft 365の契約がないときは、ビジネス用途でWeb版のOfficeを使うと、ライセンス違反になるので、注意しましょう。同様にスマートフォン向けのOfficeアプリもビジネスで利用するには、サブスクリプション版のMicrosoft 365のライセンスが必要です。無料で使えるといっても用途が限られていることを覚えておきましょう。

227

Home Pro

お役立ち度 ★★

Q 写真やドキュメントの自動保存を停止するには

A 通知領域のアイコンから設定します

Windows 11では標準でデスクトップや写真、ドキュメントなどの重要なフォルダーが自動的にOneDriveと同期されます。データがバックアップされ、他のパソコンやスマートフォンでもデータを参照できるので、便利です。ただし、無料版のOneDriveは容量が5GBしかないため、環境によっては容量が足りなくなってしまいます。以下の手順で同期を停止するか、Microsoft 365やOneDriveの有料プランを契約して、OneDriveの容量を増やすことを検討しましょう。

1 OneDriveのアイコンをクリック

2 ［ヘルプと設定］をクリック

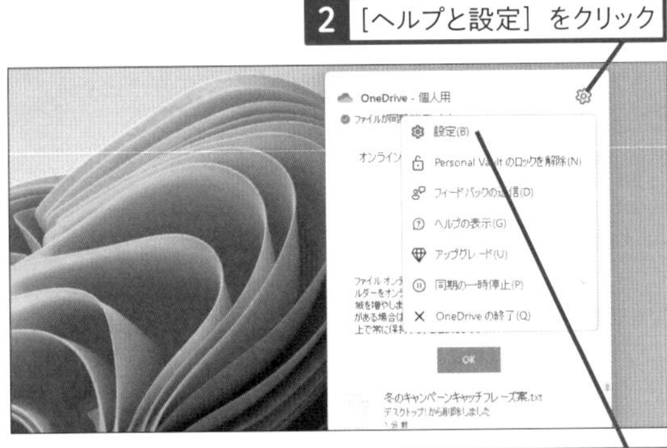

3 ［設定］をクリック

4 ［バックアップを管理］をクリック

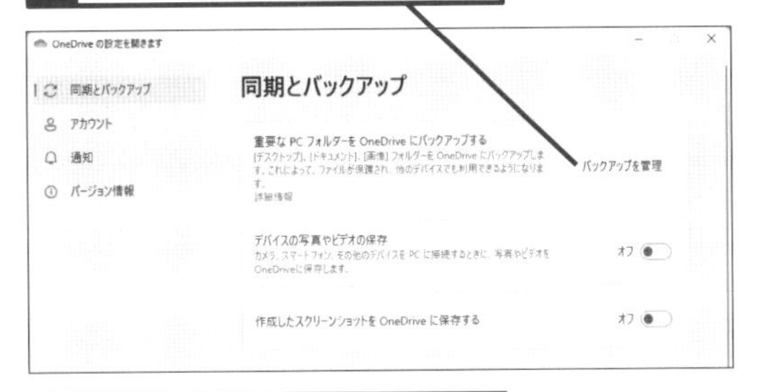

5 ［バックアップを停止］をクリック

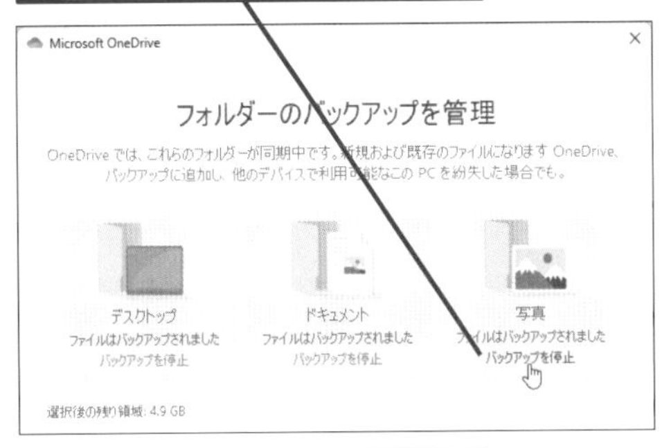

6 ［バックアップを停止］をクリック

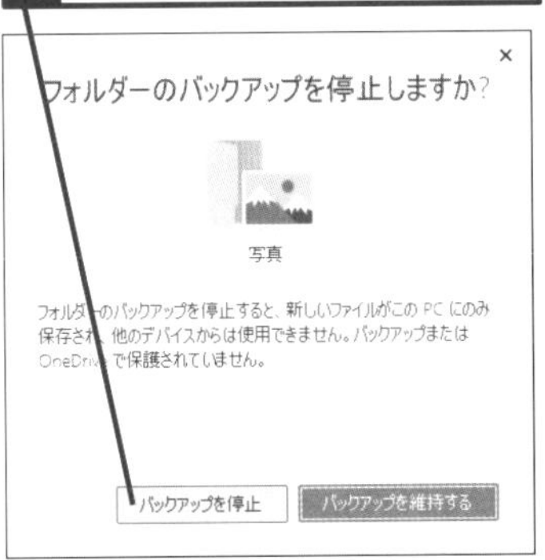

バックアップが停止する

関連 234 OneDriveを使いたくないときは ▶P.134

228

Home Pro

お役立ち度 ★★

Q OneDriveのオンデマンドを解除したい

A ストレージの容量に余裕があればすべて同期させた方が便利です

OneDriveのファイルオンデマンド機能を解除して、すべてのファイルを同期することもできます。ファイルオンデマンド機能を解除すると、ファイルを開くときにクラウドからダウンロードする必要がなく、ファイルをすばやく開けます。デスクトップパソコンなど、ストレージの容量に余裕があるパソコンでは、ファイルオンデマンド機能を使わず、すべてのファイルをOneDriveと同期させた方が便利です。

ワザ227を参考に、OneDriveの設定画面を表示しておく

1 下にスクロール

2 ［詳細設定］をクリック

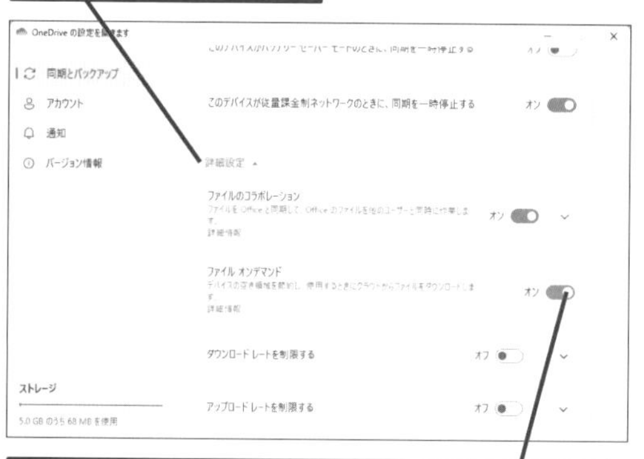

3 ［容量を節約し、ファイルを使用するときにダウンロードします］のここをクリックして、オフにする

確認画面が表示された

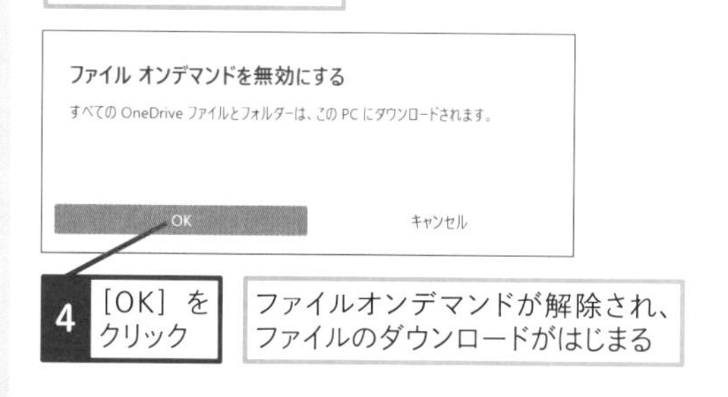

4 ［OK］をクリック

ファイルオンデマンドが解除され、ファイルのダウンロードがはじまる

関連 233 OneDriveの容量を追加するには ▸P.134

229

Home Pro

お役立ち度 ★★

Q OneDriveで同期するフォルダーを選ぶには

A あまり使わないフォルダーは同期しない設定にしておきましょう

OneDriveには一部のフォルダーのみを同期する機能があります。あまり使わないフォルダーを同期しないように設定すると、パソコンのストレージを圧迫することなく、OneDriveを活用できます。

ワザ227を参考に、OneDriveの設定画面を表示しておく

1 ［アカウント］をクリック

2 ［フォルダーの選択］をクリック

［フォルダーの選択］の画面が表示された

3 同期しないフォルダーのチェックマークをクリックしてはずす

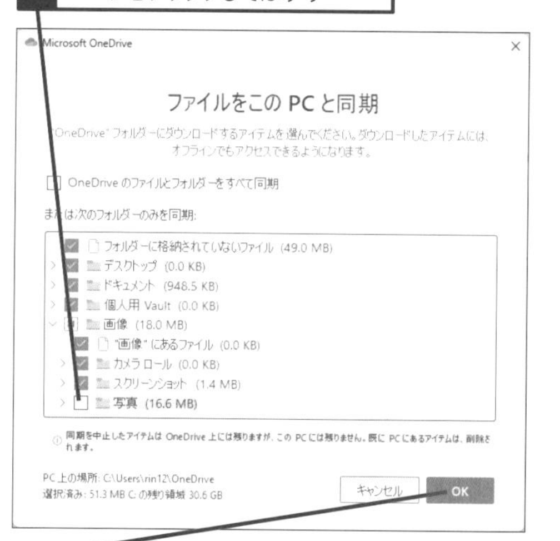

4 ［OK］をクリック

チェックマークをはずしたフォルダーは同期されなくなる

230

Home Pro

お役立ち度 ★★★

Q OneDriveとの同期状態を確認するには

A エクスプローラーやタスクバーから確認できます

OneDriveは自動的にフォルダーの内容が同期されますが、同期状態は以下のように、エクスプローラーやタスクバーから確認できます。容量の大きいデータを保存したときなどは、データの同期が完了しているかどうかを確認できます。

●エクスプローラーで確認する

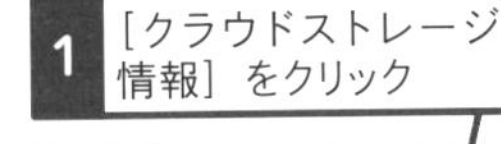

●タスクバーから確認する

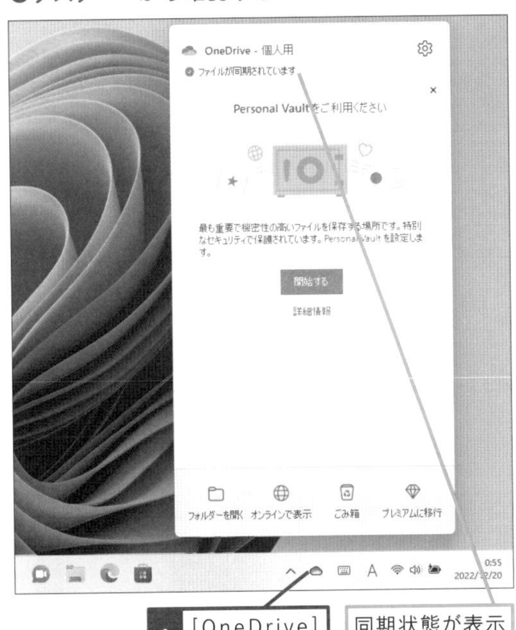

231

Home Pro

お役立ち度 ★★★

Q OneDriveとの同期を一時的に停止するには

A OneDriveの設定画面で一時停止できます

外出先など、あまり高速ではないインターネットに接続すると、OneDriveの同期に時間がかかってしまうことがあります。このようなときはOneDriveの設定画面を表示し、同期を一時停止します。停止する時間を設定することもできます。

ワザ227を参考に、OneDriveの設定画面を表示しておく

1 ［ヘルプと設定］をクリック

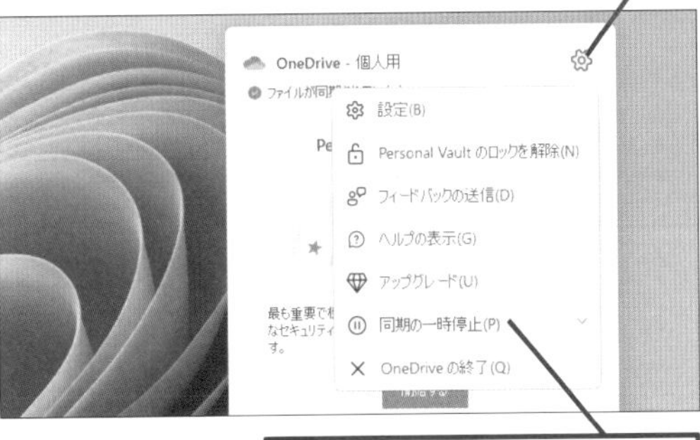

一時的に停止する時間をクリックして選択する

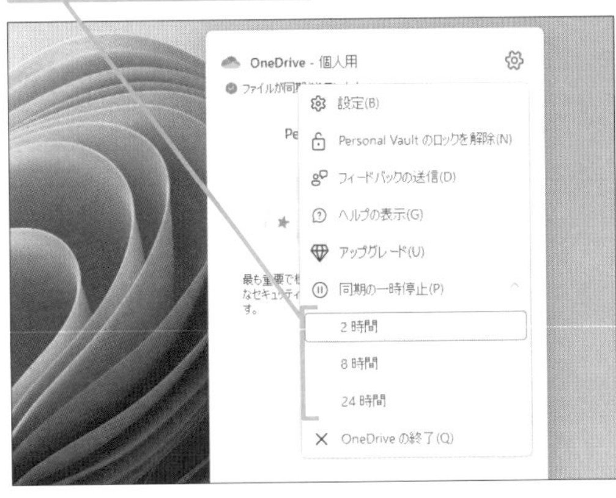

関連 227 写真やドキュメントの自動保存を停止するには ▸P.131

関連 230 OneDriveとの同期状態を確認するには ▸P.133

232

Home Pro
お役立ち度 ★★★

Q 個人用Vaultってどう使うの？

A 特に重要なファイルを保存するために使います

OneDriveにある「個人用Vault」は、特に重要なファイルをクラウドに保存するときに使うセキュリティを高めたフォルダーです。このフォルダーを利用するには、SMSやメールによる認証、Microsoft Authenticatorなどを利用した2段階認証が必要になります。「個人用Vault」を有効にするには、[OneDrive] フォルダーの[個人用Vault] フォルダーを開き、画面に表示される指示に従って、設定します。

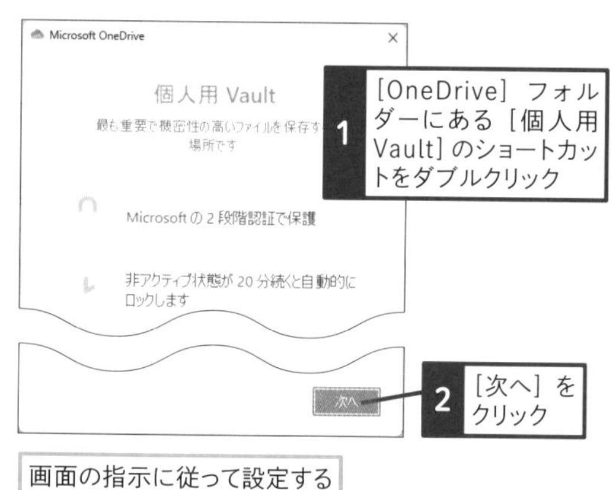

233

Home Pro
お役立ち度 ★

Q OneDriveの容量を追加するには

A 「OneDrive」のWebページで申し込みます

「OneDrive」の容量は有料で増やすことができます。2023年1月現在、月額229円で100GBの容量を追加できるプランが用意されています。家庭向けMicrosoft 365 Personal/Familyでは、1TBまでOneDriveを利用できます。同様に、企業向けのMicrosoft 365を利用しているときは、1ユーザーあたり1TBの容量までOneDriveを使えます。

ワザ227を参考に、OneDriveの設定画面を表示しておく

1 [ヘルプと設定] をクリック

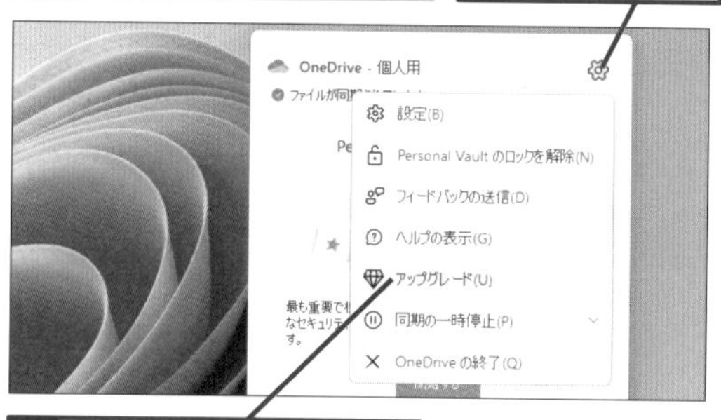

2 [アップグレード] をクリック

Webブラウザーが起動して、[OneDriveのプランとアップグレード] が表示された

234

Home Pro
お役立ち度 ★★

Q OneDriveを使いたくないときは

A OneDriveのリンクを解除しましょう

セットアップを完了し、Microsoftアカウントでサインインしていると、自動的にOneDriveの利用が開始されます。ネット上にデータを保存したくないときは、OneDriveの設定から [アカウント] タブを表示し、パソコンとのリンクを解除しましょう。

OneDriveの設定画面を表示しておく

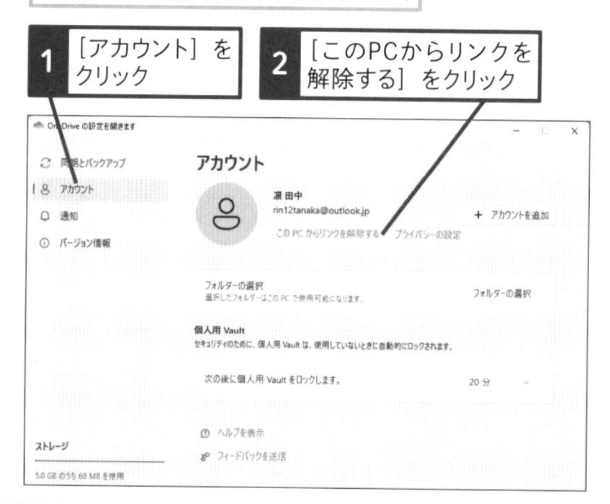

第5章 インターネットを活用するワザ

インターネットの基本

パソコンに欠かせないのがインターネットです。インターネットに接続する方法をはじめ、インターネットのトラブルを解決する方法など、インターネットの活用方法を解説します。

235

Home Pro

お役立ち度 ★★★

Q インターネットをはじめるには

A プロバイダーと回線契約しましょう

パソコンでインターネットを利用するには、接続サービスを提供する「プロバイダー」と契約します。自宅からインターネットに接続する主な方法には、光回線（FTTH）やケーブルテレビ（CATV）などがあり、それぞれ料金や通信速度が異なります。自宅の環境によっては契約できない回線もあるので、**ワザ236**を参考に、事前に確認しておきましょう。最近では混雑を避けて高速な通信が利用できるIPv6サービスが主流です。プロバイダーと契約した回線にパソコンを接続するには、LANケーブルを用いた有線接続とワイヤレスのWi-Fi（無線LAN）があります。接続に必要な機器は、プロバイダーからレンタルで提供される形が一般的です。契約によっては、「光回線終端装置」(ONU)や「ルーター」が一体化された「ホームゲートウェイ」が提供されます。

●光回線でインターネットに接続する場合

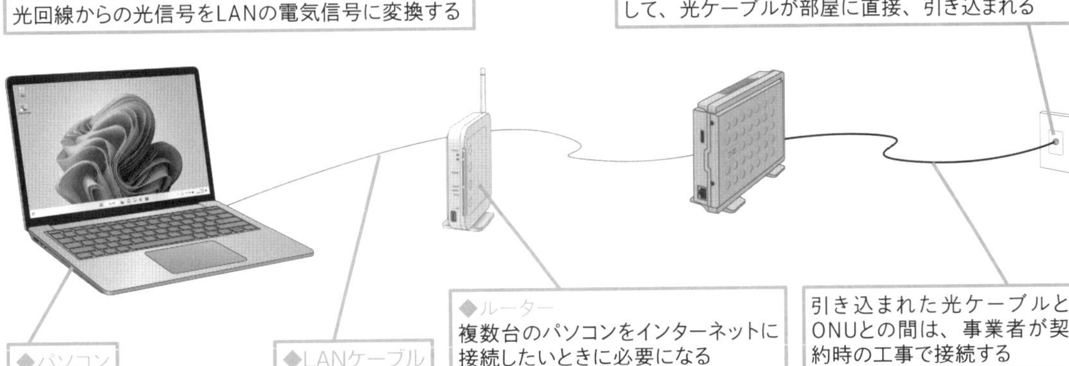

関連 236 プロバイダーって何? ▸P.136
関連 237 自宅にWi-Fiを導入するには ▸P.136
関連 243 フリー Wi-Fiスポットの注意点を教えて ▸P.139
関連 245 ホームルーターやモバイルWi-Fiルーターを使うには ▸P.139

236

Home Pro

お役立ち度 ★★★

Q プロバイダーって何？

A インターネット接続を提供する事業者です

プロバイダーはインターネット接続サービスを提供する事業者です。プロバイダーと契約すると、インターネットに接続可能となるほか、個人で使えるメールアドレスがもらえたり、自分でWebページを作れるサービスを受けられたりします。契約によっては、光ファイバー回線を保有する回線事業者との契約も必要ですが、多くのプロバイダーでは回線事業者との契約が一体になったサービスが提供されています。このため、開通工事などもプロバイダーによって手配されることが多くなっています。

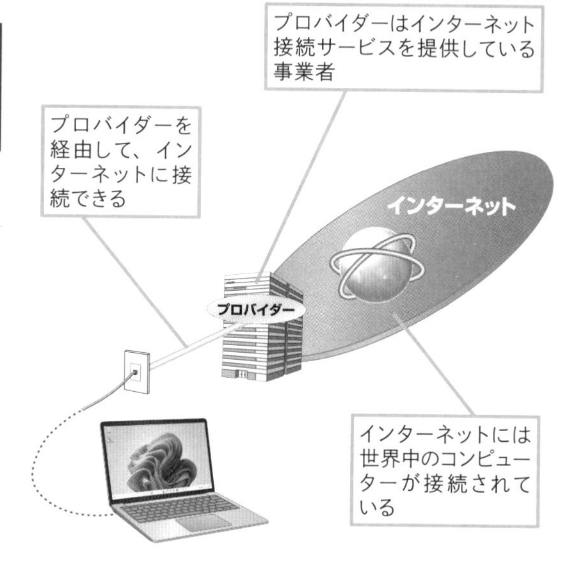

関連 235 インターネットをはじめるには ▸P.135
関連 243 フリー Wi-Fiスポットの注意点を教えて ▸P.139

237

Home Pro

お役立ち度 ★★★

Q 自宅にWi-Fiを導入するには

A Wi-Fiアクセスポイントを購入しましょう

家の中の好きな場所で、ワイヤレスでインターネットを楽しむには、Wi-Fi（無線LAN）を導入しましょう。ノートパソコンやタブレット、スマートフォンのほか、Wi-Fiに対応したテレビやゲーム機も利用できます。自宅の通信機器がWi-Fiに対応していない場合は、別途、無線LANアクセスポイント（Wi-Fiルーター）を導入する必要があります。なお、交通機関や飲食店などでよく見かける「Wi-Fiスポット」も同様のWi-Fiを利用したサービスで、無料と有料のサービスがあります。

●Wi-Fi接続に必要なもの

① Wi-Fi アクセスポイント
② Wi-Fi 対応機器（パソコンなど）

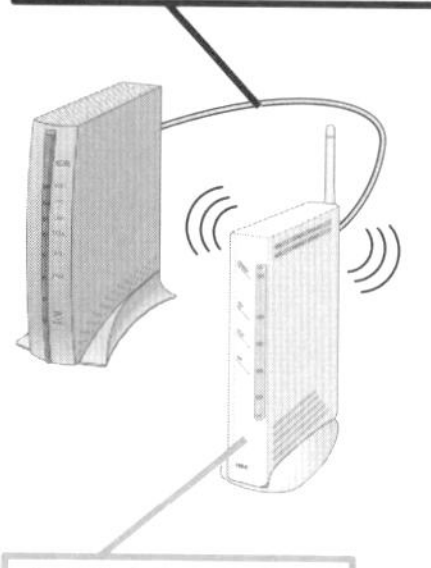

関連 239 Wi-Fi規格の違いを教えて！ ▸P.137
関連 247 Wi-Fiの電波が届かない！ ▸P.140

238

Home Pro
お役立ち度 ★★☆

Q デスクトップパソコンでWi-Fiを使うには

A Wi-Fiアダプターを接続しましょう

デスクトップパソコンでもUSB接続の外付けWi-Fiアダプターを利用することで、Wi-Fiを利用できます。古い規格の内蔵Wi-Fiを最新の規格にアップグレードしたいときにも役立ちます。

239

Home Pro
お役立ち度 ★★★

Q Wi-Fi規格の違いを教えて！

A 802.11axが最新の規格で最も高速な通信が可能です

Wi-Fiは規格によって利用する電波の種類や通信速度が異なります。現在の主流はWi-Fi 6/6Eとも呼ばれるIEEE802.11axです。

●Wi-Fiの通信規格

規格	最大通信速度	帯域	特徴
IEEE802.11b	11Mbps	2.4GHz	古い規格であまり使われない
IEEE802.11a	54Mbps	5.2GHz	混雑を避けやすいが、古く利用シーンは限られる
IEEE802.11g	54Mbps	2.4GHz	混雑しやすく、速度も低いため実用的でない
IEEE802.11n (Wi-Fi 4)	300Mbps	2.4/5.2GHz	伝送距離が長く、速度も十分で、広く普及している
IEEE802.11ac (Wi-Fi 5)	6.9Gbps	5.2GHz	周波数は限定されるが高速な通信が可能
IEEE802.11ax (Wi-Fi 6/6E)	9.6Gbps	2.4/5.2/6GHz	最新の規格。高速かつ混雑に強いうえ、対応するスマートフォンなどのバッテリー消費を抑えることが可能

関連240 Wi-Fiを利用するにはどうすればいい？ ▸P.137

240

Home Pro
お役立ち度 ★★☆

Q Wi-Fiを利用するにはどうすればいい？

A 「SSID」を選んで暗号化キーを入力します

パソコンでWi-Fiを利用するには、最初にWi-Fiアクセスポイントの一覧を表示し、接続したいネットワーク（「SSID」とも呼ばれます）を選択します。暗号化されているアクセスポイントに接続するときは、表示される入力ボックスに暗号化キー（ネットワークセキュリティキー）を入力します。暗号化にはWPA2やWPA3など、さまざまな方式があり、アクセスポイントによって設定されている暗号化キーは異なります。暗号化方式の違いについて、あまり意識する必要はありませんが、暗号化なしの接続は、通信内容を盗聴される危険があるので、接続を避けるか、別途、VPNなどの暗号化対策が必要です。

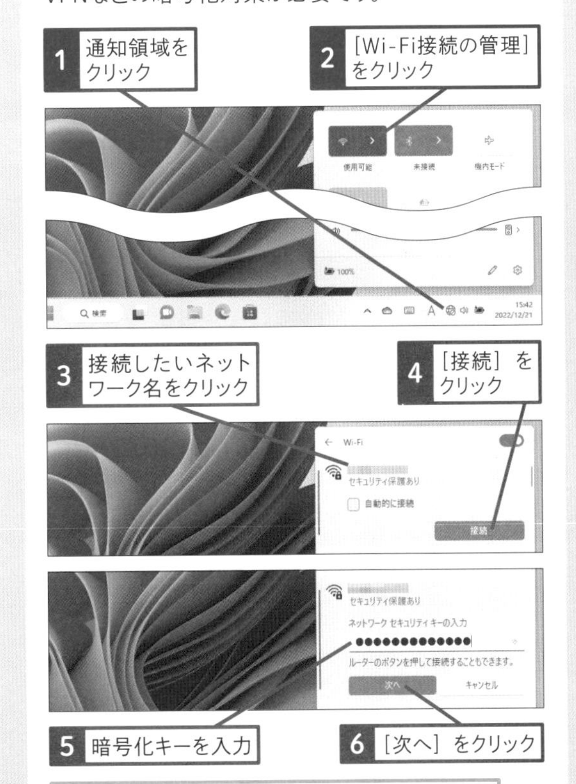

Wi-Fiの設定が完了し、ネットワークに接続される

241

Home Pro

お役立ち度 ★★★

Q 暗号化キーはどうやって調べるの？

A 無線LANアクセスポイントに書いてあります

暗号化されたアクセスポイントに接続するためには、暗号化キーが必要です。暗号化キーは無線LANアクセスポイントの本体に書かれていますが、初期設定時に自分で登録する機種もあります。取扱説明書や機器の設定ページで、確認方法を調べましょう。

暗号化キーは通常、Wi-Fiアクセスポイントの側面や背面に明記されている

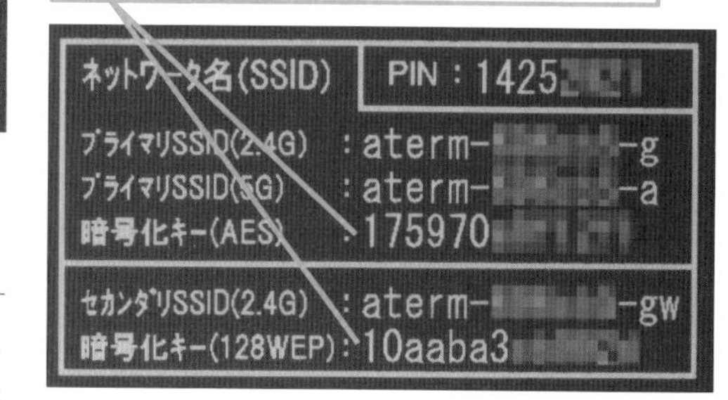

関連245 ホームルーターやモバイルWi-Fiルーターを使うには ▸P.139

242

Home Pro

お役立ち度 ★★★

Q スマートフォンを経由してインターネットに接続するには

A テザリング機能をオンにしましょう

テザリングを使えば、スマートフォンの通信回線を経由して、パソコンなどをインターネットに接続できます。通信事業者によってはテザリングが別料金になっていたり、データ通信料が制限されているので、料金プランを確認しておきましょう。ここではWi-Fiを利用しますが、パソコンとスマートフォンをUSBケーブルやBluetoothでも接続できます。テザリングを使うときは、こまめに切断したり、Windowsの［設定］の［ネットワークとインターネット］からWi-Fiの［プロパティ］を表示し、［従量制課金接続］をオンにして、通信量を抑えるようにしましょう。

●Androidスマートフォンの場合

テザリングの設定画面を表示しておく

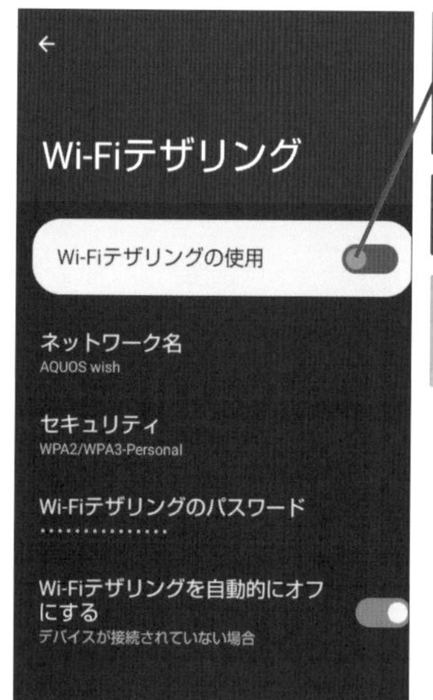

1 アクセスポイントの設定をタップして、オンにする

2 Wi-Fiでスマートフォンに接続

スマートフォン経由でインターネットに接続できる

●iPhoneの場合

［設定］-［インターネット共有］の画面を表示しておく

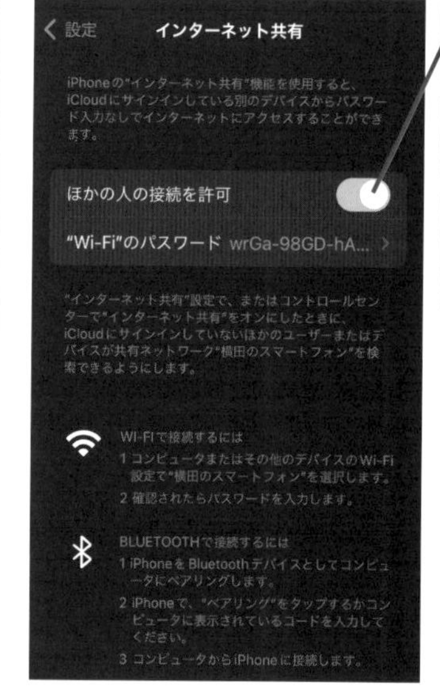

1 ここをタップしてオンにする

2 Wi-FiでiPhoneに接続

iPhone経由でインターネットに接続できる

243

Home Pro
お役立ち度 ★★☆

Q フリー Wi-Fiスポットの注意点を教えて

A 重要情報を送信しないようにしましょう

飲食店やショッピングモール、駅の構内などで提供されている無料のWi-Fiアクセスポイント（フリーWi-Fiスポット、公衆無線LAN）を利用すれば、外出先でもインターネットにアクセスできます。ただし、フリー Wi-Fiスポットの中には暗号化通信が設定されていないものがあります。電波が傍受され、通信内容が盗聴される危険があるので注意しましょう。暗号化されていないフリー Wi-Fiスポットを利用するときは、VPNなどの暗号化サービスを併用するか、Webページが暗号化されていることを確認した上で利用します。それもできない場合は、個人情報など重要な情報を送信しないようにしましょう。

244

Home Pro
お役立ち度 ★★☆

Q アドレスに使われている「~」や「_」を入力するには

A Shift キーと記号キーを併用します

「~」（チルダ）や「_」（アンダーバー）は、Webページのアドレス（URL）などで使われることがある記号です。「~」は Shift キーを押しながら ^ キーを押して入力します。「_」は Shift キーを押しながら \ キーを押して入力します。タブレットではワザ089を参考に、記号キーボードを表示して、入力しましょう。

●「~」（チルダ）を入力する方法

⇧Shift ＋ ~ ^ へ

1 Shift キーを押しながら「^」のキーを押す

●「_」（アンダーバー）を入力する方法

⇧Shift ＋ _ \ ろ

1 Shift キーを押しながら \ キーを押す

245

Home Pro
お役立ち度 ★★☆

Q ホームルーターやモバイルWi-Fiルーターを使うには

A 携帯電話回線を契約します

ホームルーターやモバイルWi-Fiルーターは、携帯電話の回線を利用して、Wi-Fiで接続したパソコンなどからインターネットに接続できるようにする機器です。ホームルーターは回線工事が不要で、電源を接続するだけで、自宅のインターネット接続環境として利用できます。5Gなどの高速なサービスを使ったインターネット接続が利用できるサービスもあります。一方、モバイルWi-Fiルーターは外出先でパソコンをインターネットに接続するために利用します。いずれも携帯電話会社と契約することで利用できます。このほか、モバイルWi-Fiルーターには旅行などに便利な短期間で利用できるレンタルサービスもあります。

サービス事業者ごとにさまざまな対応製品が提供されている

パソコンやタブレット、ゲーム機などがモバイルWi-Fiルーター経由でインターネットに接続できる

▼ドコモ home 5G HR01
https://www.nttdocomo.co.jp/home_5g/router/

▼Galaxy 5G Mobile Wi-Fi SCR01
https://www.au.com/mobile/product/data/scr01/

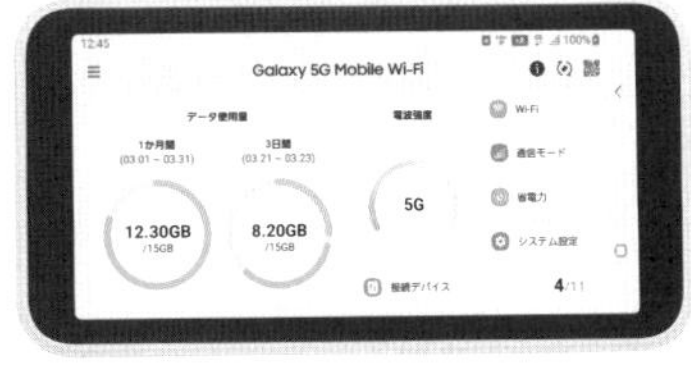

基本ワザ
文字入力と基本操作
デスクトップとスタートメニュー
ファイルとフォルダー
インターネット
ビデオ会議・メール
スマートフォン連携
アプリ
写真・音楽・動画
印刷と周辺機器
セキュリティとメンテナンス

246

Home Pro

お役立ち度 ★★★

Q Wi-Fiアクセスポイントにつながらないときは

A 設定や電源を確認しましょう

まず、Wi-Fiがオンになっていることを確認しましょう。Windowsやスマートフォン、タブレットなど、Wi-Fi機能のオン/オフができる機種では、Wi-Fiがオフになっている可能性があります。次に、無線LANアクセスポイントの電源が入っていることを確認します。電波状態が悪いと、接続できないので、無線LANアクセスポイントの近くで接続してみましょう。暗号化キーが変更されているときは、以下の手順で接続設定を削除して、もう一度、接続してみましょう。

［設定］-［ネットワークとインターネット］-［Wi-Fi］の画面を表示しておく

1 ［既知のネットワークの管理］をクリック

2 ［削除］をクリック

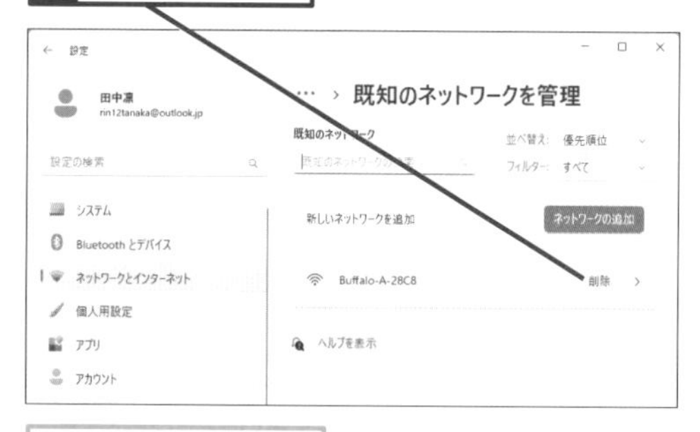

接続設定が解除される

247

Home Pro

お役立ち度 ★★

Q Wi-Fiの電波が届かない！

A 中継器などを使いましょう

住宅の構造や広さによっては、特定の部屋にWi-Fiの電波が届きにくいことがあります。どうしても電波が届かない場合は、Wi-Fiの電波を中継するWi-Fi中継機や、複数台のアクセスポイントを組み合わせて利用するメッシュ製品などを検討しましょう。

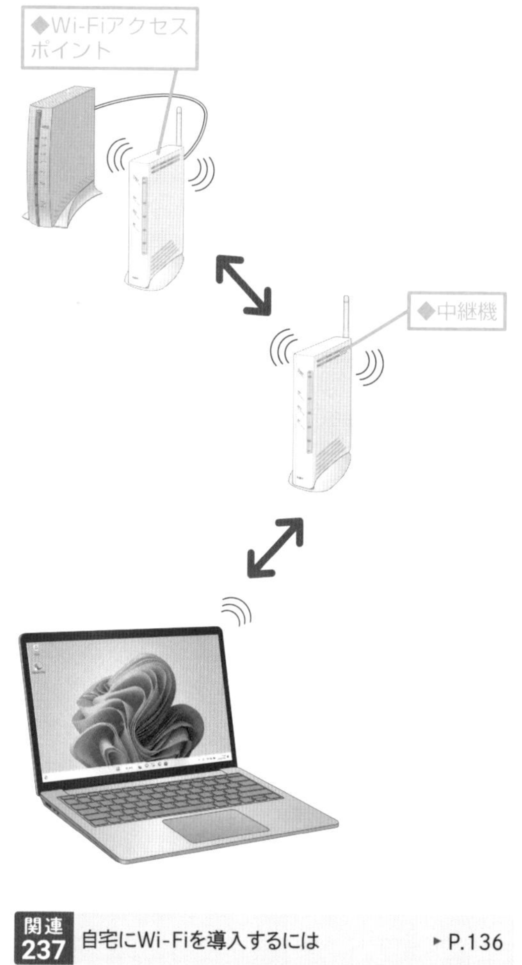

関連 237 自宅にWi-Fiを導入するには ▶ P.136
関連 239 Wi-Fi規格の違いを教えて！ ▶ P.137
関連 240 Wi-Fiを利用するにはどうすればいい？ ▶ P.137

Microsoft Edgeの特徴を知りたい

Windowsには「Microsoft Edge」というブラウザーが標準で搭載されています。ここではMicrosoft Edgeの概要や特徴的な機能をピックアップして、説明します。

248

Home Pro

お役立ち度 ★★★

Q Microsoft Edgeを起動するには

A タスクバーなどから起動します

WindowsでWebページを閲覧するには、「Microsoft Edge」(Edge) を利用します。Microsoft EdgeはWebページを表示するための中核的なプログラム（エンジン）にGoogle Chromeと同じ「Chromium」を採用したブラウザーです。Windows 11に標準でインストールされているため、タスクバーやスタートメニューのアイコンからすぐに起動できます。はじめて起動したときは初期設定画面が表示されるので、画面の内容をよく読んで、設定を済ませましょう。

●タスクバーから起動する

1 [Microsoft Edge] をクリック

Microsoft Edgeが起動した

デスクトップにショートカットがある場合はそれをクリックしても起動できる

●スタートメニューから起動する

1 [スタート] をクリック

2 [Edge] をクリック

Microsoft Edgeが起動した

[ピン留め済み] に表示されていないときは、[すべてのアプリ] をクリックしてから、[Microsoft Edge] をクリックする

関連 092 アプリを起動するには ▸ P.70

関連 284 すばやくWebページを検索するには ▸ P.161

249

Home Pro
お役立ち度 ★★☆

Q Edgeの特徴を教えて！

A 利便性や安全性が充実しました

Edgeは従来版に比べ、利便性や安全性が向上しています。Webページを高速かつ正常に表示できるだけでなく、検索ページやメールなどのアプリを右側に表示できる「サイドバー」、情報収集に便利な「コレクション」などの機能が搭載されています。また、パスワードの漏えいを検知したり、危険なWebページを遮断したり、不要な追跡を防止したりと、Webページ閲覧時のセキュリティとプライバシーも強化されているのが特徴です。Edgeの詳細な機能は、以下のWebページで確認できます。

Microsoft Edgeを起動して、以下のURLのWebページを表示しておく

▼Microsoft Edgeの主な機能
https://www.microsoft.com/ja-jp/edge/features

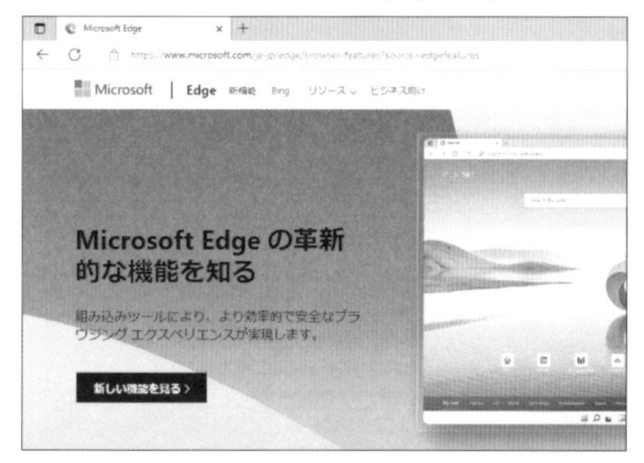

Web上で集めた情報を［コレクション］機能などを使って、管理することができる

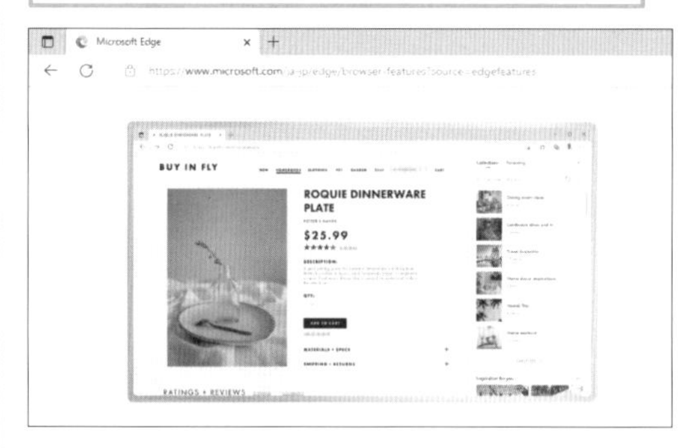

250

Home Pro
お役立ち度 ★★★

Q Webページを見ながらメールをチェックしたい

A サイドバーを活用します

Edgeの画面右側に並んでいる「サイドバー」を利用すると、現在表示しているWebページはそのままに、同時に画面右側のスペースで他の作業ができます。検索しながらWebページを見たり、メールのリンクを表示したりと、さまざまなアプリを使った「ながら作業」ができます。

1 ［Outlook］をクリック

［Outlook］ペインが表示された

2 ［［Outlook］ペインを閉じる］をクリック

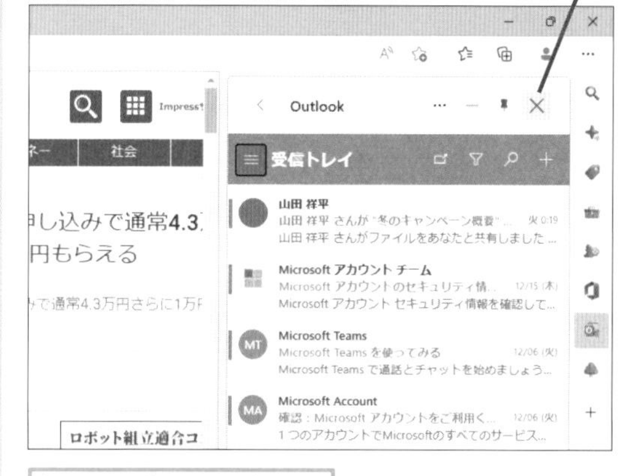

［Outlook］ペインが閉じる

関連 254 サイドバーに表示したWebページを大きく表示したい ▸P.144
関連 388 Outlook.comにサインインするには ▸P.211

251

Home Pro

お役立ち度 ★★★

Q サイドバーのWebページは追加できるの？

動画で見る

A 自由に追加できます

Edgeのサイドバーには、任意のページを追加することができます。よく見るニュースサイト、SNS、業務用クラウドサービスのページなどを追加しておくと便利でしょう。ただし、Webページによっては、追加できないものもあります。

追加するWebページを表示しておく

1 Webページの何もないところで右クリック

2 ［サイドバーにページを追加する］をクリック

サイドバーにページが追加された

3 追加されたボタンをクリック

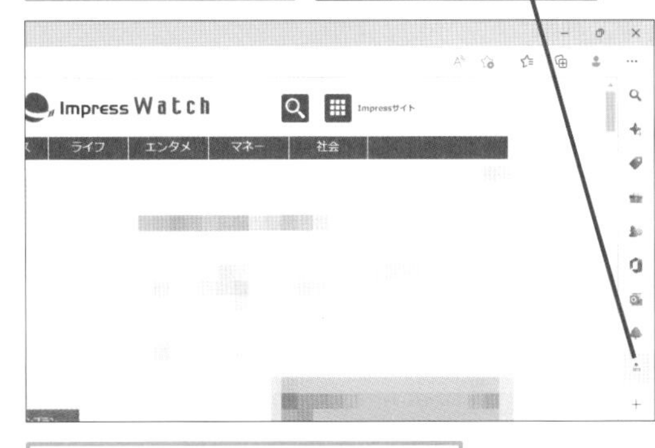

Webページがペインとして表示された

252

Home Pro

お役立ち度 ★★★

Q サイドバーに追加したWebページを削除したい

A 右クリックして削除します

サイドバーに追加したWebページは、次のように操作することで、いつでも削除することができます。サイドバーにたくさんのアイコンが表示されていると、わかりにくくなってしまうので、使わないWebページは削除しておきましょう。

1 削除するボタンを右クリック

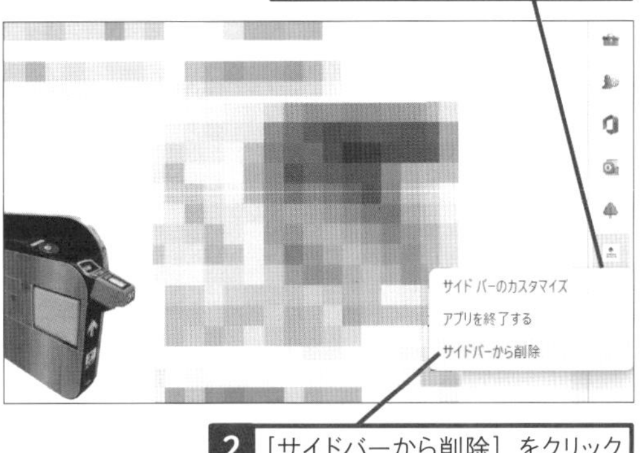

2 ［サイドバーから削除］をクリック

関連 251 サイドバーのWebページは追加できるの？ ▶P.143

253

Home Pro
お役立ち度 ★★★

Q サイドバーに表示するアプリのオンとオフを切り替えるには

動画で見る

A ［管理］画面から設定できます

サイドバーには、標準でいくつかのアプリが登録済みとなっています。こうしたアプリの表示を切り替えたいときは、次のようにオン/オフを切り替えます。ただし、追加したWebページはオン/オフを切り替えられません。不要なWebページは削除しましょう。

1 ［サイドバーをカスタマイズする］をクリック

［管理］の一覧にあるアプリのここをクリックすれば、それぞれ表示のオンとオフを切り替えられる

関連 252 サイドバーに追加したWebページを削除したい ▶P.143

254

Home Pro
お役立ち度 ★★★

Q サイドバーに表示したWebページを大きく表示したい

A 新しいタブに表示できます

サイドバーに表示したアプリは、上部にある［新しいタブでリンクを開く］をクリックすることで、新しいタブとして表示できます。通常のWebページと同様に、Edgeのウィンドウ全体を使って、Webページを大きく表示できます。

サイドバーにWebページを表示しておく

1 ［新しいタブでリンクを開く］をクリック

新しく追加されたタブにWebページが表示された

関連 250 Webページを見ながらメールをチェックしたい ▶P.142

255

Home Pro

お役立ち度 ★★★

Q たくさんタブを表示すると切り替えにくい！

動画で見る

A 垂直タブバーを使いましょう

たくさんのWebページをタブで表示すると、個々のタブのスペースが小さくなり、どのタブがどのWebページなのかがわかりにくくなることがあります。タブの数が多いときは、次のように操作して、垂直タブバーに切り替えましょう。左側にタブを見やすく一覧表示できます。

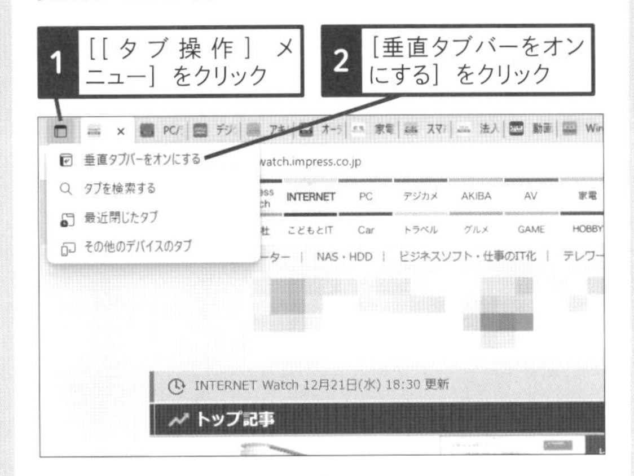

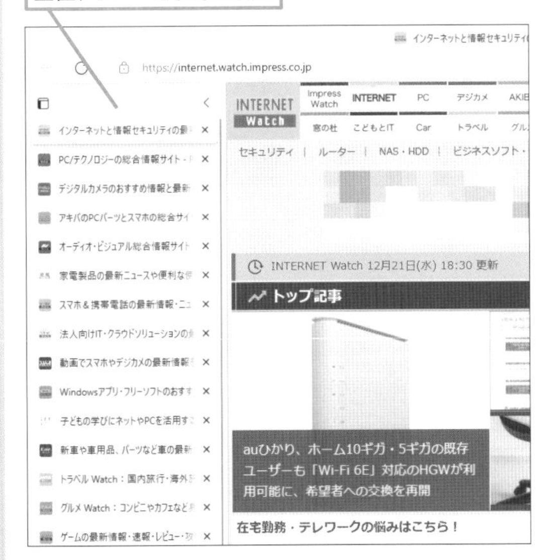

関連 257 垂直タブバーをオフにしたい ▸P.146

256

Home Pro

お役立ち度 ★★★

Q 垂直タブバーを使いつつ、画面を広く使いたい！

A 垂直タブバーを折りたたみましょう

垂直タブバーは便利ですが、画面左側のスペースを占有するため、画面サイズによってはWebページの表示スペースが狭くなってしまうことがあります。垂直タブバーを使いつつ、広い表示スペースも確保したいときは、次のように折りたたむといいでしょう。

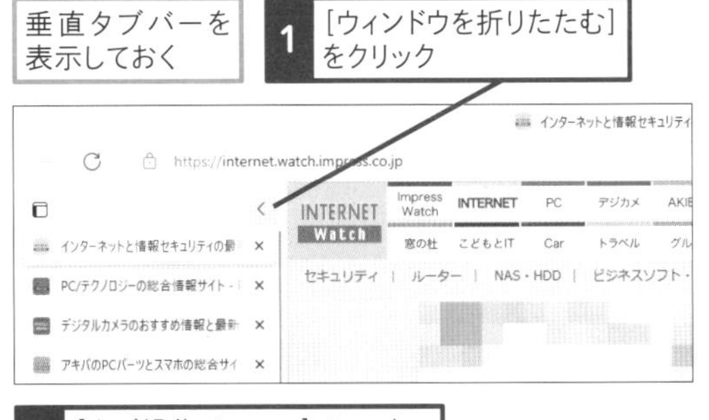

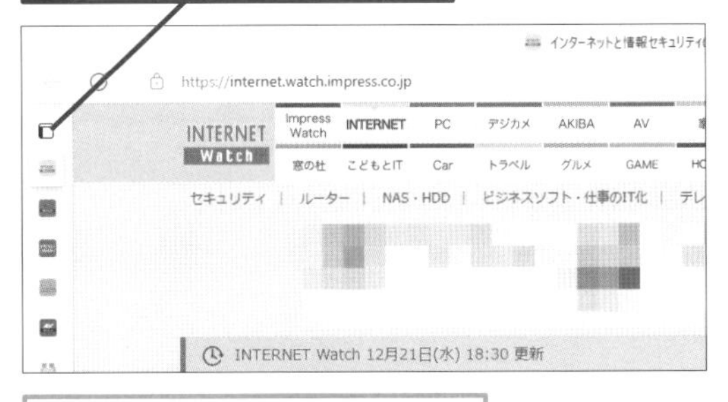

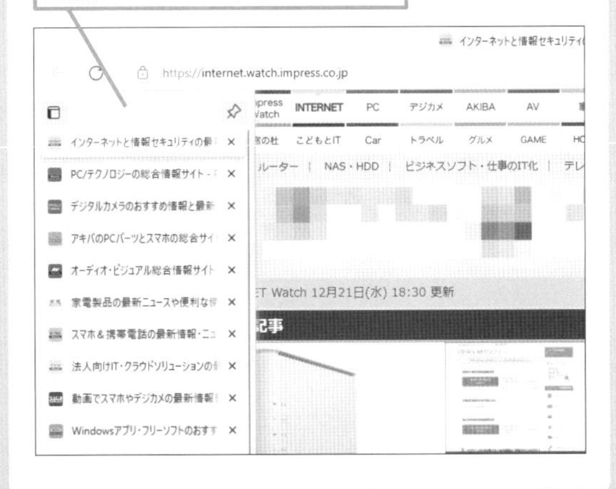

257

Home Pro
お役立ち度 ★★★

Q 垂直タブバーをオフにしたい

A ［タブ操作］メニューから設定します

垂直タブバーはいつでもメニューから、オフにできます。タブを表示した状態でオフにしてもかまいません。オフにした段階で、通常のタブとして、現在開いているWebページを表示できます。

垂直タブバーが表示されている

1 ［［タブ操作］メニュー］をクリック

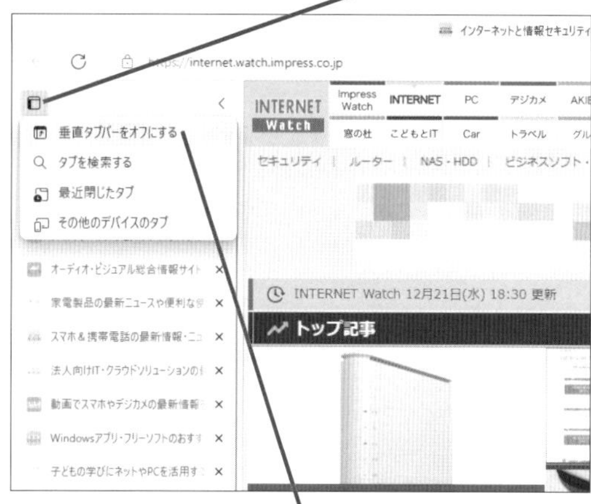

2 ［垂直タブバーをオフにする］をクリック

垂直タブバーが非表示になった

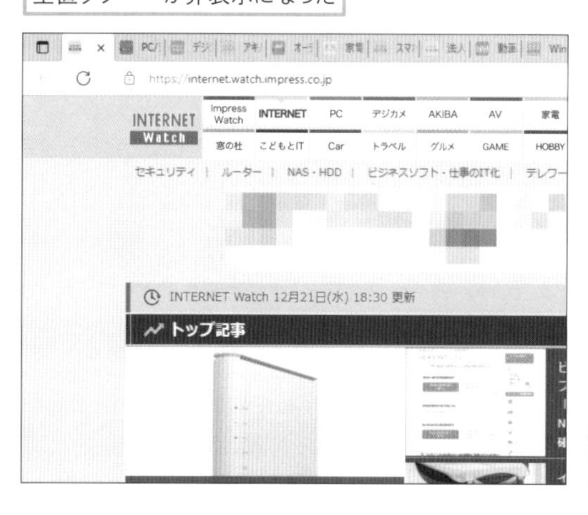

関連 255 たくさんタブを表示すると切り替えにくい！ ▸P.145

258

Home Pro
お役立ち度 ★★★

Q 新しいタブページの内容を変更したい

A ［ページ設定］で変更できます

新しいタブを開いたときに表示される内容は、カスタマイズすることができます。カスタマイズをするには、［ページ設定］をクリックします。表示は［シンプル］［イメージ］［ニュース］の3つのレイアウトから選べます。［シンプル］は検索ボックス、［イメージ］はおすすめの写真と検索ボックス、［ニュース］はニュースや天気といった画面レイアウトを選択することができます。また、［カスタマイズ］をクリックすると、画面のレイアウトの細かい設定ができます。

1 ［ページ設定］をクリック

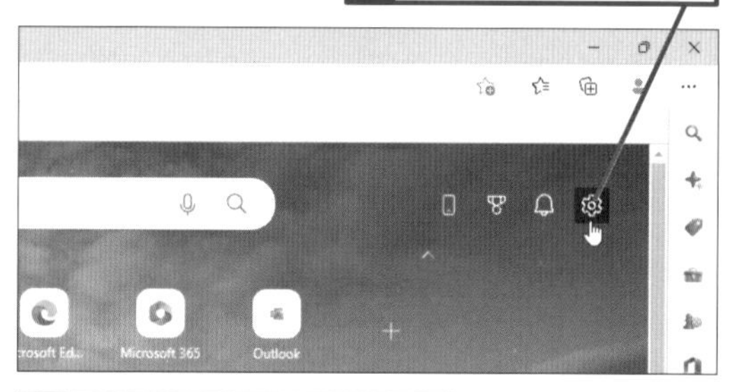

2 ［レイアウト］のここをクリック

画面に表示される内容や画像を変更できる

259

Home Pro

お役立ち度 ★★☆

Q コレクションって何？

A Webページや画像、文字列などを収集する機能です

コレクションは情報収集に役立つ機能です。お気に入りのように頻繁にアクセスしたいWebページやあとで読みたいWebページをカテゴリに分けて保存できます。また、Webページだけではなく、Webページに含まれた文章や画像のみを保存することもできます。さらに、コレクションにメモを付けたり、コレクションに保存した内容を他のアプリへとコピーしたりすることもできます。文字通り、Webページのさまざまな要素をコレクションできるようになっています。

Webページを表示しておく

1 ［コレクション］をクリック

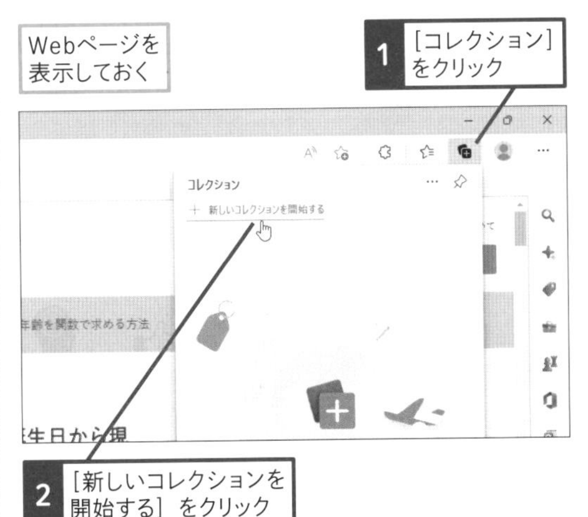

2 ［新しいコレクションを開始する］をクリック

3 コレクション名を入力

4 Enter キーを押す

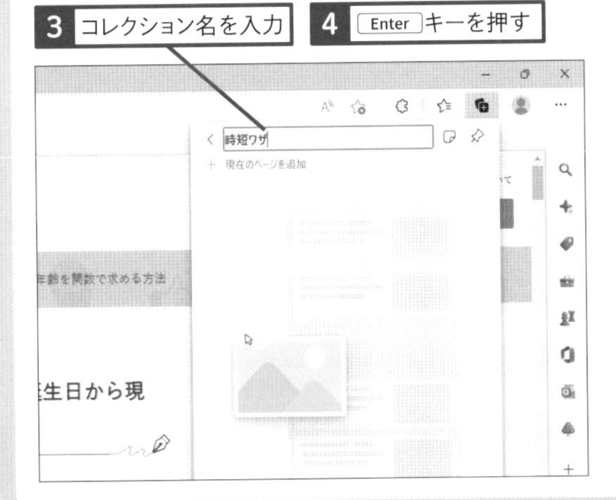

5 ［現在のページを追加］をクリック

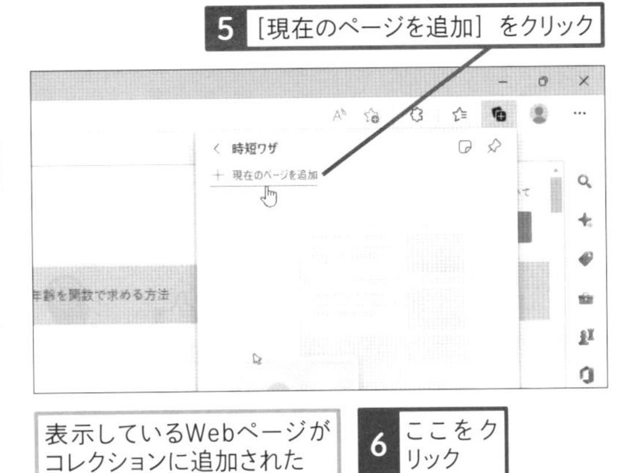

表示しているWebページがコレクションに追加された

6 ここをクリック

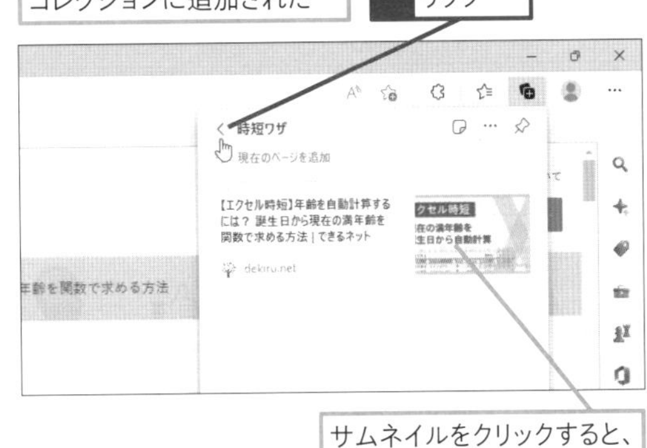

サムネイルをクリックすると、Webページが表示される

追加したWebページのサムネールが表示された

7 コレクション名をクリック

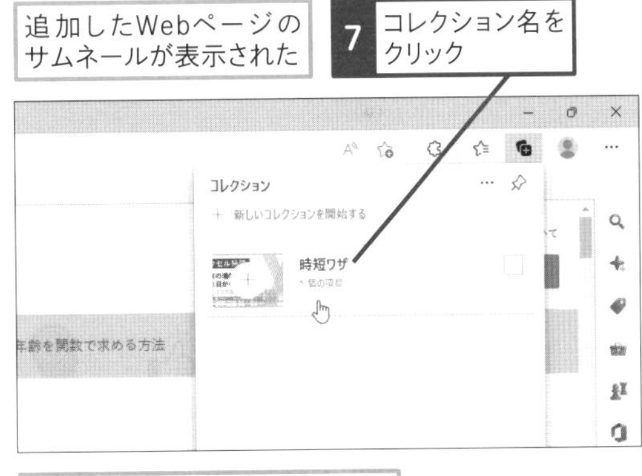

コレクションの内容が表示された

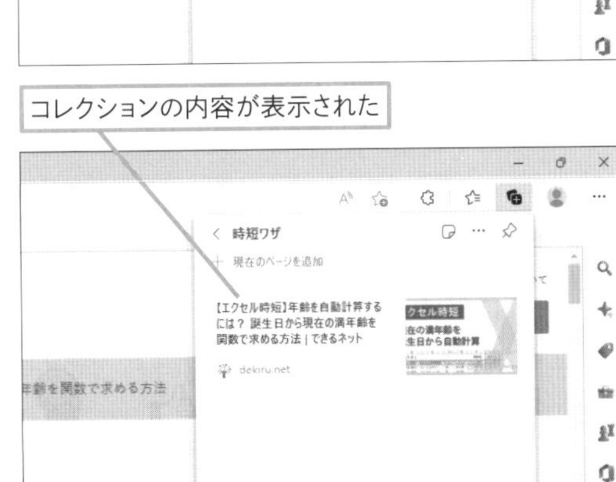

260

Home Pro

お役立ち度 ★★★

Q コレクションにメモを付けたい

動画で見る

A コレクションの画面から追加できます

コレクションにはメモを記入することができます。集めた情報の概要を書いておいたり、要点をまとめておいたり、関連情報を追記しておいたりと、さまざまな用途に活用するといいでしょう。メモを追加しておくことで、後でコレクションを見直したときに情報を把握しやすくなるうえ、別のアプリに情報をまとめるときにも役立ちます。なお、メモはドラッグして位置を変えることができます。情報を並べ替えてわかりやすく整理しましょう。

ワザ259を参考に、コレクションを表示しておく

1 コレクション名をクリック

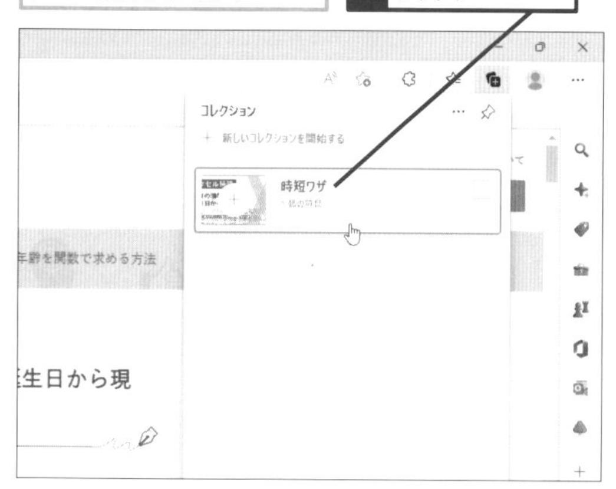

2 ［メモの追加］をクリック

3 メモを入力

4 ここをクリック

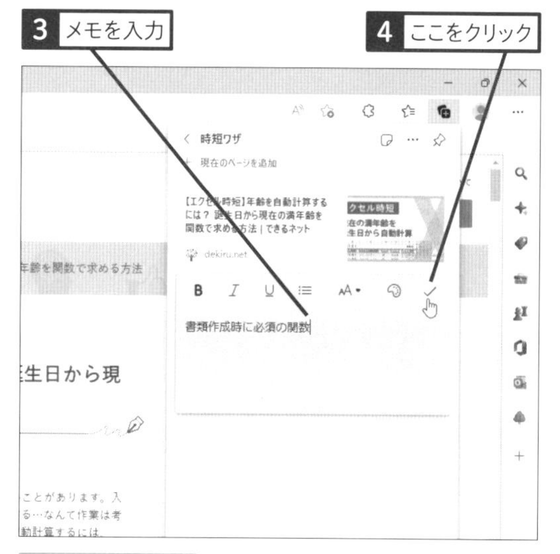

メモが追加された

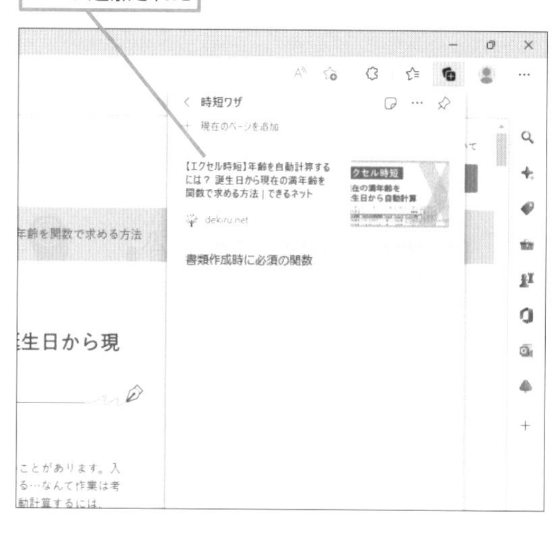

関連 259 コレクションって何？ ▸P.147
関連 261 コレクションのデータを再利用できないの？ ▸P.149
関連 262 コレクションを削除したい ▸P.149
関連 410 パソコンで追加したコレクションを表示するには ▸P.223
関連 411 スマートフォンからコレクションを追加するには ▸P.223

261

Home Pro

お役立ち度 ★★★

Q コレクションのデータを再利用できないの？

動画で見る

A WordやExcelで活用できます

コレクションに登録した情報は、別のアプリにコピーすることができます。コレクションの内容をWeb版のWordやExcel、OneNoteに送ったり、項目を個別にコピーして、メールなどに貼り付けたりできます。コレクションに集めた情報を別の資料などでも使いたいときに活用しましょう。

ワザ259を参考に、コレクションを表示しておく

1 ここをクリック

2 ［Wordに送る］をクリック

Web版のWordに、コレクションのデータが貼り付けられた

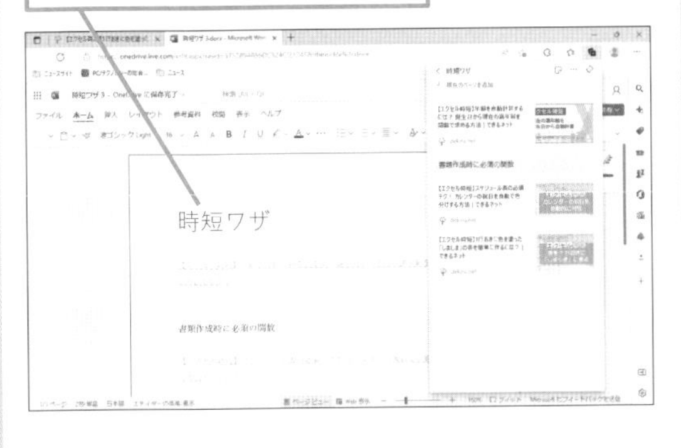

関連 259 コレクションって何？ ▶P.147

262

Home Pro

お役立ち度 ★★★

Q コレクションを削除したい

A メニューから実行します

コレクションに登録した情報が不要になったときは、次のように操作して、削除できます。1つずつ個別に削除したり、複数を選択して、まとめて削除したりできます。また、コレクションそのものを削除することで、登録されているWebページをまとめて削除することもできます。

1 削除したいコレクションにマウスポインターを合わせる

2 ここをクリックして、チェックマークを付ける

3 ここをクリック

コレクションが削除された

基本ワザ

文字入力と基本操作

デスクトップとスタートメニュー

ファイルとフォルダー

インターネット

ビデオ会議・メール

スマートフォン連携

アプリ

写真・音楽・動画

印刷と周辺機器

セキュリティとメンテナンス

263

Home Pro

お役立ち度 ★★★

Q Webサイトによるデバイス制御を制限したい

A ［サイトのアクセス許可］で設定します

Webページの中には、カメラやマイクへのアクセスを要求したり、位置情報を要求したりするものがあります。たとえば、Zoomなどのビデオ会議サービスでは、カメラとマイクを使って、映像や音声を伝送します。意図せず位置情報やカメラ、マイクが使われると困るため、こうしたアクセスはブラウザーの設定で制限することができます。プライバシーを守るためにも必要なサービスにだけ、許可しましょう。

1 ［設定など］をクリック

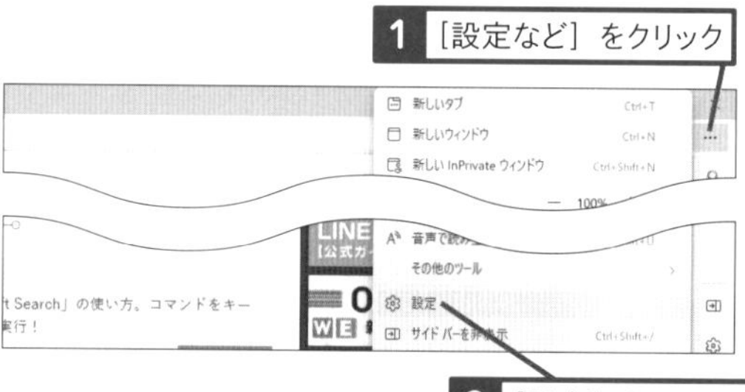

2 ［設定］をクリック

3 ［Cookieとサイトのアクセス許可］をクリック

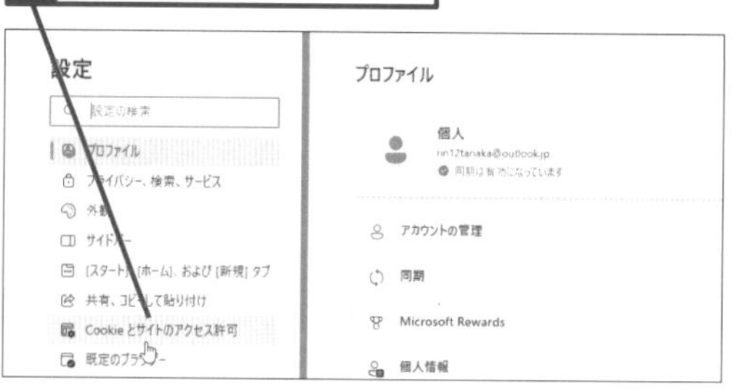

位置情報やカメラなど、サイトから情報を求められた場合の可否を設定できる

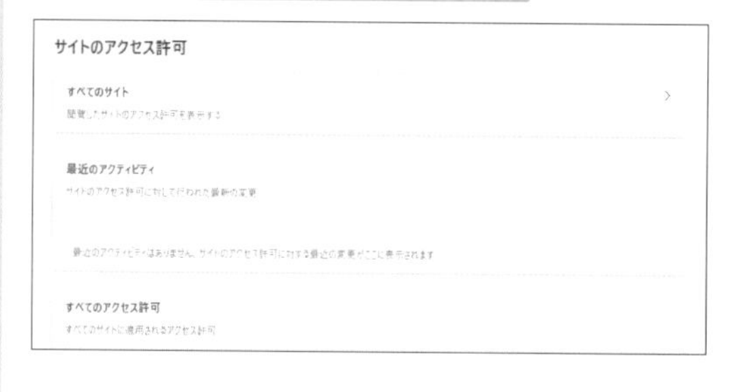

264

Home Pro

お役立ち度 ★★★

Q IEで見ていたWebサイトはどうなるの？

A IE互換モードで表示できます

Windows 11にはInternet Explorerが搭載されていないため、Internet Explorer専用に作られたWebページは、Edgeの「Internet Explorerモード」と呼ばれるIE互換モードで表示します。標準では無効になっているので、有効にしてから表示しましょう。ただし、現在では多くのWebページでInternet Explorerをサポートしていないので、どうしても必要なときのみ、使うようにしましょう。

ワザ263を参考に、Edgeの［設定など］-［設定］-［既定のブラウザー］を表示しておく

1 ここをクリックして、［許可］を選択

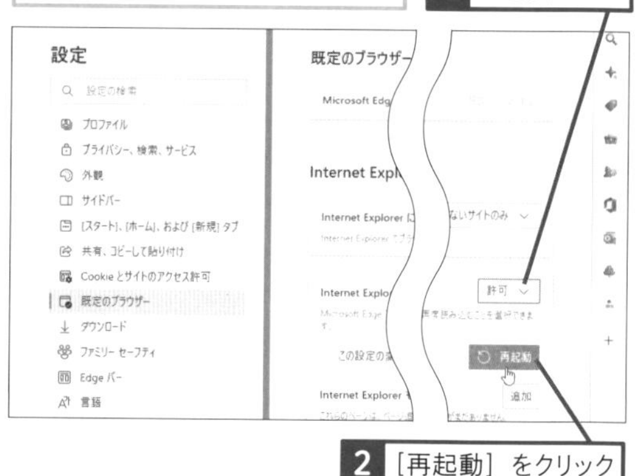

2 ［再起動］をクリック

Microsoft Edgeが再起動する

Webページを開いておく

3 ［設定など］をクリック

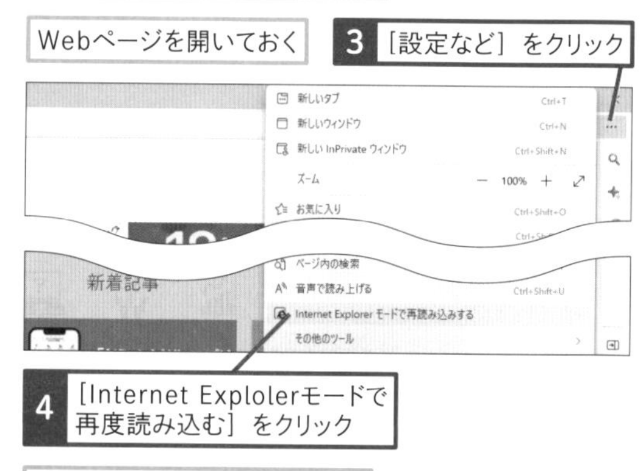

4 ［Internet Explolerモードで再度読み込む］をクリック

Internet Explorerモード でWebページが表示される

265

Home Pro

お役立ち度 ★★★

Q 家族で使うためにカスタマイズしたい

A ファミリーセーフティを利用します

Windowsのファミリーセーフティの機能を利用すると、子どもには見せたくない不適切なWebページを表示しないように設定したり、子どもがどのような語句で検索したのかを調べたりできます。ファミリーセーフティの機能を使うには、ファミリーグループを作成して、そこに家族や子どもアカウントを追加します。

ワザ263を参考に、Edgeの［設定など］-［設定］-［ファミリーセーフティ］を表示しておく

1 ［今すぐ開始］をクリック

Microsoft Family SafetyのWebページが表示された

ここをクリックして、ファミリーグループを作成する

関連 579 子どもが利用するWebページやアプリを制限するには ▶P.310

266

Home Pro

お役立ち度 ★★★

Q スマートフォンのアプリと内容を同期したい

A スマートフォンにEgdeをインストールします

EdgeはWindowsだけではなく、AndroidやiPhone用のアプリも用意されています。スマートフォン用のEgdeを使うと、スマートフォンからパソコンに登録したお気に入りなどのWebページを簡単に表示できるようになります。Edgeでパソコンに登録したお気に入りなどを使いたいときは、スマートフォンのEdgeでパソコンのプロファイル(Microsoftアカウント)を使って、サインインしておきましょう。

ワザ263を参考に、Edgeの［設定など］-［設定］-［スマートフォンとその他のデバイス］を表示しておく

1 ［同期の設定のカスタマイズ］をクリック

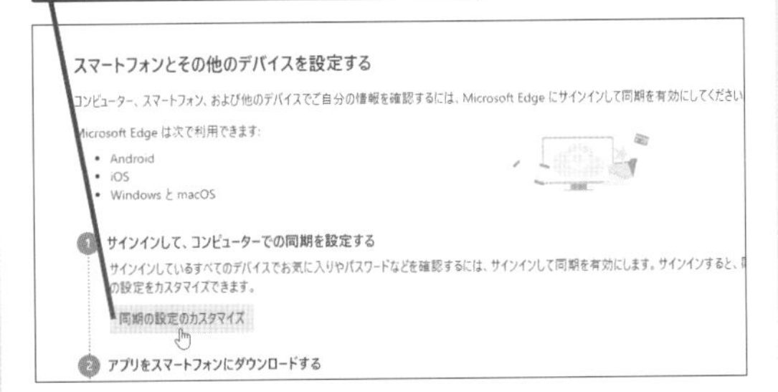

同じプロファイルでサインインした場合に同期する内容を設定できる

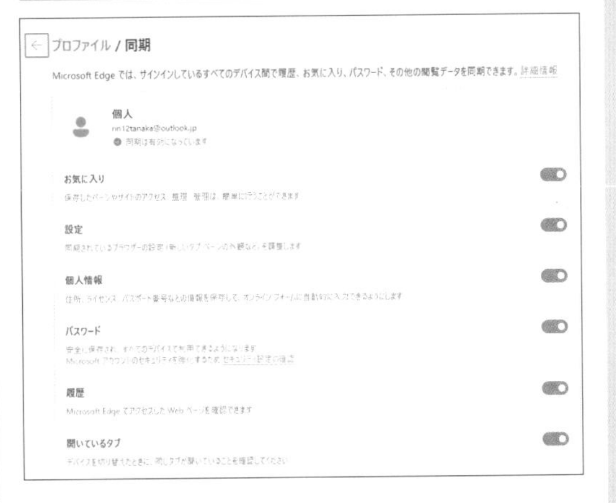

267

Home Pro

お役立ち度 ★★★

Q 見ているWebページをスマートフォンでもチェックしたい

A ページを送信しましょう

パソコンでWebページの閲覧中に、以下のようにタブを送る操作をすると、スマートフォンなど他のデバイスで自動的に同じタブを開くことができます。ただし、両方にMicrosoft Edgeがインストールされ、同じMicrosoftアカウントでサインインしている必要があります。

スマートフォンに［Microsoft Edge］アプリをインストールして、同じMicrosoftアカウントで同期しておく

1 Webページの何もないところで右クリック

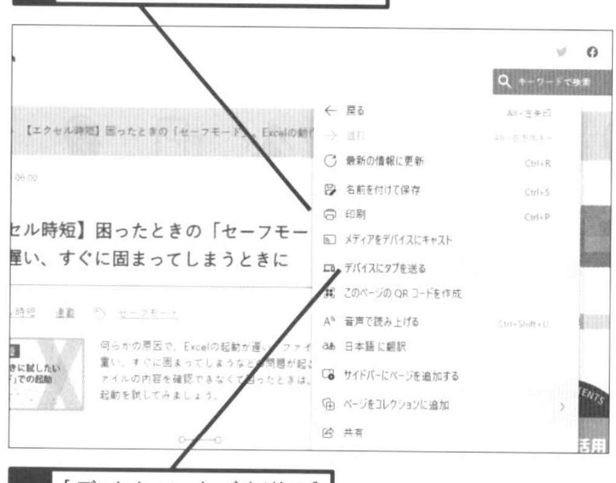

2 ［デバイスにタブを送る］をクリック

3 デバイス名をクリック

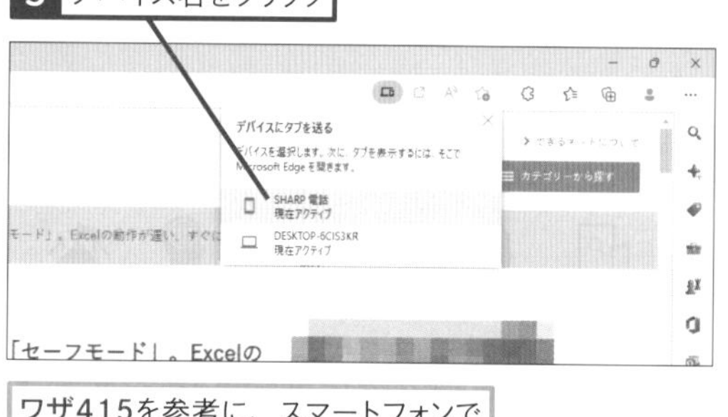

ワザ415を参考に、スマートフォンでWebページを確認する

関連415 パソコンから送信されたWebページを表示するには ▶P.225

268

Home Pro

お役立ち度 ★★★

Q パスワードを管理する方法を教えて！

A ［プロファイル］で確認・削除ができます

Webページにパスワードなどを入力したときに、パスワードの保存を選択すると、次にWebページを開くときにユーザー名やパスワードの入力を省略できます。Edgeに保存されているユーザー名やパスワードは、次の手順で確認や削除ができます。また、［状態］で単純なものや流用されているものなど、漏えいの危険性があるパスワードも確認できます。なお、パスワードを確認するには、［パスワードの表示］ボタンをクリックしたあと、Microsoftアカウントでのサインインが必要です。

ワザ263を参考に、Edgeの［設定など］-［設定］の画面を表示しておく

1 ［パスワード］をクリック

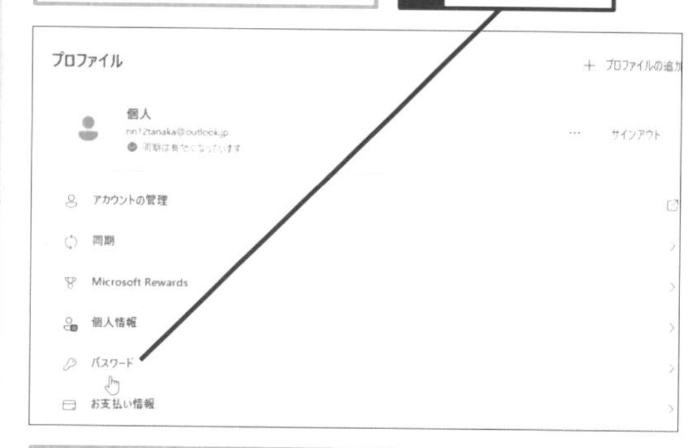

Webサイトごとに保存されたパスワードが表示された

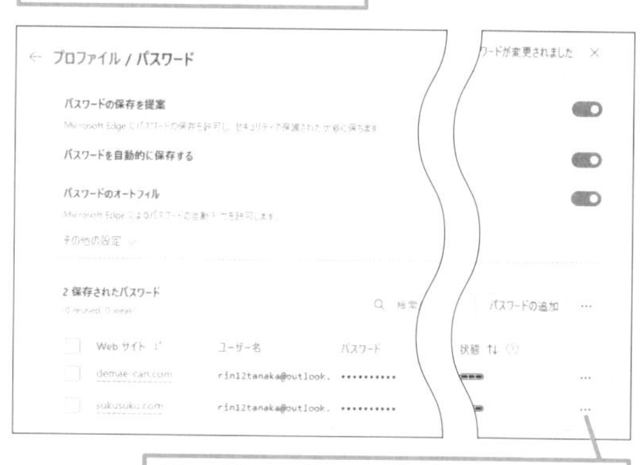

［その他のアクション］をクリックすると、パスワードの編集や削除ができる

269

Home Pro

お役立ち度 ★★★

Q クレジットカードの情報を確認したい

A ［お支払い情報］で確認ができます

Edgeにクレジットカードの情報を登録しておくと、クレジットカード番号などの入力の手間を省くことができます。しかし、詐欺サイトなどでも簡単にクレジットカード番号を入力できてしまうというデメリットもあるので、十分に注意しましょう。Edgeに登録されているクレジットカードは、［設定］-［プロファイル］-［お支払い情報］で確認できます。もし、不要なカードが登録されていたり、クレジットカード番号をワンクリックで入力したくないときは、［…］をクリックして削除しましょう。

ワザ263を参考に、Edgeの［設定など］-［設定］の画面を表示しておく

1 ［お支払い情報］をクリック

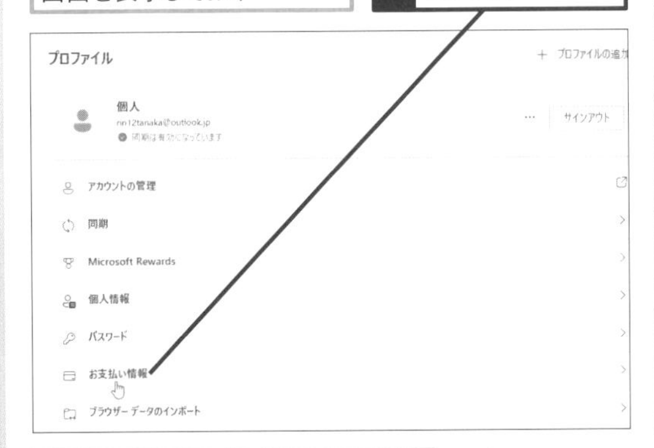

Webサイトでクレジットカードの情報を入力した場合に表示される

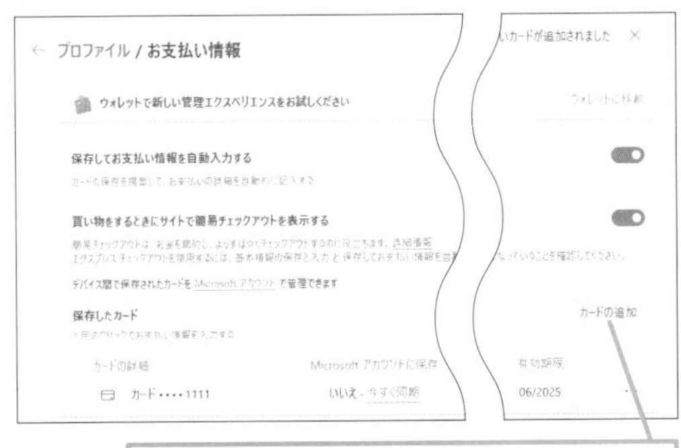

［カードの追加］をクリックすると、クレジットカードの情報を追加できる

270

Home Pro

お役立ち度 ★★

Q 住所を登録したい

A ［プロファイル］で登録できます

［設定］-［プロファイル］-［個人情報］で［個人情報を保存して入力する］が有効になっていると、Webページのフォームで住所を入力したときに住所が保存されて、次回からは自動的に入力されるようにできます。保存した住所が間違っているときや変更したい場合は、以下の手順で内容を編集したり、削除したりできます。

ワザ263を参考に、Edgeの［設定など］-［設定］の画面を表示しておく

1 ［個人情報］をクリック

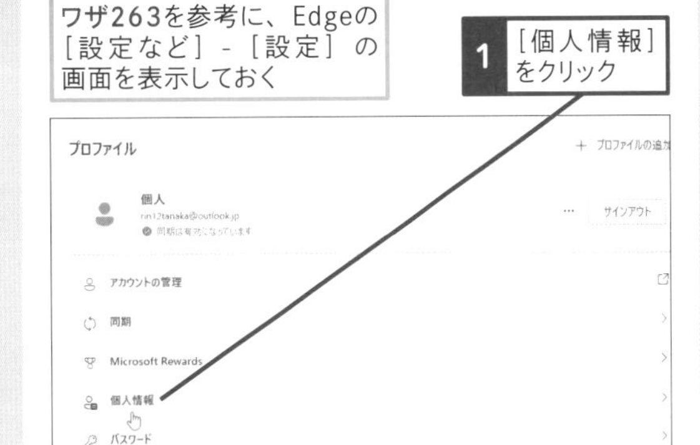

2 ［保存された基本情報］をクリック

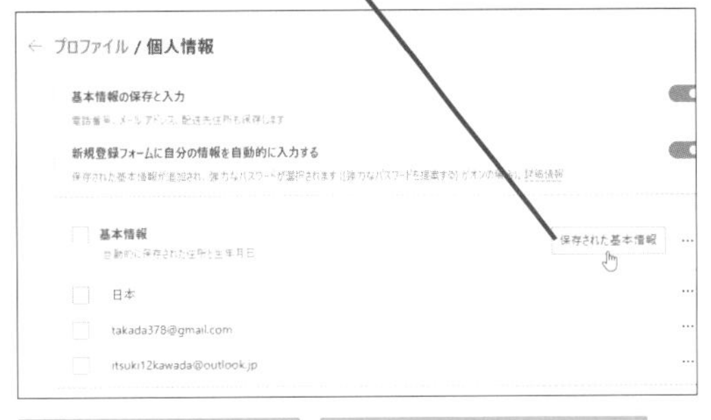

Webサイトで住所や電話番号を入力した場合に表示される

［住所の追加］をクリックすると、住所などの情報を追加できる

関連 268 パスワードを管理する方法を教えて！ ▶P.152

関連 269 クレジットカードの情報を確認したい ▶P.153

271

Home Pro

お役立ち度 ★★★

Q サインアウトの方法を教えて

A ［プロファイル］からサインアウトできます

［設定］-［プロファイル］の［サインアウト］をクリックすると、現在サインインしているプロファイルからサインアウトできます。サインアウトすると、デバイス間でお気に入りやユーザー ID、パスワードなどのアカウントの情報は、同期されなくなります。

ワザ263を参考に、Edgeの［設定など］-［設定］の画面を表示しておく

1 ［サインアウト］をクリック

プロファイル
＋ プロファイルの追加
個人
rin12tanaka@outlook.jp
サインアウト
アカウントの管理
同期
Microsoft Rewards
個人情報
パスワード

注意事項が表示されるので内容を確認しておく

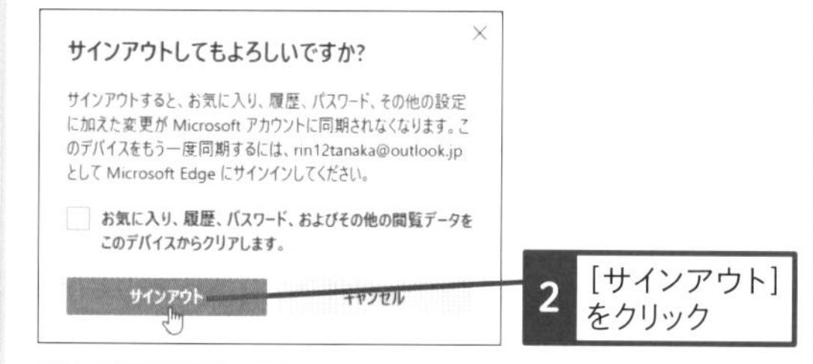

2 ［サインアウト］をクリック

サインアウト状態になった

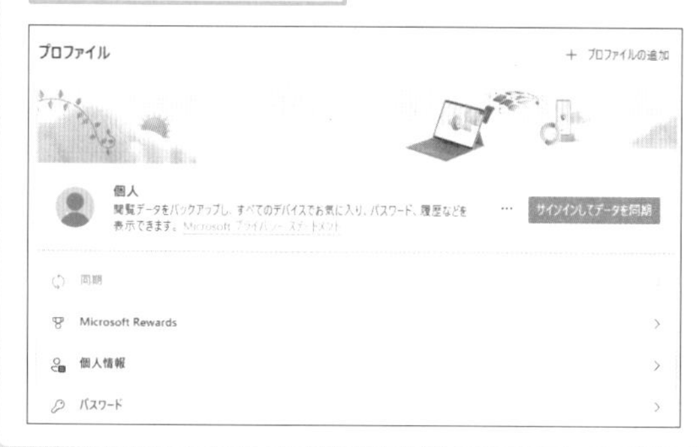

272

Home Pro

お役立ち度 ★★★

Q サインインし直すには

A ［プロファイル］からサインインできます

すべてのアカウントからサインアウトしているときは、［プロファイル］からサインインできます。［設定］-［プロファイル］を表示して、［サインイン］をクリックします。［サインイン］をクリックすると、サインインできるアカウントが表示されるので、その中から選択します。なお、新しいアカウントでサインインしたいときは、［別のアカウントを利用する］からサインインすることができます。

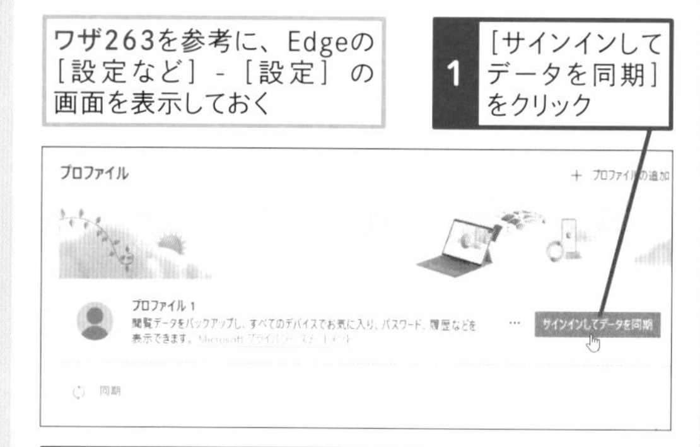

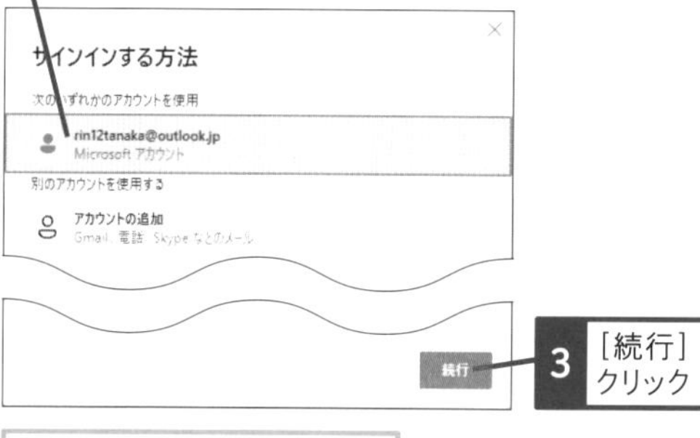

3 ［続行］をクリック

サインインし直すことができた

273

Home Pro

お役立ち度 ★★★

Q Webページをアプリにするには

A ［アプリとしてインストール］を使います

Edgeに表示したWebページは、アプリとしてインストールすることができます。アプリとしてインストールしたWebページは、Edgeのウインドウが独立して動作し、タブも表示されません。また、ほかのアプリと同様に、スタートメニューに登録したり、タスクバーにピン留めできるため、すばやく起動することができます。たとえば、OfficeやOneDriveなど、よく使うWebページやWebサービスをアプリとして登録しておけば、すぐに起動して、便利に使うことができます。なお、アプリとしてインストールしたWebページは、［アプリ］-［アプリの管理］に一覧表示されます。一覧の［x］ボタンをクリックすると、アプリとしてインストールしたWebページをアンインストールすることができます。

●Webページをアプリにする

Webページを表示しておく

1 ［設定など］をクリック

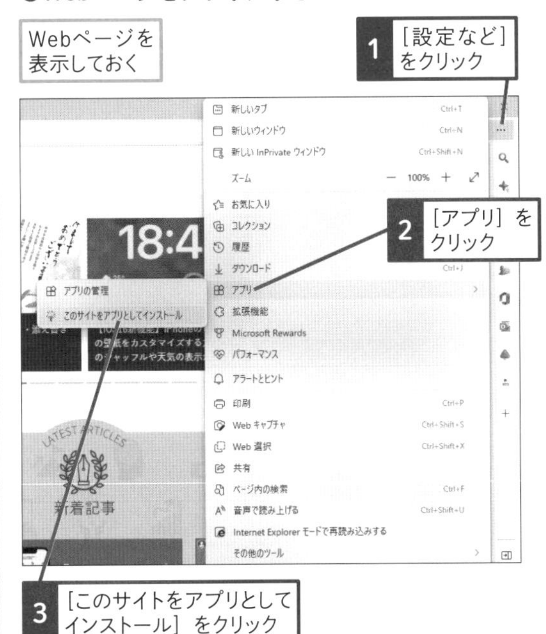

2 ［アプリ］をクリック

3 ［このサイトをアプリとしてインストール］をクリック

関連 092 アプリを起動するには ▸ P.70

アプリをインストールする画面が表示された

4 ［インストール］をクリック

5 アプリの許可画面が表示されたら、［許可］をクリック

アプリとなったWebページが表示された

●インストールしたアプリを起動する

ワザ092を参考に、［すべてのアプリ］を表示しておく

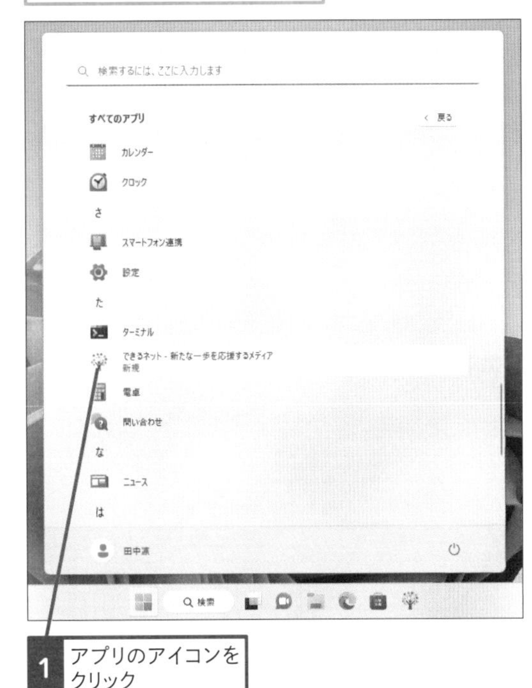

1 アプリのアイコンをクリック

274

Home Pro
お役立ち度 ★★★

Q 用途に応じてEdgeを使い分けたい

A プロファイルで使い分けられます

Edgeのプロファイルは、以下のように用途によって使い分けると便利です。

●仕事とプライベートの切り分け
リモートワークなどで、自宅のパソコンを仕事で使うときに、普段使っているプライベートなプロファイルとは別に、仕事用のプロファイルを作成することで、サインインするアカウントや自動入力の情報などを切り替えることができます。

●家族で使い分け
家族で共有しているパソコンで、人ごとにプロファイルを作成しておくことでブラウザの環境をユーザーごとに切り替えられます。仕事用、子供のリモート授業用など、環境を切り替えられます。

●ゲストとして閲覧
ゲストを選択すると、プロファイルを使わずに、一時的な用途に利用できます。閲覧履歴などを残さずにWebページを閲覧することができます。InPrivateモードでは、お気に入りやコレクションなどの既存の情報を参照できますが、ゲストモードではこうした情報も制限されます。

［ゲストとして参照］をクリックすると、プロファイルを使わずにMicrosoft Edgeを利用できる

1 ここをクリック

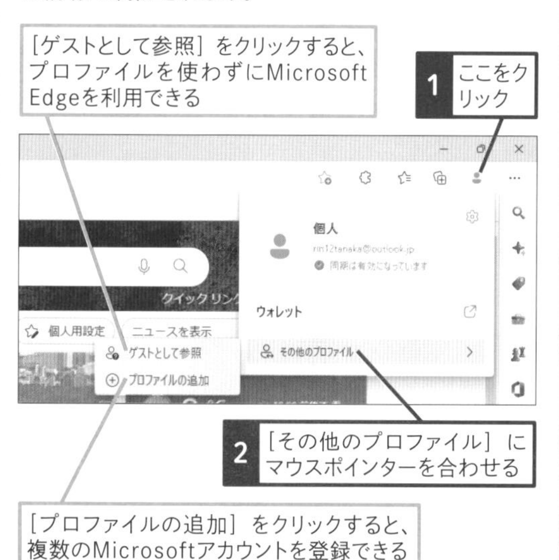

2 ［その他のプロファイル］にマウスポインターを合わせる

［プロファイルの追加］をクリックすると、複数のMicrosoftアカウントを登録できる

275

Home Pro
お役立ち度 ★★★

Q ユーザーを追加したい

A プロファイルとして追加します

Edgeは1つのブラウザーにいくつものプロファイルを登録して切り替えて使うことができます。履歴やパスワード、お気に入りなどはプロファイルごとに別々に保存されます。たとえば、プライベート用と仕事用のプロファイルをわけておくと、テレワークのときだけ、仕事用のプロファイルでブラウザーを使えます。

1 ここをクリック

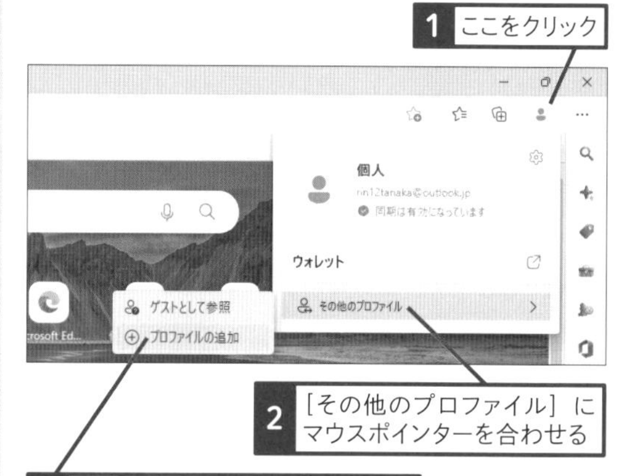

2 ［その他のプロファイル］にマウスポインターを合わせる

3 ［プロファイルの追加］をクリック

プロファイルについての説明画面が表示されるので、［追加］をクリックしておく

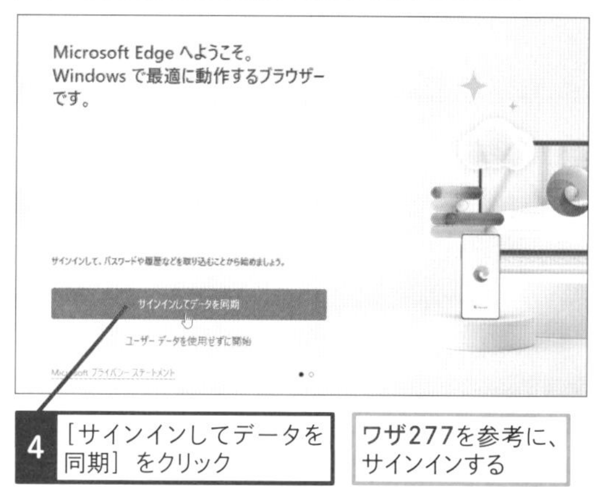

4 ［サインインしてデータを同期］をクリック

ワザ277を参考に、サインインする

関連 277 プロファイルを切り替えるには ▸P.157

276

Home Pro
お役立ち度 ★★★

Q ユーザーを削除したい

A ［設定］でプロファイルを削除します

［設定］-［プロファイル］の画面で、プロファイルを削除することができます。ここで削除されるのは、現在使っているEdgeに登録されたプロファイルのみです。プロファイルに関連付けられているMicrosoftアカウントが削除されるわけではありません。また、すべてのプロファイルを削除して、Edgeを使うこともできます。

削除したいプロファイルでサインインしておく

ワザ263を参考に、Edgeの［設定など］-［設定］の画面を表示しておく

1 ［その他のアクション］をクリック

2 ［削除］をクリック

プロファイルの削除を確認する画面が表示された

このプロファイルを削除しますか?

これにより、お気に入り、履歴、パスワードなどの閲覧データがこのデバイスから完全に削除されます。ただし、以前にプロファイルと同期されたデータについては、Microsoft アカウントとの関連付けが維持されます。

プロファイルの削除　キャンセル

3 ［プロファイルの削除］をクリック

プロファイルが削除される

関連 275 ユーザーを追加したい ▶P.156

277

Home Pro
お役立ち度 ★★★

Q プロファイルを切り替えるには

A ツールバーから切り替えます

複数のプロファイルを登録しているときは、ツールバーから簡単にプロファイルを切り替えられます。自宅のパソコンから、会社のアカウントでビデオ会議に参加したいときなどに便利です。ただし、どのプロファイルで使っているのかがわからなくなることがあるので、必ず現在のプロファイルを確認する習慣を付けましょう。なお、プロファイルを切り替えると、新しいウィンドウが表示され、前のプロファイルの画面はバックグラウンドに表示されます。

複数のプロファイルを追加しておく

1 ここをクリック

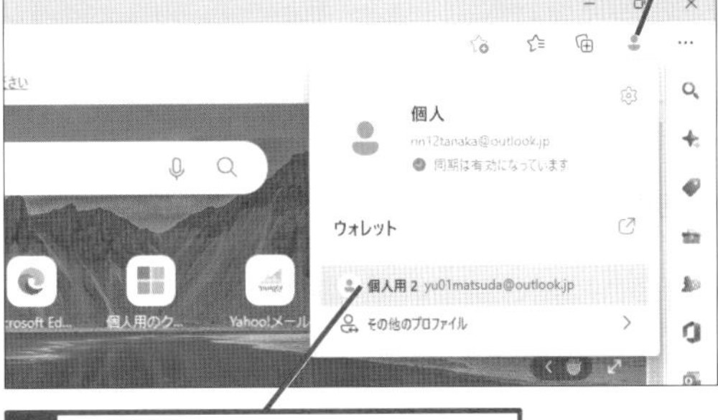

2 切り替えたいプロファイルをクリック

プロファイルが切り替わった

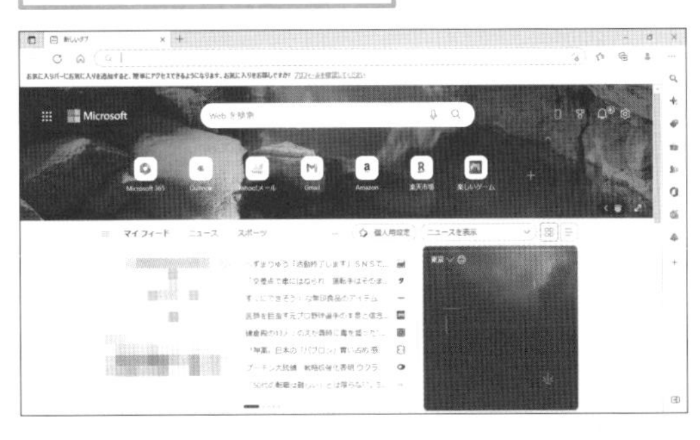

関連 274 用途に応じてEdgeを使い分けたい ▶P.156

関連 275 ユーザーを追加したい ▶P.156

278

Home Pro
お役立ち度 ★★★

Q トラッキングってなに？

A ユーザーの行動を追跡するしくみのことです

トラッキングとはどのようなWebページを訪問したかといった情報を元にして、ユーザーの行動を追跡するしくみです。たとえば、Webページを見ていると、いつも似たような広告が表示されることがありますが、これはトラッキングで得た情報を元に広告を表示しているためです。Edgeではどの程度までのトラッキングを許可するのかをプロファイルごとに設定することができます。

ワザ263を参考に、Edgeの［設定など］-［設定］の画面を表示しておく

1 ［プライバシー、検索、サービス］をクリック

プライバシーに関するWebページが表示された

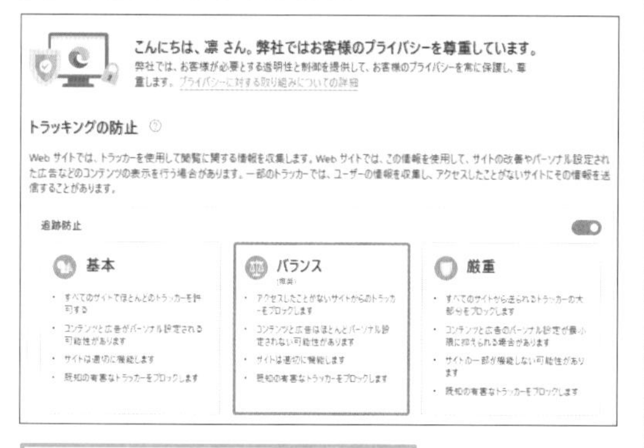

プライバシーに関する設定を［基本］［バランス］［厳重］から選べる

279

Home Pro
お役立ち度 ★★★

Q ブラウザーのメモリー使用量を知りたい

動画で見る

A ブラウザータスクマネージャを使います

Edgeのブラウザータスクマネージャーを起動すると、表示されているタブや拡張機能ごとに、メモリーやCPUの使用量を知ることができます。さらに、タブや拡張機能を強制終了させることもできます。ブラウザーの動作が非常に遅くなってしまったときなどは、ブラウザータスクマネージャーの内容を確認すれば、原因を突き止めることができます。

1 ［設定など］をクリック

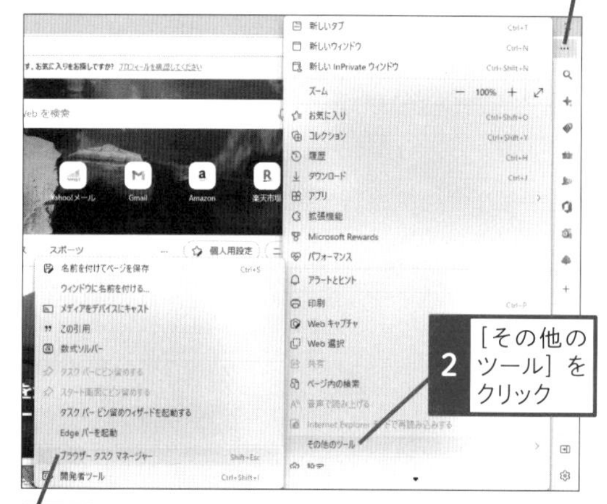

2 ［その他のツール］をクリック

3 ［ブラウザータスクマネージャー］をクリック

ブラウザータスクマネージャーが表示された

メモリー使用量を確認したら、ここをクリックして閉じる

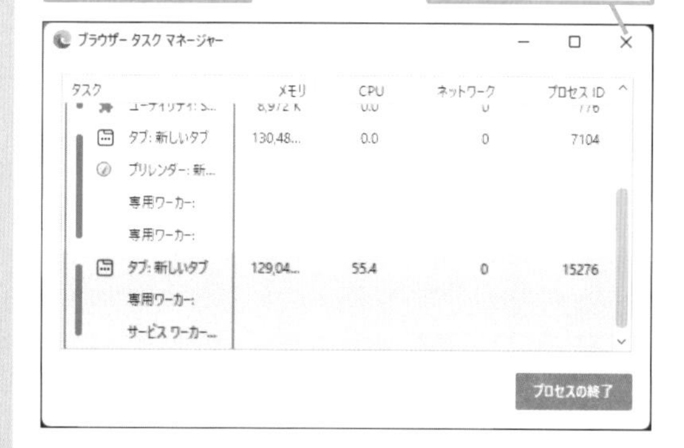

280

Home Pro

お役立ち度 ★★★

Q Edgeを閉じたときに履歴を自動的に消すには

A ［プライバシー、検索、サービス］で設定できます

Edgeではユーザーのプライバシーに関わる機能が強化されています。たとえば、Edgeを閉じたときに、どのような情報を保持するのか、どのような情報を消去するのかを細かく設定することができます。この機能を利用することで、Edgeを閉じたときに閲覧に関するすべての履歴を削除するといった設定もできます。「ブラウザーの利用中は閲覧履歴を使いたいけれど、使い終わったら履歴を保存させたくない」といった目的に利用しましょう。

ワザ278を参考に、プライバシーに関するWebページを表示しておく

1 ここをクリックして、オンにする

これには、履歴、パスワード、Cookie などが含まれます。Internet Explorer や Internet Explorer モードで選択したデータは削除されます

今すぐ閲覧データをクリア　クリアするデータの選択

Microsoft Edge を終了するたびに、Internet Explorer や Internet Explorer モードで選択したデータをクリアする

2 ［閲覧の履歴の削除］をクリック

ブラウザーを閉じたときにクリアするデータを設定する画面が表示された

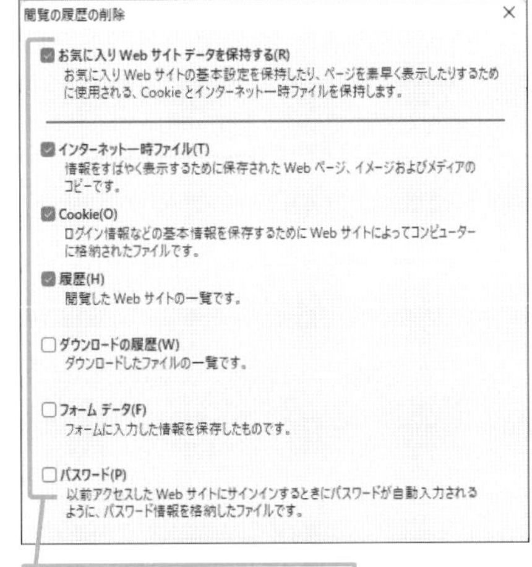

ここをクリックして、削除するデータを設定する

281

Home Pro

お役立ち度 ★★★

Q Edgeがバックグラウンドで動作しないようにするには

A ［システム］で設定できます

Webサービスや拡張機能の中には、Webページからの通知など、Edgeがバックグラウンドで動作することを前提に作られているものがあります。バックグラウンドでEdgeが動作していると、バッテリー残量が過度に減ったり、メモリーを消費して、ほかのアプリの動作が遅くなる場合があります。こうしたバックグラウンド動作は［設定］で変更できます。バックグラウンド動作を禁止したり、［効率モード］をオンにしてバックグラウンド時のメモリー利用量や消費電力を抑えたりできます。

ワザ263を参考に、Edgeの［設定など］-［設定］を表示しておく

1 ［システムとパフォーマンス］をクリック

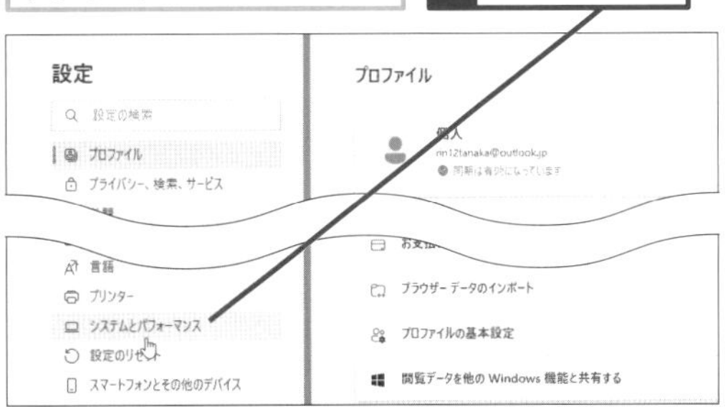

［パフォーマンスの最適化］でEdgeの詳細な設定を変更できる

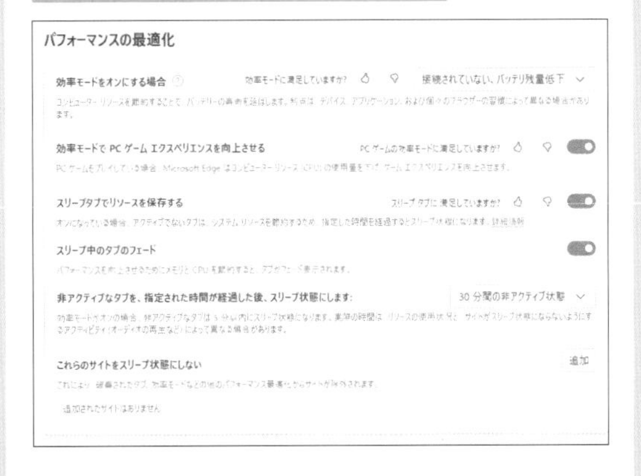

関連 279 ブラウザーのメモリー使用量を知りたい ▶P.158

Microsoft Edgeの活用

Microsoft Edgeのいろいろな機能を知っていると、さらに便利な使い方ができます。Webページを快適に閲覧するための活用方法を見てみましょう。

282

Home Pro

お役立ち度 ★★

Q 新しいタブを表示する方法を教えて！

A タブの右にある［+］をクリックします

Microsoft Edgeは複数のタブを表示して、それぞれのタブで異なるWebページを閲覧できます。新しいタブを追加するには、タブの右にある［新しいタブ］（+）をクリックするか、Ctrl＋Tキーを押します。複数のWebページを表示し、同時に作業したいときに使いましょう。

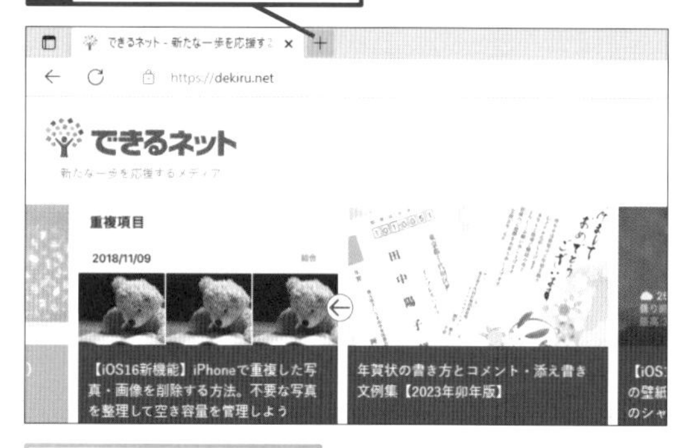

ショートカットキー タブの追加 Ctrl＋T

関連 255 たくさんタブを表示すると切り替えにくい！ ▸P.145

283

Home Pro

お役立ち度 ★★★

Q 表示しているタブを閉じたい

A タブの［×］をクリックしましょう

タブを閉じたいときは、タブの右端にある［タブを閉じる］（×）をクリックします。別のタブについてもタブにマウスポインターを合わせれば、［タブを閉じる］が表示されます。ショートカットキーですばやく操作したいときは、閉じるタブを選択して、Ctrl＋Wキーを押しましょう。

ショートカットキー タブを閉じる Ctrl＋W

284

Home Pro

お役立ち度 ★★★

Q すばやくWebページを検索するには

A キーワードを入力しましょう

Microsoft Edgeなど、多くのWebブラウザーでは、アドレスバーにキーワードを入力すると、そのキーワードでWebページを検索できます。標準の設定ではマイクロソフトの検索サイトである「Bing」の検索結果が表示されます。検索サイトを変更するには、**ワザ315**を参考にしましょう。

●Webページを閲覧している場合

1 アドレスバーをクリック

2 検索したいキーワードを入力

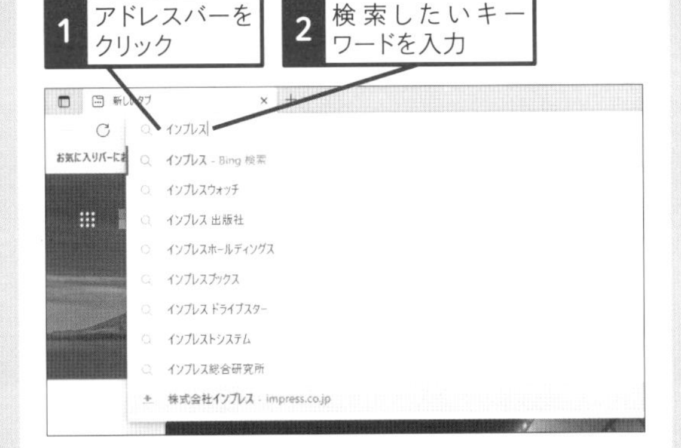

Enter キーを押すと、検索結果が表示される

●新しいタブを表示している場合

1 ここをクリック

2 検索したいキーワードを入力

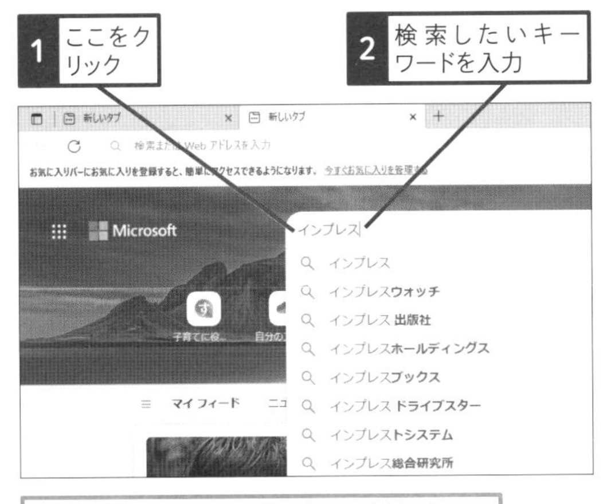

Enter キーを押すと、検索結果が表示される

関連 285 Webページ内をキーワードで検索するには ▸P.161

285

Home Pro

お役立ち度 ★★

Q Webページ内をキーワードで検索するには

A ［ページ内の検索］を使いましょう

表示したWebページから目的の情報をすばやく見つけるには、［ページ内の検索］を使って、キーワード検索しましょう。検索ボックスにキーワードを入力すると、Webページ内で該当したキーワードがハイライト表示されます。また、Ctrl + F キーを押すと、すぐに検索ボックスを表示できて便利です。

1 ［設定など］をクリック

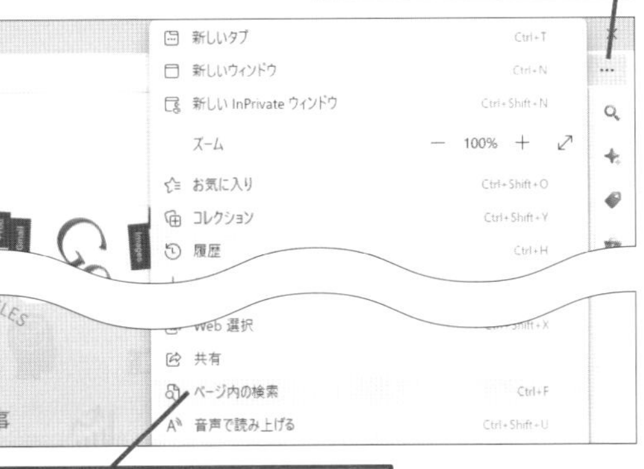

2 ［ページ内の検索］をクリック

3 検索したいキーワードを入力

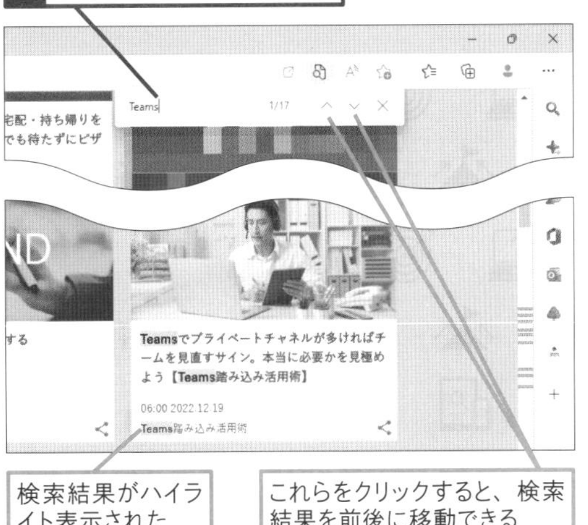

検索結果がハイライト表示された

これらをクリックすると、検索結果を前後に移動できる

ショートカットキー ページ内の検索 Ctrl + F

286

Home Pro
お役立ち度 ★★★

Q 1つ前に閲覧していたWebページに戻るには

A 左上の矢印アイコンをクリックします

Webページを見ていると、1つ前に見ていたページに戻りたくなることがあります。[戻る] ボタンをクリックすると、1つ前のページに戻れます。また、Alt + ←キーを押して、戻ることもできます。

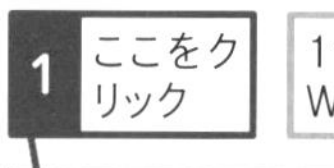

1つ前に見ていたWebページに戻る

ショートカットキー 戻る
Alt + ←

287

Home Pro
お役立ち度 ★★★

Q 閲覧中のWebページを更新するには

A ［更新］をクリックします

Webページの最新の内容を表示したいときは、[更新] ボタンをクリックします。また、F5 キーを押すことで、最新の内容を表示することもできます。

1 ［更新］をクリック

Webページが更新される

ショートカットキー 更新
F5

288

Home Pro
お役立ち度 ★★★

Q Webページを拡大して読みやすくするには

A ショートカットキーで拡大できます

閲覧中のWebページに表示される文字が小さすぎて見にくいときは、ページ全体を拡大して、見やすくしましょう。Ctrl + + キーを押すと拡大、Ctrl + − キーを押すと縮小でき、Ctrl + 0 キーを押すと標準の大きさに戻せます。Ctrl キーを押しながらマウスのホイールを回転させてもWebページの拡大や縮小ができます。なお、タッチ操作の場合、Webページによってはストレッチやピンチで、拡大や縮小ができないことがあります。

●マウス操作の場合

1 ［設定など］をクリック

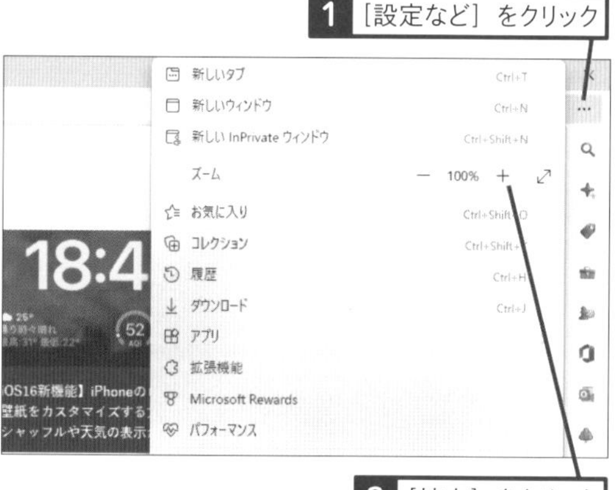

2 ［拡大］をクリック

●タッチ操作の場合

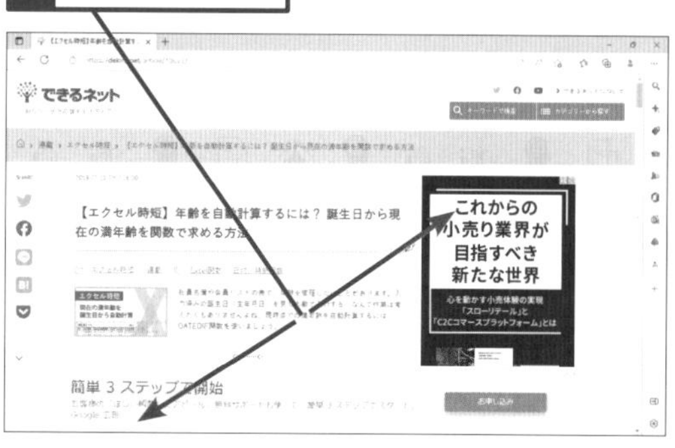

ショートカットキー 拡大
Ctrl + +

289

Home Pro
お役立ち度 ★★★

Q リンクを新しいタブで開くには

A 右クリックメニューを利用しましょう

リンク先のWebページを新しいタブで開きたいときは、リンクを右クリックして、［リンクを新しいタブで開く］をクリックします。また、Ctrlキーを押しながらリンクをクリックして、新しいタブで開くことができます。「気になるWebページをあとで見るために開いておきたい」というときに便利です。

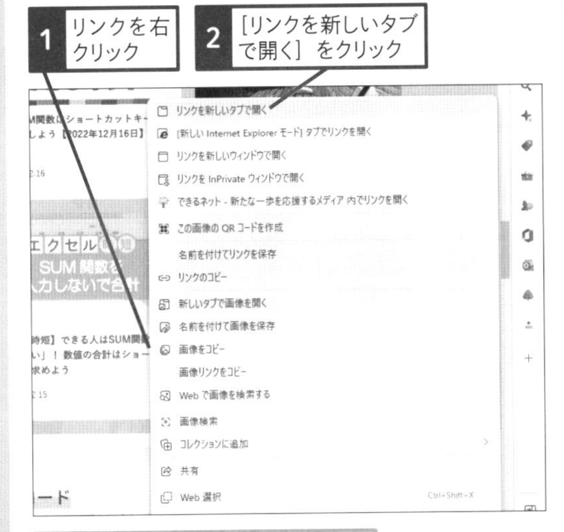

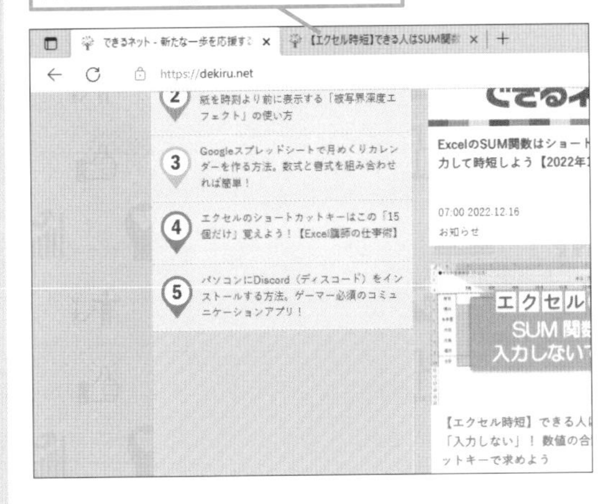

関連 282 新しいタブを表示する方法を教えて！ ▶P.160

290

Home Pro
お役立ち度 ★★★

Q 閉じたタブを再表示するには

A タブの右クリックメニューで再表示できます

Webブラウザーを使っていると、必要なタブをうっかり閉じてしまうことがあります。Microsoft Edgeには簡単にタブを再表示する機能があるので、再びURLを入力したり、検索したりする必要はありません。いずれかのタブを右クリックして、［閉じたタブを再度開く］をクリックしましょう。Ctrl＋Shift＋Tキーのショートカットでも同様の操作ができます。

直前に閉じたタブを再表示する

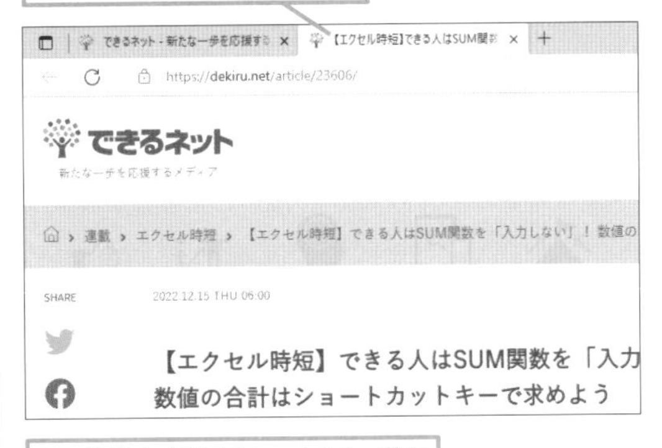

同じ操作をくり返すと、もう1つ前に閉じたタブが表示される

ショートカットキー 閉じたタブを再度開く
Ctrl＋Shift＋T

291

Home Pro
お役立ち度 ★★★

Q 残したいタブ以外をすべて閉じるには

A ［他のタブを閉じる］を選びましょう

いくつものタブを表示してインターネットで調べごとをしていて、作業が一段落したら、ほとんどのタブが不要といったことがあります。必要のないタブを1つずつ閉じる方法もありますが、1つのタブのみを残して、すべてのタブを一度に閉じる機能を使えば、効率よく作業できます。操作を覚えておきましょう。

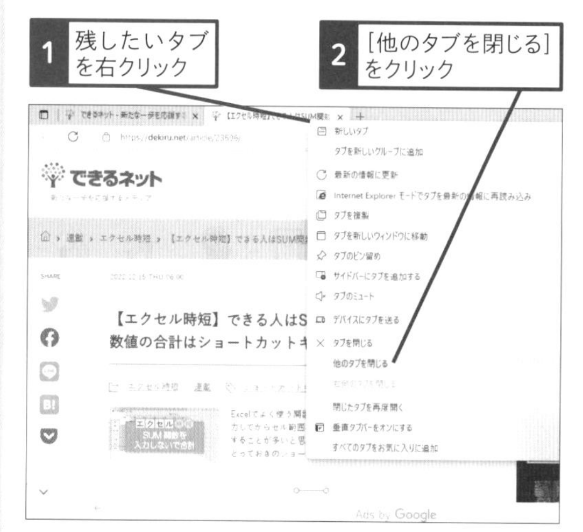

ほかのタブがすべて閉じられた

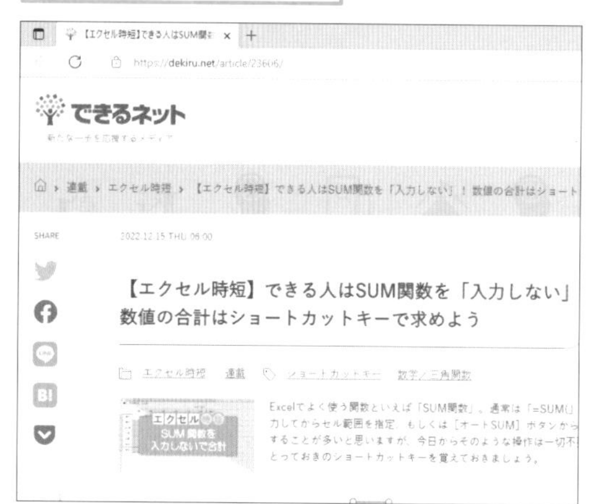

関連 290 閉じたタブを再表示するには ▶P.163

292

Home Pro
お役立ち度 ★★

Q Webページをお気に入りに追加するには

A URLの右の［☆］をクリックしましょう

よく見るWebページは、お気に入りに登録しておきましょう。お気に入りに登録したWebページは、一覧から選ぶだけで開くことができます。「お気に入り」には、Ctrl＋Dキーを押しても追加できます。

●お気に入りに追加する方法

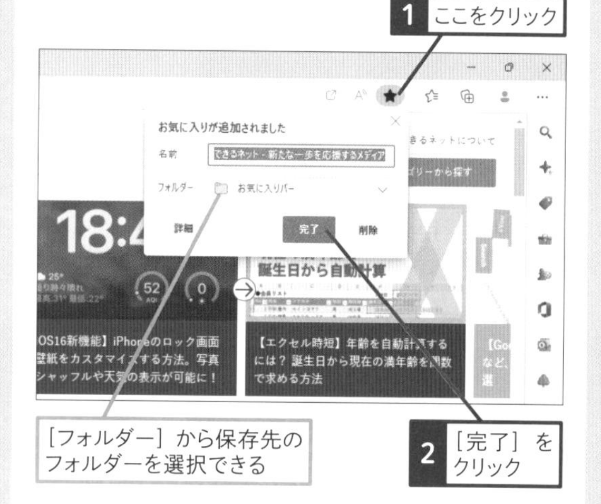

●お気に入りを確認する方法

ショートカットキー お気に入りの追加
Ctrl＋D

293

Home Pro

お役立ち度 ★★★

Q お気に入りを新しいフォルダーに登録するには

A 登録時にフォルダーを作成できます

よく見るWebページをお気に入りに登録すると便利ですが、たくさん登録すると探すのが大変です。そんなときは、同じ種類やカテゴリーのお気に入りをフォルダーにまとめておくと、探しやすくなります。お気に入りのWebページを新しいフォルダーに追加したいときは、次の手順で操作しましょう。

お気に入りに追加するメニューを表示しておく

1 [詳細]をクリック

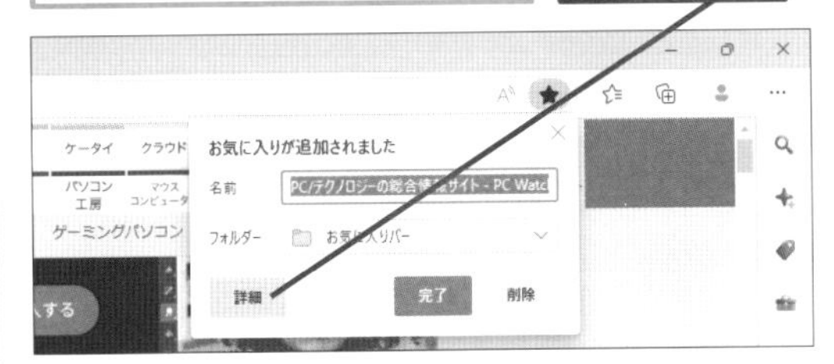

[お気に入りの編集]画面が表示された

2 [新しいフォルダー]をクリック

3 フォルダー名を入力

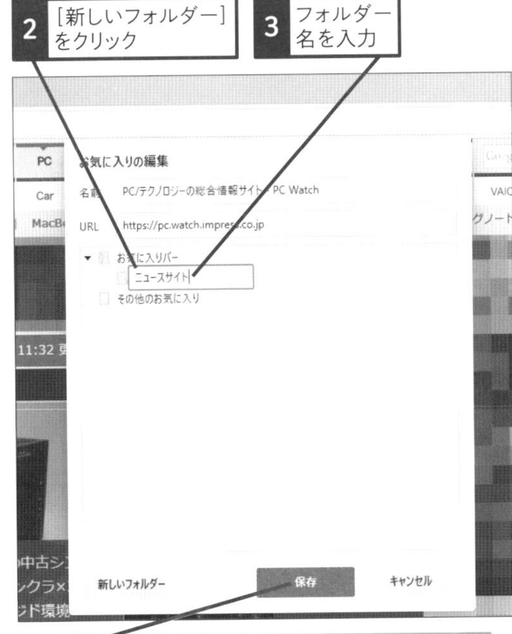

4 [保存]をクリック

新しいフォルダーにお気に入りを保存できる

294

Home Pro

お役立ち度 ★★

Q お気に入りのWebページを表示しやすくするには

A お気に入りバーを表示しましょう

[お気に入りバー]は設定をオンにすると、アドレスバーの下に表示されます。ここにはお気に入りの「お気に入りバー」フォルダーに登録したWebページへのリンクが表示されます。よく見るWebページを登録しておくと、簡単に表示できて便利です。

ワザ263を参考に、Edgeの[設定など]-[設定]を表示しておく

1 [外観]をクリック

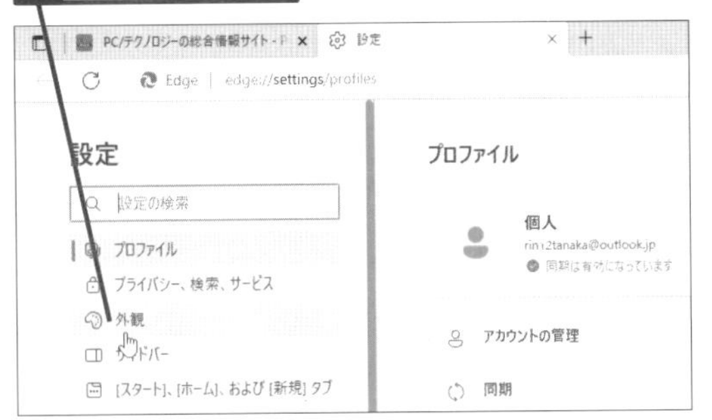

2 ここをクリック

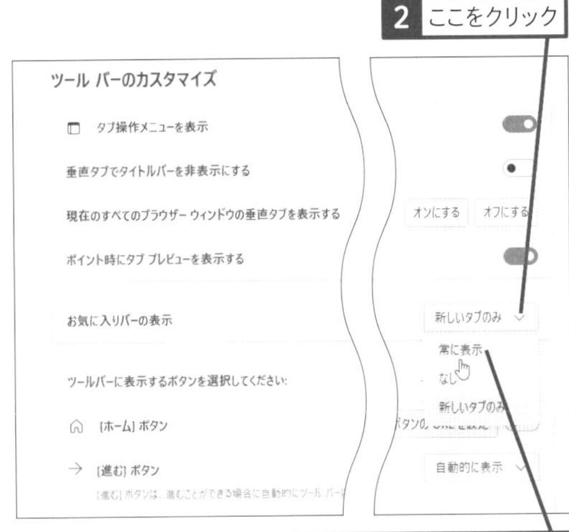

3 [常に表示]をクリック

関連251 サイドバーのWebページは追加できるの? ▸P.143

関連297 よく見るWebページをすばやく表示したい ▸P.167

295

Home Pro
お役立ち度 ★★★

Q お気に入りを削除するには

A 一覧から［削除］を選びましょう

お気に入りを削除したいときは、お気に入りの一覧から削除したいお気に入りを右クリックして、［削除］をクリックしましょう。

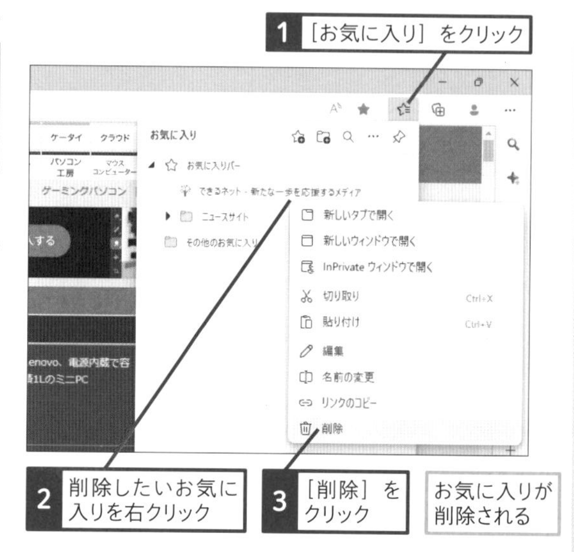

296

Home Pro
お役立ち度 ★★★

Q ほかのWebブラウザーから お気に入りをインポートするには

A ［設定］-［全般］から読み込めます

ほかのWebブラウザーで利用していたお気に入り（ブックマーク）は、Microsoft Edgeで利用できます。Windows 10からアップグレードした場合は、Internet Explorerのお気に入りを簡単にインポートできます。他のパソコンで使っているブラウザーのブックマークはHTMLファイルとしてエクスポートしておき、Microsoft Edgeにインポートしましょう。

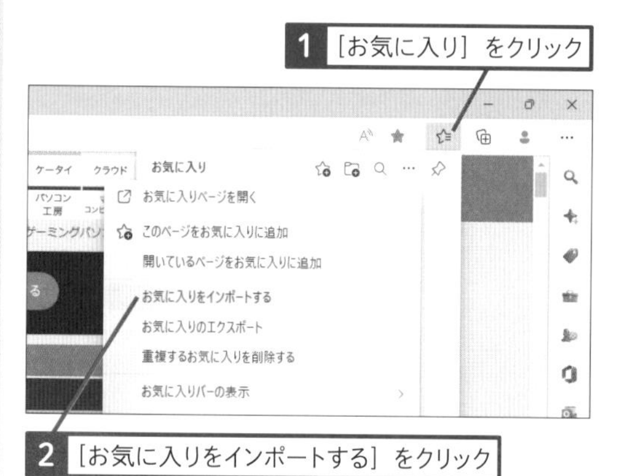

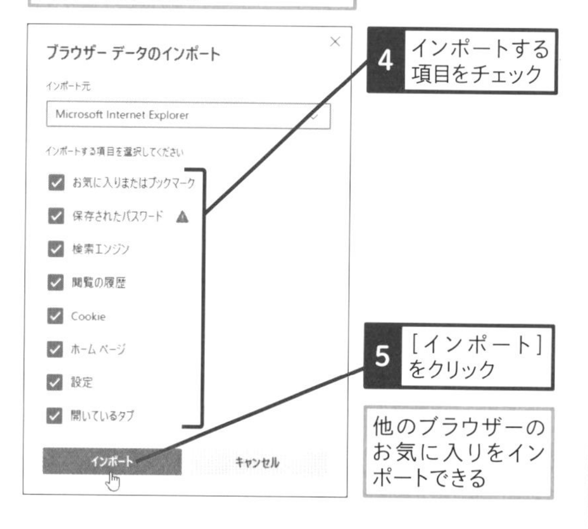

297

Home Pro
お役立ち度 ★★★

Q よく見るWebページをすばやく表示したい

A タスクバーにピン留めしましょう

よくアクセスするWebページは、タスクバーにピン留めをしておくと便利です。ピン留めをすると、タスクバーにはそのWebページのアイコンが表示され、タスクバーから簡単に開くことができます。なお、タスクバーにピン留めしたWebページを削除するには、タスクバーのアイコンを右クリックしてから［タスクバーからピン留めを外す］をクリックします。同様にスタートメニューにピン留めすることもできます。

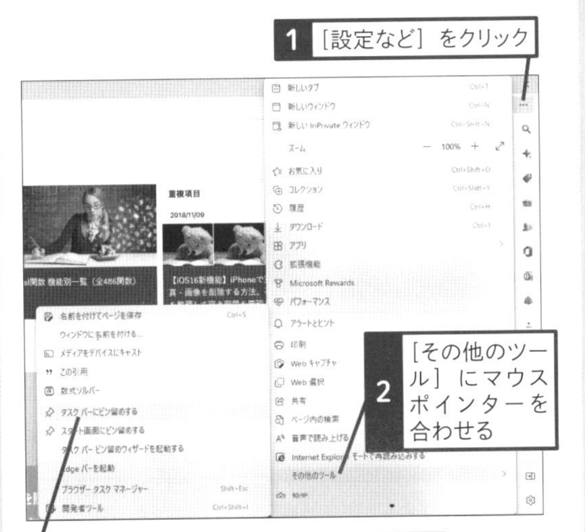
1 ［設定など］をクリック
2 ［その他のツール］にマウスポインターを合わせる

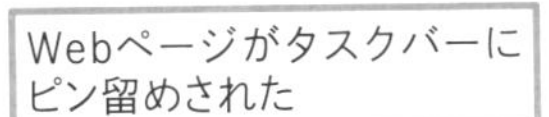
3 ［タスクバーにピン留めする］をクリック

Webページがタスクバーにピン留めされた

関連 251 サイドバーのWebページは追加できるの？ ▶P.143

298

Home Pro
お役立ち度 ★★★

Q Webページの閲覧履歴を確認するには

A ［お気に入り］から［履歴］を開きます

以前に見たWebページをもう一度、表示したいが、お気に入りに登録していなかった……。そんなときは、［履歴］から閲覧履歴を確認しましょう。過去に見たWebページが名前や日付の順に確認でき、クリックすると、Webページを表示できます。

1 ［設定など］をクリック

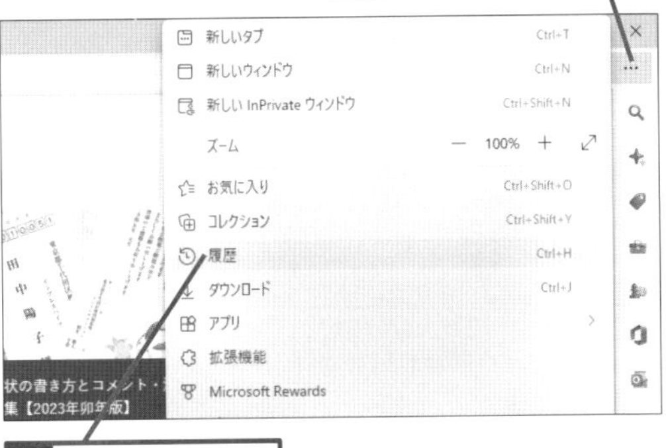

2 ［履歴］をクリック

履歴の一覧が表示された

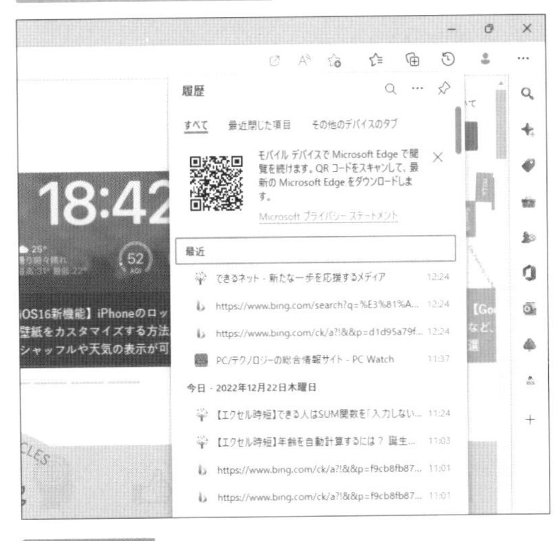

ショートカットキー 履歴 Ctrl + H

関連 299 一部の閲覧履歴を削除するには ▶P.168

299
Home Pro
お役立ち度 ★★★

Q 一部の閲覧履歴を削除するには

A 履歴の一覧から［削除］を選びましょう

履歴の一部を削除するには、履歴の一覧で以下のように操作します。まとめて削除したいときは、［閲覧データをクリア］をクリックすると、ワザ300で解説する画面が表示されるので、こちらを参考に操作してください。

1 ［設定など］をクリック

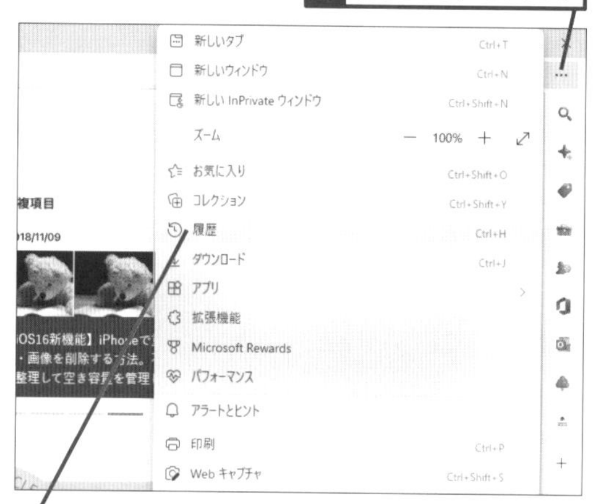

2 ［履歴］をクリック

履歴の一覧が表示された

3 ［削除］をクリック

関連 300 閲覧履歴やCookie、キャッシュを削除するには ▸P.168

300
Home Pro
お役立ち度 ★★★

Q 閲覧履歴やCookie、キャッシュを削除するには

A ［閲覧データをクリア］で実行できます

［閲覧データをクリア］では閲覧履歴のほかに、Webページのアカウント情報などを保存する「Cookie」やWebページのデータを一時的に保存する「キャッシュ」を削除できます。共用のパソコンで、ほかの人に自分のデータを利用されたくないときは、Cookieやキャッシュを含めて、閲覧データを削除しておきましょう。

ワザ299を参考に、［閲覧］のメニューを表示しておく

1 ［その他のオプション］をクリック

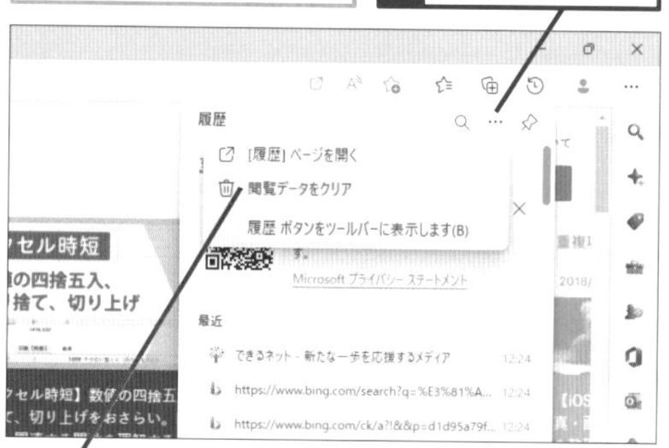

2 ［閲覧データをクリア］をクリック

［閲覧データをクリア］画面が表示された

ドラッグすると、ほかの設定を確認できる

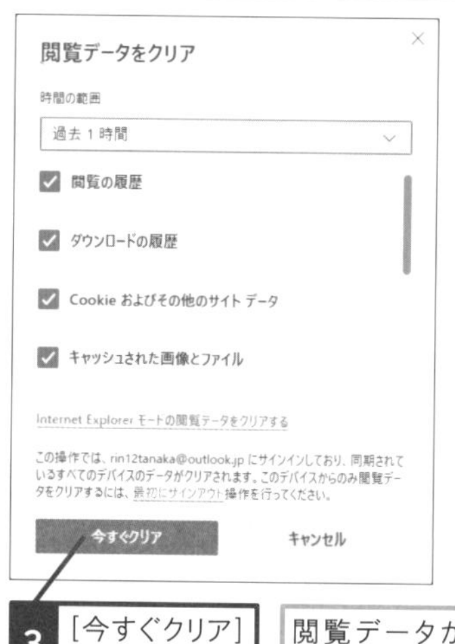

3 ［今すぐクリア］をクリック

閲覧データが削除される

301

Home Pro
お役立ち度 ★★★

Q 閲覧履歴に残らないようにWebページを見るには

A ［InPrivateブラウズ］機能を使います

Microsoft Edgeには「InPrivateブラウズ」機能が用意されています。InPrivateブラウズを使えば、Webページの閲覧履歴や入力したパスワードなどの情報がパソコンに保存されることはありません。共用のパソコンでインターネットを使うときや履歴を残したくないときに活用しましょう。

1 ［設定など］をクリック

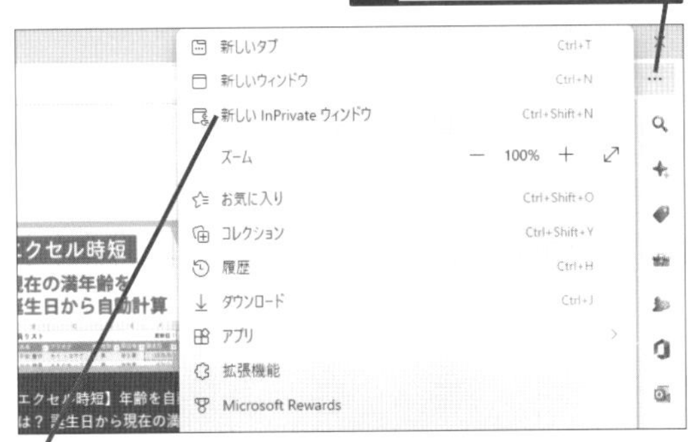

2 ［新しいInPrivateウィンドウ］をクリック

InPrivateブラウズモードのウィンドウが表示された

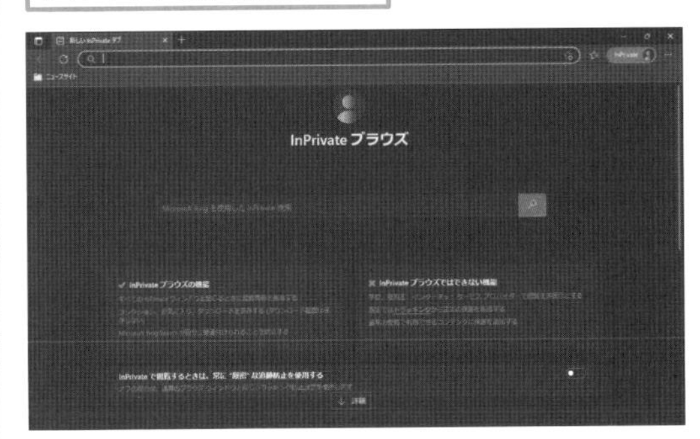

このウィンドウで閲覧したWebページは履歴に残らない

ショートカットキー
新しいInPrivateウィンドウ
Ctrl + Shift + N

関連 300 閲覧履歴やCookie、キャッシュを削除するには ► P.168

302

Home Pro
お役立ち度 ★★

Q ツールバーに表示されるアイコンは変更できるの？

A ［共有］など11種類から選べます

Microsoft Edgeのツールバーには、［拡張機能］［お気に入り］［コレクション］の3つのアイコンが表示されています。ツールバーの機能は自分でカスタマイズすることができます。［設定］の［外観］で、よく使うものを選び、あまり使わないものを外しておけば、ツールバーがより一層、使いやすくなります。

ワザ263を参考に、Edgeの［設定など］-［設定］を表示しておく

1 ［外観］をクリック

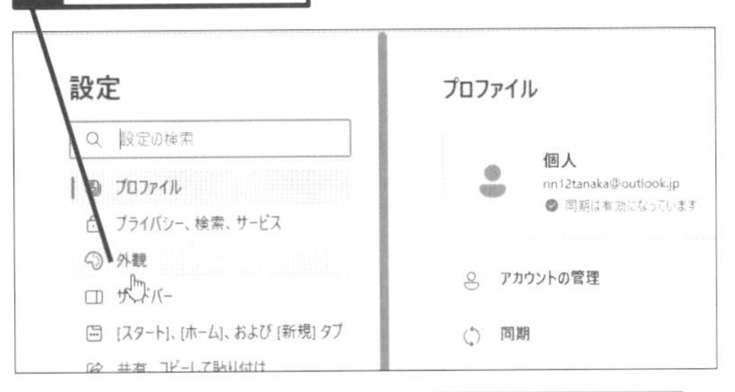

［ツールバーのカスタマイズ］画面が表示された

表示するボタンを設定できる

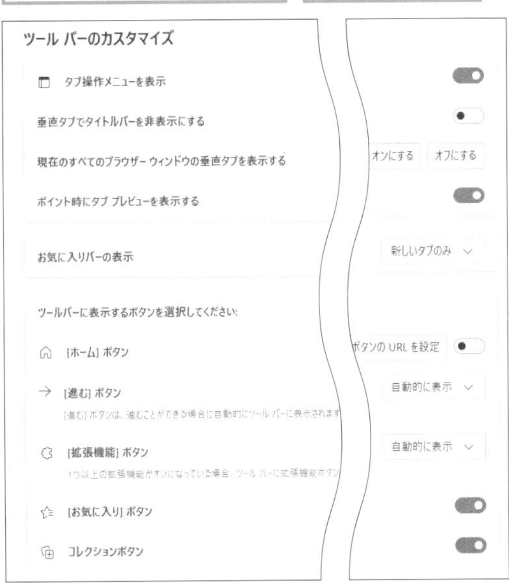

303

Home Pro
お役立ち度 ★★☆

Q ファイルをダウンロードするには

A リンクをクリックして保存しましょう

アプリのインストーラーや圧縮ファイルなどへのリンクをクリックすると、ダウンロードが開始され、完了すると、通知が表示されます。このときに［フォルダーに表示］をクリックすると、ダウンロードしたファイルをすぐに確認できます。

1 ダウンロードしたいファイルのリンクをクリック

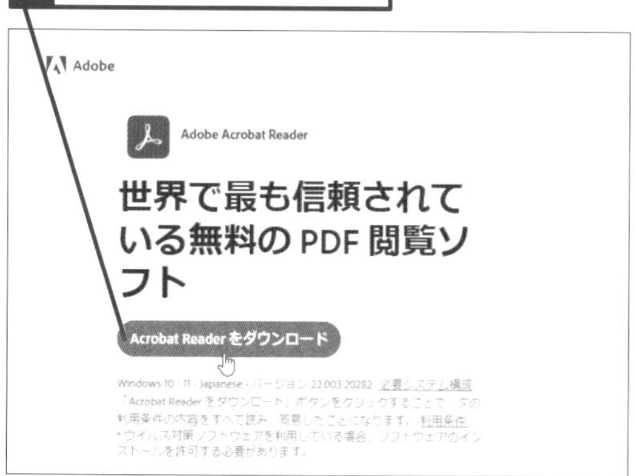

ダウンロードが完了した

2 ［フォルダーに表示］をクリック

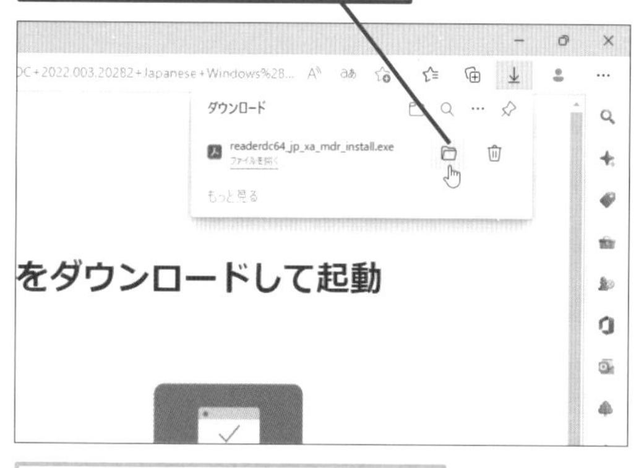

ダウンロードしたファイルが表示される

関連306 ダウンロードしたファイルを表示するには ▸P.171
関連308 ダウンロード履歴を削除するには ▸P.172

304

Home Pro
お役立ち度 ★★★

Q Webブラウザーで開かれたPDFをダウンロードするには

A ［名前を付けて保存］をクリックします

Webブラウザーに表示されたPDFファイルをパソコンにダウンロードしたいときは、マウスカーソルをウィンドウ上部に合わせてツールバーを表示し、［上書き保存］ボタンをクリックすると、パソコンに保存できます。

1 ダウンロードしたいファイルのリンクをクリック

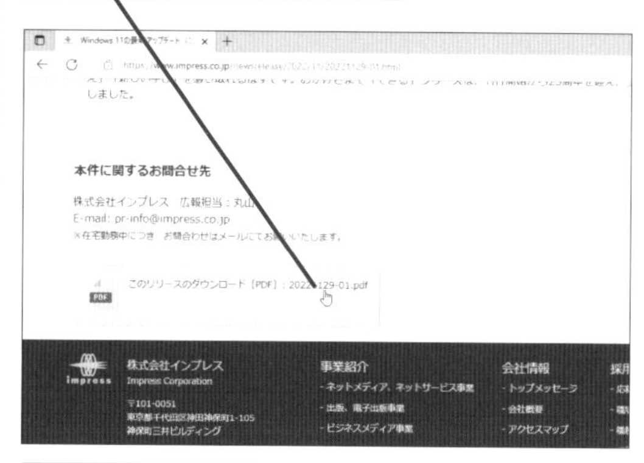

PDFファイルの内容が表示された

2 ［上書き保存］をクリック

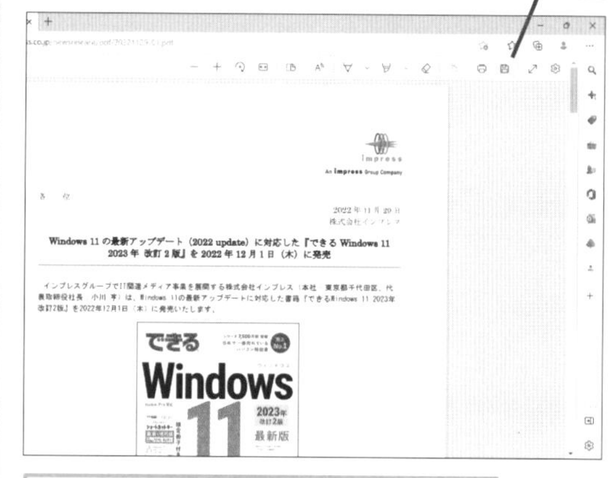

［名前を付けて保存］ダイアログボックスが表示され、ファイルを保存できる

ショートカットキー
保存
Ctrl + S

305

Home Pro
お役立ち度 ★★☆

Q ダウンロードに時間がかかりすぎる！

A ［一時停止］してから［再開］します

ダウンロードに時間がかかりすぎる原因はいくつか考えられますが、ダウンロードしようとするサーバーにアクセスが集中してしまっていることが考えられます。このようなときは、ダウンロードを中断して、あとでもう一度、試してみましょう。

1 ［一時停止］をクリック

もう一度、ダウンロードするには［再開］をクリックする

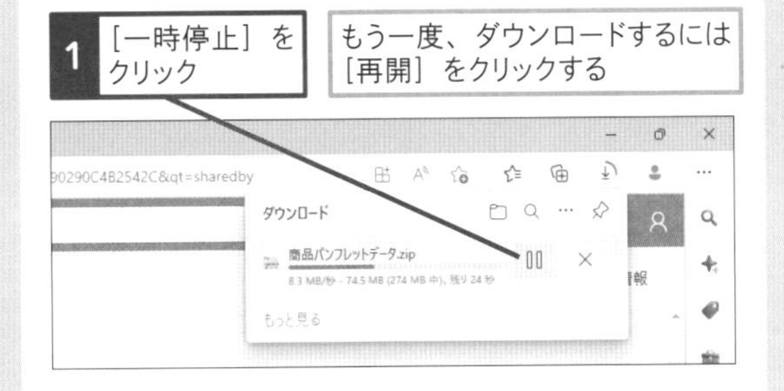

306

Home Pro
お役立ち度 ★★☆

Q ダウンロードしたファイルを表示するには

A ［ダウンロード］フォルダーを開きます

インターネットからダウンロードしたファイルは、保存先を指定していなければ、［ダウンロード］フォルダーに保存されます。エクスプローラーのナビゲーションウィンドウの左側に表示される［ダウンロード］をクリックすると、［ダウンロード］フォルダーを表示できます。

ダウンロードしたファイルは［ダウンロード］フォルダーに保存される

307

Home Pro
お役立ち度 ★★☆

Q ダウンロードの履歴を見るには

A ［お気に入り］を切り替えて確認します

今までにどのようなファイルをダウンロードしたのかは、ダウンロード履歴で確認できます。ダウンロードの履歴を確認したいときは、［設定など］ボタンをクリックして、［ダウンロード］を選択します。

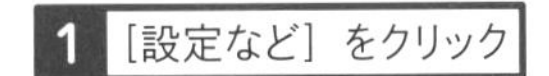

1 ［設定など］をクリック

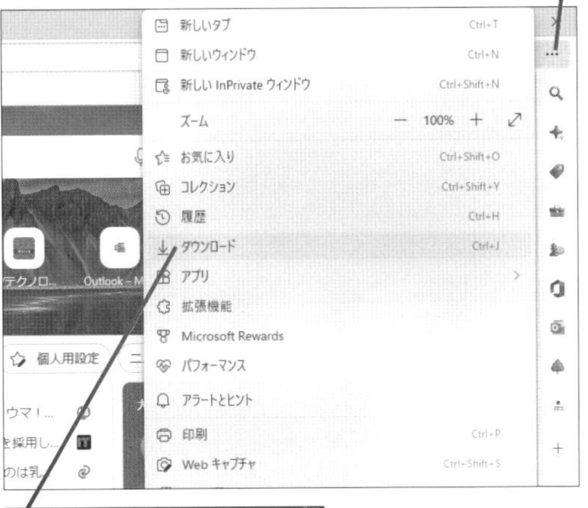

2 ［ダウンロード］をクリック

ダウンロードの履歴が表示された

ショートカットキー ［ダウンロード］の表示
Ctrl + J

関連308 ダウンロード履歴を削除するには ▸P.172

308

Home Pro
お役立ち度 ★★★

Q ダウンロード履歴を削除するには

A 一覧で［削除］をクリックしましょう

ダウンロードの履歴を削除したいときは、ダウンロードの履歴を表示して、ファイル名を右クリックして［一覧から削除］を選びます。また、以下の手順のように［すべてのダウンロード履歴を消去する］をクリックすると、ダウンロードの履歴がすべて削除されます。

●個々の履歴を削除する

ワザ307を参考に、ダウンロードの履歴を表示しておく

1 履歴を右クリック

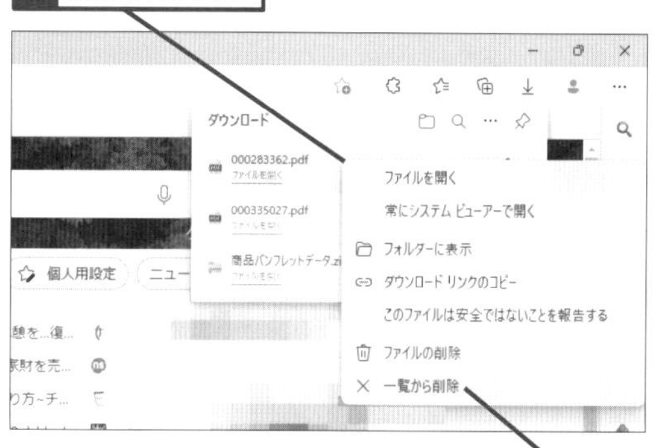

2 ［一覧から削除］をクリック

●すべての履歴を削除する

ワザ307を参考に、ダウンロードの履歴を表示しておく

1 ［その他のオプション］をクリック

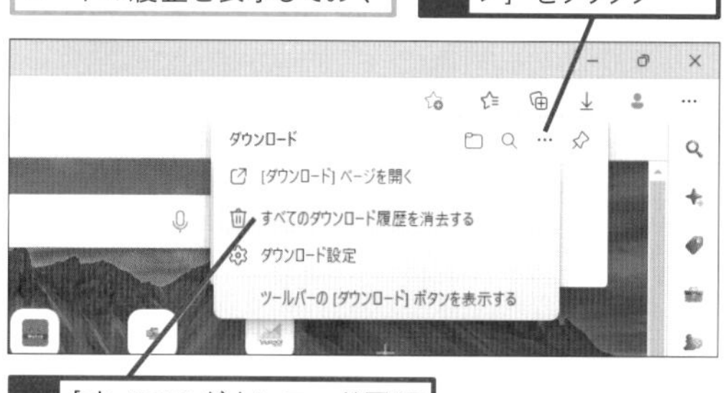

2 ［すべてのダウンロード履歴を消去する］をクリック

関連 307 ダウンロードの履歴を見るには ▶P.171

309

Home Pro
お役立ち度 ★★★

Q Webページにある画像を保存するには

A 画像を右クリックして保存できます

Webページに表示されている画像は、自分のパソコンに保存できます。Webページ内の画像を保存するには、保存したい画像を右クリックして、［名前を付けて画像を保存］をクリックします。標準では［ダウンロード］フォルダーに保存されますが、［ピクチャ］フォルダーなどに変更するといいでしょう。なお、画像には著作権や肖像権があるので、取り扱いには注意しましょう。

1 保存したい画像を右クリック

2 ［名前を付けて画像を保存］をクリック

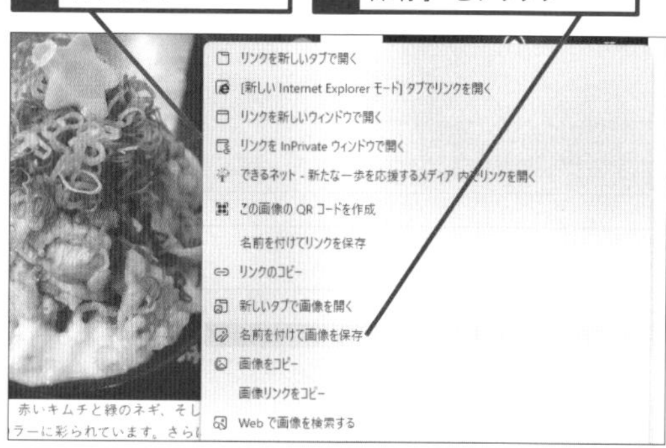

［名前を付けて保存］ダイアログボックスが表示された

3 ［ピクチャ］をクリック

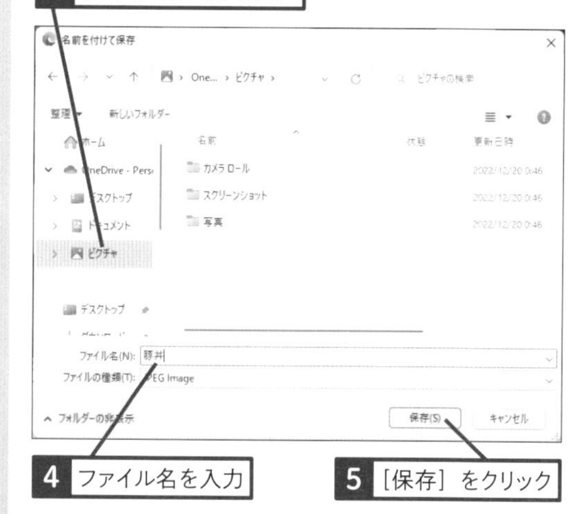

4 ファイル名を入力

5 ［保存］をクリック

310

Home Pro

お役立ち度 ★★☆

Q Webページの内容を読み上げられるって本当？

A ［音声で読み上げる］を使います

ニュースなどのWebページは、Windowsの音声合成機能で読み上げてもらうと、内容を読む必要がないので便利です。以下のように、右クリックしてから［音声で読み上げる］をクリックすると、読み上げが開始されます。ツールバーの［音声オプション］をクリックすると、再生速度や音声の種類を変更して、聞きやすくすることもできます。

1 読み上げさせたい文章を右クリック

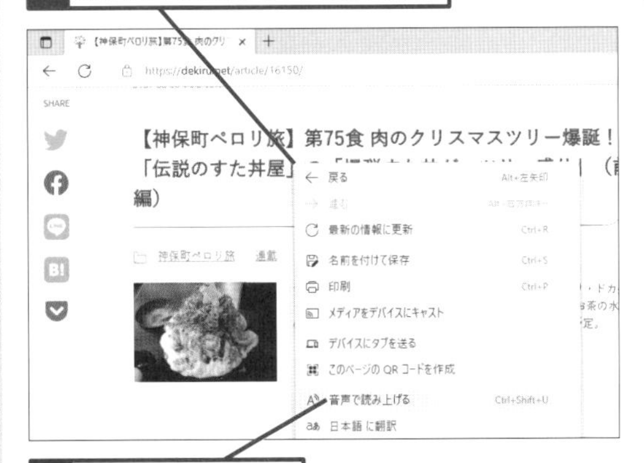

2 ［音声で読み上げる］をクリック

音声読み上げの再生ボタンが表示された

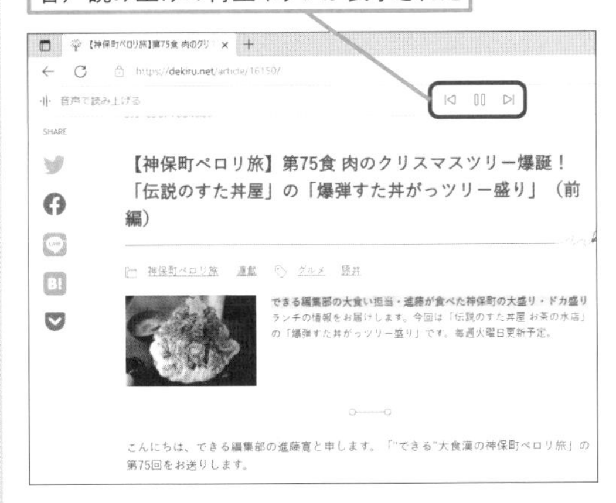

ショートカットキー 音声で読み上げる
Ctrl + Shift + U

311

Home Pro

お役立ち度 ★★☆

Q Webページの動画を自動再生しないようにしたい！

A ［メディアの自動再生］をオフにします

Webページを見ていると、いきなり動画や音楽が再生されて、驚くことがあります。Webページのメディアは、以下のように標準では［制限］に設定され、自動的に再生されません。［許可］になっているときは、［制限］に変更しましょう。

ワザ263を参考に、Edgeの［設定など］-［設定］を表示しておく

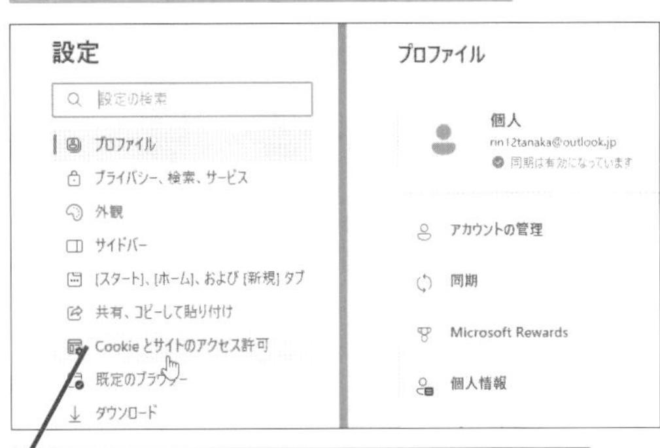

1 ［Cookieとサイトのアクセス許可］をクリック

2 ［メディアの自動再生］をクリック

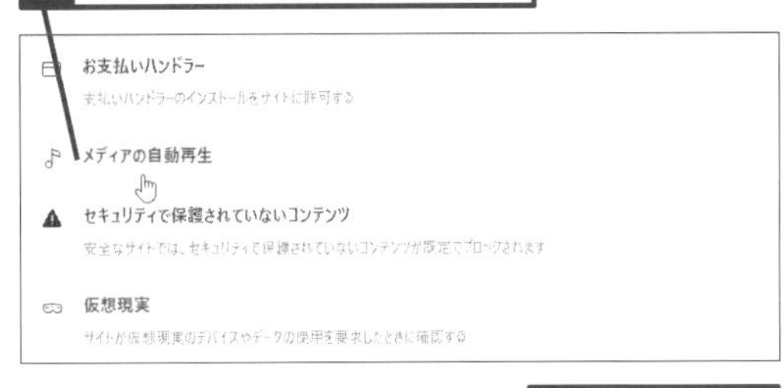

3 ここをクリック

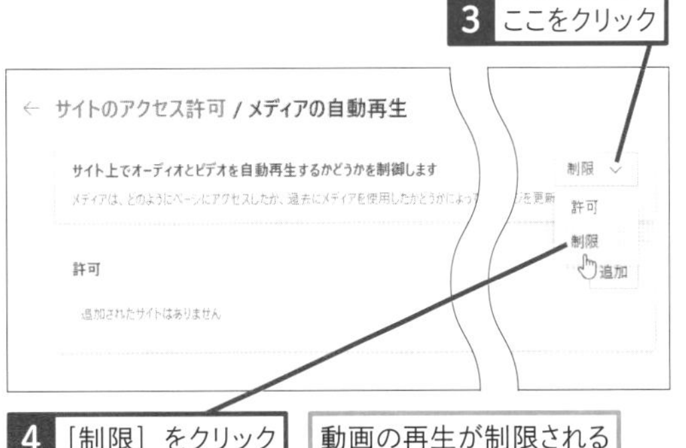

4 ［制限］をクリック

動画の再生が制限される

312

Home Pro
お役立ち度 ★★★

Q Webページを印刷するには

A ［設定など］-［印刷］をクリックします

Webページを印刷するには、［設定など］の［印刷］をクリックします。Webページ全体を印刷することはもちろん、目的地への地図、レストランやテーマパークの割引クーポン、チケットなどを印刷したいときにも活用しましょう。なお、Webページの印刷では、不要な部分を印刷してしまわないように、必要なページをきちんと選んで印刷するのがコツです。

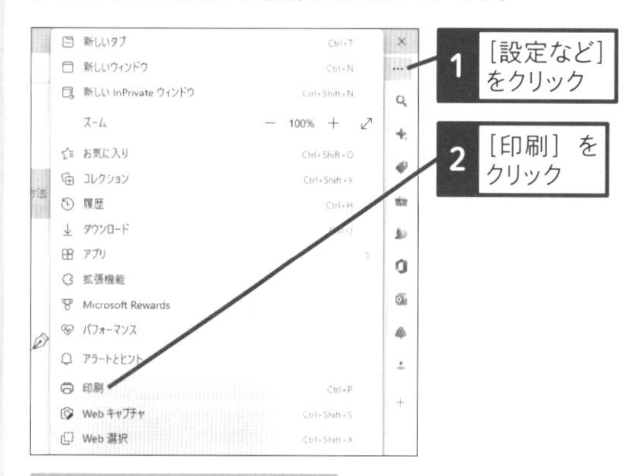

印刷ウィンドウが表示された

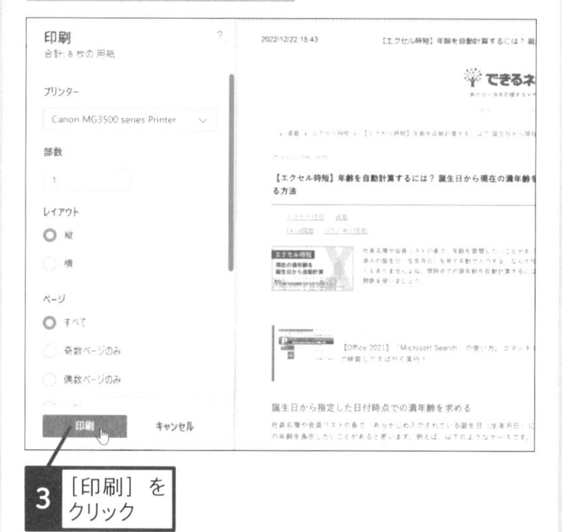

ショートカットキー
印刷
Ctrl+P

313

Home Pro
お役立ち度 ★★★

Q 起動時に表示するWebページを設定するには

A ［これらのページを開く］にURLを入力します

Microsoft Edgeを起動したときに表示するWebページは、よく見るサイトなどに変更できます。以下の手順のように、［これらのページを開く］を選択し、見たいWebページのURLを入力します。複数のWebページを登録して、まとめて開くこともできます。

ワザ263を参考に、Edgeの［設定など］-［設定］を表示しておく

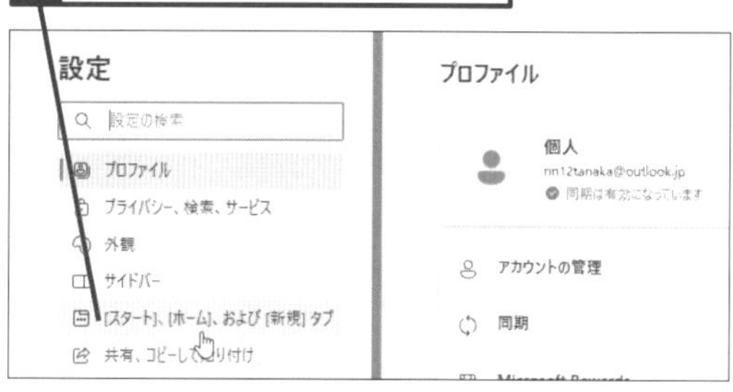

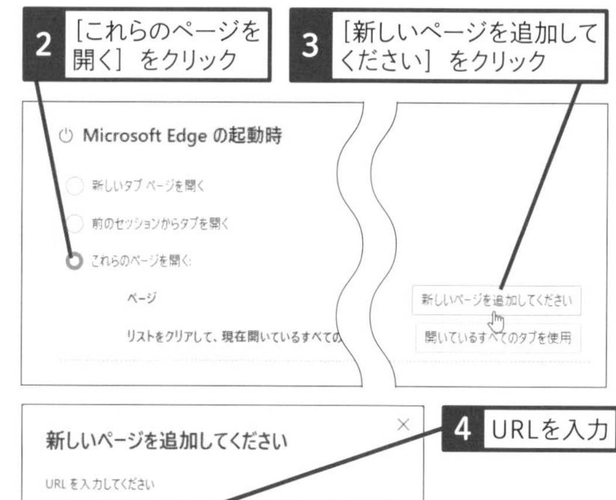

関連 258 新しいタブページの内容を変更したい ►P.146

314

Home Pro
お役立ち度 ★★★

Q ［ホーム］ボタンで表示されるWebページを変更するには

A 開きたいWebページのURLを指定しよう

［ホーム］ボタンをクリックしたときに表示されるWebページを変更できます。以下のように、［ホーム］ボタン］に表示したいWebページのURLを入力しましょう。ニュースサイトや検索サイトなど、よく使うWebページにしておくといいでしょう。

ワザ263を参考に、Edgeの［設定など］-［設定］を表示しておく

1 ［［スタート］、［ホーム］、および［新規］タブ］をクリック

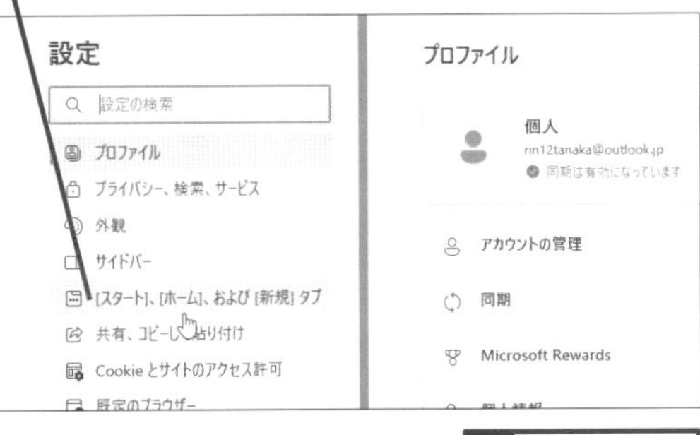

2 ここをクリック

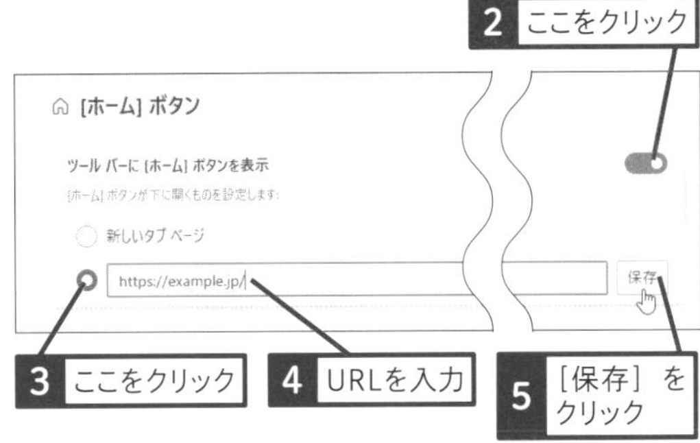

3 ここをクリック　4 URLを入力　5 ［保存］をクリック

［ホーム］ボタンが表示された

クリックすると、操作4で設定したURLに移動する

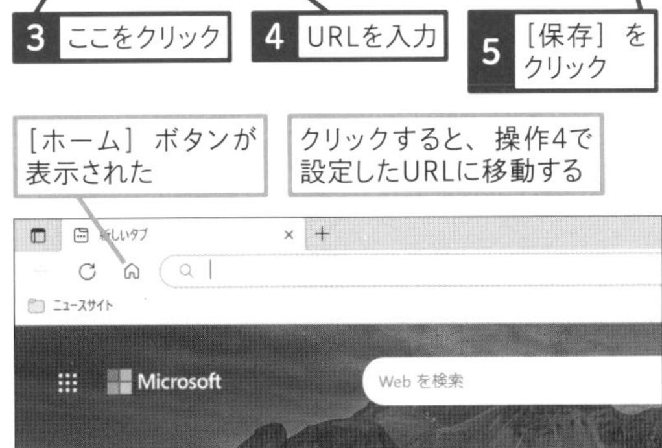

315

Home Pro
お役立ち度 ★★★

Q 検索エンジンは変更できるの？

A Googleなどに変更できます

検索エンジンを変更すると、アドレスバーに入力したキーワードをGoogleなど、別の検索エンジンを使って検索できます。標準のBingの検索結果が好みに合わないときは変更してみましょう。設定を変更するには、以下のように、［アドレスバーで使用する検索エンジン］を変更します。Yahoo! JAPAN、Google、百度、DuckDuckGoを選択できます。

ワザ263を参考に、Edgeの［設定など］-［設定］を表示しておく

1 ［プライバシー、検索、サービス］をクリック

2 ［アドレスバーと検索］をクリック

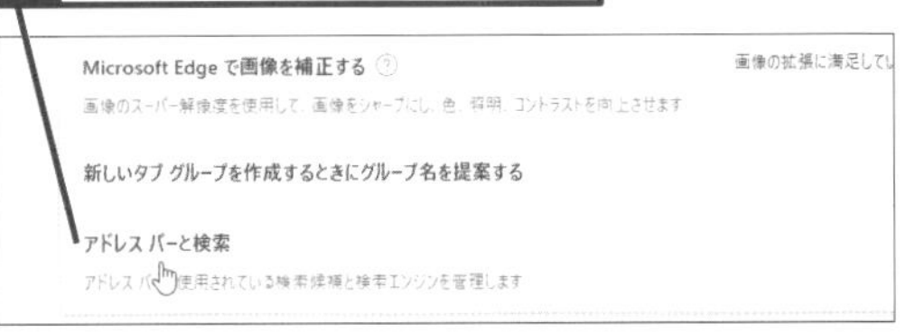

3 ここをクリック

Googleなど、4種類の検索エンジンの中から変更できる

316

Home Pro
お役立ち度 ★★★

Q アドレスバーに検索候補が表示されないようにするには

A 検索エンジンを使った候補表示をオフにできます

アドレスバーに文字を入力すると、入力から予測される検索候補（キーワード）が自動的に表示されます。検索候補の表示は変更することができます。オフにすると、お気に入りと履歴に登録されているWebページだけが候補に表示されるようになり、検索エンジンを使った候補は表示されなくなります。

ワザ315を参考に、［アドレスバーと検索］画面を表示しておく

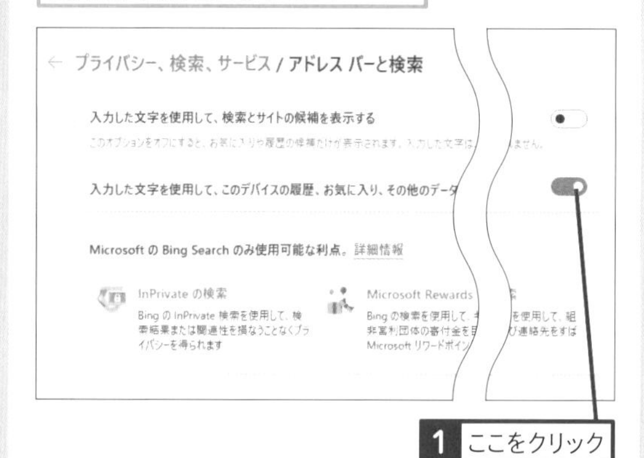

1 ここをクリック

ステップアップ

検索候補とMicrosoft IMEの予測変換

Microsoft Edgeの検索候補の予測と似たような機能に、Microsoft IMEの予測変換機能があります。標準では無効になっていますが、通知領域の［あ］、または［A］を右クリックして［設定］を選択し、［全般］を開き、［クラウド候補］をオンにすると、自分の入力で学習した候補だけではなく、クラウドに蓄積されている単語が予測変換で表示されるようになります。クラウドには新語などがいち早く登録されるため、より一層、効率良く入力ができます。

317

Home Pro
お役立ち度 ★★★

Q 「このページを表示できません」と表示されたときは

A URLが正しいかを確認しましょう

Webページを表示しようとしたとき、「申し訳ございません。このページに到達できません」と表示されたときは、URLが間違っている可能性があります。確認して、もう一度、アクセスし直しましょう。URLが正しいのに表示されないときは、すでにそのアドレスのWebページが存在しなかったり、回線やサーバーにトラブルがある可能性があります。

1 URLが正しいかを確認

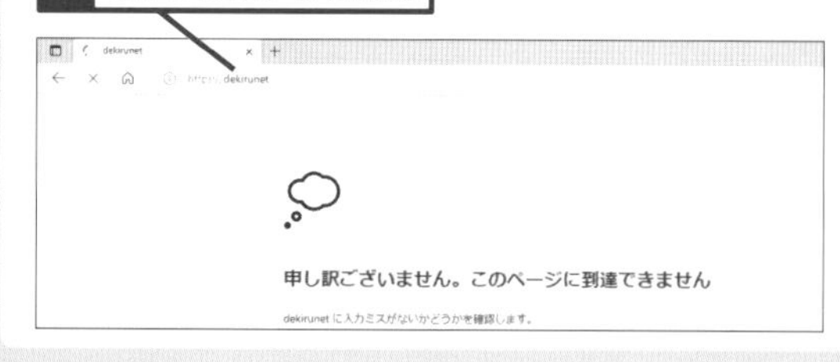

318

Home Pro
お役立ち度 ★★★

Q 「404 Not Found」ってどういう意味？

A リンク先のページがありません

表示しようとしているWebページが見つからないと、「404 Not Found」と表示されることがあります。「404」は一般的なWebサーバーでWebページが見つからないときに表示されるエラーコードです。URLが間違っていないかを確認しましょう。URLが正しいのに表示される場合は、ページが削除されている可能性があります。

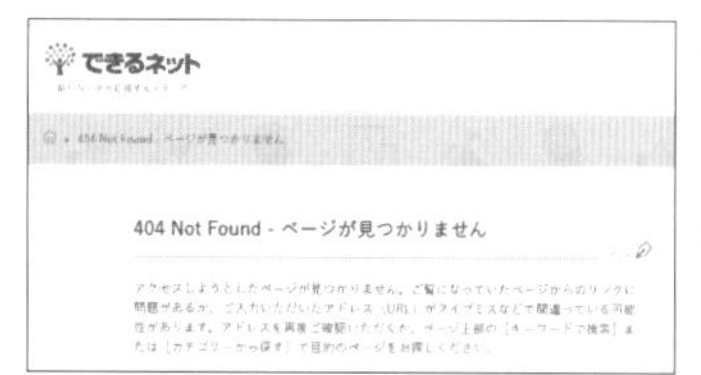

閲覧したいWebページが削除されている可能性もある

319

Home Pro
お役立ち度 ★★★

Q 「ポップアップブロック」とはどういう機能？

A 別ウィンドウが勝手に開くのを防ぎます

Webサイトには表示されたWebページのウィンドウとは別に、新しいウィンドウを自動的に表示して操作をさせたり、広告を表示したりする「ポップアップウィンドウ」と呼ばれる機能を利用しています。「ポップアップブロック」はこうしたポップアップウィンドウが自動的に開かれないようにする機能です。

ポップアップがブロックされ、その通知が表示された

320

Home Pro
お役立ち度 ★★★

Q ブロックされたポップアップを表示するには

A アドレスバーのボタンで許可します

ポップアップブロックで表示がブロックされたWebページを表示したいときは、アドレスバーのボタンをクリックして、[～からのポップアップとリダイレクトを常に許可する] をクリックしましょう。以後、そのWebページではポップアップが表示されます。[ブロックを続行] を選ぶと、非表示のままとなります。

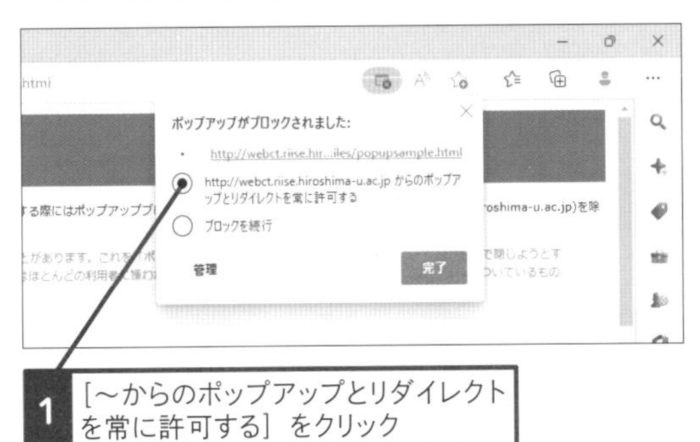

1 [～からのポップアップとリダイレクトを常に許可する] をクリック

321

Home Pro
お役立ち度 ★★★

Q Microsoft Edgeのテーマを変更するには

A いろいろなテーマを選べます

Microsoft Edgeではテーマを選択できます。標準では [システムの規定] になっているため、Windowsのテーマに合わせて表示されますが、[ライト] や [ダーク]、[マンゴーパラダイス] などを選択することができます。テーマを変更するには [設定] - [外観] でテーマを設定します。なお、テーマを変更しても機能は変更されません。気分や好みに合わせて、選びましょう。

ワザ294を参考に、[外観] の画面を表示しておく

1 [ダーク] をクリック

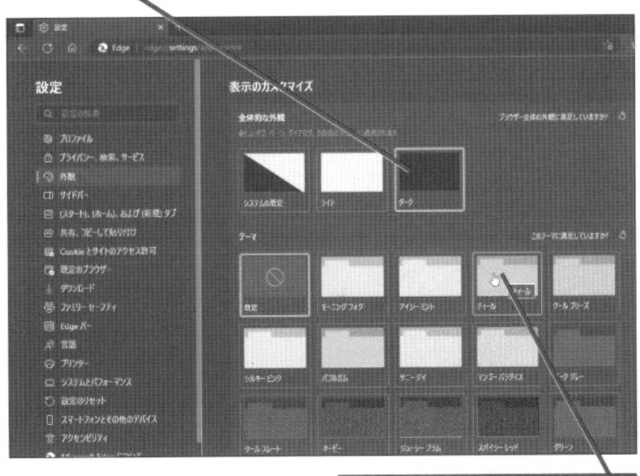

2 [ティール] をクリック

テーマが変更された

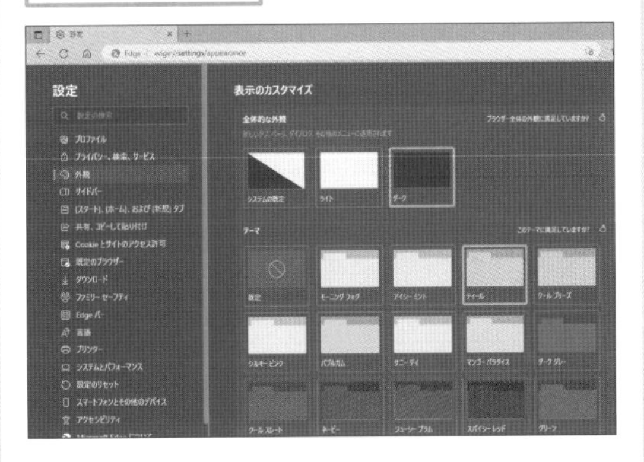

基本ワザ / 文字入力と基本操作 / デスクトップとスタートメニュー / ファイルとフォルダー / インターネット / ビデオ会議・メール / スマートフォン連携 / アプリ / 写真・音楽・動画 / 印刷と周辺機器 / セキュリティとメンテナンス

322

Home Pro

お役立ち度 ★★★

Q 拡張機能をインストールする方法を教えて!

A [設定など] - [拡張機能] で選びます

拡張機能はブラウザーにさまざまな機能を追加するためのしくみです。Microsoft Edgeに拡張機能をインストールするには、以下のように [Edgeアドオン] ページを開きます。一覧からインストールしたい拡張機能を選び、[インストール] をクリックします。なお、ワザ324を参考に、Chrome用の拡張機能もインストールできます。

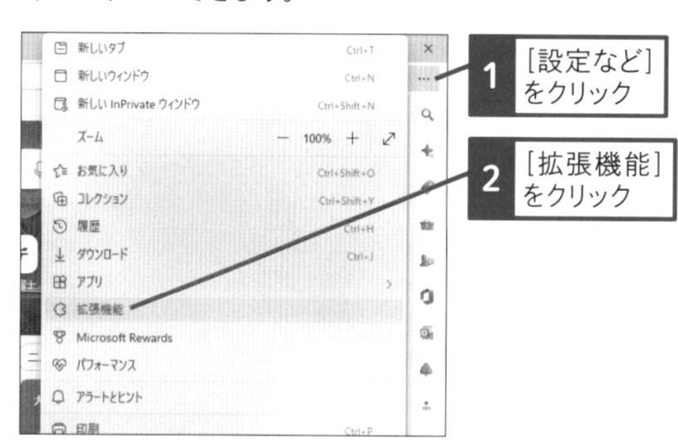

1 [設定など] をクリック

2 [拡張機能] をクリック

3 [Microsoft Edge Add-ons ウェブサイトを開く] をクリック

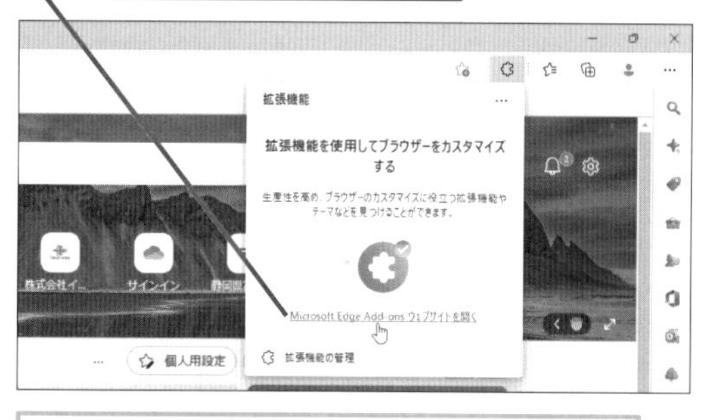

Microsoftの拡張機能のWebページが表示された

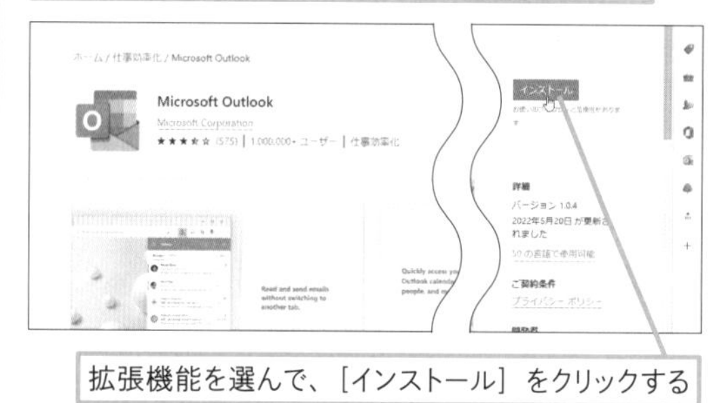

拡張機能を選んで、[インストール] をクリックする

323

Home Pro

お役立ち度 ★★★

Q 拡張機能を削除するには

A [...] から削除できます

Microsoft Edgeにインストールした拡張機能は、いつでもアンインストールできます。拡張機能をたくさんインストールすると、Microsoft Edgeの動作が遅くなってしまうこともあるので、必要のない拡張機能はアンインストールしましょう。

1 [拡張機能] をクリック

2 削除する拡張機能の [その他のアクション] をクリック

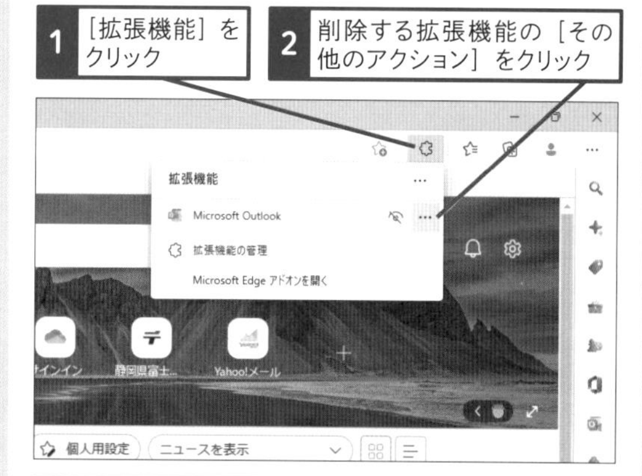

3 [Microsoft Edgeから削除] をクリック

4 [削除] をクリック

324

Home Pro

お役立ち度 ★★★

Q Chrome用の拡張機能をインストールするには

A ［Chromeウェブストア］からインストールできます

Microsoft EdgeではChrome用の拡張機能をインストールすることができます。拡張機能をインストールするには、以下のように［他のストアからの拡張機能を許可する］をオンにしてから、［Chromeウェブストア］を表示します。追加したい拡張機能が見つかったら、［Chromeに追加］ボタンをクリックすると、Edgeの拡張機能としてインストールできます。なお、拡張機能を削除したいときは、［拡張機能］の一覧の［削除］をクリックします。また、トグルボタンで拡張機能をインストールしたまま、一時的に拡張機能を無効にすることもできます。

2 ［拡張機能の管理］をクリック

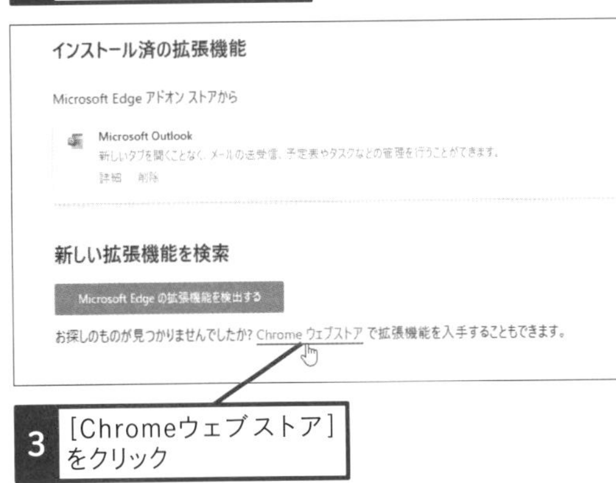

3 ［Chromeウェブストア］をクリック

4 ［他のストアからの拡張機能を許可する］をクリック

5 ［許可］をクリック

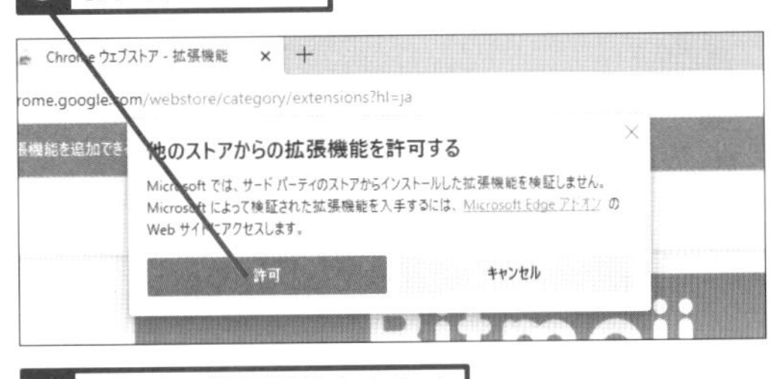

6 追加する拡張機能をクリック

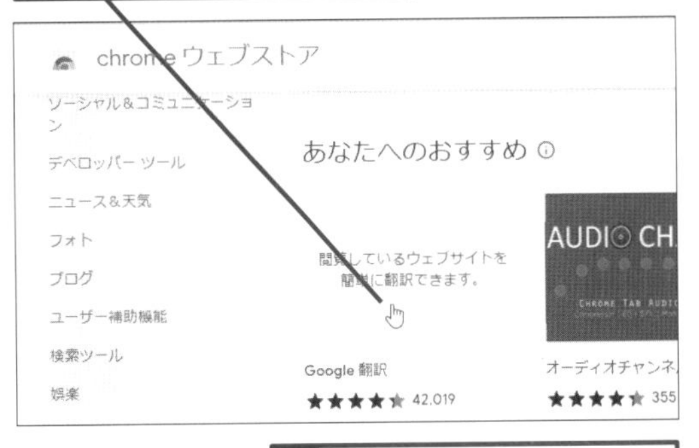

7 ［Chromeに追加］をクリック

8 ［拡張機能の追加］をクリック

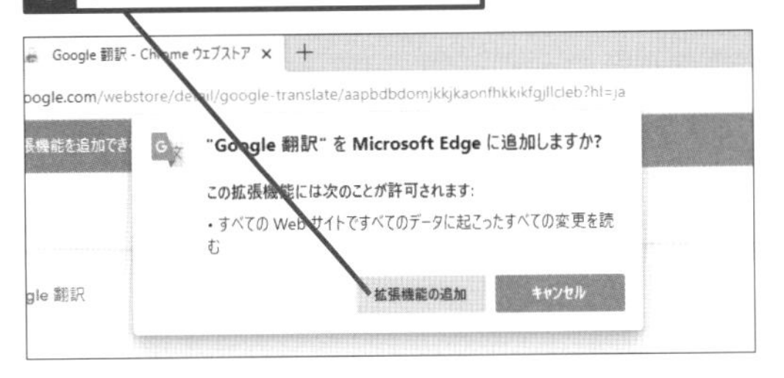

第6章 ビデオ会議・メールの便利ワザ

ビデオ会議の準備

テレワークやリモート授業の普及で、ビデオ会議を使う機会が増えてきました。この章ではWindowsでビデオ会議を使うための方法を説明します。

325

Home Pro
お役立ち度 ★★

Q ビデオ会議に便利な機材を教えて

A Webカメラとヘッドセットが便利です

ノートパソコンの多くは、本体にカメラやスピーカー、マイクが搭載されています。このため、特別な機材を用意しなくてもビデオ会議に参加できます。ただし、機種によっては、カメラやマイクの性能が低い場合もあります。ビデオ会議で、相手から画質が悪いと言われたり、音声が聞き取りにくいと指摘されたりしたときは、より高性能なUSB接続のWebカメラやヘッドセットの利用を検討しましょう。

▼ロジクール HD WEBCAM C310N
https://www.logicool.co.jp/ja-jp/products/webcams/hd-webcam-c310n.960-001264.html?crid=34

▼バッファロー BSHSUH12BK
https://www.buffalo.jp/product/detail/bshsuh12bk.html

326

Home Pro
お役立ち度 ★★

Q ビデオ会議で注意すべきことは何？

A プライバシーなどに注意しましょう

自宅や自室でビデオ会議をするときには、周囲に生活環境など、プライバシーに関するものや個人情報がわかるようなものが映り込んでしまうことがあるので、注意しましょう。ビデオ会議アプリには人物以外をぼかしたり、背景を合成したりできる機能が用意されているので、活用しましょう。また、会議の際には顔のアップではなく、身振りが伝わるようにバストアップ程度のサイズで自分が映るようにしておきます。こうすると、身振りや手振り、うなずきなどを相手に使えられます。特に、身振りや手振り、うなずきは、普段の会話よりもオーバー気味にするのが円滑なコミュニケーションのコツです。

身の回りのものから個人情報が流出する可能性がある

327

Home Pro
お役立ち度 ★★

Q カメラやマイクをあらかじめ設定したい

A カメラアプリや［設定］で調整しておきます

カメラが正しく動作しない、音声が聞こえない、マイクで音が拾えないといったトラブルがビデオ会議中に起きてしまうと、会議がそこで中断してしまい、円滑に進められません。カメラやヘッドセットは、会議をする前に、正しく動作することを確認しておきましょう。ビデオ会議のアプリはカメラや音声のテストができますが、パソコン本体の設定で確認しておくと確実です。カメラが正しく動作するかどうかは、［カメラ］アプリを使って、確認できます。マイクやスピーカー、ヘッドセットは、［設定］-［システム］-［サウンド］で設定できます。［入力］で機器を選択し、［マイクのテスト］で動作を確認できます。

●カメラを設定する

ワザ092を参考に、スタートメニューから［カメラ］アプリを起動しておく

ここをクリックすると、カメラを切り替えることができる

●マイクを設定する

［設定］-［システム］-［サウンド］を表示して、使うマイクをクリックしておく

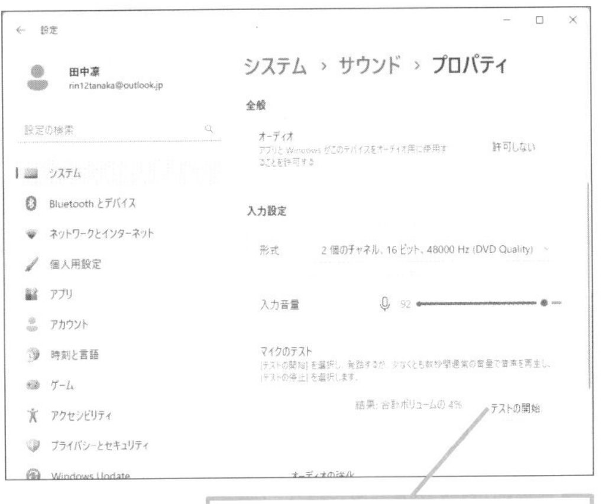

［テストの開始］をクリックすると、マイクのテストができる

関連325 ビデオ会議に便利な機材を教えて ▸P.180
関連329 顔が暗く映ってしまう ▸P.182
関連343 マイクやカメラをオン・オフにするには ▸P.190

328

Home Pro
お役立ち度 ★★

Q ビデオ会議中にハウリングしてしまった！

A ヘッドセットを使いましょう

マイクとスピーカーを使って、ビデオ会議をすると、自分が話した音がスピーカーから再生されてしまい、その音をマイクが拾ってしまって、「キーン」というハウリングが起きたり、ほかの人の声をマイクが拾ってしまい、エコーのような現象が起きることがあります。スピーカーの音量やマイクのレベルを調整すれば、ハウリングやエコーをある程度、防ぐことができますが、最も確実なのはマイクとヘッドホンが一体化したヘッドセットを使う方法です。もし、ヘッドセットを使ってもハウリングが起きている場合は、パソコンのスピーカーからも音が出ている可能性があります。スピーカーの音量を下げて調整したり、発言するとき以外はマイクをミュートしたりしておきましょう。

329

Home Pro
お役立ち度 ★★

Q 顔が暗く映ってしまう

A 照明を工夫しましょう

窓を背にしたり、背中越しに天井の照明が写りこんでしまったりすると、カメラに対して、逆光になるため、顔が暗く映ってしまいます。このような場合は照明を工夫しましょう。ノートパソコンを使っているときは、窓からの明かりが背中から入らないようにパソコンの位置を移動しましょう。また、天井の照明が写りこんでいるときは、カメラの位置を調整して照明が直接入らないようにします。デスクライトなどの照明を持っているなら、デスクライトで顔に光を当てるだけでも逆光を防いで、明るく映すことができます。

●暗く映っている例

窓や電灯の光が画面に入り、逆光で顔が暗く映っている

●明るく映っている例

窓や電灯の光を弱め、顔を照明することで明るく映った

330

Home Pro
お役立ち度 ★★

Q ビデオ会議によく使われるアプリを教えて

A ZoomやGoogle Meetなども使われます

ビデオ会議で使われるアプリは、さまざまなメーカーから提供されています。一般的によく使われるのは、Zoom、Teams、Meet、WebExなどです。それぞれに機能の特徴はありますが、重要なのは相手と同じアプリを使うことです。通常は、招待されたURLから同じアプリを起動することができます。

●ビデオ会議によく使われるアプリ

アプリ	概要
WebEx	シスコシステムズのビデオ会議サービス。法人用途やイベントで使われることが多い。
Teams	ビデオ会議以外にもさまざまなツールを使ったコラボレーションが可能。有料版あり。
Zoom	世界中で広く利用されているサービス。無料版では最大40分まで利用可能。
Meet	Googleの各サービスと親和性が高い。パソコンの場合はインストール不要。

関連352 Teamsを起動するには ▶P.194

ステップアップ

用途に応じて使い分けよう

社内でGoogle WorkspaceやMicrosoft 365などの環境が整っている場合は、MeetやTeamsを利用することが多いでしょう。社内利用の場合は管理者や会議の主催者と相談して、アプリを選択しましょう。社外での会議の場合は、情報流出など、セキュリティに注意が必要です。プライベートで利用するときは、無料で使えるZoomなどを活用したり、Windows 11搭載の［チャット］アプリを利用したりすることもできます。

[チャット] の使いこなし

Windows 11にはTeamsをベースにした新しいコミュニケーションツール [チャット] アプリが搭載されています。メッセージのやり取りやビデオ通話を楽しんでみましょう。

331

Home Pro
お役立ち度 ★★

Q チャットって何？

A メッセージをやり取りできるサービスです

チャットは文字のメッセージをやり取りするサービスです。メールと異なり、リアルタイムにメッセージをやり取りできるのが特徴です。家族や友だちとの会話、仕事相手との打ち合わせなど、さまざまなコミュニケーションに活用できます。チャットを利用するには、自分と相手の両方が同じチャットアプリを利用する必要があります。Windows 11では標準搭載アプリの [チャット] アプリを使うことができますが、コミュニケーションツールのSkype、ビデオ会議用アプリのZoomやTeams、Google Chat (チャット)、コラボレーションツールのSlack、ゲームや小規模コミュニティで利用されるDiscordなど、さまざまなアプリでもチャットが利用できます。

●チャット

タスクバーの [チャット] から起動できる

登録したユーザーとテキストで即時にやり取りできる

個人用のTeamsと連携している

ショートカットキー チャットの起動
⊞+C

●Teams

個人用は [チャット] と連携している

ビデオ会議やスケジュール管理ができる

●Skype

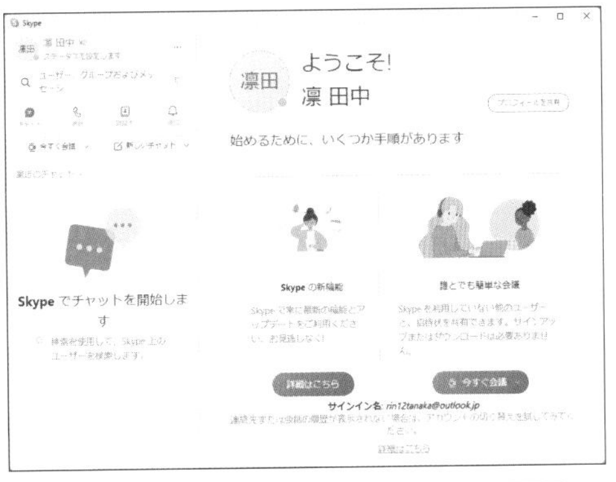

[チャット] と連携していない

Skype同士でチャット、ビデオ会議ができる

332

Home Pro

お役立ち度 ★★

Q ［チャット］アプリを使えるようにするには

A 初期設定をするだけで使えます

［チャット］はWindows 11に標準で搭載されている無料のチャットアプリです。タスクバーから起動して、簡単な初期設定をするだけで、すぐに使えます。Microsoftアカウントでサインインする必要がありますが、Windows 11にサインインしたアカウントで自動的にサインインされるため、特別な操作は不要です。友だちや家族と通話するには、宛先として利用するメールアドレスが必要です。Microsoftアカウントを手動で指定することもできますが、スマートフォンに［Teams］アプリをインストールすることで、スマートフォンの連絡先と同期することができます。

1 タスクバーの［チャット］をクリック

「ようこそ」の画面が表示された

2 ［続行］をクリック

連絡先を同期する画面が表示された

3 ［同期］をクリック

モバイルデバイスの設定画面が表示された

4 ［モバイルデバイスを設定］をクリック

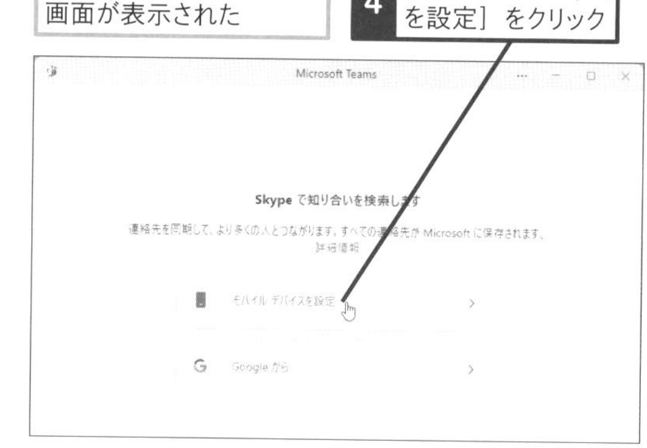

モバイルアプリの設定に関する画面が表示された

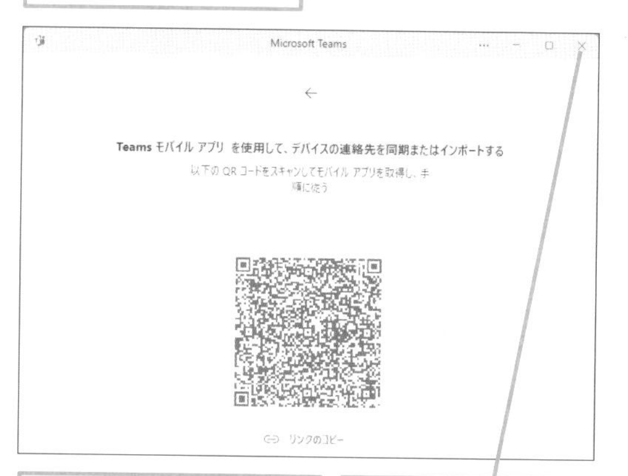

スマートフォンにTeamsのアプリをインストールして、アカウントを設定する

ここをクリックして、画面を閉じる

関連 331 チャットって何? ▸P.183

333

Home Pro

お役立ち度 ★★☆

Q 友だちをチャットに招待するには

A Microsoftアカウントで話しかけます

友だちとチャットをするには、宛先として、「●▲■@outlook.jp」などのMicrosoftアカウントを指定して、メッセージを送信します。初回は相手の承諾が必要です。相手が承諾し、同様に［チャット］を使ってメッセージを送ると、会話ができます。

1 タスクバーの［チャット］をクリック

2 ［新規のチャット］をクリック

3 メールアドレスを入力

4 表示された候補をクリック

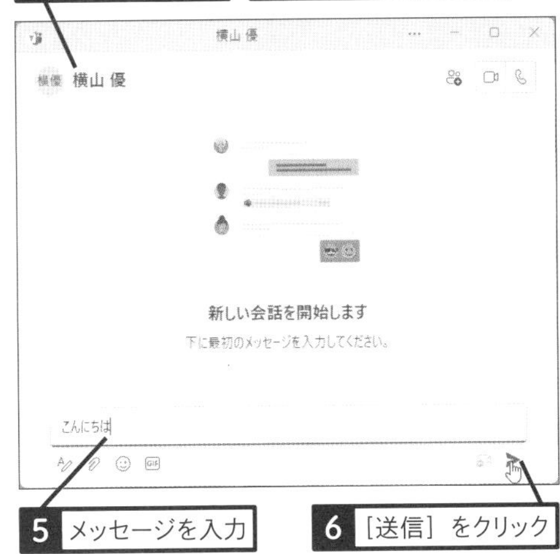

5 メッセージを入力

6 ［送信］をクリック

関連 332 ［チャット］アプリを使えるようにするには ▶ P.184

334

Home Pro

お役立ち度 ★★☆

Q ［チャット］アプリを使っていない人を招待するには

A 相手側の準備が必要です

相手がMicrosoftアカウントを持っていないときは、チャットで相手のメールアドレスを指定して、メッセージを送ると、招待メールを送信できます。相手にMicrosoftアカウントを取得してもらいましょう。また、相手がWindows 10のときは、個人用［Teams］アプリをインストールしておいてもらう必要があります。

335

Home Pro

お役立ち度 ★☆☆

Q チャットにすぐに返事をするには

A 通知にインラインで応答できます

友だちから［チャット］アプリで話しかけられると、画面右下に通知が表示されます。通知には返信欄が表示されているので、クリックして、メッセージを入力し、［送信］をクリックすると、アプリを起動することなく、その場で返事ができます。パソコンで別の作業をしているときなどは、この方法で返信すると手間なく、すぐに返事が送信できます。

デスクトップに表示された通知からチャットに返信できる

関連 135 見逃した通知を確認するには ▶ P.90

336

Home Pro
お役立ち度 ★★★

Q グループを作るには

A グループ名を付けます

チャットは複数人で同時に利用できます。グループ名を設定すると、会話をグループごとに管理したり、もう一度、チャットをするときにグループを選択するだけで、同じメンバーと会話ができるので便利です。家族やクラス、サークル、会社などの名前を付けてグループ化しておきましょう。

ワザ333を参考に、チャットの画面を開いておく

1 [グループ名を追加]をクリック

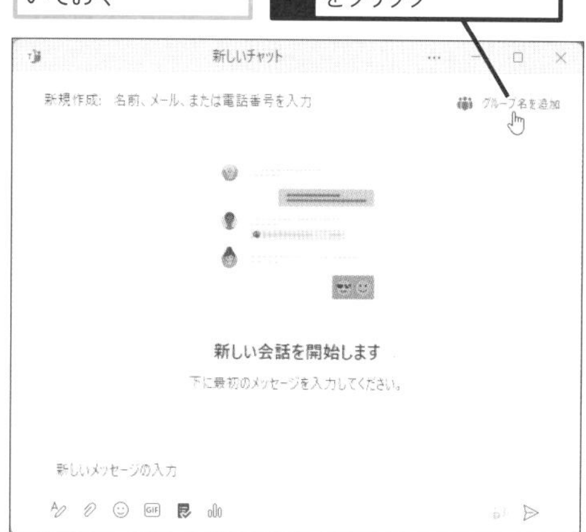

2 グループ名を入力

3 参加者のメールアドレスを入力

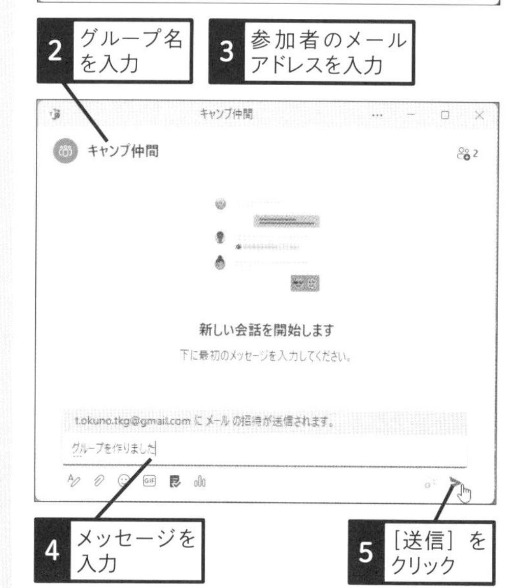

4 メッセージを入力

5 [送信]をクリック

337

Home Pro
お役立ち度 ★★★

Q 絵文字を入力するには

A 絵文字アイコンから入力します

チャットでは文字以外に、絵文字やGIFアニメーションを使うことができます。メッセージ入力欄の下に表示されているアイコンをクリックして、一覧から絵文字などを選択しましょう。メッセージといっしょに感情を伝えることができます。

ワザ333を参考に、チャットの画面を開いておく

1 [絵文字]をクリック

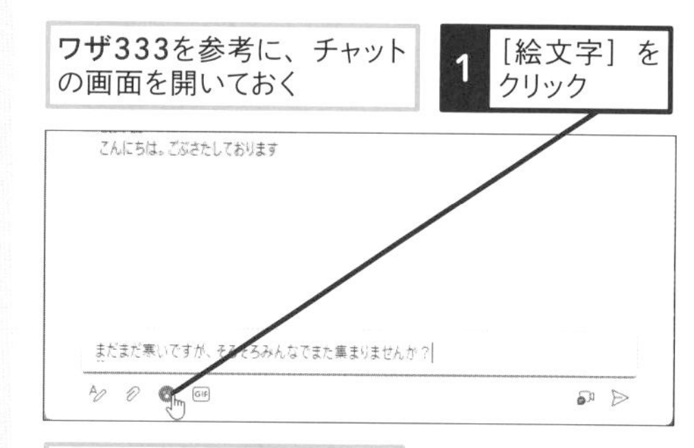

絵文字の一覧が表示された

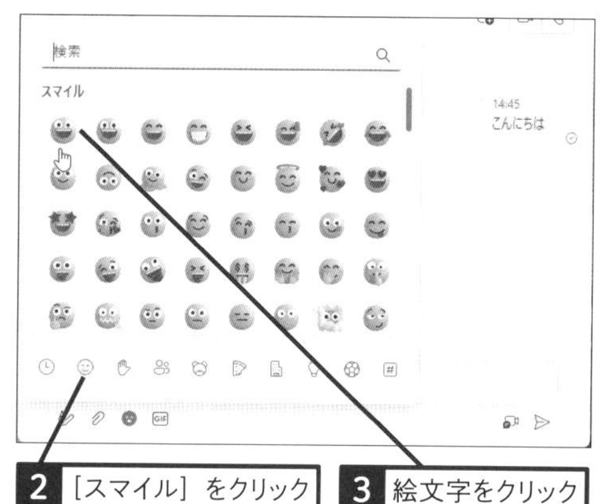

2 [スマイル]をクリック

3 絵文字をクリック

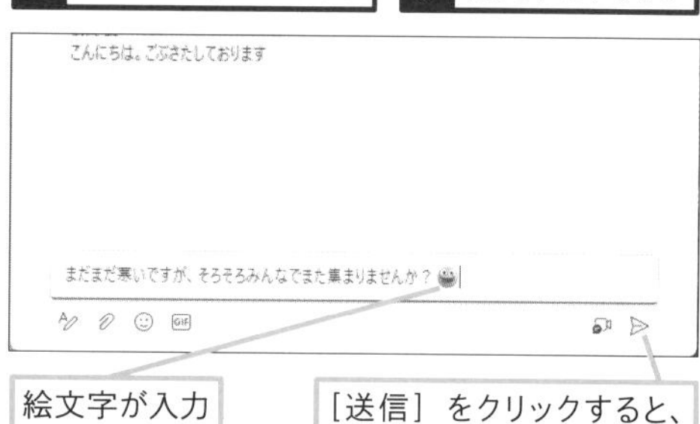

絵文字が入力された

[送信]をクリックすると、相手にメッセージを送れる

338

Home Pro
お役立ち度 ★★

Q 投票を作成するには

A 選択肢を設定します

チャット中にアンケートを採ったり、日程を調整したりしたいときは、投票を作成すると便利です。いくつかの選択肢を用意して、相手にクリックするだけで、選んでもらうことができます。投票は3人以上が参加するグループでのみ利用可能です。

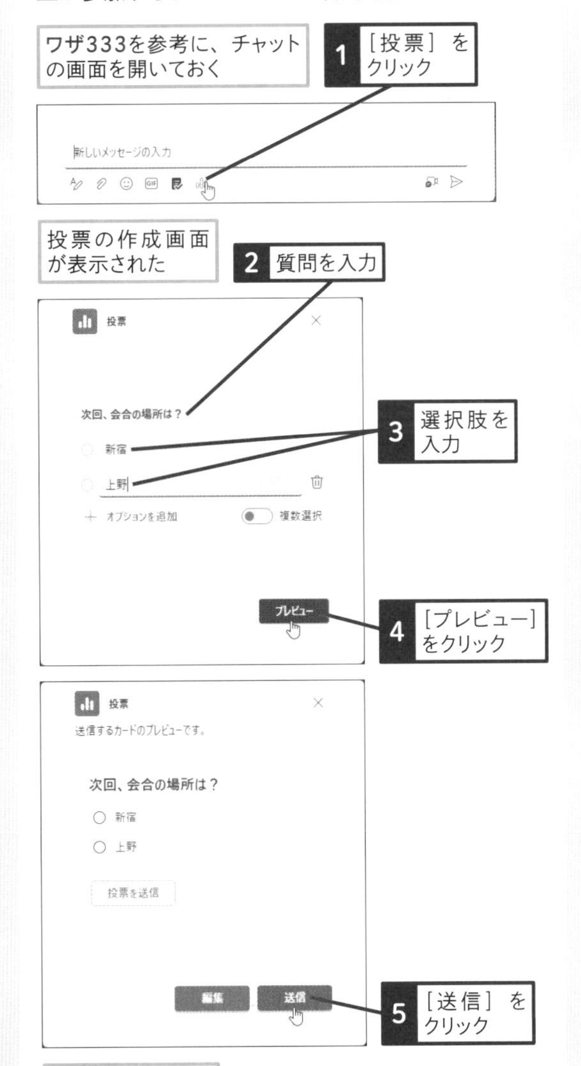

投票が作成される

339

Home Pro
お役立ち度 ★★

Q 相手と直接ビデオ通話するには

A 一覧から通話相手を選びます

［チャット］アプリでは文字だけでなく、音声と映像を使ったビデオ通話もできます。以下のように操作すると、チャット中の相手と直接、ビデオ通話をはじめられます。後からメンバーを追加したいときは**ワザ341**を参照してください。

タスクバーをクリックしてチャットを開いておく

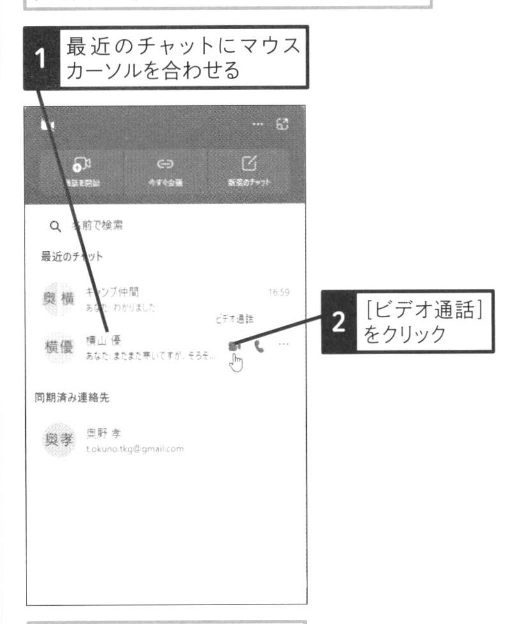

ビデオ通話画面が表示された

関連 341 ビデオ会議に招待するには ▸P.189

340

Home Pro
お役立ち度 ★★★

Q ビデオ会議を開始するには

A ［今すぐ会議］から実行します

複数のメンバーでビデオ会議をしたいときは、［今すぐ会議］からビデオ会議を開始します。最初は自分だけが参加したビデオ会議の画面が表示されます。準備ができたら、**ワザ341**を参考に、参加者を招待しましょう。

タスクバーをクリックして、チャットを開いておく

1 ［今すぐ会議］をクリック

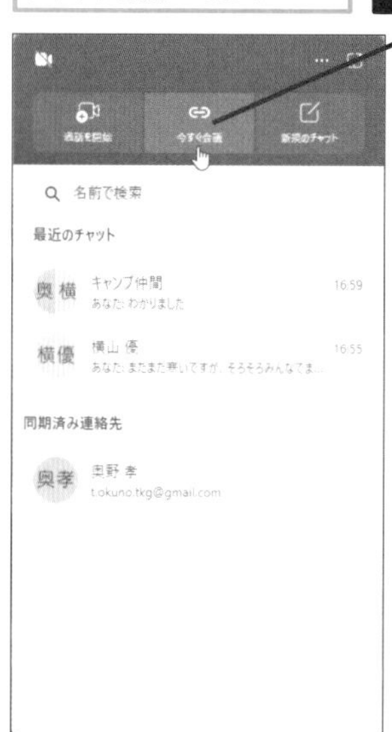

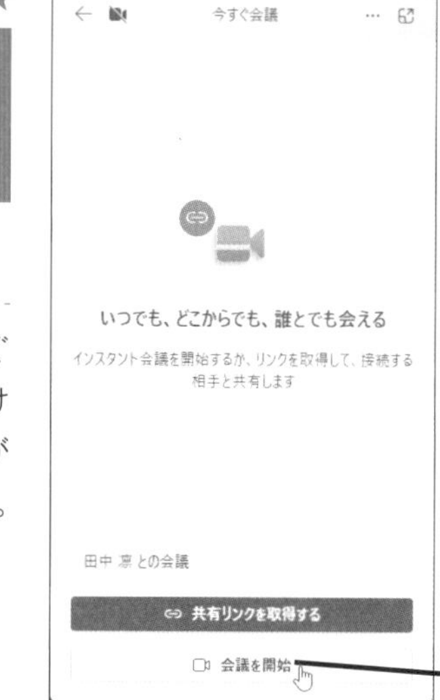

2 ［会議を開始］をクリック

ここではまだユーザーを招待しない

3 ここをクリック

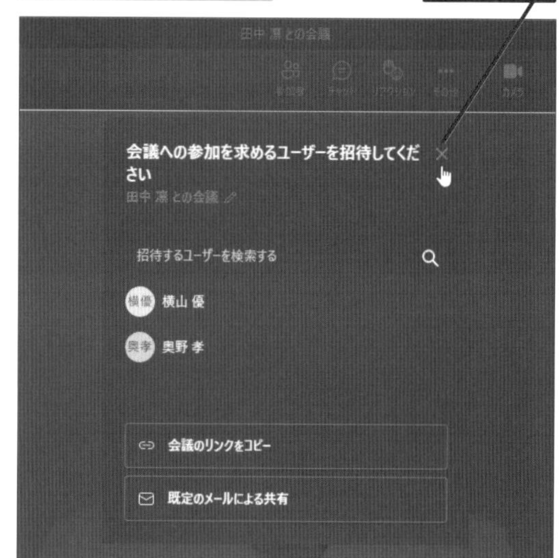

ビデオ会議の画面が表示され、自分が映し出された

ショートカットキー チャットの起動
⊞+C

関連 339 相手と直接ビデオ通話するには ▸P.187
関連 341 ビデオ会議に招待するには ▸P.189
関連 343 マイクやカメラをオン・オフにするには ▸P.190
関連 354 事前にビデオ会議の予定を登録するには ▸P.195

341

Home Pro

お役立ち度 ★★★

Q ビデオ会議に招待するには

A メールなどで招待できます

ビデオ会議には［参加者］から招待できます。一覧からメンバーを選択したり、リンクやメールで他のメンバーを招待したりできます。ビデオ会議にはMicrosoftアカウントを持っていないユーザーも招待できます。相手が参加すると、待機していることが通知されるので、会議の参加者であることを確認してから、参加を許可しましょう。

●ビデオ会議の途中で招待する

ワザ340の4枚目の画面を表示しておく

1 ［参加者］をクリック

2 ［招待を共有］をクリック

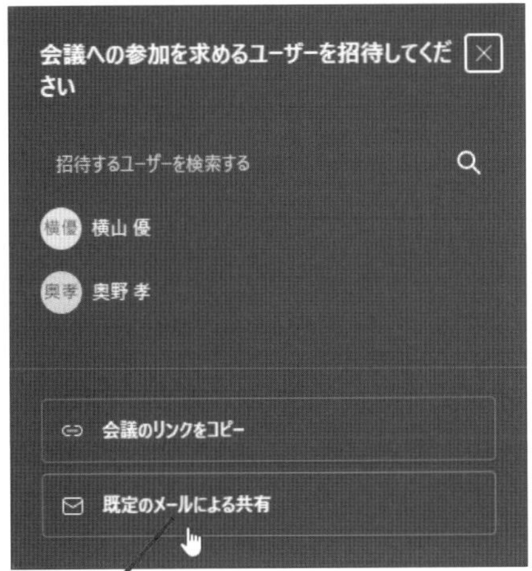

3 ［既定のメールによる共有］をクリック

［メール］アプリが起動するので、招待するユーザーにメールを送信する

●ビデオ会議を開始する前に招待する

ワザ340の3枚目の画面を表示しておく

ここではメールで招待する

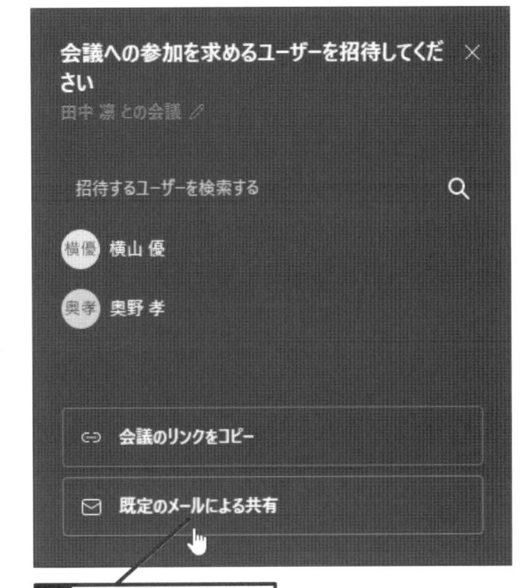

1 ［既定のメールによる共有］をクリック

［会議のリンクをコピー］をクリックすると、会議のリンクがクリップボードにコピーされるので、メールやチャットなどで送信してもよい

［メール］アプリが起動した

2 宛先を入力

3 ［送信］をクリック

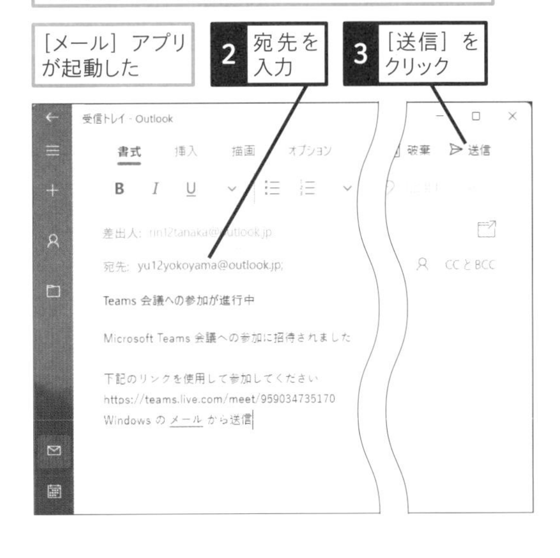

関連 340 ビデオ会議を開始するには ▸P.188

関連 354 事前にビデオ会議の予定を登録するには ▸P.195

342

Home Pro
お役立ち度 ★★

Q 背景を隠すには

A ［背景の効果］を設定します

ビデオ通話で自分の部屋の様子を映したくないときは、［背景の効果］を設定します。以下のように［会議］で接続前に設定するか、ビデオ通話開始後に［…（その他の操作）］から背景の効果を選んで設定しましょう。

ワザ340を参考に、［チャット］でビデオ会議を開始しておく

1 ［その他の操作］をクリック

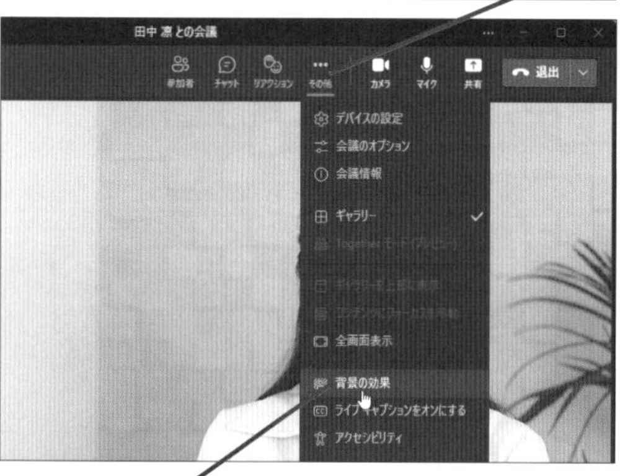

2 ［背景の効果］をクリック

3 ［ぼかし］をクリック

4 ［適用］をクリック

背景にぼかしが適用される

343

Home Pro
お役立ち度 ★★

Q マイクやカメラをオン・オフにするには

A アイコンをクリックします

自宅など、プライベートな環境から参加するときは、開始前にカメラをオフにした状態で参加するといいでしょう。参加後はカメラだけでなく、マイクもオフにできます。発言するとき以外はマイクをオフにすることで、雑音が入らず、スムーズに会議を進行できます。

●ビデオ会議の前にオン・オフを切り替える

1 ［Webカメラの電源をオフにする］をクリック

ワザ340を参考に、ビデオ会議に参加すると、カメラがオフの状態でビデオ通話が開始される

マイクをオフにするときは、下の手順を参考にする

●ビデオ会議中にオン・オフを切り替える

ワザ340を参考に、［チャット］でビデオ会議を開始しておく

［カメラ］と［マイク］をクリックすると、それぞれオフになる

ビデオ会議の途中でも、オフにできる

ショートカットキー
カメラのオン・オフ
Ctrl + Shift + O

344

Home Pro

お役立ち度 ★★

Q ビデオ会議中にチャットをするには

A ［チャット］画面を表示します

ビデオ会議中でも文字によるチャットが可能です。発言中の人を邪魔しないようにメッセージを入力したり、URLなどの情報を伝えたりしたいときは、画面上部の［チャット］をクリックしましょう。

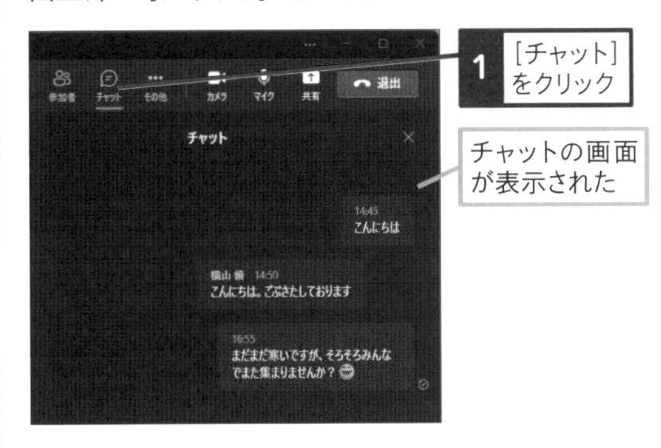

345

Home Pro

お役立ち度 ★★

Q アイコンで反応するには

A リアクションを送ります

ビデオ会議中に発言を求めたり、他の人の発言に同意を表すには、リアクションを使うと便利です。以下のように、アイコンを選ぶことで画面上に手のアイコンなどを表示できます。相手の発言を遮ることなく、自分の意志を伝えることができます。

クリックすると、［いいね!］［手を上げる］などのリアクションを画面に表示できる

346

Home Pro

お役立ち度 ★★

Q 会議の画面を変えるには

A Togetherモードを活用しましょう

通常、ビデオ会議では参加者の画面が個別に表示される［ギャラリー］モードで画面が表示されます。これを［Togetherモード］に切り替えると、同じ背景にすべての参加者が並んで表示されます。会議やオンライン授業などで使うと、より一体感が増すでしょう。

参加者が同一背景上に表示された

Togetherモードを解除したいときは、［その他の操作］をクリックして、［ギャラリー］をクリックする

347

Home Pro
お役立ち度 ★★

Q 画面を共有するには

A コンテンツを共有します

ビデオ会議などで、PowerPointの資料を画面に映したいときは、以下のように、アプリのウィンドウを共有します。選択したアプリのウィンドウが全員に表示されるため、資料を見せながらのプレゼンテーションができます。

1 [コンテンツを共有]をクリック

2 [ウィンドウ] をクリック

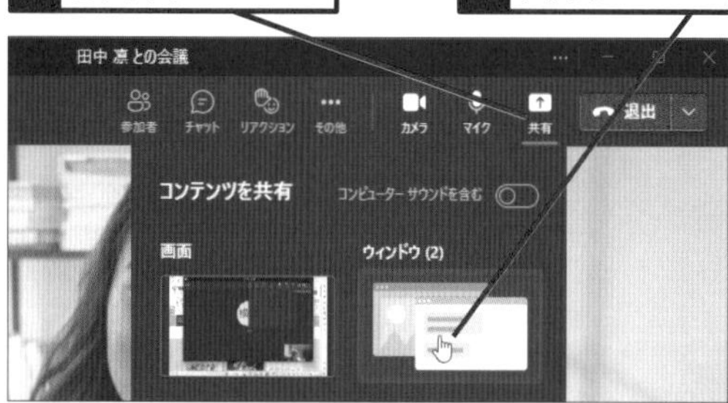

3 共有したい画面をクリック

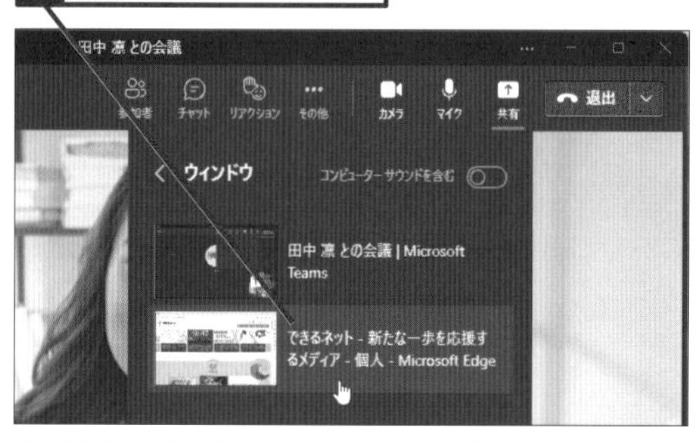

画面が共有された

共有された画面は赤枠で表示される

348

Home Pro
お役立ち度 ★★

Q 参加者を表示するには

A [参加者を表示] をクリックします

ビデオ会議に参加している人の一覧は、画面上部の[参加者を表示] で確認できます。また、この画面から、新しい参加者を招待したり、間違って参加してしまった人を削除したり、参加者のマイクをミュートしたりすることもできます。

1 [参加者を表示] をクリック

参加者の一覧が表示された

ここから参加者を会議に招待することもできる

ここをクリックすると、参加者の一覧が閉じる

関連 341 ビデオ会議に招待するには ▸ P.189

関連 349 ゲストの参加を許可するには ▸ P.193

349

Home Pro

お役立ち度 ★★

Q ゲストの参加を許可するには

A ロビーから許可します

ビデオ会議では意図しない人が参加することを防ぐため、招待された人が一旦、ロビーで待機するしくみになっています。以下のように、参加を希望する人が参加しようとすると、メッセージが表示されるので、参加の可否を選択しましょう。**ワザ348**の参加者の一覧から許可することもできます。

［参加許可］をクリックすると、ユーザーの参加を許可できる

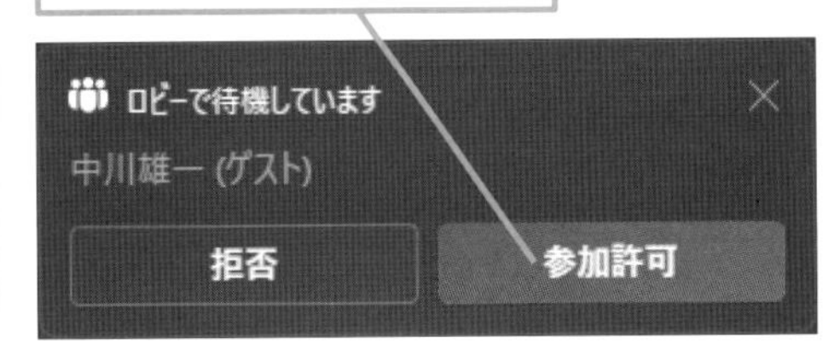

350

Home Pro

お役立ち度 ★★

Q ビデオ会議から退出するには

A ［退出］をクリックします

ビデオ会議を終了するときは、右上の［退出］ボタンを使います。［退出］を選択すると、自分が退出しても会議が続きます。［会議を終了］を選択すると、参加者全員が退出し、ビデオ会議が終了します。

1 ［退出］をクリック

ここをクリックして［退出］、または［会議を終了］を選ぶこともできる

351

Home Pro

お役立ち度 ★★

Q ステータスメッセージを変えるには

A 現在の状況を入力します

［チャット］アプリでは、自分の現在の状況を［ステータスメッセージ］として、他のユーザーに表示できます。作業に集中していて、邪魔されたくないときなどは、ステータスメッセージに記述しておくと、相手がそれを見て、チャットなどに招待することを避けてくれる可能性があります。

1 タスクバーの［チャット］をクリック

2 ［Teamsを開く］をクリック

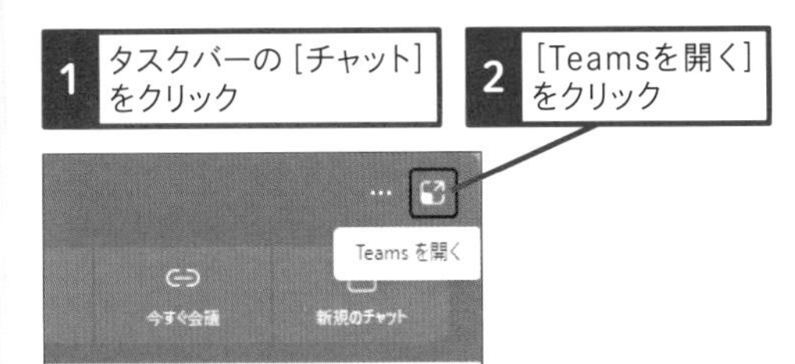

3 ここをクリック

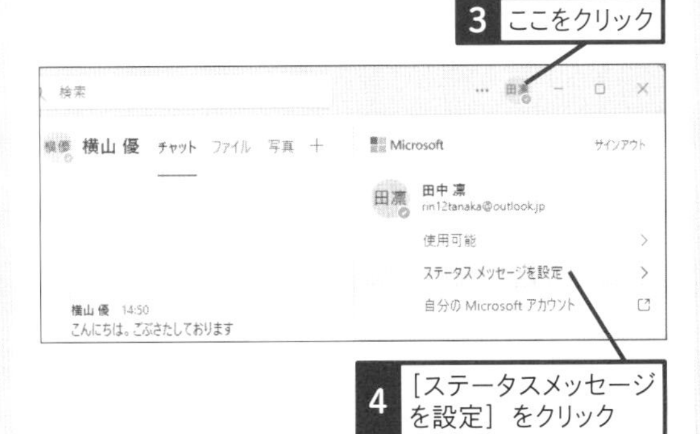

4 ［ステータスメッセージを設定］をクリック

5 ステータスメッセージを入力

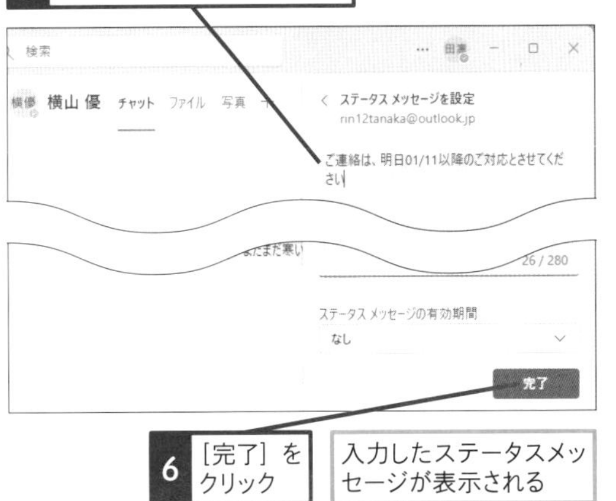

6 ［完了］をクリック

入力したステータスメッセージが表示される

[Teams] アプリの使いこなし

Teamsはマイクロソフトが提供するコミュニケーションツールです。TeamsにはMicrosoftアカウントで使う個人用、Microsoft 365で利用可能な法人用があります。

352

Home Pro

お役立ち度 ★★

Q Teamsを起動するには

A [チャット] アプリから起動できます

Windows 11には[チャット] アプリと連動する個人用の[Teams] アプリが搭載されています。[チャット] アプリのチャットやビデオ会議などの機能は、実際には[Teams] アプリで動作しており、[Teams] アプリを利用することで、さらにいろいろな機能を利用できます。[Teams] アプリは以下のように[チャット] アプリから起動できます。

1 タスクバーの[チャット]をクリック

2 [Teamsを開く]をクリック

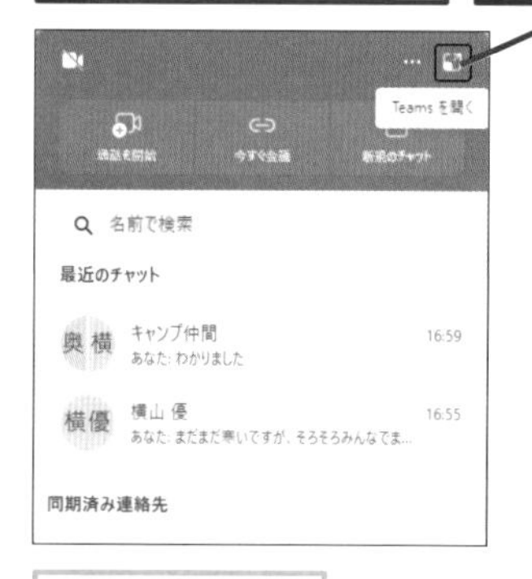

Teamsが起動した

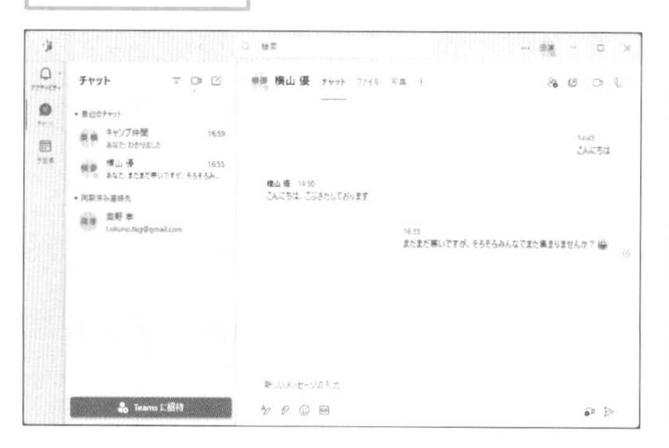

353

Home Pro

お役立ち度 ★★

Q Web版のTeamsを起動するには

A Office.comから起動できます

Teamsはブラウザーを使って、利用することもできます。Windows 11以外の環境では、Web版のTeamsをブラウザーで利用するといいでしょう。起動方法はいろいろあり、Office.comのWebページ(https://office.com) やMicrosoftアカウントのWebページから起動できます。

ワザ572を参考に、Microsoftアカウントにサインインしておく

1 [アプリ起動ツール] をクリック

2 [Teams] をクリック

Web版のTeamsが起動する

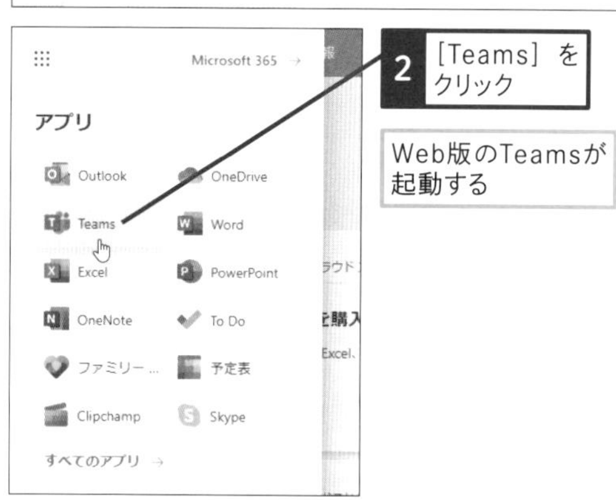

354

Home Pro

お役立ち度 ★★★

Q 事前にビデオ会議の予定を登録するには

A カレンダーに登録します

Teamsを使うと、今後、開催予定のビデオ会議の予定を登録することができます。[Teams] アプリで、[予定表] をクリックして、開催日に会議の予定を登録しましょう。参加者のメールアドレスを登録することで、メンバーを招待できます。登録した予定はOutlook.comの予定表でも確認できますが、招待した相手の予定表には自動的に追加されません。相手にはチャットやメールで通知されるので、そこから自分で追加する必要があります。

●予定を登録する

ワザ352を参考に [Teams] アプリを起動しておく

1 [予定表] をクリック

2 会議をする日時をクリック

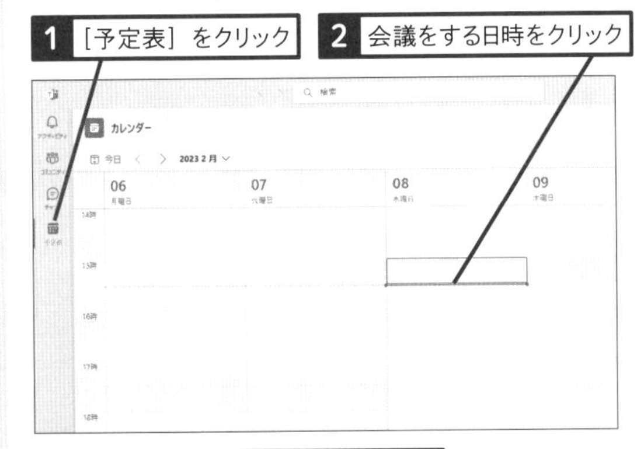

3 会議の詳細を入力

4 相手のメールアドレスを入力

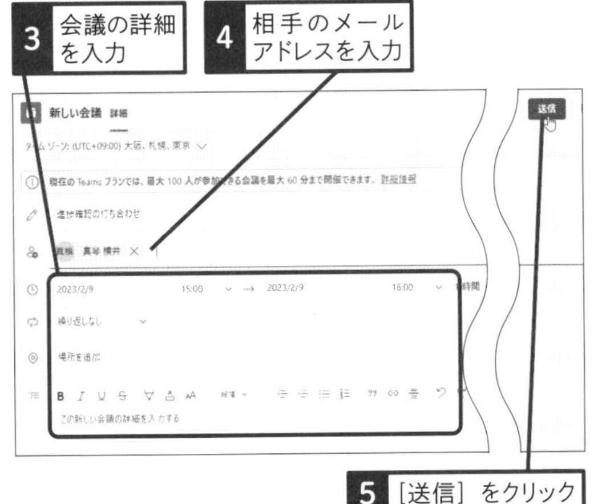

5 [送信] をクリック

6 ここをクリック

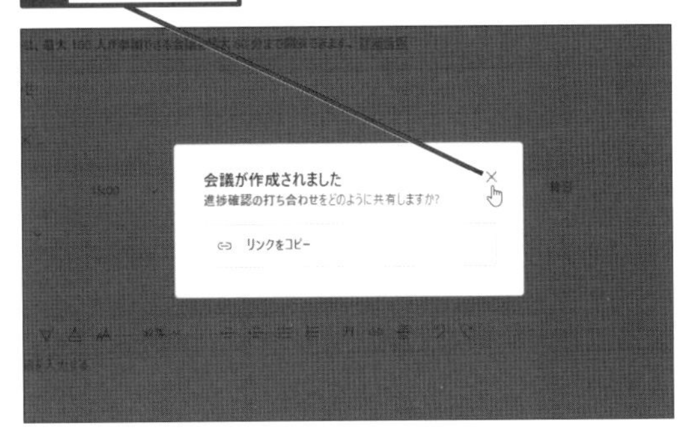

●登録された予定を確認する

1 [チャット] をクリック

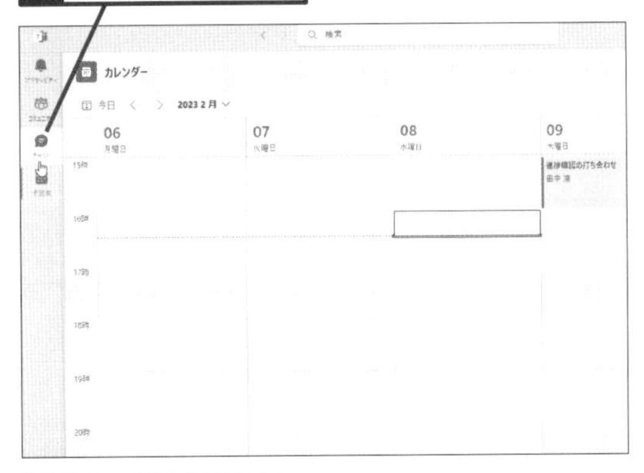

2 チャットのタイトルをクリック

3 ここをクリック

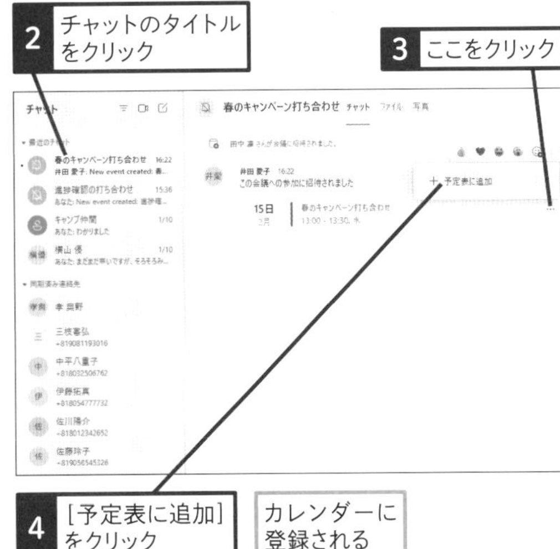

4 [予定表に追加] をクリック

カレンダーに登録される

関連352 Teamsを起動するには ▶P.194

基本ワザ / 文字入力と基本操作 / デスクトップとスタートメニュー / ファイルとフォルダー / インターネット / ビデオ会議・メール / スマートフォン連携 / アプリ / 写真・音楽・動画 / 印刷と周辺機器 / セキュリティとメンテナンス

355

Home Pro

お役立ち度 ★★★

Q 法人用Teamsを利用するには

A 法人用Teamsアプリにサインインします

Windows 11に搭載されている［Teams］は、Microsoftアカウントでのみ利用できる個人用のサービスです。会社や学校などの組織で契約している法人用のTeamsのアカウント（Microsoft 365のアカウント）では、サインインできません。会社や学校のTeamsにアクセスしたいときは、Web版のTeamsに法人用アカウントでサインインしましょう。サインイン後、デスクトップアプリをインストールすると、法人用Teamsをアプリで利用できます。この場合、法人用と個人用2つのTeamsが常駐することになります。

法人用アカウントでWeb版のTeamsにサインインしておく

1 ここをクリック

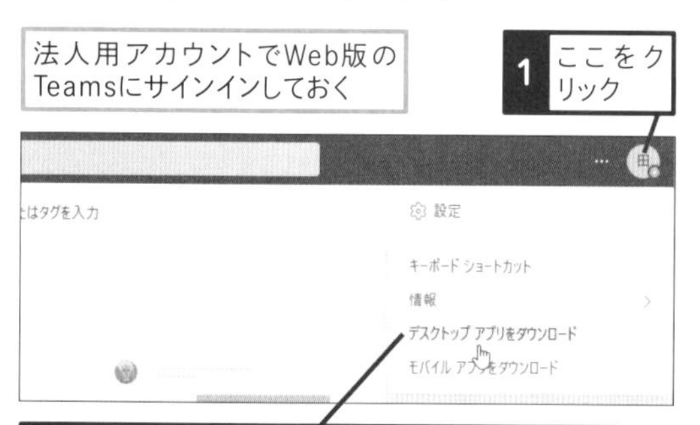

2 ［デスクトップアプリをダウンロード］をクリック

3 ダウンロードしたファイルをダブルクリックして、［Teams］アプリをインストールする

インストールが完了すると、「ようこそ」の画面が表示される

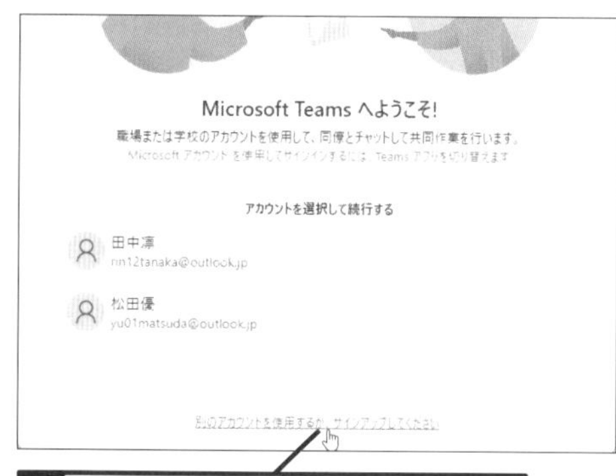

4 ［別のアカウントを使用するか、サインアップしてください］をクリック

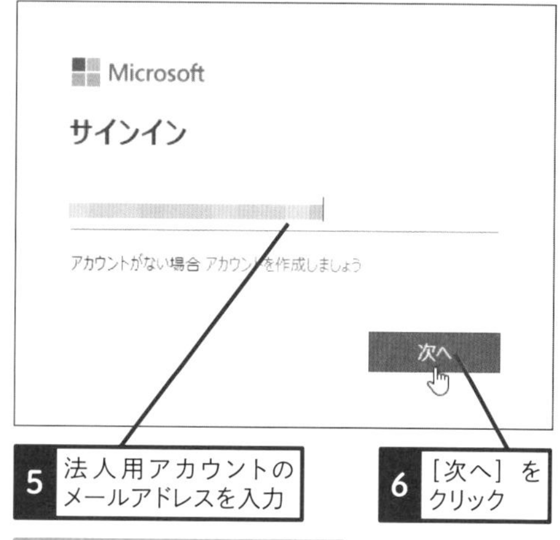

5 法人用アカウントのメールアドレスを入力

6 ［次へ］をクリック

画面に従って、設定を進める

7 表示された画面でパスワードを入力し、［サインイン］をクリック

8 表示された画面で、［OK］をクリック

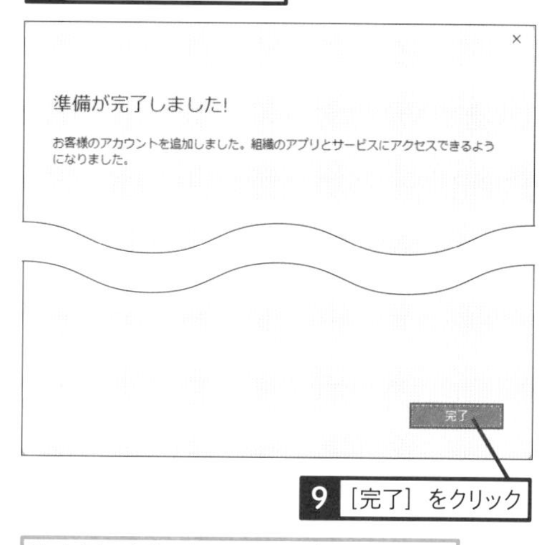

9 ［完了］をクリック

法人用アカウントのTeamsが表示された

関連 356 法人用Teamsと個人用Teamsを使い分けるには ▶P.197

356

Home Pro

お役立ち度 ★★☆

Q 法人用Teamsと個人用Teamsを使い分けるには

A アカウントを切り替えます

法人用のTeamsでは、メニューから個人用のTeamsに切り替えることができます。普段は会社の連絡に法人用Teamsを主に使いつつ、家族に連絡したいときなどに、以下の手順で個人用のTeamsに切り替えるといいでしょう。なお、Web版ではサインアウトとサインインが必要ですが、アプリではサインアウトすることなく、両方を同時に起動できます。

Web版のTeamsを表示しておく

1 アカウントのアイコンをクリック

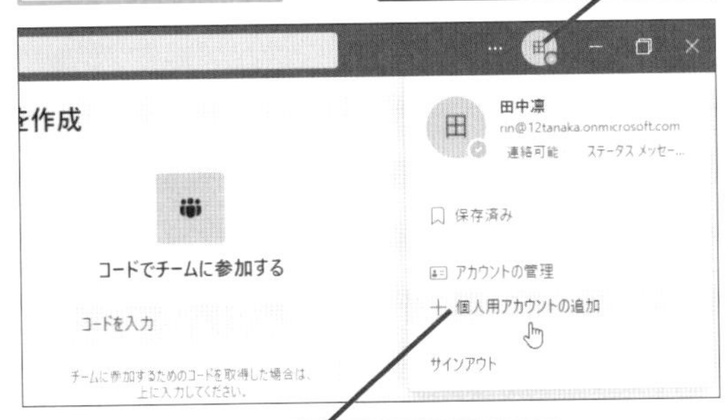

2 ［個人用アカウントの追加］をクリック

アカウントの切り替え画面が表示された

3 個人用のアカウントをクリック

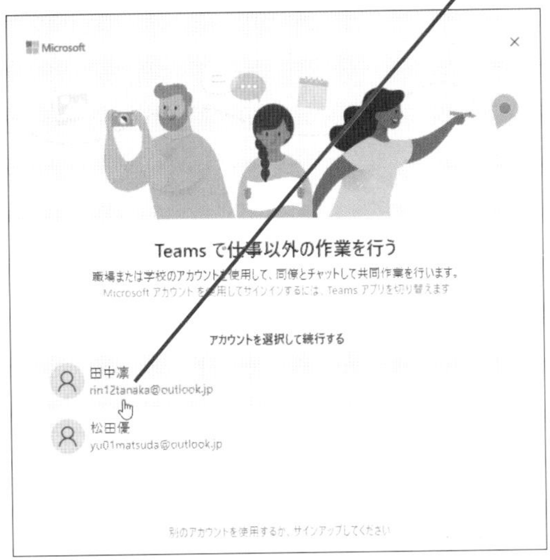

357

Home Pro

お役立ち度 ★★☆

Q スマートフォン版のTeamsを利用するには

A アプリをインストールします

Teamsはスマートフォンでも利用できます。外出先など、パソコンが使えない環境でも友だちや家族とチャットやビデオ通話をしたいときは、スマートフォンにアプリをインストールし、パソコンと同じMicrosoftアカウントでサインインしましょう。

●Androidスマートフォンの場合

［Google Play］から［Microsoft Teams］アプリをインストールできる

●iPhoneの場合

［App Store］から［Microsoft Teams］アプリをインストールできる

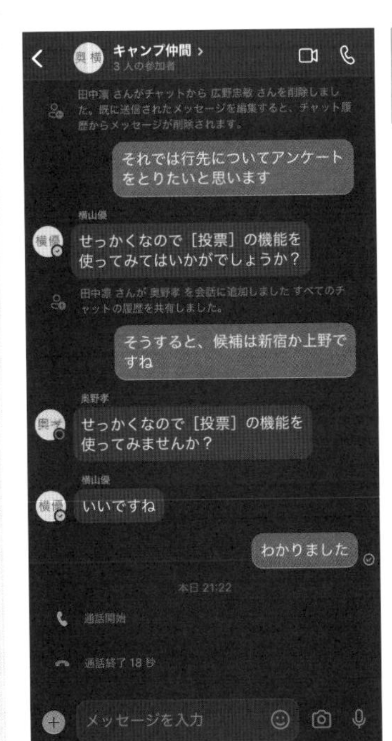

スマートフォンからもチャットや会議ができる

［メール］アプリの使いこなし

Windowsには Outlook.comやGmailなど、いろいろなメールを利用できる［メール］アプリが用意されています。ここでは［メール］アプリを使うときに便利なテクニックを説明します。

358

Home Pro

お役立ち度 ★★

Q Windowsでメールを利用するには

A ［メール］やOutlook、Webメールを使えます

Windowsには標準で［メール］アプリが用意されています。Outlook.comやGmail、iCloudなどのメールサービスに加えて、プロバイダーのメールも扱える無料のアプリです。メールの送受信に活用しましょう。Officeがインストールされているときは［Outlook］アプリを使うこともできます。このほか、Outlook.comやGmailなどのWebメールサービスを利用する方法もあります。Webメールサービスを使えば、ブラウザーでメールの送受信ができるので、スマートフォンを使って、どこからでもメールを確認したり、メールを送信できます。Microsoftアカウントがあれば、Outlook.comのWebメールはそのまま利用できます。

●［メール］アプリ

［メール］アプリはスタートメニューか、タスクバーから起動する

シンプルなデザインで、タッチ操作でも快適に使える

●Outlook.com

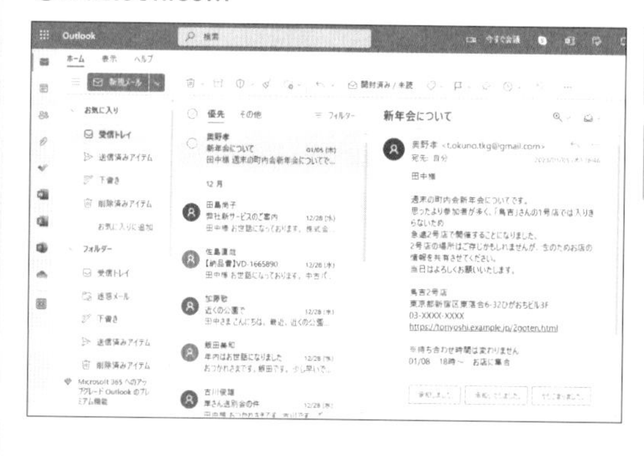

ブラウザーがあれば、どこからでもアクセスできる

フォルダーの作成やメールの振り分けなどを設定できる

関連 359 ［メール］アプリを起動するには ▸P.199
関連 388 Outlook.comにサインインするには ▸P.211
関連 420 スマートフォンで作ったメールをパソコンで送信するには ▸P.228
関連 421 パソコンで作ったメールをスマートフォンで送信するには ▸P.229

359

Home Pro

お役立ち度 ★★★

Q ［メール］アプリを起動するには

A スタートメニューから起動します

［メール］アプリはスタートメニューのアイコンから起動できます。初回起動時は利用するアカウントを設定しましょう。よく使うときは、タスクバーにピン留めしておくと便利です。

ワザ015を参考に、スタートメニューを表示しておく

1 ［メール］アプリのアイコンをクリック

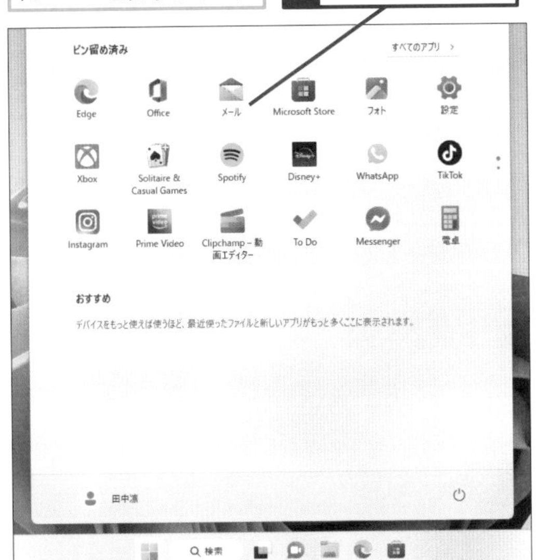

受信トレイが表示された

360

Home Pro

お役立ち度 ★★★

Q 新着メールを手軽に確認する方法は？

A 通知から確認できます

［メール］アプリは新しいメールが届くと、通知が表示されます。また、タスクバーの右端をクリックして、通知の一覧でも新着メールを確認できます。このほか、［メール］アプリをタスクバーにピン留めしておくと、アイコンの右上の数字でも新着メールを確認できます。

1 新着メールの通知をクリック

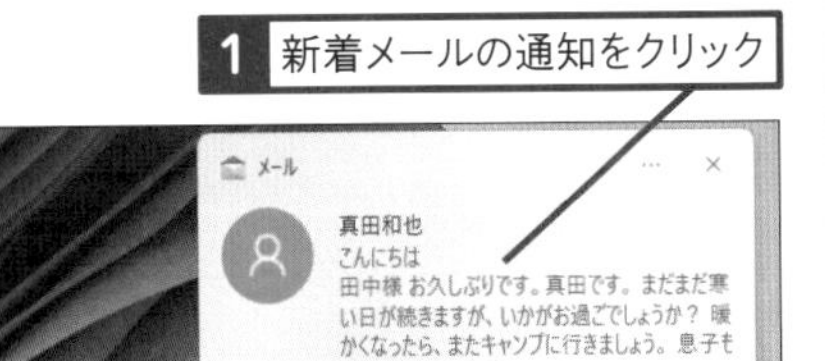

［メール］アプリが起動して、新着メールを確認できる

361

Home Pro

お役立ち度 ★★★

Q 受信トレイの［優先］にはどんなメールが入るの？

A 重要と判断されたメールが表示されます

受信トレイに届いたメールは、［優先］と［その他］に自動的に振り分けられます。過去のメールの受信状況やメールの送信元などから、優先的に読む必要があると判断されたメールが［優先］に表示され、重要なメールを見逃しにくくなります。

重要なメールだけが［優先］に表示される

［その他］をクリックすると、［優先］以外の受信メールを表示できる

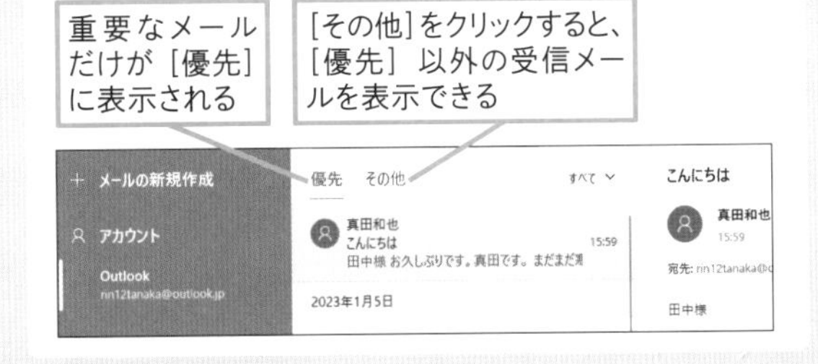

362

Home Pro
お役立ち度 ★★★

Q メールを作成するにはどうしたらいい？

A ［メールの新規作成］をクリックします

新しくメールを作成するには、画面左上の［メールの新規作成］をクリックします。メールの新規作成画面が表示されたら、［差出人］のメールアドレスを確認して、宛先と件名、本文を入力しましょう。作成したメールを送信するには、画面右上の［送信］をクリックします。送信したメールは［送信済み］フォルダーに保存されるので、いつ、どのような内容のメールを送ったのかを確認できます。なお、［メール］の画面はウィンドウのサイズによって表示が違い、［メールの新規作成］ではなく、［＋］と表示されることがあります。

1 ［メールの新規作成］、または［＋］をクリック

新規メールの作成画面が表示された

2 宛先や件名、本文を入力

3 ［送信］をクリック

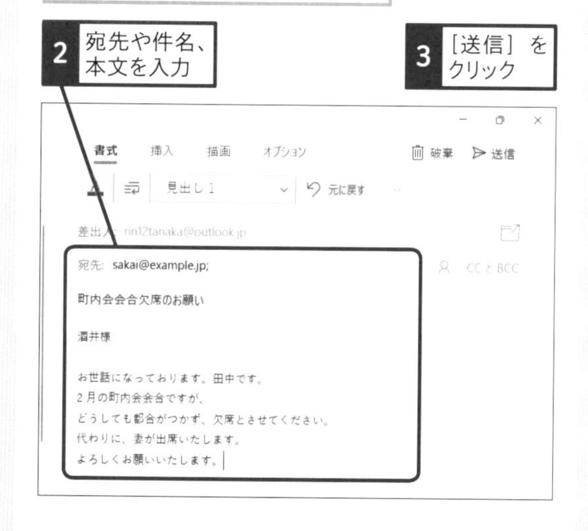

ショートカットキー メールの新規作成
Ctrl＋N

363

Home Pro
お役立ち度 ★★

Q 作成途中のメールをあとで編集するには

A ［下書き］から選びます

作成途中のメールは、自動的に下書きとして保存されます。メールの作成を中断したいときは、［戻る］をクリックしたり、別のフォルダーを選択したりして、画面を切り替えても構いません。［戻る］はウィンドウのサイズにより、表示されないことがあります。あとで［下書き］を開き、続きを編集しましょう。

メールを途中まで作成しておく

1 ほかのメールをクリック

作成を中断したメールが下書きとして保存された

2 ［下書き］をクリック

［下書き］フォルダーが表示された

クリックすると、下書きを編集できる

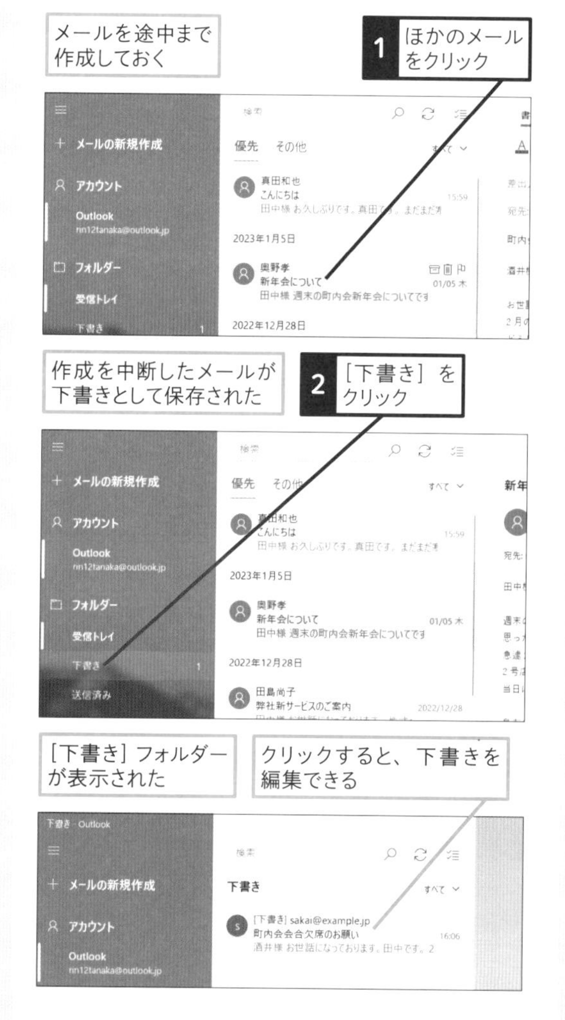

関連 421 パソコンで作ったメールをスマートフォンで送信するには ▶P.229

364

Home Pro
お役立ち度 ★

Q 「CC」はどういうときに使えばいい？

A 控えをほかの人に送信する際に使います

CCは「Carbon Copy」（カーボンコピー）の略です。メールの控えをほかの人にも送信したいときに使います。CCにメールアドレスを指定すると、宛先に送信した内容と同じメールがCCのメールアドレスにも送信されます。なお、メールを返信するときには、通常は宛先だけに返信され、CCに指定されているメールアドレスには返信されません。

1 ［CCとBCC］をクリック

［CC］［BCC］の入力欄が表示された

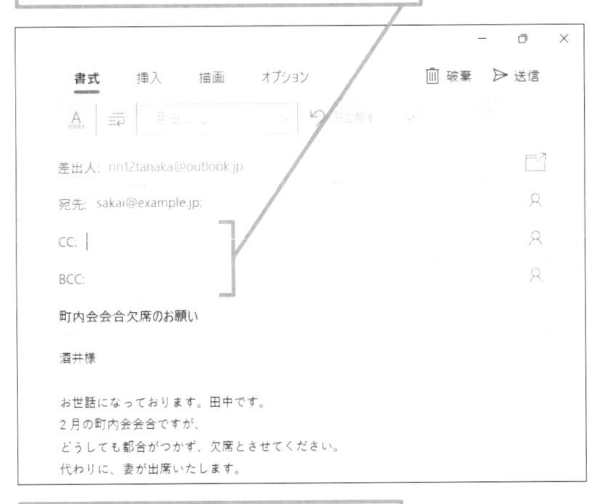

控えを送信したいメールアドレスを入力できる

365

Home Pro
お役立ち度 ★

Q 「CC」と「BCC」って何が違うの？

A 「BCC」はほかの受信者に表示されません

CC、BCC（Blind Carbon Copy）にメールアドレスを指定すると、宛先に送信したメールと同じ内容のメールが送信されます。どちらもメールの控えを送信しますが、CCはメールの受信者がほかの誰がメールを受け取ったのか知ることができます。一方、BCCに指定されたメールアドレスは、ほかの受信者にはわかりません。多くの相手にお知らせなどを同報でメールを送りたいときは、その相手のメールアドレスをBCCに指定しましょう。

366

Home Pro
お役立ち度 ★

Q 同じ内容のメールを複数の人に送信するには

A カンマで区切って宛先を入力します

メールを複数の相手に送りたいときは、［宛先］に複数の宛先のメールアドレスを「,」（カンマ）で区切って入力します。［メール］アプリでは、「;」（セミコロン）で区切ることができます。

1 複数のメールアドレスを入力

複数の相手に同じメールを送信できる

367

Home Pro
お役立ち度 ★★★

Q メールにファイルを添付したい

A ［挿入］-［ファイル］をクリックします

メールにファイルを添付するには、［挿入］タブから実行します。メールで写真を送りたいときなどは、写真を添付ファイルとして追加しましょう。さまざまなファイルを添付できますが、アプリなどの実行ファイルは添付できません。

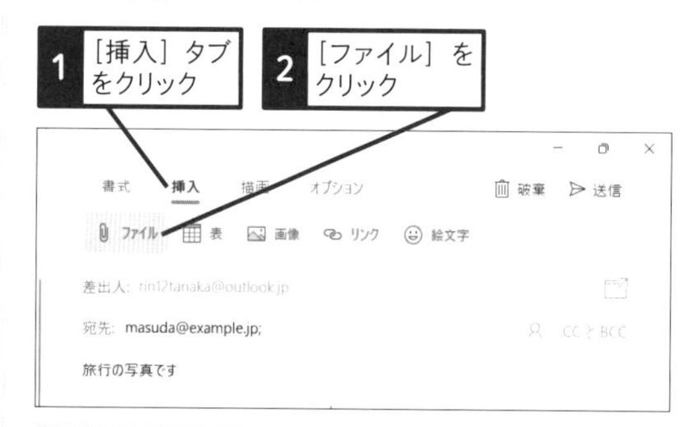

［開く］ダイアログボックスが表示されたら添付したいファイルを選択する

368

Home Pro
お役立ち度 ★★

Q 添付できるファイルの最大サイズは？

A アプリやメールサービスで違います

メールアプリやメールサービスには添付できるファイルサイズに制限があり、制限を超えたファイルは添付できません。たとえば、［メール］アプリでは33MBが限度です。詳しいサイズについてはアプリのヘルプやサービスのWebページで確認できます。大きいサイズのファイルを送りたいときはOneDriveなどのクラウドストレージに保存して、共有したURLを伝えましょう。

関連 219 OneDriveに保存したファイルを共有するには ▶P.128

369

Home Pro
お役立ち度 ★★★

Q 受信したメールを読む方法を知りたい

A 一覧で読みたいものをクリックします

［メール］アプリの一覧から読みたいメールをクリックすると、メールの内容が表示されます。件名が青い太字で表示されたメールは、未読のメールです。メールを開いて、内容を確認しましょう。

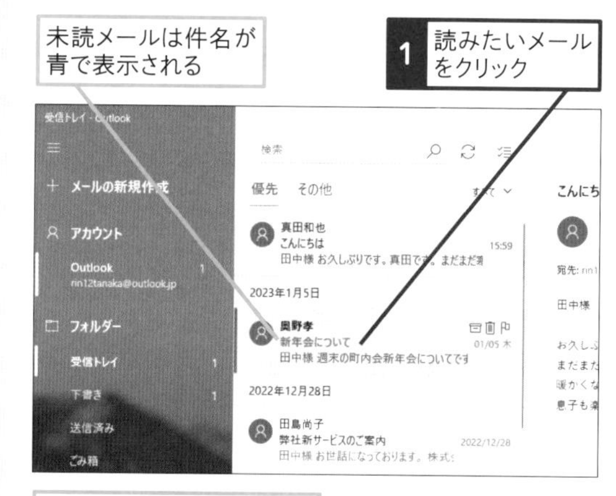

メールの内容が表示された

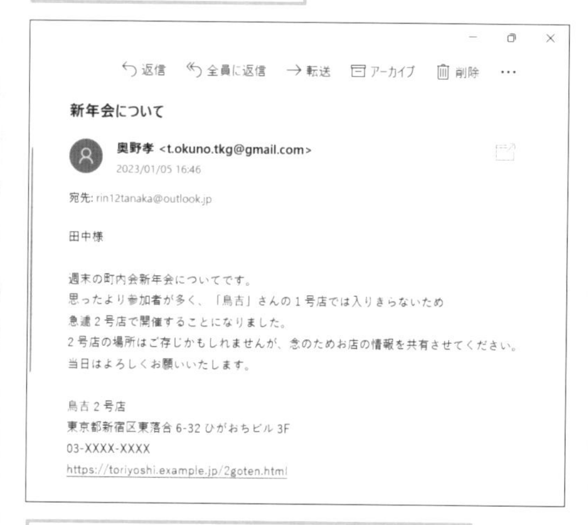

［メール］アプリのウィンドウが大きいときは、画面右側に内容が表示される

関連 359 ［メール］アプリを起動するには ▶P.199

370

Home Pro

お役立ち度 ★★☆

Q メールに返信するには

A ［返信］をクリックします

届いたメールに返信したいときは、返信したいメールを表示した状態で、［返信］をクリックすると、メールの作成画面が表示されます。また、複数の宛先のメールで、全員に対して返信を送りたいときは、［全員に返信］をクリックします。届いたメールをほかの人に転送したいときは［転送］をクリックします。

ワザ369を参考に、返信したいメールの内容を表示しておく

1 ［返信］をクリック

CCの相手も宛先に含めるには［全員に返信］をクリックする

返信メールの作成画面が表示された

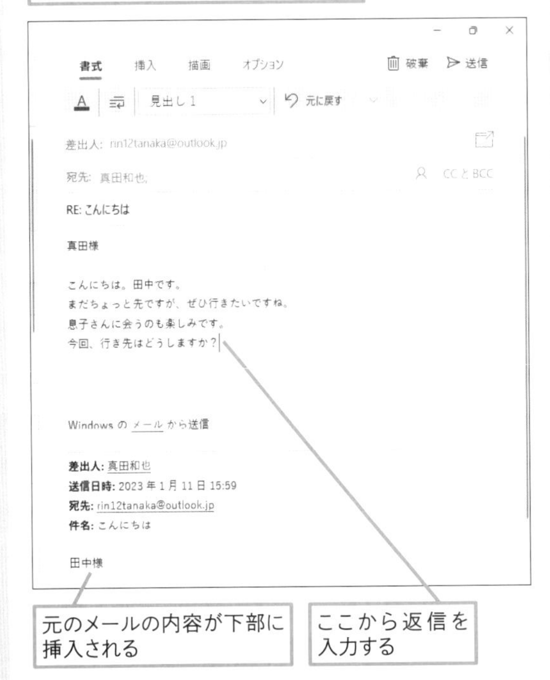

元のメールの内容が下部に挿入される

ここから返信を入力する

371

Home Pro

お役立ち度 ★★☆

Q メールのやり取りを確認するには

A スレッドを展開して表示しましょう

［メール］アプリでは返信を重ねた一連のやり取りが「スレッド」と呼ばれるまとまりとして、一覧で表示されます。［受信トレイ］にある返信を送信したメールをクリックすると、元々、受け取ったメールと返信したメールがスレッドとして、表示されます。話題ごとにやり取りを簡単に確認できます。

スレッド化されたメールの件名には［>］が表示されている

1 メールをクリック

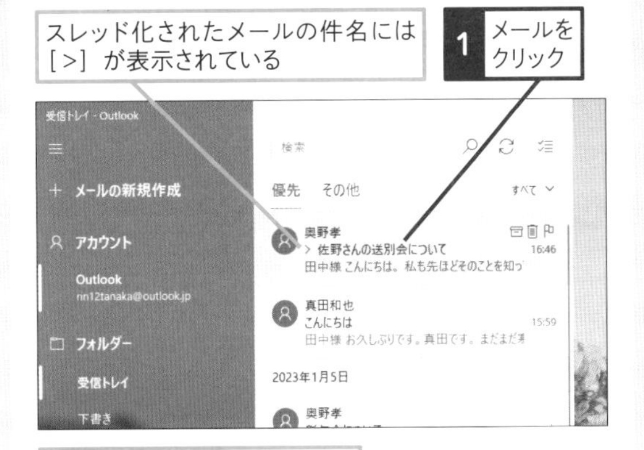

返信でやり取りしたメールの一覧が表示された

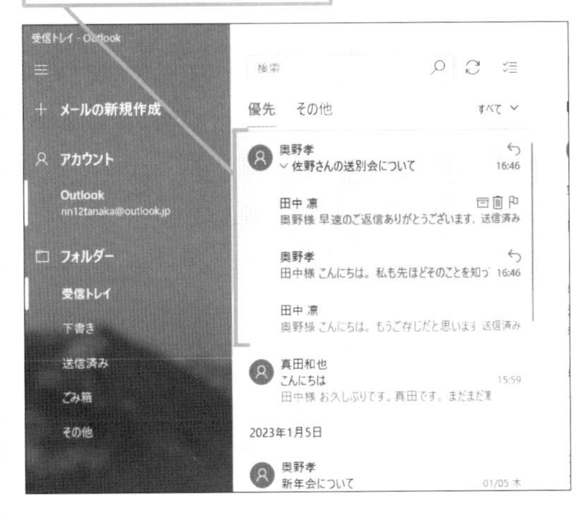

関連 369 受信したメールを読む方法を知りたい ▸ P.202

関連 370 メールに返信するには ▸ P.203

372

Home Pro

お役立ち度 ★★

Q メールを印刷するには どうすればいい？

A ［アクション］から印刷を実行します

メールを印刷するには、［アクション］-［印刷］をクリックして、印刷ウィンドウを表示します。印刷ウィンドウでは、印刷するプリンターを選択できるほか、印刷するページや部数、用紙のサイズや向きなどの指定ができます。

ショートカットキー 印刷 Ctrl＋P

関連536 印刷するプリンターを変更したい ▶P.289

ワザ368を参考に、印刷したいメールを表示しておく

1 ［アクション］をクリック

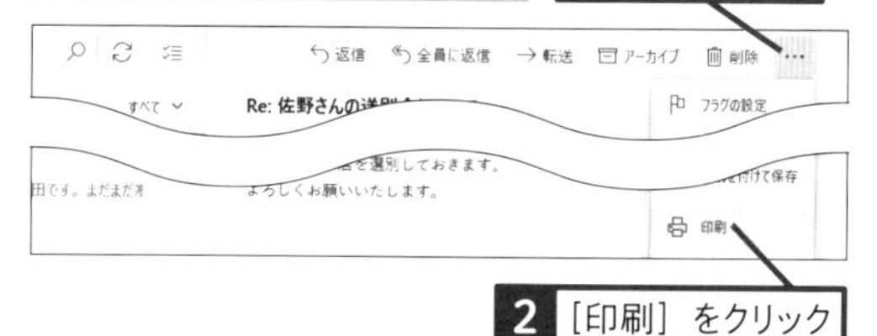

2 ［印刷］をクリック

メールの印刷画面が表示された

［印刷］をクリックすると、印刷が実行される

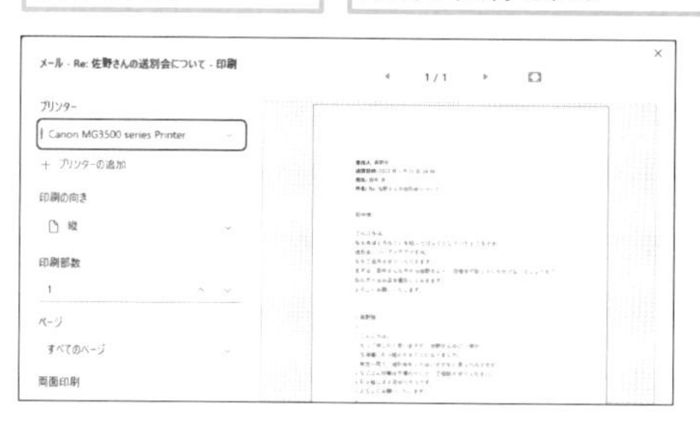

373

Home Pro

お役立ち度 ★★

Q 重要なメールに目印を付けるには

A 「フラグ」を設定しましょう

重要なメールに「フラグ」と呼ばれる目印を付けておくと、そのメールを見つけやすくなるので便利です。友だちや家族から届いた大切なメール、忘れてはいけない要件のメールにフラグを付けておきましょう。フラグはどの画面からでも簡単に付けられます。

●閲覧中のメールにフラグを付ける

ワザ369を参考に、フラグを付けたいメールを表示しておく

1 ［アクション］をクリック

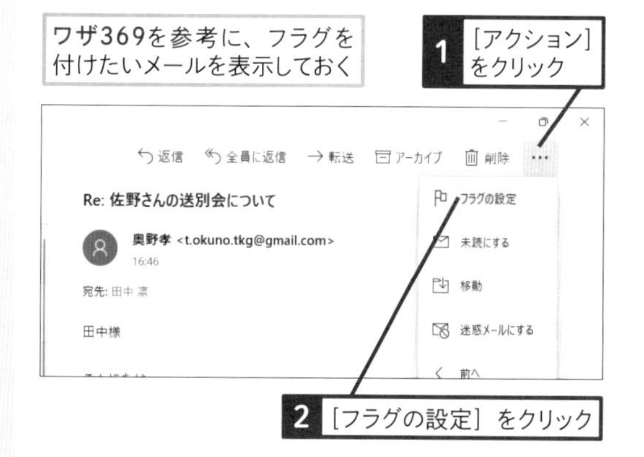

2 ［フラグの設定］をクリック

●マウス操作でメールの一覧からフラグを付ける

1 フラグを付けたいメールにマウスポインターを合わせる

2 ここをクリック

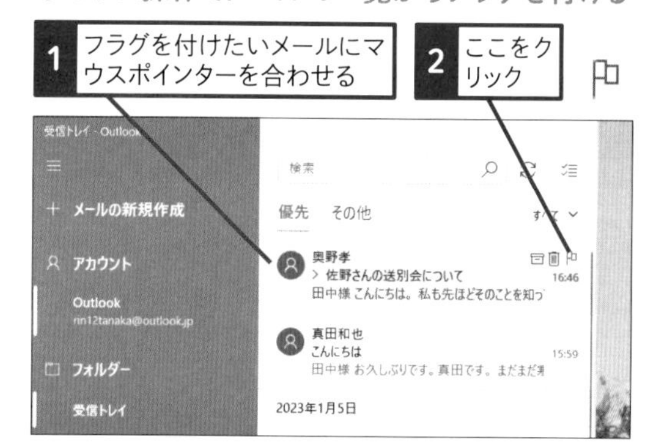

●タッチ操作でメールの一覧からフラグを付ける

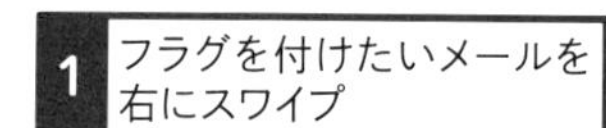

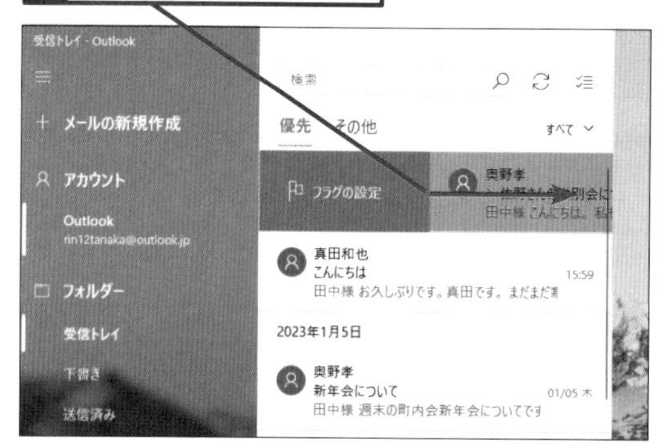

374

Home Pro
お役立ち度 ★★☆

Q メールを検索するには

A 検索ボックスにキーワードを入力します

メールを検索するには、検索ボックスをクリックしてから、検索ボックスに探したいキーワードを入力します。結果に、入力したキーワードが含まれているメールが一覧で表示されます。[メール] アプリでは Ctrl + E キーですぐに検索ボックスを表示できます。

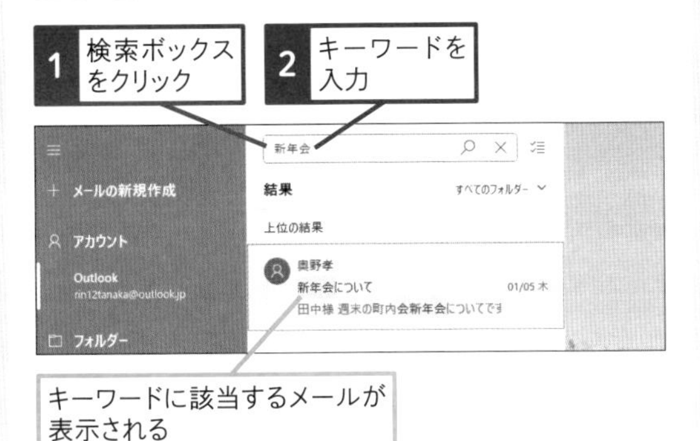

375

Home Pro
お役立ち度 ★★☆

Q メールを分類するには

A フォルダーを作って分類しましょう

メールのフォルダーはメールを分類するときに役立ちます。フォルダーは簡単に作ることができますが、あまりたくさんのフォルダーを作ると、メールの管理が難しくなってしまうので、気をつけましょう。

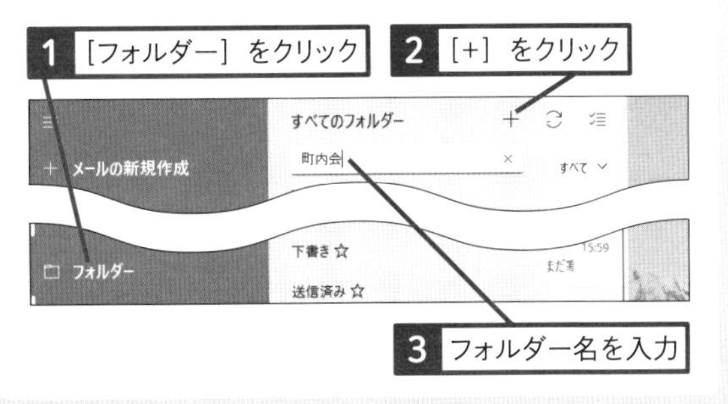

376

Home Pro
お役立ち度 ★★☆

Q すべてのフォルダーを表示するには

A メニューの [その他] をクリックします

[メール] アプリではメニューの [その他] をクリックすると、フォルダーの一覧を表示できます。メールをフォルダーに振り分けしているときやフォルダーを参照するときに使いましょう。

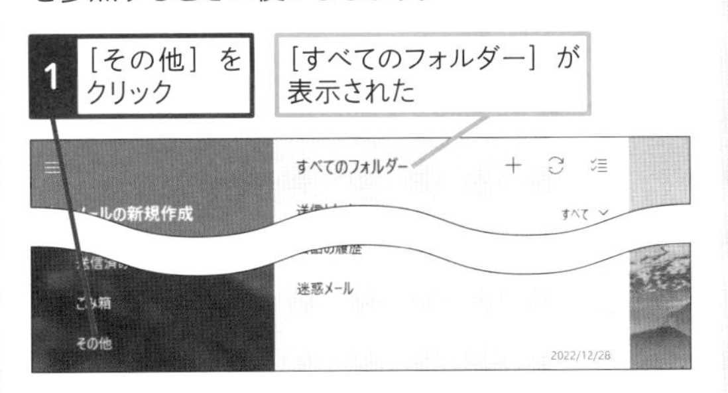

377

Home Pro
お役立ち度 ★★☆

Q フォルダーをメニューに追加するには

A [お気に入りに追加] を選びましょう

[メール] アプリの左側に常に表示されているメニューには、すべてのフォルダーが表示されているわけではありません。[すべてのフォルダー] からお気に入りに追加することで、メニューに特定のフォルダーを表示できます。

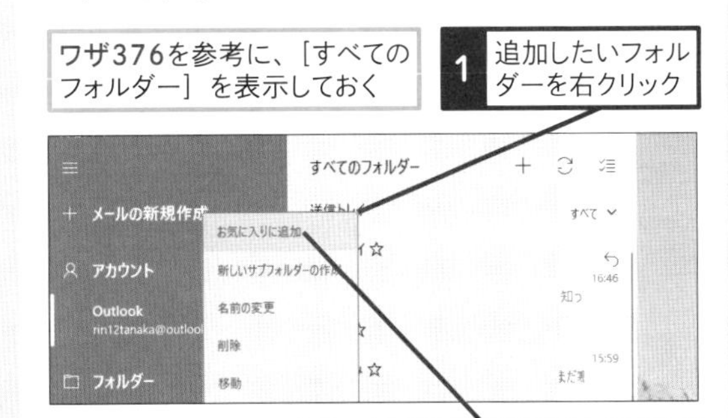

基本ワザ / 文字入力と基本操作 / デスクトップとスタートメニュー / ファイルとフォルダー / インターネット / ビデオ会議・メール / スマートフォン連携 / アプリ / 写真・音楽・動画 / 印刷と周辺機器 / セキュリティとメンテナンス

378

Home Pro

お役立ち度 ★★

Q フォルダーにメールを移動するには

A 一覧からドラッグ&ドロップします

あとで読み返したいメールを探しやすくするには、メールをフォルダーに振り分けて管理する方法が便利です。たとえば、仕事のメールは［仕事］に、家族のメールは［家族］フォルダーに入れておけば、管理が楽です。なお、フォルダーの一覧で［+］をクリックすると、新しいフォルダーを作成できます。

1 移動したいメールを［その他］へドラッグ

クリックしたボタンはそのまま離さないでおく

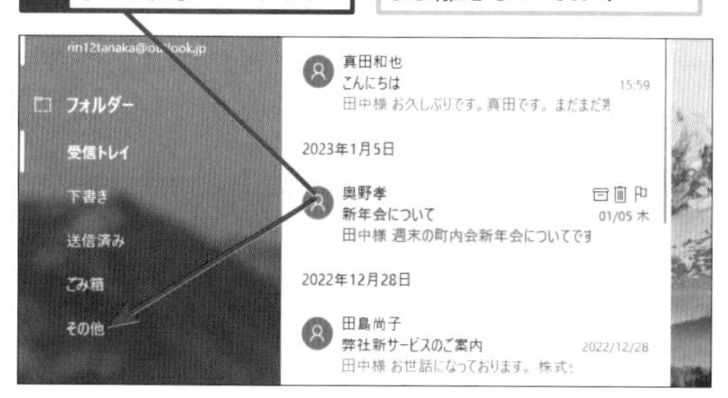

［移動先］にフォルダーの一覧が表示された

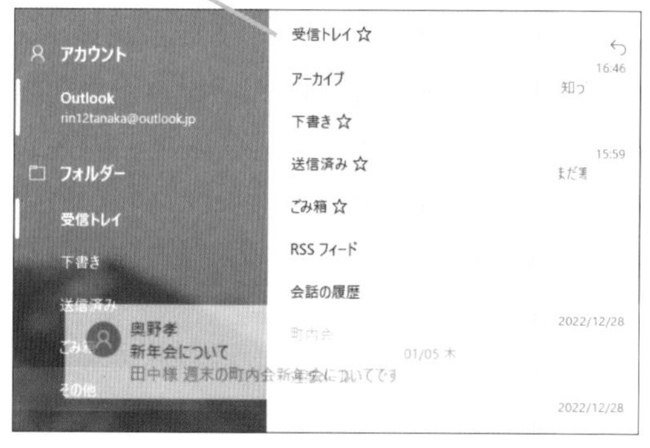

2 そのままドラッグして、移動したいフォルダーでドロップ

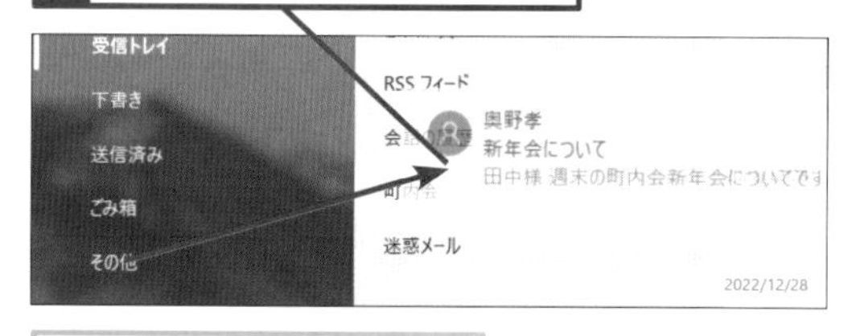

フォルダーにメールが移動する

379

Home Pro

お役立ち度 ★★

Q 複数のメールを選択するには

A Ctrlキーを押しながら、クリックします

メールをまとめてフォルダーに移動するには、複数のメールを選択してから、作業します。マウス操作のときは、ファイルを選択するときと同様に、Ctrlキーを押しながら、メールをクリックすると簡単です。タッチ操作の場合は、複数選択モードに切り替えてから、メールをタップしましょう。

●マウス操作の場合

1 Ctrlキーを押しながらクリック

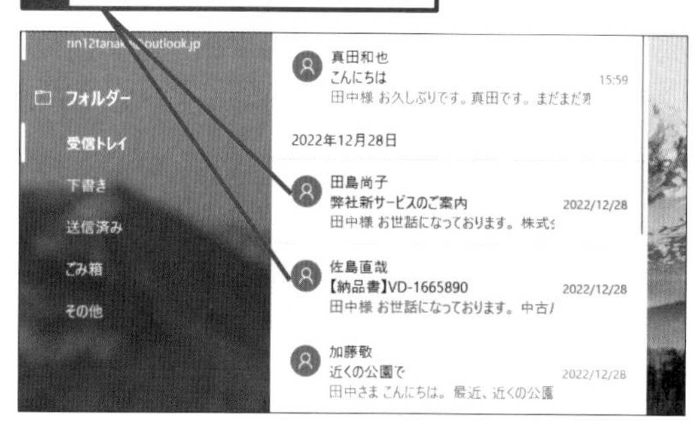

●タッチ操作の場合

1 ここをタップ

複数選択モードに切り替わった

2 選択したいメールをタップ

380

Home Pro

お役立ち度 ★★☆

Q 受信トレイから メールを消すには

A アーカイブして非表示にしましょう

必要のないメールを整理したいときは、メールをアーカイブ（受信トレイから［アーカイブ］へ移動）しましょう。アーカイブしたメールは受信トレイに表示されなくなりますが、削除されるわけではありません。［アーカイブ］フォルダーにメールが保管され、いつでも参照したり、検索したりできます。

●マウス操作の場合

1 非表示にしたいメールにマウスポインターを合わせる

2 ［このアイテムをアーカイブする］をクリック

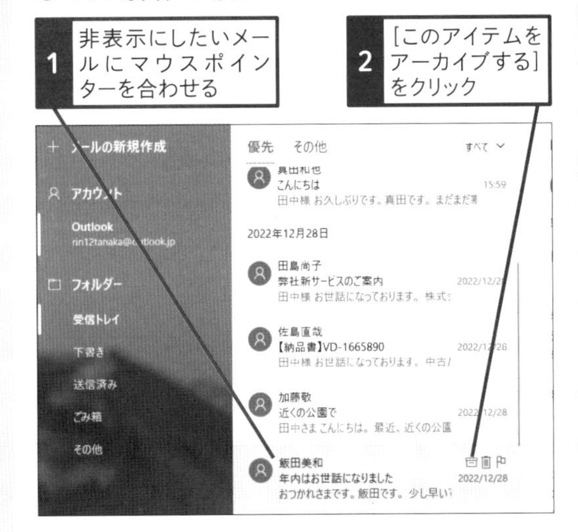

●タッチ操作の場合

1 アーカイブしたいメールを左にスワイプ

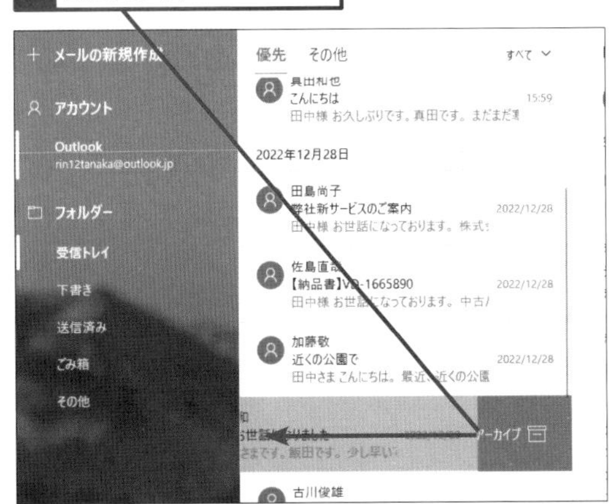

381

Home Pro

お役立ち度 ★★☆

Q メールを削除するには

A ［このアイテムを削除する］をクリックします

読み返す必要のないメールは削除しましょう。削除したメールは［ごみ箱］フォルダーに移されます。メールを完全に削除したいときは［ごみ箱］フォルダーを表示して、削除したいメールの［このアイテムを削除する］ボタンをクリックすることで、完全に削除できます。

1 削除したいメールにマウスポインターを合わせる

2 ［このアイテムを削除する］をクリック

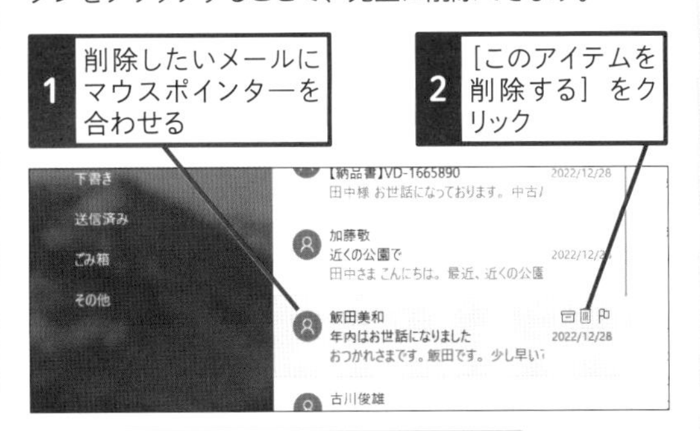

メールが［ごみ箱］フォルダーに送られる

382

Home Pro

お役立ち度 ★★☆

Q 迷惑メールとは どういうメール？

A 詐欺や有害な宣伝などを含むメールです

メールアドレスを登録した覚えがないのに、ショッピングサイトや出会い系サイトの広告メールが送信されてくることがあります。こうしたメールは迷惑メールやスパムメールと呼ばれています。［メール］アプリには、迷惑メールを自動的に振り分ける（フィルタリングする）機能があります。

有害と判定されたメールは迷惑メールに分類される

383

Home Pro
お役立ち度 ★★

Q 迷惑メールを振り分けるには

A 一覧の右クリックメニューで排除します

迷惑メールは通常、[迷惑メール] フォルダーに自動的に振り分けられます。もし、[受信トレイ] フォルダーに迷惑メールが入っているときは、そのメールを [迷惑メール] フォルダーに移動しましょう。そうすれば、次に同じ送信元からメールが送信されても自動的に[迷惑メール] フォルダーに振り分けられます。

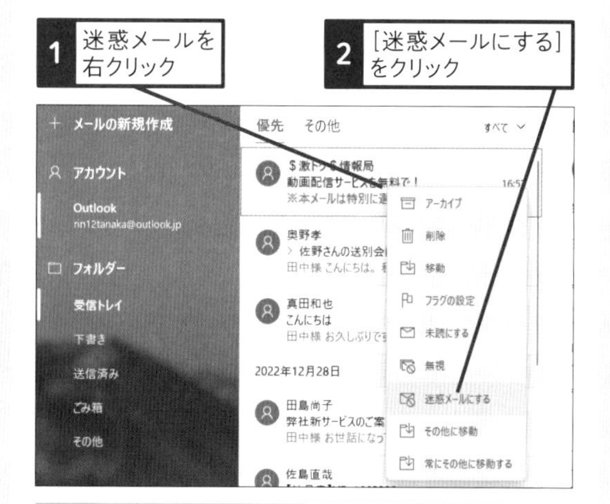

迷惑メールが [迷惑メール] フォルダーに移動した

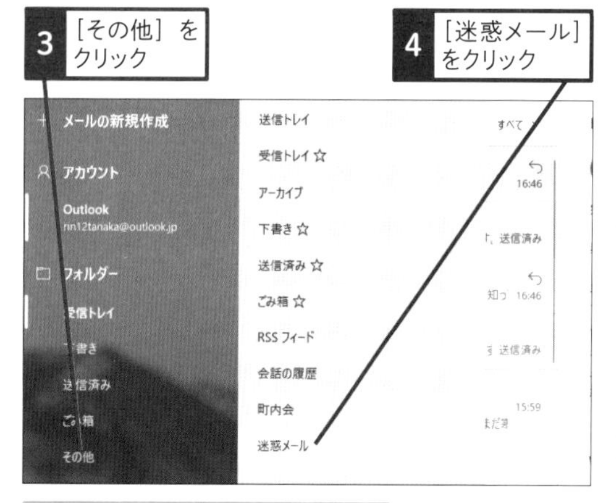

[迷惑メール] フォルダーが開き、移動した迷惑メールを確認できる

関連 401 知らない人からメールが届いたときは ▸P.217

384

Home Pro
お役立ち度 ★★

Q 署名を変更するには

A [設定] - [署名] で書き換えましょう

[メール] アプリの標準の設定では、メールの作成時に「Windows のメールから送信」という署名が自動的に挿入されます。この署名ではメールを受け取った相手が送信者の連絡先などをすぐに確認できないので不便です。署名の内容を自分の名前やメールアドレスに変更しましょう。なお、Gmailなどのほかのメールアカウントを [メール] アプリに追加して利用する場合も設定した署名が挿入されるので、同様に変更しておくといいでしょう。

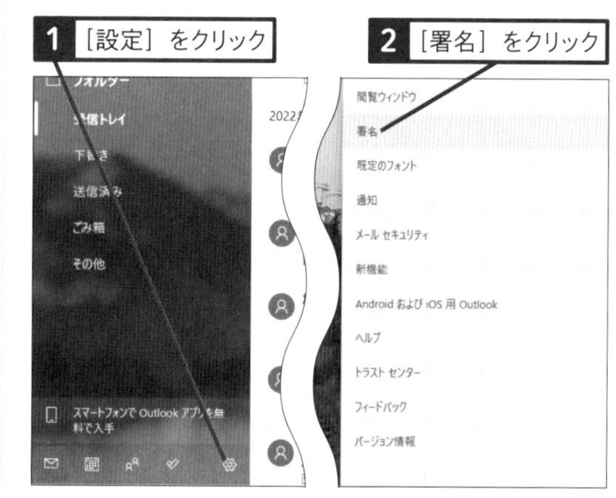

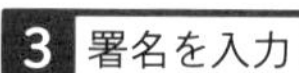

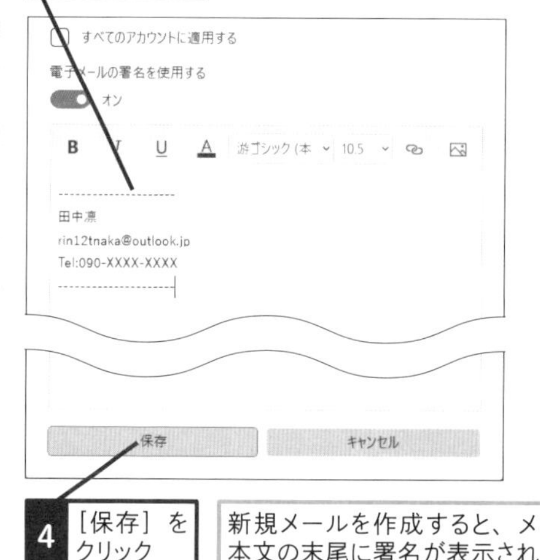

新規メールを作成すると、メール本文の末尾に署名が表示される

385

Home Pro

お役立ち度 ★★☆

Q [メール] アプリでほかのアカウントのメールも読みたい

A [アカウントの管理] で追加できます

[メール] アプリではMicrosoft 365 (Office 365) やGmail、iCloud、プロバイダーのメールなど、さまざまなアカウントを追加できます。新しいサービスを使いたいときは、[設定] を表示して、[アカウントの追加] から追加したいアカウントの種類を選択し、必要な情報を入力しましょう。

1 [設定] をクリック

2 [アカウントの管理] をクリック

3 [アカウントの追加] をクリック

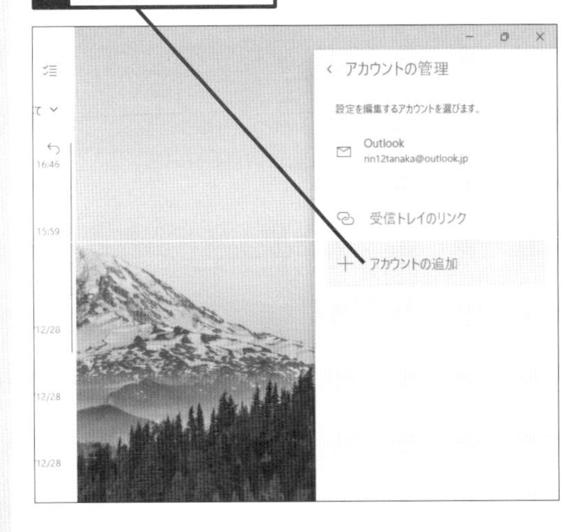

[アカウントの追加] の画面が表示された

ここではGmailのアカウントを追加する

4 [Google] をクリック

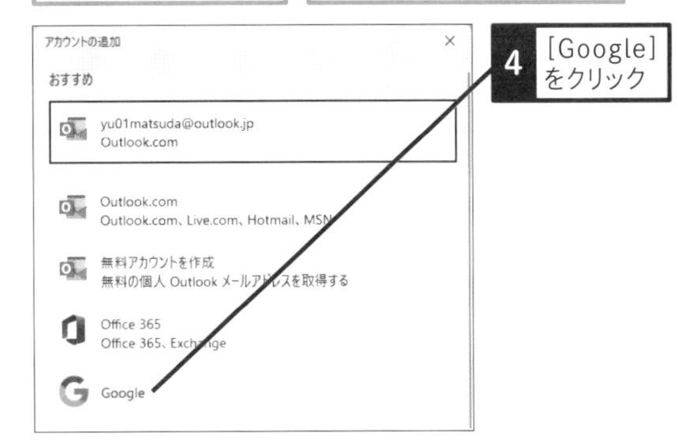

Googleのログイン画面が表示された

5 Gmailのアカウントを入力

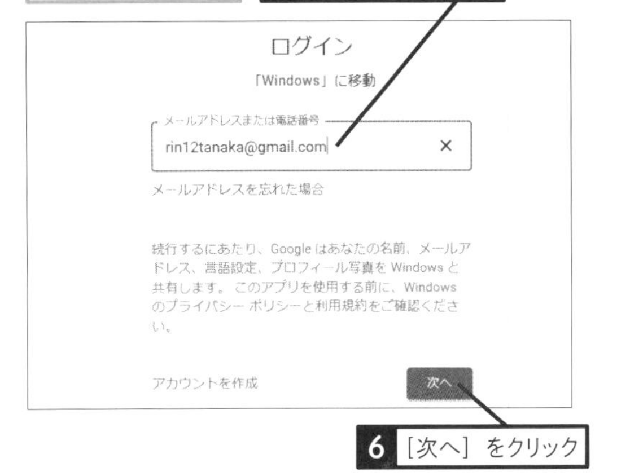

6 [次へ] をクリック

7 パスワードを入力

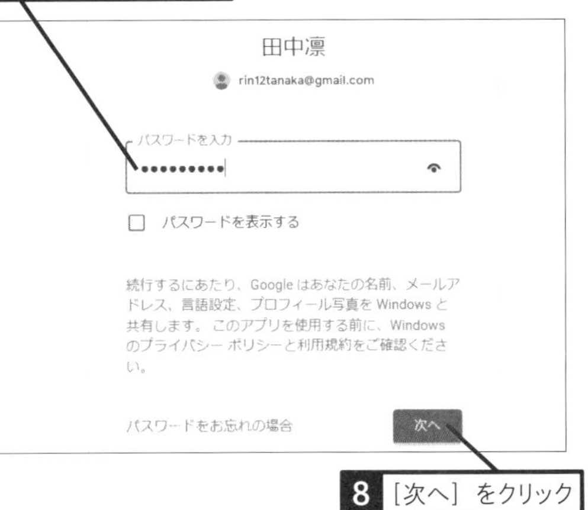

8 [次へ] をクリック

アカウントの利用についての確認画面が表示されたら、内容を確認して、[許可] をクリックする

関連 386 プロバイダーのアカウントが追加できなかったときは ▸P.210

386

Home Pro

お役立ち度 ★★☆

Q プロバイダーのアカウントが追加できなかったときは

A ［詳細設定］で情報を手動入力します

POP3サーバーで運用されているプロバイダーのメールアカウントを追加するときは、［アカウントの追加］で［詳細設定］をクリックしましょう。［その他のアカウント］ではうまく設定されない場合があります。また、設定に必要なサーバーのアドレスなどは、プロバイダーによって異なります。Webページや契約時の書類などで確認しましょう。

ワザ385を参考に、［アカウントの追加］の画面を表示しておく

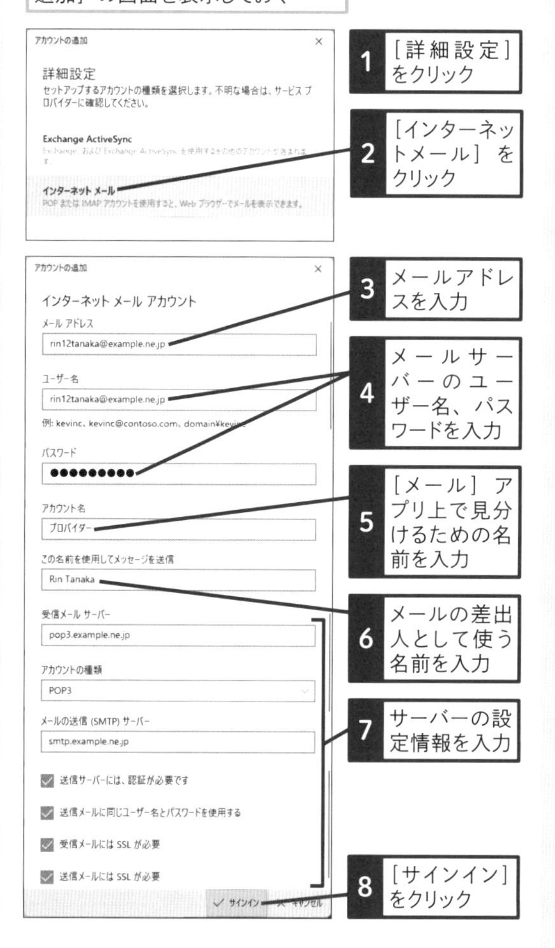

387

Home Pro

お役立ち度 ★★☆

Q 追加したアカウントに切り替えるには

A 左側のアカウント名をクリックします

複数のメールアカウントを使い分けるには、アカウントを切り替える必要があります。アカウントを切り替えるには、ウィンドウの左側に表示されているアカウント名をクリックします。

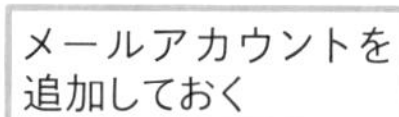

1 切り替えたいメールアカウントをクリック

アカウントが切り替わり、フォルダーや受信メールの一覧が表示された

関連 385 ［メール］アプリでほかのアカウントのメールも読みたい ▸P.209

Outlook.comを活用する

Outlook.comのメールは、ブラウザーからも利用できます。ここではブラウザーでOutlook.comを使うときのさまざまなテクニックを解説します。

388

Home Pro
お役立ち度 ★★★

Q Outlook.comにサインインするには

A Outlook.comのWebページにアクセスします

マイクロソフトのWebメールサービス「Outlook.com」にサインインするには、ブラウザーのアドレス欄に「https://outlook.live.com」と入力します。Windows 11で[メール] アプリが設定されていれば、自動的にサインインされます。他のデバイスで利用するときは、ブラウザーでOutlook.comのWebページを表示し、Microsoftアカウントとパスワードを入力して、サインインします。

▼Outlook.comのWebページ
https://outlook.live.com

Outlook.comのWebページにアクセスし、サインインしておく

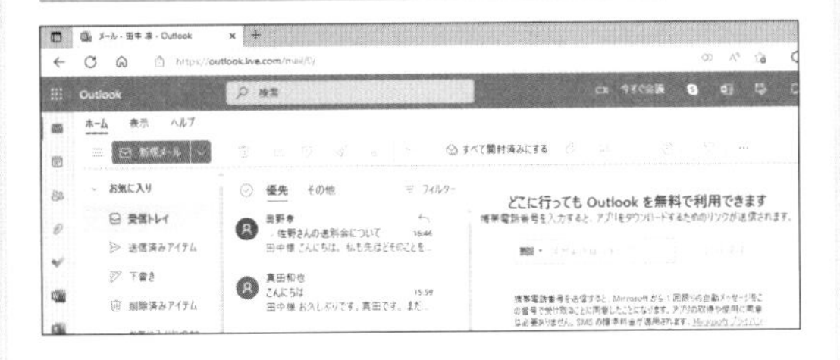

●Outlook.comからサインアウトする

1 アカウントマネージャーをクリック

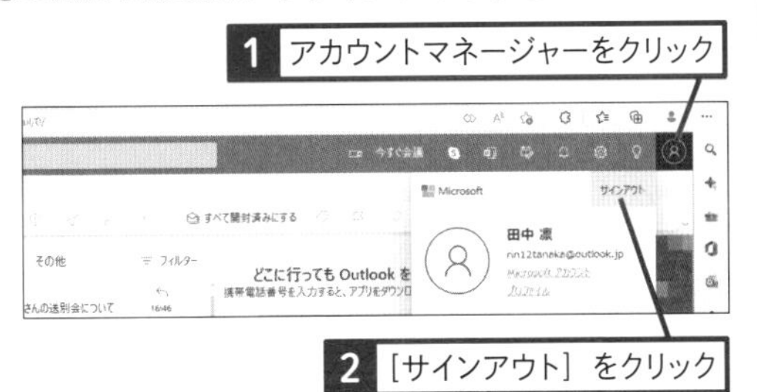

2 [サインアウト] をクリック

389

Home Pro
お役立ち度 ★★

Q Outlook.comからメールを送信するには

A [新しいメッセージ] をクリックしましょう

Outlook.comからメールを送信するには、Outlook.comをブラウザーで表示した状態で[新しいメッセージ] をクリックします。新しいメールの作成画面が表示されたら、宛先、件名、本文を入力して、[送信] をクリックすると、メールを送信できます。

ワザ388を参考に、Outlook.comにアクセスしておく

1 [新規メール] をクリック

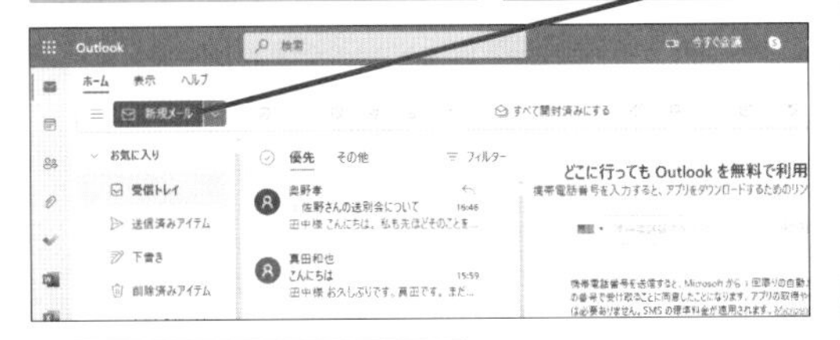

2 宛先や件名、本文を入力

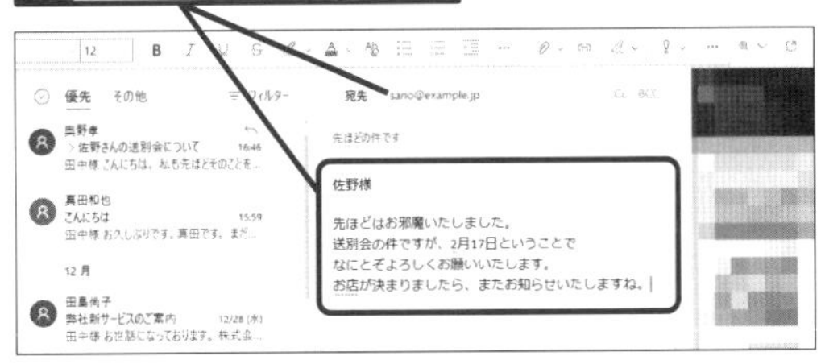

3 [送信] をクリック

メールが送信される

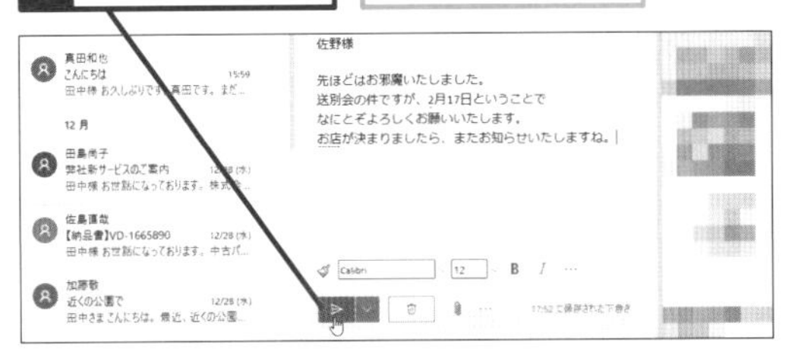

390

Home Pro

お役立ち度 ★★

Q フォルダーを新しく作るには

A ［フォルダーの新規作成］をクリックします

［フォルダーの新規作成］をクリックすると、新しいフォルダーを作成できます。用途や相手先別にフォルダーを作っておきましょう。ここで作成したフォルダーは、［メール］アプリでも使えるようになります。

1 ［フォルダー］をクリック

2 ［フォルダーの新規作成］をクリック

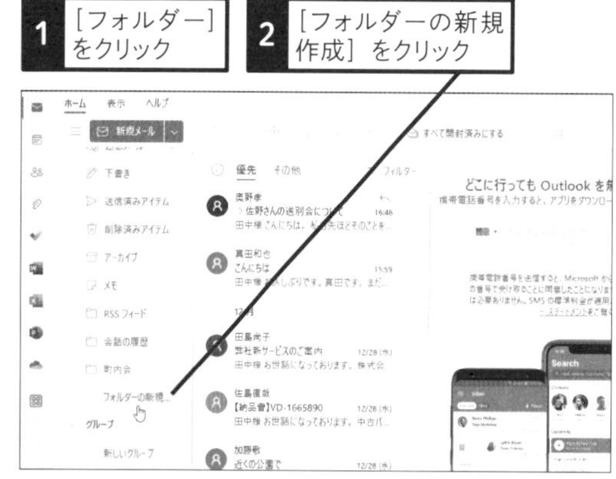

3 フォルダー名を入力

4 Enter キーを押す

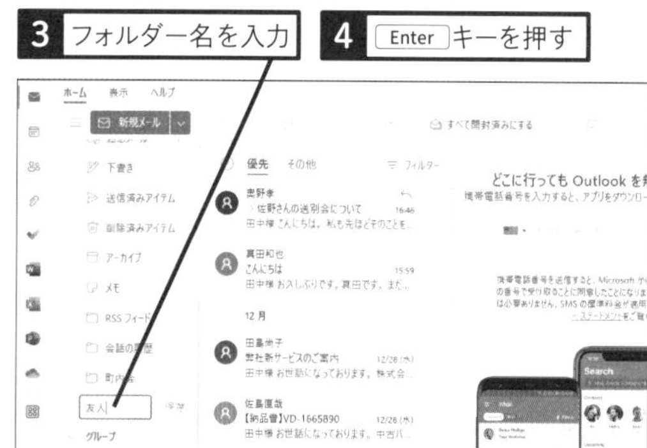

フォルダーが作成された

391

Home Pro

お役立ち度 ★★

Q メールの自動振り分けを設定するには

A ［ルール］で条件と処理を設定します

受信するメールが増えると、目的のメールを見つけたり、分類したりするのが大変です。そのようなときはメールの振り分けを設定しましょう。Outlook.comで受信したメールは、いろいろなルールで振り分けを設定できます。たとえば、「特定の差出人が含まれているアドレスを別のフォルダーに移動する」というルールを作成すると、メールを受信したときに自動的にフォルダーに振り分けてくれます。

ワザ392を参考に、［設定］-［Outlookのすべての設定を表示］をクリックしておく

1 ［メール］をクリック

2 ［ルール］をクリック

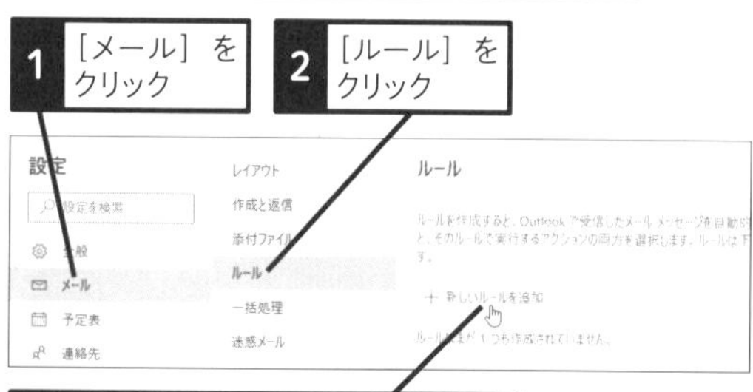

3 ［新しいルールを追加］をクリック

4 ルールの名前を入力

5 条件の内容を設定

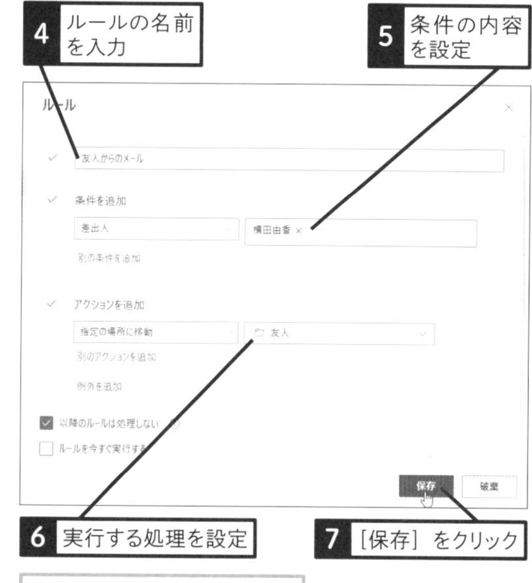

6 実行する処理を設定

7 ［保存］をクリック

作成したルールが保存される

392

Home Pro

お役立ち度 ★★☆

Q 振り分けのルールはあとから変更できるの？

A ［設定］から開きます

ワザ391で作成した振り分けのルールは、あとから［設定］で編集したり、削除できます。ルールの設定を間違えた場合や、重複したルールを設定した場合、また不要になった場合には、以下の手順でルールを確認して編集したり、不要なものを削除しましょう。

［設定］の画面が表示された

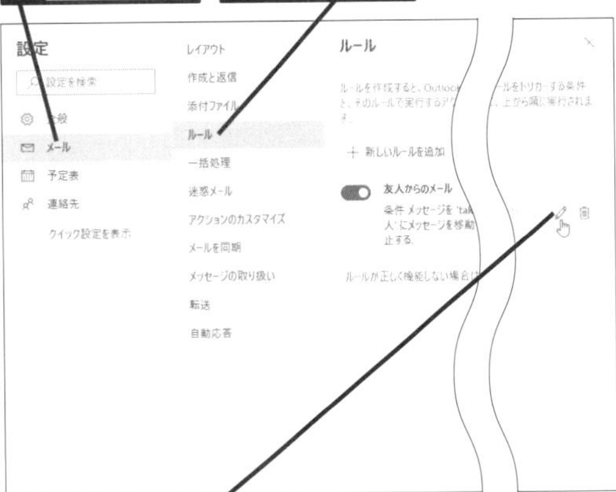

振り分けのルールを編集できる

関連 390 フォルダーを新しく作るには ▸P.212

関連 391 メールの自動振り分けを設定するには ▸P.212

関連 393 Outlook.comの設定変更は［メール］アプリに反映される? ▸P.213

関連 401 知らない人からメールが届いたときは ▸P.217

393

Home Pro

お役立ち度 ★★☆

Q Outlook.comの設定変更は［メール］アプリに反映される？

A 自動的に反映されます

［メール］アプリはインターネット経由でOutlook.comにアクセスして、フォルダーやメールを取得するしくみになっています。そのため、Outlook.comで作成した新しいフォルダーやメールの振り分けの設定は、［メール］アプリにも反映されます。

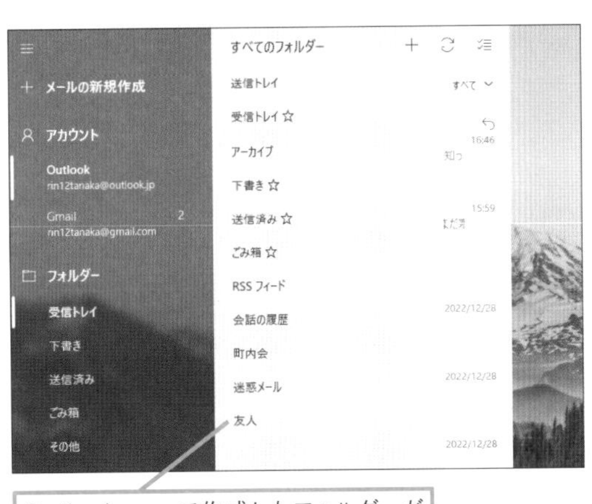

Outlook.comで作成したフォルダーが［メール］アプリにも表示される

基本ワザ
文字入力と基本操作
デスクトップとスタートメニュー
ファイルとフォルダー
インターネット
ビデオ会議・メール
スマートフォン連携
アプリ
写真・音楽・動画
印刷と周辺機器
セキュリティとメンテナンス

394

Home Pro

お役立ち度 ★★

Q [アーカイブ] を利用しやすくするには

A [クイックアクション] に表示させます

メールにマウスポインターを合わせたときに表示される「クイックアクション」に [アーカイブ] を表示させると、[メール] アプリと同じようにアーカイブを利用できます。以下の手順で設定しましょう。

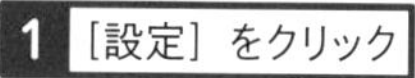

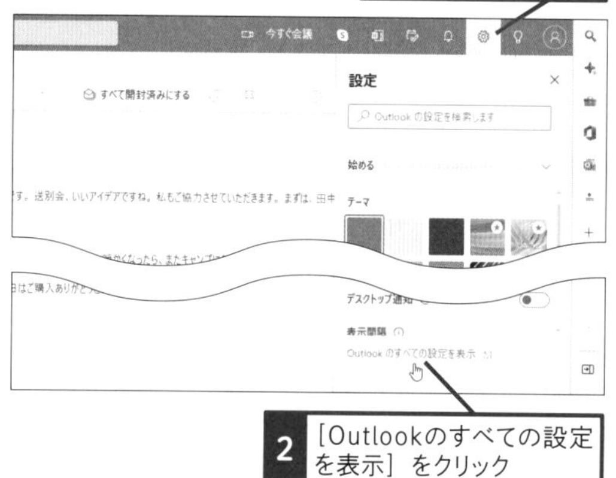

[設定] の画面が表示された

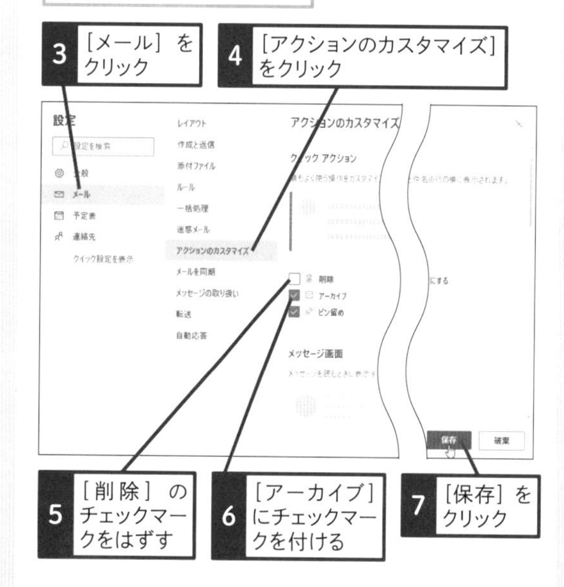

関連 380 受信トレイからメールを消すには ▸ P.207

395

Home Pro

お役立ち度 ★★★

Q 重要なメールを後から再確認したい！

動画で見る

A メールの再通知で再チェックできます

重要な要件や忘れたら困る日程などが記載されたメールを受信したときは、[再通知] を設定しておくと便利です。[今日の後程] や [この週末] などのタイミングを指定しておくことで、通知を表示することができます。大切なメールが埋もれてしまうことを避けられます。

ここでは土曜日に再通知するように設定する

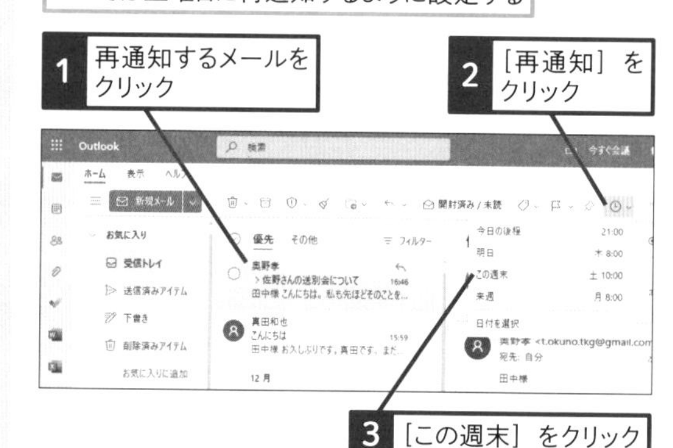

[再通知設定済み] と表示され、再通知が設定された

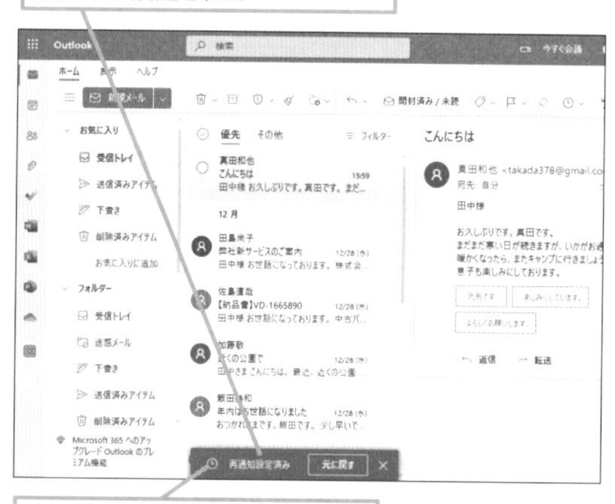

[日付を選択] をクリックすると、詳細な日時を設定できる

関連 418 受信したメールを後から再確認するには ▸ P.227

396

Home Pro

お役立ち度 ★★★

Q メールの一覧だけを表示したい

A [設定] - [閲覧ウィンドウ] で変更します

Outlook.comの画面では、メールの一覧とメールの内容（閲覧ウィンドウ）が並んで表示されますが、閲覧ウィンドウを表示せず、送信者や件名の一覧だけを表示するようにできます。この設定を行なうと、狭い画面でも一覧に多くの件数を表示でき、たくさんのメールを確認したいときに便利です。

1 [設定] をクリック

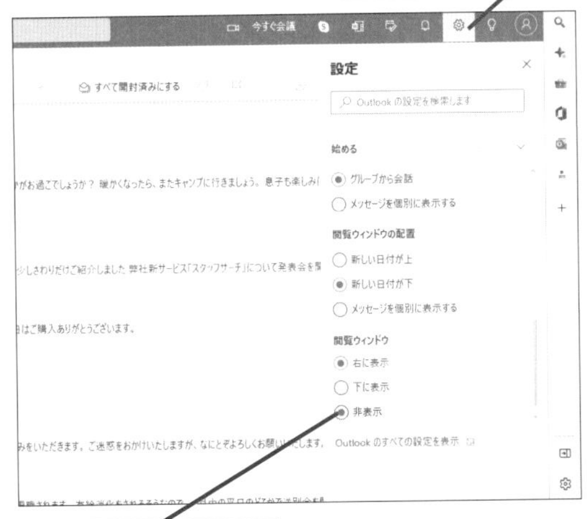

2 [非表示] をクリック

[優先受信トレイ] や [送信者の画像] などを非表示にすることもできる

メールの一覧だけが表示されるようになった

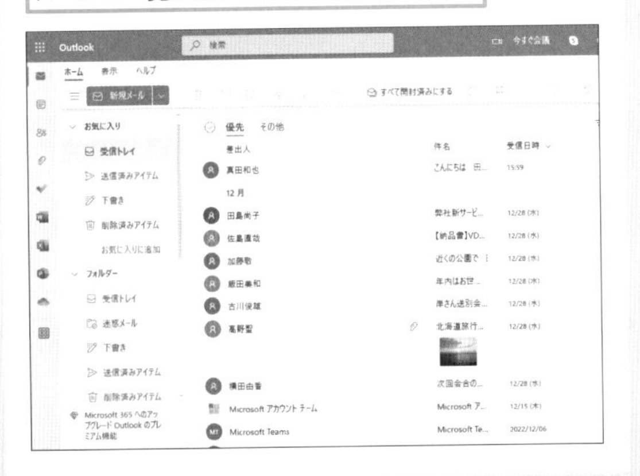

397

Home Pro

お役立ち度 ★★★

Q スマートフォンでOutlook.comのメールを確認するには

A 専用のアプリを使いましょう

Outlook.comはブラウザーがあれば、利用できますが、スマートフォンやタブレットは、専用アプリが便利です。AndroidやiPhone、iPad向けの [Outlook] アプリが提供されているので、ぜひインストールしましょう。

●Androidスマートフォンの場合

[Google Play] から [Microsoft Outlook] アプリをインストールできる

●iOS (iPhone) の場合

[App Store] から [Microsoft Outlook] アプリをインストールできる

[優先] には重要なメールが自動的に判別されて表示される

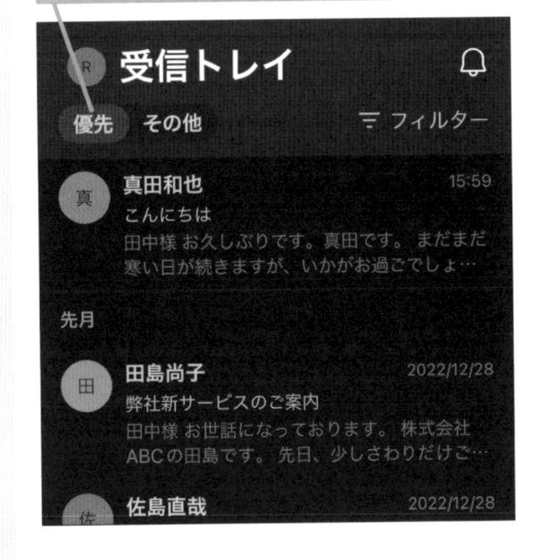

関連418 受信したメールを後から再確認するには ▶P.227

関連419 再通知を設定したメールを確認するには ▶P.227

関連420 スマートフォンで作ったメールをパソコンで送信するには ▶P.228

関連421 パソコンで作ったメールをスマートフォンで送信するには ▶P.229

メールについてのQ&A

メールはインターネットで広く利用されているサービスの1つです。メールを使う上での疑問を解決するワザを説明します。

398

Home Pro

お役立ち度 ★★

Q ほかのアプリやサービスから連絡先を取り込むには

A 「Outlook.com」でインポートできます

ほかのメールアプリやメールサービスからCSV形式でエクスポートされた連絡先を取り込んで、Outlook.comや[メール]アプリで利用できます。連絡先を「CSV」と呼ばれる形式のファイルとして、UTF-8形式で書き出し（エクスポート）、[連絡先]のWebページでインポート（取り込み）しましょう。[連絡先]のWebページには、Outlook.comからアクセスできます。なお、UTF-8形式で保存しないと、文字化けします。UTF-8形式に変換するには[メモ帳]アプリで開き、[名前を付けて保存]から[エンコード]で[UTF-8]を選んで保存します。

ワザ388を参考に、Outlook.comにサインインしておく

1 ここをクリック

[すべてのアプリ]が表示されたときはクリックしておく

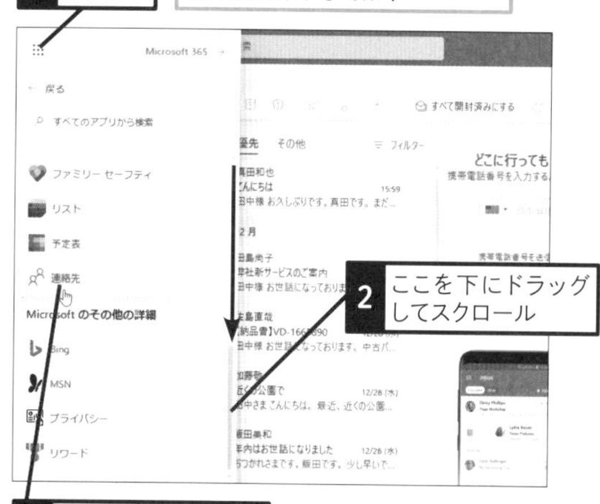

2 ここを下にドラッグしてスクロール

3 [連絡先]をクリック

4 [連絡先の管理]をクリック

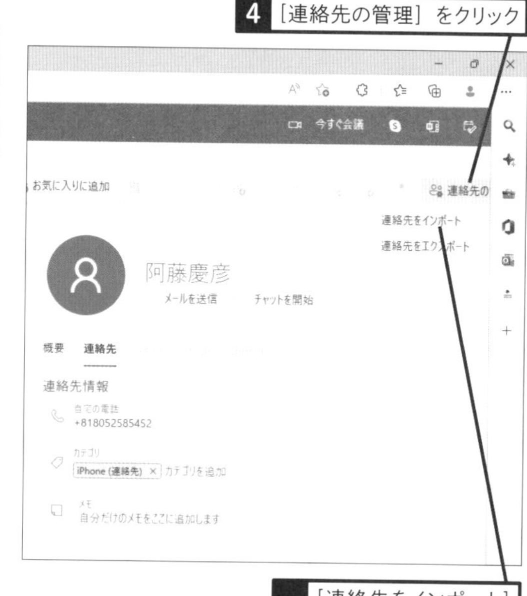

5 [連絡先をインポート]をクリック

[連絡先をインポート]が表示された

6 [参照]をクリックしてCSVファイルを選択

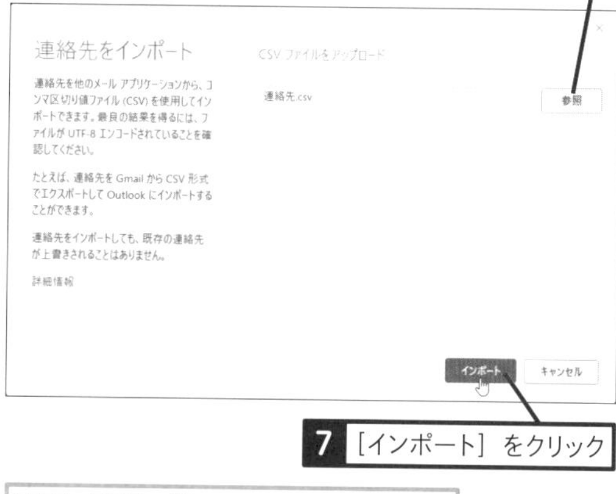

7 [インポート]をクリック

画面の説明に従い、ファイルを取り込む

関連388 Outlook.comにサインインするには ▸P.211
関連399 Gmailの連絡先をエクスポートするには ▸P.217

399

Home Pro
お役立ち度 ★★★

Q Gmailの連絡先をエクスポートするには

A ［連絡先］のページから書き出します

Gmailの連絡先はCSV形式でエクスポートできます。エクスポートした連絡先は、ワザ388を参考に、Outlook.comにインポートできます。

［Googleアプリ］-［連絡先］をクリックして、［連絡先］のページを表示しておく

1 ［エクスポート］をクリック

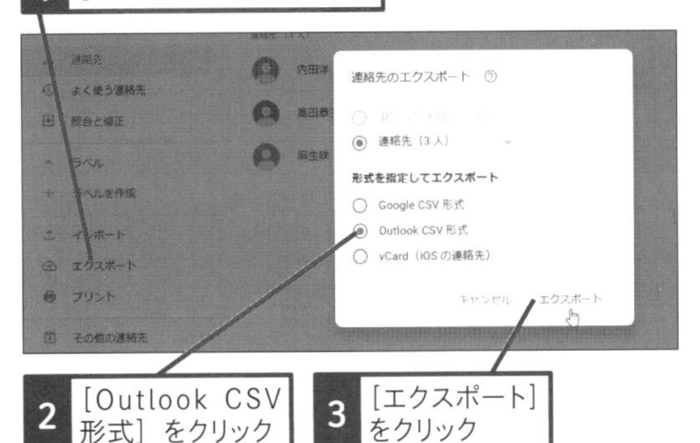

2 ［Outlook CSV形式］をクリック

3 ［エクスポート］をクリック

ステップアップ

［Microsoft Authenticator］アプリでパスワードレスも可能に

Microsoftアカウントのパスワードが外部に漏えいすると、他のパソコンから勝手にOutlook.comやOneDriveにアクセスされる可能性があります。そのため、メールやSMSなどで受け取ったコードを入力して、本人確認が実施されます。しかし、毎回、コードを入力するのは面倒です。本人確認に[Microsoft Authenticator］アプリを活用しましょう。サインインするときに、アプリをインストールしたスマートフォンに通知が表示され、［承認］をタップするだけで認証ができます。[Microsoft Authenticator］アプリを設定するには、ブラウザーでMicrosoftアカウントの設定ページにアクセスし、2段階認証を必須にしたり、Microsoftアカウントからパスワードそのものを完全に削除したりします。

400

Home Pro
お役立ち度 ★★★

Q 送信したメールが届かないときは

A メールアドレスや容量などを確認します

送ったメールが届かないときは、相手のメールアドレスが間違っている可能性があります。メールアドレスが間違っていたときや、相手が受け取れないサイズのファイルを添付したメールを送ったときは、下の画面のようなメールがサーバーから届くことがあります。また、宛先が携帯電話会社のメールアドレスの場合、相手がパソコンからのメールを拒否していると、メールが届かないので注意しましょう。

送信したメールが相手に届かないとき、自分あてにエラーメールが届くことがある

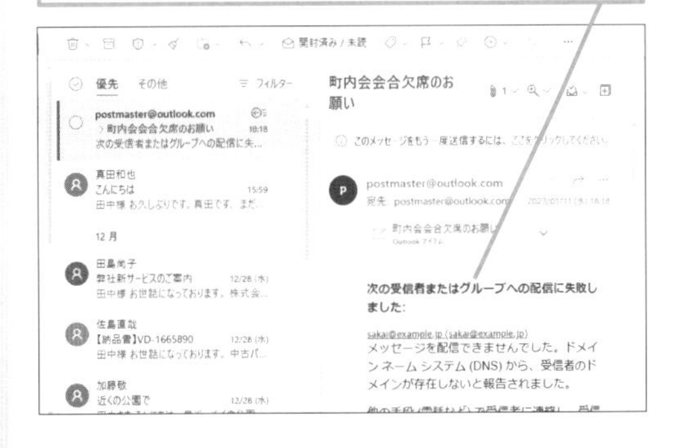

401

Home Pro
お役立ち度 ★★★

Q 知らない人からメールが届いたときは

A 開かずに迷惑メールに分類しましょう

知らない相手からのメールは、無視するのが安全です。ファイルが添付されているときは、そのファイルがウイルスに感染している可能性もあるので、ファイルを開くことは絶対にやめましょう。また、メールにURLなどが記載されているときは、メールの内容に興味がある場合でも詐欺の可能性があるため、そのURLにアクセスすることは絶対に避けましょう。

第7章 スマートフォン連携の便利ワザ

パソコンとの連携ワザ

Windows 11とスマートフォンを連携させましょう。スマートフォンの一部の機能をパソコン上で使えるようになります。なお、同期できるのはAndroidを搭載したスマートフォンのみとなります。

402

Home Pro
お役立ち度 ★★☆

Q Androidスマートフォンと連携できるようにするには

A ［スマートフォン連携］アプリを使います

パソコンとAndroidスマートフォンを連携させるには2つのアプリを使います。Windows 11で［スマートフォン連携］アプリを使って初期設定を実行後、スマートフォンに［Windowsにリンク］アプリをインストールし、QRコードでペアリングしましょう。ただし、使える機能は機種によって異なる場合があります。

ワザ092を参考に、パソコンの［スマートフォン連携］アプリを起動しておく

1 ［開始］をクリック

スマートフォンに［Windowsにリンク］をインストールして起動しておく

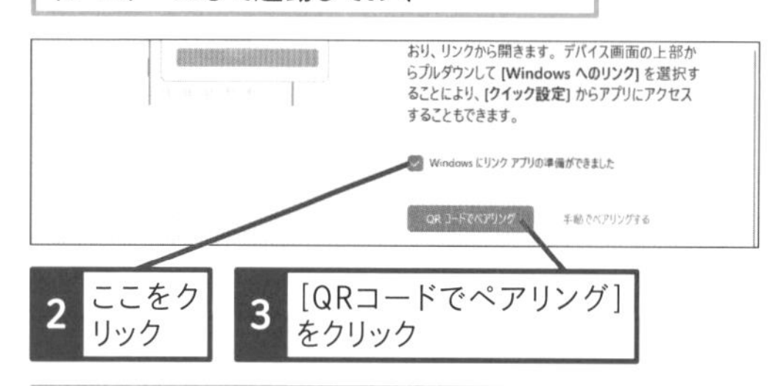

2 ここをクリック

3 ［QRコードでペアリング］をクリック

表示されたQRコードをスマートフォンの［Windowsにリンク］アプリで読み取ると、設定が完了する

403

Home Pro
お役立ち度 ★★★

Q Androidスマートフォンの写真をパソコンで表示するには

A ［フォト］画面から表示します

Androidスマートフォンとの連携後、［スマートフォン連携］アプリの［フォト］を利用すると、Androidスマートフォンで撮影した写真をパソコンで表示できます。閲覧するだけでなく、写真をパソコンにダウンロードすることもできます。

ワザ437を参考に、Androidスマートフォンに［Windowsにリンク］をインストールして、設定しておく

パソコンとスマートフォンを同じ無線LANに接続しておく

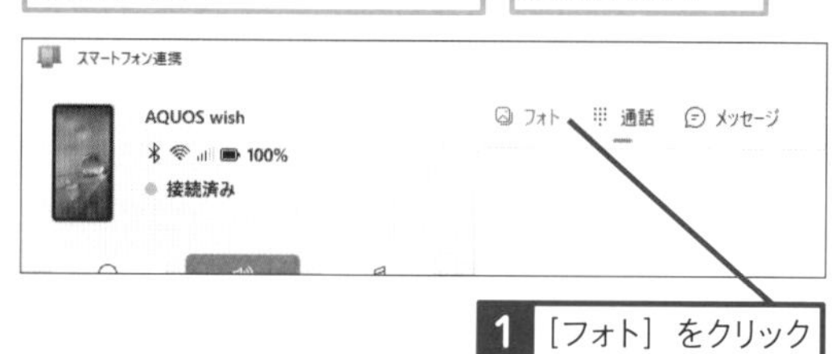

1 ［フォト］をクリック

スマートフォンに保存されている写真の一覧が表示された

404

Home Pro
お役立ち度 ★★★

Q パソコンでスマートフォンの通知を確認するには

A スマートフォンで通知を許可します

メールやSMSの着信などの通知をパソコン上で確認するには、スマートフォンでの許可設定が必要です。初回設定時に[スマートフォン連携]アプリで[スマートフォンの設定を開く]をクリックすると、スマートフォンに設定画面が表示されるので通知を許可しましょう。

[スマートフォンの設定を開く]をクリックすると、スマートフォンの通知を許可する設定画面を表示できる

405

Home Pro
お役立ち度 ★★★

Q パソコンからSMSを送信できるって本当？

A [メッセージ]画面から実行できます

[スマートフォン連携]アプリの[メッセージ]では、スマートフォンで受信したSMSを確認したり、新しいメッセージを送信したりできます。パソコンからもSMSを活用してみましょう。

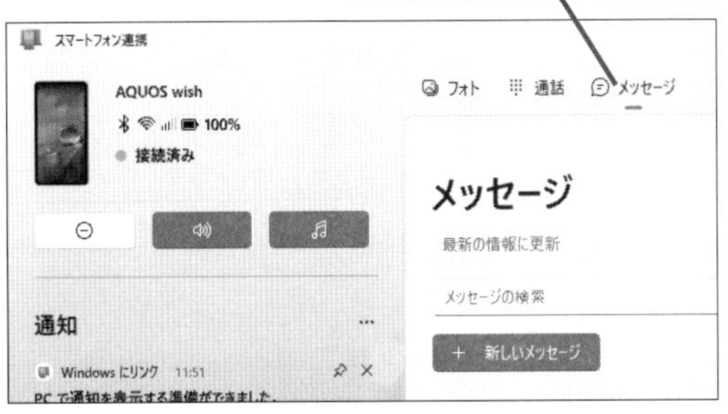

406

Home Pro
お役立ち度 ★★★

Q パソコンでスマートフォンのアプリを操作するには

A 対応機種で[アプリ]画面から実行します

一部のAndroidスマートフォンでは、[スマートフォン連携]アプリから、スマートフォンのアプリを操作することができます。アプリの操作に対応しているスマートフォンは、2023年1月時点では「One UI 4.1.1以降の Samsung モバイル デバイス」となります。

●サポートされているデバイス

407

Home Pro
お役立ち度 ★★★

Q スマートフォンの連携を解除するには

A パソコンから解除します

スマートフォン連携を解除するには、以下のように[スマートフォン連携]アプリに登録されているスマートフォンを削除します。また、スマートフォンの[Windowsリンク]アプリでも接続先を削除します。なお、削除してもスマートフォン自体のデータは削除されません。

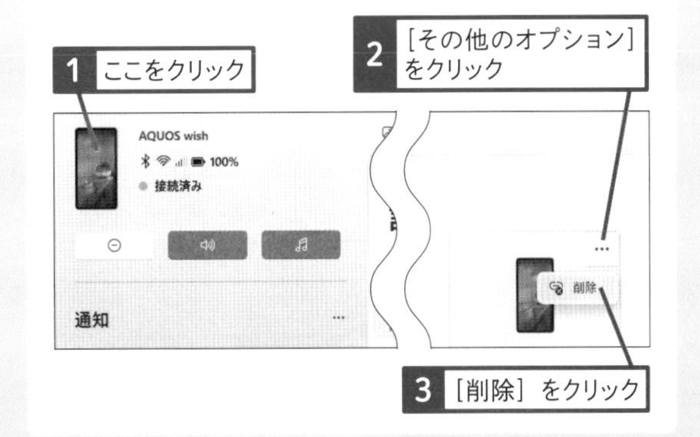

408

Home Pro

お役立ち度 ★★★

Q スマートフォンのアプリをパソコンで利用するには

A Amazonアプリストアを使います

Androidスマートフォン向けのアプリをパソコンで使えるようにしてみましょう。[Amazonアプリストア] を利用すると、Androidスマートフォン用のアプリをダウンロードして、Windows上に再現した仮想的なAndroidスマートフォンの環境で実行できます。ただし、ダウンロードできるアプリは限られています。

●Amazonアプリストアをインストールする

ワザ437を参考に、[Microsoft Store] アプリで[Amazonアプリストア] を検索しておく

1 [インストール] をクリック

2 [ダウンロード] をクリック

[ユーザー制御アカウント] ダイアログボックスが表示されたら、[はい] をクリックしておく

3 [Amazon Appstoreを開く] をクリック

4 [Amazon.co.jpをご利用中ですか?サインイン] をクリック

[ログイン] 画面が表示されたら、Amazon.co.jpのアカウントとパスワードでログインしておく

Amazonアプリストアが表示された

Amazonアプリストアを閉じておく

●Amazonアプリストアでアプリをインストールする

ワザ092を参考に、[すべてのアプリ]を表示しておく

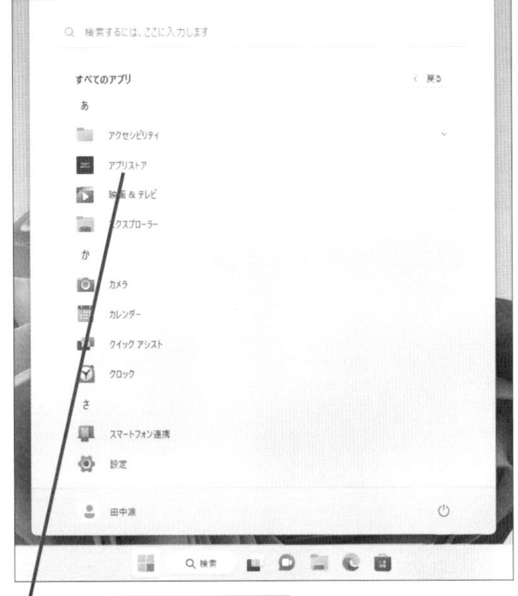

1 [アプリストア]をクリック

2 検索ボックスをクリック

3 「kindle」と入力して、Enter キーを押す

4 [Kindle for Android]をクリック

5 [入手]をクリック

インストールが完了し、[開く]と表示された

ワザ092を参考に、[すべてのアプリ]を表示しておく

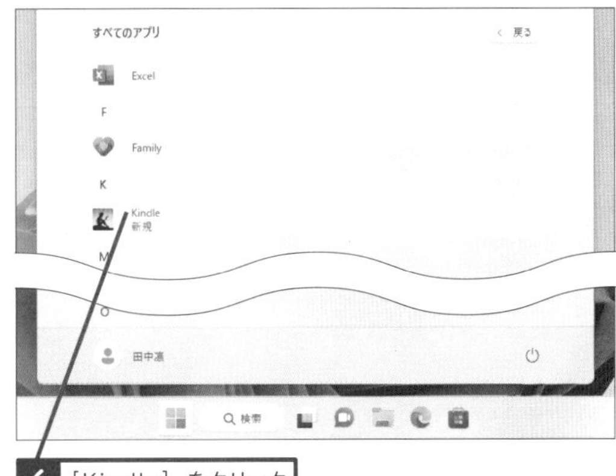

6 [Kindle]をクリック

[Kindle]アプリが起動した

Microsoft Edgeの連携ワザ

Microsoft Edgeでパソコンとスマートフォンを連携させてみましょう。お気に入りの同期やWebページの送信などができます。Android/iPhoneのどちらでも使えます。

409

Home Pro
お役立ち度 ★★★

Q スマートフォンで表示しているWebページをパソコンで表示するには

A ［デバイスに送信］を使います

スマートフォンに［Microsoft Edge］アプリをインストールし、パソコンと同じMicrosoftアカウントでサインインしておくと、さまざまな連携機能を利用できます。以下のように操作することで、スマートフォンで表示しているWebページをパソコンに送信できます。

スマートフォンに［Microsoft Edge］アプリをインストールして、パソコンに送信するWebページを表示しておく

1 ここをタップ

2 ［デバイスに送信］をタップ

3 送信するパソコンをタップ

4 ［送信］をタップ

パソコンのMicrosoft Edgeに送信されたWebページの通知が表示された

5 ［新しいタブで開く］をクリック

関連266 スマートフォンのアプリと内容を同期したい ▸P.151
関連267 見ているWebページをスマートフォンでもチェックしたい ▸P.152

410

Home Pro
お役立ち度 ★★★

Q パソコンで追加したコレクションを表示するには

A メニューから表示できます

Microsoft Edgeのコレクション機能を使って、さまざまな情報を集めているときは、コレクションの情報をパソコンとスマートフォンのどちらでも参照できます。自宅ではパソコン、外出先ではスマートフォンというように、デバイスを使い分けながら、情報収集ができます。

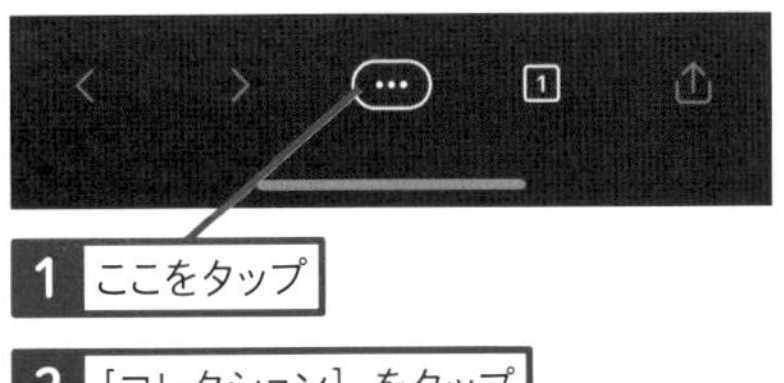

1 ここをタップ

2 ［コレクション］をタップ

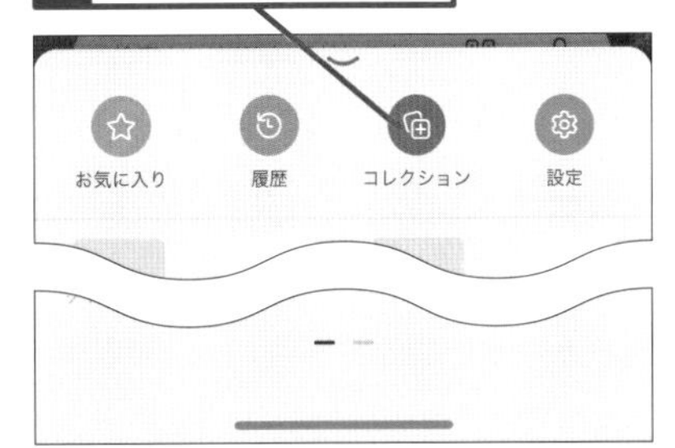

パソコンで追加したコレクションが表示された

411

Home Pro
お役立ち度 ★★★

Q スマートフォンからコレクションを追加するには

A ［コレクション］画面から実行できます

スマートフォンで閲覧しているWebページの情報をコレクションに追加するには、以下のように追加したいWebページを表示した状態で、コレクションから現在のページを追加します。スマートフォンで新しいコレクションを作成して、追加することもできます。

コレクションに追加したいWebページを表示しておく

ワザ410を参考に、［コレクション］の画面を表示しておく

1 ［現在のページをコレクションに追加する］をタップ

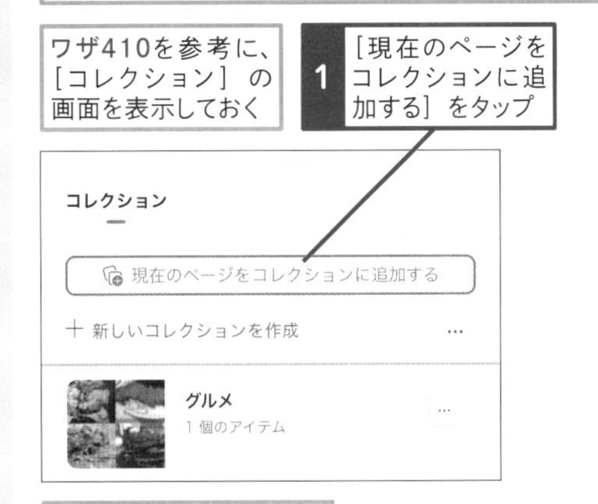

コレクションに追加された

関連 259 コレクションって何？ ▸P.147

412

Home Pro
お役立ち度 ★★★

Q パソコンで見たWebページが思い出せない

A ［履歴］の画面から探せます

Microsoft Edgeの履歴もMicrosoftアカウントを介して、パソコンとスマートフォンで同期されます。このため、履歴からパソコンで過去に表示していたWebページをスマートフォンで表示することができます。もちろん、キーワードで履歴を検索することもできます。

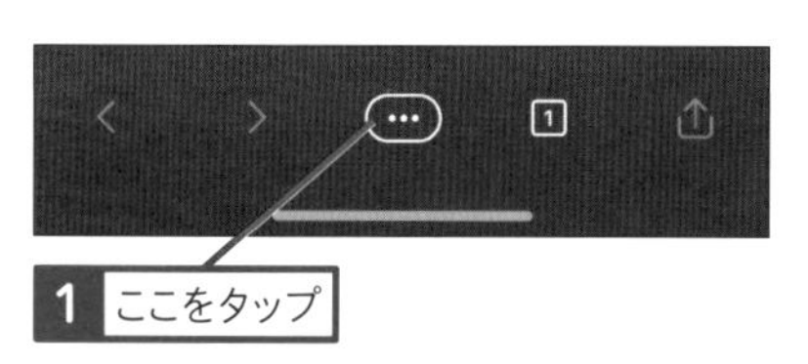

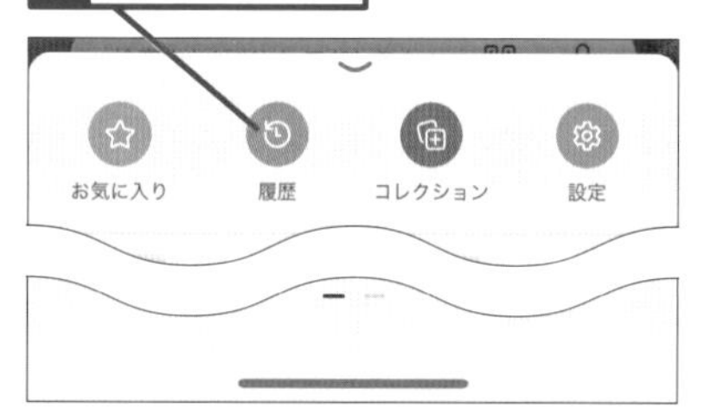

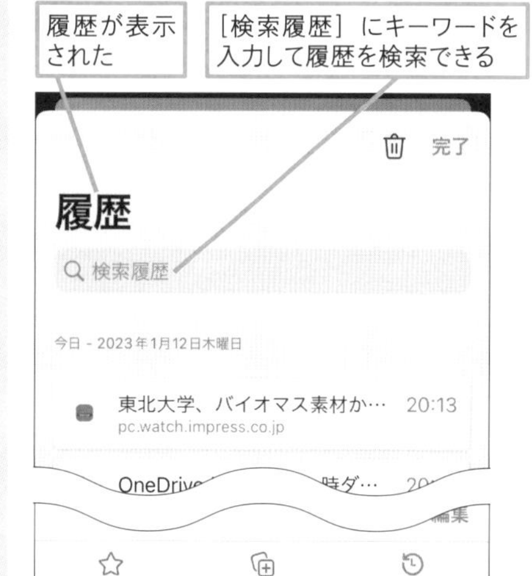

関連 298 Webページの閲覧履歴を確認するには ▸P.167

413

Home Pro
お役立ち度 ★★★

Q パソコンのお気に入りを表示するには

A ［お気に入り］から表示します

Microsoft Edgeの同期機能によって、パソコンとスマートフォンで同期された［お気に入り］を利用できます。どちらのデバイスからも［お気に入り］に登録したWebページを開いたり、新たにお気に入りにWebページを登録したりできます。

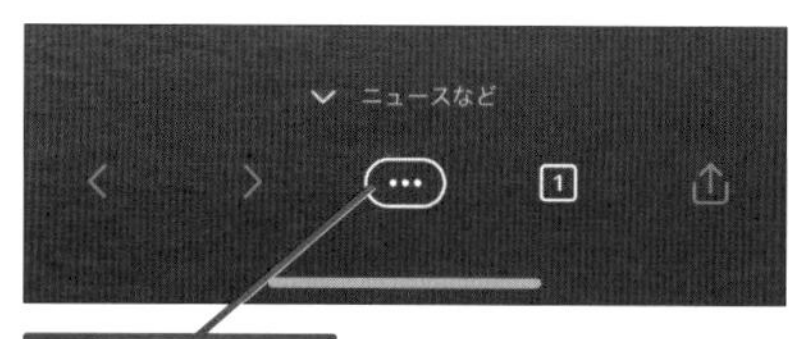

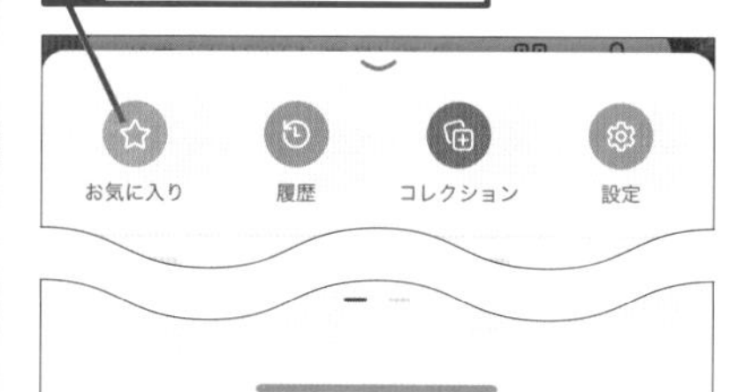

関連 292 Webページをお気に入りに追加するには ▸P.164

414

Home Pro

お役立ち度 ★★★

Q スマートフォン用に分けてお気に入りを管理したい

A ［モバイルのお気に入り］に保存しましょう

交通情報サイトなど、主にスマートフォンで閲覧するWebページは、［モバイルのお気に入り］に保存しておくと便利です。パソコンのお気に入りと分けて管理できるので見つけやすくなります。なお、同期によって、パソコンでも［モバイルのお気に入り］は参照できます。

お気に入りに追加するWebページを表示しておく

ワザ413を参考に、［お気に入り］の画面を表示しておく

1 ［モバイルのお気に入り］をタップ

お気に入り
お気に入りの検索
モバイルのお気に入り

モバイルのお気に入り
お気に入りに www....ss.co.jp を追加する　編集
お気に入り　コレクション　履歴

2 ［お気に入りに（WebページのURL）を追加する］をタップ

［モバイルのお気に入り］にお気に入りが追加された

3 ［完了］をタップ

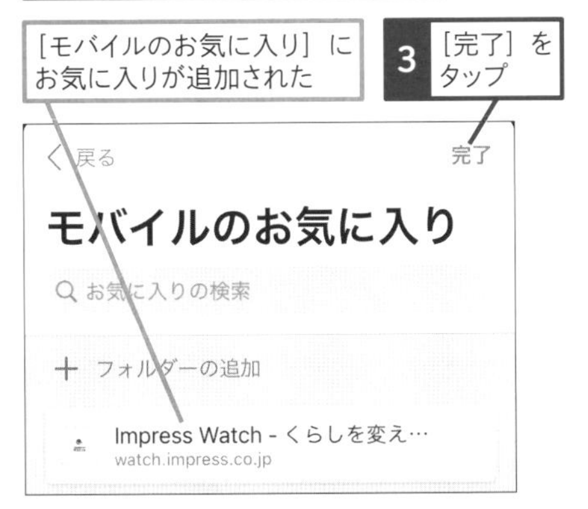

415

Home Pro

お役立ち度 ★★★

Q パソコンから送信されたWebページを表示するには

A 通知から表示できます

パソコンでWebページを閲覧していて、外出しなければならなくなったときなどは、パソコンで表示しているWebページをスマートフォンに送信することで、同じページをすぐに開けます。スマートフォンの通知からWebページを表示しましょう。

パソコンから送信されたWebページの通知が表示された

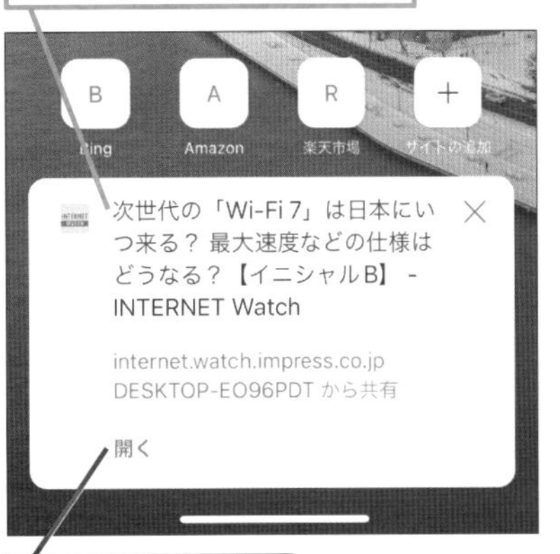

1 ［開く］をクリック

Webページが表示された

関連 267 見ているWebページをスマートフォンでもチェックしたい ▸P.152

416

Home Pro
お役立ち度 ★★★

Q パソコンで表示していたタブを表示したい

A タブの［最近］から表示します

パソコンのMicrosoft Edgeで表示していたWebページは、タブの［最近］からも開くことができます。パソコンで開いていたタブも一覧に表示されるので、デバイスを問わず、過去に開いていたWebページのタブを簡単に再表示できます。

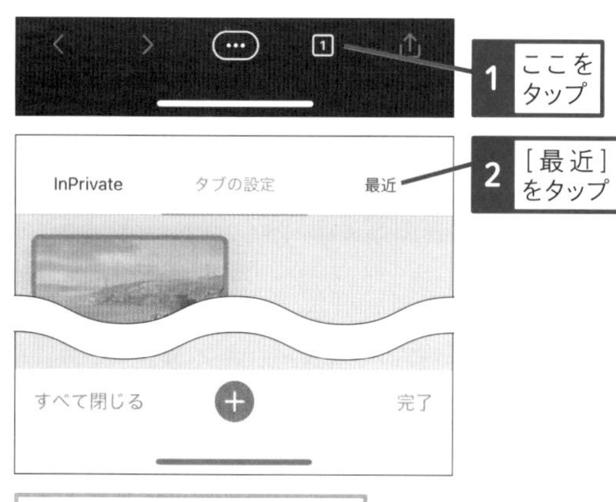

関連267 見ているWebページをスマートフォンでもチェックしたい ▸P.152

417

Home Pro
お役立ち度 ★★★

Q パソコンと同期される情報は変更できないの？

A ［設定］画面で細かく設定できます

Microsoft Edgeによって同期される情報は、Microsoftアカウントの設定から変更できます。以下の設定画面から、同期の設定から同期したい項目をだけをオンにし、同期したくない項目をオフに設定しておきましょう。

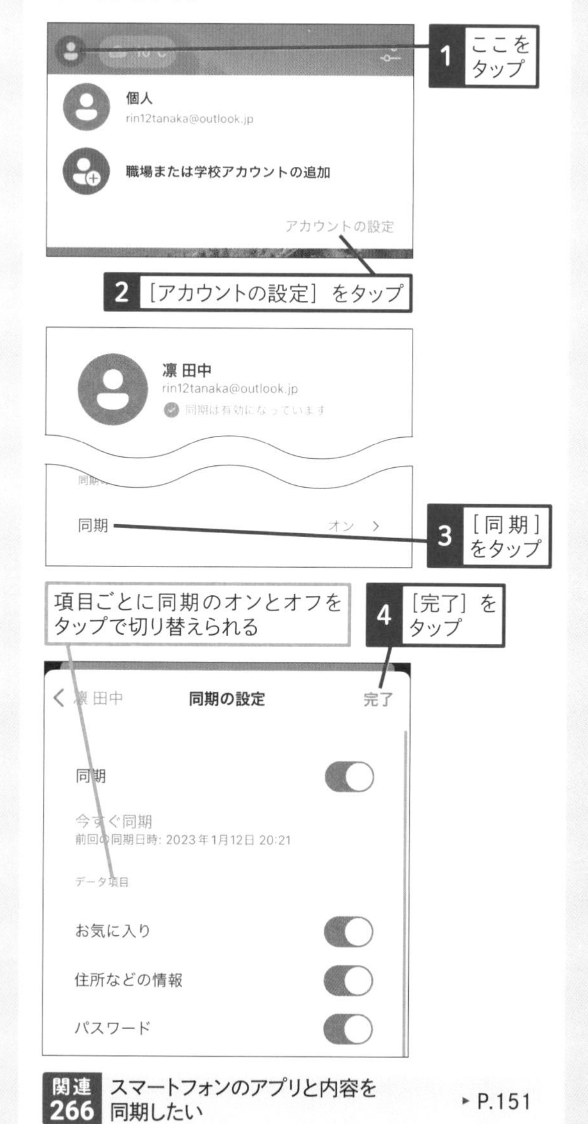

関連266 スマートフォンのアプリと内容を同期したい ▸P.151

Outlookの連携ワザ

スマートフォンの［Outlook］アプリを活用してみましょう。同じメールを読むだけでなく、再通知や送信メールの編集もできます。

418

Home Pro

お役立ち度 ★★★

Q 受信したメールを後から再確認するには

A ［再通知］を設定します

Outlookの［再通知］機能を使うと、大切なメールを後で通知することができます。たとえば、オフィスで大切なメールを受信したときに再通知を設定しておけば、その後、外出しても通知を受け取ることができます。

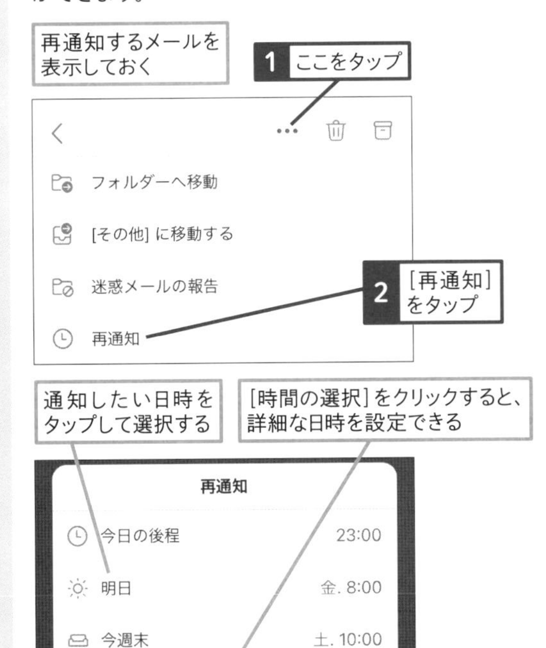

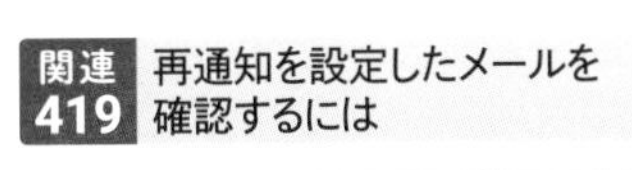

関連 419 再通知を設定したメールを確認するには ▸ P.227

419

Home Pro

お役立ち度 ★★★

Q 再通知を設定したメールを確認するには

A フォルダーの一覧から確認します

再通知を設定したメールは、以下のように［再通知済み］の一覧から確認できます。メールの内容を確認したいときや再通知のタイミングを変更したいときなどに利用しましょう。

再通知済みのメールが表示された

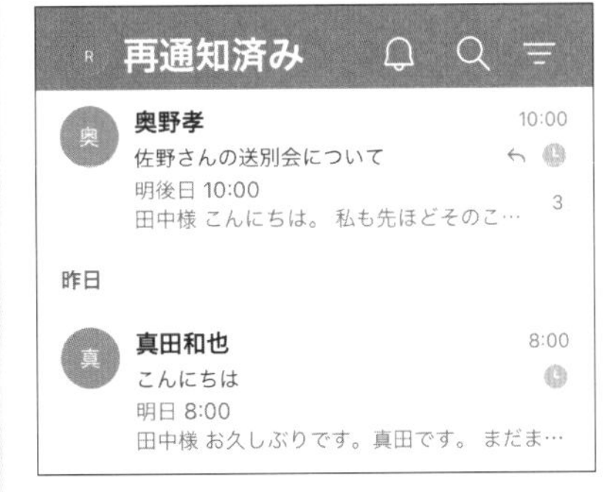

関連 395 重要なメールを後から再確認したい！ ▸ P.214

420

Home Pro
お役立ち度 ★★★

Q スマートフォンで作ったメールをパソコンで送信するには

A 下書きに保存します

[Outlook] アプリでは、作成中のメールのデータが [下書き] として自動的に保存されるだけでなく、クラウド経由でパソコンと同期されます。このため、スマートフォンで途中までメールの本文を書いておき、その続きをパソコンで編集することができます。

●スマートフォンでメールを作成する

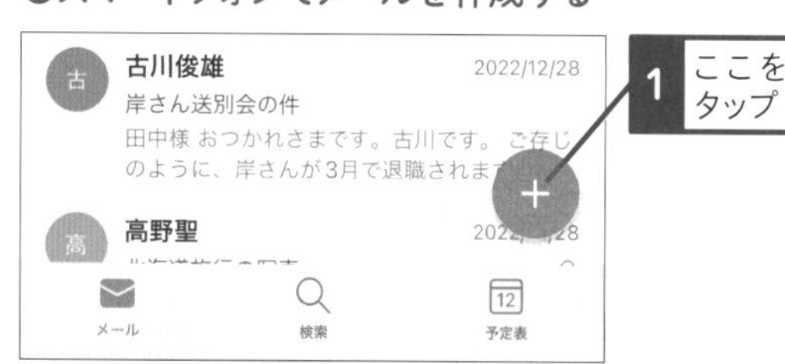

1 ここをタップ

2 メールを作成

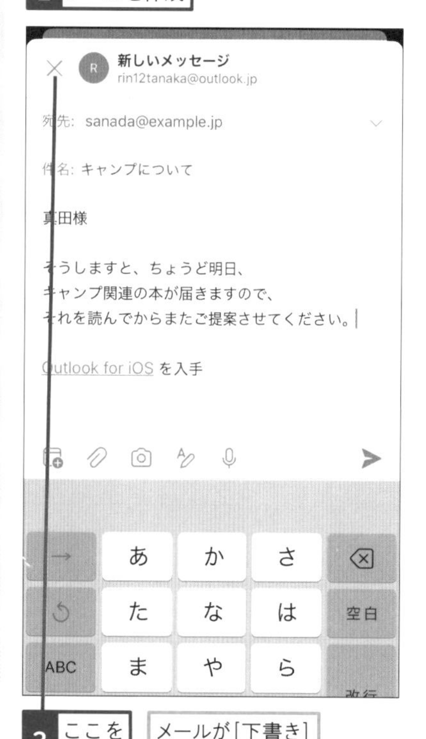

3 ここをタップ

メールが [下書き] に保存される

●パソコンから送信する

[メール] アプリを起動しておく

1 [下書き] をクリック

スマートフォンで下書きに保存したメールが表示された

2 送信するメールをクリック

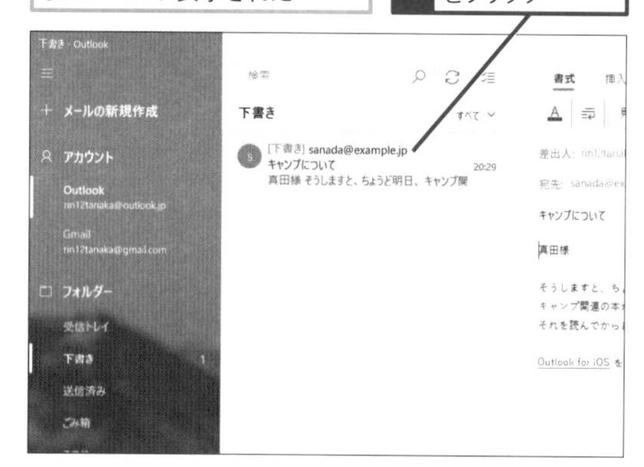

3 [送信] をクリック

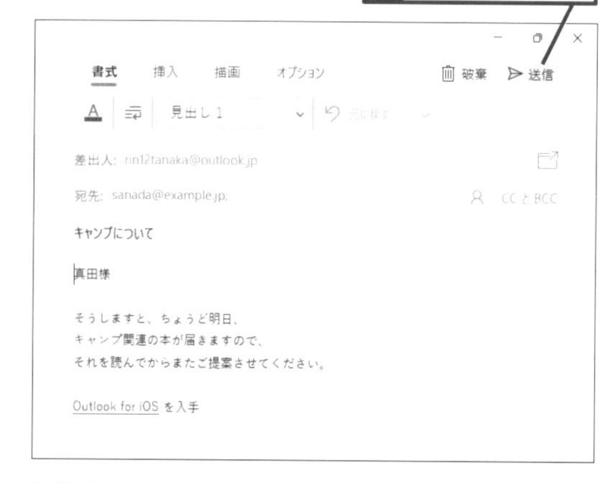

関連 362 メールを作成するにはどうしたらいい? ▶P.200
関連 421 パソコンで作ったメールをスマートフォンで送信するには ▶P.229

421

Home Pro
お役立ち度 ★★★

Q パソコンで作ったメールをスマートフォンで送信するには

A 下書きから送信します

メールを送信したいタイミングで外出しなければならならないときは、あらかじめパソコンでメールの内容を下書きとして保存しておきます。下書きはスマートフォンのアプリからも参照できるので、外出中にメールの内容を仕上げて、送信できます。

パソコンからOutlook.comでメールを作成しておく

ワザ419の2枚目の画面を表示しておく

1 ［下書き］をタップ

2 下書きのメールをタップ

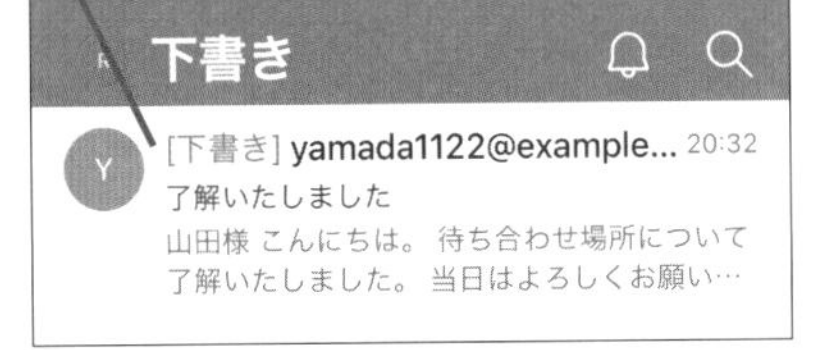

3 ここをタップ

関連 363 作成途中のメールをあとで編集するには ▸P.200

422

Home Pro
お役立ち度 ★★★

Q 簡単に再通知できるようにしたい！

A スワイプアクションに設定します

再通知は、一覧画面でメールをスワイプするだけでも素早く設定できます。たとえば、移動中の時間がないときに受け取ったメールを、忘れないように再通知設定したいときなどに便利です。

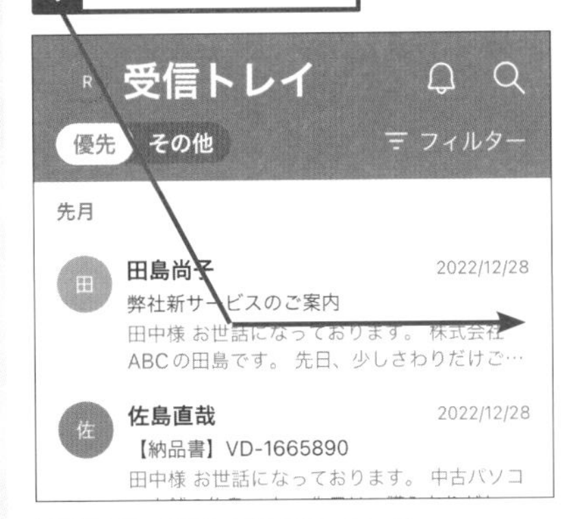

2 ［右にスワイプ］をタップ

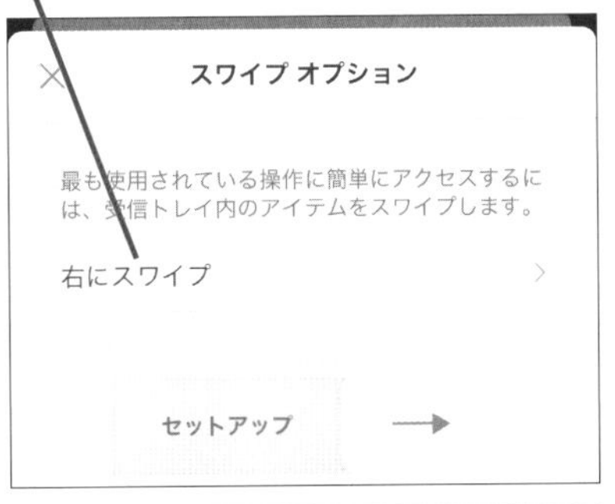

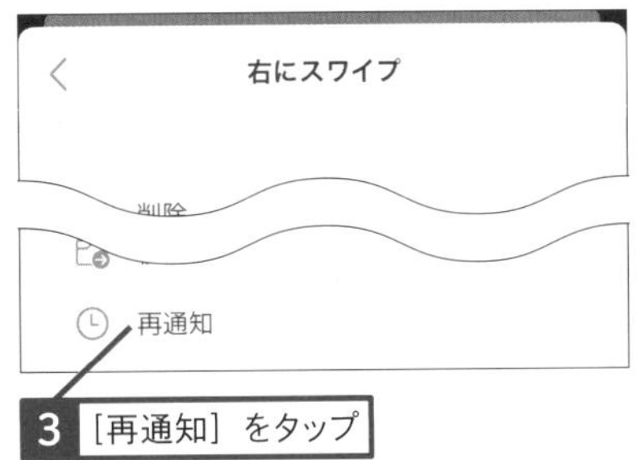

3 ［再通知］をタップ

関連 419 再通知を設定したメールを確認するには ▸P.227

OneDriveの連携ワザ

スマートフォン用［OneDrive］アプリで、文書や表計算などをパソコンとスマートフォンのどちらでも扱えるようにしましょう。デバイスや場所を問わず、同じ情報を参照できます。

423

Home Pro

お役立ち度 ★★

Q スマートフォンでOneDriveのファイルを確認するには

A マイクロソフトの［OneDrive］アプリで確認できます

AndroidやiPhoneなどのスマートフォンからでもOneDriveにあるファイルを確認できます。スマートフォンのWebブラウザーからOneDrvieにアクセスする方法もありますが、専用のアプリが便利です。スマートフォンのOneDriveアプリは、Google PlayやApp Storeから無料でインストールできます。いざというときにも役立つので、ぜひインストールしておきましょう。

●Androidの場合

●iOS（iPhone）の場合

OneDrive上のファイルの閲覧やダウンロードができる

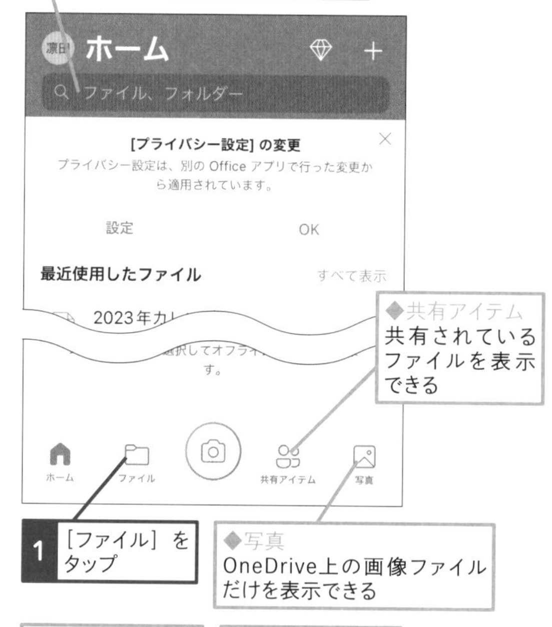

関連 214 OneDriveにあるファイルをパソコンで開くには ▸P.126
関連 217 WebブラウザーでOneDriveにあるファイルを確認するには ▸P.127
関連 426 スマートフォンからファイルを共有するには ▸P.232
関連 428 スマートフォンの写真をOneDriveに自動保存するには ▸P.233

424

Home Pro

お役立ち度 ★★★

Q スマートフォンでOneDrive上のOfficeファイルを編集するには

A 各Officeアプリを使います

AndroidやiOS向けに提供されているWord、Excel、PowerPointなどのアプリを利用すると、OneDriveに保存しているOfficeのドキュメントをスマートフォンやタブレットで確認したり、編集したりできます。スマートフォンやタブレットを使うと、外出先や移動中でもドキュメントの編集ができるので便利です。また、AndroidやiOSで提供されている［OneDrive］アプリを使うと、OneDriveに保存されている写真などを表示できます。

●Androidの場合

●iOS（iPhone）の場合

Officeのファイルを編集できる

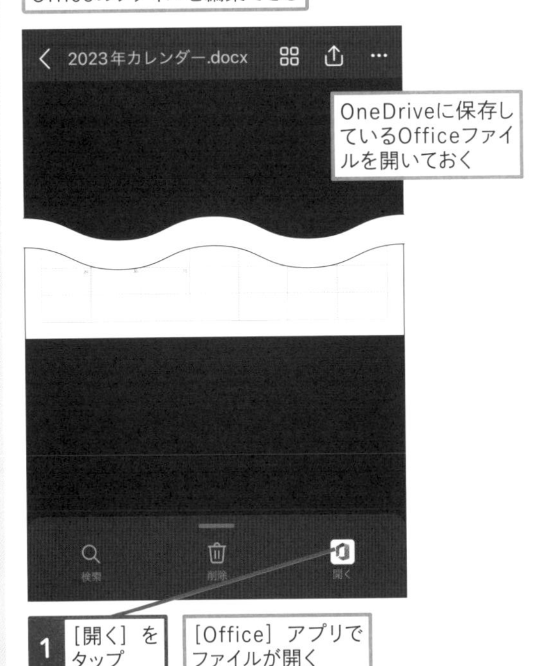

OneDriveに保存しているOfficeファイルを開いておく

1 ［開く］をタップ

［Office］アプリでファイルが開く

関連 224 Officeがインストールされていないパソコンでファイルを編集できる？ ▸P.130

425

Home Pro

お役立ち度 ★★★

Q スマートフォンからOneDriveに写真を保存するには

A 保存先を選んで保存します

OneDriveにはスマートフォンで撮影した写真をアップロードすることもできます。特定の写真だけアップロードしたいときは、［フォト］アプリなどから連携先として［OneDrive］アプリを指定して、写真をアップロードしましょう。

OneDriveに保存する写真を表示しておく

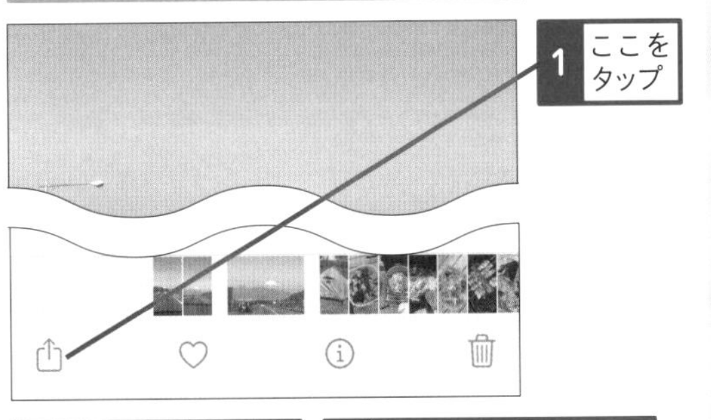

1 ここをタップ

2 ここを左にスワイプ

3 ［OneDrive］をタップ

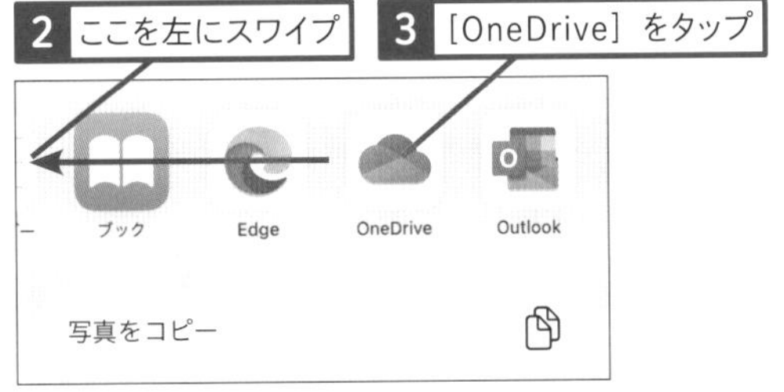

4 ［ファイル］をタップ

5 ［ここにアップロード］をタップ

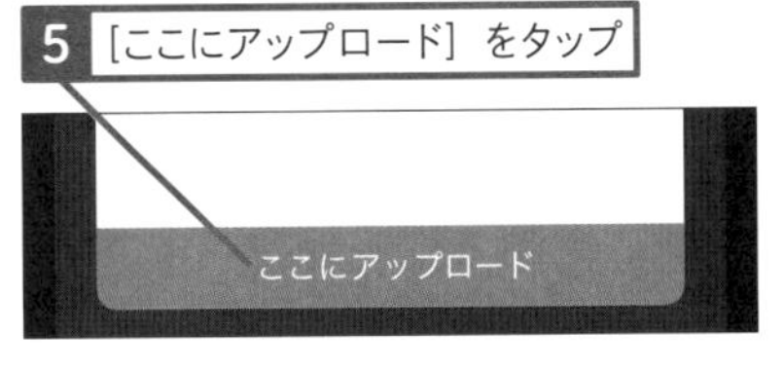

関連 426 スマートフォンからファイルを共有するには ▸P.232

426

Home Pro
お役立ち度 ★★★

Q スマートフォンからファイルを共有するには

A ［共有］から実行します

OneDriveに保存された写真などのファイルを他の人と共有したいときは、スマートフォンの［OneDrive］アプリから操作します。以下のように、［共有］メニューから、SMSやSNS、メールなど、共有先のアプリを指定して、ファイルを表示するためのリンクを送信しましょう。

●iPhoneで共有する

共有する写真を表示しておく

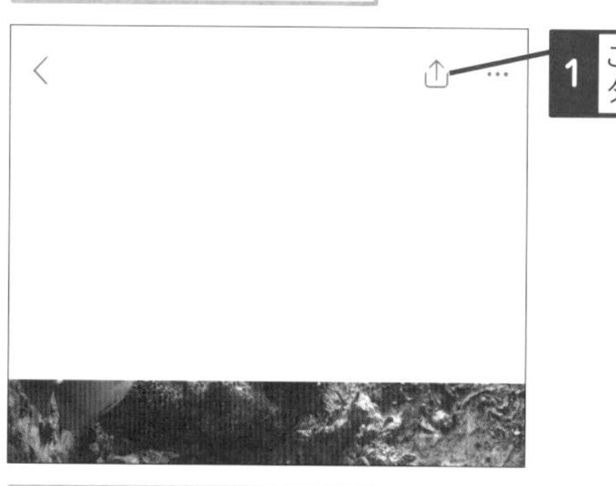

共有のメニューが表示される

●Androidスマートフォンで共有する

共有する写真を表示しておく

共有のメニューが表示される

427

Home Pro
お役立ち度 ★★★

Q パソコンで共有しているファイルを確認するには

A ［共有］画面から確認します

OneDriveで共有しているファイルは、［OneDrive］アプリの［共有アイテム］から参照できます。自分が共有しているデータだけでなく、他のユーザーが自分に対して共有しているデータも表示されます。なお、［…］の［詳細］からアクセス許可を削除することもできます。

1 ［共有アイテム］をタップ

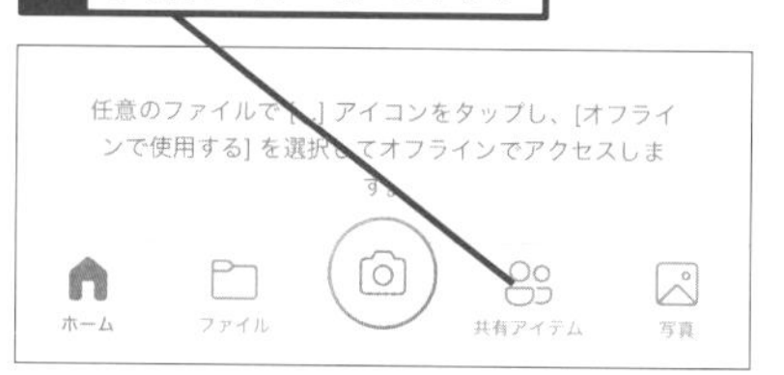

共有しているアイテムとされているアイテムが表示された

2 共有相手の名前をタップ

共有されているファイルが表示された

関連219 OneDriveに保存したファイルを共有するには ▸P.128
関連220 特定の相手とファイルを共有するには ▸P.128

428

Home Pro

お役立ち度 ★★★

Q スマートフォンの写真をOneDriveに自動保存するには

A ［OneDrive］アプリで自動保存を設定します

スマートフォンやタブレットの［OneDrive］アプリをインストールしておけば、端末で撮影した写真をOneDriveの[写真]フォルダーへ自動的にアップロード（自動保存）できます。自動保存された写真は、クラウドに保存されるため、端末から写真を削除して、ストレージの空き容量を増やすことができます。なお、アプリの設定の［使用するアップロード］が［Wi-Fiとモバイルネットワーク］になっていたり、［携帯データネットワークを使用して…］がオンになっているとWi-Fiに接続されていないときでもアップロードされ、データ通信量が増えてしまうので気を付けましょう。

●Androidの場合

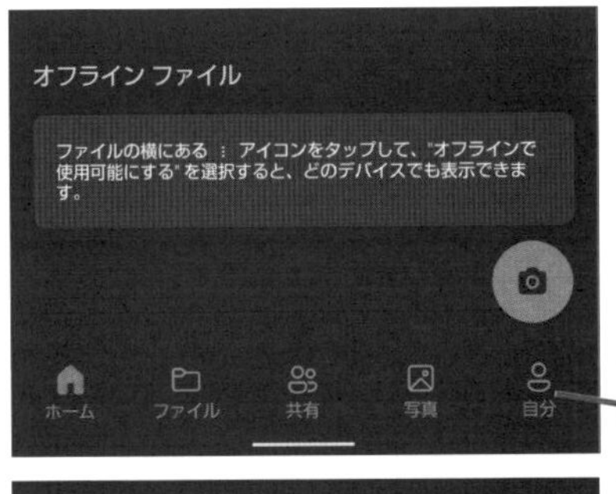

1 ［自分］をタップ

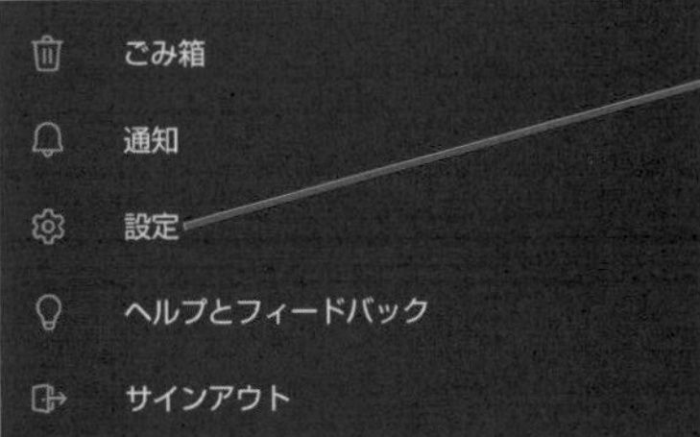

2 ［設定］をタップ

3 ［カメラのバックアップ］をタップ

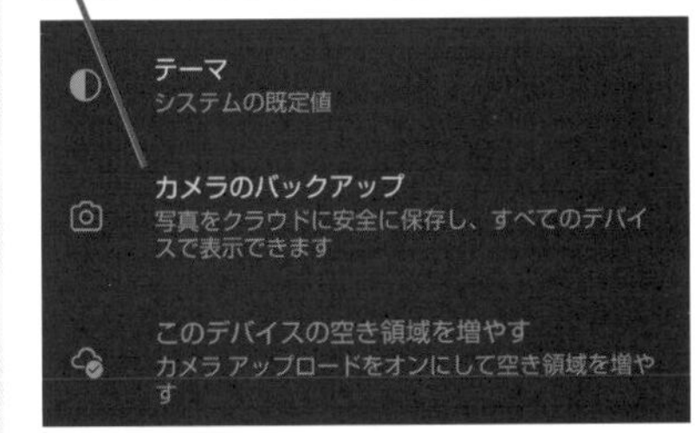

4 ［確認］をタップ

●iOS（iPhone）の場合

1 ここをタップ

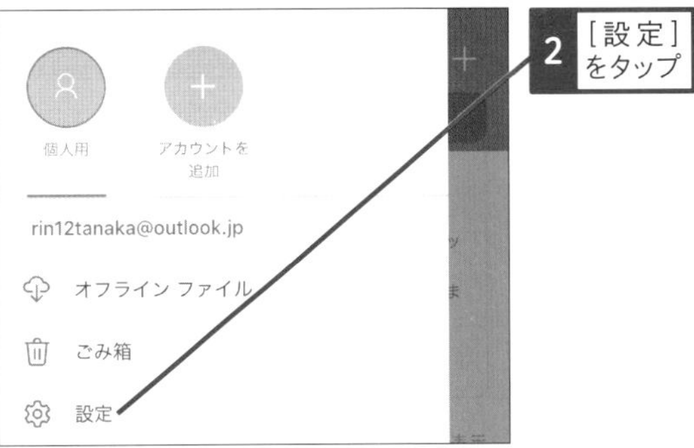

2 ［設定］をタップ

3 ［カメラのアップロード］をタップ

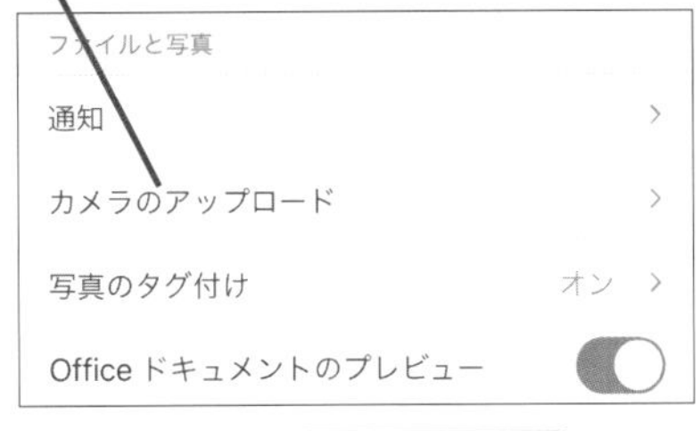

4 ここをタップして、オンにする

写真がOneDriveに自動保存されるようになる

第8章 アプリを活用するワザ

アプリの基本

パソコンで仕事をしたり、遊んだりするには、アプリが必要です。ここではアプリのインストール方法やさまざまな設定方法など、アプリについてのテクニックを解説します。

429

Home Pro
お役立ち度 ★★★

Q 使いたいアプリをすぐに見つけるには

A 検索ボックスから探せます

パソコンにたくさんのアプリがインストールされていると、スタートメニューから目的のアプリを探し出すのは大変です。そのようなときは検索ボックスにキーワードを入力すると、そのキーワードが含まれるアプリを一覧で表示できます。

1 ［検索］をクリック

2 検索ボックスにアプリ名を入力

3 検索されたアプリをクリック

アプリが起動する

［Web結果を見る］と表示された項目を選択すると、Webをキーワードで検索できる

430

Home Pro
お役立ち度 ★

Q デスクトップアプリのファイル名を指定して実行するには

A ⊞+Rキーを押します

ファイル名を指定して実行するには、⊞+Rキーを押します。たとえば、電卓なら「calc」、コントロールパネルなら「control」と入力して、Enterキーを押せば、電卓が起動したり、コントロールパネルが表示されたりします。

●［電卓］アプリを起動する方法

1 ⊞+Rキーを押す

［ファイル名を指定して実行］が表示された

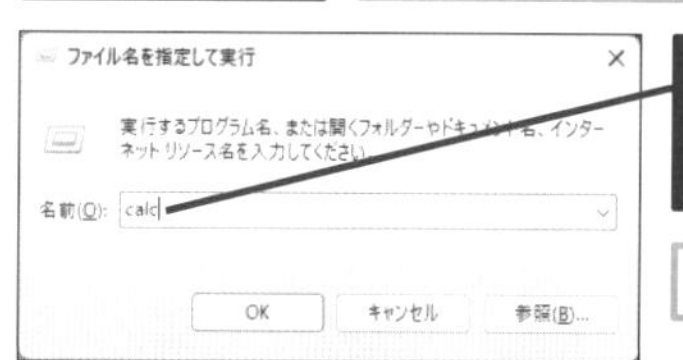

2 「calc」と入力し、Enterキーを押す

［電卓］が起動する

●Cドライブを表示する方法

1 ⊞+Rキーを押す

2 「C:」と入力、Enterキーを押す

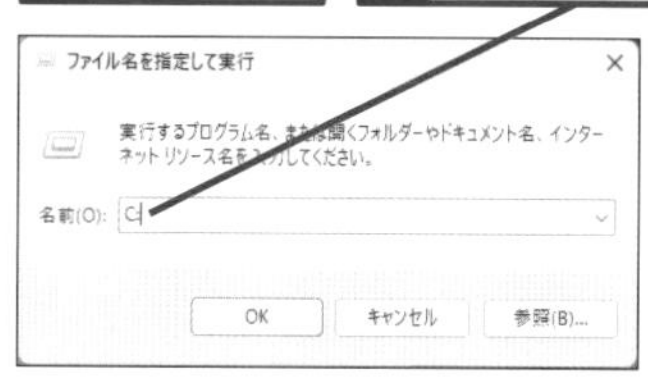

エクスプローラーが起動して、Cドライブが表示される

ショートカットキー ファイル名を指定して実行
⊞+R

431

Home Pro

お役立ち度 ★★★

Q アプリを終了するには

A いろいろな方法があります。使いやすい方法で終了しましょう

アプリを終了するには、いくつかの方法があります。もっとも一般的な方法は、タイトルバーの［閉じる］ボタンのクリックです。このほかにもタスクバーのボタンを右クリックして終了したり、タスクビューから終了する方法などがあります。使いやすい方法で終了させましょう。なお、一度に複数のアプリを終了させたいときは、タスクビューを使うと、すばやく終了できるので、覚えておくと便利です。

●［閉じる］ボタンから終了する

1 ［閉じる］をクリック

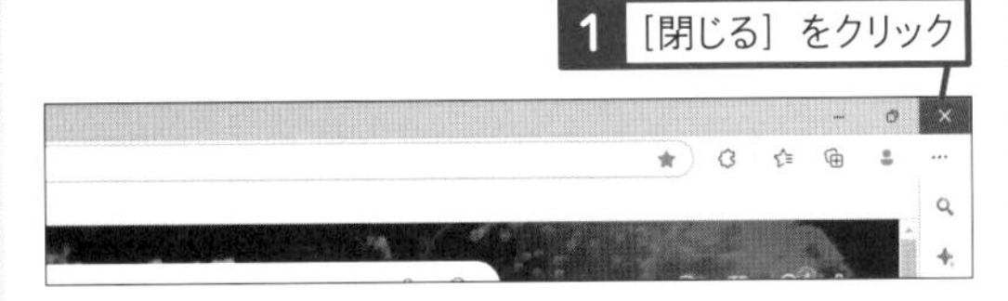

●［ファイル］メニューから終了する

1 ［ファイル］をクリック

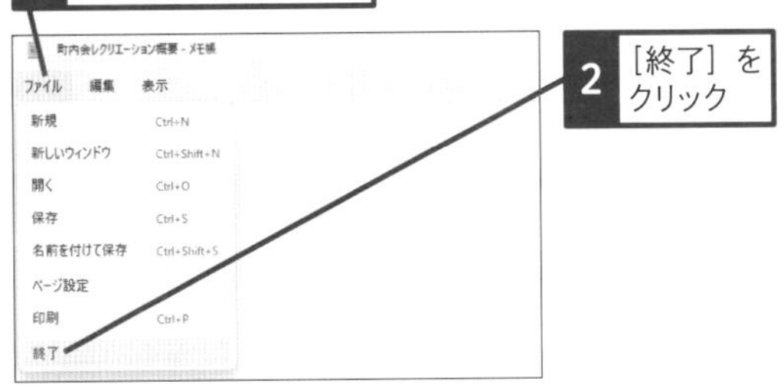

2 ［終了］をクリック

●タスクビューから終了する

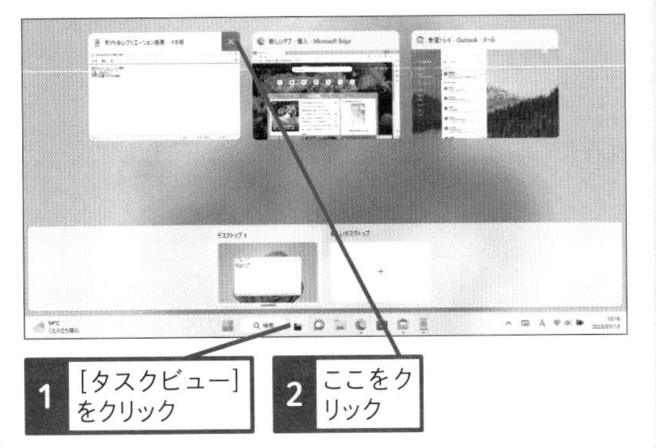

1 ［タスクビュー］をクリック

2 ここをクリック

432

Home Pro

お役立ち度 ★★

Q ウィンドウをすべて閉じてアプリを終了するには

A タスクバーから終了します

複数のウィンドウを開いているアプリは、タスクバーのアイコンを右クリックして、［すべてのウィンドウを閉じる］を選択すれば、一度に閉じることができます。エクスプローラーなどで、数多くのウィンドウを開いたときに使ってみましょう。なお、編集したまま、保存していないファイルがあるときは、保存を確認するダイアログボックスが表示されます。

複数のウィンドウを表示しているアプリを終了する

Excel
タスクバーにピン留めする
すべてのウィンドウを閉じる

1 ［タスクバーのアイコンを右クリック］をクリック

2 ［すべてのウィンドウを閉じる］をクリック

ステップアップ

アプリの入手先に注意しよう

Windows用のアプリは、ワザ438で解説している「Microsoft Store」を利用する方法のほかに、インターネット上のWebページからダウンロードする方法があります。後者の場合、そのサイトがメーカーの公式サイトであるかどうかをよく確認しましょう。ほかには、広告を表示したり、いっしょに別のアプリをインストールしたりすることを目的とした非公式のサイトがあります。アプリを検索する際、検索サイトの上位に広告表示で非公式サイトが表示されることがあるので、注意しましょう。

433

Home Pro

お役立ち度 ★★

Q 反応しなくなったアプリを終了するには

A ［タスクマネージャー］を使います

アプリが反応しなくなったときは、タスクバーの右クリックからタスクマネージャーを起動して、アプリを強制終了しましょう。ただし、アプリに自動保存やバックアップ機能などがない場合、データが破棄されます。こうしたトラブルを避けるためにもファイルはこまめに保存しましょう。

1 タスクバーを右クリック

2 ［タスクマネージャー］をクリック

3 ［応答なし］と表示されたアプリをクリック

4 ［タスクを終了する］をクリック

アプリが強制終了され、一覧から消えた

4 ［閉じる］をクリック

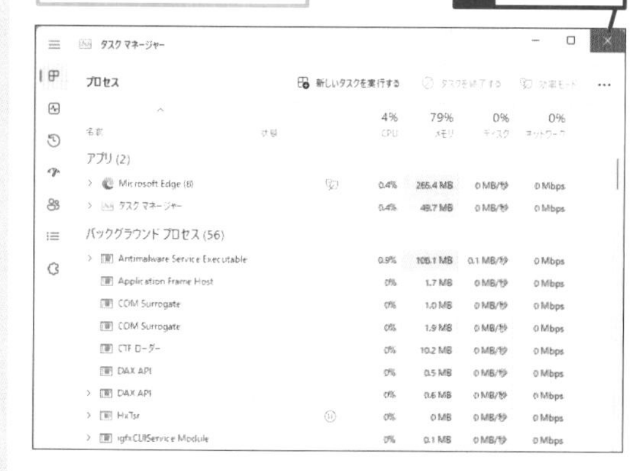

ショートカットキー タスクマネージャーの起動
Ctrl + Shift + Esc

434

Home Pro

お役立ち度 ★★

Q ［ユーザーアカウント制御］ダイアログボックスが表示されたら

A 安全なら［はい］をクリックします

［ユーザーアカウント制御］のダイアログボックスは、デスクトップアプリをインストールするときなど、システムに重要な変更が加えられるときに表示されます。アプリが安全だと確認できているときは、［はい］をクリックして、インストールを続行しましょう。［いいえ］をクリックすると、アプリのインストールは中止されます。アプリのインストールを実行していないのに［ユーザーアカウント制御］ダイアログボックスが表示されたり、表示される名称がインストールしようとするアプリと違うときは、必ず［いいえ］をクリックして、アプリが勝手にインストールされるのを避けましょう。

アプリのインストール中に［ユーザーアカウント制御］ダイアログボックスが表示された

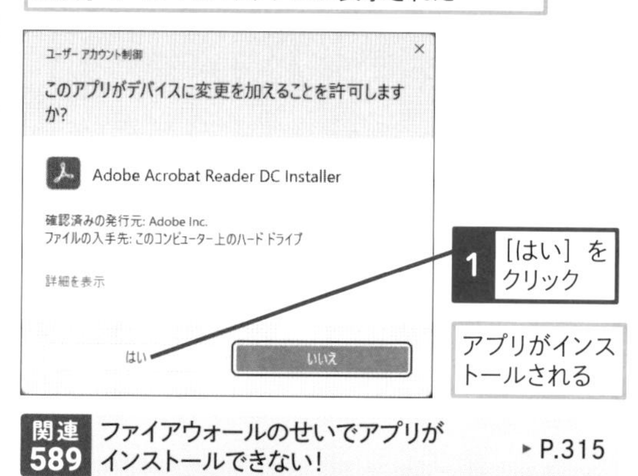

1 ［はい］をクリック

アプリがインストールされる

関連 589 ファイアウォールのせいでアプリがインストールできない！ ▶ P.315

ステップアップ

スマートアプリコントロールでセキュリティを強化できる

Windows セキュリティには、悪意のあるアプリを検知して実行をブロックするスマートアプリコントロールが搭載されています。ただし、Windows 10などからアップグレードした場合は無効になっており再インストールしないと有効化できません。

435

Home Pro
お役立ち度 ★★★

Q インストールされているアプリを確認するには

A ［アプリと機能］の画面を表示します

パソコンにインストールされているアプリは、［設定］の［アプリ］-［アプリと機能］で確認できます。ただし、パソコンにあるすべてのアプリが表示されるわけではなく、一部のオンラインソフトなど、インストールせずに使えるアプリは、一覧に表示されません。

ワザ023を参考に、［設定］の画面を表示しておく

1 ［アプリ］をクリック

2 ［インストールされているアプリ］をクリック

［インストールされているアプリ］の画面が表示された

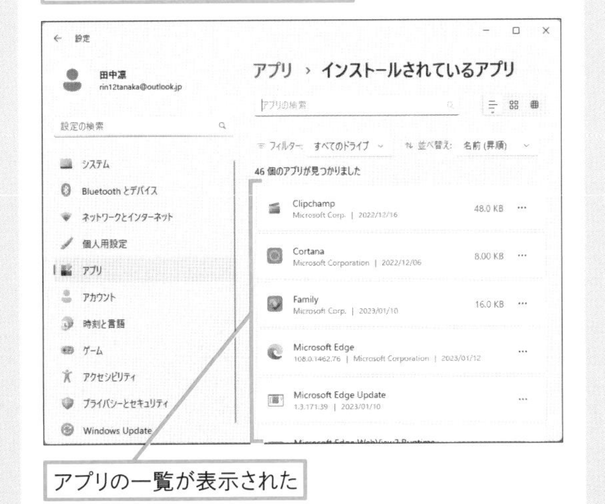

アプリの一覧が表示された

436

Home Pro
お役立ち度 ★★★

Q 古いアプリをWindows 11で動作させたい

A 互換性をチェックして再び実行します

［互換性のトラブルシューティングツール］は古いアプリがそのままでは起動できないときに、アプリごとに推奨される設定を適用し、アプリを起動できるようにします。通常は［推奨設定を使用する］を選択すれば、問題が自動的に検出され、推奨される設定が適用されるので、プログラムを再実行するだけで、正しく動作します。

1 アプリの実行ファイルを右クリック

2 ［その他のオプションを表示］をクリック

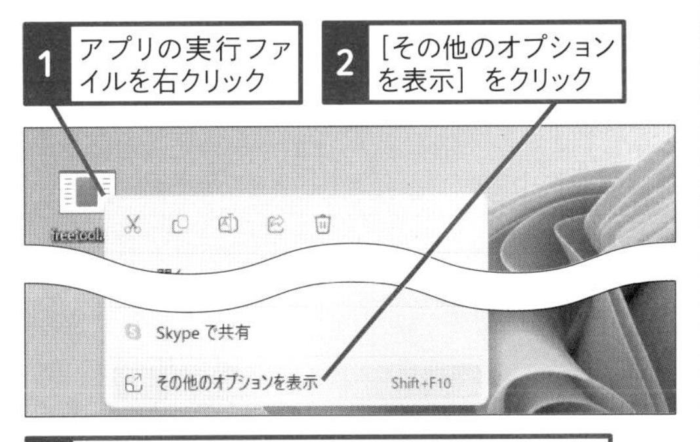

3 ［互換性のトラブルシューティング］をクリック

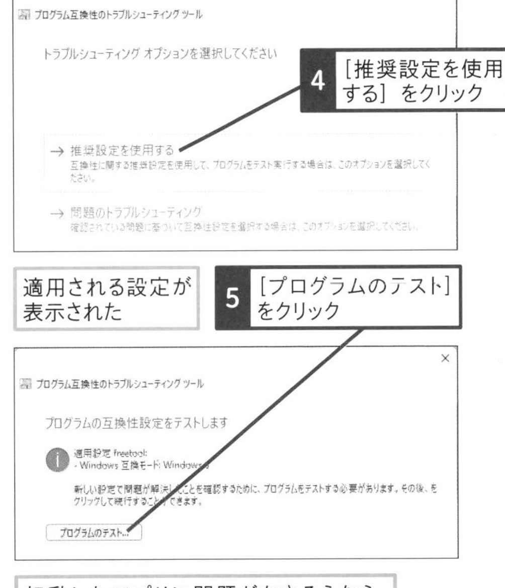

4 ［推奨設定を使用する］をクリック

適用される設定が表示された

5 ［プログラムのテスト］をクリック

起動したアプリに問題がなさそうなら、［次へ］をクリックして、設定を保存する

437

Home Pro
お役立ち度 ★★★

Q 過去のWindowsの環境でアプリを使いたい

A 互換モードで実行します

Windows 11で正常に動作しないデスクトップアプリは、「互換モード」で動作することがあります。以下のように、アプリのプロパティでWindowsのバージョンを指定しましょう。フォントが小さく表示されたり、ずれたりするときは、[高DPI設定の変更] も変更してみましょう。

1 互換モードで起動したいアプリの実行ファイルを右クリック

2 [プロパティ] をクリック

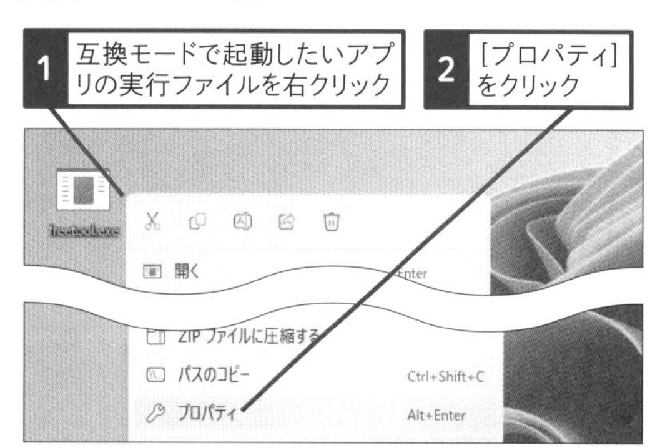

実行ファイルのプロパティが表示された

3 [互換性] タブをクリック

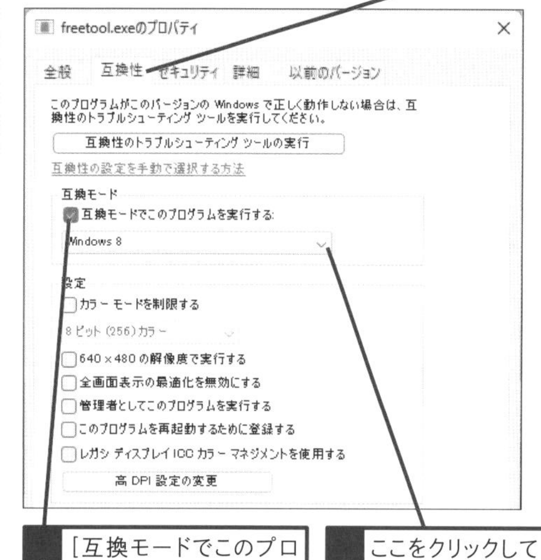

4 [互換モードでこのプログラムを実行する] にチェックマークを付ける

5 ここをクリックして [Windows 8] を選択

6 [OK] をクリック

アプリが互換モードで起動するようになる

438

Home Pro
お役立ち度 ★★★

Q アプリを追加するには

A [Microsoft Store] アプリからインストールします

Windowsのアプリは、[Microsoft Store] アプリを使って、インストールします。スタートメニューか、タスクバーから [Microsoft Store] アプリを起動します。アプリはランキングやカテゴリー、検索機能を使って、探すことができます。インストールしたいアプリが見つかったら、詳細画面を表示しましょう。無料のアプリは [入手] をクリックするだけで、インストールが開始されます。インストールが完了したら、[スタート] ボタンから [すべてのアプリ] を確認しましょう。なお、有料のアプリを購入するには、支払い情報の登録が必要です。ワザ441を参照してください。

ワザ092を参考に、[Microsoft Store] アプリを起動しておく

ここでは [Messenger] アプリをインストールする

1 ここをクリック

2 検索ボックスに「Messenger」と入力

検索結果が表示された

3 [Messenger] をクリック

関連 012 Windows 11のデスクトップについて教えて! ► P.35

439

Home Pro

お役立ち度 ★★

Q Windowsアプリが更新されているかを確認したい

A [ライブラリ] で確認できます

Microsoft Storeから入手したアプリに新機能の追加や不具合の修正が実施されると、アプリの新しいバージョンが提供されます。標準の設定ではアプリは自動で更新され、以下の手順のように[Microsoft Store] アプリの [ライブラリ] から更新を確認できます。

ワザ092を参考に、[Microsoft Store] アプリを起動しておく

1 [ライブラリ] をクリック

[ライブラリ] の画面が表示された

アプリの更新日を確認できる

[更新プログラムを取得する] をクリックすると、未更新のアプリが更新される

440

Home Pro

お役立ち度 ★★

Q アプリをアンインストールするには

A [アプリ] の画面から削除します

まったく使わないアプリは、ストレージの容量を消費しているだけで、無駄になっています。定期的に見直し、アンインストールするといいでしょう。アプリは [設定] の [アプリ] - [インストールされているアプリ] からアンインストールできます。デスクトップアプリは従来のWindowsと同じように、[コントロールパネル] の [プログラムのアンインストール] から削除できます。また、アプリによっては、スタートメニューのアイコンを右クリックして、[アンインストール] を選択することもできます。

[設定] の [アプリ] の画面を表示しておく

1 [インストールされているアプリ] をクリック

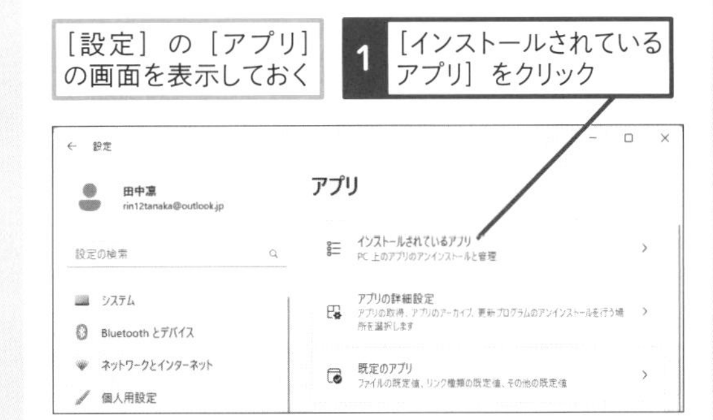

2 削除したいアプリのここをクリック

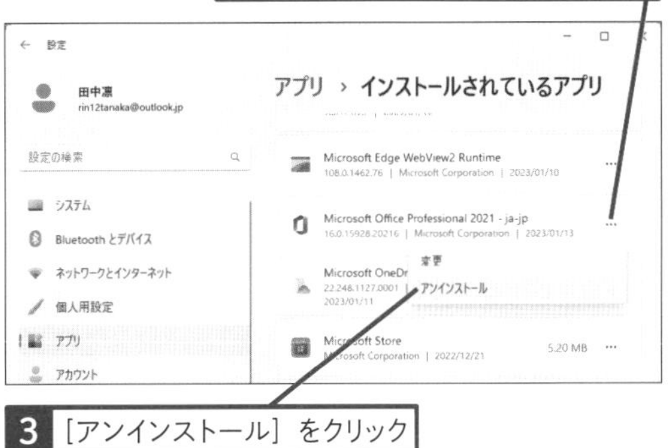

3 [アンインストール] をクリック

4 確認のメッセージが表示されたら、[アンインストール] をクリック

アプリがアンインストールされる

関連 023 [設定] と [コントロールパネル] はどう使い分けるの? ▶ P.41

441

Home Pro

お役立ち度 ★★★

Q 有料アプリを購入するにはどうすればいい？

A Microsoftアカウントに支払方法を登録します

有料のアプリを購入するには、Microsoftアカウントに支払方法を登録する必要があります。支払方法を登録しておくと、[Microsoft Store] アプリの [購入] をクリックするだけで、決済ができます。決済方法にはクレジットカードのほかに、「PayPal」というオンライン決済サービスが利用できます。

ワザ092を参考に、[Microsoft Store] アプリを起動しておく

1 [プロフィール] をクリック

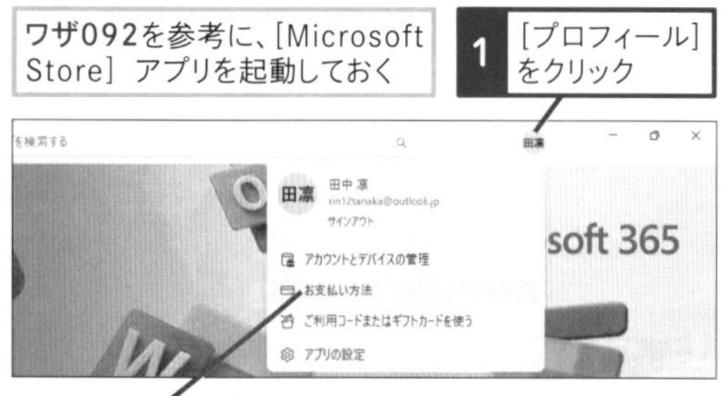

2 [お支払い方法] をクリック

Microsoft Edgeが起動した

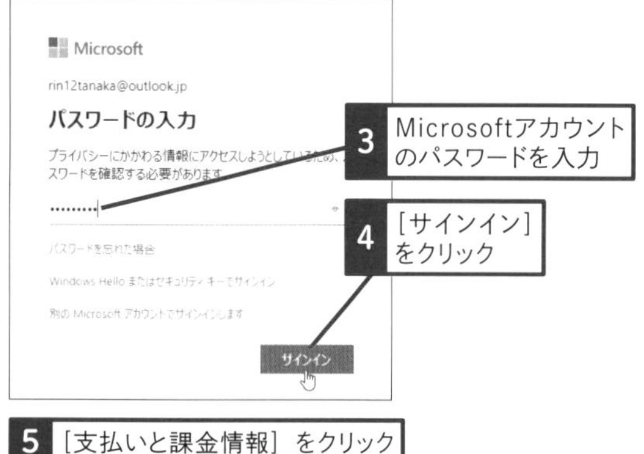

3 Microsoftアカウントのパスワードを入力

4 [サインイン] をクリック

5 [支払いと課金情報] をクリック

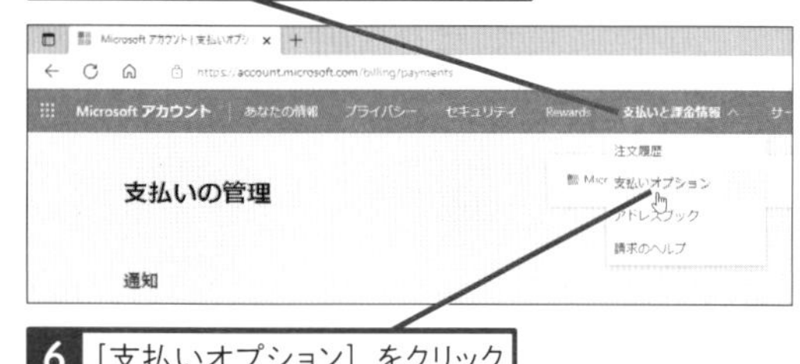

6 [支払いオプション] をクリック

クレジットカードを登録する

7 [新しい支払方法を追加する] をクリック

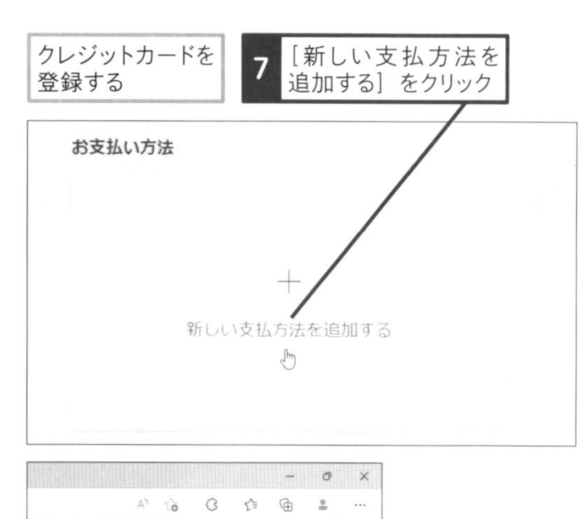

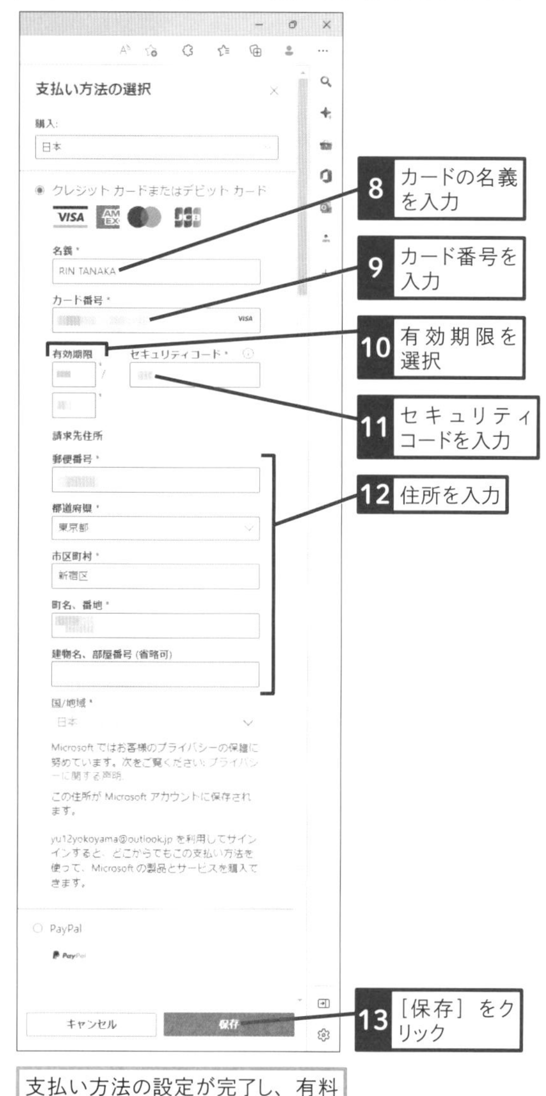

8 カードの名義を入力

9 カード番号を入力

10 有効期限を選択

11 セキュリティコードを入力

12 住所を入力

13 [保存] をクリック

支払い方法の設定が完了し、有料アプリの購入が可能になる

442

Home Pro
お役立ち度 ★★

Q Windowsで「Ubuntu」を使うと何ができるの？

A 「Linux」のコマンドを使用できます

「Ubuntu」（ウブントゥ）は「Linux」（リナックス）というOSの派生バージョン（ディストリビューション）の1つです。Windowsでは「Windows Subsystem for Linux」と呼ばれる機能がサポートされており、WindowsでLinuxのさまざまなコマンドをそのまま動作させたり、「gedit」や「GIMP」などのLinux向けのGUIアプリをインストールして、起動することもできます。

Linuxは誰でも追加や修正ができるオープンソースのOSで、さまざまなディストリビューションがあります。Ubuntuのほかに「Kali linux」「SUSE」「Debian」などのディストリビューションを利用できます。

UbuntuなどのLinuxは、企業のシステム開発や運用、学校や研究機関におけるデータ処理など、さまざまな場面で利用されています。WindowsでUbuntuを利用すれば、Windowsパソコン上で使い慣れた環境を使い、仕事や研究が可能になります。Linuxの知識がある人は、Linuxのツールやコマンドを使って、作業の自動化などにも活用できます。また、Linuxをこれから勉強したい人にとっては、手軽にLinuxに触れる機会になるでしょう。

Windows 11のデスクトップでUbuntuを利用できる

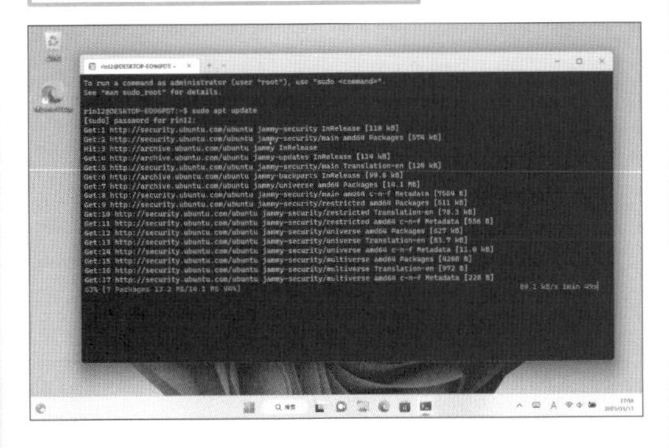

関連 444 Ubuntuを利用するには ▸ P.242

443

Home Pro
お役立ち度 ★★

Q Ubuntuをインストールするには

A 「wsl」コマンドを使います

Ubuntuをインストールするには、Windowsで「Windows Subsystem for Linux」を有効にしたり、Ubuntuのイメージを入手する必要がありますが、これらは1つのコマンドでまとめて実行できます。［スタート］ボタンの右クリック、または以下の手順で「Windowsターミナル」を管理者モードで起動し、「wsl --install -d Ubuntu」と入力すると、機能の有効化やUbuntuのダウンロードなどがまとめて実行されます。ダウンロードとインストールには少し時間がかかりますが、しばらくの間、待ちましょう。

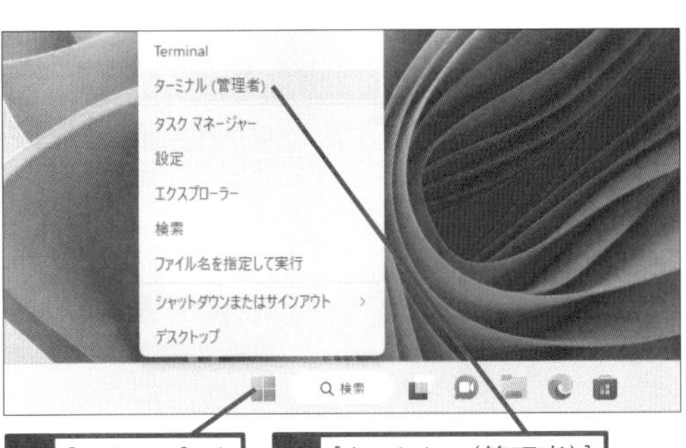

1 ［スタート］を右クリック

2 ［ターミナル（管理者）］をクリック

Windows PowerShellの画面が表示された

3 「wsl --install -d Ubuntu」と入力

```
Windows PowerShell
Copyright (C) Microsoft Corporation. All rights reserved.

新機能と改善のために最新の PowerShell をインストールしてください!https://aka.ms/PSWindows

PS C:\Users\rin12> wsl --install -d Ubuntu
```

4 Enter キーを押す

5 パソコンを再起動する

ワザ444を参考に、ユーザー名とパスワードを設定する

関連 444 Ubuntuを利用するには ▸ P.242

444

Home Pro

お役立ち度 ★★★

Q Ubuntuを利用するには

A ［Ubuntu］アプリを起動します

ワザ443の手順でUbuntuをインストールすると、自動的にユーザー名とパスワードの設定画面が表示されます。このユーザー名とパスワードは、Windowsのユーザー名やパスワードとは関係ありません。覚えやすいユーザー名とパスワードを入力しましょう。設定が完了すると、黒いウィンドウに次々と文字が表示されます。これはUbuntuの「シェル」と呼ばれるもので、コマンドを入力して実行できます。次回からは、スタートメニューから［Ubuntu］アプリを起動することでUbuntuを利用できます。また、Windowsターミナルの新しいタブとしてUbuntuを起動することもできます。

ワザ092を参考に、Ubuntuを起動しておく

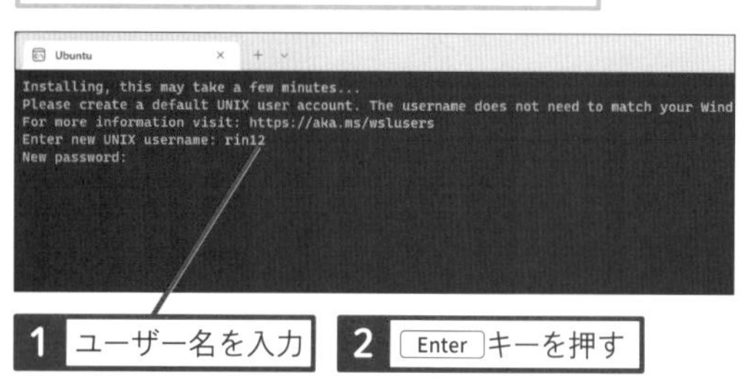

1 ユーザー名を入力

2 Enter キーを押す

3 パスワードを入力し、Enter キーを押す

4 同じパスワードを入力し、Enter キーを押す

```
Installing, this may take a few minutes...
Please create a default UNIX user account. The username does not need to match your Wind
For more information visit: https://aka.ms/wslusers
Enter new UNIX username: rin12
New password:
Retype new password:
passwd: password updated successfully
Installation successful!
To run a command as administrator (user "root"), use "sudo <command>".
See "man sudo_root" for details.

Welcome to Ubuntu 22.04.1 LTS (GNU/Linux 5.15.79.1-microsoft-standard-WSL2 x86_64)

 * Documentation:  https://help.ubuntu.com
 * Management:     https://landscape.canonical.com
 * Support:        https://ubuntu.com/advantage

This message is shown once a day. To disable it please create the
/home/rin12/.hushlogin file.
rin12@DESKTOP-EO96PDT:~$
```

コマンドが入力可能になった

Ubuntuが利用可能になった

445

Home Pro

お役立ち度 ★★★

Q Ubuntuをアップデートするには

A Ubuntuをアップデートするには

Ubuntuのインストールが完了したら、最初にアップデートを実行し、最新の状態にしておきましょう。「sudo」という管理者権限で実行するためのコマンドを先頭に付けて、パッケージを管理するためのコマンド「apt」を実行します。「sudo apt update」でパッケージリストが更新され、続けて「sudo apt upgrade」と実行することで、各プログラムのパッケージが実際にアップデートされます。初回はしばらく時間がかかるので、しばらく待ちましょう。「sudo apt update && sudo apt upgrade」のように、2つのコマンドを続けて実行することもできます。

ワザ092を参考に、Ubuntuを起動しておく

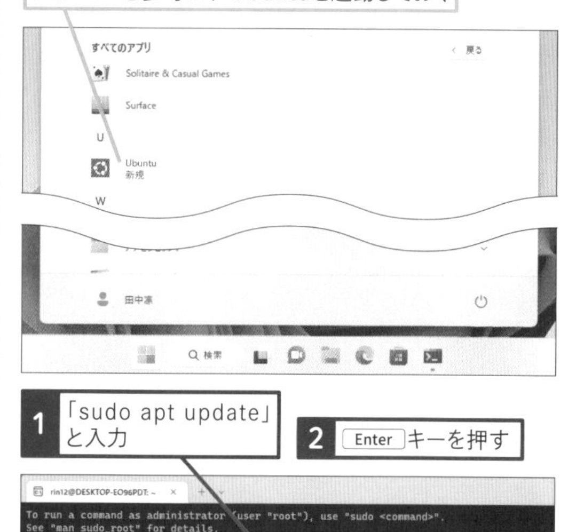

1 「sudo apt update」と入力

2 Enter キーを押す

```
To run a command as administrator (user "root"), use "sudo <command>".
See "man sudo_root" for details.

rin12@DESKTOP-EO96PDT:~$ sudo apt update
```

3 パスワードを入力し、Enter キーを押す

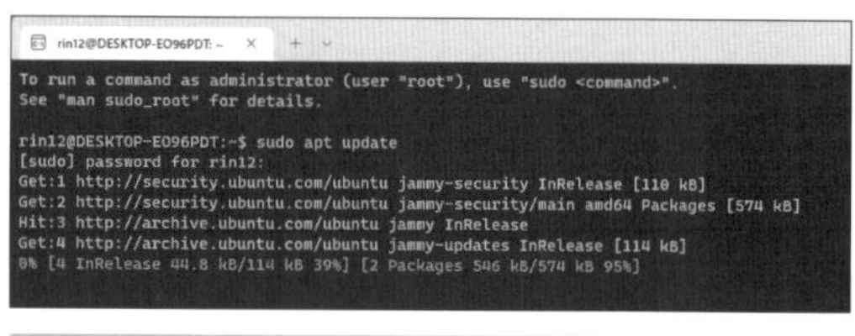

パッケージリストがアップデートされる

標準アプリの便利ワザ

Windowsには標準でさまざまなアプリが用意されています。ここでは標準アプリの種類や使い方について説明します。

446

Home Pro
お役立ち度 ★★★

Q 標準で使えるWindowsアプリを教えて！

A 代表的なアプリを紹介します

Windowsにはあらかじめスタートメニューに登録されているアプリを含めて、標準でさまざまなアプリが備えられています。ただし、アプリの中にはインストーラーのショートカットが登録されていて、クリックすると、インストールされるものもあります。また、[Microsoft Store] アプリから新しいアプリをダウンロードしたり、購入したアプリをインストールしたりすることも可能です。このほかにもメーカー製のパソコンには、メーカー独自のアプリがプリインストールされていることもあります。ここでは代表的な標準アプリを紹介します。

アプリ	概要
Clipchamp	動画の編集ができるアプリ。シーンのカットやキャプションの追加、特殊効果の適用、サウンドの追加などができる。
OneNote	メモやWebのクリップを保存するためのノートアプリ。OneNoteで作成したノートはOneDriveに保存される。Office搭載パソコンで標準で利用可能。
問い合わせ	Windowsの操作に関する解決策を検索したり、サポートへの問い合わせをしたりできるアプリ。
Microsoft To Do	仕事や買い物など、やるべきことや忘れると困ることをタスクとして管理できるアプリ。Outlookのタスクと連携している。
クロック	タイマー、アラーム、ストップウォッチ、世界時計などに使える時計アプリ。フォーカスセッションで作業時間やTo Doを管理したり、音楽をかけたりできる。
カメラ	パソコンやタブレットに搭載されているカメラを使って、写真やビデオを撮影するためのアプリ。さまざまな比率や大きさで撮影できるのが特徴。
カレンダー	Outlook.comやMicrosoft 365などのWebサービスと連携して、カレンダーを表示したり、予定を管理したりするアプリ。

アプリ	概要
Microsoft Store	アプリのインストールや音楽、映画などを購入できるアプリ。キーワードやカテゴリーなど、いろいろな方法で検索できる。
ニュース	最新のニュースを表示できるアプリ。国内の新聞各社やWebメディアの記事、海外のニュースの表示や検索が可能。
ペイント	画像ファイルを開いたり、編集したりできるアプリ。いろいろなペンを使って、自由に絵を描いて楽しむこともできる。
サウンドレコーダー	パソコンやタブレットのマイクを使って、音を録音するためのアプリ。録音した音をトリミングするなどの簡単な編集や、メールでの送信ができる。
マップ	地図を表示するアプリ。位置情報で自分がいる現在地周辺の地図を表示できるほか、ルート案内の機能も利用できる。
天気	天気に関するさまざまな情報を閲覧できるアプリ。現在地や全世界の天気や気温、降水確率などを調べられる。
電卓	計算をするためのアプリ。四則演算だけでなく、関数電卓なども備える。長さなどの単位の変換したり、関数からグラフを描いたりすることもできる。

関連 461 音声を録音するには ▸P.251

関連 503 デジタルカメラで撮った動画に音楽をつけたい！ ▸P.271

447

Home Pro
お役立ち度 ★★★

Q フォーカスセッションって何？

A 集中して作業するための機能です

フォーカスセッションは仕事などの作業に集中したいときに利用する機能です。[クロック] アプリや通知センターから利用できます。時間を設定するとカウントダウンがスタートし、その間、通知などが停止します。途中で休憩を設定したり、1日の状況を確認したり、音楽を再生して集中力を高めたり、[To Do] アプリと連携させることなどもできます。時間を決めて、しっかり仕事や勉強をしたいときに活用しましょう。

ワザ017を参考に、スタートメニューを表示しておく

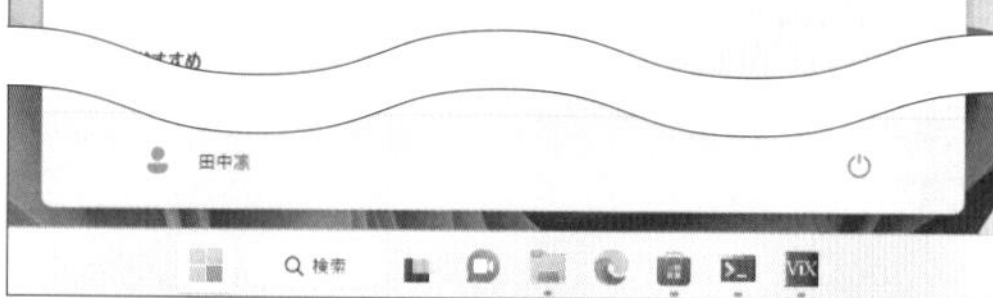

「フォーカスセッションへようこそ」の画面が表示された

[開始] をクリックすると、フォーカスセッションの設定画面が表示される

448

Home Pro
お役立ち度 ★★★

Q フォーカスセッションを設定するには

A 時間を決めて開始します

フォーカスセッションを利用するときは、まず、時間を決めます。標準では30分に設定されていますが、作業内容に応じて、時間を調整しましょう。開始すると、タイマーがカウントダウンされ、時間になると、アラームが鳴ります。45分以上に設定すると、5分間の休憩時間が自動的に設定されます。1日の状況も確認できるので、テレワークの勤務時間管理などにも活用できます。[通知センター] のカレンダーにある [フォーカス] からも開始できます。

ワザ092を参考に、[クロック] を起動しておく

1 [フォーカスセッションを開始します] をクリック

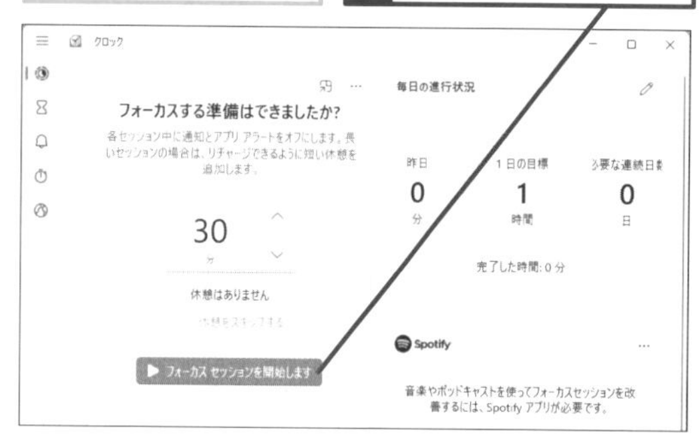

フォーカスセッションが開始される

次回以降は [フォーカスセッション] をクリックする

449

Home Pro

お役立ち度 ★★★

Q パソコンでスケジュールを管理するには

A ［カレンダー］アプリがおすすめです

［カレンダー］アプリを使うと、Outlook.comを介して、スケジュールを管理できます。予定をカレンダーに追加すると、Outlook.com上のカレンダーにすぐに反映され、さまざまな端末で同じカレンダーを共有し、予定の確認や編集ができます。

ワザ092を参考に、［カレンダー］アプリを起動しておく

1 ［新しいイベント］をクリック

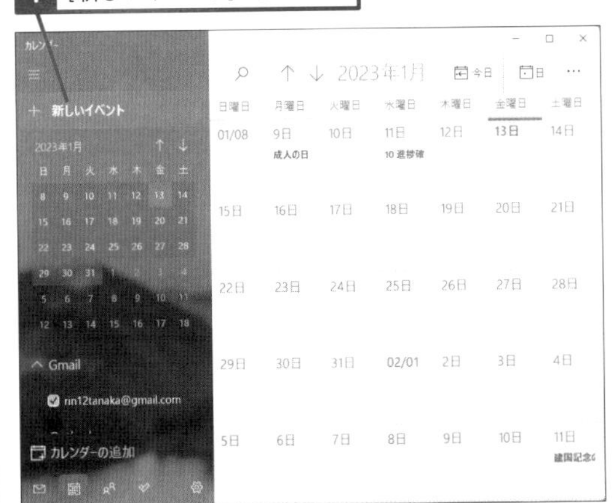

予定の登録画面が表示された

2 予定や詳細などを入力

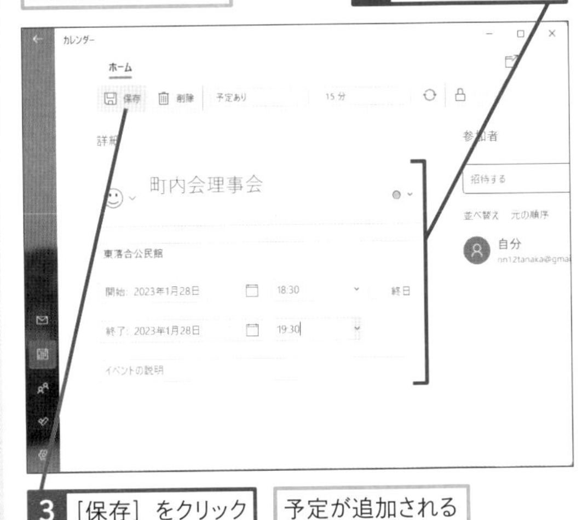

3 ［保存］をクリック

予定が追加される

450

Home Pro

お役立ち度 ★★

Q カレンダーの表示設定を変更するには

A ［カレンダーの設定］で変更します

［カレンダー］アプリの表示形式を、自分が使いやすいように変更しましょう。設定を変更するには、以下の方法で［カレンダーの設定］を表示します。週のはじまりの曜日や稼働日、稼働時間などを指定し、自分の生活スタイルに合わせた使い方をしましょう。

ワザ092を参考に、［カレンダー］アプリを起動しておく

1 ［設定］をクリック

2 ［カレンダーの設定］をクリック

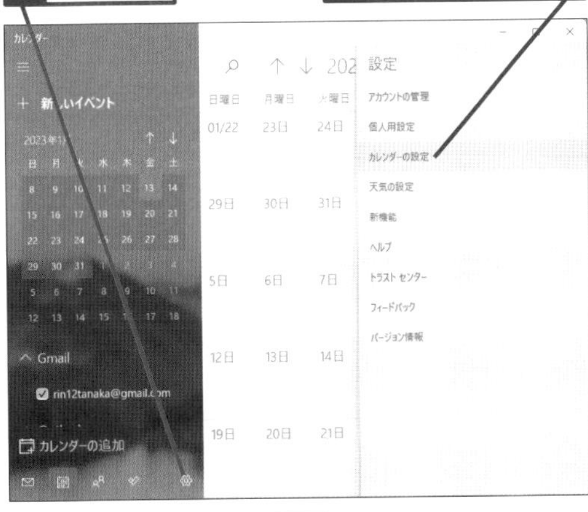

週のはじまりや稼働日、稼働時間などを変更できる

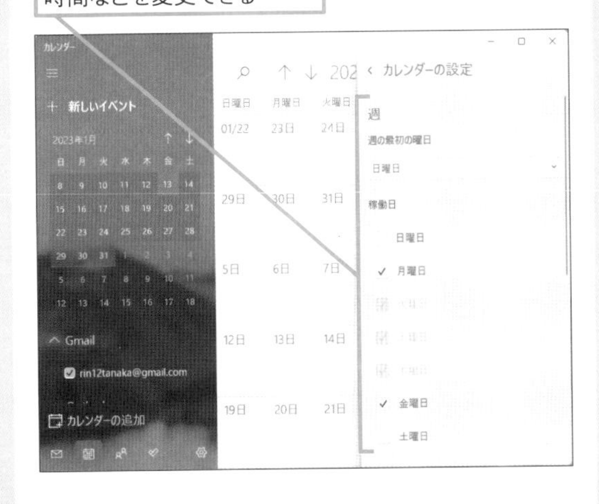

451

Home Pro
お役立ち度 ★★★

Q Xbox Game Barって何？

A ゲームを楽しむためのユーティリティです

Windowsではさまざまなゲームを楽しむことができますが、Xbox Game Barはゲームを快適にプレイするためのユーティリティです。⊞+Gキーで起動でき、ゲームのプレイ中の動画や静止画を撮影したり、ゲームを楽しむためのWindowsの設定の変更などができます。ゲームだけでなく、パソコンの操作を録画して、詳しい人に見せて、使い方のアドバイスを受けたり、逆に使い方をほかの人に教えるときの動画作成などにも役立ちます。

1 ⊞+Gキーを押す　Xbox Game Barが起動する

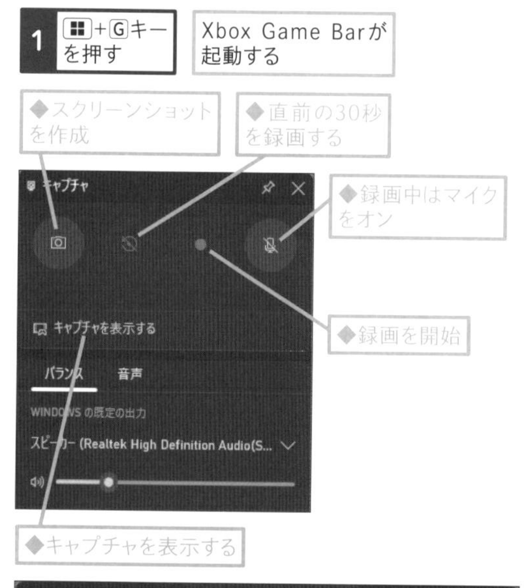

ショートカットキー　Xbox Game Barの起動
⊞+G

関連 453 ゲーム画面を静止画として撮影するには ▶ P.247
関連 454 ゲーム画面を動画として撮影するには ▶ P.247

452

Home Pro
お役立ち度 ★★★

Q Xboxネットワークにサインインするには

A ［Xbox Game Bar］からサインインします

Xboxネットワークはマイクロソフトが提供するXboxのオンラインサービスです。Windows 11からも［Xbox Game Bar］を使ってサインインして、利用することができます。Xboxネットワークにサインインするには「Xboxアカウント」が必要で、サインイン時に作成できますが、Windowsで利用中のMicrosoftアカウントと同じメールアドレスをXboxアカウントとして使い、それぞれを紐づけて利用できます。

⊞+Gキーを押して、［Xbox Game Bar］を起動しておく

453

Home Pro

お役立ち度 ★★☆

Q ゲーム画面を静止画として撮影するには

A ［Xbox Game Bar］で撮影できます

ゲームのプレイ中の画面は、［Xbox Game Bar］を使い、スクリーンショットを撮影できます。ゲーム中に⊞＋Gキーで［Xbox Game Bar］を起動し、撮影したいシーンになったら、以下のように［スクリーンショットを作成］をクリックします。スクリーンショットは⊞＋Alt＋Print Screenキーで撮影することもできます。

ゲームとXbox Game Barを起動しておく

1 ［スクリーンショットを作成］をクリック

キャプチャするゲームが表示されている

ここをクリックして、キャプチャすることもできる

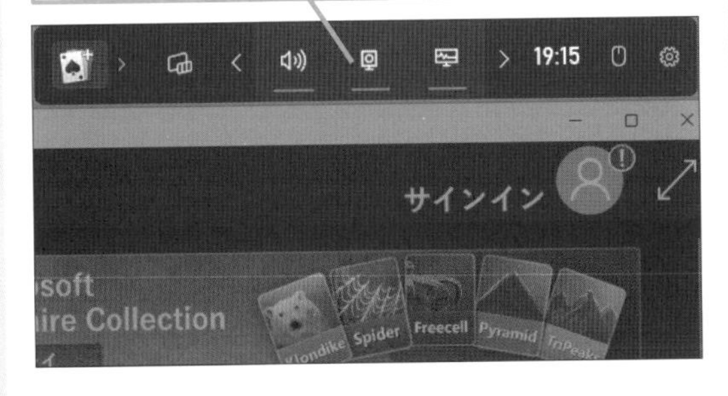

ショートカットキー　Xbox Game Barの起動　⊞＋G

ショートカットキー　スクリーンショットを作成　⊞＋Alt＋Print Screen

関連 451　Xbox Game Barって何?　▸ P.246

454

Home Pro

お役立ち度 ★★☆

Q ゲーム画面を動画として撮影するには

A ［Xbox Game Bar］で撮影できます

ゲームのプレイ中の画面は、［Xbox Game Bar］を使い、録画することができます。録画はパソコン本体の性能不足によって、正しく録画ができないことがあります。録画はゲームのプレイ中に⊞＋Gキーで［Xbox Game Bar］を起動し、以下のように［録画を開始］をクリックすると、録画がはじまります。録画を終了するときは［録画を停止］をクリックします。⊞＋Alt＋Rキーで録画を開始し、もう一度、⊞＋Alt＋Rキーで録画を停止します。また、録画時のサウンドは⊞＋Alt＋Mキーを押して、パソコン本体のマイクでの録音を開始したり、停止したりできます。

ゲームとXbox Game Barを起動しておく

1 ［録画を開始］をクリック

録画が開始される

2 ［録画を停止］をクリック

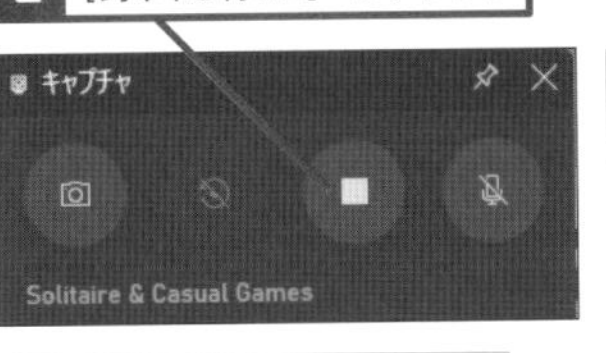

録画が終了する

録画中は時間が表示される

ここをクリックして、録画を停止することもできる

ショートカットキー　録画の開始　⊞＋Alt＋R

ショートカットキー　録音の開始　⊞＋Alt＋M

455

Home Pro

お役立ち度 ★★

Q ゲームはインストールされているの？

A 「ソリティア」などで遊べます

Windowsには[Microsoft Solitaire Collection]と呼ばれるゲームが標準でインストールされています。このアプリはWindowsに古くからあるトランプゲーム「ソリティア」の拡張版で、「クロンダイク」「スパイダー」「フリーセル」などのトランプパズルを遊ぶことができます。

ワザ092を参考に、[Microsoft Solitaire Collection]を起動しておく

5種類のトランプゲームを遊べる

1 遊びたいゲームをクリック

ゲームが開始される

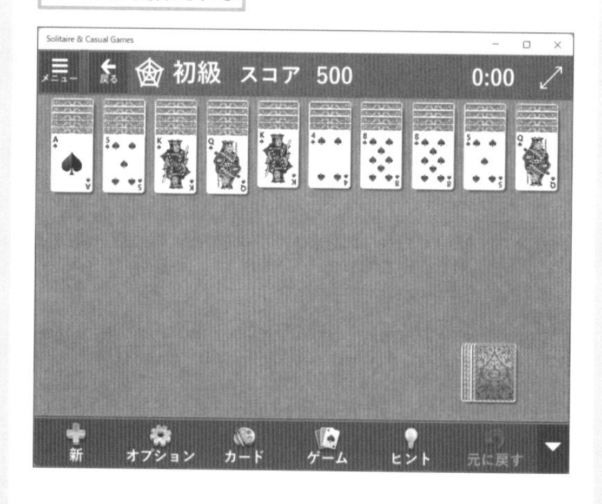

456

Home Pro

お役立ち度 ★★

Q [電卓] アプリを常に手前に表示するには

A [常に手前に表示] を使います

PDF文書やWebページなど、他のアプリと[電卓]アプリをいっしょに使うときは、[電卓]アプリを常に手前に表示しておくと便利です。以下のように操作するか、Alt+↑キーを押します。他のウィンドウを最大化しても常に[電卓]アプリの画面を表示し続けることができるので、計算結果をいつでも確認できます。元に戻すときは、左上の[全画面表示に戻る]をクリックするか、Alt+↓キーを押します。

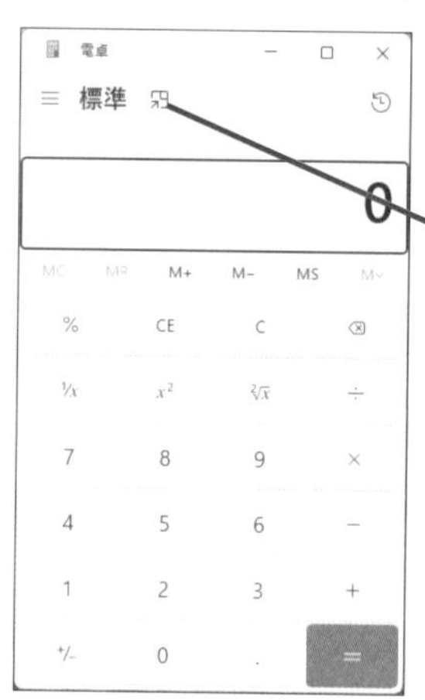

ワザ092を参考に、[電卓]を起動しておく

1 [常に手前に表示]をクリック

電卓の表示が変わり、常に手前に表示されるようになる

ショートカットキー 常に手前に表示 Alt+↑

ショートカットキー 全画面表示に戻る Alt+↓

関連 466 アプリを常に手前に表示したい！ ▶P.253

457

Home Pro

お役立ち度 ★★★

Q ［電卓］アプリの計算結果をコピーしたい

A ショートカットキーでコピーできます

Windowsの［電卓］アプリは、画面上のキーをクリックしての操作だけでなく、キーボードからでも操作できます。計算結果をほかの場所に貼り付けたいときは、Ctrl＋Cキーを押して、値をコピーしましょう。

●計算する結果をコピーする方法

ワザ092を参考に、［電卓］を起動して計算する

1 Ctrl＋Cキーを押す

計算結果がコピーされた

Ctrl＋Vキーを押して、Wordなどのほかのアプリに貼り付けられる

●ウィンドウが小さいときに履歴を表示する方法

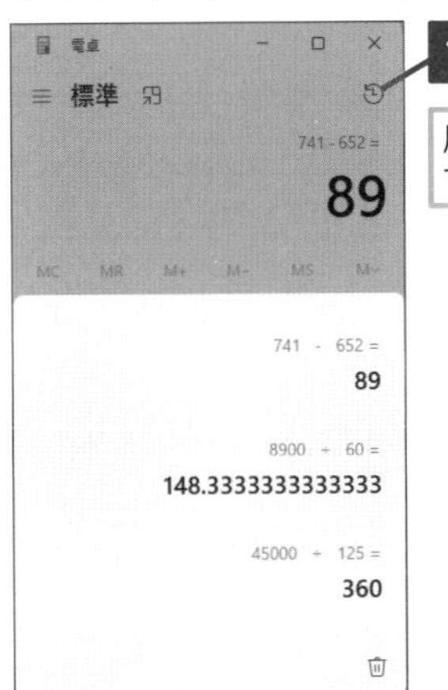

1 ここをクリック

履歴の結果をコピーすることもできる

ショートカットキー コピー Ctrl＋C

458

Home Pro

お役立ち度 ★★★

Q 長さや重さを換算するには

A ［電卓］アプリの［コンバーター］機能を活用します

［電卓］アプリは度量衡の変換機能が付いています。たとえば、インチからセンチメートルへの変換をしたいときは、コンバーターの［長さ］を利用します。そのほかにも世界各国の通貨、温度、エネルギー、面積、速度、時間などの単位を変換できます。

ワザ092を参考に、［電卓］アプリを起動しておく

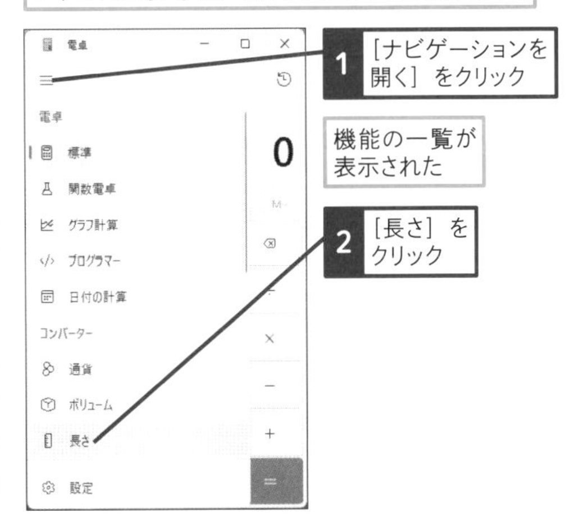

1 ［ナビゲーションを開く］をクリック

機能の一覧が表示された

2 ［長さ］をクリック

長さの換算モードになった

3 数値を入力

4 単位を選択

換算した長さが表示された

関連 456 ［電卓］アプリを常に手前に表示するには ▸P.248

459

Home Pro
お役立ち度 ★★★

Q Windowsサンドボックスって何？

A デスクトップ上でWindowsの仮想環境を動かすしくみです

Windows サンドボックスはデスクトップ上でWindowsの仮想環境を手軽に動かすしくみのことです。従来も「Hyper-V」というシステムで仮想環境を動作できましたが、インストールや環境の構築などに手間がかかりました。Windowsサンドボックスは手軽に動作でき、パソコン本体のWindowsからは完全に隔離されているため、本体の環境に影響を与えずにアプリをインストールしたり、セキュリティのテストができます。なお、Windowsサンドボックスを利用するには、Windows 11 Proが必要です。さらに、標準では有効になっていないため、[Windowsの機能] で [Windows サンドボックス] を有効にする必要があります。

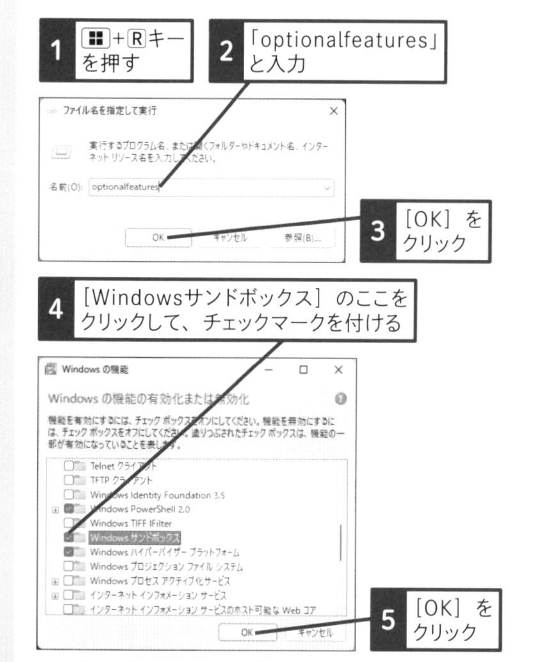

1 ⊞+Rキーを押す

2 「optionalfeatures」と入力

3 [OK] をクリック

4 [Windowsサンドボックス] のここをクリックして、チェックマークを付ける

5 [OK] をクリック

Windowsを再起動しておく

6 [スタート] - [Windows Sandbox] をクリック

Windowsサンドボックスが起動する

460

Home Pro
お役立ち度 ★★★

Q Microsoft To Do を使うには

A [To Do] アイコンを起動します

[Microsoft To Do] はマイクロソフトが提供しているタスク管理アプリで、スタートメニューに標準で登録されています。タスク管理アプリとは「これからやらなければいけないこと」(To Do) を管理するためのアプリです。これからやることをアプリに登録し、終了したら、チェックを付けます。

ワザ092を参考に、[Microsoft To Do] アプリを起動しておく

1 [タスクの追加] をクリック

2 やるべきことを入力

3 [期限日の追加] をクリック

期限を設定できる

関連 092 アプリを起動するには ▶ P.70

461

Home Pro

お役立ち度 ★★

Q 音声を録音するには

A ［サウンドレコーダー］を使います

［サウンドレコーダー］アプリを使うと、パソコンのマイクを利用して、音声を録音できます。会議やインタビューでの会話内容の記録などに活用しましょう。なお、録音に使う機器は、左下で選択できます。Bluetoothヘッドセットや USBマイクなど、複数のマイクがあるときは録音で使う機器を選びましょう。

●録音を開始する方法

ワザ092を参考に、［サウンドレコーダー］アプリを起動しておく

1 ［録音］をクリック

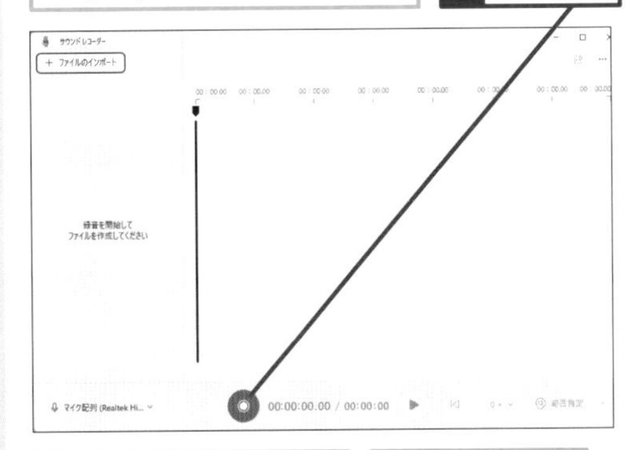

マイクへのアクセスを許可する画面が表示されたら、［はい］をクリックしておく

録音が開始される

●録音した音声を再生する方法

1 再生したいデータをクリック

2 ［再生］をクリック

再生が開始される

収録した音声のトリミングもできる

462

Home Pro

お役立ち度 ★★

Q 以前のWindowsにあったアプリをインストールするには

A ［Microsoft Store］アプリで探します

Windowsに標準でインストールされているアプリは、環境によって異なります。使いたいアプリがスタートメニューの［すべてのアプリ］に見当たらないときは、［Microsoft Store］アプリで探してみましょう。なお、過去にMicrosoft Storeからダウンロードしたアプリは、Microsoft Storeの［ライブラリ］の一覧に表示されています。インストールされていないアプリは雲のアイコンになっているので、クリックして、インストールしましょう。Windows 10など、以前のバージョンのWindowsで使っていたアプリもWindows 11に対応しているときは、これらの方法でインストールできる場合があります。

463

Home Pro

お役立ち度 ★★

Q Windows 11の新しい機能をもっと知りたいときは？

A ［ヒント］アプリを活用します

Windows 11でもっと新しい機能を試してみたいときは［ヒント］アプリを起動してみましょう。［ヒント］アプリはWindows 11の新機能をはじめ、さまざまな機能を文章やビデオで解説してくれるアプリです。Windows 11に追加された新しい機能や設定のヒントなどを見ることができます。

さまざまなWindows 11の機能の使い方が解説される

PowerToysの便利ワザ

PowerToysは、マイクロソフトが開発したWindowsのカスタマイズツールです。Windowsの標準機能では提供されていない17の機能を追加することで、操作性や利便性が向上します。

464

Home Pro

お役立ち度 ★★★

Q Windowsがもっと便利になるPowerToysを知ろう

A 17の便利なツールがセットになっています

PowerToysはWindowsをもっと使いこなしたいパワーユーザー向けに提供されているマイクロソフト製のWindowsカスタマイズツールです。ウィンドウ操作やファイル操作を快適にするツール、キーボードやマウスを自分好みにカスタマイズするツール、画像や動画関連の便利なツールなど、さまざまなツールが提供されています。[Microsoft Store] アプリから簡単にインストールできるうえ、アップデートによって、新機能が追加されることもあるので、Windowsの上級者を目指すなら、インストールしておいて損のないアプリです。

名称	主な機能
常に手前に表示	指定したウィンドウを常に手前に表示できる。対象となるウィンドウはアプリでもフォルダーウィンドウでも設定することができる
Awake	パソコンが自動的にスリープになったり、画面がオフになったりしないように設定できる。電源設定の影響を受けずに利用できる
Color Picker	マウスポインターのある位置の色情報を調べられる。色の形式はRGB、HEX、HSL、CMYK、HSB、HIS、HWB、NCol、CIELAB、VEC4、Decimal、HEX Intに対応している
FancyZones	スナップレイアウトの機能を強化できる。オリジナルのレイアウトを作って、ウィンドウを配置することができる
File Locksmith	指定したファイルやフォルダーを使用しているプロセス（アプリ）を調べて、閉じられる。アプリやフォルダーを閉じられないときに使う
File Explorer add-on	エクスプローラーの機能を拡張し、PDFやSVGファイルなどをプレビューペインで確認できるようになる
ホストファイルエディター	ネットワーク上の機器の名前解決に使う「hosts」ファイルをすばやく編集できる
Image Resizer	ファイルの画像サイズをすばやく変更できる。あらかじめ決められた画像サイズに変更できるのはもちろん、細かく設定することもできる
Keyboard Manager	キーボードのショートカットを自由に追加できる。また、特定のキーに複数のキーを設定することもできる
マウスユーティリティ	マウスを探しやすくしたり、クリックした位置を青や黄色で強調表示したりできる。マウスを中心とした十字線も表示できる
PowerRename	ファイルの名前をすばやく変更できる。ファイル名の一部を置換したり、複数ファイルを一括で変更したりできる
PowerToys Run	さまざまな機能を実行できるクイック起動ツールを利用できる。ファイル検索やコマンドの実行、Webページを表示したりすることもできる
Quick Accent	「à」などのアクセント記号をすばやく入力できる。入力時にIMEパッドを表示しなくてもスムーズに入力することができる
スクリーンルーラー	画面上で指定した位置のピクセルを計測できる。ドラッグした範囲の縦横のピクセルを調べたり、ウィンドウの端からのピクセル数を調べられる

465

Home Pro
お役立ち度 ★★★

Q PowerToysを確認するには

A 通知領域から表示します

PowerToysはWindowsの操作や機能を拡張するためのアプリです。普段は通知領域に最小化された状態で起動しています。PowerToysの画面を表示したいときは、以下のように、通知領域のアイコンからアプリを起動しましょう。

ワザ438を参考に［Microsoft Store］アプリからPowerToysをインストールしておく

1 ［隠れているインジケーターを表示します］をクリック

2 ［Power Toys］をダブルクリック

PowerToysが表示された

3 ［ナビゲーションを開く］をクリック

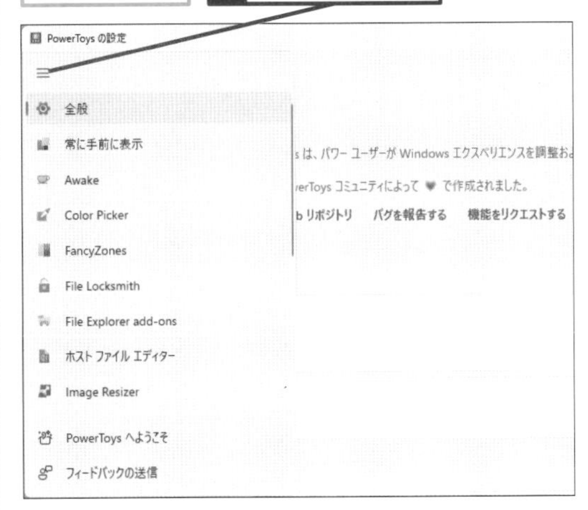

さまざまな項目を設定できる

関連 438 アプリを追加するには ▸P.238

466

Home Pro
お役立ち度 ★★★

Q アプリを常に手前に表示したい！

動画で見る

A ［常に手前に表示］でできます

特定のアプリのウィンドウを常に最前面に表示したいときは、［常に手前に表示］を利用します。これにより、たくさんのウィンドウを切り替えながら操作するときでも特定のウィンドウを常に手前に表示でき、作業効率を高めることができます。

メモ帳が常に前面に表示されるように設定する

1 メモ帳のウィンドウをクリック

2 ⊞+Ctrl+Tキーを押す

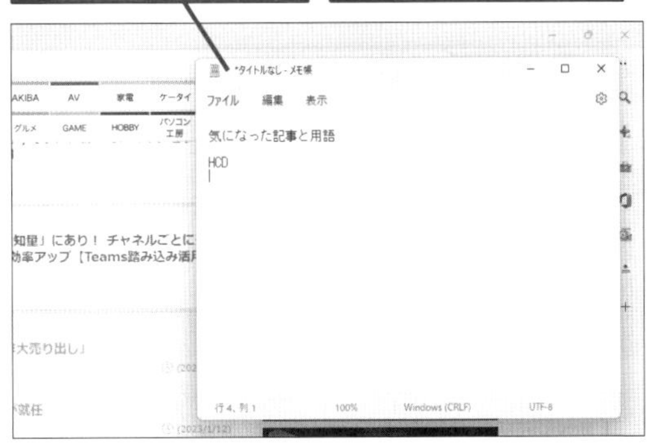

メモ帳が青枠で囲まれて、常に前面に表示されるように設定された

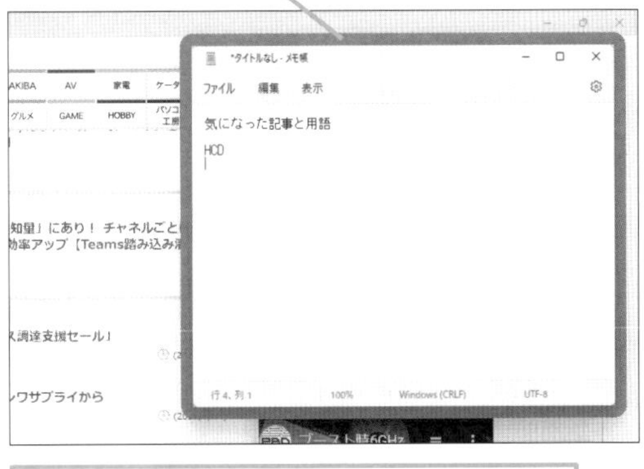

もう一度、⊞+Ctrl+Tキーを押すと、元に戻る

ショートカットキー
常に手前に表示
⊞+Ctrl+T

関連 456 ［電卓］アプリを常に手前に表示するには ▸P.248

467

Home Pro

お役立ち度 ★★★

Q スナップレイアウトを細かく設定できないの？

動画で見る

A ［FancyZones］で設定できます

Windows 11にはスナップレイアウトというデスクトップにウィンドウを自動的に整列させる機能が搭載されています。この機能を拡張できるのが［FancyZones］です。スナップレイアウトの配置をカスタマイズすることで、標準では表示されないレイアウトでスナップレイアウトを活用できます。

1 ⊞+Shift+@キーを押す

［FancyZonesエディター］が起動した

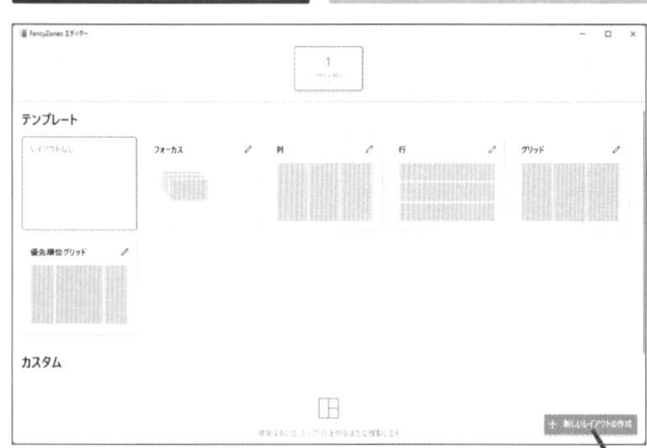

［テンプレート］に表示されたレイアウトをクリックして、利用することもできる

2 ［新しいレイアウトの作成］をクリック

3 ［グリッド］をクリック

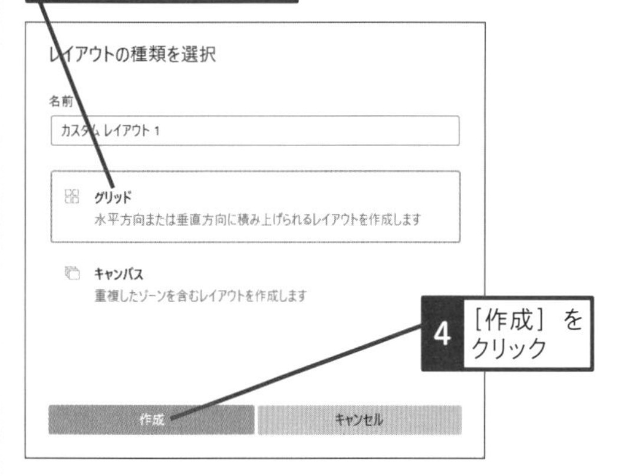

4 ［作成］をクリック

5 ここをクリック

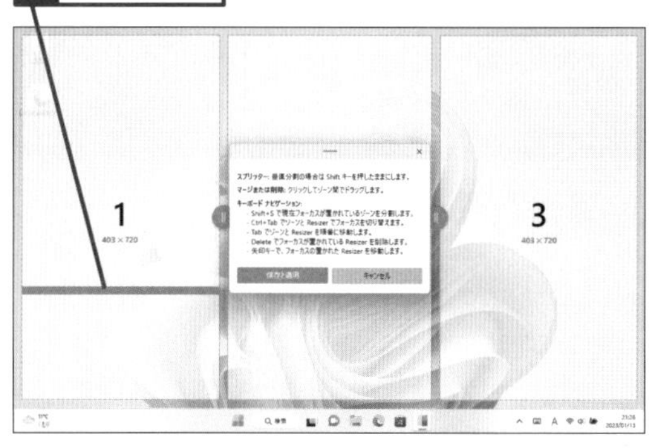

Shiftキーを押すと、縦に分割することができる

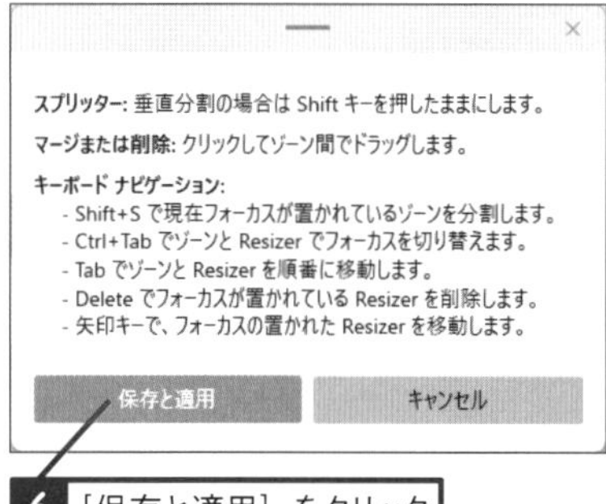

6 ［保存と適用］をクリック

新しいレイアウトが作成された

作成されたレイアウトを利用できるようにする

7 作成したレイアウトをクリック

8 ［閉じる］をクリック

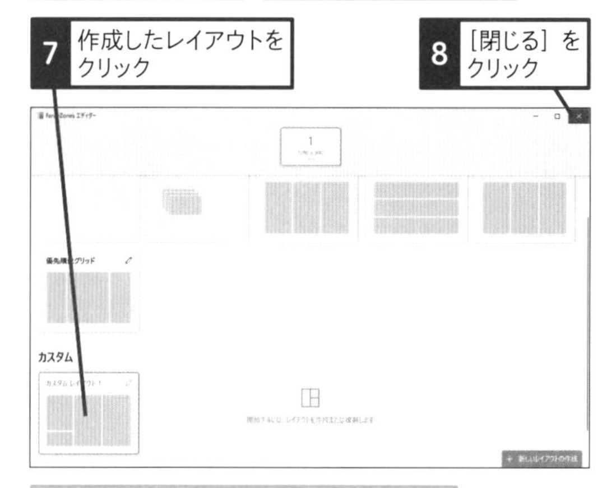

作成したレイアウトが選択された状態で［FancyZonesエディター］が閉じる

ショートカットキー FancyZonesエディターを実行
⊞+Shift+@

関連120 ウィンドウをデスクトップに合わせて配置するには ▸P.83
関連468 オリジナルのスナップレイアウトを使うには ▸P.255

468

Home Pro
お役立ち度 ★★★

Q オリジナルのスナップレイアウトを使うには

動画で見る

A Shift キーを使いましょう

[FancyZones] で作成したオリジナルのスナップレイアウトは、ウィンドウをドラッグしてからShiftキーを押すことで利用できます。カスタマイズされたレイアウトが表示されるので、ウィンドウを配置したい場所を選びましょう。

1 スナップレイアウトするウィンドウのタイトルバーをドラッグ

2 Shiftキーを押す

配置したい場所にドラッグして、ウィンドウを配置できる

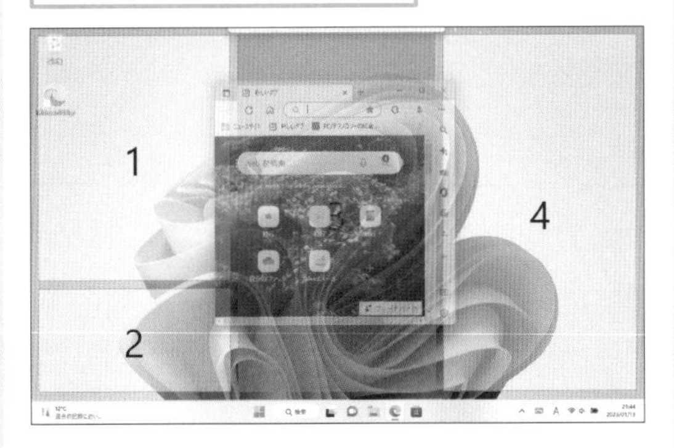

関連120 ウィンドウをデスクトップに合わせて配置するには ▸P.83

関連467 スナップレイアウトを細かく設定できないの? ▸P.254

469

Home Pro
お役立ち度 ★★★

Q すばやく画像の大きさを変更したい!

動画で見る

A [Image Resizer] なら一発です

画像を特定のサイズに変換したいときに便利なのが[Image Resizer] です。画像ファイルの右クリックからすばやくサイズを変更できます。プリセットとしてサイズを登録できるので、Webページの素材など、よく使うサイズへの変換も簡単です。

1 サイズを変更するファイルを右クリック

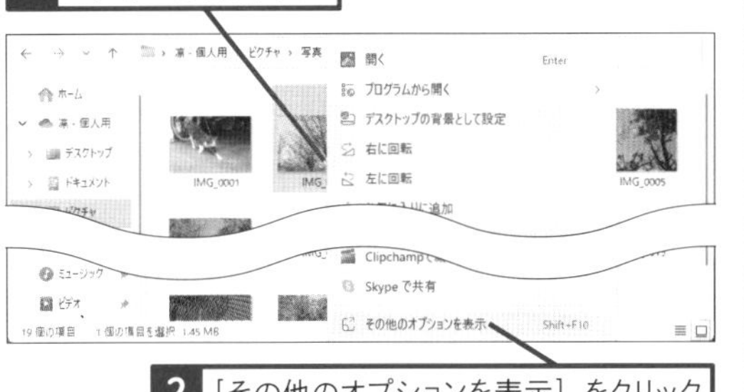

2 [その他のオプションを表示] をクリック

3 [画像のサイズ変更] をクリック

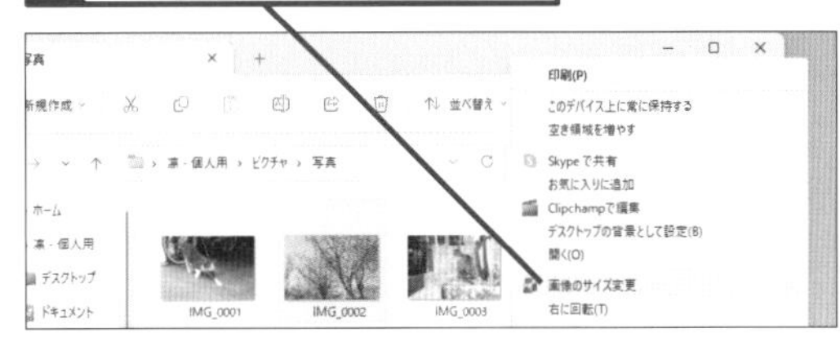

4 ここをクリックして、変更後のサイズを選択

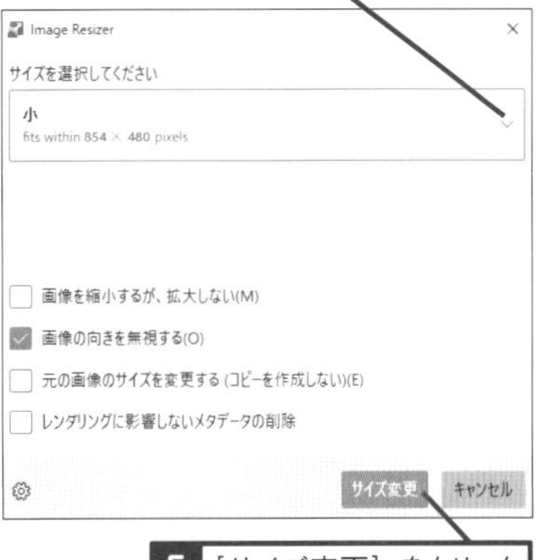

5 [サイズ変更] をクリック

470

Home Pro

お役立ち度 ★★★

Q ファイル名をまとめて変更したい！

動画で見る

A ［PowerRename］ですばやくできます

複数のファイルの名前をまとめて変えたいときは、［PowerRename］を利用しましょう。ファイル名に使われている文字列を別の文字列に変換するなどが簡単にできます。なお、変更した直後であれば、Ctrl＋Zキーで変更を取り消すこともできます。

ここではスクリーンショットの画像のファイル名を一度に変更する

1 ファイル名を変更する画像をすべて選択

2 ファイルを右クリック

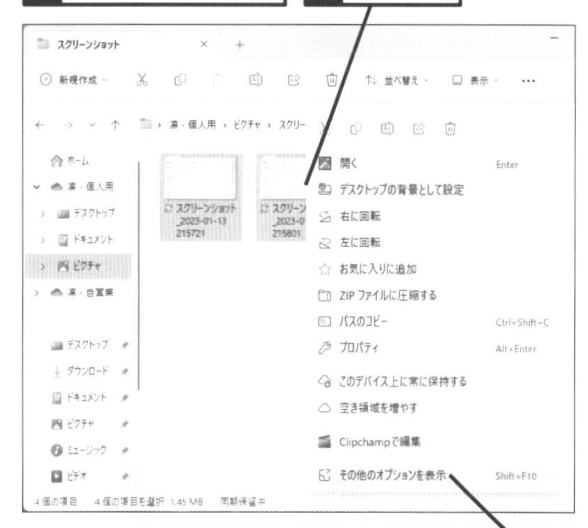

3 ［その他のオプションを表示］をクリック

4 ［PowerRename］をクリック

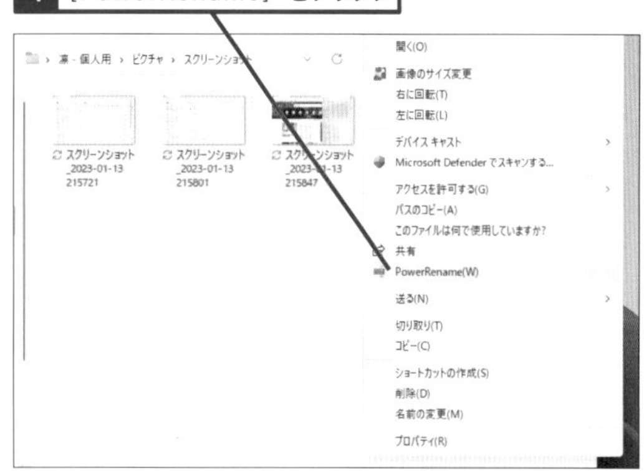

ここではファイル名の「スクリーンショット」の部分を「同期設定の参考画像」に変更する

5 ここに「スクリーンショット」と入力

6 ここに「同期設定の参考画像」を入力

7 ［適用］をクリック

ファイル名が一度に変更された

関連 196 ファイルやフォルダーの名前を変えるには ▸P.118

471

Home Pro

お役立ち度 ★★★

Q 画面上の文字からテキストを起こしたい！

動画で見る

A ［Text Extractor］でできます

［Text Extractor］は画像に埋め込まれた文字をテキストデータとして取り出すことができるツールです。Webページの画像や製品写真、画面キャプチャなどから文字列を取り出すことができます。ただし、誤認識もあるので、データの手直しは必要です。

テキストを起こす画像を表示しておく

1 ⊞+Ctrl+Tキーを押す

2 テキストを起こす部分をドラッグ

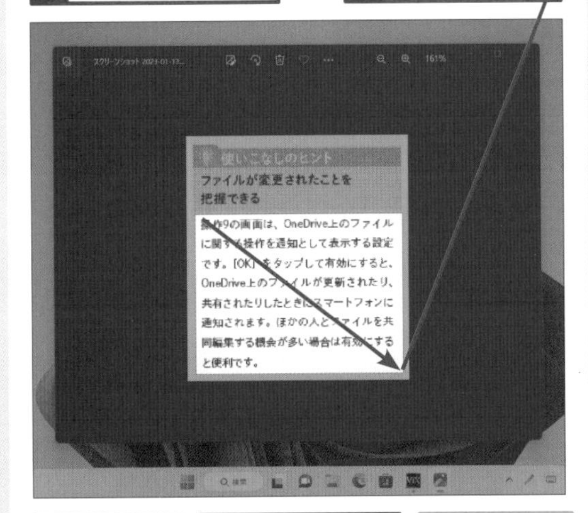

メモ帳を起動しておく

3 Ctrl+Vキーを押す

テキストが貼り付けられた

*タイトルなし - メモ帳

ファイル　編集　表示

爨作 9 の直面は 、 OneD e 上のファイル
にする操作を送知として表示する設定
で灯をタップして有効にすると 、
OneDrWe 上のファイルが史新されたり 、
共有されたりしたときにスマートフォンに
通知されます 。 ほかの人とファイルを共
同編集する機会が多い場合は有効にする
と便利です 。

不完全な部分を修正しておく

ショートカットキー　Text Extractorを実行
⊞+Ctrl+T

472

Home Pro

お役立ち度 ★★★

Q 見失ったマウスポインターを見つけやすくしたい！

A ［マウスユーティリティ］を使います

大きなディスプレイを利用している場合や高い解像度に設定している場合などは、画面上のどこにマウスポインターがあるのかがわかりにくくなることがあります。［マウスユーティリティ］を使うと、マウスポインターに十字線を付けて見つけやすくできます。

●マウスの検索

1 左のCtrlキーを2回押す

マウスポインターの位置がハイライトされた

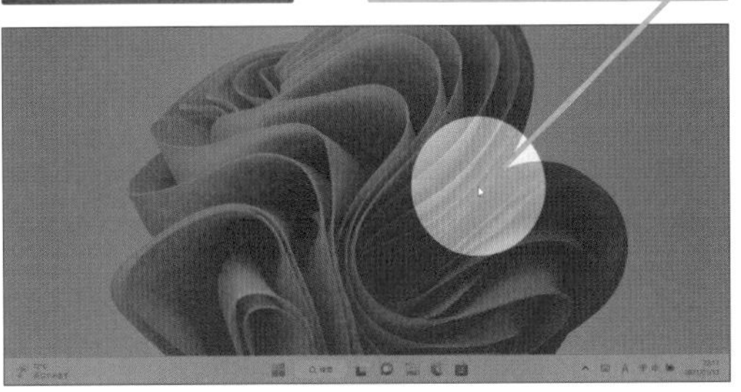

●マウスポインターの十字線

ワザ465を参考に、PowerToysを起動して、マウスポインターに十字線が付くように設定しておく

1 ⊞+Alt+Pキーを押す

マウスポインターに十字線が付いた

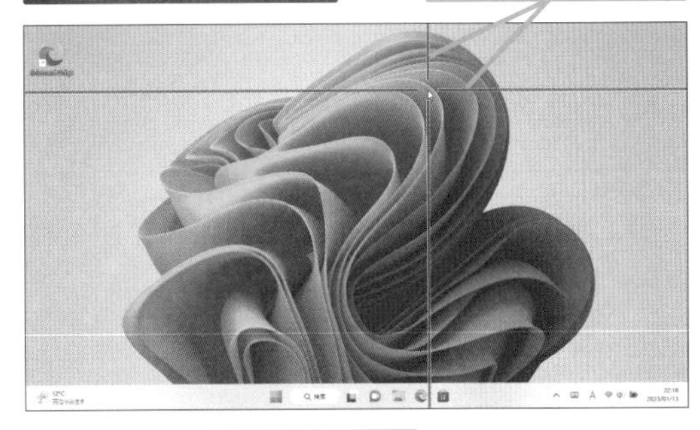

もう一度、⊞+Alt+Pキーを押すと、十字線が消える

ショートカットキー　マウスの検索を実行
左のCtrl×2

ショートカットキー　マウスポインターの十字線を実行
⊞+Alt+P

第9章 写真・音楽・動画の便利ワザ

デジタルカメラから写真を取り込む

デジタルカメラやスマートフォンで撮影した写真は、パソコンに取り込んで整理しましょう。Windowsではデジタルカメラを接続して、簡単な操作で写真をストレージに保存できます。

473

Home Pro

お役立ち度 ★★

Q デジタルカメラの写真を取り込むには

A ［フォト］アプリを利用します

デジタルカメラで撮影した写真は、パソコンに取り込んで整理しておきましょう。［フォト］アプリを起動して、パソコンにデジタルカメラを接続します。［インポート］ボタンをクリックすると、接続されているデバイスの一覧が表示されます。写真を取り込みたいデバイスをクリックすると、デジタルカメラの写真一覧が表示され、インポートできます。しばらくすると、デジタルカメラの写真一覧の表示がはじまります。

ワザ092を参考に、［フォト］アプリを起動しておく

デジタルカメラをパソコンに接続しておく

デジタルカメラをパソコンに接続すると、自動的に写真の検索がはじまることもある

1 ［インポート］をクリック

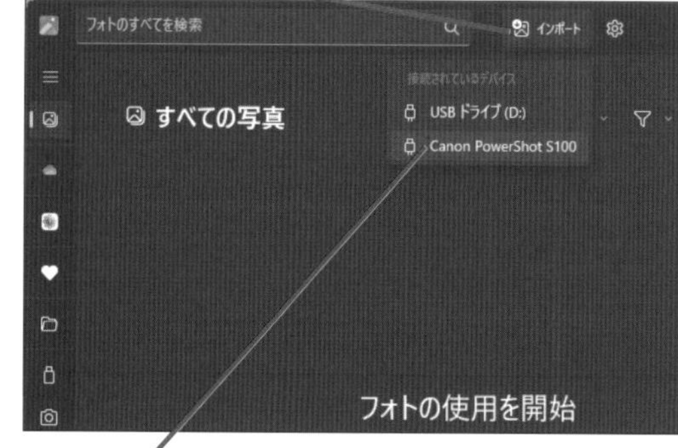

2 デジタルカメラの名前をクリック

3 ［すべて選択（写真の数）］のここをクリックして、チェックマークを付ける

4 ［（写真の数）項目の追加］をクリック

5 ［インポート］をクリック

写真のインポートが開始された

インポートが完了すると、取り込んだ写真が表示される

474

Home Pro

お役立ち度 ★★☆

Q 写真を選んで取り込むには

A 撮影日時ごとにグループ化し、グループごとに選べます

デジタルカメラの写真をパソコンに取り込むときに、すべての写真ではなく、一部の写真のみを選択して取り込むことができます。表示された一覧画面で、［新しい（写真の数）の選択］をクリックすると、前回取り込んでいない写真を選択できます。また、写真の右上をチェックして、個別に指定することもできます。

ワザ473を参考に、パソコンとデジタルカメラを接続して、2枚目の画面を表示しておく

1 ［新しい（写真の数）の選択］のここをクリックしてチェックマークを付ける

2 ［（写真の数）項目の追加］をクリック

まだ取り込まれていない写真だけが取り込まれる

475

Home Pro

お役立ち度 ★★☆

Q OneDriveと同期されない場所に取り込むには

A フォルダーを追加して取り込みます

ワザ474で写真を取り込むと、パソコンからOneDriveに同期され、保存されます。そのため、同じ手順で大量の写真を保存すると、OneDriveの容量を大きく消費してしまいます。OneDriveの容量を消費したくないときは、同期されないフォルダを作って、保存しましょう。

1 ［フォルダー］をクリック

2 ［フォルダーの追加］をクリック

3 ［PC］をクリック

4 ［Local Disk］をダブルクリック

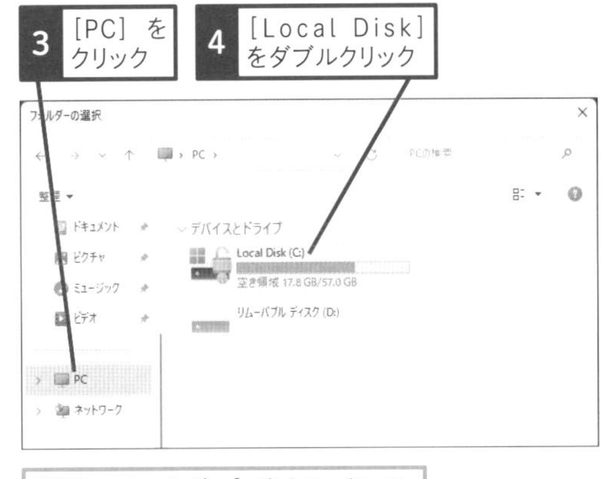

［新しいフォルダー］をクリックして、保存用のフォルダーを作成しておく

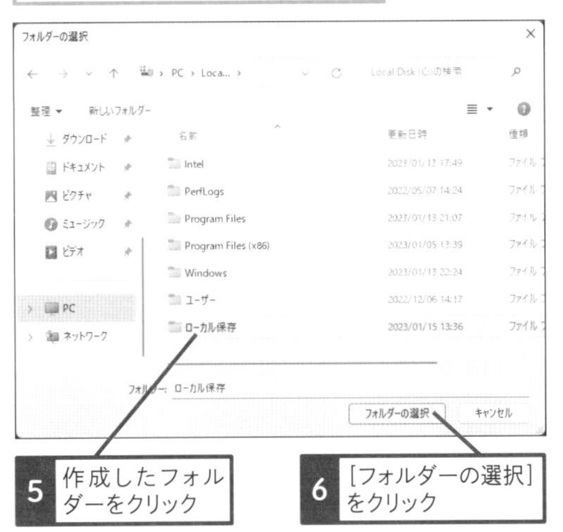

5 作成したフォルダーをクリック

6 ［フォルダーの選択］をクリック

476

Home Pro

お役立ち度 ★★★

Q 接続したらフォルダーが表示されるようにするには

A 接続時に動作を選択します

デジタルカメラやメモリーカードをパソコンに接続すると、以下のような通知が表示されます。通知をクリックすると、機器の接続やメディアをパソコンにセットしたときの動作を選べます。デジタルカメラの接続時に通知をクリックすると、[デバイスを開いてファイルを表示する][写真と動画のインポート]などの選択肢が表示されます。このとき、[デバイスを開いてファイルを表示する]を選択すると、以後はデジタルカメラを接続したときに自動的にエクスプローラーのウィンドウが開き、デジタルカメラのストレージに保存されたファイルの一覧が表示されるようになります。

1 デジタルカメラをパソコンに接続

通知が表示された

2 通知をクリック

3 [デバイスを開いてファイルを表示する]をクリック

USBドライブなどのときは、[フォルダーを開いてファイルを表示]をクリックする

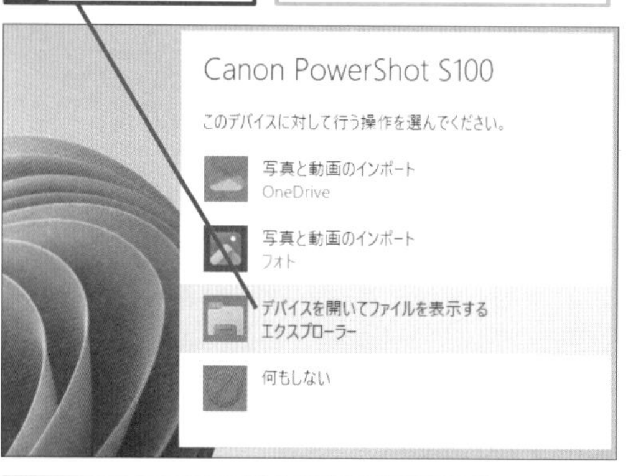

デジタルカメラ内のストレージが表示される

477

Home Pro

お役立ち度 ★★★

Q 接続したときの動作を変更するには

A [設定]でデバイスごとに変更できます

ワザ476ではデジタルカメラやメモリーカードをパソコンに接続したときの動作を設定しましたが、一度、設定した機器の動作を変更するときは、[自動再生]の画面で選択します。[毎回動作を確認する]を選ぶと、機器を接続したときに、毎回、通知が表示され、動作を選ぶことができます。

ワザ023を参考に、[設定]-[Bluetoothとデバイス]-[自動再生]の画面を表示しておく

1 目的のデバイスのここをクリック

デバイスを接続したときの動作を変更できる

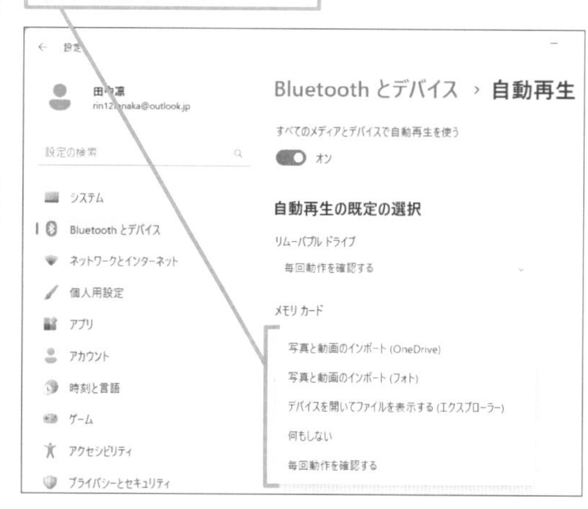

478

Home Pro

お役立ち度 ★★

Q スマートフォンで撮影した写真を取り込むには

A スマートフォン側でアクセスを許可します

USBケーブルでスマートフォンをパソコンに接続し、接続方法を選択したり、アクセスを許可すると、パソコンからスマートフォンのデータを利用できます。エクスプローラーの［PC］からスマートフォンのアイコンをダブルクリックすると、写真が保存されたフォルダーにアクセスできます。

●Androidの場合

パソコンと接続すると、メディアデバイスとして認識される

［PTP］または［ファイル転送］をタップすると、エクスプローラーの［PC］の画面からスマートフォンの内容を表示できる

●iOS（iPhone）の場合

パソコンに接続すると、［このコンピュータを信頼しますか?］と表示される

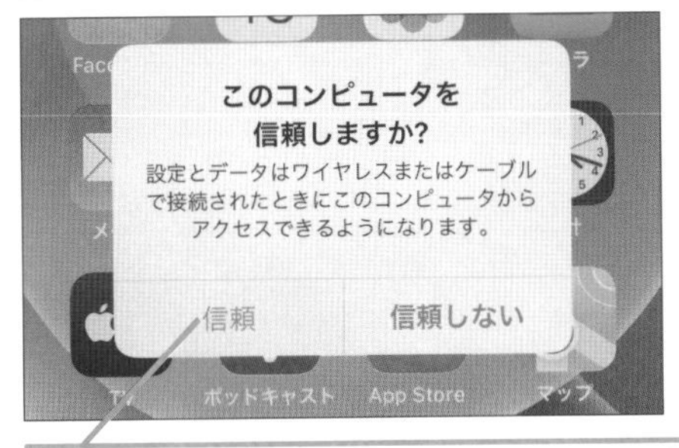

［許可］をタップすると、エクスプローラーの［PC］の画面からiPhoneの内容を表示できる

479

Home Pro

お役立ち度 ★★

Q HEIF形式の画像を読み込みたい！

A ［フォト］アプリで読み込めます

HEIF（High Efficiency Image File Format）は画像形式の1つで、JPEGなどよりも高品質で圧縮率が高く、iPhoneの写真ファイルなどに利用されています。［フォト］アプリは拡張機能でHEIFに対応しており、写真を開くときには、HEIFデコーダーが自動的にインストールされるため、標準で読みこむことができます。ただし、編集後にHEIF形式での保存はできないため、保存するときはJPEG形式になります。

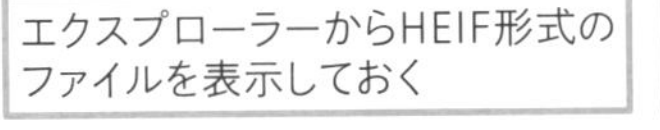

1 画像をダブルクリック

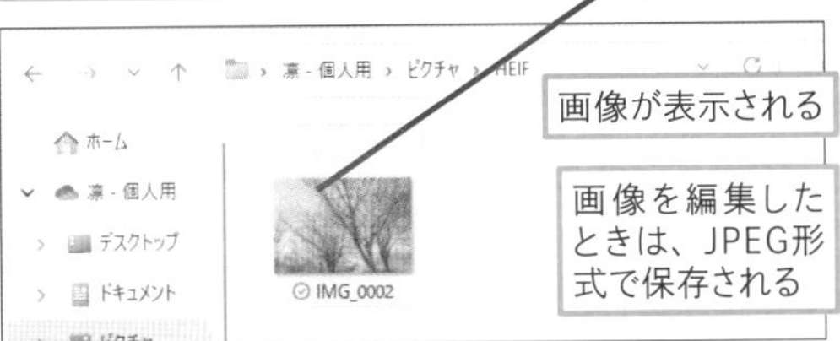

画像が表示される

画像を編集したときは、JPEG形式で保存される

480

Home Pro

お役立ち度 ★★

Q メモリーカードスロットがない端末でメモリーカードを利用するには

A カードリーダーを利用します

メモリーカードスロットがないタブレットなどでは、外付けのメモリーカードリーダーを利用することで、写真を取り込むことができます。Wi-Fi対応のデジタルカメラではWi-Fiを介した取り込み（転送）も可能ですが、写真が大量にあると、転送に時間がかかるうえ、外出先や旅行先などではWi-Fi環境を利用できないこともあります。写真の取り込みだけでなく、データの交換などに使えるので、メモリーカードリーダーを用意しておくと安心です。

［フォト］アプリで写真を加工する

［フォト］アプリでは写真の整理や修正が可能です。アルバムに写真をまとめて楽しむこともできます。［フォト］アプリを便利に使いこなすテクニックを説明します。

481

Home Pro

お役立ち度 ★★

Q 写真を表示して拡大・縮小するには

A ［拡大］［縮小］機能を使います

パソコンに取り込んだ写真は、［フォト］アプリで見ることができます。［コレクション］で見たい写真を選択しましょう。表示した写真を拡大／縮小したいときは、［拡大］［縮小］を利用します。タッチ操作の場合は、目的の場所でストレッチして拡大、ピンチして縮小することができます。

ワザ092を参考に、［フォト］アプリを起動しておく

［コレクション］で時期ごとに整理された写真の一覧が表示された

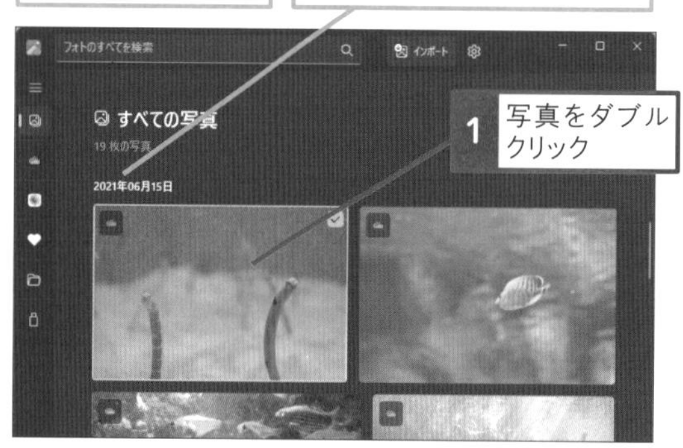

写真が表示された

2 ［拡大］をクリック

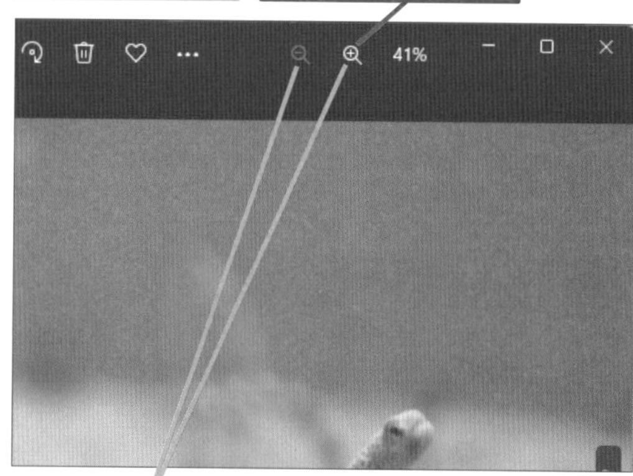

［拡大］［縮小］をクリックすると、倍率を変更できる

関連 473 デジタルカメラの写真を取り込むには ▸P.258

482

Home Pro

お役立ち度 ★★

Q 写真を回転するには

A ［回転］機能を利用します

縦向きに撮影した写真を取り込むと、写真が横向きになってしまうことがあります。［フォト］アプリの［回転］をクリックして、写真の方向を変更しましょう。

ワザ481を参考に、写真を拡大しておく

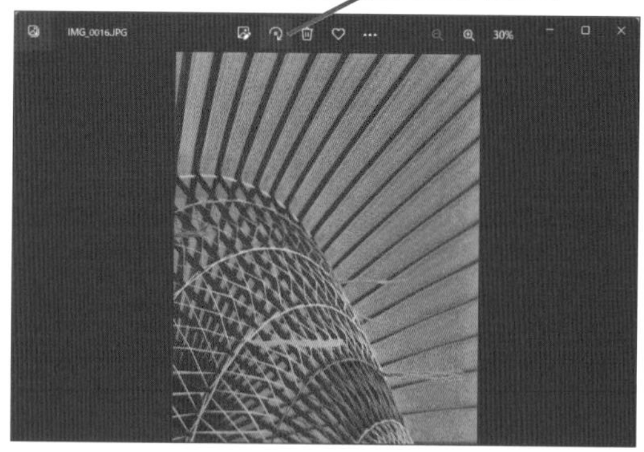

写真が時計回りに90度ずつ回転する

関連 488 写真を本格的に編集したい ▸P.265

483

Home Pro

お役立ち度 ★★☆

Q 複数の写真を並べて表示するには

A 写真の一覧から選択します

[フォト] アプリを起動して、一枚の写真を表示します。画面下の一覧から並べて表示したい写真のチェックボックスをクリックします。たくさんの写真の中からお気に入りの写真を何枚か選びたいときなどに便利です。

ワザ481を参考に、写真を拡大しておく

フィルムストリップが表示される

1 拡大したい写真にマウスカーソルを合わせる

2 チェックボックスをクリック

写真が追加で表示された

同様の手順で写真を追加して表示できる

484

Home Pro

お役立ち度 ★★☆

Q 並んだ写真を拡大表示するには

A 写真をクリックします

[フォト] アプリで複数の写真を並べて表示しているとき、一枚の写真をクリックすると、拡大して表示できます。写真の細かな部分まで確認したいときは拡大してみましょう。

ワザ483を参考に、複数の写真を拡大表示しておく

1 拡大したい写真をクリック

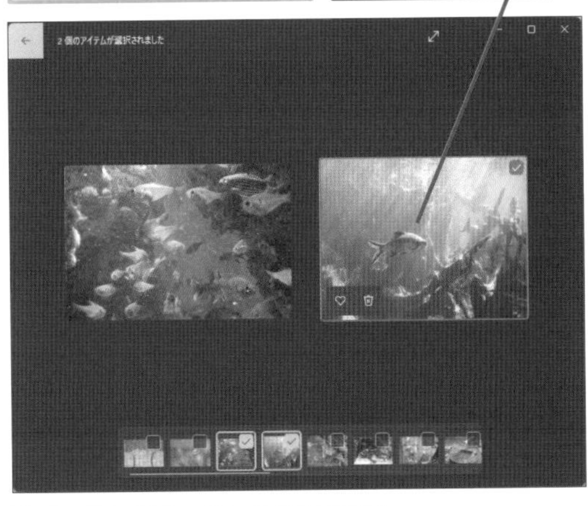

クリックした写真が拡大表示された

ここをクリックすると、複数表示に戻る

関連 483 複数の写真を並べて表示するには ▸P.263

485

Home Pro

お役立ち度 ★★★

Q 写真の表示を減らすには

A 一覧から減らしたい写真のチェックを外します

表示している複数の写真で消したい画像があるときは、画面下の一覧から消したい写真のチェックを外します。一覧から消しても写真のファイルは削除されません。

ワザ483を参考に、複数の画像を拡大表示しておく

1 表示を減らしたい写真のここをクリック

写真の表示が減った

関連 484 並んだ写真を拡大表示するには ▸P.263

486

Home Pro

お役立ち度 ★★★

Q 写真のサイズを変更したい

A ［画像のサイズ変更］から実行します

［フォト］アプリを使って、写真のサイズを変更できます。変更したい写真のサイズをパーセントで指定したり、ピクセルで指定したりできます。また、サイズを変更した後にデータ形式も変更して、保存することもできます。

ワザ481を参考に、写真を拡大しておく

1 ［もっと見る］をクリック

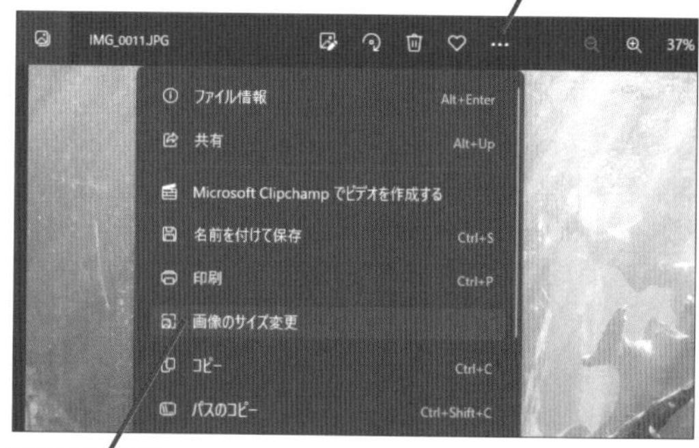

2 ［画像のサイズ変更］をクリック

3 ［パーセント］をクリック

4 「50」と入力

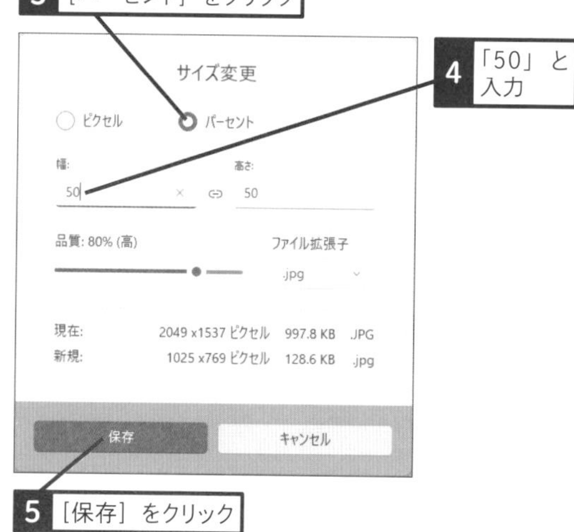

5 ［保存］をクリック

画像のサイズが変更される

関連 469 すばやく画像の大きさを変更したい！ ▸P.255

487

Home Pro
お役立ち度 ★★☆

Q 写真の情報を確認するときは

A ［ファイル情報］をクリックします

写真には、撮影日時や画像サイスなどのメタデータと呼ばれる情報が記録されています。写真を表示して、［もっと見る］から［ファイル情報］をクリックすると、写真の情報を確認できます。

1 ［もっと見る］をクリック

2 ［ファイル情報］をクリック

撮影日や画像サイズなどの情報が表示される

488

Home Pro
お役立ち度 ★★☆

Q 写真を本格的に編集したい

A 編集モードで調整できます

写真の明るさなどを細かく調整するには、［フォト］アプリを編集モードにします。編集したい写真を表示してから［編集と作成］-［編集］をクリックすると、編集モードに切り替わり、写真を編集できます。

ワザ481を参考に、編集したい写真を表示しておく

1 ［画像の編集］をクリック

編集モードに切り替わる

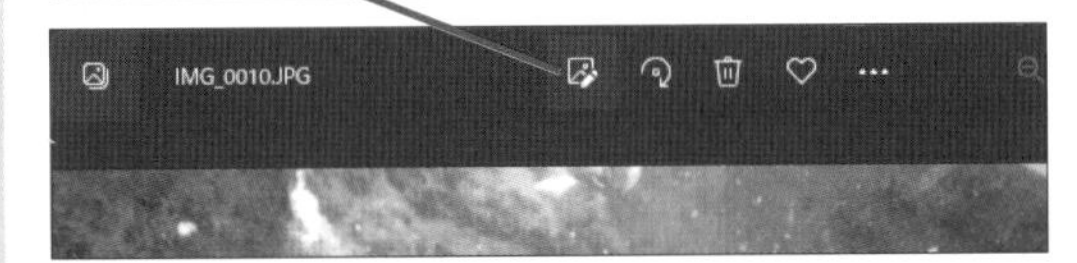

489

Home Pro
お役立ち度 ★★★

Q 写真に文字を書き込みたい！

A ［描画］機能で手書きできます

写真に手書きの文字などを入れたいときは、［フォト］アプリの描画機能を使います。ボールペンや鉛筆、カリグラフィーペンで書いたような手書きの線で書き込むことができ、図や文字を写真に加えられます。

ワザ481を参考に、写真を拡大しておく

1 ［マークアップ］をクリック

描画ツールが表示された

［ボールペン］をクリックして選択し、描画できる

［ボールペン］を選択した状態でクリックすると、色や太さを変更できる

［消しゴム］をクリックして、書き込んだ図や文字を消すことができる

［コピーとして保存］をクリックすると、新しい写真として保存できる

490

Home Pro
お役立ち度 ★★★

Q 写真の一部分を切り出したい

A ［トリミング］ボタンをクリックします

写真の一部を切り出す作業をトリミングといいます。トリミングしたいときは、［トリミング］ボタンをクリックしてから、トリミングしたい領域を調整します。領域が決まったら［コピーを保存］、または［保存］をクリックすると、トリミングされた写真が保存されます。

ワザ488を参考に、編集モードを表示しておく

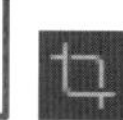

3 ［コピーとして保存］をクリック

トリミングが実行され、［名前を付けて保存］ダイアログボックスが表示されるので、ファイル名を付けて、［保存］をクリックしておく

491

Home Pro
お役立ち度 ★★★

Q 写真をロック画面の背景に設定するには

A ［ロック画面に設定］機能を使います

［フォト］アプリからロック画面に表示する写真を設定できます。ロック画面に表示したい写真を開いてから、ウィンドウの右上の［もっと見る］をクリックして、［設定］-［ロック画面に設定］を選択しましょう。

ロック画面に設定したい写真を表示しておく

1 ［もっと見る］をクリック

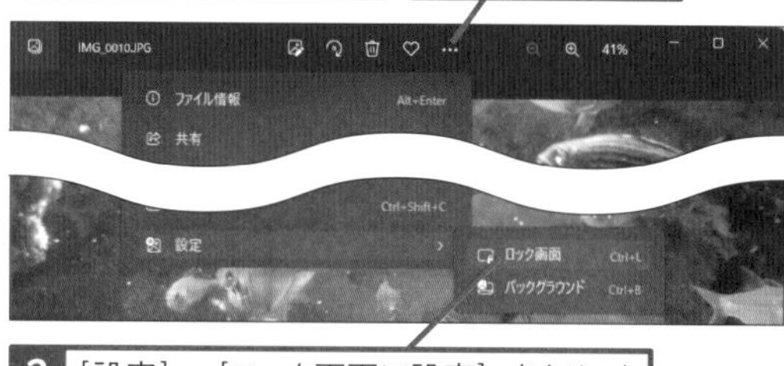

2 ［設定］-［ロック画面に設定］をクリック

492

Home Pro
お役立ち度 ★★★

Q 写真の傾きを修正するには

A スライダーで傾きを調整しましょう

斜めに撮影してしまった写真を修正するには、［トリミング］ボタンをクリックして、［トリミングと回転］画面の傾きを調整するスライダーを利用しましょう。地面などの水平な線を画面に表示されたグリッド線に合わせるのがコツです。

ワザ488を参考に、編集モードを表示しておく

1 ［トリミング］をクリック

2 ここをドラッグして、傾きを調整

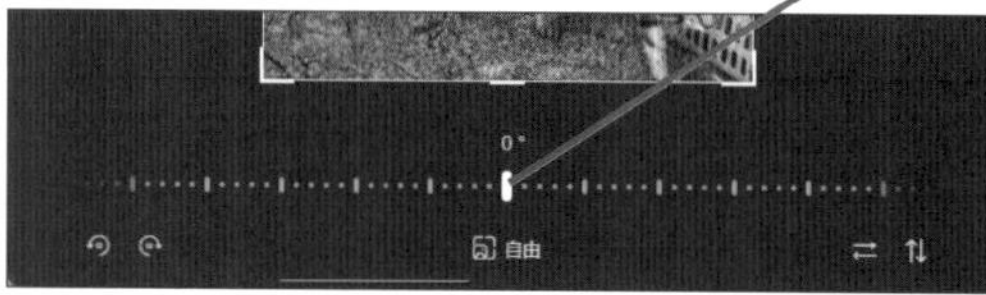

493

Home Pro

お役立ち度 ★★☆

Q 写真全体の印象を変えたい

A ［フィルター］を使いましょう

編集モードの［フィルター］では、写真にさまざまな効果を付けられます。ウィンドウの右側にはフィルターが適用されたイメージがプレビュー表示されるので、適用したいフィルターをクリックします。フィルターを使うと、写真の色調を変えたり、写真をモノクロにすることもできます。

ワザ488を参考に、編集モードを表示しておく

1 ［フィルター］をクリック

2 利用したいフィルターをクリック

フィルターが適用された

ここをドラッグして、効果の強さを調整できる

494

Home Pro

お役立ち度 ★★★

Q 写真の明るさを調整するには

A ［調整］から調整します

暗すぎる写真を明るくしたり、明るすぎる写真を暗くしたりしたいことがあります。［調整］をクリックすると、画質を細かく調整できるメニューが表示されます。「明るさ」以外にも「コントラスト」（明暗のメリハリ）や「露出」（全体の明るさ）などの項目にあるスライダーを動かすことで細かく調整できます。

ワザ488を参考に、編集モードを表示しておく

1 ［調整］をクリック

2 ［明るさ］のここをドラッグ

写真の明るさが変更される

495

Home Pro
お役立ち度 ★★☆

Q 写真の色調を変更するには

A ［調整］の［カラー］で調整できます

写真の色調を撮影後に調整できます。たとえば、食べ物の写真の色調を鮮やかにしたり、鮮やかすぎる写真の色調を抑えたりできます。色調を調整するには［カラー］の項目のスライダーを動かします。

編集モードを表示しておく

1 ［調整］をクリック

2 ［彩度］のここをドラッグ

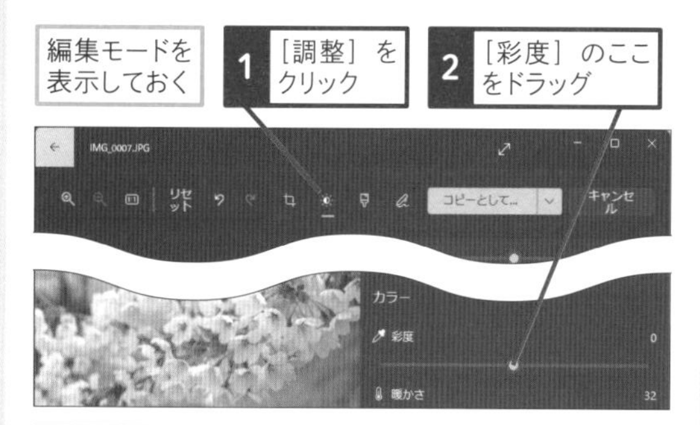

写真の色合いが変更された

496

Home Pro
お役立ち度 ★★☆

Q 写真の周辺光量を変更するには

A ［ふちどり］の効果を利用します

［ふちどり］の効果を使うと、写真の周囲を明るくしたり、暗くしたりできます。［ふちどり］のスライダーをドラッグして、どのくらいの範囲に適用するかを調整します。

編集モードを表示しておく

1 ［調整］をクリック

2 ［ふちどり］のここをドラッグ

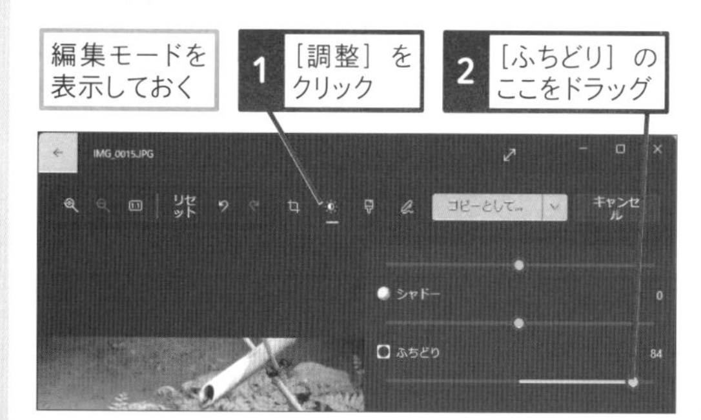

497

Home Pro
お役立ち度 ★★☆

Q 最初の状態の写真に戻すには

A ［元に戻す］をクリックします

［元に戻す］をクリックすると、すべての編集内容をキャンセルして、最初の写真に戻すことができます。編集の内容を復元したいときは、［リセット］をクリックします。

編集モードを表示しておく

1 ［元に戻す］をクリック

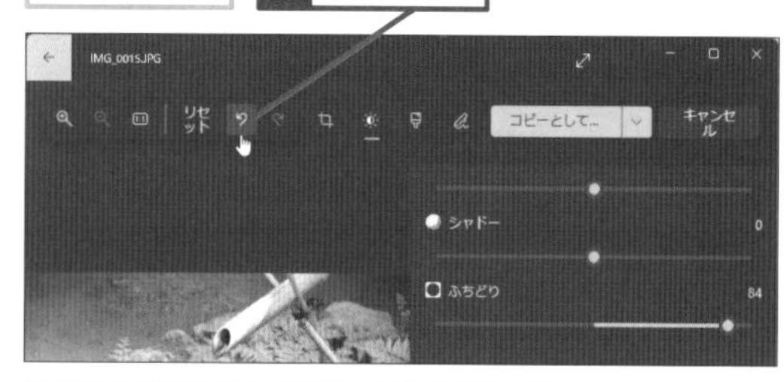

編集内容がキャンセルされ、元に戻る

498

Home Pro
お役立ち度 ★★☆

Q 編集した写真を保存するには

A コピーとして保存できます

編集モードで編集した写真は保存しておきましょう。保存するときは［コピーとして保存］を使います。［保存］をクリックすると、確認もなく、元の写真に上書きで保存されますが、［コピーとして保存］は元の写真を残したまま、編集したファイルを新しいファイルとして保存できます。

1 ［コピーとして保存］をクリック

上書き保存するときは、ここをクリックして、［保存］をクリックしてもいい

499

Home Pro

お役立ち度 ★★★

Q 写真の保存場所をすばやく表示したい！

A エクスプローラーで開きます

［フォト］アプリに表示されている写真のファイル自体を操作したいときには、エクスプローラーで開きましょう。写真のファイルがどこに保存されているのか調べる必要がなく、アプリからすぐにファイル操作できるので便利です。

500

Home Pro

お役立ち度 ★★

Q 写真をメールやSNSで共有するには

A ［共有］から共有先を選びます

［フォト］アプリで表示している写真は、メールやTeamsなどで共有できます。連絡先から相手を選択するか、Teamsなどのアプリを起動して、共有するかを選択できます。

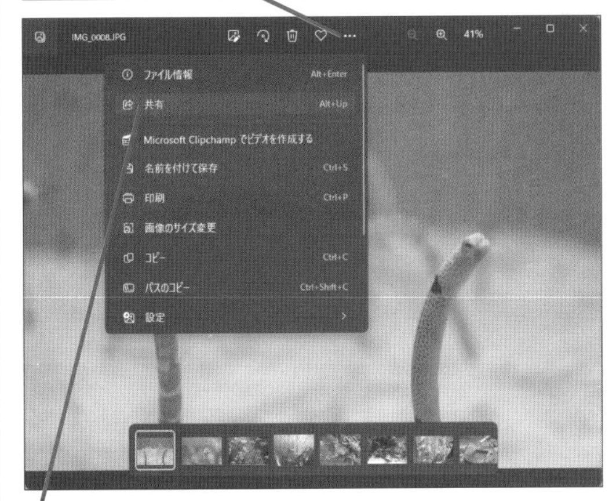

ショートカットキー 共有 Alt+↑

共有先の候補の続きが表示された

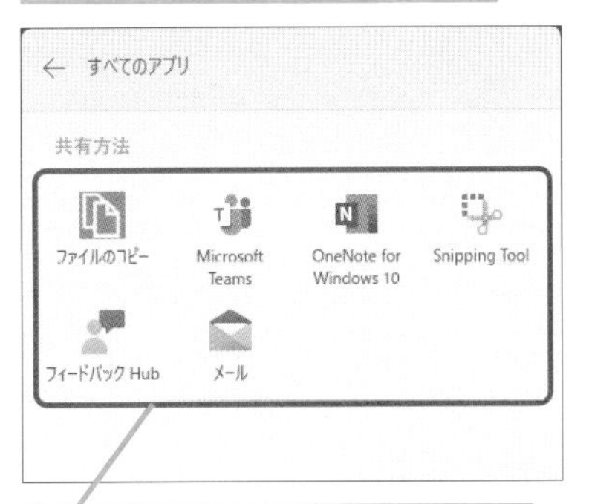

アプリをクリックすると、そのアプリを起動して共有できる

501

Home Pro
お役立ち度 ★★★

Q 写真を印刷するには

A ［フォト］には印刷機能もあります

プリンターを接続していれば、写真を印刷できます。［フォト］アプリで写真を印刷したいときは、画面の右上に表示されている［印刷］をクリックします。印刷ウィンドウが表示されたら、プリンターを選択して印刷を実行します。

印刷したい写真を表示しておく

1 ［もっと見る］をクリック

2 ［印刷］をクリック

［印刷］の画面が表示された

プリンターや印刷の向きなどを設定する

3 ［印刷］をクリック

印刷が実行される

ショートカットキー
印刷
Ctrl + P

502

Home Pro
お役立ち度 ★★

Q iCloudと連携できるって本当？

A iCloudのアプリから実行できます

［フォト］アプリではiCloudに保存された写真も表示できます。iCloudに保存された写真を表示するには、［iCloud］アプリをインストールします。［iCloud］アプリを起動して、iCloudにサインインしておきましょう。

1 ［iCloudフォト］をクリック

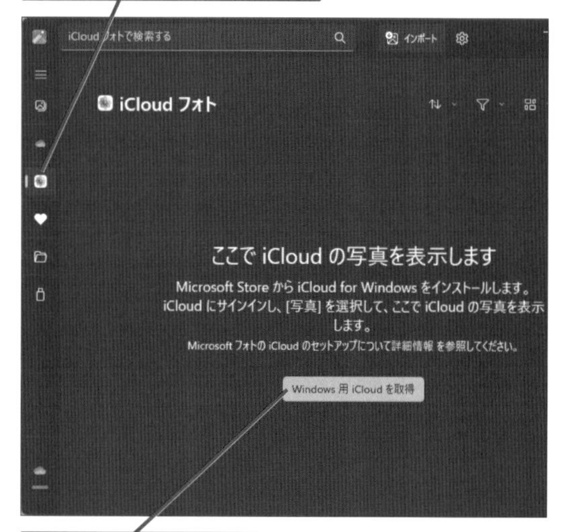

2 ［Windows用iCloudを取得］をクリック

3 ［入手］をクリック

［iCloud］アプリのダウンロードが開始する

関連438 アプリを追加するには ▸P.238

動画を編集して楽しむ

デジタルカメラは写真だけでなく、動画の撮影もできます。撮影した動画は別途、アプリを用意しなくても編集できます。どのようなことができるのかを解説します。

503

Home Pro

お役立ち度 ★★★

Q デジタルカメラで撮った動画に音楽をつけたい！

動画で見る

A Clipchampでできます

Windows 11に標準でインストールされている[Clipchamp]アプリを使えば、動画の編集ができます。不要な部分をトリミングしたり、複数の動画をつなげたり、BGMをつけるといった動画編集機能があります。

ワザ092を参考に、[Clipchamp] を起動しておく

初期起動時に表示される画面で、[今はスキップ] をクリックしておく

1 [新しいビデオを作成] をクリック

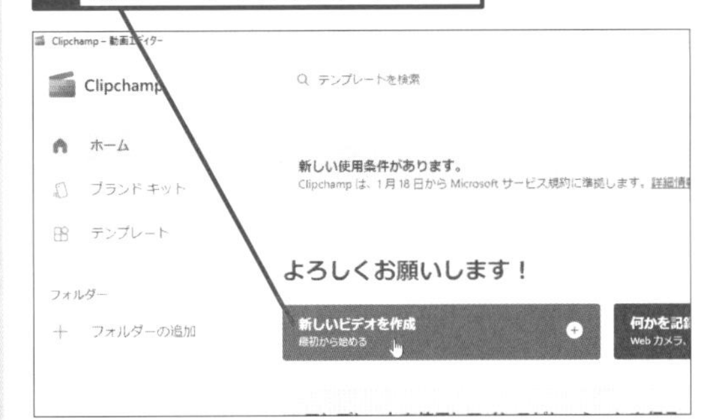

2 [メディアのインポート] をクリック

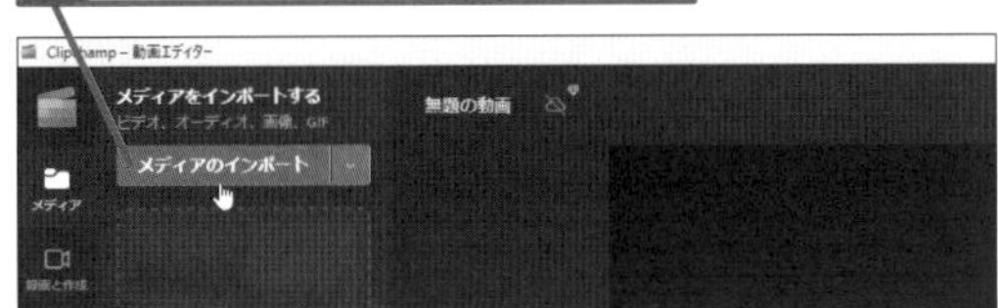

3 動画ファイルの保存場所を選択

4 動画ファイルをクリック

5 [開く] をクリック

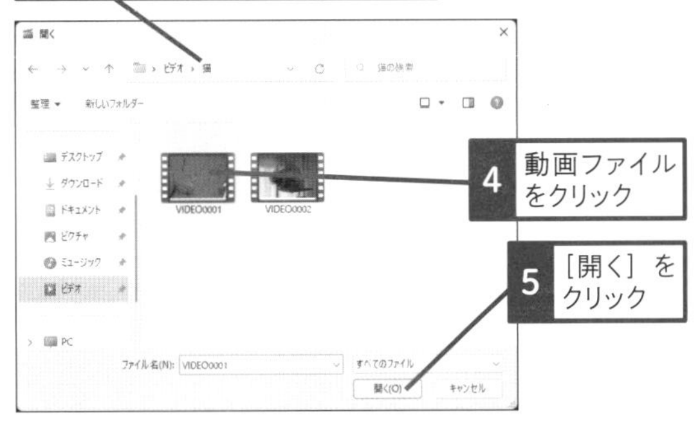

6 動画をここにドラッグ

7 [音楽とサウンドエフェクト] をクリック

8 [無料] をここにドラッグ

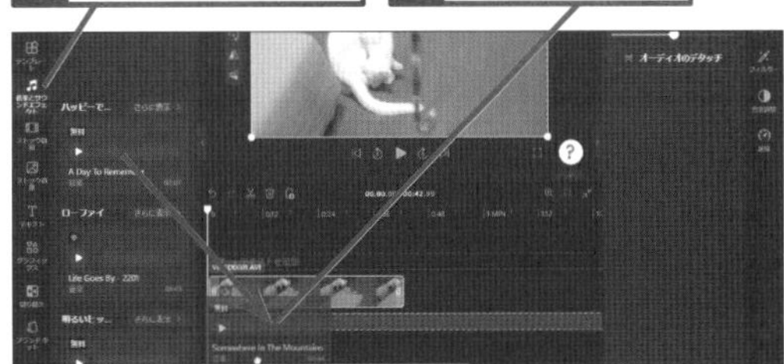

9 [エクスポート] をクリック

10 [1080p] をクリック

[ファイルを開く] から動画を再生できる

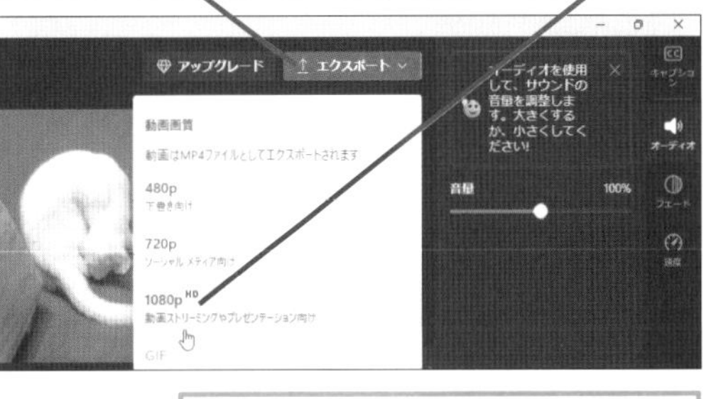

504

Home Pro
お役立ち度 ★★★

Q 動画の不要な部分を削除したい

動画で見る

A カット編集します

不要な部分の前と後にスライダーを移動し、[スプリット]をクリックして切り分けます。切り分けた不要な部分をクリックして[削除]をクリックします。削除した部分ですき間ができたら、すき間にマウスを移動して[ごみ箱]をクリックしてすき間を詰めておきましょう。

1 カットする部分の冒頭をクリック

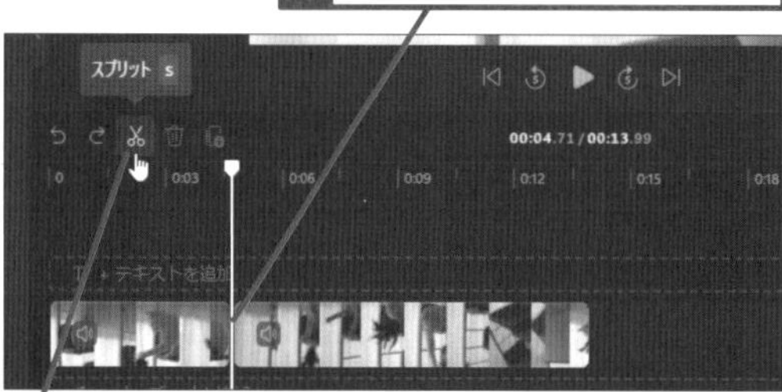

2 [スプリット]をクリック

同様の手順でカットする部分の最後をクリックして、[スプリット]をクリックしておく

3 削除する部分をクリック

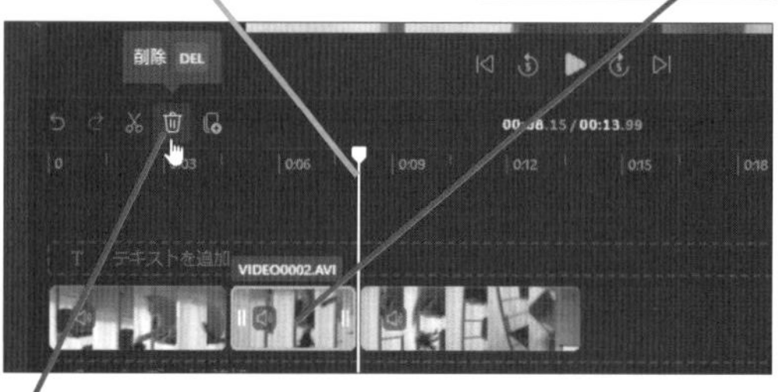

4 [削除]をクリック

5 ごみ箱のアイコンをクリック

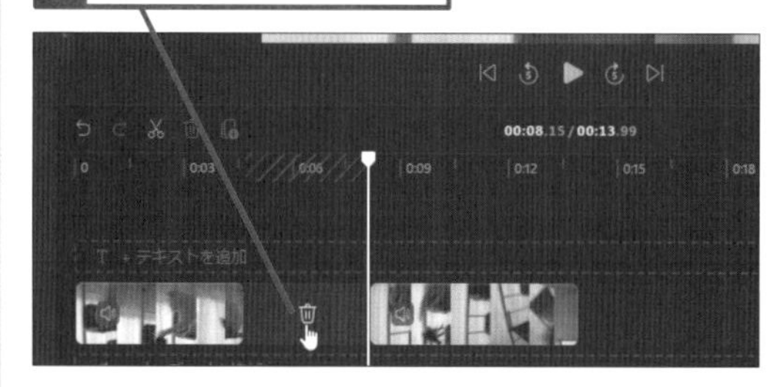

505

Home Pro
お役立ち度 ★★★

Q 2つの動画をつなげたい

動画で見る

A タイムラインに動画を追加します

事前につなげたい動画をインポートしておきます。インポートした動画をタイムラインにドラッグアンドドロップすると、編集画面に複数の動画を配置することができます。タイムラインの動画で指定した部分だけ、エクスポートすることもできます。

ワザ503を参考に、複数の動画をインポートしておく

1 1つ目の動画をここにドラッグ

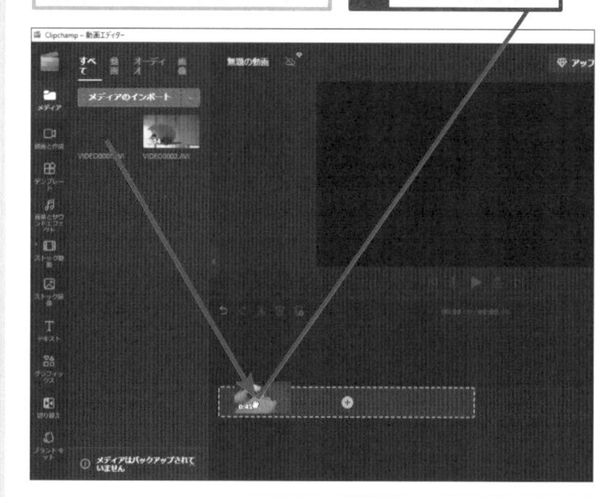

2 2つ目の動画をここにドラッグ

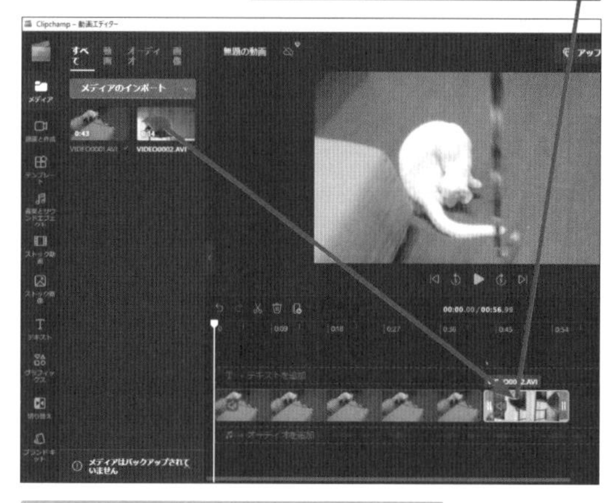

2つの動画がつながるように編集できた

関連 503 デジタルカメラで撮った動画に音楽をつけたい! ▶P.271

506

Home Pro

お役立ち度 ★★★

Q 動画のつなぎをかっこよくしたい！

動画で見る

A ［切り替え］を使います

動画をつなぐと、つなぎ目の部分で急に切り替わってしまい、不自然な印象になります。［切り替え］を使うことで、スムーズに動画を切り替えることができます。［切り替え］の種類は複数あるので、イメージにあったものを選びましょう。

ワザ505を参考に、2つの動画をタイムラインに配置しておく

1 ［切り替え］をクリック

2 付けたい効果を［+］と表示されるところまでドラッグ

動画の切り替え時の効果が設定された

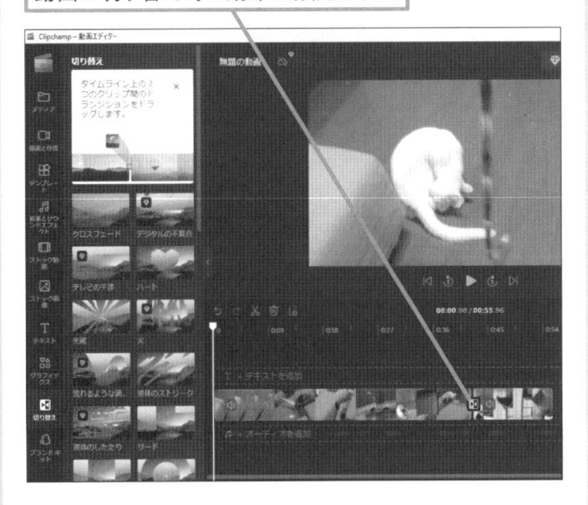

507

Home Pro

お役立ち度 ★★★

Q 動画にタイトルを表示させたい！

動画で見る

A ［テキスト］を使います

［テキスト］を使うと、動画に文字列を表示できます。あらかじめ用意されたデザインを選んで、好きなタイミングで表示することができます。表示するときの効果も複数用意されていて、シーンに合わせて選択できるので、いろいろ試してみましょう。

ワザ503を参考に、動画をインポートしてタイムラインに配置しておく

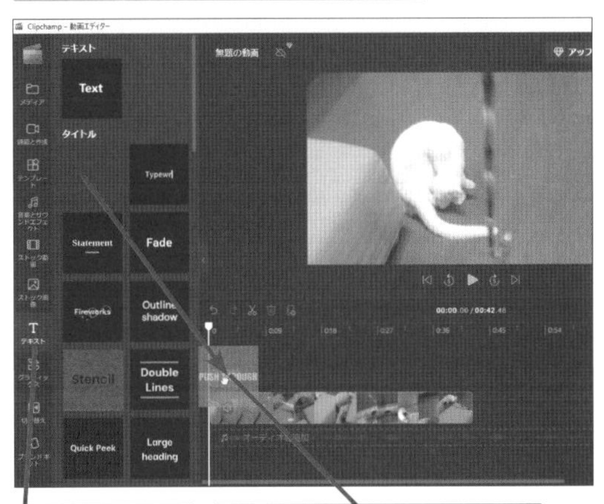

1 ［テキスト］をクリック

2 付けたいタイトルをここまでドラッグ

3 ［テキスト］をクリック

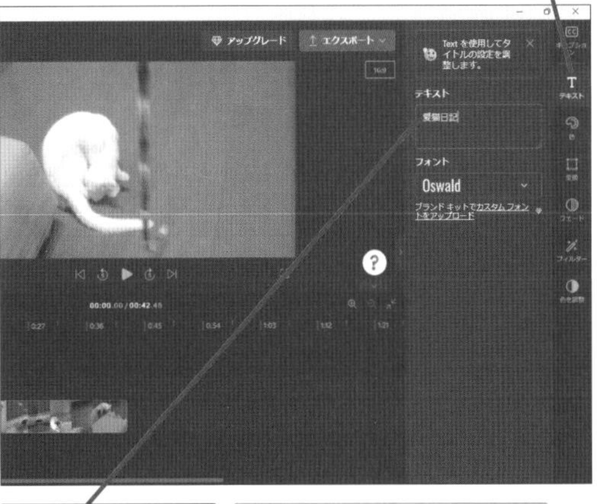

4 タイトルを入力

動画にタイトルが付けられた

デスクトップで写真を楽しむ

写真や画像のファイルは、エクスプローラーで扱うこともできます。ここでは画像ファイルを扱うときに便利なテクニックを解説します。

508

Home Pro
お役立ち度 ★★

Q 写真の一覧を印刷するには

A ［コンタクトシート］で印刷できます

［画像の印刷］ではさまざまな形式で写真を印刷できます。複数の写真を縮小して、1枚の用紙にたくさん印刷したいときは、レイアウトの設定で［コンタクトシート］を選択します。CD-RやDVD-Rなどに保存した写真の一覧として利用すると便利です。

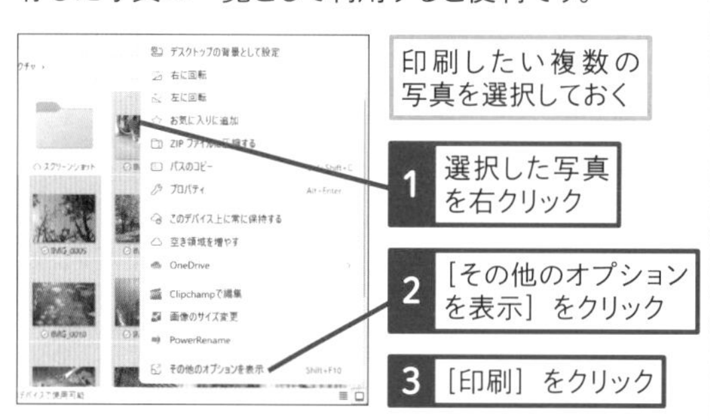

印刷したい複数の写真を選択しておく

1 選択した写真を右クリック

2 ［その他のオプションを表示］をクリック

3 ［印刷］をクリック

［画像の印刷］の画面が表示された

4 ここをクリックして用紙サイズを選択

5 ここをドラッグして下にスクロール

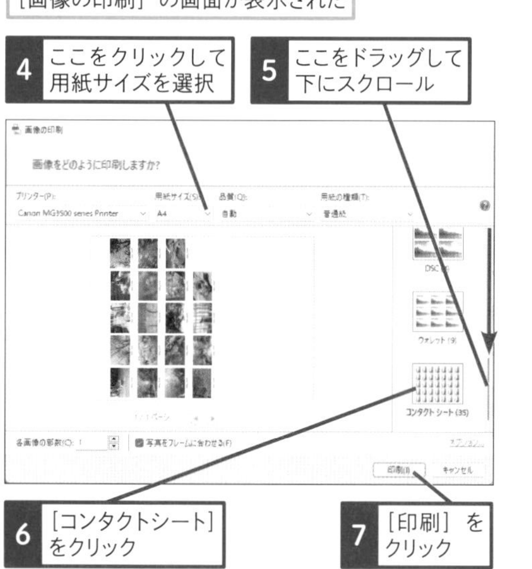

6 ［コンタクトシート］をクリック

7 ［印刷］をクリック

509

Home Pro
お役立ち度 ★★

Q 写真をCD-RやDVD-Rに書き込みたい

A エクスプローラーから書き込みます

写真をCD-RやDVD-Rにデータとして書き込みたいときは、最初に書き込みたい写真を選択します。次に、［共有］タブにある［ディスクに書き込む］をクリックしましょう。

空のCD-Rなどをドライブにセットしておく

書き込みたい写真を選択しておく

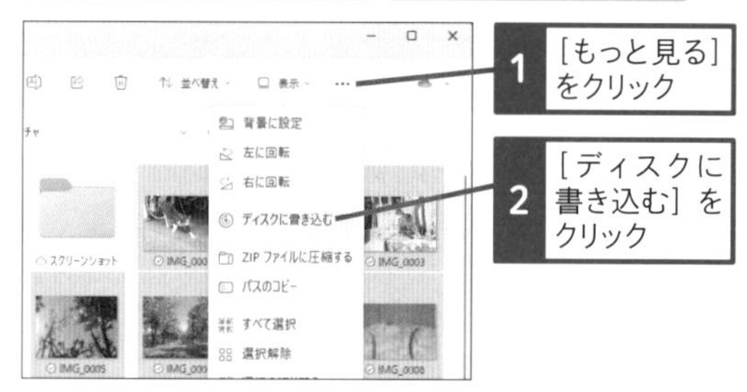

1 ［もっと見る］をクリック

2 ［ディスクに書き込む］をクリック

［ディスクの書き込み］の画面が表示された

3 ディスクのタイトルを入力

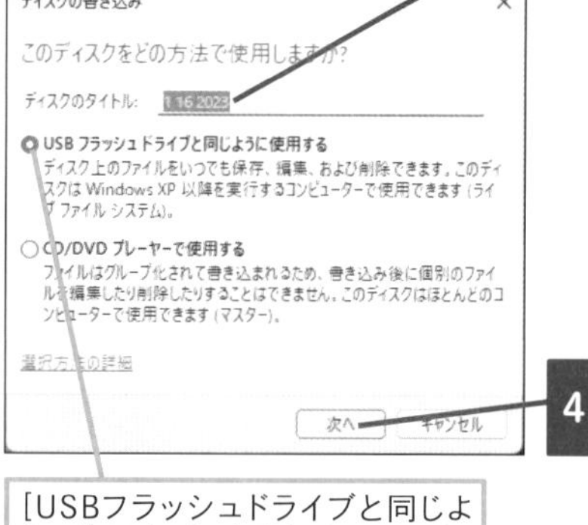

4 ［次へ］をクリック

［USBフラッシュドライブと同じように使用する］を選択すると、ディスクに写真を追記できる

ディスクへの書き込みが開始される

510

Home Pro

お役立ち度 ★★☆

Q エクスプローラーで表示した写真をメールで送りたい

A 共有メニューから実行できます

エクスプローラーで表示されている写真をすばやくメールに添付できます。写真を右クリックし［共有］をクリックします。［共有方法］から［すべてのアプリ］をクリックして、メールを選択します。メールに添付できるのは、写真だけでなく、その他のファイルも同じ手順ですばやく添付できます。

1 共有する写真を右クリック

2 ［共有］をクリック

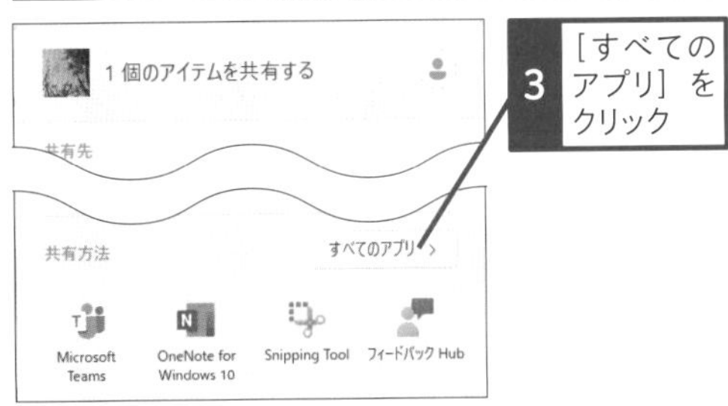

3 ［すべてのアプリ］をクリック

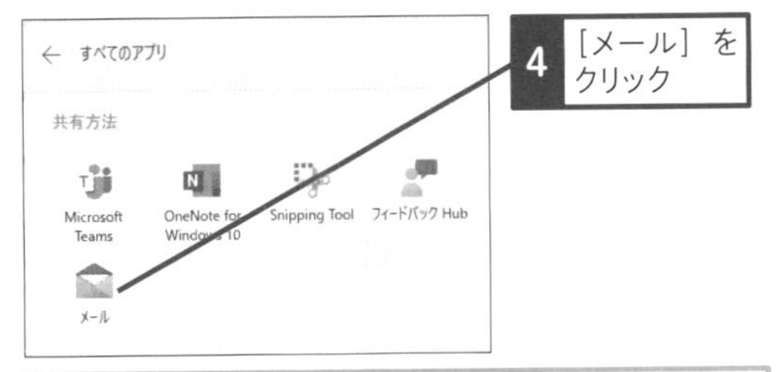

4 ［メール］をクリック

すべてのアプリ
共有方法
Microsoft Teams
OneNote for Windows 10
Snipping Tool
フィードバック Hub
メール

写真が添付されたメールの新規作成画面が表示された

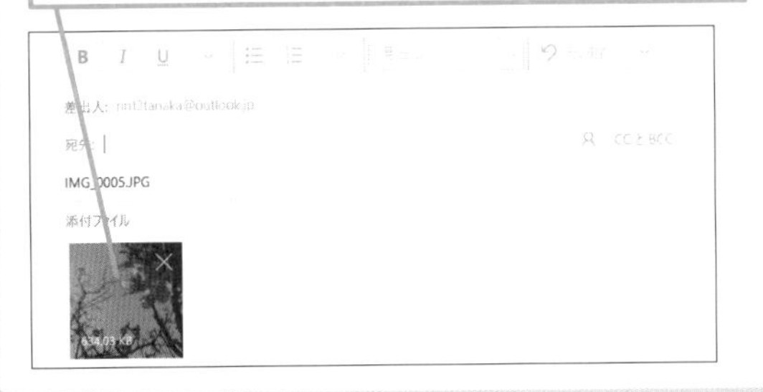

511

Home Pro

お役立ち度 ★★☆

Q フォルダーにある写真をデスクトップの背景にしたい

A エクスプローラーから設定できます

エクスプローラーでファイルを閲覧しながら、デスクトップの背景にしたい写真を見つけたときは、［設定］を表示せずに、そのまま背景に設定できます。背景にしたい写真を右クリックして、［デスクトップの背景として設定］を選択します。

1 デスクトップの背景にしたい写真を右クリック

2 ［デスクトップの背景として設定］をクリック

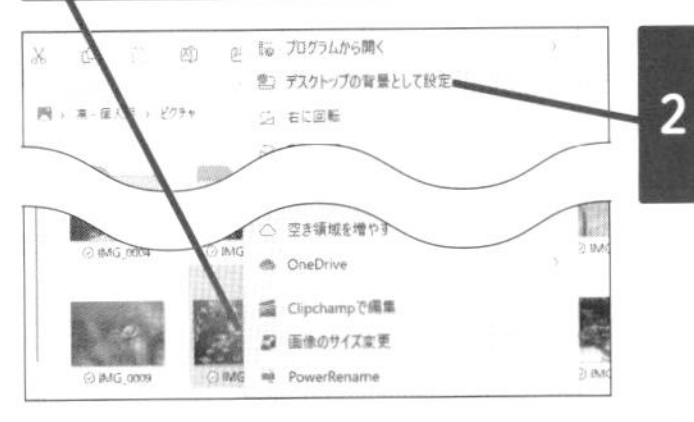

ステップアップ

Windows 11はRAW画像に標準で対応している

デジタル一眼レフカメラやハイエンドのデジタルカメラは、撮影した写真をRAW形式と呼ばれるファイル形式で保存できます。RAW形式はデジタルカメラのイメージセンサーから読み出されたデータを基にした画像ファイルで、加工や補正がされていない「生」のデータです。Windows 11では［フォト］アプリでRAW形式のファイルを表示できますが、そのまま使うことはほとんどありません。RAW形式のファイルを基に、ホワイトバランスや彩度、コントラスト調整など、さまざまな後処理を施して、最終的に一般的で扱いやすい形式の画像データに変換して利用します。［フォト］アプリでも編集したり、JPEG形式で保存できますが、デジタルカメラにより高度なRAW対応ソフトが付属している場合があるので、確認してみましょう。また、「Photoshop Elements」や「Lightroom」などのRAW形式の現像に対応したアプリを利用する方法もあります。

パソコンで音楽を楽しむ

Windowsに用意されているアプリを使えば、音楽CDの再生や音楽データの取り込みができます。ここではパソコンで音楽を楽しむのに必要なワザを説明します。

512

Home Pro
お役立ち度 ★★

Q 音楽や動画を楽しむには

A メディアプレーヤーを使いましょう

Windowsには音楽や動画を再生する「メディアプレーヤー」アプリが用意されています。スタートメニューの[すべてのアプリ] から[メディアプレーヤー] を起動しましょう。[メディアプレーヤー] は音楽や動画の再生する際に、プレイリストを作成して、楽しむこともできます。

ワザ092を参考に、[すべてのアプリ] を表示しておく

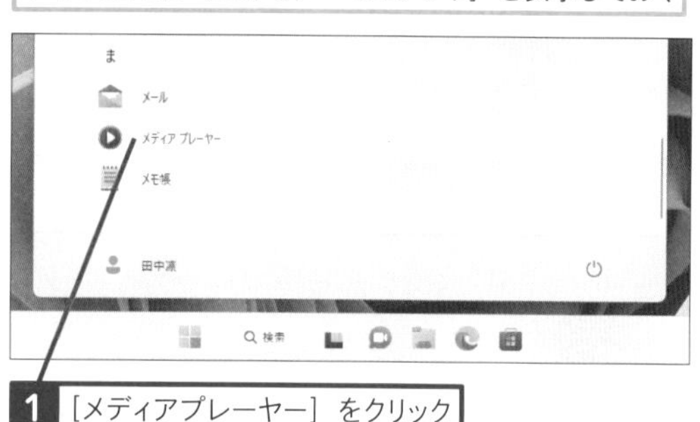

1 [メディアプレーヤー] をクリック

メディアプレーヤーが起動した

513

Home Pro
お役立ち度 ★★

Q 音楽CDが自動的に再生されるようにするには

A [オーディオCDの再生] を選択します

ディスクドライブに音楽CDを挿入したときに表示される通知をクリックすると、音楽CDが挿入されたときに起動するアプリを選択できます。通知が表示されないときや音楽プレイヤーが起動しないときは、エクスプローラーの [PC] でディスクドライブを右クリックし、[その他のオプションを表示] をクリック選択します。[自動再生を開く] をクリックして、[オーディオCDの再生] をクリックします。

1 音楽CDを挿入

通知が表示された

2 通知をクリック

3 [メディアプレーヤー] の [オーディオCDの再生] をクリック

メディアプレーヤーで音楽が再生される

514

Home Pro
お役立ち度 ★★★

Q 音楽CDをパソコンに取り込むには

A ［CDの取り込み］を実行します

音楽CDを一度、パソコンに取り込んでしまえば、音楽CDをパソコンにセットしなくても音楽を楽しむことができます。取り込んだ楽曲は、プレイリストを使って、好きな曲順で再生することができます。取り込むときには、音楽CDの曲名やジャケット画像などの情報も自動に取得されます。

ワザ512を参考に、メディアプレーヤーを起動しておく

音楽CDを挿入しておく

1 ［オーディオCD］をクリック

2 ［もっと見る］をクリック

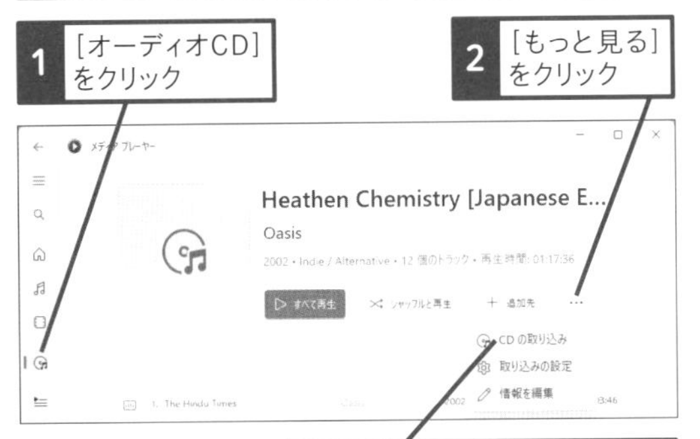

3 ［CDの取り込み］をクリック

音楽CDの取り込みがはじまった

4 しばらく待つ

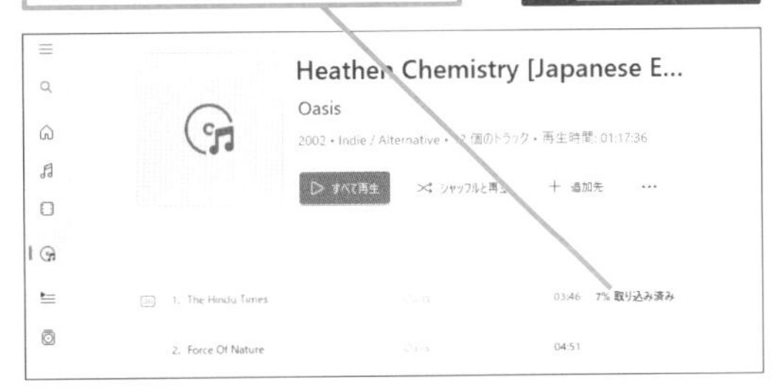

音楽CDの取り込みが完了した

515

Home Pro
お役立ち度 ★★★

Q パソコンに取り込んだ音楽を再生するには

A ［音楽ライブラリ］から再生できます

CDから取り込んだ音楽は、［メディアプレーヤー］アプリの［音楽ライブラリ］に表示されます。アルバム単位だけでなく、1曲だけを指定して、再生することもできます。取り込んだ楽曲は、［ミュージック］フォルダーに保存されています。

ワザ514を参考に、メディアプレーヤーで音楽CDを取り込んでおく

1 ［音楽ライブラリ］をクリック

2 ［アルバム］をクリック

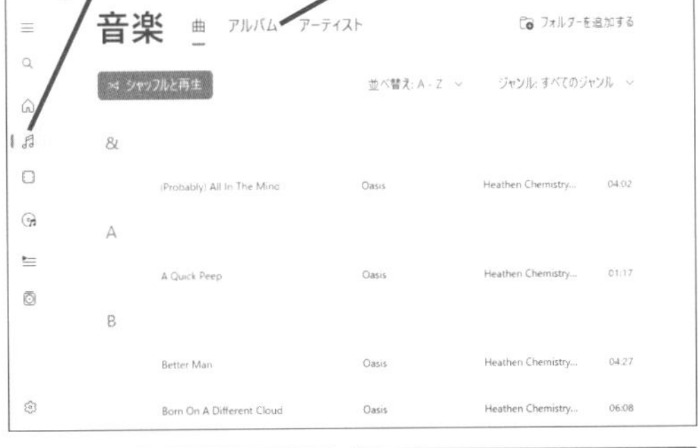

取り込まれたアルバムの一覧が表示された

3 アルバムにマウスポインターを合わせる

4 ここをクリック

アルバム単位で取り込んだ音楽ファイルを再生できる

516

Home Pro
お役立ち度 ★★★

Q 音楽配信サービスを教えて！

A 定額聴き放題がおススメです

インターネットでは月額料金を支払うと、音楽が聴き放題になる音楽配信サービスが提供されています。ほとんどのサービスは定額制なので、楽曲を購入せずに、好きな音楽を聴くことができます。ただし、すべてのアーティストの音楽や新譜が聴けるわけではないので、注意が必要です。音楽配信サービスには、洋楽が豊富に揃っているもの、邦楽が充実しているものなど、それぞれのサービスに特徴があります。ほとんどの配信サービスは、一定の無料期間が用意されています。また、Microsoft Storeで各サービスの専用アプリが提供されています。これらをダウンロードして、無料期間を使って試してみましょう。

●Spotify

ワザ092を参考に、スタートメニューを表示しておく

1 ［Spotify］をクリック

無料会員は広告付きで楽しめる（曲順はシャッフル）

2 無料のプレイリストをクリック

Premiumプラン（有料）なら、好きな曲を選んで聴き放題となる

3 ［アップグレード］をクリック

●Amazon Music

プライム会員なら、お得に利用できる

●Youtube Music

Googleアカウントを持っていれば簡単に利用を開始できる

●代表的な音楽配信サービス

サービス名	URL
Amazon Music	https://music.amazon.co.jp/home
Apple Music	https://www.apple.com/jp/apple-music/
Spotify	https://www.spotify.com/jp/
AWA	https://awa.fm/
LINE MUSIC	https://music.line.me
YouTube Music	https://music.youtube.com/

パソコンで動画を楽しむ

パソコンではさまざまな動画を楽しむことができます。ここでは自分で撮影した動画を再生する方法をはじめ、インターネットの動画を楽しむ方法など、動画鑑賞のワザを説明します。

517

Home Pro

お役立ち度 ★★★

Q デジタルカメラで撮影した動画を再生するには

A Windowsでは2つの方法があります

デジタルビデオカメラで撮影した動画は、パソコンに取り込んで再生できます。Windowsでは[映画＆テレビ]アプリとWindows Media Playerの2つの再生アプリが用意されていて、どちらのアプリを使っても取り込んだ動画を再生できます。

●メディアプレーヤーで再生する

再生する動画が保存されたフォルダーを開いておく

1 ファイルをダブルクリック

メディアプレーヤーで動画が再生された

関連 512 音楽や動画を楽しむには ▶P.276

●Windows Media Playerで再生する

再生する動画の保存場所を開いておく

1 ファイルを右クリック

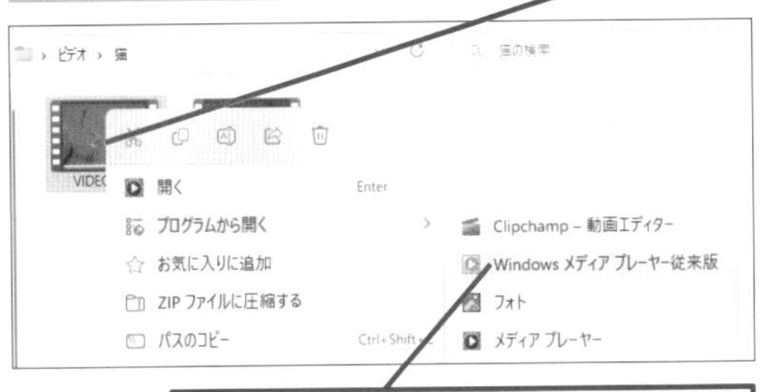

2 [プログラムから開く] - [Windowsメディアプレーヤー従来版] をクリック

初回起動時のみ、初期設定を実行する

3 [推奨設定] をクリック

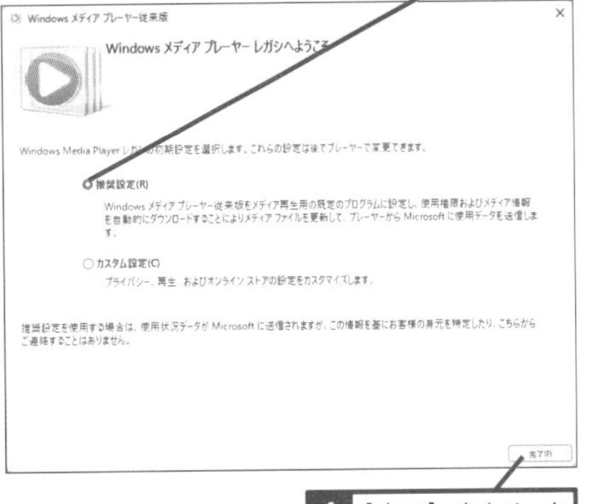

4 [完了] をクリック

Windowsメディアプレーヤーで動画が再生された

518

Home Pro

お役立ち度 ★★★

Q 映画を購入・レンタルするには

A ［Microsoft Store］アプリで探します

［Microsoft Store］アプリでは映画を購入したり、レンタルしたりできます。［Microsoft Store］アプリを起動して、［映画とテレビ］をクリックしましょう。購入・レンタルした映画は、［映画＆テレビ］アプリで再生します。［映画＆テレビ］アプリを起動すると、購入・レンタルした映画が 一覧表示されます。なお、WindowsにMicrosoftアカウントでサインインしていないと、映画の購入・レンタルはできません。

ワザ092を参考に、［Microsoft Store］アプリを起動しておく

1 ［映画とテレビ］をクリック

映画の購入メニューが表示された

2 購入・レンタルしたい映画をクリック

関連 438 アプリを追加するには ▸P.238

映画の詳細画面が表示された

ここでは映画を標準画質でレンタルする

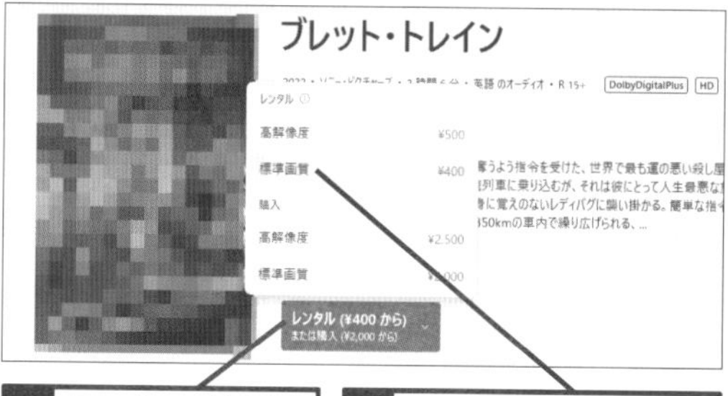

3 ［レンタル（(金額) から)］をクリック

4 ［標準画質　¥○○○］をクリック

［映画レンタルオプション］が表示された

ここではストリーミングで映画を視聴する

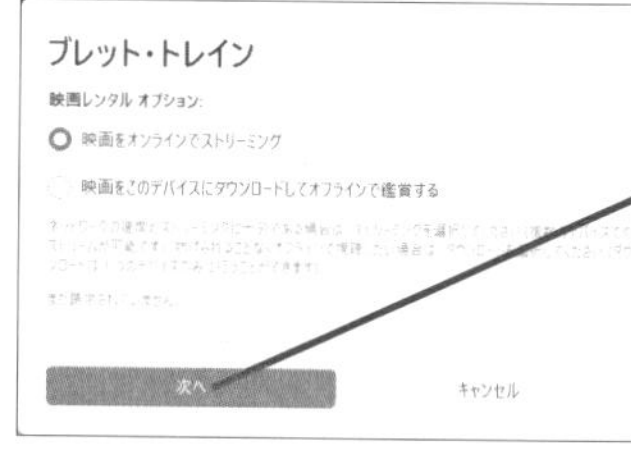

5 ［次へ］をクリック

6 PINの入力画面が表示されたらPINを入力

お支払い方法を確認しておく

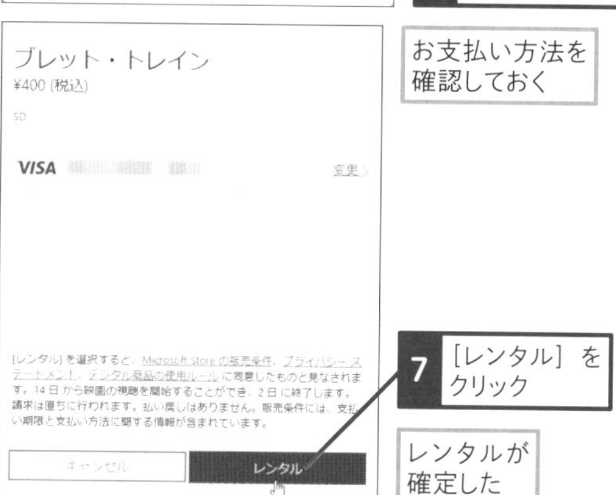

7 ［レンタル］をクリック

レンタルが確定した

8 ［映画&テレビで見る］をクリック

［映画&テレビ］アプリが起動して、映画の再生が開始される

519

Home Pro

お役立ち度 ★★★

Q 購入・レンタルした映画を楽しむには

A ［映画＆テレビ］で再生できます

［Microsoft Store］アプリで購入した映画やドラマを再生するには、［映画＆テレビ］アプリを使います。［購入済み］に購入、またはレンタルした作品が表示され、いつでも視聴できます。ただし、レンタルした作品には視聴期限があるので、早めに視聴しましょう。また、［探す］の画面では、映画の予告編などを楽しむことができます。

●購入・レンタルした作品を見る

1 ［購入済み］をクリック

［購入済み］に購入・レンタルした映画やテレビ番組が表示された

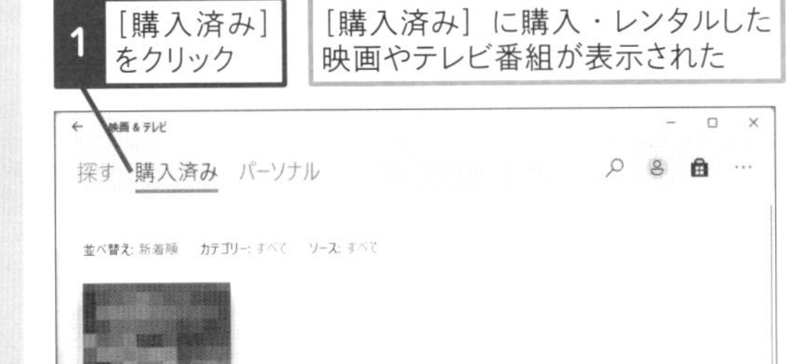

2 作品をクリック

作品の詳細が表示された

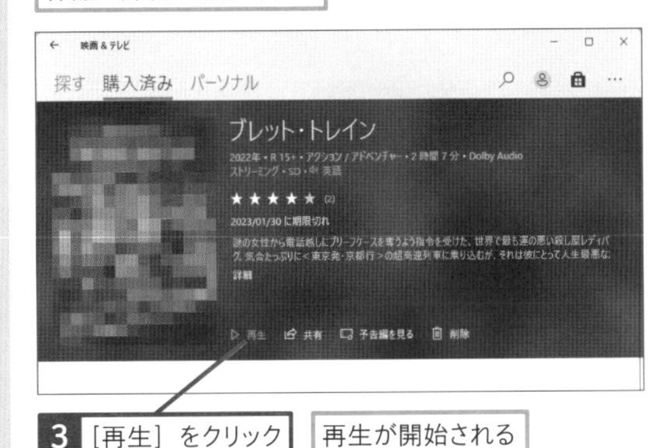

3 ［再生］をクリック

再生が開始される

●予告編を見る

1 ［予告編］をクリック

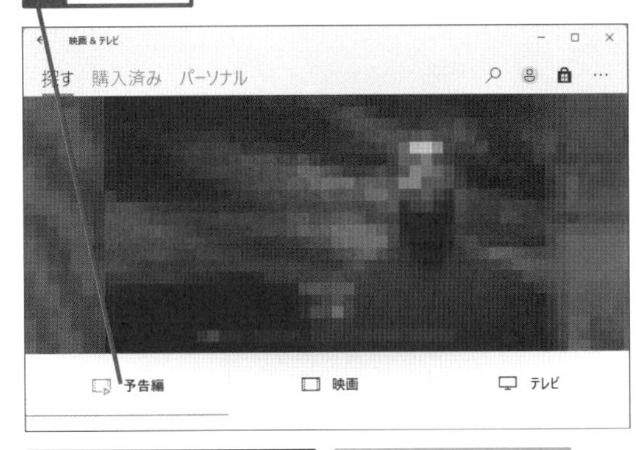

2 見たい作品をクリック

予告編が再生される

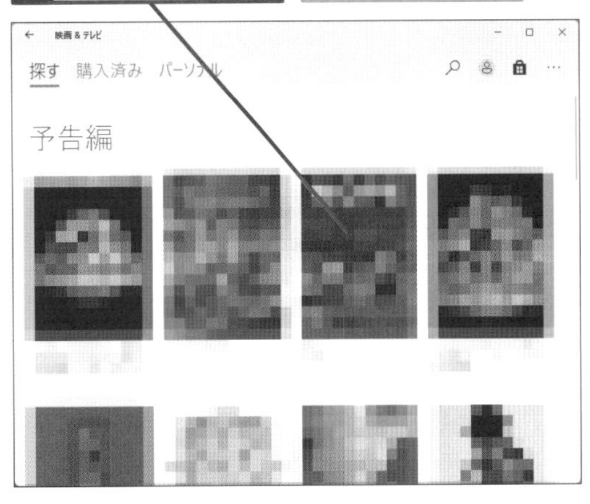

関連 438 アプリを追加するには ▸P.238
関連 518 映画を購入・レンタルするには ▸P.280

役立つ豆知識

Xboxを使えばテレビで楽しめる

Xboxコンソールを使えば、テレビで［Microsoft Store］アプリで購入した映画やドラマを楽しむことができます。Windowsと同じMicrosoftアカウントでXboxにサインインすれば［Microsoft Store］で購入したコンテンツを楽しめます。コンテンツをダウンロードする際に、別途料金はかかりません。

520

Home Pro

お役立ち度 ★★★

Q テレビの大画面で映画を鑑賞したい！

A HDMIケーブルなどでパソコンとテレビを接続します

市販されている多くのテレビには、HDMI（High-Definition Multimedia Interface）と呼ばれるコネクター（端子）が装備されています。また、最近の多くのパソコンにもHDMI端子が装備されています。このパソコンのHDMI端子とテレビのHDMI端子をHDMIケーブルで接続することで、パソコンの画像をテレビに映し出すことができます。パソコンにHDMI端子がないときは、USB Type-C - HDMI 変換ケーブルや変換アダプターを利用して、テレビと接続すると、同じようにパソコンの画面を映し出すことができます。

パソコンにHDMI端子がある場合は、パソコンとテレビをHDMIケーブルで接続する

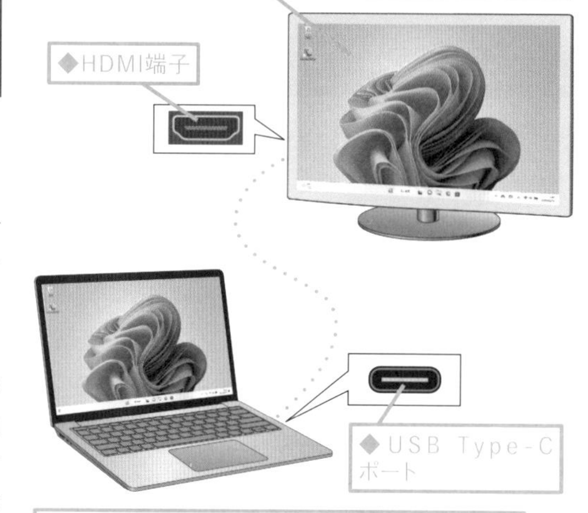

パソコンにUSB Type-Cポートしかないときは、変換ケーブルでパソコンとテレビを接続する

関連 543 画面を2つのディスプレイで表示するには ▸P.292

521

Home Pro

お役立ち度 ★★★

Q 動画配信サービスを楽しむには

A 「Amazonプライム・ビデオ」や「Netflix」がおすすめです

インターネットではさまざまな動画配信サービスが提供されています。視聴する形式としては、ユーザーが見たいときに動画を視聴できる「オンデマンド配信」、リアルタイムで配信されている動画を視聴する「ライブ配信」などがあります。なかでも人気があるのは、毎月、定額の料金で見放題のオンデマンド配信サービスです。「Amazonプライム・ビデオ」や「Netflix」（ネットフリックス）、「Hulu」（フールー）などは、国内外の映画やドラマ、ドキュメンタリーなどのほか、世界各国で独自に制作された番組を楽しむことができます。各サービスとも得意ジャンルがあり、一定期間、無料で試すこともできるので、自分が見たいジャンルのコンテンツが充実しているサービスを選ぶといいでしょう。

◆Amazonプライム・ビデオ
定額の「Amazonプライム」会員になると、「プライム会員特典」の動画が見放題になる

●代表的な動画配信サービス

サービス名	URL
Amazonプライム・ビデオ	https://www.amazon.co.jp/gp/video/storefront
Disney+	https://www.disneyplus.com/
Hulu	https://www.hulu.jp/
Netflix	https://www.netflix.com/jp/

関連 518 映画を購入・レンタルするには ▸P.280

522

Home Pro

お役立ち度 ★★★

Q パソコンでDVDやBlu-ray Discのビデオを再生するには

A 再生用アプリを用意しましょう

●代表的なビデオ再生アプリ

サービス名	URL
PowerDVD 22 Ultra	https://jp.cyberlink.com/products/powerdvd-ultra/
WinDVD Pro 12	https://www.windvdpro.com/jp/

Windowsでは標準ではDVDビデオやBlu-ray Discのビデオを再生できません。DVDビデオやBlu-ray Discのビデオを再生したいときは、専用プレーヤーのアプリを購入しましょう。また、外付けの光学ドライブを購入すると、プレーヤーアプリが付属する場合もあります。同梱されているアプリを確認して、必要に応じて、インストールしましょう。

関連 569 パソコンに光学ドライブが搭載されていないときは ▸P.303

523

Home Pro

お役立ち度 ★★★

Q Blu-ray Discの映像が表示されないときは

A 再生用アプリを使えば可能です

関連 569 パソコンに光学ドライブが搭載されていないときは ▸P.303

Blu-rayレコーダーでデジタル放送を録画した番組をダビングしたBlu-ray Discは、BDAV（Blu-ray Audio Video）形式のBlu-ray Discになっています。BDAV形式のBlu-ray Discは、Blu-rayレコーダーで再生できますが、パソコンにBlu-ray Discに対応した光学ドライブが装備されていてもWindowsで用意されているアプリでは、再生することができません。再生するには、BDAV形式のBlu-ray Discに対応したアプリを入手して、インストールする必要があります。

524

Home Pro

お役立ち度 ★★★

Q 写真・音楽・動画を複数のパソコンから利用するには

A NASでLAN共有すると便利です

複数のパソコンやタブレットを使っていると、写真や音楽をすべてのデバイスで共有したいことがあるでしょう。そのようなときはNAS（Network Attached Storage）と呼ばれるネットワーク接続型の外付けハードディスクを使うと便利です。NASについては第11章のワザも参照してください。

NASを利用すれば、複数のパソコンで写真や音楽を共有できる

▼バッファロー　LS210D0201G製品情報
https://www.buffalo.jp/product/detail/ls210d0601g.html

第10章 印刷と周辺機器、メディアの活用ワザ

プリンターを設定する

プリンターはパソコンで使える代表的な周辺機器の1つです。ここではパソコンでプリンターを使うための設定方法をはじめ、使いこなしのワザについて説明します。

525

Home Pro
お役立ち度 ★

Q インクジェットプリンターとレーザープリンターはどう違うの？

A 印刷に使う塗料が違います

プリンターには印刷方式によって、いろいろな種類があります。現在、主流のプリンターは「インクジェットプリンター」と「レーザープリンター」の2種類です。インクジェットプリンターは用紙にインクを噴射して印刷する方式のプリンターで、比較的、安く購入できます。年賀状を印刷するなど、家庭で使うときに選びます。一方のレーザープリンターは、コピー機と同じ方式のプリンターです。大量の印刷に向いているので、こちらはビジネス用途と考えればいいでしょう。

関連 529 プリンターの状態を確認するには ▶P.285
関連 535 印刷前にレイアウトなどを確認したい ▶P.288

レーザープリンターはビジネス用途で使われることが多い

526

Home Pro
お役立ち度 ★

Q「複合機」って何？

A スキャンやコピーもできます

インクジェットプリンターやレーザープリンターには、印刷以外の機能を併せ持つ機種もあります。たとえば、スキャナーやコピーの機能を持つプリンター、ファクシミリの機能を持つプリンターなどです。このように、プリンターでありながら、印刷以外の機能を持つため、「複合機」と呼ばれます。家庭用の複合機は5,000円～4万円程度で販売されています。

●複合機が搭載している機能の例

プリンター ＋ スキャナー ＋ コピー

プリンター ＋ スキャナー ＋ コピー ＋ ファクシミリ

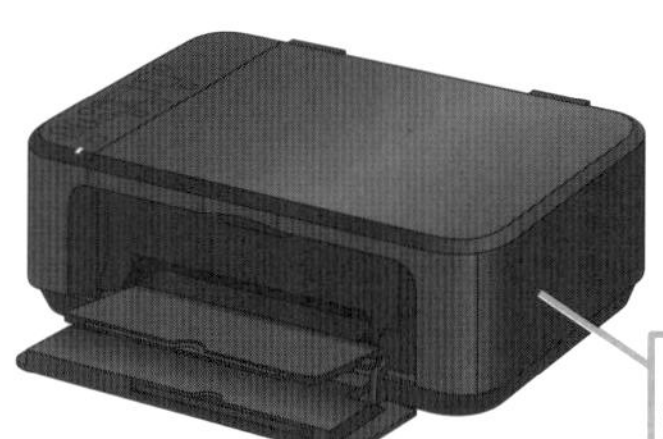

印刷以外の用途にも利用できる

関連 558 紙の写真や文書をパソコンに取り込むには ▶P.298

527

Home Pro

お役立ち度 ★★☆

Q パソコンとプリンターの電源を入れる順番は？

A どちらでもかまいません

どちらが先でも問題ありません。ただし、先にパソコンを起動した状態で、印刷したいときにプリンターの電源を入れるのが一般的です。なお、プリンターによっては、一定時間が経過すると、自動的に電源オフやスリープモードに移行することがあります。

528

Home Pro

お役立ち度 ★★☆

Q プリンターのドライバーがないときは？

A メーカーのWebページから入手します

Windowsにドライバーがあらかじめ用意されているプリンターは、接続すれば、すぐに使えます。ドライバーが用意されていないときは、メーカーのWebページで公開されている最新のドライバーをダウンロードしてインストールしましょう。

メーカーのWebページで最新のドライバーをダウンロードできる

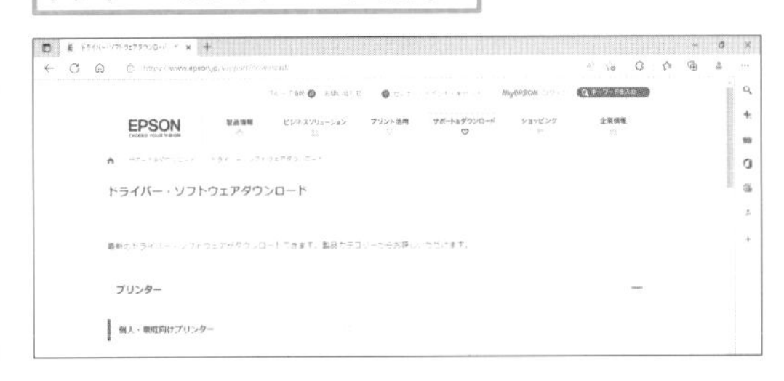

●主なプリンターメーカーのWebページ

メーカー	URL
エプソン	https://www.epson.jp/
キヤノン	https://canon.jp/
日本HP	https://www.hp.com/jp/
ブラザー	https://www.brother.co.jp/
リコー	https://www.ricoh.co.jp/

529

Home Pro

お役立ち度 ★★★

Q プリンターの状態を確認するには

A プリンターの管理画面を表示します

プリンターの状態は、［設定］の［Bluetoothとデバイス］-［プリンターとスキャナー］で確認できます。［アイドル］と表示されていれば、印刷できます。［オフライン］の場合は、接続や電源を確認しましょう。その他にもインクの残量が少ない状態なども表示されます。

ワザ023を参考に、［設定］-［Bluetoothとデバイス］の画面を表示しておく

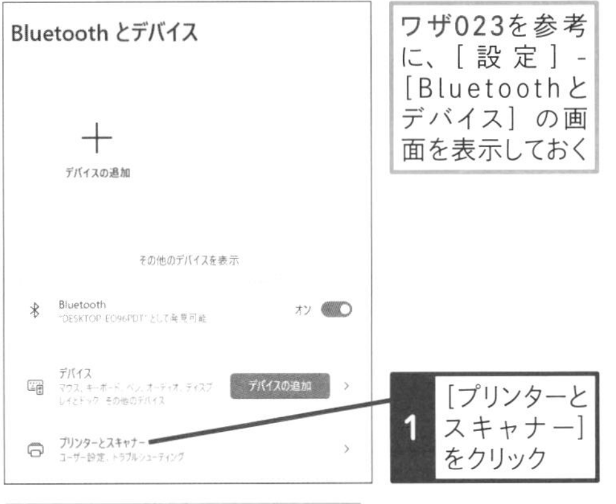

1 ［プリンターとスキャナー］をクリック

［プリンターとスキャナー］の画面が表示された

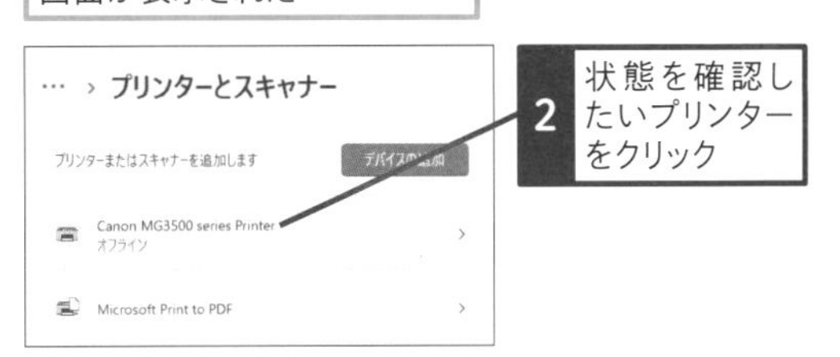

2 状態を確認したいプリンターをクリック

プリンターの管理画面が表示された

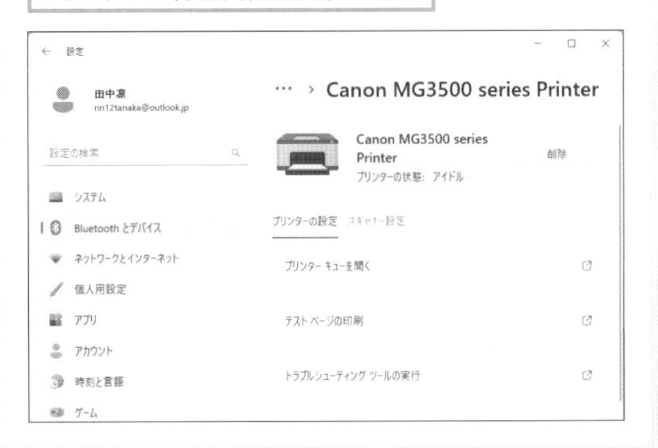

印刷の便利なテクニック

プリンターを使った印刷には、いろいろな方法があります。ここではさまざまな印刷方法やプリンターでのトラブル対処などについて説明します。

530

Home Pro

お役立ち度 ★★★

Q 基本的な印刷手順を教えて！

A アプリの「印刷」機能を呼び出します

印刷する方法は、アプリによって異なりますが、[ファイル] タブやツールバーにある [印刷] をクリックすると、印刷できます。用紙の向きや部数などを設定して、印刷しましょう。

●Wordの場合

1 [ファイル] タブをクリック

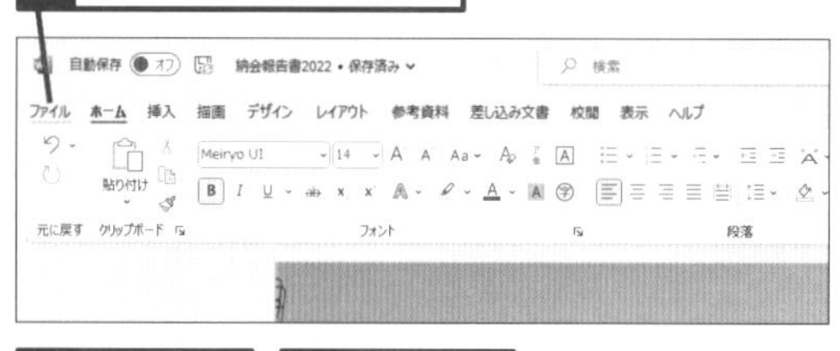

2 [印刷] をクリック

3 [印刷] をクリック

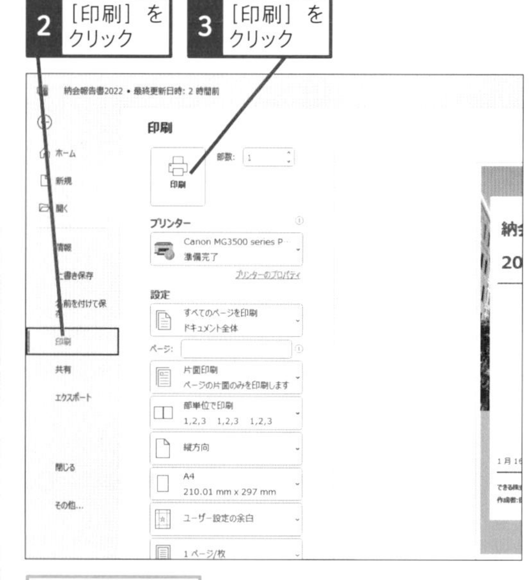

印刷が実行される

●Microsoft Edgeの場合

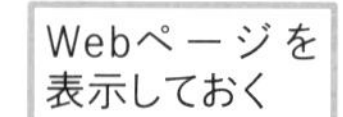

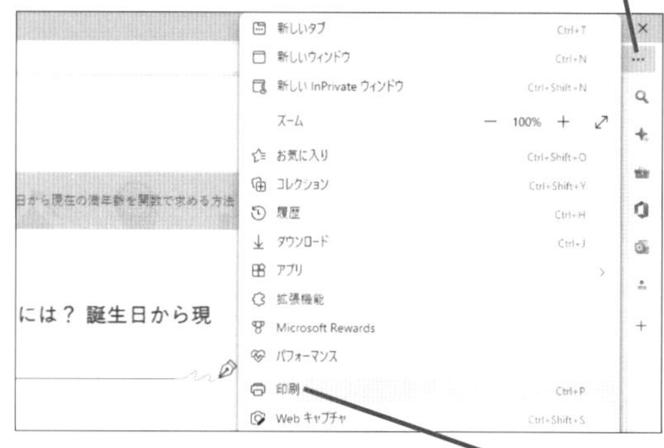

2 [印刷] をクリック

[印刷] の画面が表示された

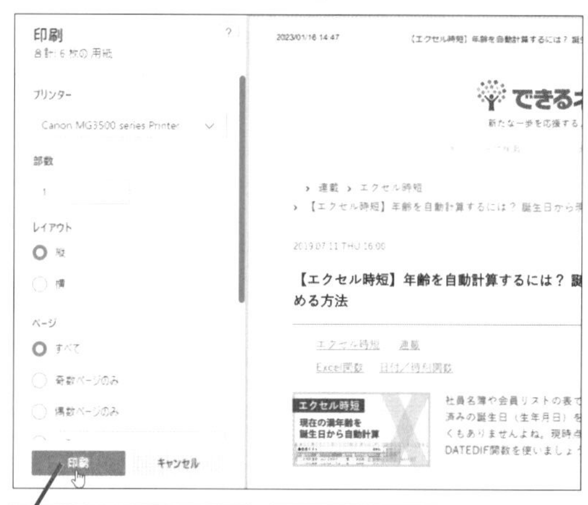

3 [印刷] をクリック

ショートカットキー 印刷 Ctrl + P

関連 533 正しく印刷できるかどうかを確認するには ▸ P.287

関連 534 印刷を中止するには ▸ P.288

531

Home Pro
お役立ち度 ★★

Q 印刷するときに保存のダイアログボックスが表示されたら

A プリンターを変更しましょう

Windows 11は初期状態で使うプリンターが「Microsoft Print to PDF」に指定されています。このため、印刷しようとすると、PDFファイルを保存するための画面が表示されます。ほかのプリンターを利用して印刷したいときは、ワザ535を参考に、印刷するプリンターを変更しましょう。

［Microsoft Print to PDF］を使うと、PDFファイルとして保存できる

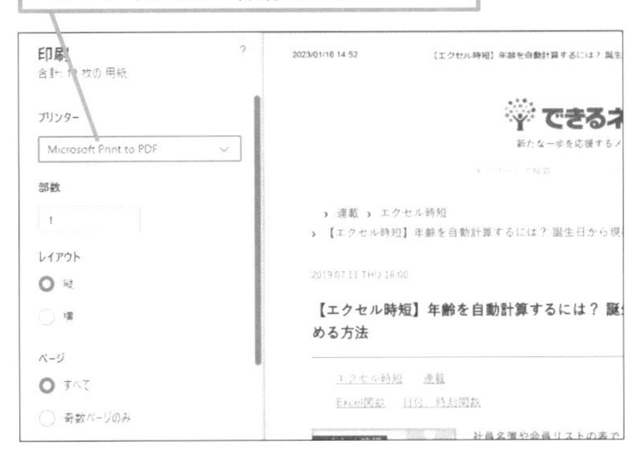

関連 536 印刷するプリンターを変更したい ▸ P.289

532

Home Pro
お役立ち度 ★★

Q 「Microsoft Print to PDF」って何？

A 印刷結果をPDF形式で保存できます

Windowsでは印刷設定の項目で、「Microsoft Print to PDF」という名前のプリンターを選択できます。Microsoft Print to PDFを選択すると、印刷イメージをPDFファイルとして保存できます。Webページを資料として保存しておきたいときなどに活用しましょう。

PDF形式で保存して、印刷や共有ができる

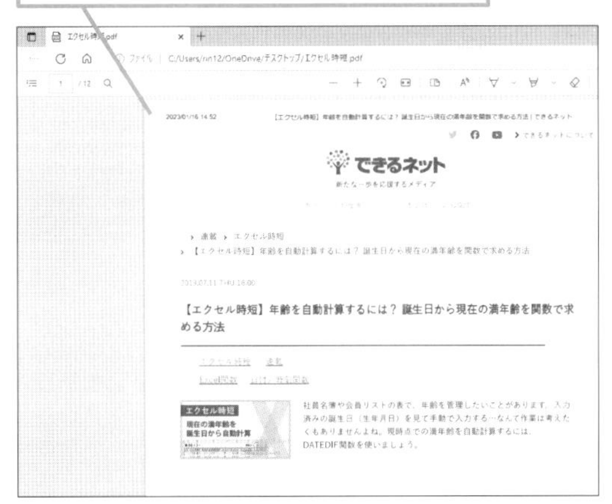

533

Home Pro
お役立ち度 ★★

Q 正しく印刷できるかどうかを確認するには

A ［テストページの印刷］を実行しましょう

プリンターが正常に印刷を実行できるかどうかは、テストページを印刷することで確認できます。ワザ529を参考に、プリンターの管理画面を表示します。［テストページの印刷］をクリックして、テストページを印刷しましょう。

ワザ529を参考に、プリンターの管理画面を表示しておく

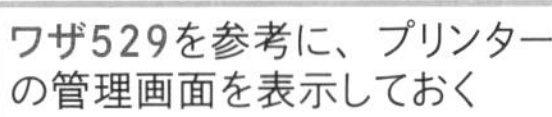

1 ［テストページの印刷］をクリック

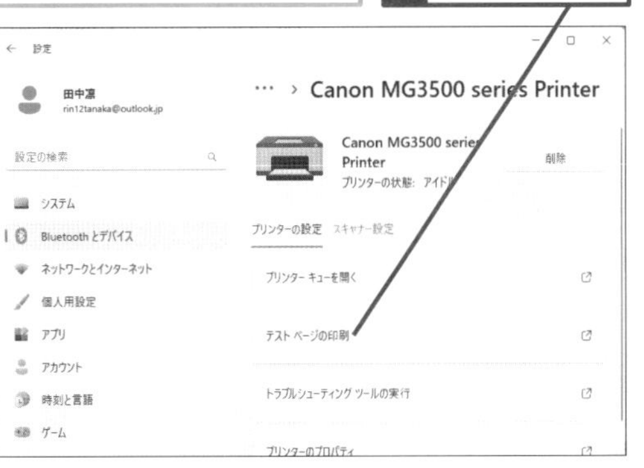

テストページの印刷が実行される

534

Home Pro
お役立ち度 ★★

Q 印刷を中止するには

A ［印刷ジョブ］でキャンセルします

印刷物のデータは直接、プリンターに送信されるのではなく、一度ストレージに保存されてからプリンターへ送信されます。データがプリンターへ送信される前や送信されている途中なら、プリンターのウィンドウから印刷を中止できます。ただし、すべての印刷を中止できるとは限りません。

1 通知領域のプリンターのアイコンをダブルクリック

プリンターのウィンドウが表示された

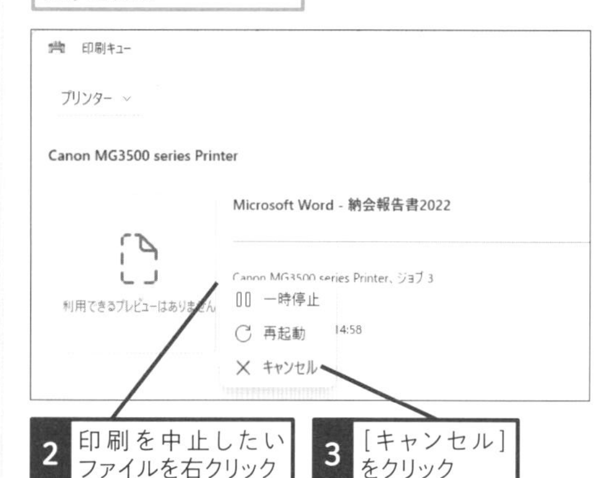

2 印刷を中止したいファイルを右クリック

3 ［キャンセル］をクリック

印刷の中止を確認するダイアログボックスが表示された

4 ［はい］をクリック

選択したファイルの印刷が中止される

535

Home Pro
お役立ち度 ★

Q 印刷前にレイアウトなどを確認したい

A ［印刷プレビュー］で表示します

多くのアプリは、「印刷プレビュー」機能を備えています。印刷プレビューでは、印刷したときのイメージを画面で確認できます。印刷する前に、どのような印刷結果になるのかを確認してみましょう。アプリによっては、印刷の実行時に自動的にプレビューが表示されることもあります。

ここではワードパッドで印刷プレビューを表示する

1 ［ファイル］タブをクリック

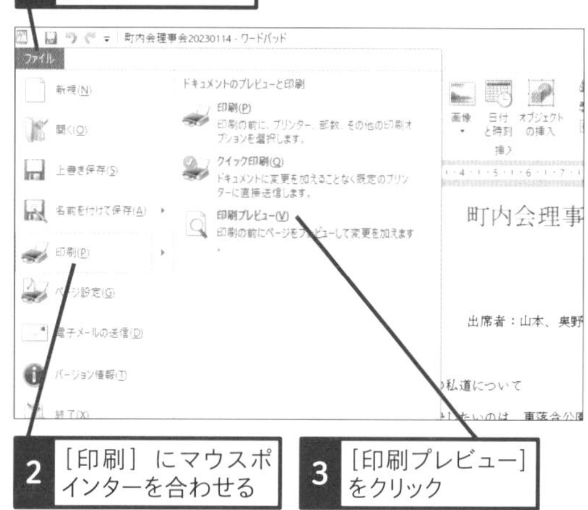

2 ［印刷］にマウスポインターを合わせる

3 ［印刷プレビュー］をクリック

印刷プレビューが表示された

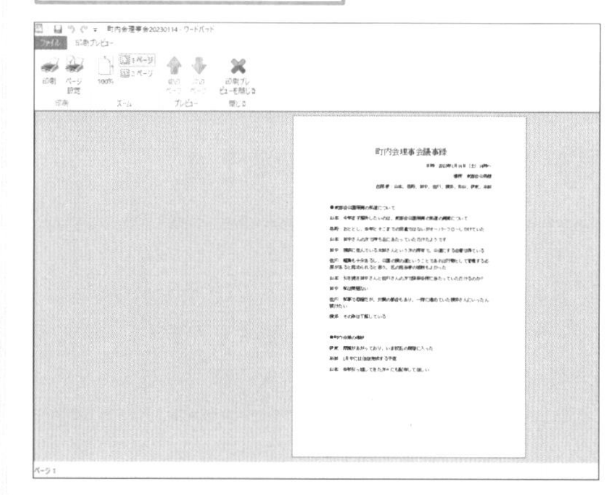

536

Home Pro
お役立ち度 ★★☆

Q 印刷するプリンターを変更したい

A 印刷の設定でプリンターを選択します

別のプリンターで印刷したいときやMicrosoft Print to PDFを利用するときは、印刷の設定画面でプリンターを選択しましょう。以下のような画面ではなく、[印刷] ダイアログボックスが表示されるときは、[プリンターの選択] からプリンターを変更できます。

●Wordの場合

1 [プリンター] のここをクリック

プリンターを選択できる

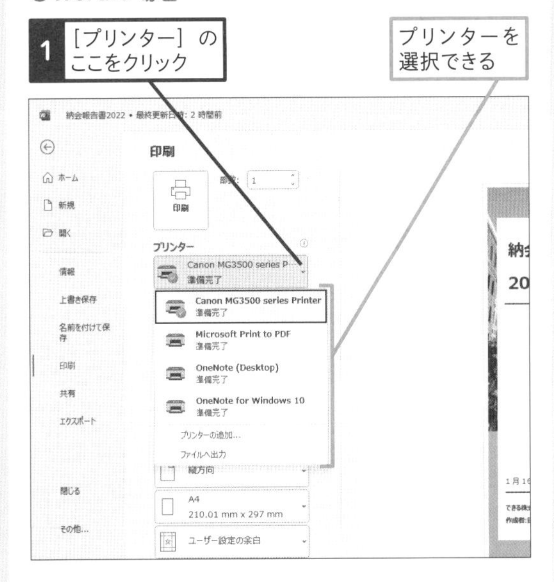

●Microsoft Edgeの場合

1 [プリンター] のここをクリック

プリンターを選択できる

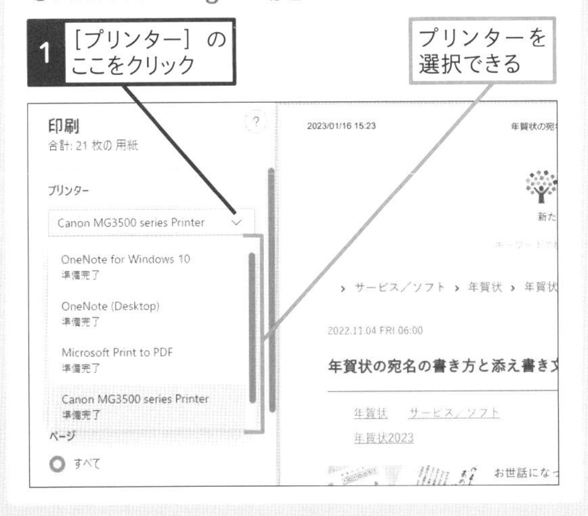

537

Home Pro
お役立ち度 ★★☆

Q 用紙の方向を変更して印刷するには

A アプリとプリンターの両方で向きをそろえましょう

印刷する用紙の向きは、アプリやプリンターの設定画面から指定できます。ただし、アプリで指定した向きとプリンターで指定した向きが異なっていると、正しく印刷できないことがあるので、注意しましょう。プリンターの印刷設定画面は**ワザ529**を参考に、プリンターの管理画面を開いて、[プリンターのプロパティ] をクリックすると表示できます。

プリンターの印刷設定をする

1 [印刷方向] で [横] をクリック

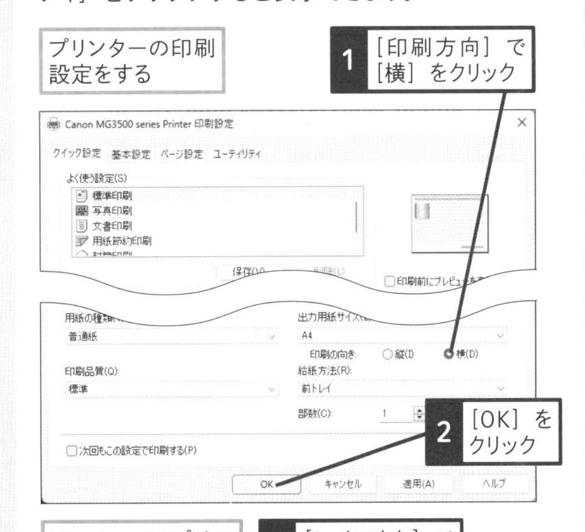

2 [OK] をクリック

Windowsアプリの印刷設定をする

3 [レイアウト] で [横] をクリック

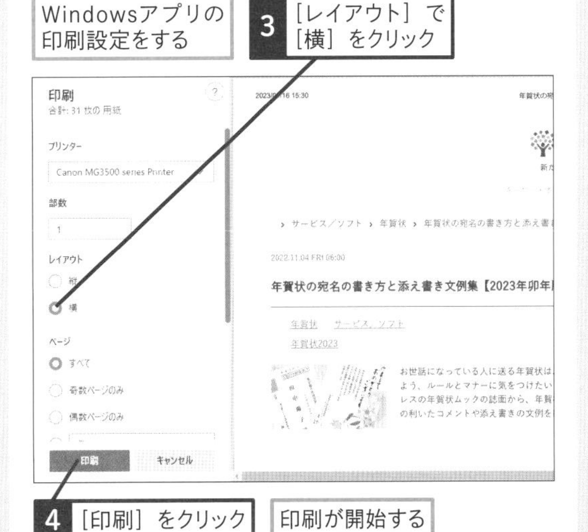

4 [印刷] をクリック

印刷が開始する

538

Home Pro
お役立ち度 ★★

Q カラー印刷の色合いがおかしいときは

A 用紙の種類やインク残量を確認します

まず、用紙の種類を確認しましょう。印刷の設定と実際にセットした用紙の種類が異なっていると、微妙に色合いが違って印刷されることがあります。たとえば、写真を印刷したいときは、写真専用の用紙を使い、印刷設定も写真専用の用紙を指定します。また、プリンターのインクの残量も確認しましょう。カラープリンターは複数のインクを使っているため、極端に残量の少ないインクがあると、違った色合いで印刷されることがあります。プリンタヘッドのクリーニングやキャリブレーションも実行してみましょう。

539

Home Pro
お役立ち度 ★★

Q 用紙はどれを選べばいい？

A 印刷内容に応じて選びましょう

用紙は厚みや材料の違いで、それぞれに特徴があります。たとえば、写真専用の用紙を使えば、写真をきれいに印刷できます。また、試し刷りは普通紙を使えば、用紙代を節約できます。適切な用紙を選んで、きれいに印刷しましょう。

●主な用紙の種類と用途

用紙の種類	用途	特徴
普通紙	文書	安価で汎用性が高い
インクジェット紙	文書、写真	インクジェットプリンター専用の用紙
写真用紙	写真	写真印刷の専用紙
光沢紙		色がくっきりと仕上がる
マット紙		落ち着いた感じに仕上がる
コート紙		耐水性がある

540

Home Pro
お役立ち度 ★★

Q 印刷したい用紙のサイズが一覧にないときは

A 手動でサイズを指定します

特殊な用紙を使おうとすると、用紙設定の一覧に表示されないことがあります。ほとんどのプリンターでは、一覧に表示されない用紙の場合、縦と横のサイズを指定して印刷できるので、試してみましょう。ただし、プリンターで印刷可能な用紙サイズの範囲でないと、印刷できません。たとえば、最大でA4までしか給紙できないプリンターでは、B4やA3などに相当するサイズの用紙は使えません。また、名刺など、非常に小さいサイズの用紙には印刷できないプリンターもあります。取扱説明書などで印刷可能な用紙のサイズを確認しましょう。

ステップアップ

コンビニで印刷できるプリントサービス

プリンターが故障したときをはじめ、急いで文書を印刷したいけど、プリンターが使えないときは、コンビニエンスストアなどで使えるプリントサービスを利用しましょう。店頭に設置されているマルチコピー機は、USBメモリーやメモリーカードに保存したデータを印刷したり、あらかじめオンラインサービスにアップロードしておいたデータを印刷したり、プリンター代わりに活用できます。サービスによっては、アップロードしたデータの予約番号を知らせることで、ほかの人に印刷してもらうこともできます。利用できるデータ形式や印刷料金などの詳しいサービス内容は、あらかじめWebページで確認しておきましょう。

▼ネットワークプリントサービス
（ファミリーマート、ローソンなど）
https://networkprint.ne.jp/

▼ネットプリント（セブン-イレブン）
https://www.printing.ne.jp/

▼コンビニエンスストア マルチコピーサービス
（ミニストップ、イオンなど）
https://www.ricoh.co.jp/mfpmc/

周辺機器を使いこなす

パソコンはさまざまなハードウェアを接続できます。パソコンに接続するハードウェアは、「周辺機器」と呼ばれます。ここでは周辺機器を使いこなす方法を説明します。

541

Home Pro
お役立ち度 ★★★

Q 周辺機器のつなぎ方が分からない！

A 端子のマークを目安にしましょう

パソコンには「インターフェース」や「ポート」とも呼ばれる多くの端子が備えられています。一見、どこに何を接続するのかを迷いそうですが、パソコン本体の端子付近を見てみましょう。端子の近くには種類を表すマークが付いていて、どの機器を接続するのかがわかります。接続するケーブルにも同じマークが付いているときは、それらを頼りに接続すれば、簡単に配線ができます。また、端子とケーブルが色分けされているときは、それぞれの色に合わせて、ケーブルを接続しましょう。

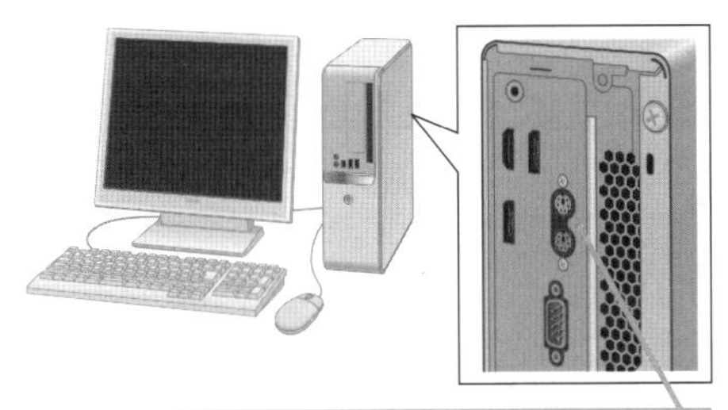

多くのパソコンでは、端子の近くに目印のマークが付いている

マーク	接続する周辺機器	マーク	接続する周辺機器
(ディスプレイのマーク)	ディスプレイ	(LANのマーク)	LANケーブル
(ヘッドホンのマーク)	ヘッドホン	(USBのマーク)	USB機器
(マイクのマーク)	マイク	SD	SDカード

関連549 Bluetooth機器を接続するには ▸P.295
関連551 Bluetooth機器が接続できない ▸P.296

542

Home Pro
お役立ち度 ★★★

Q ディスプレイのつなぎ方がわからないときは

A コネクタの形状で見分けます

パソコンとディスプレイを接続する端子には、いくつかの種類がありますが、基本的に同じ規格の端子で接続します。なかでも広く利用されているのがDisplayPortやHDMIで、ディスプレイ側もこれらの端子を備えた製品が中心です。DisplayPortにはMini Displayport、HDMIにはミニHDMI／マイクロHDMIといった端子の形状が違うものがあります。また、デスクトップパソコンに2台目のディスプレイを接続したり、ノートパソコンに外付けディスプレイを接続するときは、パソコン側はUSB Type-C、ディスプレイ側がDisplay PortやHDMIといった変換ケーブルを利用することもあります。

●ディスプレイ接続用の端子の例

名称	端子の形状	接続するディスプレイ
HDMI	(HDMI端子)	デジタル接続のディスプレイ。テレビなどでも使われ、音声の伝送も可能
Display Port	(Display Port端子)	デジタル接続のディスプレイ用端子。小型のMini DPもある
USB Type-C	(USB Type-C端子)	ノートパソコンなどで採用が増えている方式
DVI	(DVI端子)	デジタル接続のパソコンディスプレイ
VGA	(VGA端子)	アナログ接続のパソコンディスプレイ

543

Home Pro
お役立ち度 ★★★

Q 画面を2つのディスプレイで表示するには

A マルチディスプレイ機能を使います

1台のパソコンで複数のディスプレイに画面を表示できる機能を「マルチディスプレイ」と呼びます。Windowsでマルチディスプレイを利用すると、一方のディスプレイにExcel、もう一方にPowerPointというように、それぞれのディスプレイに異なるアプリを表示できます。マルチディスプレイの環境では、アプリを最小化したり、ウィンドウを重ならないように移動せずに、作業領域を広く使えます。ただし、マルチディスプレイの機能を使うには、デスクトップパソコンの場合は2つ以上のディスプレイ出力端子が必要で、ノートパソコンも外部ディスプレイの出力端子が用意されている必要があります。

ここではノートパソコンに外部ディスプレイを接続する

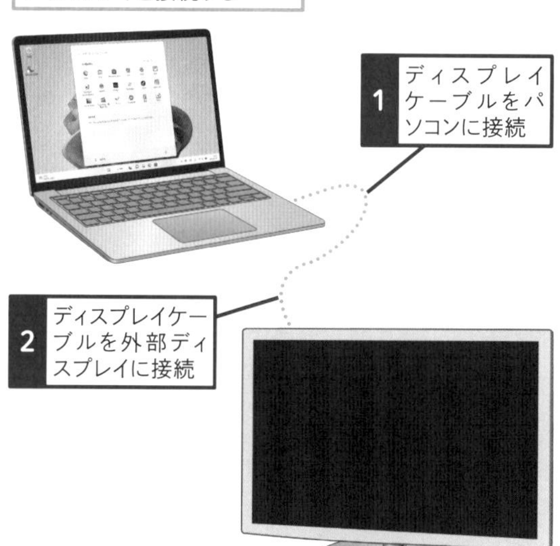

1 ディスプレイケーブルをパソコンに接続

2 ディスプレイケーブルを外部ディスプレイに接続

ショートカットキー 表示 ⊞+P

外部ディスプレイの電源を入れておく

3 ⊞+Pキーを押す

[映す] が表示された

ここでは外部ディスプレイにデスクトップを拡張する

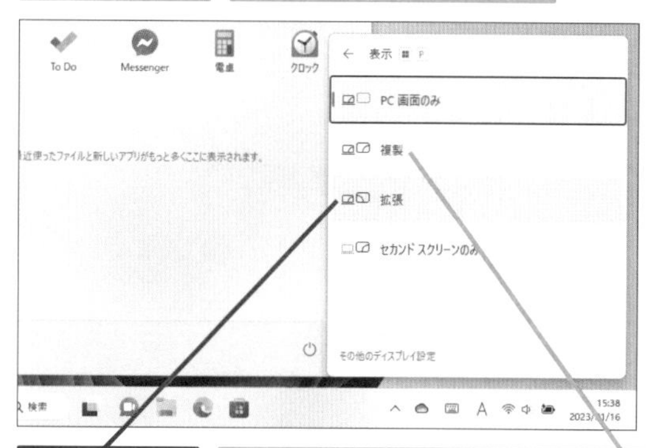

4 [拡張] をクリック

[複製] をクリックすると、同じ画面が2つのディスプレイに表示される

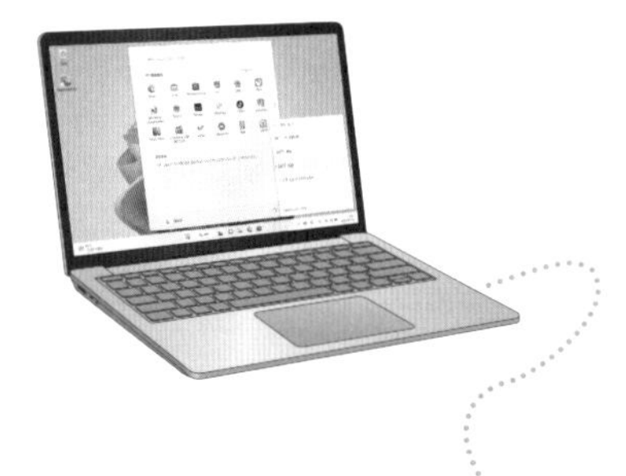

外部ディスプレイにデスクトップが表示された

ノートパソコンに表示されているマウスポインターを画面右端より右に移動すると、外部ディスプレイに表示される

関連113 外付けディスプレイのタスクバーを非表示にするには ▸ P.80
関連544 マルチディスプレイの種類を教えて ▸ P.293
関連545 ウィンドウの位置を記憶させるには ▸ P.294
関連546 外部ディスプレイのウィンドウを最小化するには ▸ P.294
関連547 マルチディスプレイで画面が左右逆になってしまった ▸ P.295
関連548 マルチディスプレイでカーソルがスムーズに移動できない! ▸ P.295

544

Home Pro
お役立ち度 ★★★

Q マルチディスプレイの種類を教えて

A 複製と拡張があります

マルチディスプレイの表示方法は、2種類あります。すべてのディスプレイに同じ画面を表示するのが「複製」で、プレゼンテーションなどのときに使います。一方、複数のディスプレイを組み合わせて、大きな画面を構成するのが「拡張」です。作業領域を広く使いたいときなどに使います。なお、拡張のときは、実際にディスプレイを配置する位置に合わせて設定する必要があります(ワザ547参照)。このほか、複数接続されたディスプレイの一台だけに表示することもできます。ディスプレイの表示方法は、ワザ543で説明した[⊞]+[P]でも選択できます。

●表示画面を拡張する

ワザ023を参考に[設定]-[システム]-[ディスプレイ]を表示しておく

1 ここをクリック

2 [表示画面を拡張する]をクリック

元のディスプレイと2つ目のディスプレイで、画面を分けて利用できる

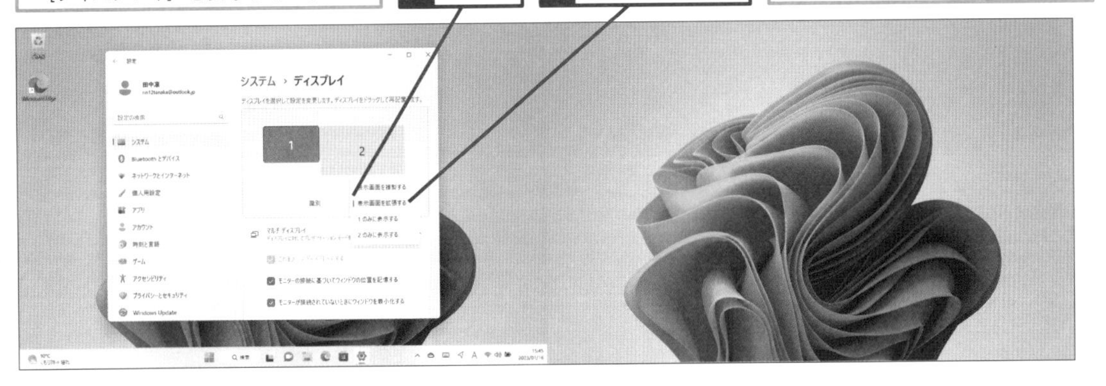

●表示画面を複製する

1 ここをクリック

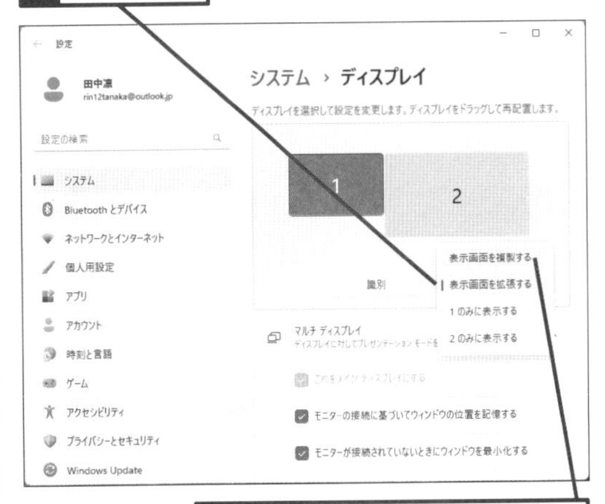

2 [表示画面を複製する]をクリック

元のディスプレイと2つ目のディスプレイに、まったく同じ画面が表示される

●表示画面1または2のみ表示する

1 ここをクリック

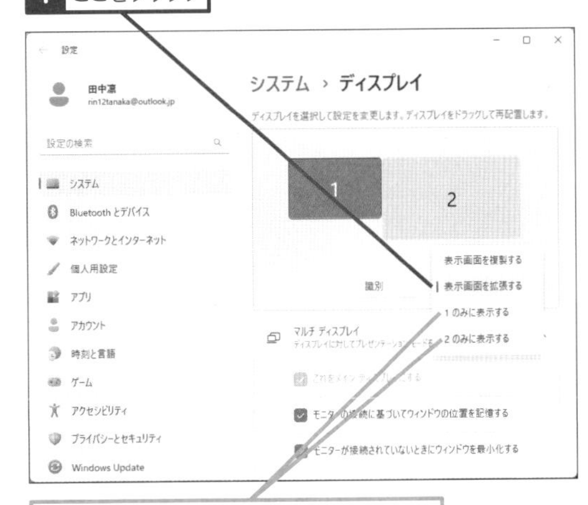

[1のみ表示する][2のみ表示する]でどちらか一台にのみ表示できる

関連 547 マルチディスプレイで画面が左右逆になってしまった ▸P.295

ショートカットキー 表示 [⊞]+[P]

545

Home Pro

お役立ち度 ★★

Q ウィンドウの位置を記憶させるには

A ［モニターの接続に基づいてウィンドウの位置を記憶する］をチェックします

［拡張］でマルチディスプレイを利用している状態で、アプリなどのウィンドウを使いやすく配置してもディスプレイを切断してしまうと、せっかく配置した位置が初期化され、次にディスプレイを接続したときに再配置することになります。［設定］の［システム］-［ディスプレイ］で［モニターの接続に基づいてウィンドウの位置を記憶する］にチェックマークを付けておくと、切断前の配置を記憶して、再びディスプレイが接続されたときに、元の位置にウィンドウを戻すことができます。

ワザ544を参考にディスプレイを拡張しておく

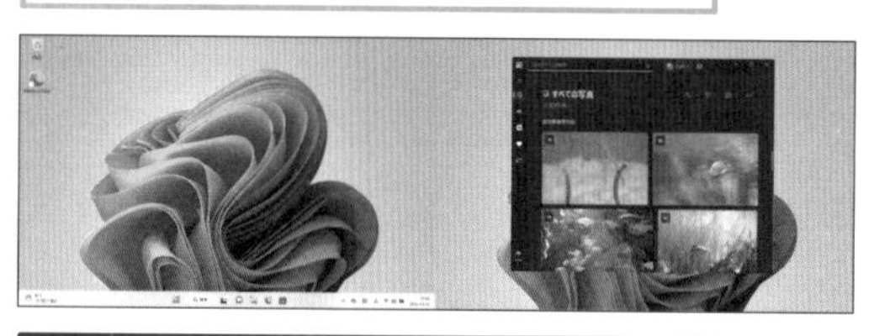

1 ［モニターの接続に基づいてウィンドウの位置を記憶する］をクリック

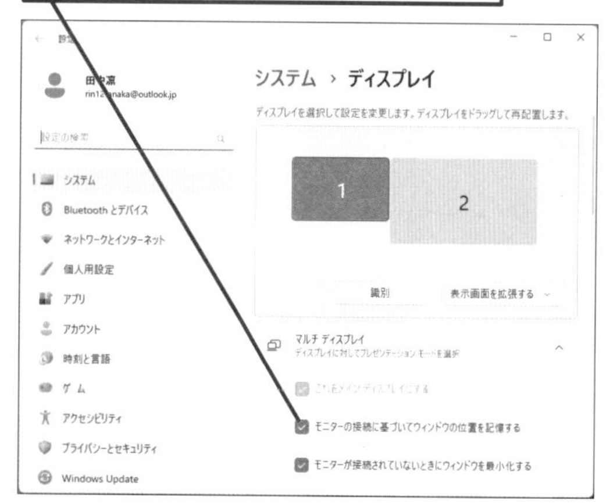

アプリを起動したまま、ディスプレイの接続を解除し、再び接続しても同じ位置に表示される

関連547 マルチディスプレイで画面が左右逆になってしまった ▶P.295

546

Home Pro

お役立ち度 ★★

Q 外部ディスプレイのウィンドウを最小化するには

A ［モニターが接続されていないときにウィンドウを最小化する］をチェックします

［拡張］でマルチディスプレイを利用している状態で、ディスプレイを切断すると、切断したディスプレイに表示していたアプリが接続されているディスプレイに移動し、画面が窮屈になります。そのようなときは以下のように、外部ディスプレイのアプリを最小化するように設定しておくと便利です。

ディスプレイを拡張しておく

1 ［モニターが接続されていないときにウィンドウを最小化する］をクリック

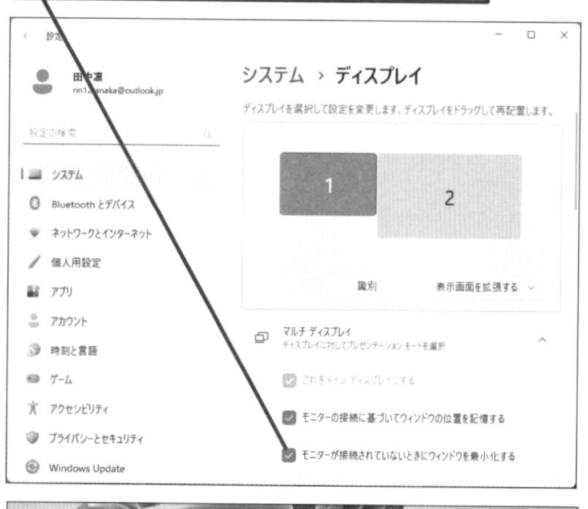

2 外部ディスプレイの接続を解除

ウィンドウが最小化された

547

Home Pro

お役立ち度 ★★★

Q マルチディスプレイで画面が左右逆になってしまった

A ディスプレイ配置を並べ替えます

パソコンをマルチディスプレイで使うときには、ディスプレイの物理的な配置に合わせて、画面の表示を設定しないと、ディスプレイ間でマウスポインターをスムーズに移動できません。[設定] の [システム] - [ディスプレイ] で、ディスプレイの位置関係を実際の配置に合わせて変更しましょう。

ワザ023を参考に、[設定] の [システム] - [ディスプレイ] の画面を表示しておく

ここでは2枚目のディスプレイを左に配置する

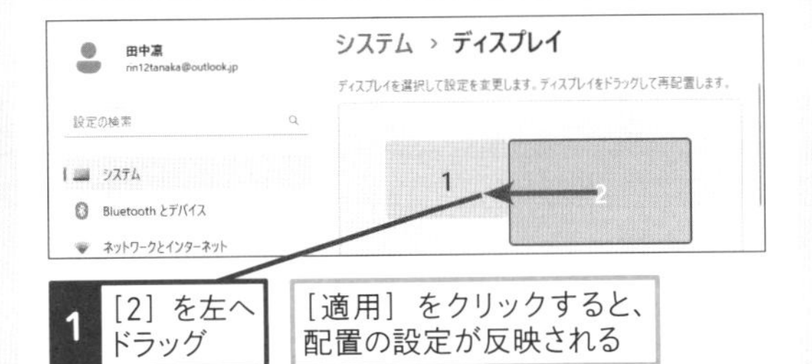

1 [2] を左へドラッグ

[適用] をクリックすると、配置の設定が反映される

548

Home Pro

お役立ち度 ★★★

Q マルチディスプレイでカーソルがスムーズに移動できない！

A カーソル移動の設定を確認します

解像度の異なるディスプレイを組み合わせて使っているときは、設定画面でディスプレイ同士が接している部分を経由しないと、マウスポインターの移動ができないことがあります。「ディスプレイ間でカーソルを簡単に移動させる」にチェックを付けると、接していない部分があっても移動できるようになります。

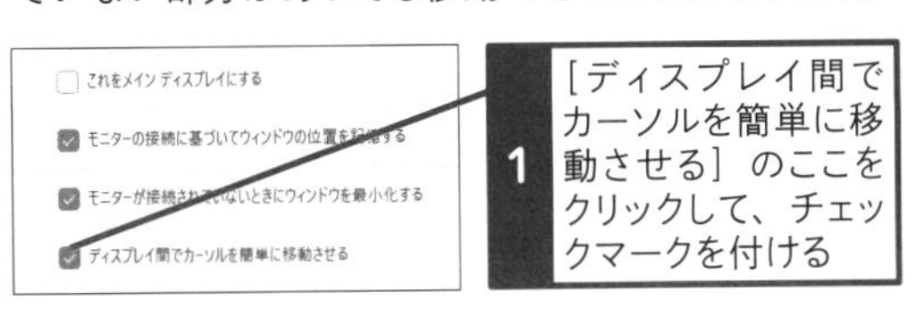

1 [ディスプレイ間でカーソルを簡単に移動させる] のここをクリックして、チェックマークを付ける

549

Home Pro

お役立ち度 ★★★

Q Bluetooth機器を接続するには

A まず「ペアリング」を実行します

パソコンでBluetooth機器を利用するには、「ペアリング」と呼ばれる登録の操作が必要です。ペアリングを実行するには、まず、Bluetooth機器をペアリングモードにします。ペアリングモードにする方法は機器によって異なるので、取扱説明書で確認しましょう。Bluetooth機器をペアリングモードにしたら、次にパソコンを操作します。[設定] の [Bluetoothとデバイス] - [Bluetooth] を [オン] にします。[デバイスの追加] をクリックし、[Bluetooth] をクリックすると、ペアリングモードにしたBluetooth機器の名前が自動的に表示されるので、機器を選択します。Bluetooth機器によっては、PINコードやパスコードの入力を求められることがありますが、多くの場合はそのままドライバーがインストールされて、ペアリングが完了し、機器の利用が可能になります。

ワザ023を参考に、[設定] の [Bluetoothとデバイス] の画面を表示しておく

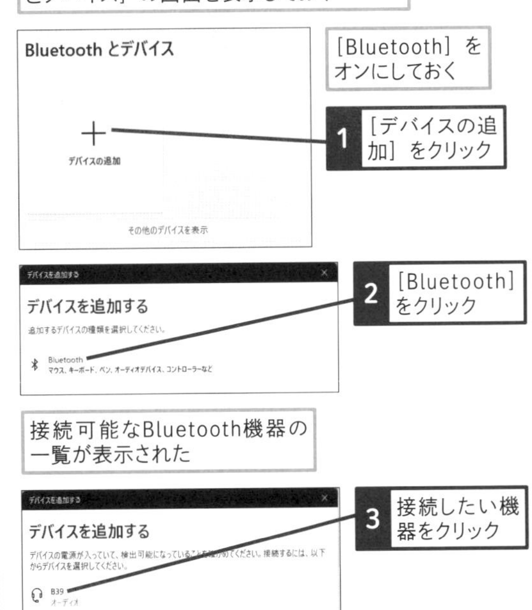

[Bluetooth] をオンにしておく

1 [デバイスの追加] をクリック

2 [Bluetooth] をクリック

接続可能なBluetooth機器の一覧が表示された

3 接続したい機器をクリック

ペアリングが完了し、機器を使えるようになる

550

Home Pro
お役立ち度 ★★

Q Bluetooth非対応のパソコンでBluetooth機器を使うには

A Bluetoothアダプターを追加します

Bluetoothに対応していないパソコンでBluetooth機器を使いたいときは、Bluetoothアダプターを利用します。Bluetoothアダプターはパソコンの USBポートに接続します。デバイスドライバーが必要になることもあるので、そのときは**ワザ563**を参考に、インストールしましょう。

◆Bluetoothアダプター

Bluetooth機能がパソコンにないときに利用する

2023年2月現在では、Bluetooth Ver.5.0以降に対応したBluetoothアダプターを利用するといい

関連 562 ドライバーが最新かどうかを確認するには ▸P.300

551

Home Pro
お役立ち度 ★★★

Q Bluetooth機器が接続できない

A 機器を削除して、もう一度、ペアリングをやり直します

Bluetooth機器が接続できない原因の多くは、ペアリングの情報が消えてしまったことによります。たとえば、ホストに1台のみ接続可能なBluetooth機器を別のパソコンやスマートフォンに接続すると、その他の機器には接続できなくなります。このようなときは、[設定] - [Bluetoothとデバイス] で接続したいデバイスを削除して、**ワザ549**を参考にもう一度、ペアリングをやり直しましょう。

552

Home Pro
お役立ち度 ★★

Q USBポートを増やすには

A USBハブでポート数を増やせます

パソコンのUSBポートにUSBハブを接続すれば、USBポートを増やすことができます。ただし、周辺機器によっては、USBハブを介してパソコンに接続すると、正常に動作しないものもあるので注意しましょう。こうした機器は、パソコンのUSBポートに直接、接続します。

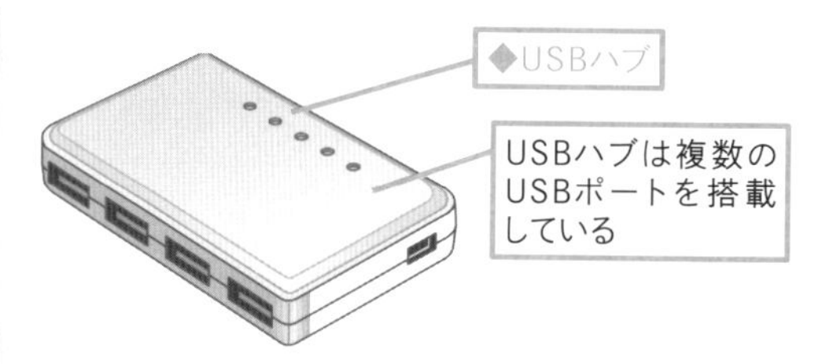

◆USBハブ

USBハブは複数のUSBポートを搭載している

553

Home Pro
お役立ち度 ★★

Q USBメモリーは何に使うの？

A データの受け渡しやパソコンのトラブル対応に使います

USBメモリーにはさまざまな役割がありますが、主にほかのパソコンとデータをやり取りするときに使います。USBメモリーは手軽な半面、紛失や盗難によって、大切な情報を他人に知られてしまう危険もあります。また、企業などでは、USBメモリーによる社内データの持ち出しを禁止している場合もあります。USBメモリーを使うときは、データの利用条件や状況をよく確認しておきましょう。また、**ワザ643**で説明するように、USBメモリーを回復ドライブとして使うと、パソコンが起動しないなどのトラブルに対処することもできます。

554

Home Pro

お役立ち度 ★★

Q USBメモリーはどれも同じなの？

A 規格や性能に違いがあります

USBには「2.0」「3.0」などの規格があり、それぞれデータの転送速度が異なります。現在、最も高速なUSBの規格は「3.2」で、USB Type-Cでサポートされています。転送速度が遅いUSBメモリーを使うと、データのコピーに時間がかかるので、大容量のデータは速い規格のUSB機器を利用しましょう。なお、さらに高速な新規格「USB4」も仕様が発表されています。

●性能は規格とコネクタの色で見分ける

USB規格	最大速度
4 Version2.0	80Gbps
4 Version1.0	40Gbps
3.2(3.2Gen2x2)	20Gbps
3.1(3.2Gen2)	10Gbps
3.0(3.2Gen1)	5Gbps
2.0	480Mbps

ここが青ければ3.0以上

555

Home Pro

お役立ち度 ★★

Q USB Type-Cって何？

A 普及が進んでいるUSB規格です

USB Type-Cは従来のUSBのように、ストレージやプリンターなどの周辺機器に接続できるだけでなく、USB規格以外の信号の出力をサポートしています。そのため、映像出力やネットワーク接続にも利用できます。USB PD (Popwer Delivery) と呼ばれる電源供給にも対応しています。USB PDに対応したノートパソコンなら、USB Type-C経由で電源の供給ができます。なお、変換アダプタやUSBハブを使えば、USB Type-CポートにUSB Type-A/Bなどの機器を接続することもできます。

556

Home Pro

お役立ち度 ★★

Q USBメモリーをフォーマットするには

A エクスプローラーで実行します

USBメモリーのデータを削除したり、ほかのデバイスで利用していたUSBメモリーを初期化して使いたいときは、フォーマットしておきましょう。USBメモリーはエクスプローラーでフォーマットすることができます。フォーマットをするときは、誤ってほかのデバイスをフォーマットしてしまわないように注意します。

USBメモリーをパソコンにセットし、エクスプローラーを起動しておく

1 USBメモリーを右クリック

2 ［フォーマット］をクリック

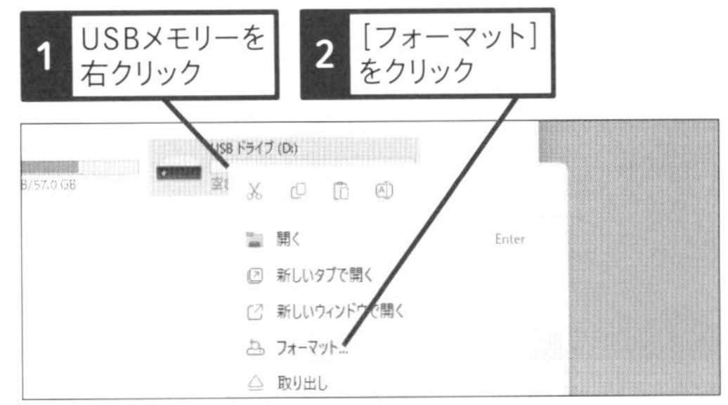

3 USBメモリーの名前を入力

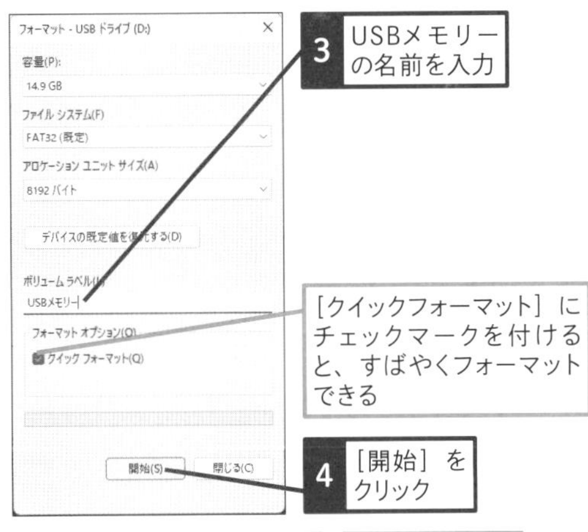

［クイックフォーマット］にチェックマークを付けると、すばやくフォーマットできる

4 ［開始］をクリック

フォーマットしてよいかを確認する警告が出るので、［OK］をクリックする

数秒～数分でフォーマットが完了する

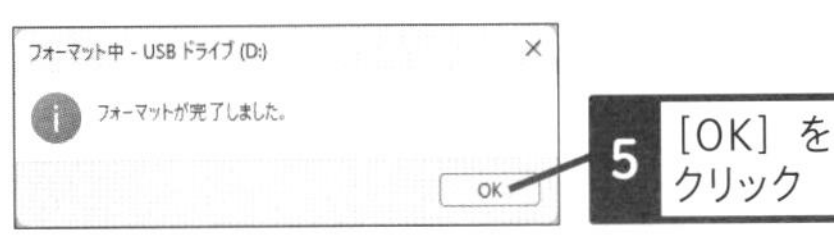

5 ［OK］をクリック

557

Home Pro
お役立ち度 ★★★

Q 外付けハードディスクを増設するには

A なるべく大容量のものを選ぶと便利です

市販されている外付けハードディスクを利用すると、パソコンで使えるストレージを増やせます。自分で撮影したビデオなどの大容量のファイルを保存するといったエンターテインメント目的をはじめ、パソコンのストレージをバックアップするといったメンテナンス目的でも使うことができます。データのバックアップ用に外付けのハードディスクを使いたいときは、なるべくパソコンに搭載されているストレージよりも容量の大きい機種を選びましょう。また、最近ではUSB接続のSSDも大容量化しているため、ノートパソコンやタブレットには、USB接続の外付けSSDを使うといった選択肢もあります。

USBで接続する製品がもっとも普及している

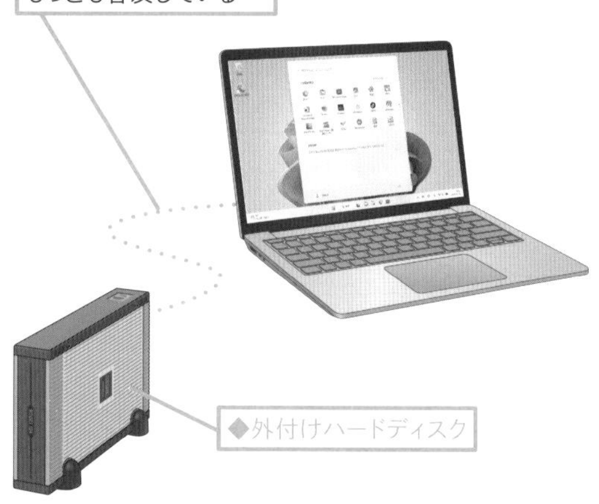

◆外付けハードディスク

パソコン内蔵のストレージよりも大容量のものを選ぶといい

関連 189 ストレージやドライブを簡単に表示するには ▶P.116
関連 552 USBポートを増やすには ▶P.296
関連 553 USBメモリーは何に使うの? ▶P.296

558

Home Pro
お役立ち度 ★

Q 紙の写真や文書をパソコンに取り込むには

A スキャナーなどを使いましょう

アルバムの写真や紙に印刷された書類などは、「スキャナー」を使うことで、画像ファイルやPDFファイルとして、パソコンに取り込めます。「OCR」と呼ばれる機能を利用すれば、画像として読み込まれた書類の文字を認識させ、テキストファイルに変換して保存することもできます。スキャナーがないときは、スマートフォンのカメラを使う方法もあります。マイクロソフトがAndroidスマートフォン用とiPhone用に提供しているスキャナーアプリ「Microsoft Lens」を使えば、写真や書類をきれいに取り込み、メールやOneDriveを通して、パソコンに保存できます。

◆スキャナー
写真を読み取り、デジタルデータとして保存できる。複数の書類や名刺の読み取りに特化した卓上型のスキャナーもある

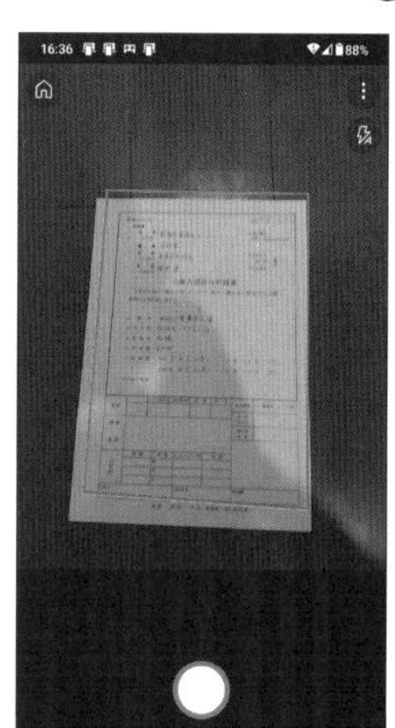

◆スキャナーアプリ
スマートフォンのカメラで撮影した写真のゆがみを補正し、スキャナーで取り込んだような画像にできる

「Microsoft Lens」はAndroidスマートフォンとiPhoneで利用できる

関連 526 「複合機」って何? ▶P.284

559

Home Pro
お役立ち度 ★★★

Q USBハブにつないだ周辺機器が動かないときは

A パソコンに直接、つないでみましょう

外付けハードディスクなどのデータ転送量が多い周辺機器は、USBハブに接続すると、正しく動作しないことがあります。直接、パソコンのUSBポートに接続して、使いましょう。また、周辺機器が正しく動作しないときは、USBポートに供給されている電力が足りないことがあります。このようなときは、電源付きのUSBハブを使い、USBハブに付属しているACアダプターを電源に接続して、USBハブに電力が供給されるようにしましょう。電源周りに問題がなくても動作しないときは、直接、パソコンのUSBポートに接続し直して、周辺機器が正しく動作することを確認しましょう。

関連 552 USBポートを増やすには ▸P.296

560

Home Pro
お役立ち度 ★★★

Q 以前のパソコンで使っていた周辺機器を使うには

A 事前に対応状況を調べましょう

マウス、キーボード、USBメモリー、HDD、ディスプレイなどの基本的な周辺機器は、Windows 11にドライバーが用意されているため、そのまま使うことができます。しかし、プリンターやスキャナーなどの周辺機器は、Windowsにドライバーが用意されいないことがあります。まず、周辺機器メーカーのWebページなどで、パソコンに接続したい機器がWindows 11に対応しているかを調べてみましょう。Windows 11に対応していることが確認できたら、メーカーからドライバーソフトが用意されていれば、ダウンロードしてインストールして、準備しておきましょう。準備ができたら、パソコンに周辺機器を接続して、動作を確認しましょう。

561

Home Pro
お役立ち度 ★★★

Q 周辺機器が正しく認識されていることを確認するには

A ［デバイスマネージャー］で確認します

周辺機器が正しく使えないときは、［デバイスマネージャー］で確認します。「⚠」のアイコンが表示されている場合は、周辺機器を接続し直します。それでも認識されないときは、ワザ565の方法を使うか、パソコンを再起動するなどの対処を試してみましょう。

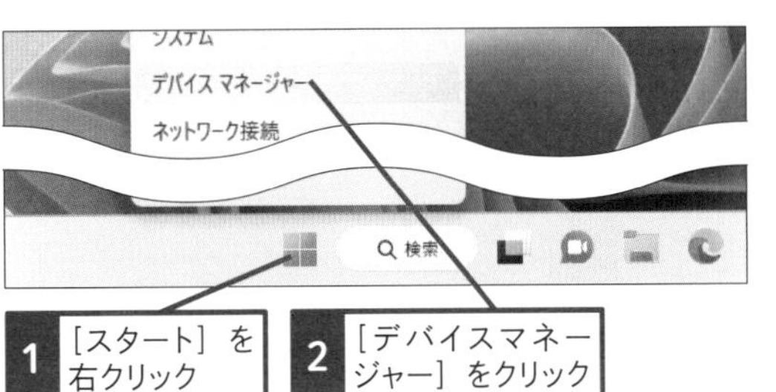

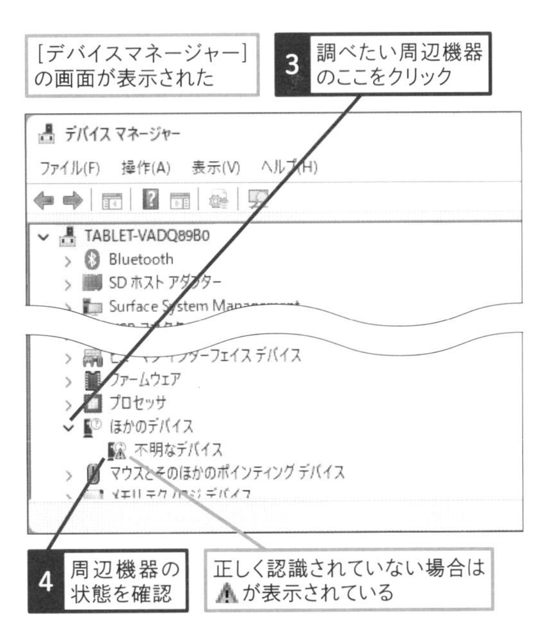

関連 565 周辺機器のドライバーを再インストールするには ▸P.302

562

Home Pro

お役立ち度 ★★

Q ドライバーが最新かどうかを確認するには

A 周辺機器のプロパティで調べます

周辺機器のドライバーは、不具合が発生したときなどに新しく提供されることがあります。自分が使っている周辺機器のドライバーを常に最新の状態にしておくことを心がけましょう。ドライバーが新しいかどうかは、[デバイスマネージャー] に表示されているバージョンや日付で確認できます。パソコンにインストールされているドライバーのバージョンが確認できたら、周辺機器メーカーのWebページを確認しましょう。ドライバーのバージョンや提供日などの最新情報が掲載されています。

ワザ561を参考に、[デバイスマネージャー] の画面を表示しておく

1 周辺機器の種類をクリック

2 調べたい周辺機器をダブルクリック

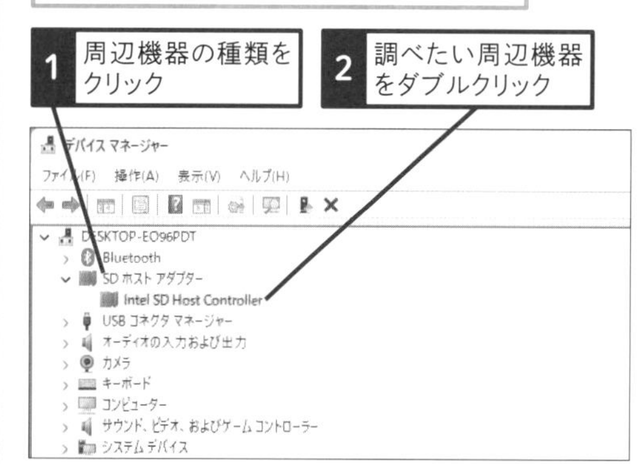

周辺機器のプロパティが表示された

3 [ドライバー] タブをクリック

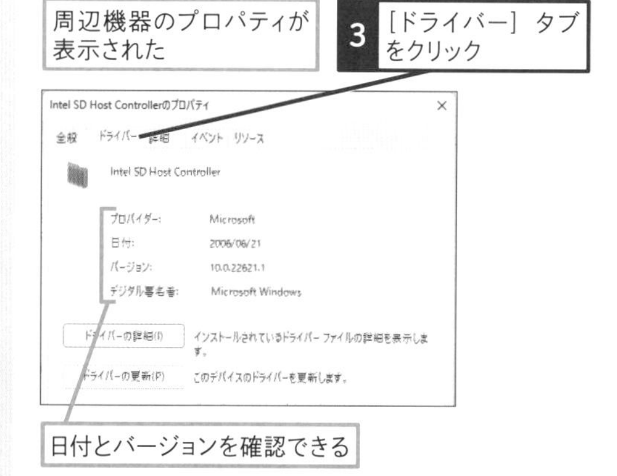

日付とバージョンを確認できる

関連 563 ドライバーを更新するには ▶P.300

563

Home Pro

お役立ち度 ★★

Q ドライバーを更新するには

A オプションの更新プログラムを使います

ドライバーの更新には、Windows Updateを使う方法と専用のソフトウェアを使う方法があります。前者は[設定] の[Windows Update] -[詳細オプション] -[オプションの更新プログラム] から更新します。後者は以下のように、メーカーのWebページからソフトウェアを入手して、実行できます。

画面の指示に従って、機種ごとのサポートページを表示する

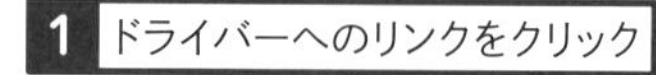
1 ドライバーへのリンクをクリック

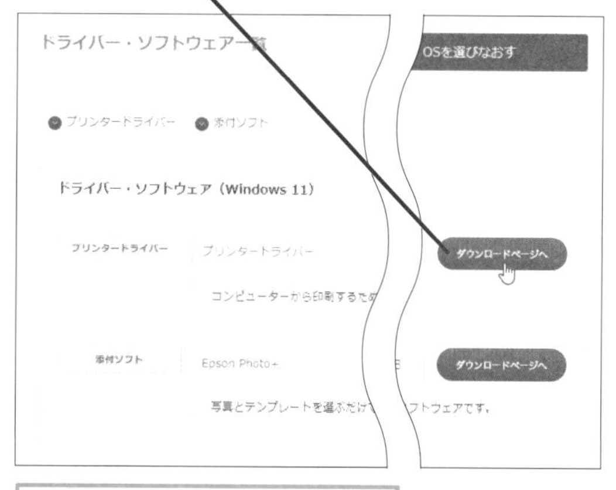

画面の指示に従って、ドライバーをダウンロードする

564

Home Pro

お役立ち度 ★★★

Q 周辺機器が動作しないときは

A まずは［トラブルシューティング］で診断します

Windowsにはハードウェアのトラブル解決をサポートしてくれる機能があります。周辺機器がうまく動かないときは、「トラブルシューティング」の機能を使ってみましょう。ここでは［設定］から実行する方法を説明します。［トラブルシューティング］ではトラブルを解決するために「何をすればいいのか」や「どこを確認すればいいのか」を確認できます。

ここではプリンターのトラブルを解決する

［設定］の［Bluetoothとデバイス］の画面を表示しておく

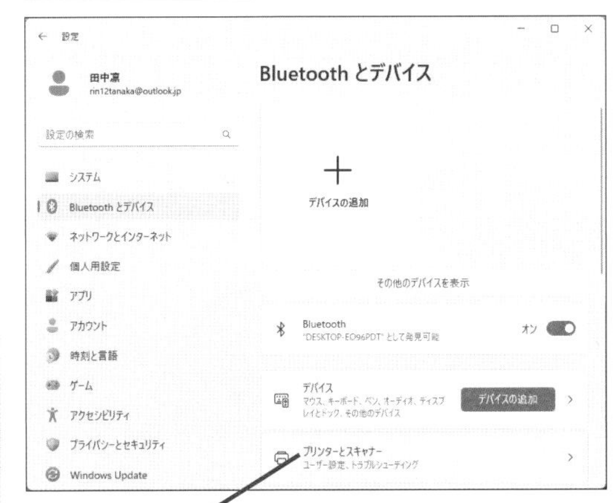

1 ［プリンターとスキャナー］をクリック

［プリンターとスキャナー］の画面が表示された

2 ［トラブルシューティング］をクリック

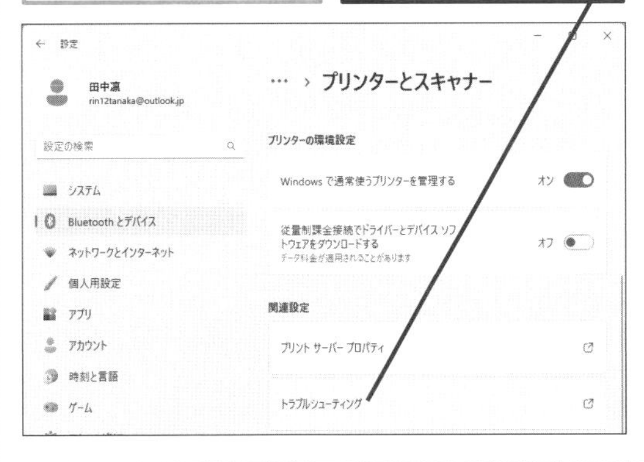

問題の検出が開始された

3 問題を修正したい機器を選択

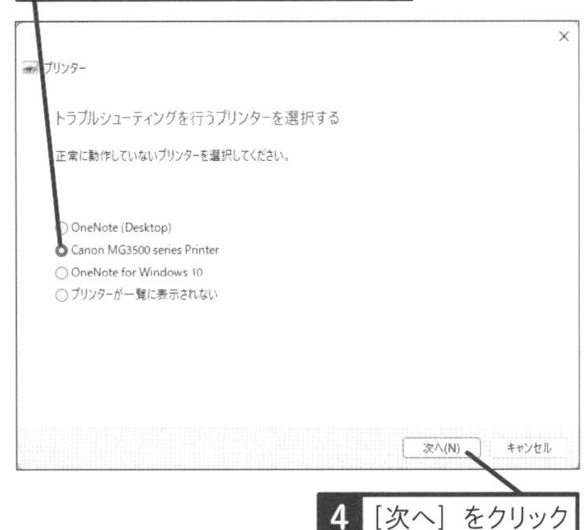

4 ［次へ］をクリック

問題の原因が表示された

5 ［この修正を適用します］をクリック

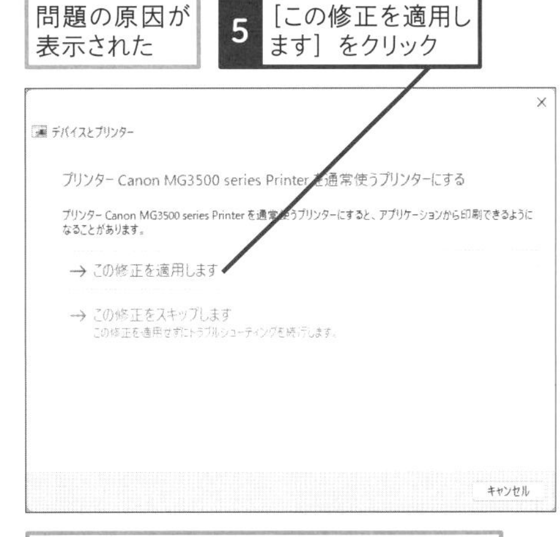

トラブルシューティングの結果が表示された

6 ［閉じる］をクリック

結果を参考に、周辺機器の状態を確認する

565

Home Pro
お役立ち度 ★★★

Q 周辺機器のドライバーを再インストールするには

A プロパティ画面から実行します

パソコンに接続した周辺機器が正常に動作しないときは、[デバイスマネージャー] の項目に「⚠」のアイコンが表示されます。これらの周辺機器は、[デバイスマネージャー] でドライバーを再インストールできます。ただし、いきなり再インストールするのは避けましょう。まずはワザ559を参考に、周辺機器を接続し直します。このとき、USBハブで接続している周辺機器は、直接、パソコンのUSBポートに接続すると、正常に動作することがあります。それでも問題が解決しないときは、正常に動作しない周辺機器以外をすべてパソコンから外して、パソコンを再起動してみましょう。ドライバーの再インストールは、これらの操作を試してみても正しく認識されず、正常に動作しないときに実行します。

管理者権限でサインインし、ワザ562を参考に、周辺機器のプロパティを表示しておく

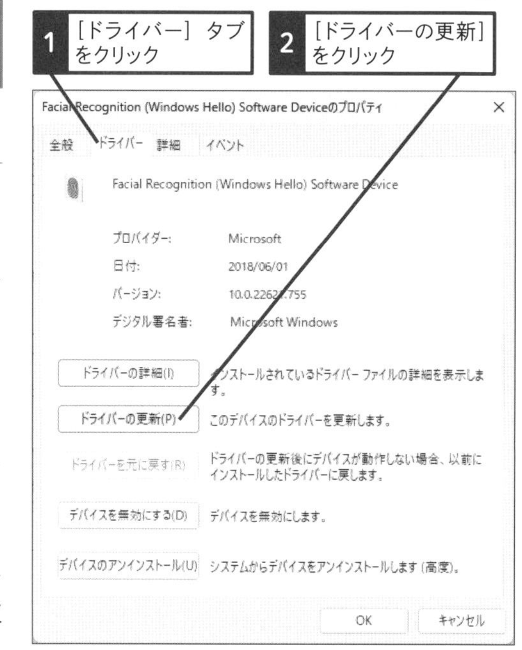

画面の指示に従って、ドライバーを更新する

566

Home Pro
お役立ち度 ★★

Q ドライバーは正常なのに周辺機器が動作しないときは

A 周辺機器を接続し直してみましょう

まず、周辺機器を接続し直します。これだけで正しく動作することがあります。接続し直しても解決しないときは、問題が起きている周辺機器以外をすべて外してから、パソコンを再起動します。これで正常に動作するときは、ほかの周辺機器と何らかの干渉が起きていた可能性があります。また、ドライバーのバージョンが最新版かどうかを確認してみましょう。ドライバーのバージョンが古いと、周辺機器が認識されているにも関わらず、正しく動作しないことがあります。また、メーカーが配布している場合は、最新のファームウェアに更新することで、解消することもあります。

567

Home Pro
お役立ち度 ★★

Q 新しい機器を接続してパソコンの調子が悪くなったときは

A ドライバーを最新のものにします

新しく周辺機器を接続して、パソコンの調子が悪くなったときは、その周辺機器がパソコンのシステムやWindowsの動作に悪影響を与えていることが考えられます。その周辺機器に最新のドライバーが提供されているときは、最新のドライバーをインストールしてから、もう一度、周辺機器を接続してみましょう。ドライバーが最新になっているときは、ほかの周辺機器との組み合わせで問題が生じている可能性もあります。すべての周辺機器を外してから、パソコンを再起動し、使いたい周辺機器だけを接続してみましょう。

ディスクメディアの活用

光学ディスクドライブを搭載したパソコンは、CDやDVD、Blu-ray Discなどの光学メディアを利用できます。ここでは光学メディアを使いこなすテクニックを説明します。

568

Home Pro
お役立ち度 ★★

Q おすすめのディスクメディアはどれ？

A 「DVD-R」が手ごろです

データの書き込みが可能な記録型ディスクメディアは、多くの種類があります。そのうち、もっとも入手しやすく使い勝手がいいのが「DVD-R」です。消去やデータの書き換えはできませんが、安く入手できて、4.7GBのデータを記録できます。記録型DVDの中には、2層構造（片面2層）で容量を増やし、8.5GBや9.6GBの容量を持つメディアもあります。記録型のBlu-ray Discには、1回だけ書き込みができる「BD-R」のほか、書き換えが可能な「BD-RE」があります。また、非常に容量が大きい規格として「BDXL」があります。BDXLには書き換えができない「BD-R XL」と書き換えができる「BD-RE XL」があり、それぞれ100GBと128GBのタイプがあります。

●記録型ディスクメディアの種類と特徴

種類	データの読み込み	データの書き込み	データの消去	容量（GB）
DVD-R	○	○	×	4.7
DVD-RW	○	○	○	4.7
DVD+R	○	○	×	4.7
DVD+RW	○	○	○	4.7
DVD-R DL	○	○	×	8.5
DVD+R DL	○	○	×	8.5
DVD-RAM	○	○	○	4.7/9.6
BD-R	○	○	×	25/50
BD-RE	○	○	○	25/50
BDXL	○	○	○	100/128

関連 570 ドライブからディスクが取り出せないときは ▸P.303

569

Home Pro
お役立ち度 ★★

Q パソコンに光学ドライブが搭載されていないときは

A 外付けの光学ドライブを用意します

古いアプリやバックアップデータは、CDやDVDに記録されていることがあります。光学ドライブが搭載されていないノートパソコンやタブレットでもUSBポートに接続する外付けの光学ドライブを用意しておくと、そのようなアプリやデータを利用できます。

570

Home Pro
お役立ち度 ★★

Q ドライブからディスクが取り出せないときは

A イジェクト用の穴に針金を挿します

何らかの原因でディスクが取り出せなくなったときは、パソコンを再起動して、もう一度、試してみましょう。それでも取り出せないときは、ドライブのイジェクト用（強制排出用）の穴に針金などを挿し込むと、トレイが開いて、ディスクを取り出せます。

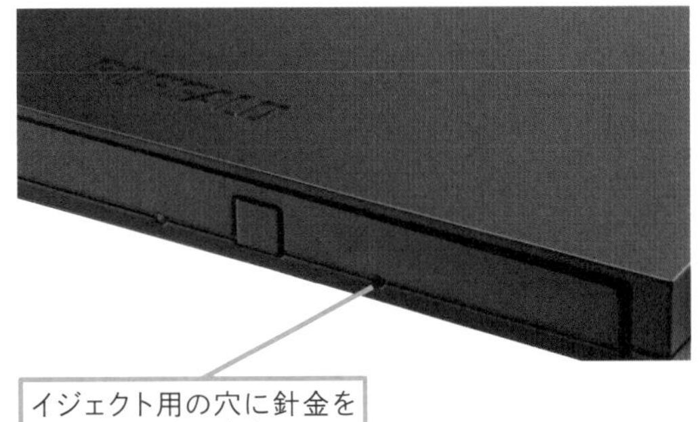

イジェクト用の穴に針金を挿し込んで取り出す

571

Home Pro

お役立ち度 ★★★

Q DVD-R/RWにファイルを書き込むには

A エクスプローラーで書き込めます

WindowsはDVD±R/±RW/-RAMなどの記録型光ディスクへの書き込みに対応しているため、書き込み用のアプリがなくてもストレージに保存されたファイルを簡単に記録型光ディスクにコピーできます。空のメディアを光学ドライブにセットして、エクスプローラーを起動します。セットしたドライブをクリックして、形式を選択します。［USBフラッシュドライブと同じように使用する］を選択すると、DVDメディアにコピーしたファイルを削除したり、新たなファイルを追加することができます。コピーしたDVDメディアをWindows以外の機器で読むときは、［CD/DVDプレイヤーで使用する］を選択しますが、この場合、コピーしたファイルを削除したり、追記はできません。準備ができたら、記録型光ディスクをセットしたドライブに、ファイルをコピーします。［CD/DVDプレイヤーで使用する］を選択したときは、すべてのファイルをコピーしたあとに、［書き込みを完了する］をクリックします。

空のディスクメディアをセットしておく

保存したいファイルやフォルダーを選択しておく

1 ［もっと見る］をクリック

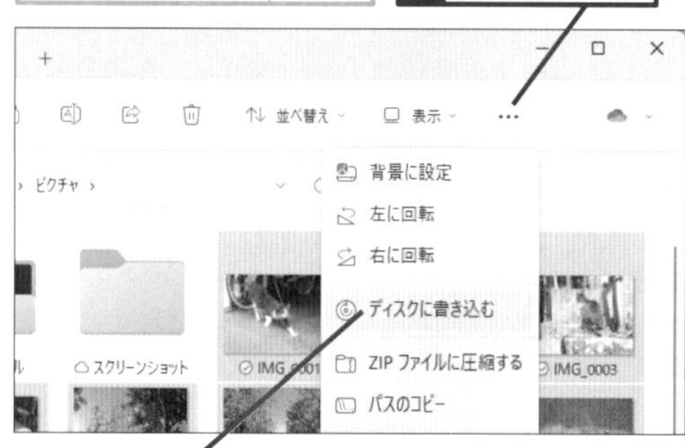

2 ［ディスクに書き込む］をクリック

［ディスクの書き込み］の画面が表示された

3 ディスクメディアに付けたい名前を入力

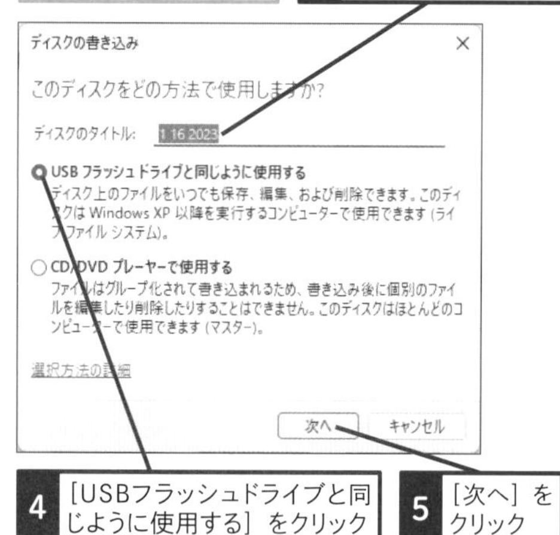

4 ［USBフラッシュドライブと同じように使用する］をクリック

5 ［次へ］をクリック

ディスクメディアへデータの書き込みが開始される

6 書き込みが完了するまではしばらく待つ

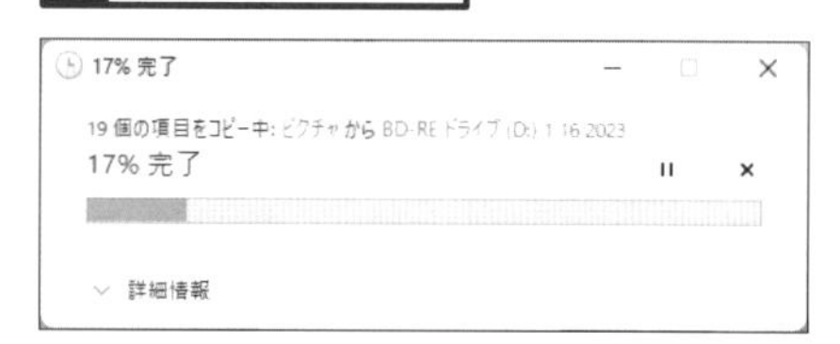

書き込みが完了して、ディスクメディアの内容が表示された

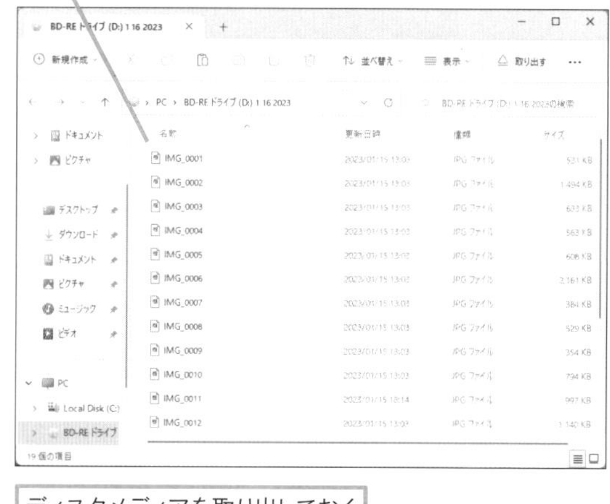

ディスクメディアを取り出しておく

ショートカットキー エクスプローラーの起動
⊞+E

関連189 ストレージやドライブを簡単に表示するには ▸P.116

関連509 写真をCD-RやDVD-Rに書き込みたい ▸P.274

第11章 セキュリティとメンテナンスの便利ワザ

アカウントを管理する

Windowsを安全に使うには、利用するユーザーごとに設定した別々のアカウントとパスワードでサインインします。ここではアカウントの使い方について説明します。

572

Home Pro

お役立ち度 ★★★

Q Microsoftアカウントのパスワードを変更するには

A ［パスワードの変更］で新しいパスワードを入力します

Microsoftアカウントのパスワードは、MicrosoftアカウントのWebページにある［パスワードの変更］で変更できます。パスワードを変更するときは、ほかのサービスで利用しているパスワードは使わず、複雑なパスワードにすることが大切です。なお、過去に利用したパスワードをあらためて設定することはできないので注意しましょう。

Microsoft Edgeを起動して、以下のURLのWebページを表示しておく

▼MicrosoftアカウントのWebページ
https://account.microsoft.com/

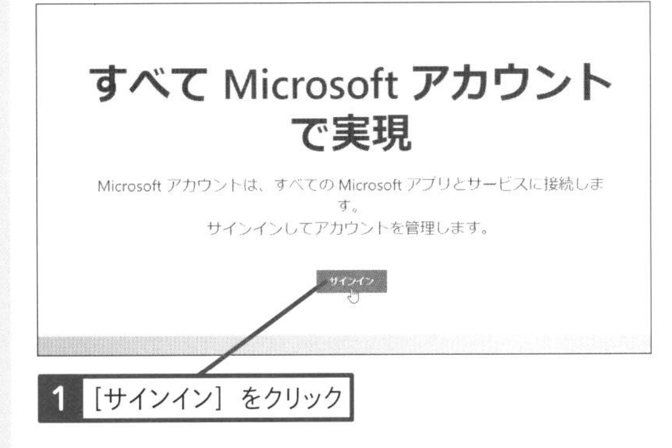

1 ［サインイン］をクリック

関連 574 Microsoftアカウントのパスワードを忘れてしまった! ▸P.307

表示された画面でメールアドレスとパスワードを入力して、Microsoftアカウントにサインインしておく

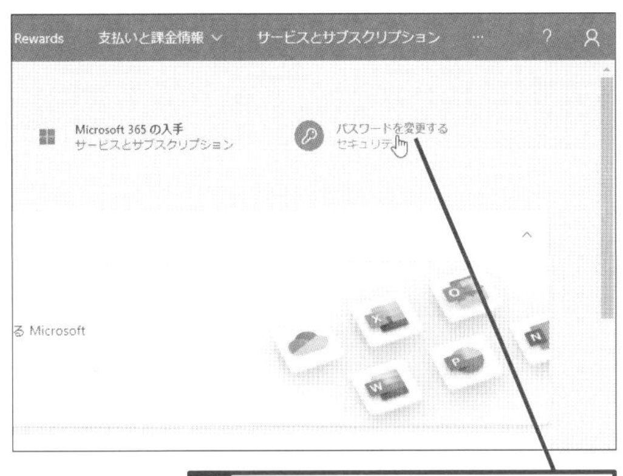

2 ［パスワードを変更する］をクリック

3 現在のパスワードを入力

4 新しいパスワードを2回入力

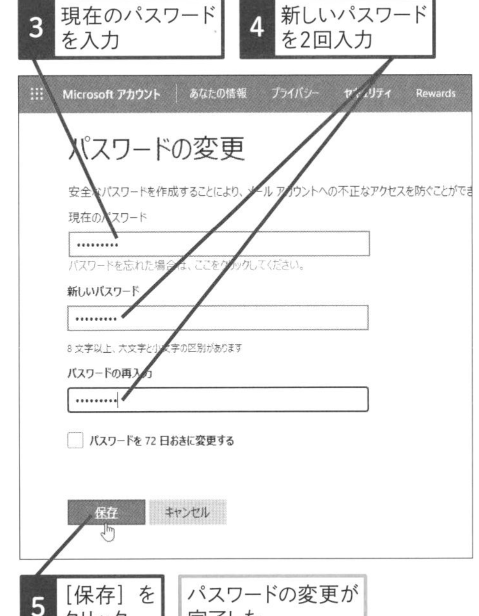

5 ［保存］をクリック

パスワードの変更が完了した

573

Home Pro

お役立ち度 ★★☆

Q 簡単で安全なサインイン方法を教えて！

A PIN（暗証番号）を利用します

Windowsにはさまざまなサインイン方法が用意されています。PINはその1つで、特別な機器がなくても手軽に利用できる安全なサインイン方法です。もし、Microsoftアカウントのパスワードが第三者に知られてしまうと、インターネット接続されたパソコンがあれば、どこからでも不正にサインインされてしまう可能性があります。一方、PINは、設定したパソコンでのみ有効なため、万が一、第三者に知られても他のパソコンから盗んだPINでサインインすることはできません。指紋認証センサーや赤外線カメラが装備されている場合は、Windows Helloによる指紋認証や顔認証でサインインすることもできます。

ワザ023を参考に、［設定］の画面を表示しておく

1 ［アカウント］をクリック

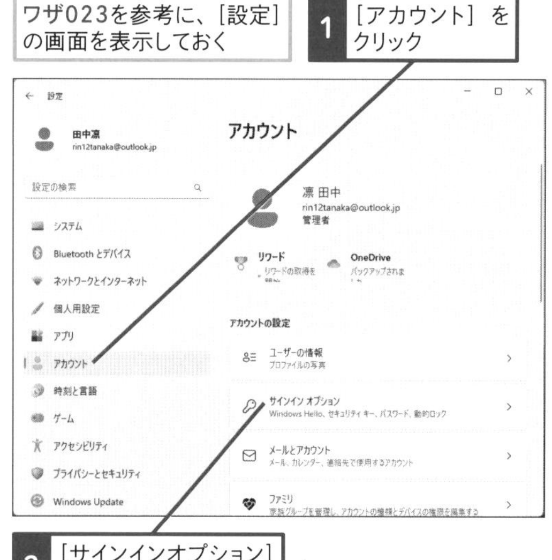

2 ［サインインオプション］をクリック

3 ［PIN（Windows Hello）］をクリック

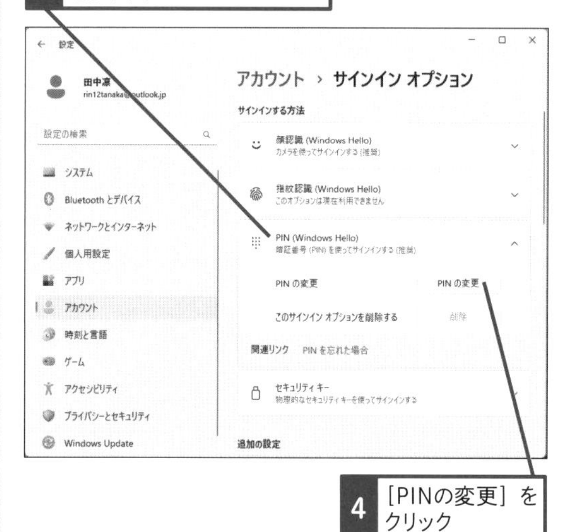

4 ［PINの変更］をクリック

［PINの変更］画面が表示された

5 現在のPINを入力

ここにチェックマークを付けると、英字と記号を含めることができる

6 新しいPINを2回入力

［OK］をクリックすると、新しいPINが設定される

関連 011 「PIN」を変更するには ▸ P.34
関連 023 ［設定］と［コントロールパネル］はどう使い分けるの? ▸ P.41

574

Home Pro

お役立ち度 ★★

Q Microsoftアカウントのパスワードを忘れてしまった！

A 専用のページでリセットしましょう

Microsoftアカウントのパスワードを忘れてしまったときは、パスワードをリセットします。ほかのパソコンやタブレット、スマートフォンなどのWebブラウザーを使って、パスワードリセット用のWebページにアクセスします。Microsoftアカウントに連絡用メールアドレスか、電話番号が登録されていれば、画面の指示に従って、必要な情報とセキュリティコードを入力すると、Microsoftアカウントに新しいパスワードを設定できます。連絡用メールアドレスか電話番号が登録されていないときは、アカウントの回復のWebページにアクセスし、画面の指示に従って必要な情報を入力して、パスワードを再設定します。サインイン画面で［PINを忘れた場合］や［パスワードを忘れた場合］をクリックして、その場でリセットすることもできます。

▼パスワードリセット用のWebページ
https://account.live.com/password/reset

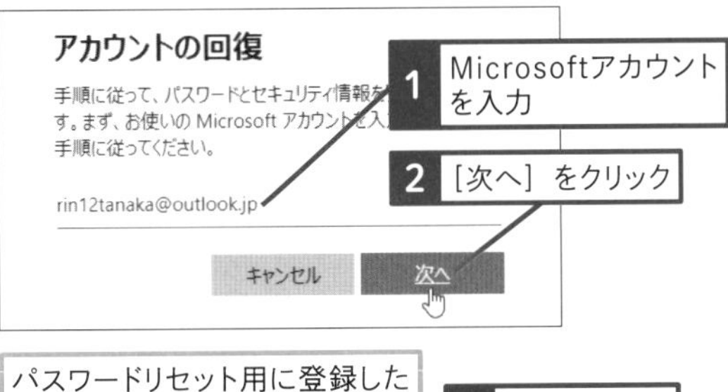

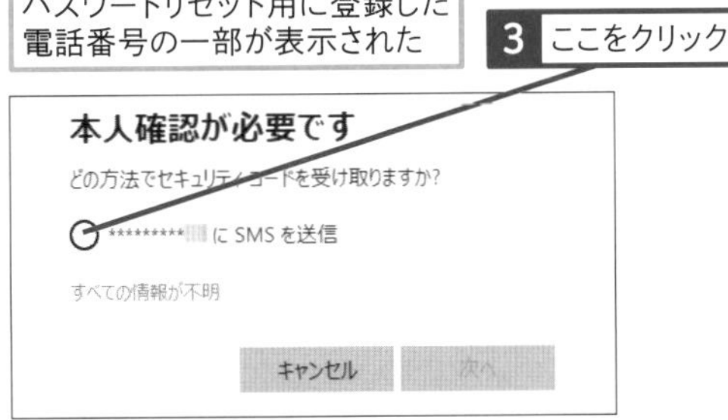

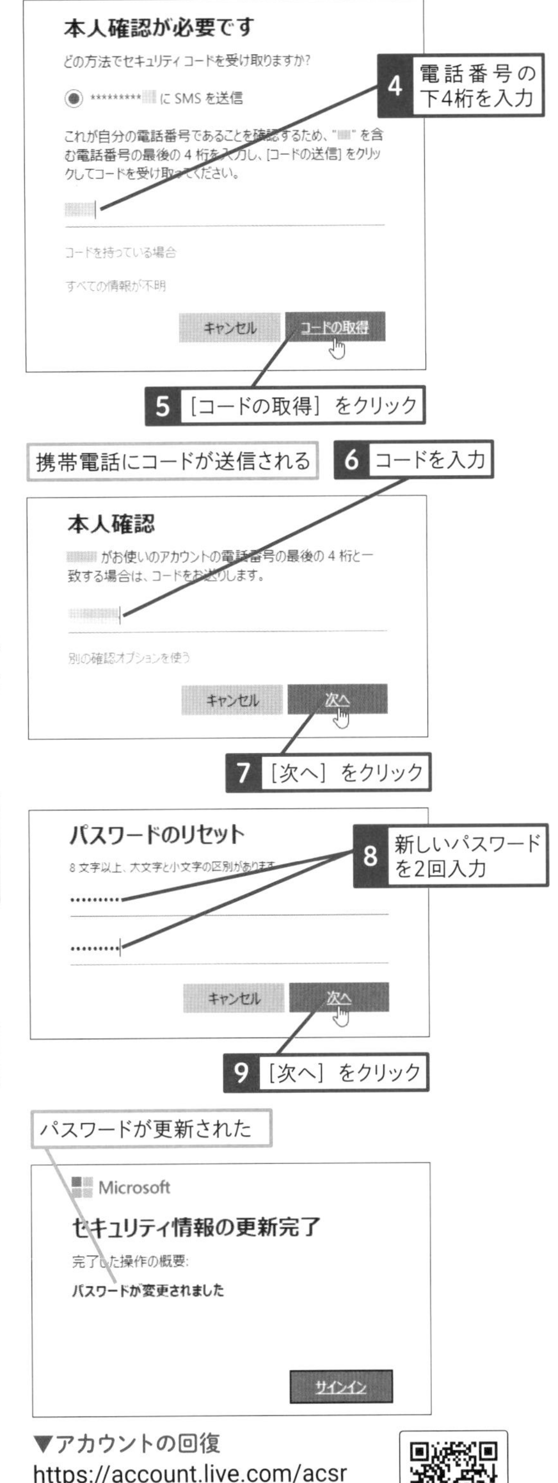

▼アカウントの回復
https://account.live.com/acsr

575

Home Pro

お役立ち度 ★★

Q 1台のパソコンを複数のユーザーで使用するには

A それぞれのアカウントを登録します

ほかの人とパソコンを共有して使うときは、それぞれのユーザーアカウントを作成します。ユーザーはWindows 11の起動時に自分のユーザーアカウントをクリックして、サインインします。

ワザ023を参考に、[設定]の［アカウント］の画面を表示しておく

Microsoftアカウントを持つほかのユーザーを追加する

1 ［その他のユーザー］をクリック

2 ［アカウントの追加］をクリック

3 ユーザーのMicrosoftアカウントを入力

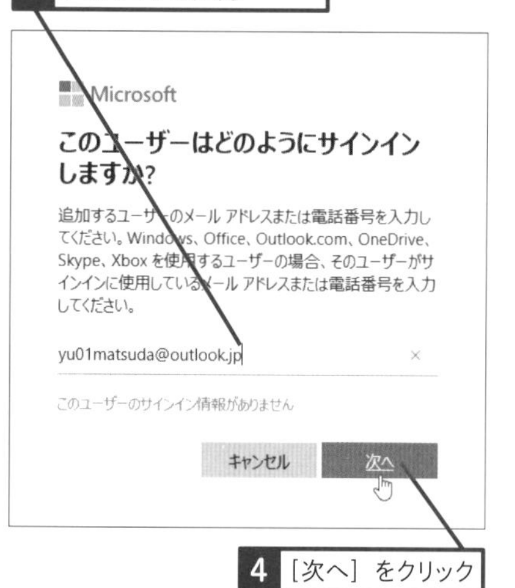

4 ［次へ］をクリック

次の画面で［完了］をクリックすると、ユーザーの追加が完了する

576

Home Pro

お役立ち度 ★★★

Q 子どもがパソコンを使うのを制限したい

A 専用のアカウントを設定します

子ども用のアカウントを追加すると、利用時間の制限や特定のWebページのブロック、使わせたくないアプリなどを設定できます。事前に子ども用のMicrosoftアカウントを取得して、［設定］の［アカウント］-［ファミリ］をクリックして、［メンバーを追加］でアカウントを追加しましょう。

子どものMicrosoftアカウントを取得しておく

子どものアカウントを追加する

ワザ023を参考に、［設定］の［アカウント］の画面を表示しておく

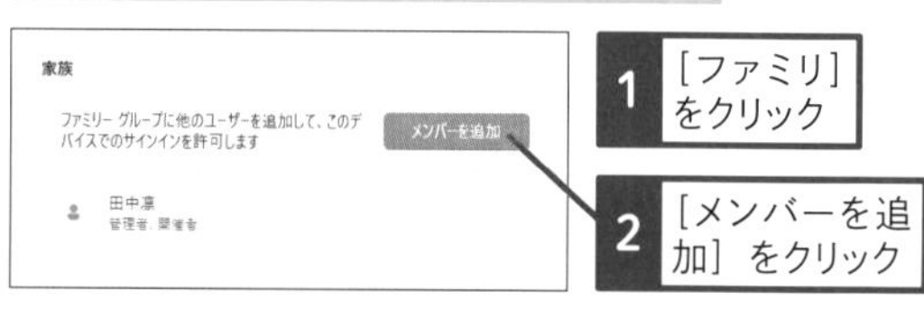

1 ［ファミリ］をクリック

2 ［メンバーを追加］をクリック

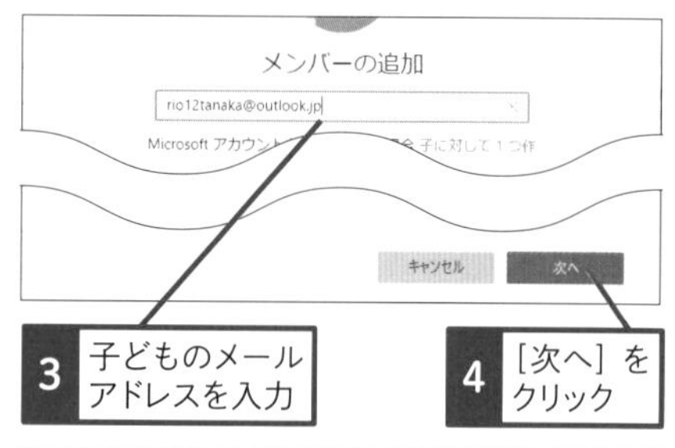

3 子どものメールアドレスを入力

4 ［次へ］をクリック

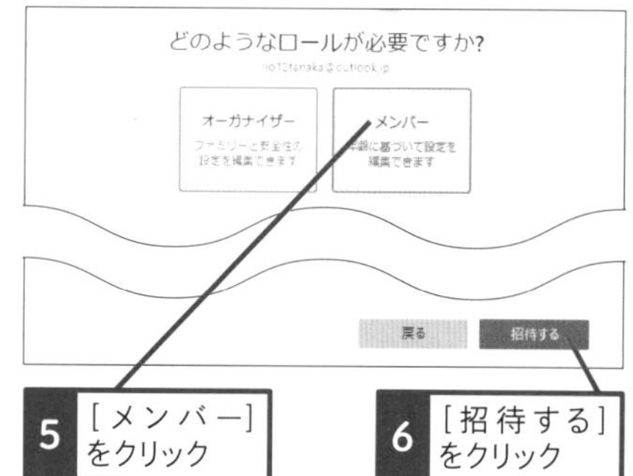

5 ［メンバー］をクリック

6 ［招待する］をクリック

次のワザ577の手順を参考に、Microsoft Family Safetyを開いて、子どものアカウントの［今すぐ受け入れる］をクリックしておく

子どものメールアドレスで［招待を承諾する］をクリックし、画面の指示に従って登録しておく

577

Home Pro

お役立ち度 ★★★

Q 子どもの使用状況を知るには

A 活動記録レポートを活用しましょう

子どものアカウントを追加したら、いつパソコンを使ったのか、どんなアプリを使ったのかといった「アクティビティ」と呼ばれる情報を確認できます。以下のように設定することで、毎週、メールでアクティビティのレポートを受け取ることも可能です。

保護者のアカウントでMicrosoftアカウントにサインインしておく

ワザ023を参考に、[設定]の[アカウント]-[ファミリ]の画面を表示しておく

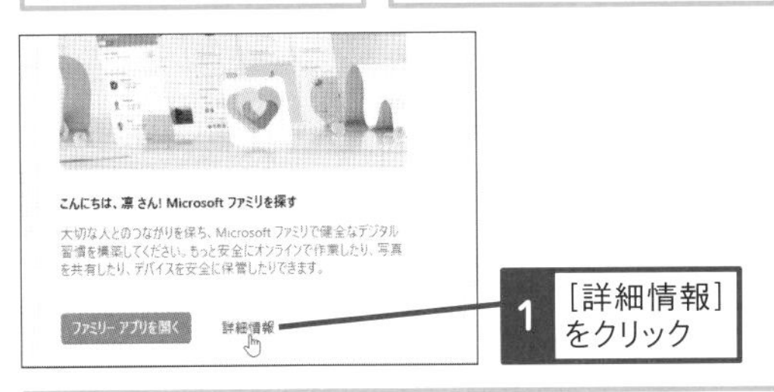

1 [詳細情報]をクリック

ブラウザーが起動し、Microsoft Family SafetyのWebページが表示されるので、サインインしておく

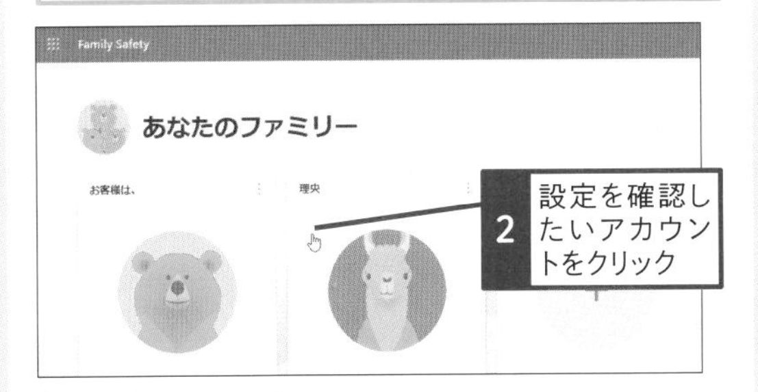

2 設定を確認したいアカウントをクリック

概要が表示された

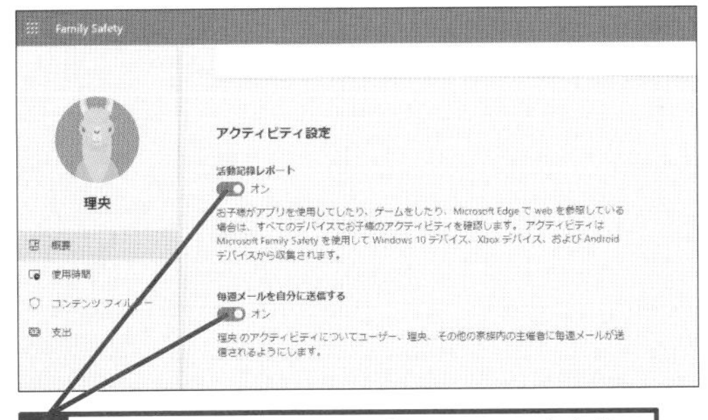

3 [活動記録レポート]と[毎週メールを自分に送信する]のここがオンになっていることを確認

578

Home Pro

お役立ち度 ★★

Q 子どもがパソコンを使う時間を減らしたい

A 子どものアカウントに制限をかけます

Windowsでは子どものアカウントに対して、パソコンとゲーム機「Xbox」を利用できる時間を詳細に設定できます。曜日ごとに利用できる時間帯と最大の利用時間を設定でき、たとえば、「平日は19時〜22時の間に最大1時間だけパソコンが使える。土日は制限しない」といった設定が可能です。

ワザ577を参考に、子どものアカウントを表示しておく

1 [使用時間]をクリック

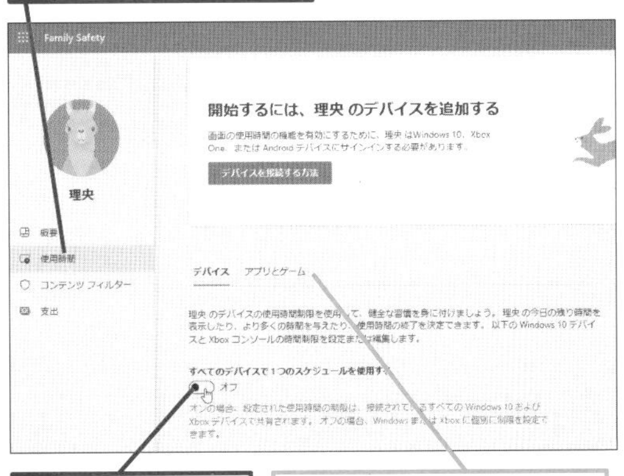

2 ここをクリックして、オンにする

Xboxとパソコンを別々に設定するには、ここをクリックする

曜日ごとに、利用できる時間帯と最大の利用時間を設定できる

デバイス数の上限

[illegible]	[illegible]	使用可能な時間
日曜日	15 時間	07:00 から 22:00
月曜日	15 時間	07:00 から 22:00
火曜日	15 時間	07:00 から 22:00
水曜日	15 時間	07:00 から 22:00
木曜日	15 時間	07:00 から 22:00
金曜日	15 時間	07:00 から 22:00
土曜日	15 時間	07:00 から 22:00

関連 576 子どもがパソコンを使うのを制限したい ▶P.308

579

Home Pro
お役立ち度 ★★★

Q 子どもが利用するWebページやアプリを制限するには

A ［Webの閲覧］で制限できます

子どものアカウントに対して、成人向けサイトなど、不適切なWebページを見られないように制限したり、使わせたくないアプリを起動できないように設定できます。子どものアカウントの設定ページを表示して、［Webの閲覧］からWebページの制限を有効にできます。［アプリとゲーム］ではアプリの利用を制限できます。

●Webの閲覧を制限する方法

ワザ577を参考に、子どものアカウントを表示しておく

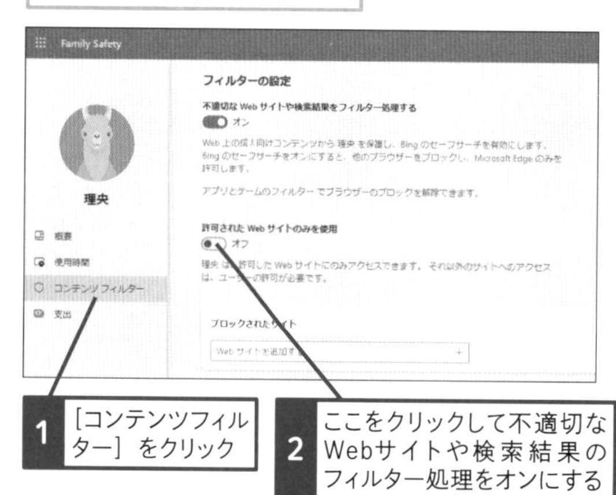

1 ［コンテンツフィルター］をクリック

2 ここをクリックして不適切なWebサイトや検索結果のフィルター処理をオンにする

役立つ豆知識

スマートフォン向けのアプリも用意されている

子どもが利用しているスマートフォンに［Microsoft Family Safety］アプリをインストールすると、使用時間の制限や不適切なWebページやゲームのブロック、位置情報の取得などができるようになります。

●Androidスマートフォン用アプリ

●iPhone用アプリ

●アイテム購入などを制限する方法

ワザ577を参考に、［あなたのファミリー］を表示しておく

1 ［支出］をクリック

2 ここをクリックして、購入するたびに承認が必要をオンにしておく

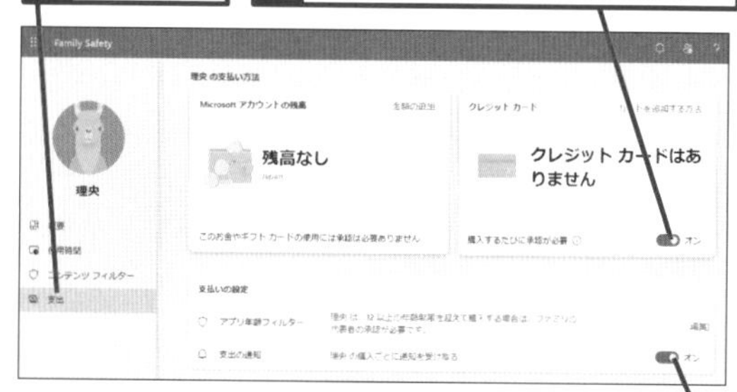

3 ここをクリックして、支出の通知をオンにしておく

●アプリを制限する方法

左の手順を参考に、子どものアカウントで［コンテンツフィルター］を表示しておく

1 ［アプリとゲーム］をクリック

2 ここをクリックして、子どもの年齢を選択

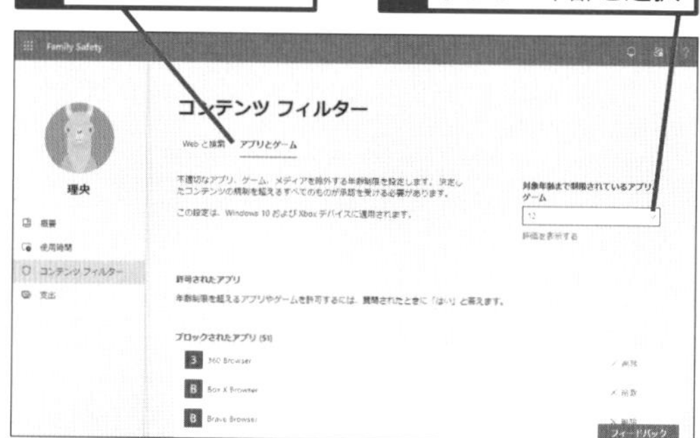

年齢による制限が認定された

3 ［評価を表示する］をクリック

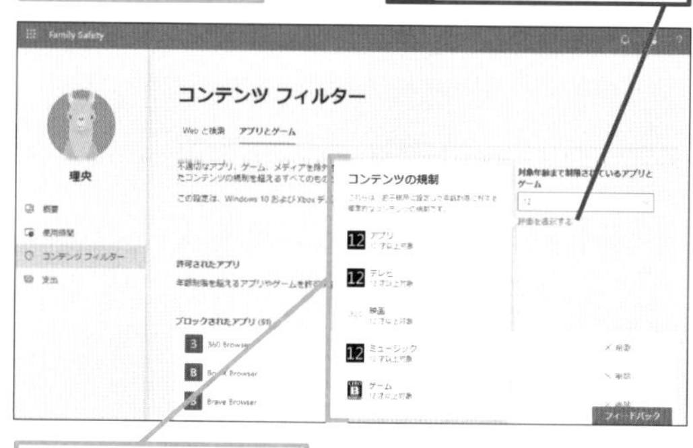

規制内容を確認できる

580

Home Pro
お役立ち度 ★★★

Q 管理者を標準ユーザーに変更するには

A アカウントの種類を変更します

ユーザーアカウントには、パソコンの設定変更や標準ユーザーの操作の管理などを実行できる権限を持った「管理者」、それらの操作ができない「標準ユーザー」の2種類があります。1つのパソコンを複数の人で使うときは、管理者を1人、そのほかは標準ユーザーというように設定すると、不注意や悪意のある操作を防げます。管理者のアカウントから、ほかのアカウントの種類を切り替えることが可能です。

パソコンに管理者のアカウントでサインインしておく

[設定]の[アカウント]-[家族とその他のユーザー]の画面を表示しておく

1 変更したいユーザー名をクリック

2 [アカウントの種類の変更]をクリック

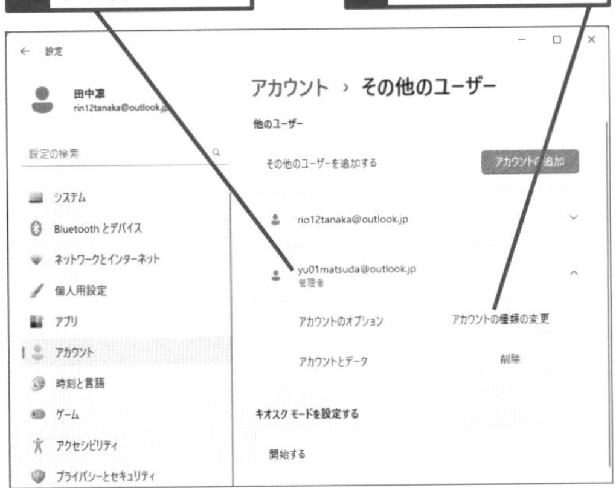

3 ここをクリックして[標準ユーザー]を選択

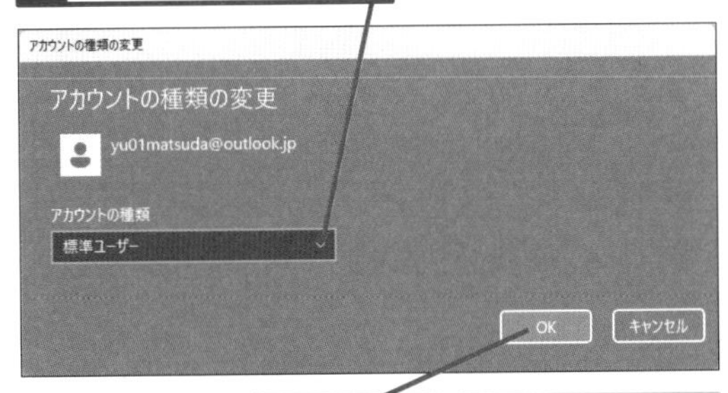

4 [OK]をクリック

アカウントの種類が変更される

581

Home Pro
お役立ち度 ★★★

Q サインインするユーザーをMicrosoftアカウントにするには

A アカウント画面で切り替えます

追加したユーザーがローカルアカウントの場合は、あとからMicrosoftアカウントに切り替えることができます。Microsoftアカウントに切り替えると、ローカルアカウントで使えない機能を利用できるようになります。

ワザ023を参考に、[設定]の[アカウント]-[ユーザーの情報]の画面を表示しておく

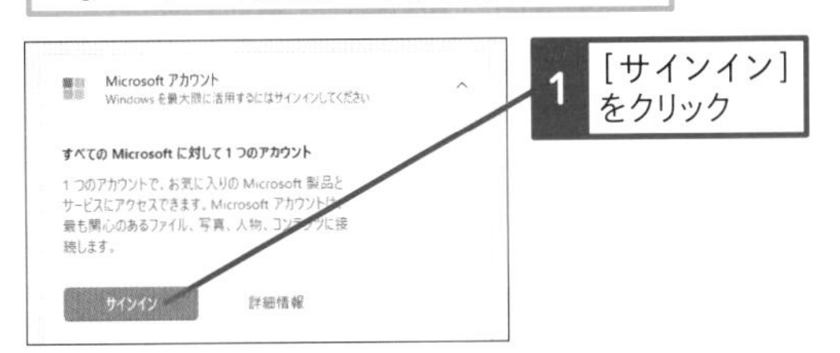

1 [サインイン]をクリック

2 Microsoftアカウントを入力

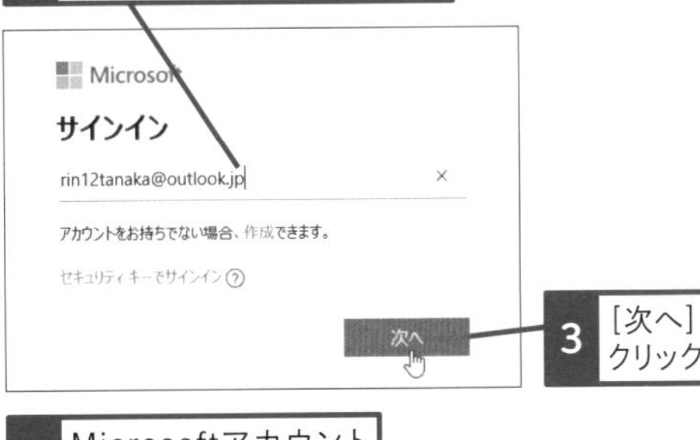

3 [次へ]をクリック

4 Microsoftアカウントのパスワードを入力

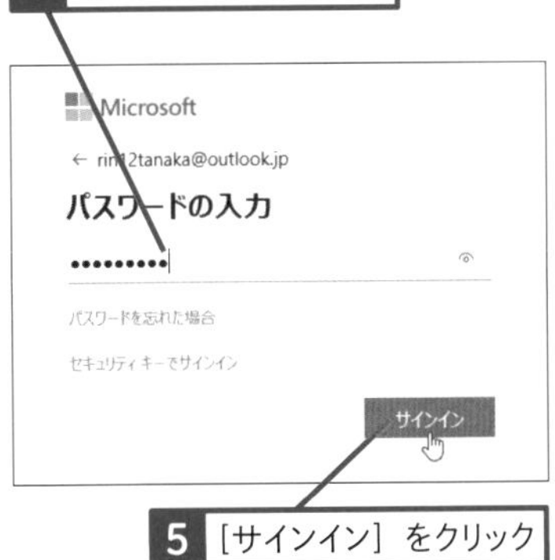

5 [サインイン]をクリック

[現在のWindowsパスワード]の入力を要求されたら、ローカルアカウントのパスワードを入力する

パソコンのセキュリティ対策をする

インターネットに接続したり、さまざまな場所に持ち歩いたりするパソコンは、常に外部からの脅威にさらされています。ここではパソコンのセキュリティについて解説します。

582

Home Pro
お役立ち度 ★★

Q Windowsにセキュリティ対策ソフトは入っている？

A 標準で［Windowsセキュリティ］が入っています

Windowsには「Windowsセキュリティ」というセキュリティ対策のしくみが標準で組み込まれていて、無料で利用できます。市販のセキュリティ対策ソフトは、数多くの機能が搭載されていて便利ですが、「Windowsセキュリティ」だけでも必要十分なセキュリティは確保されています。

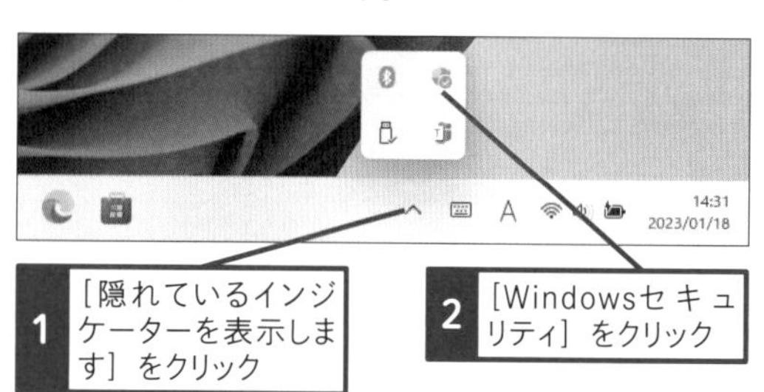

1 ［隠れているインジケーターを表示します］をクリック

2 ［Windowsセキュリティ］をクリック

Windowsセキュリティが表示された

関連583 手動でウイルスのスキャンを実行するには ▸P.312

583

Home Pro
お役立ち度 ★★★

Q 手動でウイルスのスキャンを実行するには

A ［クイックスキャン］でチェックします

Windows セキュリティは適宜、自動的にウイルスのスキャンを実行します。ただし、パソコンの電源が切れているときは実行されません。長時間パソコンを使わなかったときは、手動でウイルスのスキャンを実行して、安全を確認しておきましょう。

Windowsセキュリティを表示しておく

1 ［ウイルスと脅威の防止］をクリック

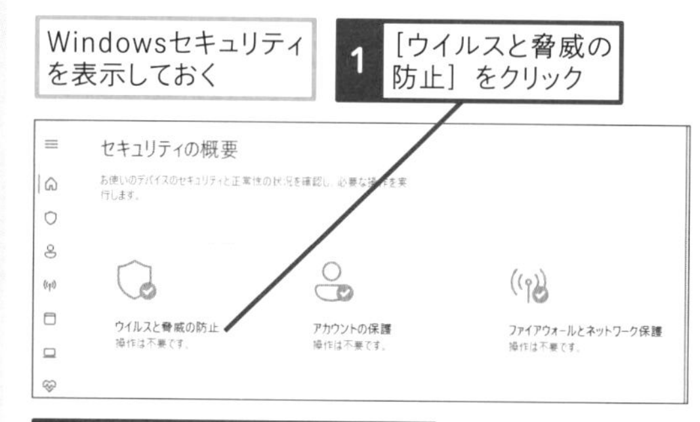

2 ［クイックスキャン］をクリック

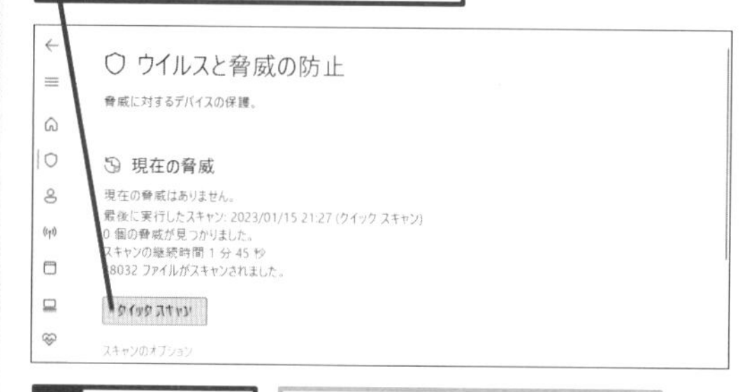

3 しばらく待つ

クイックスキャンが実行された

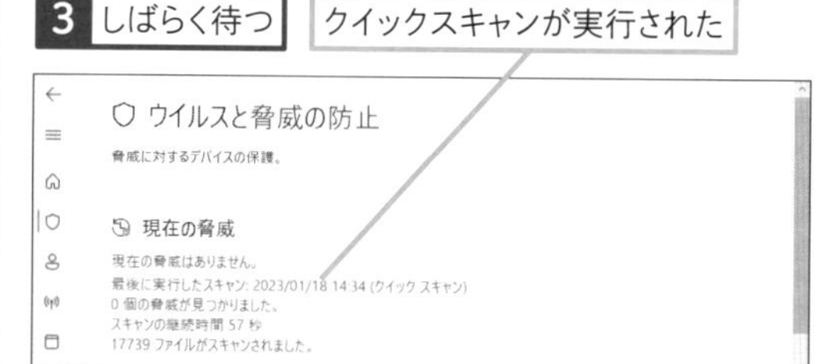

584

Home Pro

お役立ち度 ★★★

Q Windows セキュリティの「オフラインスキャン」って何？

A 起動時にチェックする機能です

ウイルスなどのマルウェアのなかには、Windowsの実行中に検出や駆除ができないものがあります。このようなマルウェアに対処するため、Windowsが起動する直前にスキャンを実行する機能がWindows セキュリティの「オフラインスキャン」です。実行すると、Windowsがいったんシャットダウンされ、Windowsが起動する前にマルウェアのスキャンが実行されます。[Windows Defender AntiVirus（オフラインスキャン）]は、パソコンのストレージ全体をチェックするので、[クイックスキャン] と比べ、終了するまで時間がかかります。寝る前や外出時に実行するといいでしょう。

ワザ582を参考に、[ウイルスと脅威の防止] の画面を表示しておく

1 [スキャンのオプション] をクリック

Windows セキュリティ

ウイルスと脅威の防止

脅威に対するデバイスの保護。

現在の脅威

現在の脅威はありません。

最後に実行したスキャン: 2023/01/18 14:3（クイック スキャン）

0 個の脅威が見つかりました。

スキャンの継続時間 57 秒

17739 ファイルがスキャンされました。

クイック スキャン

スキャンのオプション

ウイルスと脅威の防止の設定

操作は不要です。

2 [Microsoft Defender Antivirus（オフラインスキャン）] をクリック

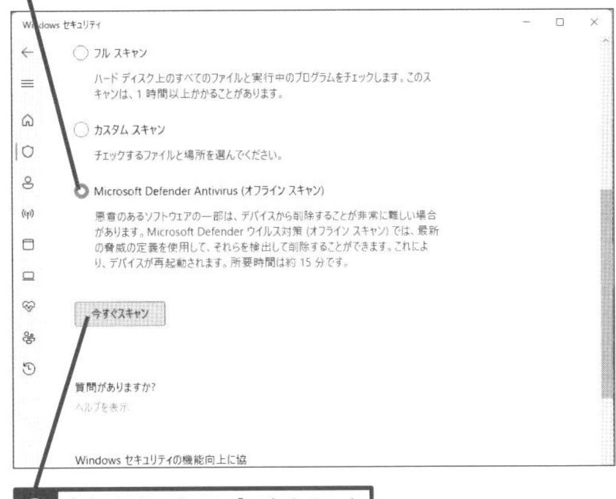

3 [今すぐスキャン] をクリック

585

Home Pro

お役立ち度 ★★★

Q 市販のセキュリティ対策ソフトのメリットを教えて！

A 基本機能以外も充実しています

市販のセキュリティ対策ソフトは、パソコンがウイルスに感染するのを防いだり、インターネットの脅威からパソコンを守るといったセキュリティの基本となる機能だけでなく、その他の機能も充実しているのが特徴です。たとえば、あらかじめ登録した個人情報がインターネットのサーバーに送られるときに警告を表示したり、メールサーバーとの通信を監視して、ウイルスが添付されたメールや迷惑メールを受信する前にブロックしたりできます。

●主な市販のセキュリティ対策ソフト

製品名	販売元	参照URL
ESET インターネットセキュリティ	キヤノンITソリューションズ	https://eset-info.canon-its.jp/home/eis/
ZEROウイルスセキュリティ	ソースネクスト	https://www.sourcenext.com/product/security/zero-virus-security/
ウイルスバスター クラウド	トレンドマイクロ	https://virusbuster.jp/
カスペルスキー セキュリティ	カスペルスキー	https://home.kaspersky.co.jp/
ノートン 360 スタンダード	シマンテック	https://jp.norton.com/products/norton-360-standard

586

Home Pro
お役立ち度 ★★★

Q 特定のフォルダーをスキャンしたい！

動画で見る

A 右クリックから実行できます

インターネットからダウンロードしたり、受け取ったファイルの安全性が気になったときは、Microsoft Defenderでスキャンするといいでしょう。チェックしたいフォルダーに絞ってスキャンすることで短時間でチェックすることができます。

1 フォルダーを右クリックして、［その他のオプションを表示］をクリック

2 ［Microsoft Defenderでスキャンする］をクリック

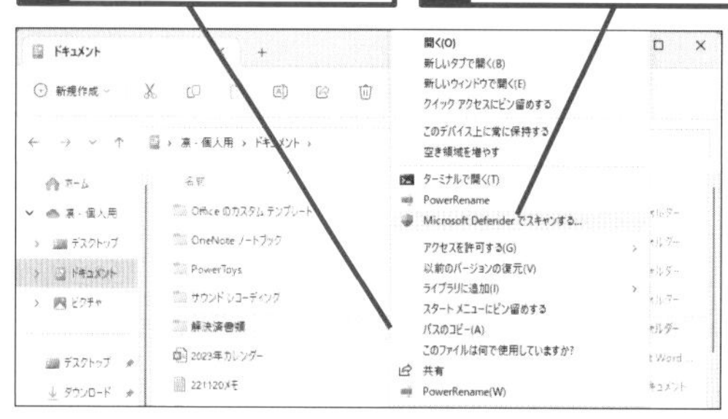

587

Home Pro
お役立ち度 ★★

Q ウイルスやスパイウェアが検出されたときは

A 画面の指示に従えば対処できます

Windowsセキュリティを有効にしている場合、ウイルスやスパイウェアなどのマルウェアが検出されると、［ウイルスと脅威の防止］というメッセージが通知で表示され、ファイルは自動的に削除されます。また、ブラウザーでマルウェアをダウンロードしそうになると、メッセージが表示されて、ダウンロードがキャンセルされます。市販のセキュリティ対策ソフトを使っている場合は、表示される画面や操作方法が異なりますが、画面の内容を確認して、必ずマルウェアを削除しましょう。

588

Home Pro
お役立ち度 ★★

Q スキャンの実行時刻を変更するには

A ［メンテナンスタスクの実行時刻］を設定しましょう

Windowsでは「自動メンテナンス」と呼ばれる機能が毎日、実行されます。自動メンテナンスでは、ソフトウェア更新、セキュリティスキャン、システム診断などが実行されます。実行する時間帯は変更できます。

1 タスクバーの［検索］をクリックして、「自動メンテナンス設定の変更」と入力

2 ［自動メンテナンス設定の変更］をクリック

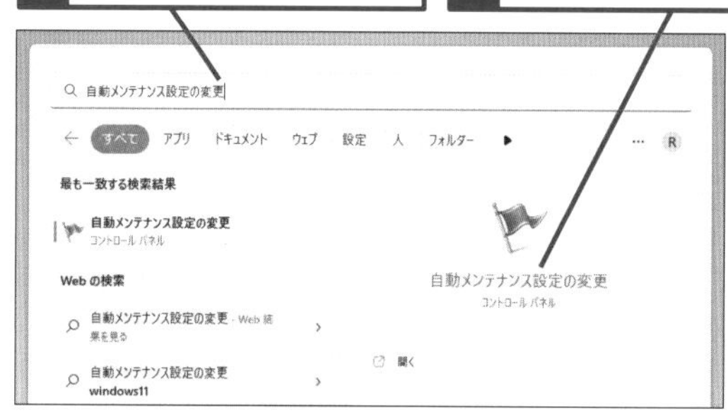

［自動メンテナンス］の画面が表示された

3 ここをクリック

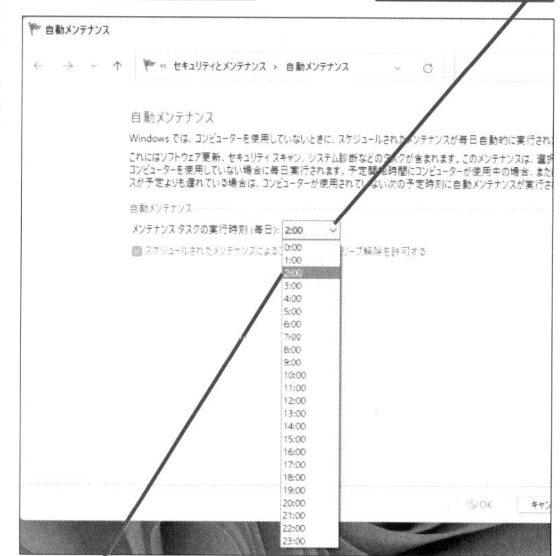

4 変更したい時刻をクリック

［OK］をクリックすると、メンテナンスの実行時刻が変更される

589

Home Pro

お役立ち度 ★★★

Q ファイアウォールのせいでアプリがインストールできない！

A 一時的にオフにできます

Windows セキュリティのファイアウォールは、パソコンをインターネットからの攻撃から守っています。ただし、一部のアプリにはファイアウォールが有効になっていると、インストールできないものがあります。このようなときは、インストールするアプリが安全であることを確認し、ファイアウォールを一時的に無効にして、アプリをインストールし、完了したら、もう一度、有効に戻します。

ワザ582を参考に、Windowsセキュリティを表示しておく

1 ［ファイアウォールとネットワーク保護］をクリック

［ファイアウォールとネットワーク保護］の画面が表示された

パブリックネットワークのファイアウォールの設定を変更する

2 アクティブになっているネットワークをクリック

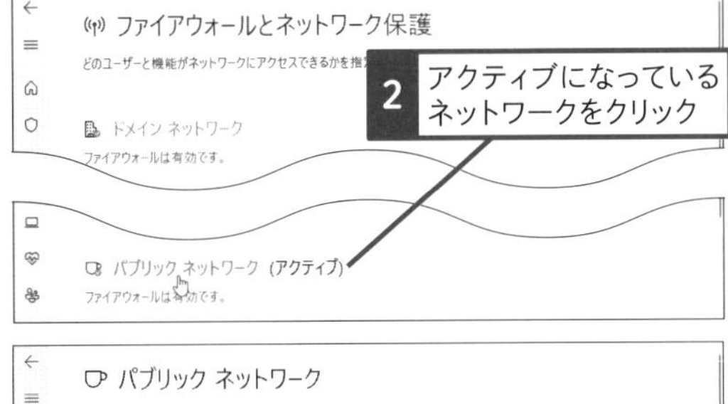

パブリック ネットワーク

空港、喫茶店など、公共の場のネットワーク (お使いのデバイスが検出不可と設定されている)。

アクティブなパブリック ネットワーク

Microsoft Defender ファイアウォール

公衆ネットワーク接続時のデバイスの保護に役立ちます。

アクティブになっているネットワークのファイアウォールの設定を変更する

590

Home Pro

お役立ち度 ★★★

Q ［Windowsセキュリティの重要な警告］が表示された

A アプリ名を確認してアクセスを許可しましょう

ネットワークで通信するアプリやWi-Fiのユーティリティーソフトなどで、ファイアウォールを経由する通信を実行しようとすると、［Windowsセキュリティの重要な警告］ダイアログボックスが表示されることがあります。通信をしようとしたアプリ名を確認して、［アクセスを許可する］をクリックすると、ファイアウォールのブロックが解除され、アプリを使えるようになります。

通信を必要とするアプリをインストールすると表示される場合がある

1 ［パブリックネットワーク］にチェックマークが付いていることを確認

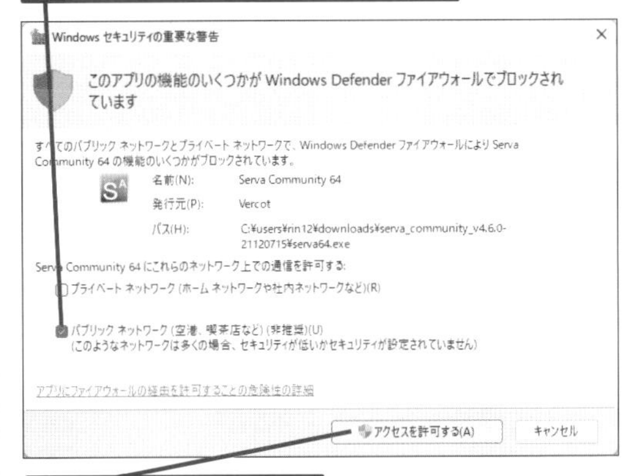

2 ［アクセスを許可する］をクリック

アプリが通信できるようになる

関連 587 ウイルスやスパイウェアが検出されたときは ▶P.314

関連 589 ファイアウォールのせいでアプリがインストールできない！ ▶P.315

関連 592 ［セキュリティの警告］って何？ ▶P.316

591

Home Pro

お役立ち度 ★★

Q インターネットに接続するアプリが使えないときは

A ファイアウォール設定を確認します

WindowsではWindows セキュリティのファイアウォールが標準で有効になっています。このため、通信を行なうアプリをインストールしてもファイアウォールによって、通信が遮断され、動作しないことがあります。このようなときは、アプリが正しく通信できるように、以下の手順で設定を変更しましょう。なお、［プライベートネットワーク］と［パブリックネットワーク］の2種類に設定できます。アクティブな方に設定しておきましょう。

ワザ023を参考に、［設定］の［プライバシーとセキュリティ］-［ファイアウォールとネットワーク保護］の画面を表示しておく

1 ［ファイアウォールによるアプリケーションの許可］をクリック

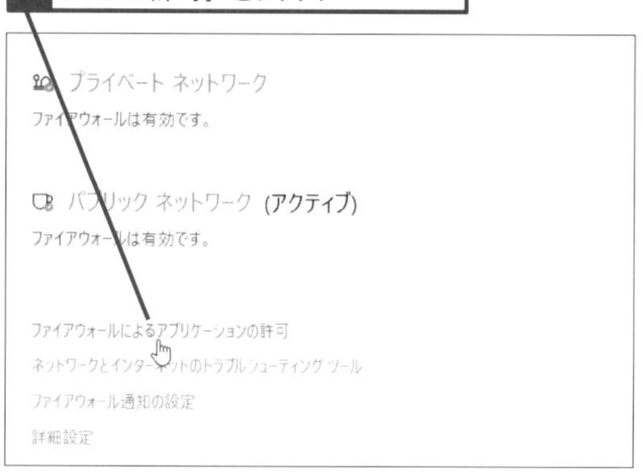

許可されたアプリの一覧が表示された

2 ［設定の変更］をクリック

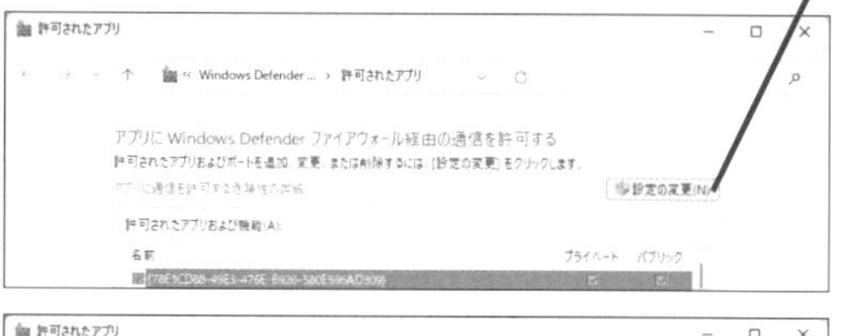

3 ［別のアプリの許可］をクリック

［アプリの追加］が表示された

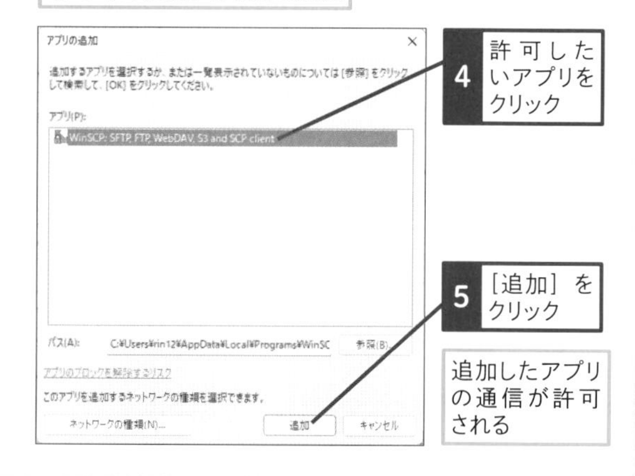

4 許可したいアプリをクリック

5 ［追加］をクリック

追加したアプリの通信が許可される

592

Home Pro

お役立ち度 ★★

Q ［セキュリティの警告］って何？

A 危険なWebページを知らせてくれます

Webページにはセキュリティで保護されたページと保護されていないページがあります。セキュリティで保護されたWebページは入力した内容が暗号化されるため、安全に利用できます。［セキュリティの警告］ダイアログボックスは、セキュリティで保護されたWebページから保護されていないWebページに移動したとき、逆にセキュリティで保護されていないWebページからセキュリティで保護されたWebページに移動したときに、ユーザーに注意を促すために表示されます。

関連 278 トラッキングってなに？ ▶P.158
関連 590 ［Windowsセキュリティの重要な警告］が表示された ▶P.315

593

Home Pro

お役立ち度 ★★★

Q SmartScreen機能って何？

A 悪意のあるWebサイトを知らせてくれます

Microsoft EdgeのSmartScreen機能が有効になっていると、別のWebサイトを偽装しているフィッシング詐欺サイトや悪意のあるソフトウェアを含むWebサイトにアクセスしようとしたときに、自動的に警告が表示されます。標準で有効になっていますが、機能が有効かどうかは以下の手順で確認できます。

ワザ248を参考に、Microsoft Edgeを起動しておく

1 ［設定など］をクリック

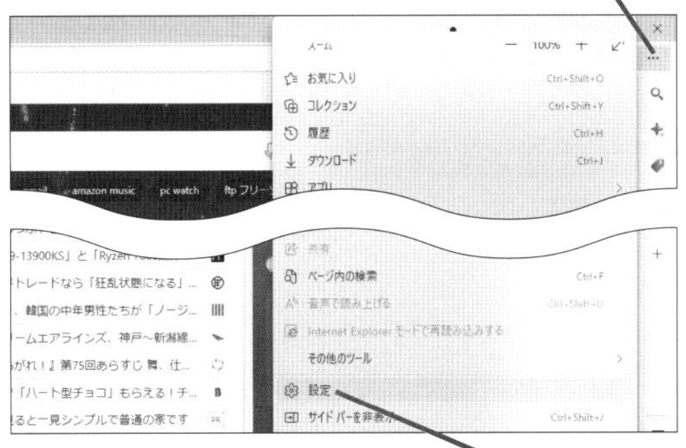

2 ［設定］をクリック

3 ［プライバシー、検索、サービス］をクリック

4 メニューを下にスクロール

5 ［Microsoft Defender SmartScreen］がオンになっていることを確認

594

Home Pro

お役立ち度 ★★★

Q パスワードを保存するときの注意点は？

A 共有パソコンで保存すると危険です

インターネットでWebサービスにログインするとき、パスワードの保存を確認する画面が表示されることがあります。ほかの人が使う可能性がまったくない自分専用のパソコンであれば、パスワードを保存しても危険性は少ないと言えます。ただし、会社や学校などで共有のパソコンをはじめ、自分と家族でパソコンを共用していて、自分のユーザーアカウントでサインインしていない状態でパスワードを保存してしまうと、自分以外のユーザーにアカウントで流用されてしまう可能性があります。自分のアカウントでサインインしていないときは、パスワードの保存は避けましょう。

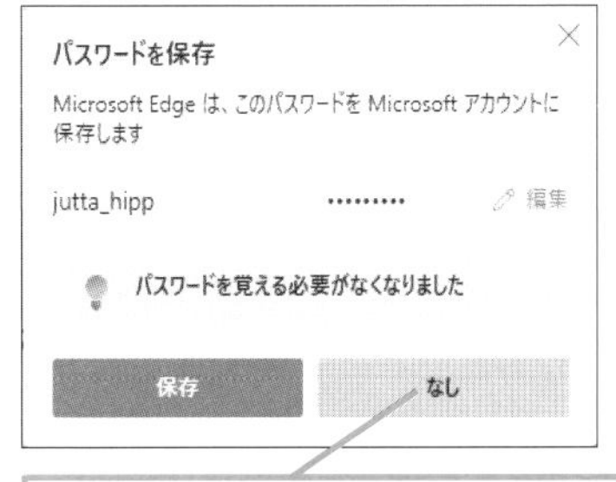

共有パソコンでは［なし］をクリックして、パスワードを保存しないようにする

595

Home Pro
お役立ち度 ★★★

Q 個人情報を送信するときの注意点は？

A 保護されていない場合は入力しない

アドレスバーに「保護されていない通信」や「セキュリティ保護なし」と表示されたときは、個人情報の入力は避けましょう。ただ、フィッシングサイトでも「保護されていない通信」などの表示がされないこともあります。アドレスバーやリンクにマウスポインターを合わせたときステータスバーに表示されるドメイン名を確認し、見慣れないドメイン名の場合、個人情報の入力を避けましょう。

596

Home Pro
お役立ち度 ★★★

Q「Cookie」って何？

A パソコンに保存された情報です

アカウントなどの登録情報やログインの状況などを保存した情報のことです。一度、ログインしたサービスをそのまま使えるのは、Cookieに記録されているためです。ただ、Cookieの情報が悪用されたり、広告に利用されることもあります。Microsoft EdgeではCookieを無効にしたり、Cookieの情報を閲覧履歴といっしょに削除することもできます。

Microsoft Edgeの［設定など］-［設定］-［Cookieとサイトのアクセス許可］-［Cookieとサイトデータの管理と削除］からCookieの設定ができる

保存された Cookie とデータ / Cookie とサイト データ
Cookie データの保存と読み取りをサイトに許可する (推奨)
サードパーティの Cookie をブロックする
ページをプリロードして閲覧と検索を高速化する
すべての Cookie とサイト データを表示する
ブロック
追加

597

Home Pro
お役立ち度 ★★★

Q 保存したパスワードを削除するには

A ［パスワードの管理］で削除できます

Microsoft Edgeで保存したパスワードは、［設定など］の［設定］-［プロファイル］-［パスワード］で確認できます。［パスワード］ではどのようなWebサイトのパスワードが保存されているのかを確認でき、PINなどで認証すると、パスワード自体も確認できます。一覧の［×］をクリックすると、そのサイトのパスワードを消去することも可能です。不要なパスワードは消去しておきましょう。

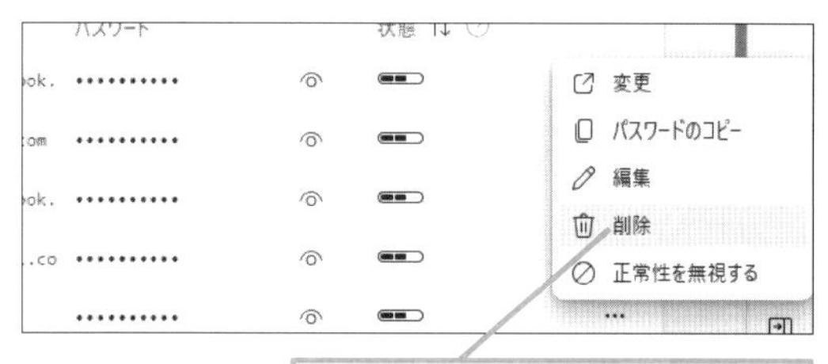

［削除］をクリックすると、保存したパスワードを削除できる

598

Home Pro
お役立ち度 ★★★

Q カメラやマイクが勝手に使われないかが気になる

A ［設定］の［プライバシーとセキュリティ］で確認できます

どのアプリがカメラやマイクを使っているのかは、［設定］の［プライバシーとセキュリティ］の［カメラ］と［マイク］で確認することができます。［アプリにカメラへのアクセスを許可する］、または［アプリにマイクへのアクセスを許可する］で、［オン］になっているアプリは、カメラやマイクにアクセスする権限を持っています。見慣れないアプリがカメラやマイクにアクセスする権限を持っているときは、設定を［オフ］にしておきましょう。

599

Home Pro

お役立ち度 ★★

Q 紛失したノートパソコンを探すには

A Microsoftアカウントの Webページから探せます

パソコンを探すには、MicrosoftアカウントのWebページにサインインして、［デバイス］をクリックします。さらに、［デバイスを探す］をクリックすると、パソコンが最後に確認された場所を表示できます。なお、デバイスの一覧に表示されるパソコンの名前は、変更することができます。ワザ572を参考に、あらかじめわかりやすい名前を付けておきましょう。

▼Microsoftアカウント
https://account.microsoft.com/

ワザ572を参考に、MicrosoftアカウントのWebページにサインインしておく

Microsoftアカウントへのサインインが求められたらサインインしておく

1 ［デバイスを探す］をクリック

2 パソコン名をクリック

3 ［検索］をクリック

デバイスを探す

パソコンの場所が地図に表示される

600

Home Pro

お役立ち度 ★★★

Q パソコンの名前を変更するには

A ［バージョン情報］で変更できます

パソコンの名前は、LAN内のネットワークからのアクセスやMicrosoftアカウントのWebページに表示されるデバイスの名称などに利用されます。パソコンの名前を変更するには、［設定］の［システム］-［バージョン情報］を表示してから［このPCの名前を変更］をクリックします。パソコンの名前を入力して、［次へ］をクリックします。なお、変更したパソコンの名前は、再起動後に有効になります。

ワザ023を参考に、［設定］の［システム］-［バージョン情報］の画面を表示しておく

1 ［このPCの名前を変更］をクリック

2 パソコンの名前を入力

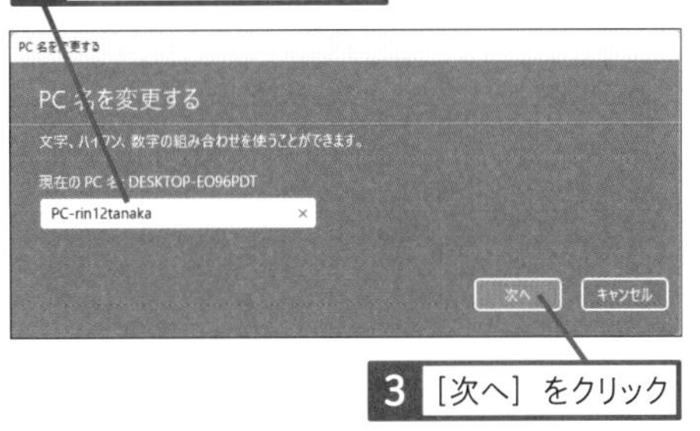

3 ［次へ］をクリック

表示された画面で［今すぐ再起動する］をクリックしておく

601

Home Pro
お役立ち度 ★★★

Q 位置情報を使っているアプリを知りたい

A [設定]の[プライバシーとセキュリティ]で確認できます

どのアプリが位置情報を使っているのかは、[設定]の[プライバシーとセキュリティ] - [位置情報] で確認することができます。[アプリに位置情報へのアクセスを許可する]で、[オン]になっているアプリは、パソコンの位置情報にアクセスする権限を与えられています。

ワザ023を参考に、[設定]を起動しておく

1 [プライバシーとセキュリティ]をクリック

2 [位置情報]をクリック

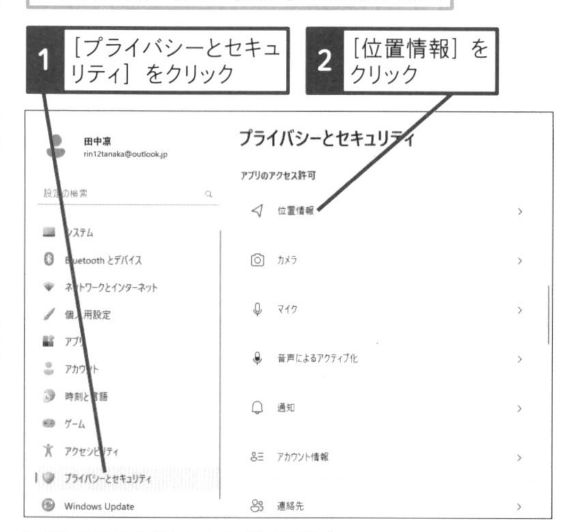

3 ドラッグして下にスクロール

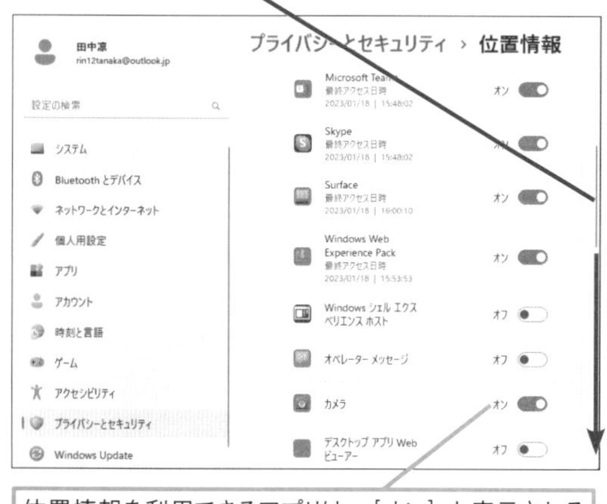

位置情報を利用できるアプリは、[オン]と表示される

602

Home Pro
お役立ち度 ★★★

Q ストレージが暗号化されているかを確認したい

A ストレージのアイコンで確認できます

パソコンが紛失や盗難に遭うと、保存されているデータが第三者に読み取られたり、悪用される恐れがあります。Windows 11には「BitLocker」と呼ばれる強力なストレージの暗号化機能が組み込まれており、この機能で暗号化しておけば、パソコンが盗難に遭ったとしてもストレージ内の重要な情報を読み取られにくくできます。この機能は[設定]の[プライバシーとセキュリティ] - [デバイスの暗号化]で、[デバイスの暗号化]がオンになっていることで確認できます。ドライブが暗号化されているかどうかは、エクスプローラーでドライブのアイコンを表示して、鍵のついたドライブアイコンであれば、そのドライブは暗号化されています。

1 [エクスプローラー]をクリック

2 [PC]をクリック

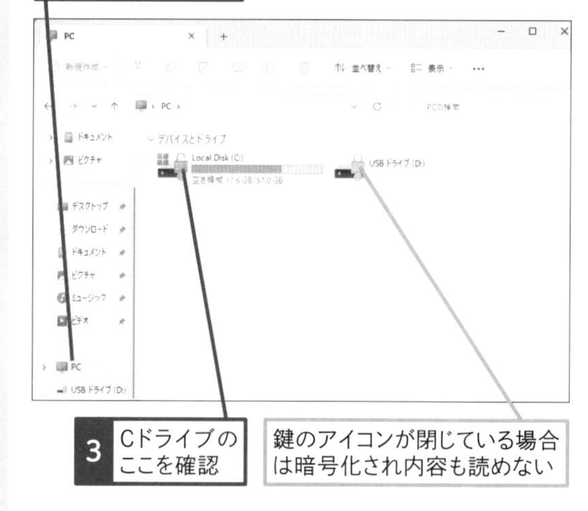

3 Cドライブのここを確認

鍵のアイコンが閉じている場合は暗号化され内容も読めない

関連604 ドライブが暗号化されていないときは ▸P.321

603

Home Pro

お役立ち度 ★★☆

Q USBメモリーを暗号化するには

A 「BitLocker To Go」を使います

USBメモリーは持ち運びに便利な一方、紛失や盗難も起きやすいです。重要なデータをUSBメモリーなどに保存するときは「BitLocker To Go」という外付けメディアを暗号化する機能を使いましょう。暗号化したUSBメモリーは、あらかじめ設定されたパスワードを知らなければ、読み出すことができないので、データの漏えいを防げます。USBメモリーを暗号化するには、エクスプローラーの［PC］の画面で暗号化したいUSBメモリーを右クリックし、［その他のオプションを表示］をクリックします。続いて、［BitLockerを有効にする］をクリックします。［BitLocker to GO］を有効にするには、Windows 11 Proが必要ですが、暗号化したUSBメモリーはWindows 11 HomeやWindows 10 Pro/Homeでも読み出すことができます。

関連602 ストレージが暗号化されているかを確認したい ▸P.320

604

Home Pro

お役立ち度 ★★☆

Q ドライブが暗号化されていないときは

A ［デバイスの暗号化］を確認します

Windows 11は高いセキュリティを確保するため、Cドライブは暗号化されています。もし、Cドライブが暗号化されていないときは、［設定］の［プライバシーとセキュリティ］-［デバイスの暗号化］で、［デバイスの暗号化］がオンになっていることを確認します。オフになっていたときは、オンにすることで、Cドライブを暗号化することができます。

関連602 ストレージが暗号化されているかを確認したい ▸P.320

605

Home Pro

お役立ち度 ★★☆

Q 更新プログラムとはどんなもの？

A Microsoftが提供する改善機能です

Windowsではセキュリティ上の問題や不具合の修正、OSの機能追加などがあると、更新プログラムが提供されます。また、ワザ002で解説したWindowsのアップデートも更新プログラムとして提供されます。問題や不具合の修正は提供開始後すぐにWindows Updateの機能で自動的にダウンロードとインストールが実行されますが、機能追加を含むメジャーアップデートは、提供開始になってもすぐには自動的にダウンロードされないことがあります。すぐ適用したいときは、ワザ606を参考に、Windows Updateを手動で実行します。

606

Home Pro

お役立ち度 ★★★

Q Windows Updateを今すぐ実行したい

A ［更新プログラムのチェック］を実行します

［設定］で［Windows Update］をクリックして表示される［Windows Update］の画面から、更新プログラムを手動で確認と適用ができます。［更新プログラムのチェック］をクリックし、実行可能な更新プログラムがあった場合、自動的に実行されます。もし、自動的に実行されないときは、［今すぐインストール］をクリックして、実行しておきましょう。

ワザ023を参考に、［設定］の画面を表示しておく

1 ［Windows Update］をクリック

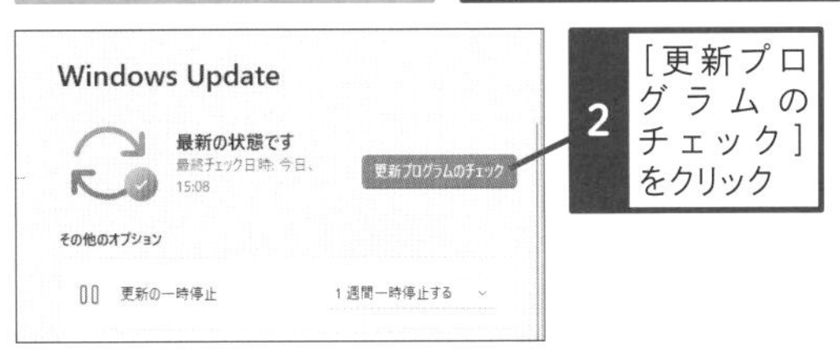

2 ［更新プログラムのチェック］をクリック

607

Home Pro
お役立ち度 ★★

Q Windows Updateは停止できないの？

A 期間を選んで停止できます

Windows Updateによる更新は、一定期間を停止することができます。[Windows Update] の画面で[更新の一時停止] で停止期間を指定することで、1週間から最長5週間まで、更新プログラムの実行を停止することができます。

ワザ023を参考に、[設定] の [Windows Update] を開いておく

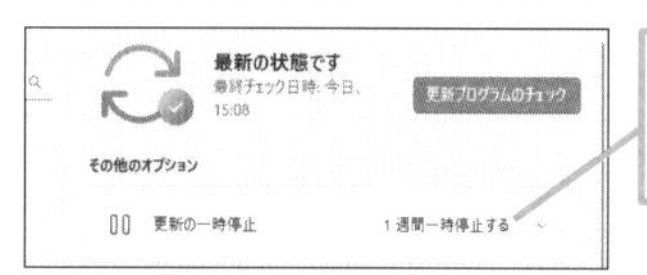

ここをクリックして、更新を停止する期間を選択できる

608

Home Pro
お役立ち度 ★★

Q ほかのマイクロソフト製品も同時にアップデートするには

A [詳細オプション] で設定します

Windows UpdateではWindowsの更新プログラムだけでなく、Office製品の更新プログラムなども適用されます。推奨される更新プログラムやWindows以外の更新プログラムを自動的に適用しないように設定もできますが、Office製品をインストールしているときは、同時に更新するように設定しておきましょう。

ワザ023を参考に、[設定] の [Windows Update] の画面を表示しておく

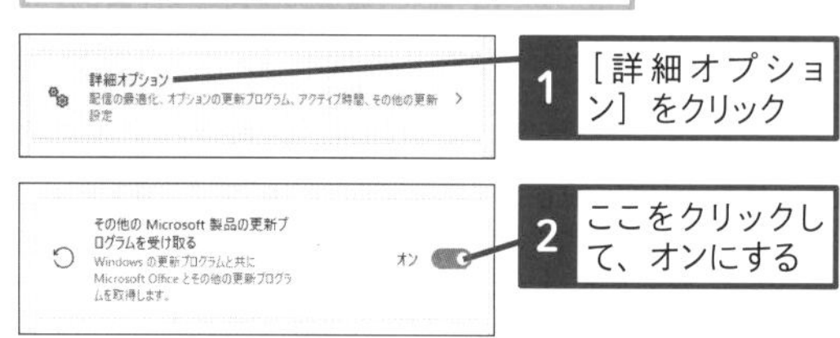

1 [詳細オプション] をクリック

2 ここをクリックして、オンにする

Officeなども同時にアップデートできるようになる

609

Home Pro
お役立ち度 ★★

Q 「Windows Hello」って何？

A 指紋や顔認証、PINなどを使った認証機能です

Windowsでは従来のパスワード方式に加えて、新しいサインイン方法が用意されています。「Windows Hello」と呼ばれる認証機能もその1つです。Windows Helloでは、指紋や顔認証、PINなどさまざまな認証を使うことができ、パスワードよりも簡単かつ安全にサインインできます。なお、Windows Helloの生体認証を利用するには、指紋センサーや、顔の立体認識ができる赤外線 (IR) カメラなど、Windows Helloに対応したハードウェアが必要です。

顔や指紋で自分のパソコンにサインインできる

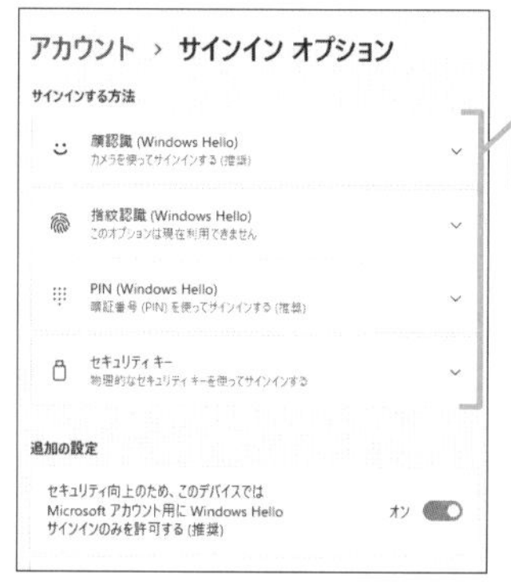

[設定] の [アカウント] - [サインインオプション] から設定できる

利用するには専用の機器が必要になる

▼Logicool 顔認証カメラ「BRIO ULTRA HD PROビジネスウェブカメラ」製品情報
https://www.logicool.co.jp/ja-jp/products/webcams/brio-4k-hdr-webcam.960-001212.html

610

Home Pro

お役立ち度 ★★★

Q 顔認証機能を設定するには

A ［サインインオプション］で設定します

顔の立体認識ができるカメラがパソコンに搭載されていると、顔認証でWindowsにサインインすることができます。顔認証はサインインするユーザーごとに設定できるのが特徴で、たとえば、Aさんのユーザーアカウントにおさんの顔を、子どものBくんのユーザーアカウントにBくんの顔を登録しておくと、パソコンの前にAさんがいるときはAさんのアカウントに、Bくんがいるときは Bくんのアカウントに自動的にサインインしてくれます。顔認証を設定するには、［設定］の［アカウント］-［サインインオプション］を開き、［顔認証（Windows Hello）］をクリックします。［セットアップ］をクリックすると、顔認証を設定できます。また、セットアップの後で［精度を高める］をクリックすると、顔認証の認識精度を高めることができます。

ワザ023を参考に、［設定］-［アカウント］-［サインインオプション］の画面を表示しておく

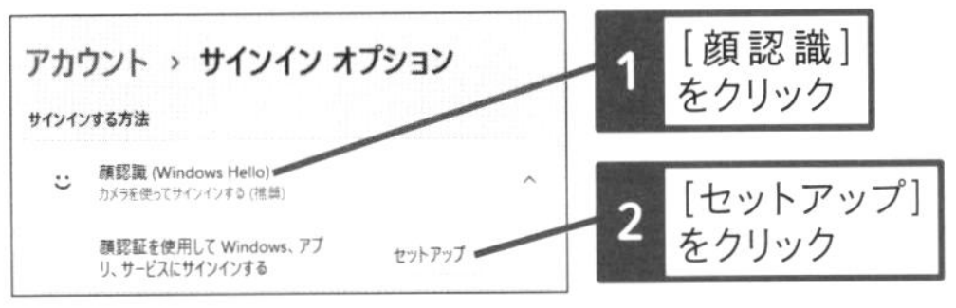

1 ［顔認識］をクリック

2 ［セットアップ］をクリック

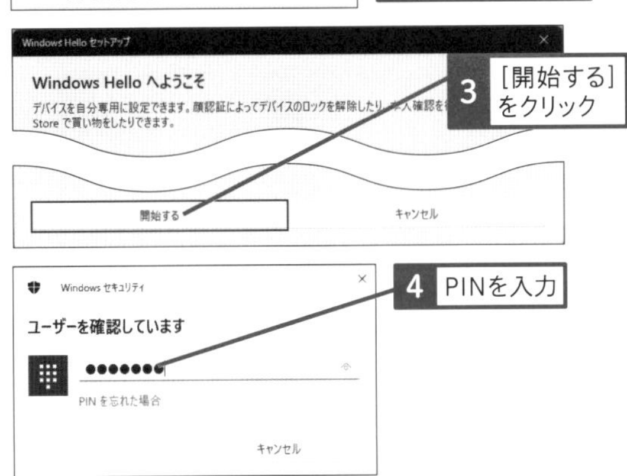

3 ［開始する］をクリック

4 PINを入力

5 顔が画面中央にくるようにし、しばらく待つ

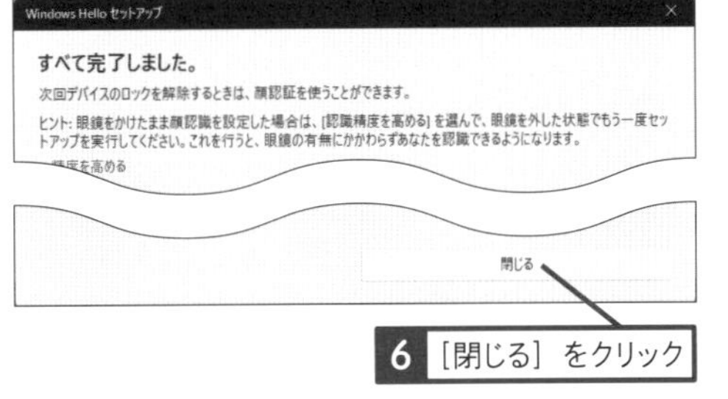

6 ［閉じる］をクリック

611

Home Pro

お役立ち度 ★★★

Q 作業中にWindows Updateで再起動しないようにするには

A ［アクティブ時間］で再起動を防ぎます

Windows Updateの更新には、再起動を伴うものがあります。作業中に再起動されたくないときは、以下のように［アクティブ時間］を設定しておきましょう。

関連 613 決まった時間に再起動して更新させたい！ ▶ P.324

ワザ023を参考に、［設定］の［Windows Update］-［詳細オプション］の画面を表示して、［アクティブ時間］をクリックしておく

1 ［自動的に確認する］をクリック

2 ［手動］をクリック

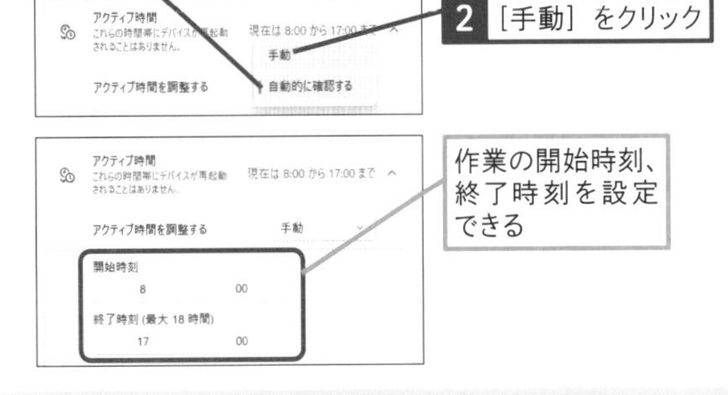

作業の開始時刻、終了時刻を設定できる

612

Home Pro
お役立ち度 ★★

Q Windows Updateで再起動するときに通知するには

A ［更新プログラムの通知］をオンにします

Windows Updateで再起動するときに、通知のウィンドウを表示するように設定できます。再起動の必要なタイミングがわかりやすくなります。

ワザ023を参考に、［設定］の［Windows Update］の画面を表示しておく

1 ［詳細オプション］をクリック

［詳細オプション］の画面が表示された

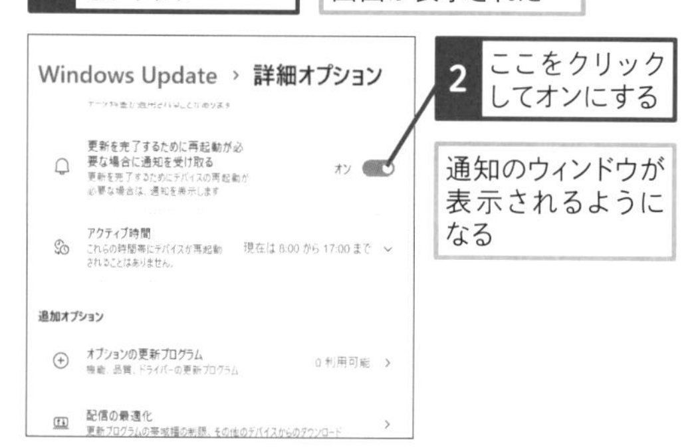

2 ここをクリックしてオンにする

通知のウィンドウが表示されるようになる

613

Home Pro
お役立ち度 ★★★

Q 決まった時間に再起動して更新させたい！

A ［再起動のスケジュール］でできます

更新プログラムによっては、パソコンの再起動が必要になることがあります。再起動が必要な状態になったときは、再起動のタイミングを今日を含めた直近の7日の間で時刻を指定できます。すぐに再起動ができないときに設定すると便利です。

1 ここをクリック

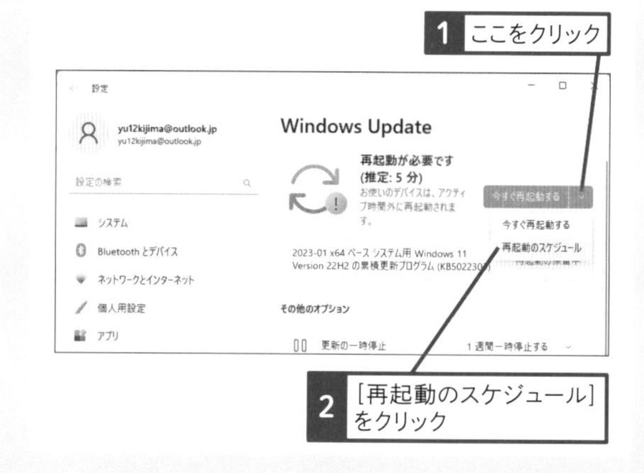

2 ［再起動のスケジュール］をクリック

614

Home Pro
お役立ち度 ★★★

Q セキュリティキーを設定するには

A ［サインインオプション］で設定します

セキュリティキーとはUSBポートやNFCに対応した認証のためのデバイスのことです。WindowsではFIDO 2（Fast Identity Online）に対応したセキュリティキーを利用できます。セキュリティキーを設定するには、［設定］の［アカウント］-［サインインオプション］を開き、セキュリティキーの［管理］ボタンをクリックします。セキュリティキーのセットアップにはPINが必要なので、PINを入力します。なお、セキュリティキーはWebサービスにサインインするときに利用できる方式で、Windowsのサインインには使えません。

ワザ023を参考に、［設定］の［アカウント］-［サインインオプション］の画面を表示しておく

1 ［セキュリティキー］をクリック

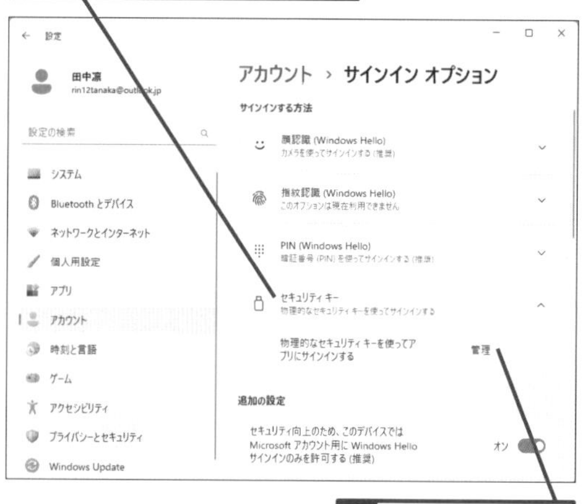

2 ［管理］をクリック

パソコンをメンテナンスする

パソコンの定期的なメンテナンスは、いつも快適にパソコンを使うために必要な操作です。ここではパソコンのさまざまなメンテナンス方法について説明します。

615

Home Pro
お役立ち度 ★★★

Q パソコンのスペックを調べるには

A ［詳細情報］画面で確認します

市販のアプリやゲームには、ソフトウェアが動作するために必要となるストレージやメモリーの容量、CPUの種類や性能などの条件が明記されています。［設定］の［システム］-［バージョン情報］では、メモリーの容量とCPUの種類を確認できます。

ワザ023を参考に、［設定］の［システム］-［バージョン情報］の画面を表示しておく

デバイス名
DESKTOP-EO96PDT
プロセッサ
Intel(R) Pentium(R) CPU 4425Y @ 1.70GHz 1.70 GHz
実装 RAM
4.00 GB (3.87 GB 使用可能)
デバイス ID

パソコンのシステムについての情報が表示された

616

Home Pro
お役立ち度 ★★★

Q 再起動とシャットダウンに違いはあるの？

A 再起動時は「高速スタートアップ」が無効になります

パソコンを再起動した場合と、シャットダウン後に起動した場合では、起動時の状態が異なります。動作が不安定なときは、シャットダウンではなく、再起動を試してみましょう。Windowsにはシャットダウンしたときの状態をストレージに記録し、起動時に参照することで起動を速くする「高速スタートアップ」と呼ばれる機能があります。再起動時は状態が保存されず、リセットされた新しい状態で起動します。

617

Home Pro
お役立ち度 ★★★

Q ストレージの空き容量を確認するには

A 2つの方法があります

ストレージの空き容量は、エクスプローラーの［PC］、または［設定］の［システム］-［ストレージ］の画面で簡単に確認できます。前者では空き容量、後者では使用済みの容量がそれぞれ数値で明示され、アイコンの横に棒グラフでわかりやすく表示されています。

●エクスプローラーから確認する方法

［PC］で全体の容量と空き容量を確認できる

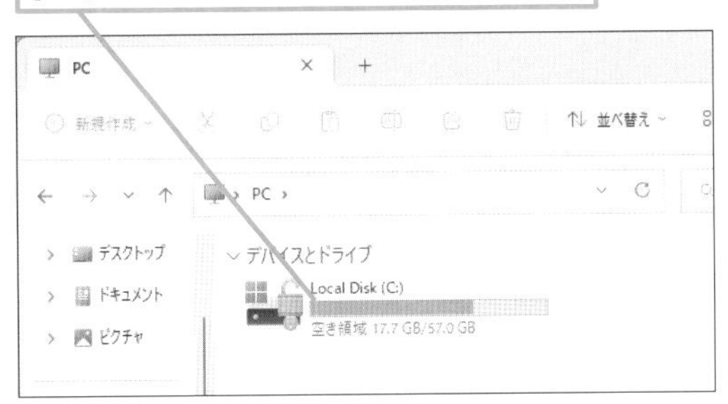

●［設定］から確認する方法

［設定］の［システム］-［ストレージ］の画面で全体の容量と使用済みの容量を確認できる

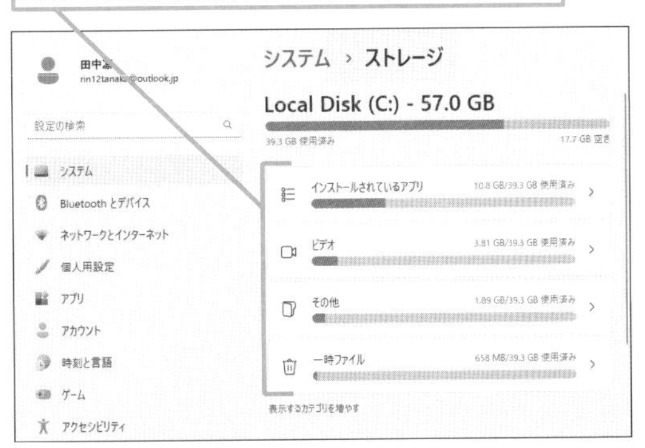

618

Home Pro
お役立ち度 ★★

Q ストレージのエラーを確認するには

A ドライブのエラーチェックを行ないます

ストレージを使い続けていると、まれにエラーが発生して、データが損失してしまうことがあります。ストレージのエラーチェックは自動的に実行されますが、以下の手順で手動でも実行できます。なお、エラーが検出されたときは、[ドライブの修復]を選ぶと、次の再起動時に修復するか、今すぐ再起動して修復するかが選べます。

ワザ023を参考に、[エクスプローラー]を起動しておく

1 [PC]をクリック
2 ドライブを右クリック
3 [プロパティ]をクリック

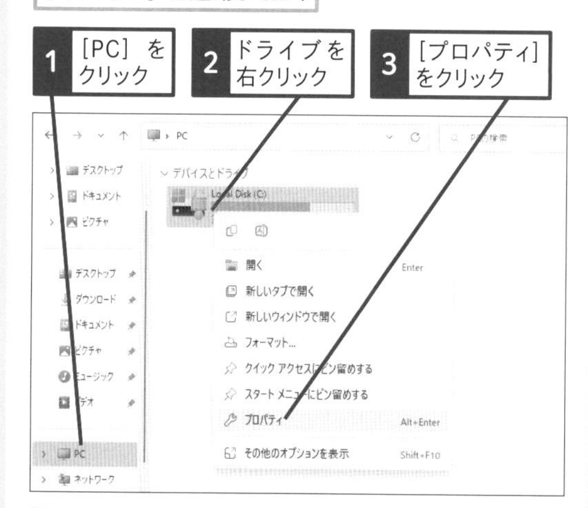

ドライブのプロパティが表示された

4 [ツール]タブをクリック
5 [チェック]をクリック
6 [ドライブのスキャン]をクリック

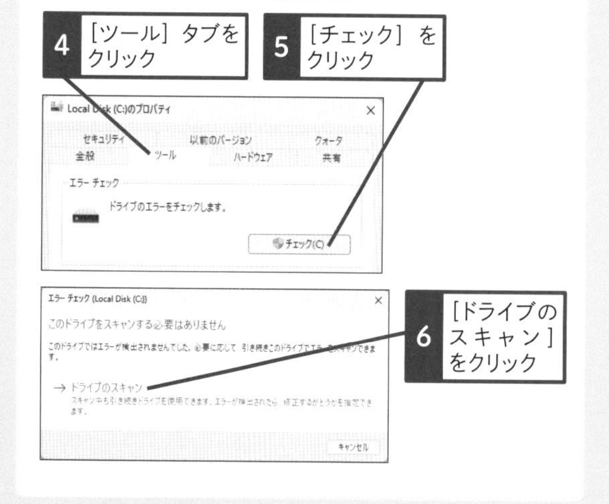

619

Home Pro
お役立ち度 ★★★

Q USBドライブを接続したら問題があると表示された！

A ドライブの修復を実行します

USBメモリーやメモリーカードをパソコンに接続すると[スキャンして修復しますか?]と表示されることがあります。これは接続したUSBドライブに保存されているファイルの状態に問題がある場合に表示されます。表示されるメッセージに従って、[ドライブの修復]を実行すると修復されることがあります。

1 [自動再生]をクリック

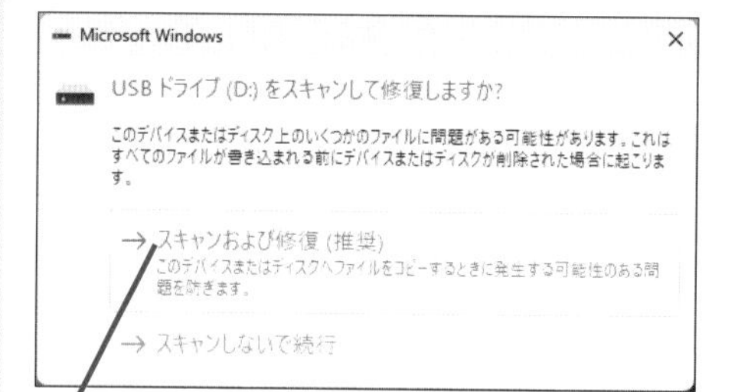

2 [スキャンおよび修復]をクリック

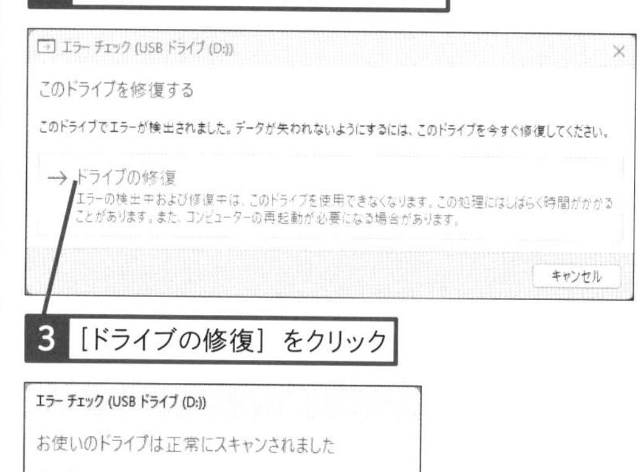

3 [ドライブの修復]をクリック

エラー チェック (USB ドライブ (D:))
お使いのドライブは正常にスキャンされました
ドライブのスキャンが正常に完了し、エラーは検出されませんでした。
閉じる(C)
詳細の表示

4 [閉じる]をクリック

620

Home　Pro

お役立ち度 ★★

Q ストレージの空き容量を今すぐ増やすには

A ［ストレージセンサー］を使いましょう

ごみ箱の中身、インターネットからダウンロードしたファイル、アプリのインストールに使われた一時ファイルは、不要なことがほとんどです。こうしたデータはストレージの空き容量を圧迫してしまいます。ストレージセンサーはごみ箱の中身やダウンロードしたファイルなど、ストレージ内の不要なファイルを自動的に削除して、ストレージの空き容量を増やすための機能です。ストレージの空き容量が少なくなるのを防ぐために、ストレージセンサーを設定しておきましょう。

●［ストレージセンサー］を有効にする

ワザ023を参考に、［設定］-［システム］の画面を表示しておく

1 ［ストレージ］をクリック

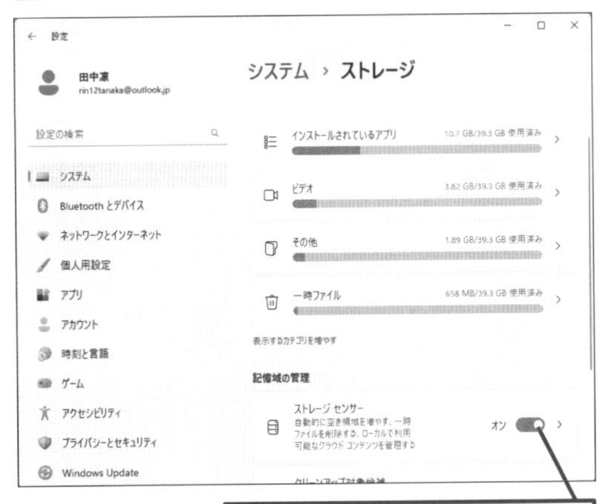

2 ［ストレージセンサー］のここをクリックしてオンにする

●［ストレージセンサー］の動作を変更する

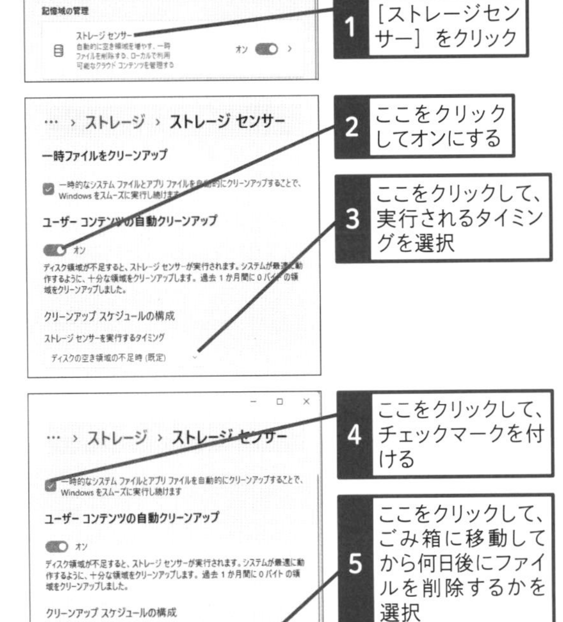

1 ［ストレージセンサー］をクリック

2 ここをクリックしてオンにする

3 ここをクリックして、実行されるタイミングを選択

4 ここをクリックして、チェックマークを付ける

5 ここをクリックして、ごみ箱に移動してから何日後にファイルを削除するかを選択

6 ここをクリックして、［ダウンロード］フォルダーのファイルを削除するタイミングを選択

●手動で空き領域を増やす

［設定］の［システム］-［ストレージ］-［ストレージセンサー］の画面を表示しておく

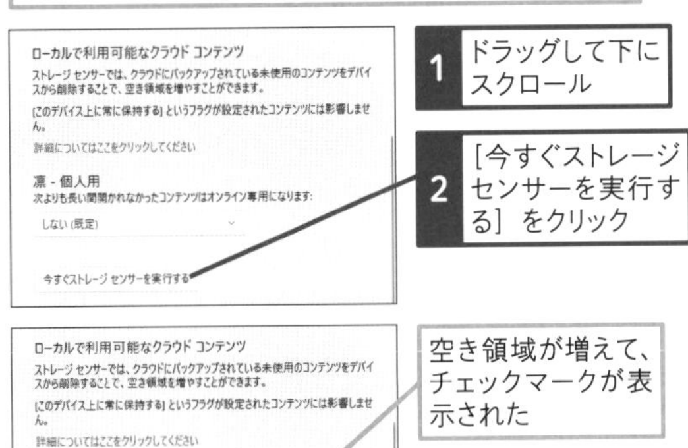

1 ドラッグして下にスクロール

2 ［今すぐストレージセンサーを実行する］をクリック

空き領域が増えて、チェックマークが表示された

関連023 ［設定］と［コントロールパネル］はどう使い分けるの？ ► P.41

関連198 ［ごみ箱］に捨てたファイルを完全に削除するには ► P.119

関連306 ダウンロードしたファイルを表示するには ► P.171

621

Home Pro
お役立ち度 ★★★

Q ストレージを最適化するには

A エクスプローラーから実行できます

ファイルの作成や削除をくり返していると、ファイルに含まれるデータがストレージに分散して保存されます。これを「断片化」と呼びます。断片化したファイルがたくさんあると、アクセスが遅くなります。「デフラグ」と呼ばれる最適化を実行すると、断片化したファイルをストレージ上の連続した領域に再配置し、遅くなった動作を回復させることができます。また、SSDを搭載したパソコンでは、SSDの長期利用時の速度低下を防ぐトリムコマンドが実行されます。

ワザ023を参考に、[エクスプローラー] を起動しておく

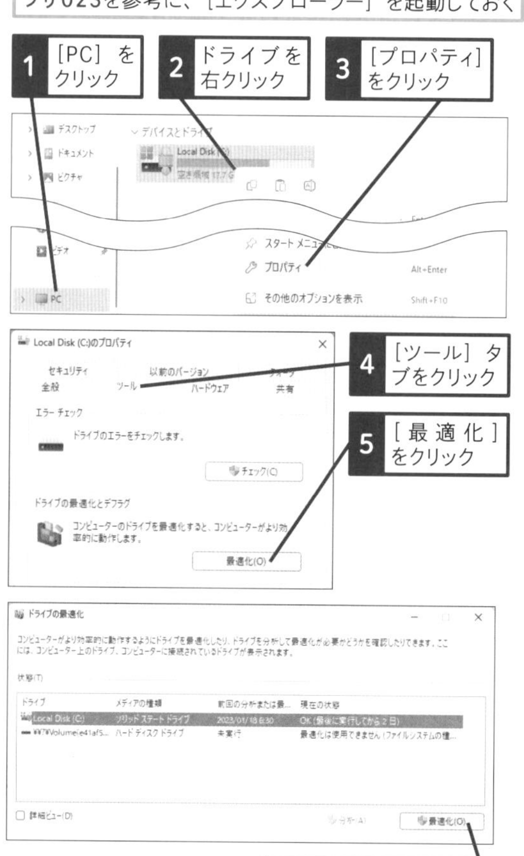

622

Home Pro
お役立ち度 ★★★

Q 最適化のスケジュールは変更できるの？

A 頻度は変えられます

Windows 11の標準設定では、ストレージの最適化は週に1回の頻度で自動的に実行されます。最適化のスケジュールは [ドライブの最適化] の画面で [毎日] [毎週] [毎月] から選択することができます。

ワザ621を参考に、[ドライブの最適化] の画面を表示しておく

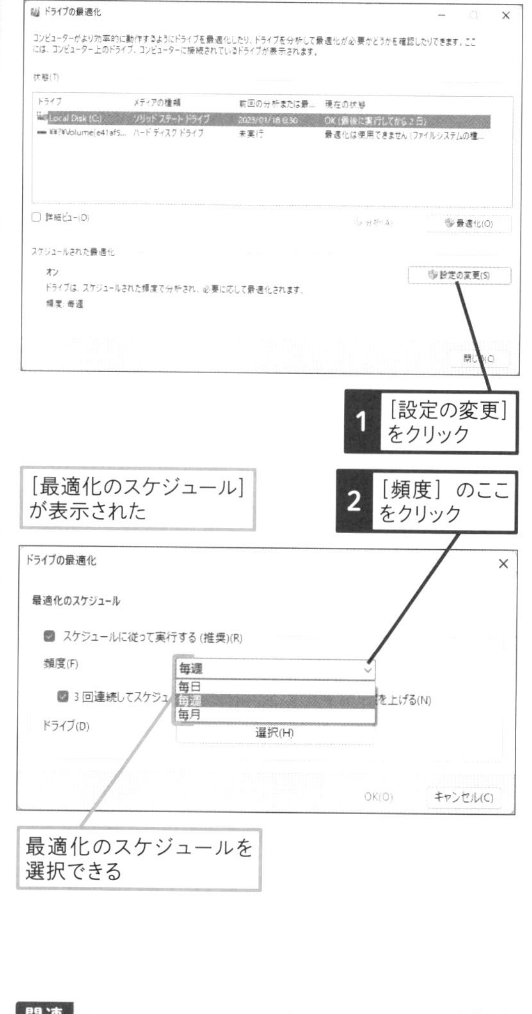

関連621 ストレージを最適化するには ▸P.328

623

Home Pro
お役立ち度 ★★★

Q 仮想マシンって何？

A デスクトップで動く仮想的なパソコンです

Windows 11 Proには「Hyper-V」と呼ばれる仮想環境機能が利用できます。仮想環境ではWindowsやLinuxなどのOSをインストールした仮想マシンを動作させることができます。なお、標準設定ではHyper-Vが使えないので、以下の手順で機能を有効化して、使えるようにします。Windows ServerのHyper-Vと区別するために、「クライアントHyper-V」と呼ばれることもあります。

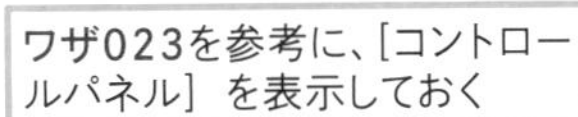
ワザ023を参考に、[コントロールパネル] を表示しておく

1 [プログラム] をクリック

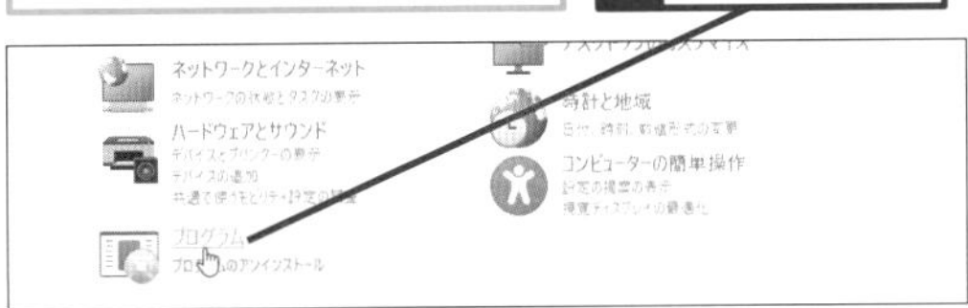

2 [Windowsの機能の有効化または無効化] をクリック

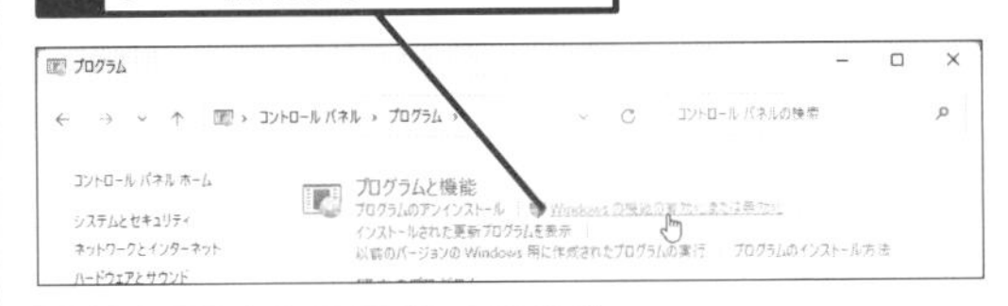

3 [Hyper-V] をクリックして、チェックマークを付ける

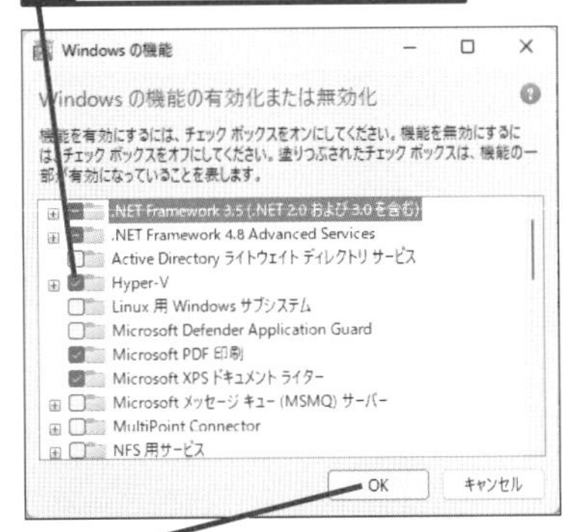

4 [OK] をクリック

設定が完了したら、パソコンを再起動する

624

Home Pro
お役立ち度 ★

Q 仮想マシンはどう作ればいいの？

A [Hyper-Vマネージャー] でセットアップできます

Hyper-Vを利用すると、Windows 11 Pro上で動作する仮想マシンを作成できます。Hyper-Vで仮想マシンを作成して、OSをインストールすると、Windows 11 Proで、別のOSを動作させられるようになります。たとえば、仮想マシンを作成して、Windows 10をインストールすれば、Windows 11 Pro上でWindows 10を起動して使うことができます。なお、別のOSをインストールするためには、そのOSのライセンスを用意する必要があるので覚えておきましょう。

仮想マシンにインストールしたいOSのディスクやISOファイルを用意しておく

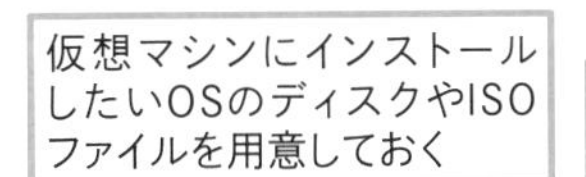
[スタート] メニューを表示しておく

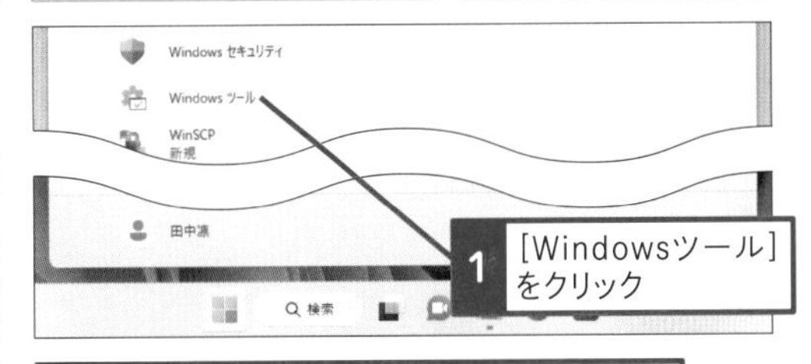

1 [Windowsツール] をクリック

2 [Hyper-Vマネージャー] をダブルクリック

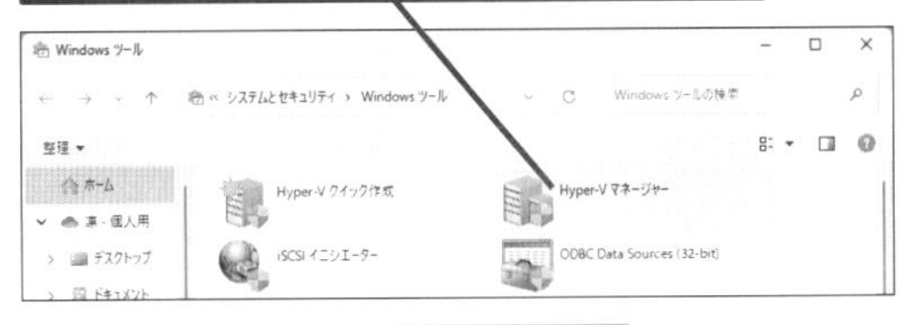

[Hyper-Vマネージャー] が起動した

3 パソコンの名前をクリック

4 [新規] をクリック

5 [仮想マシン] をクリック

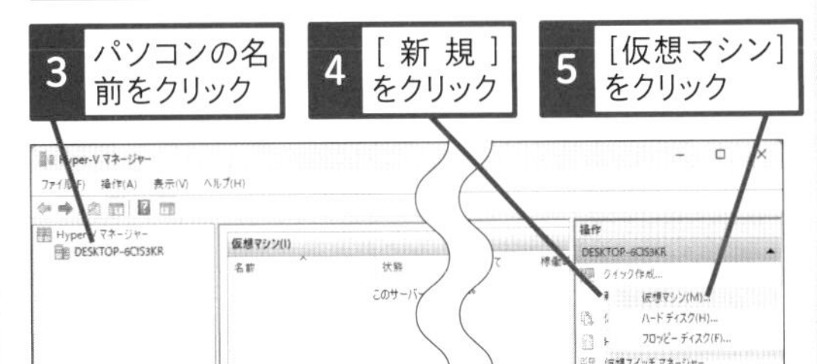

画面の指示に従って、仮想マシンのセットアップを完了する

625

Home Pro

お役立ち度 ★★★

Q ストレージを分割するには

動画で見る

A ［ディスクの管理］画面でボリュームを縮小します

パソコンのストレージは、ドライブの領域（パーティション）が区切られていることもあれば、Cドライブ1つだけしかないこともあります。これはメーカーの設定によって異なります。Cドライブが1つしかない状態を複数の領域に分けたいときは、まず、以下の方法で既存のドライブの容量を縮小しましょう。余った領域が［未割り当て］と表示され、ワザ626の方法で新たなドライブを作成できます。この作業は操作を間違えると、Windowsが起動しなくなるので、慎重に進めましょう。

ワザ429を参考に、［検索］を表示しておく

1 「ディスクの管理」と入力

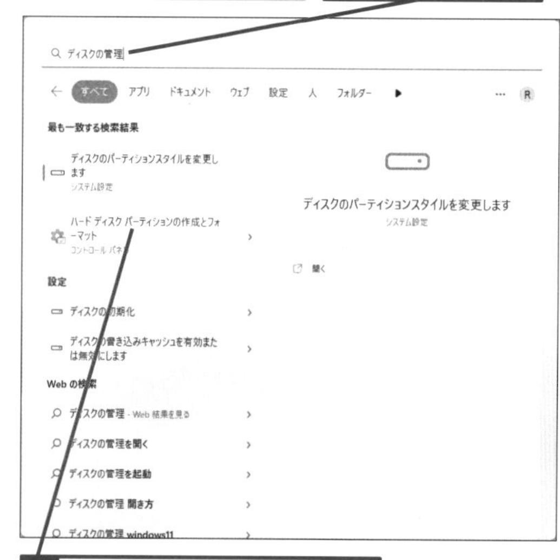

2 ［ハードディスクパーティションの作成とフォーマット］をクリック

［ディスクの管理］の画面が表示された

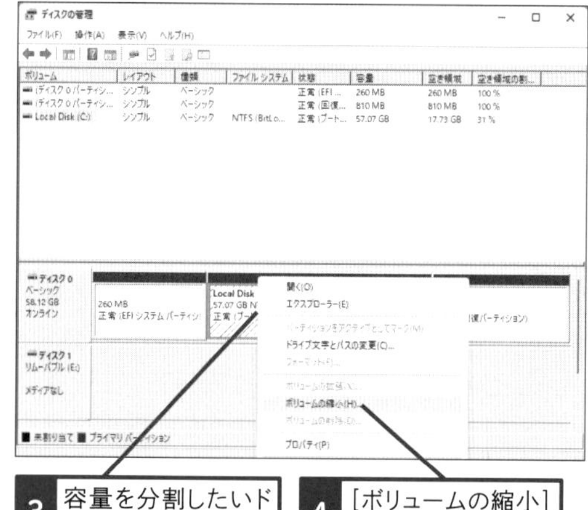

3 容量を分割したいドライブを右クリック

4 ［ボリュームの縮小］をクリック

縮小サイズの設定画面が表示された

容量を指定したいときは数値を指定する

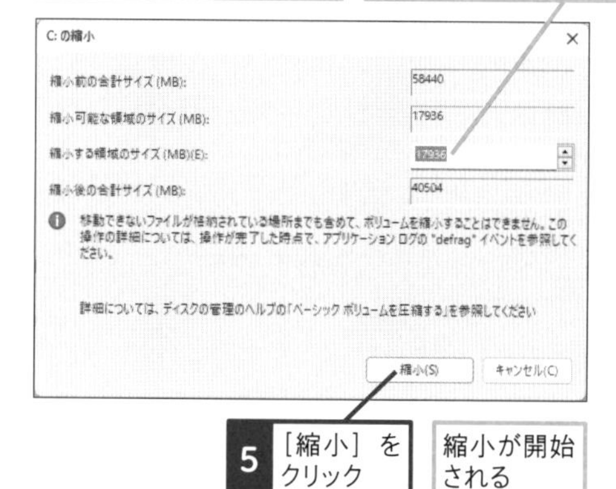

5 ［縮小］をクリック

縮小が開始される

縮小が完了すると、指定したドライブの容量が小さくなっている

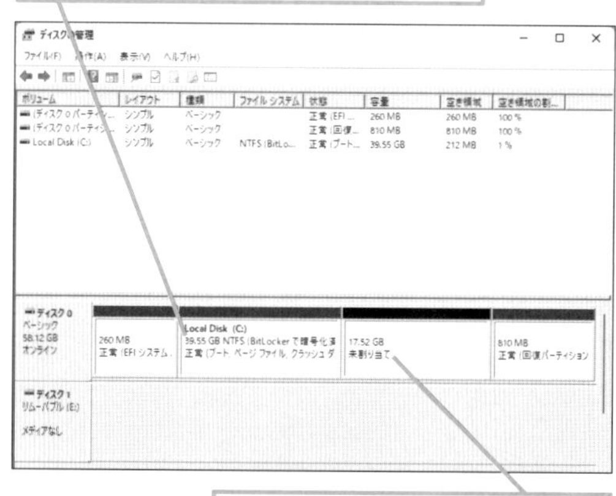

分割された片方は［未割り当て］の領域となる

関連 429 使いたいアプリをすぐに見つけるには ▸P.234

関連 626 分割したストレージを別ドライブとして使うには ▸P.331

626

Home Pro

お役立ち度 ★★★

Q 分割したストレージを別ドライブとして使うには

A ［未割り当て］をフォーマットします

ワザ624の方法でドライブを縮小すると、［未割り当て］の領域が作成されます。この領域を新しいドライブとしてフォーマットすると、ファイルの保管などに利用できるようになります。なお、内蔵タイプのストレージをあとから追加した場合もドライブのフォーマットが必要になることがあります。

ワザ624を参考に、［ディスクの管理］の画面を表示しておく

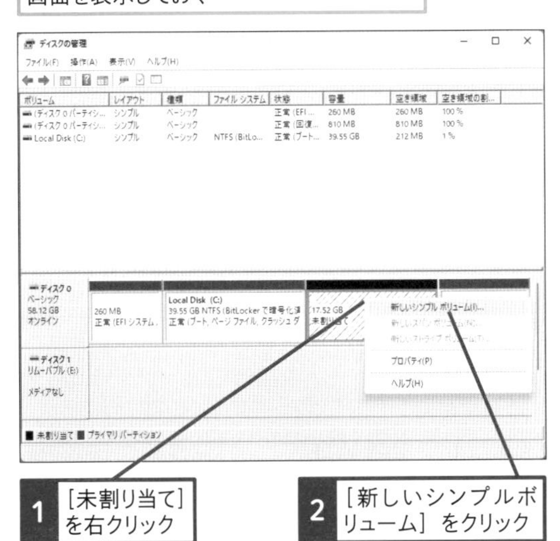

1 ［未割り当て］を右クリック

2 ［新しいシンプルボリューム］をクリック

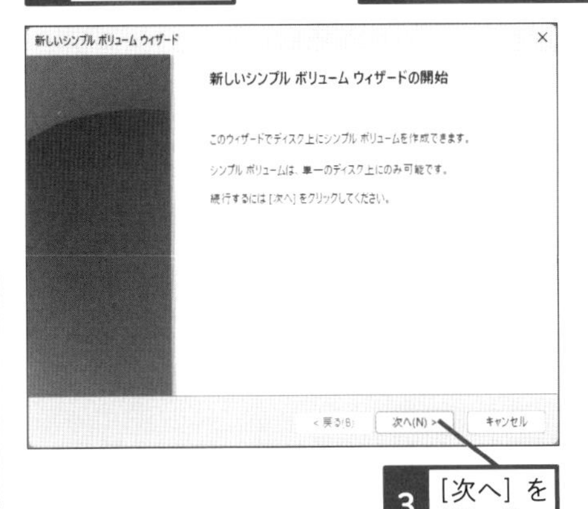

3 ［次へ］をクリック

容量を指定したいときは数値を指定する

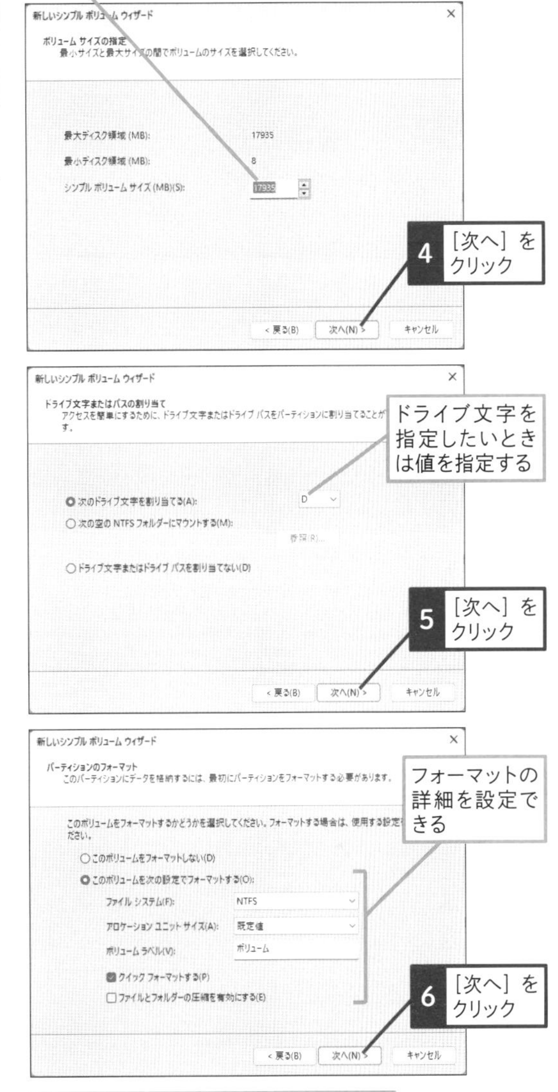

4 ［次へ］をクリック

ドライブ文字を指定したいときは値を指定する

5 ［次へ］をクリック

フォーマットの詳細を設定できる

6 ［次へ］をクリック

新しいドライブのフォーマットが完了した

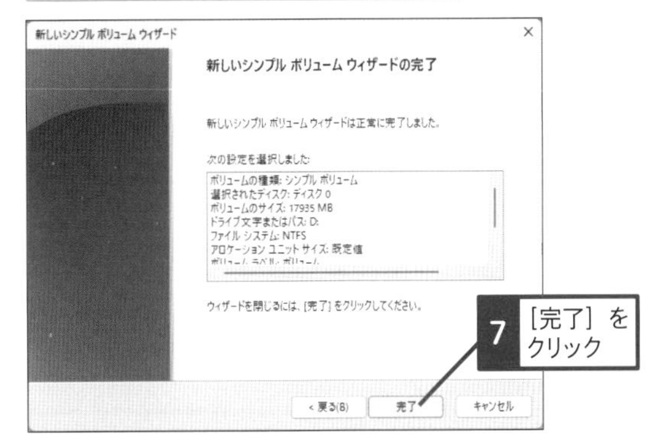

7 ［完了］をクリック

627

Home Pro

お役立ち度 ★★★

Q Windows 11のエディションを変更するには

A ［バージョン情報］からアップグレードします

［バージョン情報］の画面で利用中のWindows 11のエディションを確認し、Homeの場合はProへエディションのアップグレードができます。［Windowsのエディションをアップグレード］をクリックしましょう。Windows 10 ProやWindows 11 Proのプロダクトキーを持っているときは、［変更］クリックして、入力します。プロダクトキーを持ってないときは［Microsoft Storeを開く］をクリックして、ライセンスを購入し、アップグレードします。

ワザ023を参考に、［設定］の［システム］-［バージョン情報］の画面を表示しておく

1 ［プロダクトキーとライセンス認証］をクリック

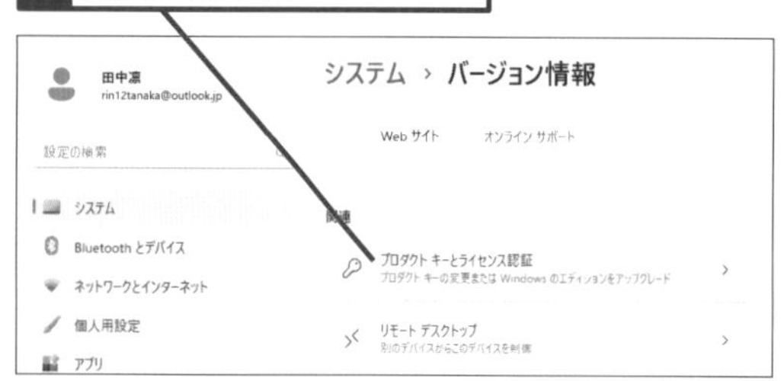

ライセンス認証の画面が表示された

2 ［Windowsのエディションをアップグレード］をクリック

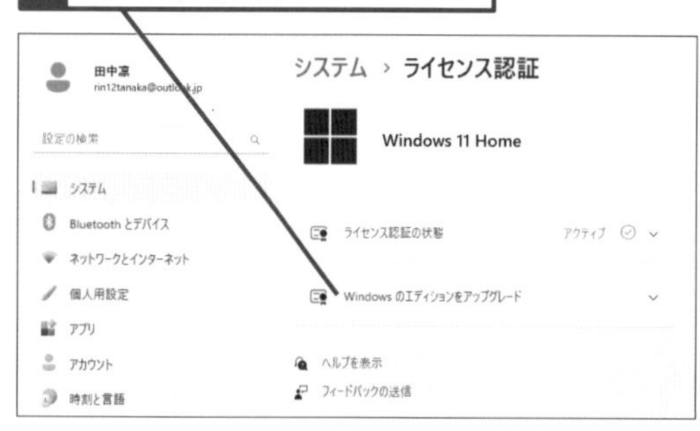

プロダクトキーを変更するか、［Microsoft Store］アプリからWindows 11 Proを購入する

628

Home Pro

お役立ち度 ★★★

Q マイクロソフトに送信されたデータを確認するには

A ［Microsoft Store］でビューアーを入手します

Windowsではアプリが強制終了した場合などに、問題の原因と思われる情報が「診断データ」として、自動的にマイクロソフトに送信されます。どのような内容が送信されたかは、［Diagnostic Data Viewer］で確認できます。このアプリは標準ではインストールされていないので、［Microsoft Store］から入手しましょう。

診断データは［Diagnostic Data Viewer］で確認できる

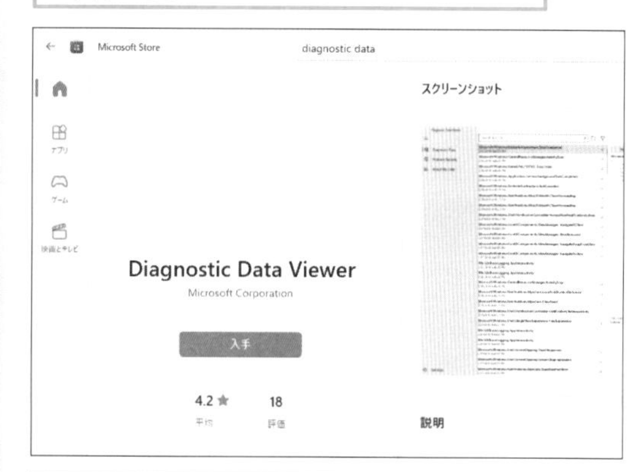

問題のあった内容が表示される

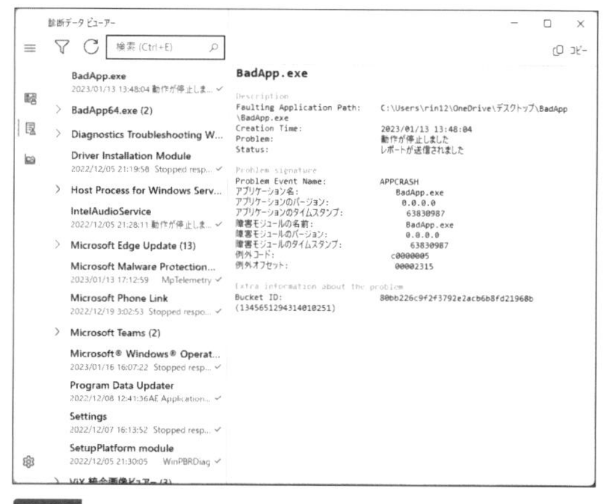

関連 438 アプリを追加するには ▶P.238

バックアップとリカバリーを実行する

ある日、突然、パソコンの調子が悪くなった。そんなときでも日頃からデータをバックアップしておけば、安心です。ここではバックアップとリカバリーのテクニックについて説明します。

629

Home Pro
お役立ち度 ★★

Q パソコンを買ったときの状態に戻すには

A リカバリーを実行しましょう

パソコンを買ったときの状態に戻すには、「リカバリー」と呼ばれる再インストールを実行します。Windowsを搭載したパソコンの多くは、本体ストレージにリカバリー用のデータが保存されていて、ユーザー自身がUSBメモリーを用意して、リカバリー用のメディアを作成する必要があります。リカバリー用のメディアを作る詳しい方法は、パソコンに付属している取扱説明書を参照してください。

関連631 リカバリーメディアをなくしてしまった! ▸P.333

630

Home Pro
お役立ち度 ★★

Q リカバリーを実行する前に注意することは何?

A データをバックアップしましょう

リカバリーを実行すると、ストレージが初期化されるため、保存されている大切なファイルが消えてしまいます。リカバリー前に、必要なファイルは外付けHDDやUSBメモリーなどにコピーして、保管しておきましょう。

関連631 リカバリーメディアをなくしてしまった! ▸P.333
関連640 システム全体をバックアップするには ▸P.338

631

Home Pro
お役立ち度 ★★

Q リカバリーメディアをなくしてしまった!

A メーカーに問い合わせてみましょう

リカバリー用のメディアはパソコンを買ったときの状態に戻せる大切なメディアです。パソコンの調子が悪くなったときなどに必要になるので、必ず作成し、大切に保管しましょう。しかし、リカバリー用のメディアを作成する前にストレージを削除してしまったり、不具合でストレージを破損してしまったりすると、リカバリー用のメディアが作成できなくなってしまいます。そのようなときは、取扱説明書やメーカーのサイトを確認するか、メーカーの窓口に問い合わせてみましょう。ユーザー登録が済んでいれば、多くのメーカーでは実費でリカバリー用のメディアを購入できます。このとき、手元にリカバリー用のメディアが届くまでに短くても数日程度かかります。いざというときのために、リカバリー用のメディアが手元になかったり、または作成していないことに気づいたら、早めに手配しておきましょう。

機種によってはリカバリー用のデータをWebページからダウンロードできる

632

Home Pro

お役立ち度 ★★

Q Windowsを初期状態に戻すには

動画で見る

A ［このPCをリセット］を実行します

パソコンの調子が悪くなったときには、Windowsを初期状態に戻すことで改善できます。初期状態に戻すには、［PCをリセットする］を実行します。念のため、［PCをリセットする］を実行する前に、必要なファイルは外付けHDDやUSBメモリーなどにコピーしておきましょう。

ワザ023を参考に、［設定］の［システム］の画面を表示しておく

1 ［回復］をクリック

2 ［PCをリセットする］をクリック

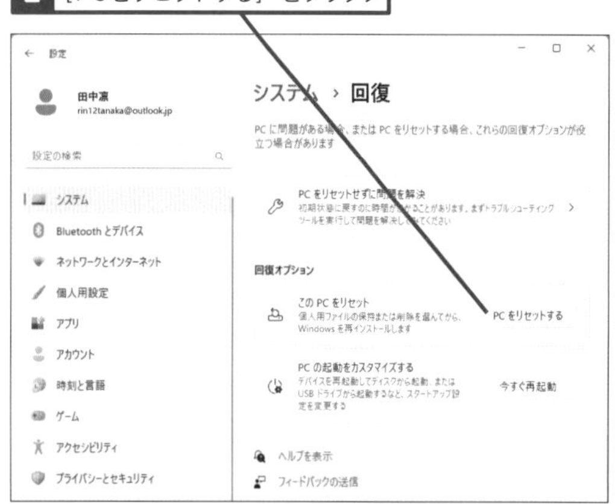

ここでは個人用ファイルを残さず、初期状態に戻す

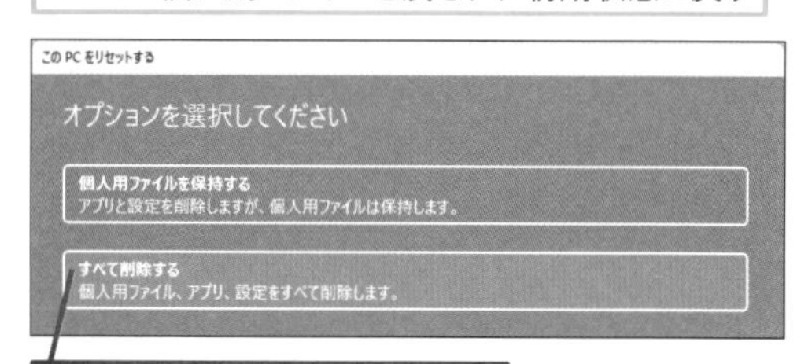

3 ［すべて削除する］をクリック

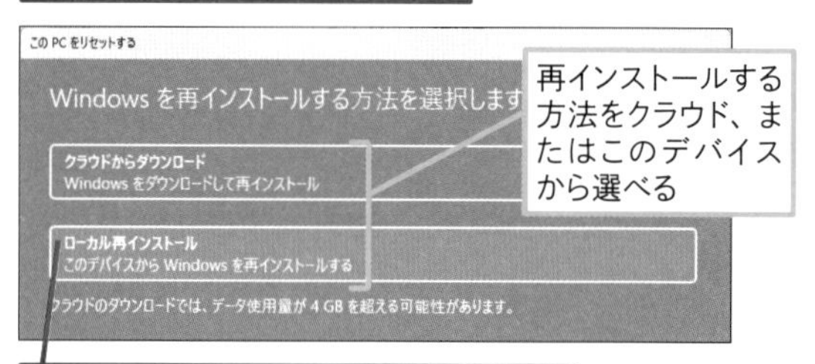

再インストールする方法をクラウド、またはこのデバイスから選べる

4 ［ローカル再インストール］をクリック

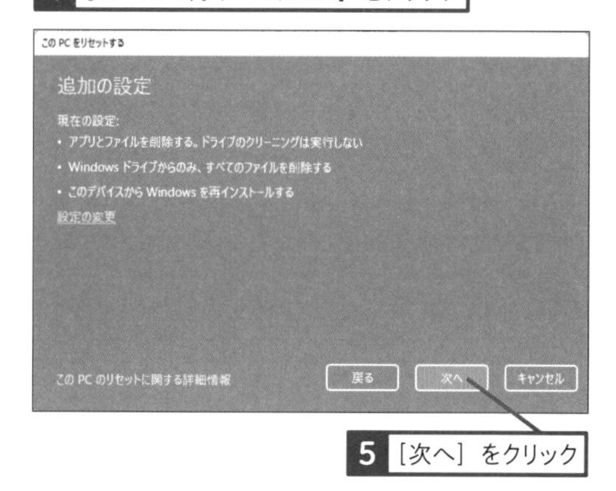

5 ［次へ］をクリック

633

Home Pro

お役立ち度 ★★

Q 初期状態に戻すときに個人用ファイルは残せるの？

A オプションで選べます

パソコンを初期状態に戻すとき、［個人用ファイルを保持する］を選択すると、［ドキュメント］フォルダーなどに保存したファイルをパソコンに残したまま、パソコンを初期状態に戻せます。ただし、デスクトップアプリや一部のWindowsアプリは消去されます。

初期状態に戻すオプションの選択画面を表示しておく

1 ［個人用ファイルを保持する］をクリック

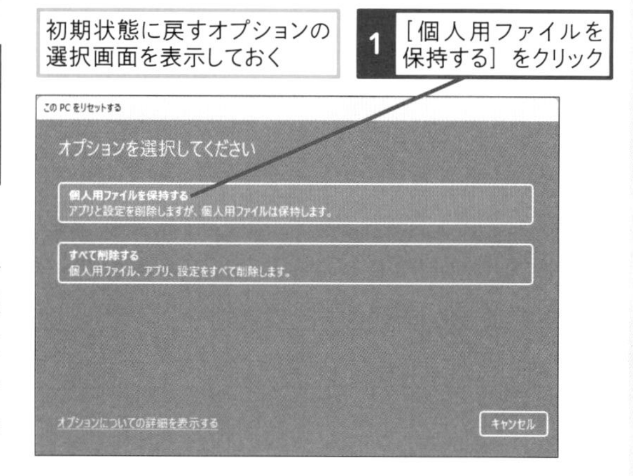

634

Home Pro

お役立ち度 ★★★

Q ファイルを定期的にバックアップするには

A 「ファイル履歴」機能を使います

「ファイル履歴」を使うと、デスクトップやドキュメントなど個人用のファイルを定期的にバックアップできます。ファイルのバージョンもバックアップされるので、トラブルが発生したときに任意の日付や時間を指定してファイルを復元できるのが特徴です。ファイル履歴の機能を利用するには、外付けのハードディスクなど、システムがインストールされたストレージとは別のドライブが必要です。また、バックアップ用のドライブを接続しないと、ファイル履歴はバックアップされません。

バックアップ用のストレージをパソコンに接続しておく

ワザ023を参考に、コントロールパネルを表示しておく

1 ［ファイル履歴でファイルのバックアップコピーを保存］をクリック

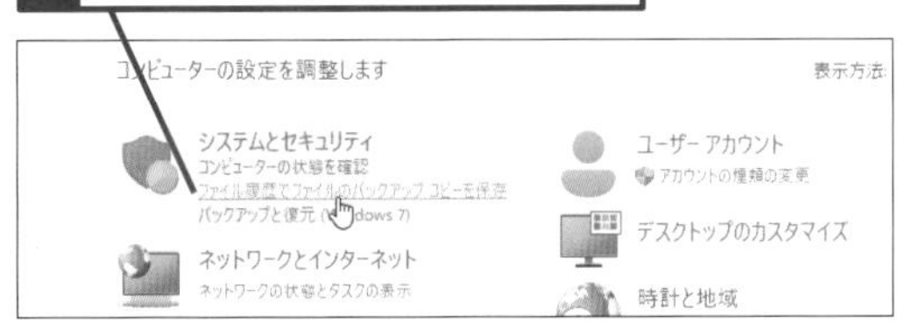

コピー先を選ぶ画面が表示されたら、バックアップ用のドライブを選択する

2 ［オンにする］をクリック

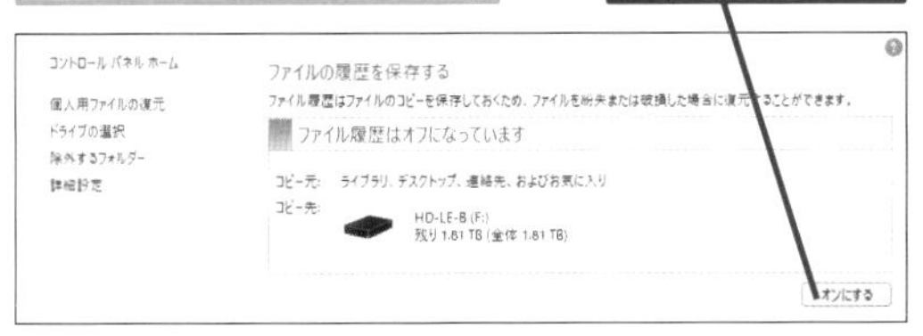

3 ［今すぐ実行］をクリック

ファイルのバックアップがオンになる

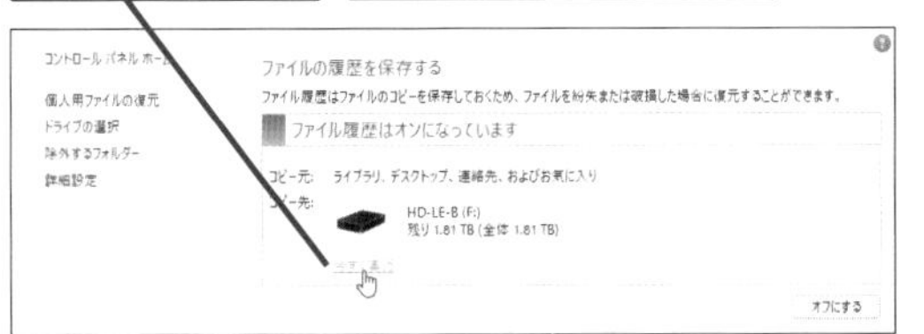

635

Home Pro

お役立ち度 ★★★

Q バックアップの条件を変更したい

A ［バックアップ オプション］で設定できます

「ファイル履歴」の保存は、バックアップの頻度やバックアップデータの保持期間が変更可能です。ファイル履歴の保存先の空き容量などを考慮して、頻度やバックアップデータの保持期間を調整しましょう。

ワザ634を参考に、［ファイル履歴］の画面を表示しておく

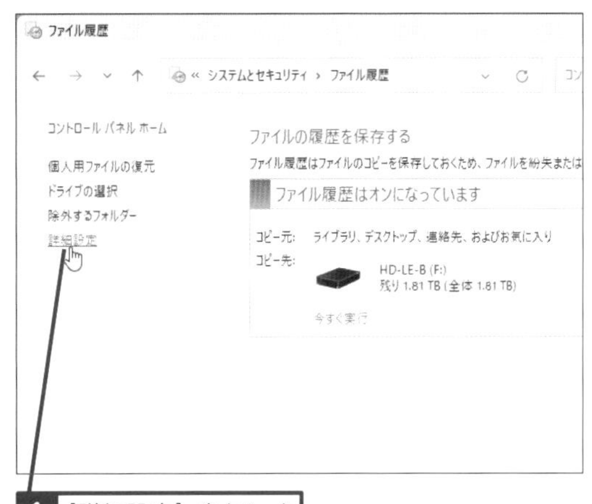

1 ［詳細設定］をクリック

バックアップの頻度や保持期間を指定できる

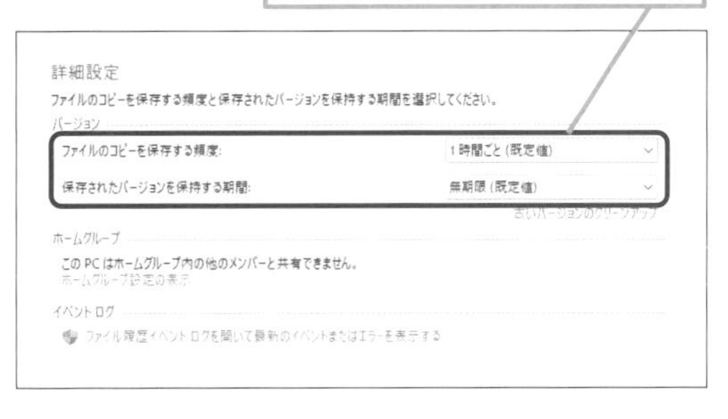

関連 634 ファイルを定期的にバックアップするには ▸ P.335

関連 640 システム全体をバックアップするには ▸ P.338

636

Home Pro

お役立ち度 ★★★

Q ファイル履歴からファイルを復元するには

A ［個人用ファイルの復元］から復元します

ファイル履歴でバックアップされたファイルは、以下の手順で任意のファイルやフォルダーとして復元できます。ファイル履歴を使ったバックアップは、最新のバージョンだけではなく、過去のバージョンも保存されているので、うっかり上書きしてしまったファイルを元に戻すこともできます。

ワザ634を参考に、［ファイル履歴］の画面を表示しておく

1 ［個人用ファイルの復元］をクリック

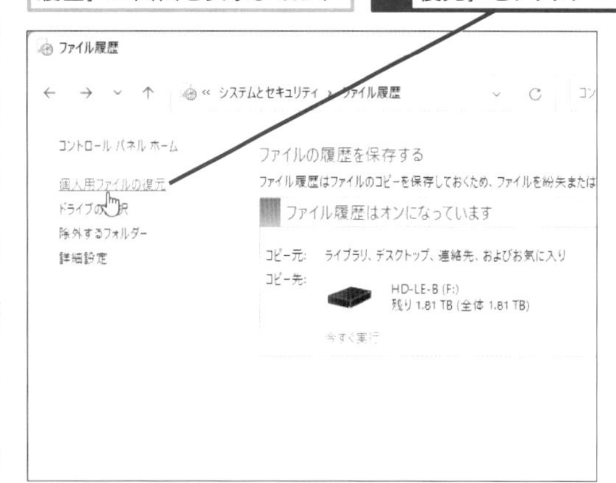

［ファイルの履歴］の画面が表示された

復元したいファイルのバージョンを探す

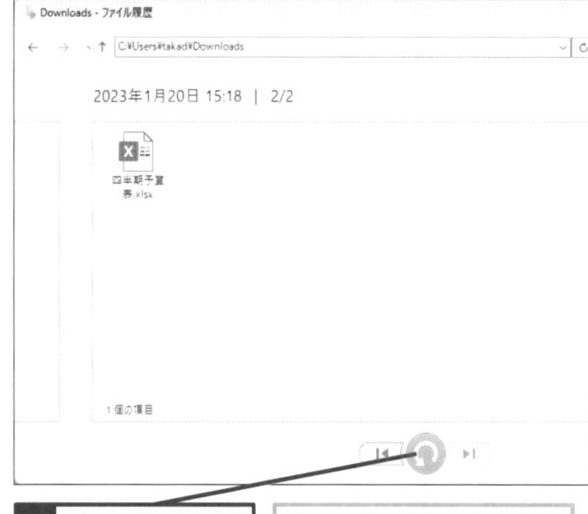

2 ［前のバージョン］をクリック

バックアップされた分だけバージョンを探せる

3 復元したいバージョンのファイルをクリック

4 ［元の場所に復元します。］をクリック

復元が開始される

同じ名前のファイルがあるときは、［ファイルの置換またはスキップ］ダイアログボックスが表示される

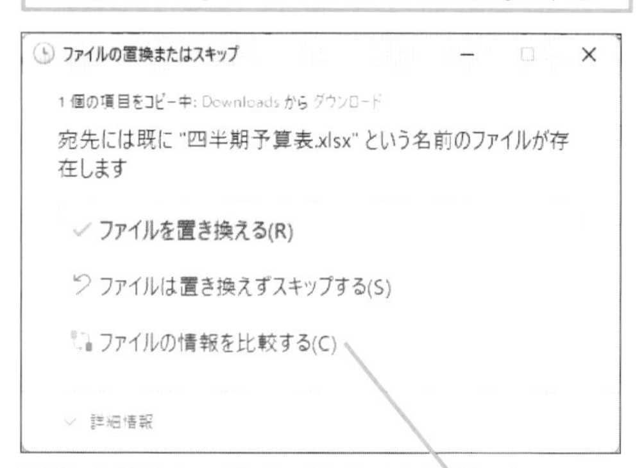

［ファイルの情報を比較する］をクリックすると、両方とも保存できる

関連 633 初期状態に戻すときに個人用ファイルは残せるの？ ▸ P.334
関連 634 ファイルを定期的にバックアップするには ▸ P.335
関連 635 バックアップの条件を変更したい ▸ P.335
関連 637 ［システムの復元］って何？ ▸ P.337

637

Home Pro

お役立ち度 ★★★

Q ［システムの復元］って何？

A 不調が発生する前の状態に戻します

ワザ638で解説する［システムの復元］とは、ソフトウェアやドライバーのインストールによって変更されたパソコンの状態を以前の状態に戻すための機能です。システムに変更が加えられると、「復元ポイント」と呼ばれる変更直前のデータが自動的にストレージに保存されます。［システムの復元］を使えば、ドライバーやソフトウェアをインストールして、Windowsの調子が悪くなったとしても復元ポイントの状態に戻すことができるようになっています。

638

Home Pro

お役立ち度 ★★★

Q 復元ポイントでストレージの空き容量が少なくなった！

A 不要な復元ポイントは削除できます

Windowsがインストールされたストレージの空き容量が少ないときは、ストレージに作成された復元ポイントをすべて削除することで空き容量を増やせます。復元ポイントをすべて削除するには、**ワザ639**を参考に、［システムのプロパティ］の画面で［構成］をクリックしてから、［削除］をクリックします。なお、復元ポイントをすべて削除すると、以前の状態にシステムの設定を戻すことができなくなるので注意しましょう。

639

Home Pro

お役立ち度 ★★★

Q システムを復元して以前の状態に戻すには

A 復元ポイントを選択して戻します

復元ポイントを使ってパソコンを以前の状態に戻すには、以下の手順で［システムの復元］を実行します。システムの復元を起動したら、［次へ］をクリックします。［他の復元ポイントを表示する］にチェックを入れて、戻したい復元ポイントをクリックし、画面の指示に従って手順を進めます。［影響を受けるプログラムの検出］をクリックすると、戻したときにどのような影響が起こるか事前に調べることができます。

ワザ429を参考に、［検索］を表示しておく

1 「システムの保護」と入力

2 ［復元ポイントの作成］をクリック

3 ［システムの復元］をクリック

［システムの復元］が表示されたら、復元ポイントを選択して、復元を実行する

システムの保護が無効になっているときは、［構成］をクリックして、表示された画面で［有効］にする

関連 429 使いたいアプリをすぐに見つけるには ▶P.234

640

Home Pro
お役立ち度 ★★

Q システム全体をバックアップするには

A システムイメージを作成します

パソコンにトラブルが発生したときに備え、システムドライブ(通常はCドライブ)に含まれるすべてのデータを外付けのハードディスクやSSD、NASなどにバックアップできます。システムドライブをバックアップするには、コントロールパネルの[システムイメージバックアップ]にある[システムイメージの作成]を選択して、システムイメージを作成します。

ワザ023を参考に、コントロールパネルを表示しておく

1 [バックアップと復元(Windows 7)]をクリック

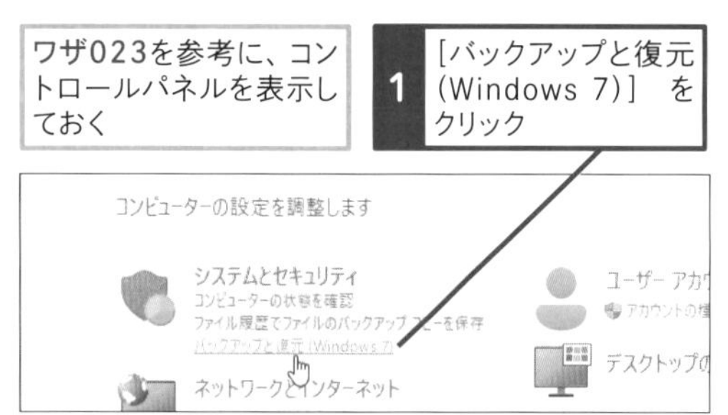

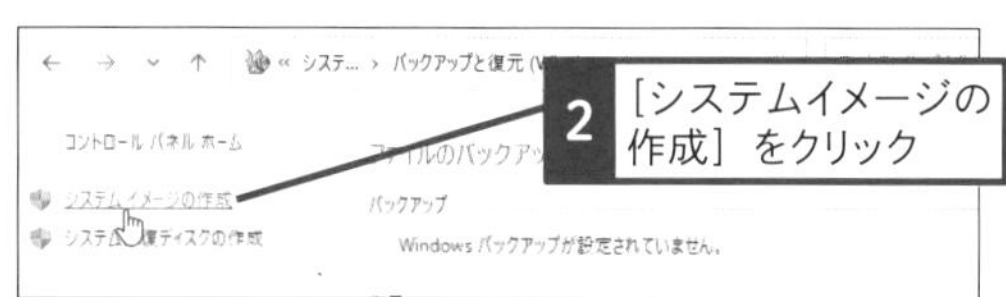

2 [システムイメージの作成]をクリック

641

Home Pro
お役立ち度 ★★

Q 回復キーを確認したい

A MicrosoftのWebページで確認できます

Windows 11ではパソコンに内蔵されたストレージが自動的に暗号化されます。このストレージを復号化するには「回復キー」が必要です。回復キーはMicrosoftアカウントのWebページ(http://go.microsoft.com/fwlink/p/?LinkId=237614)で確認できます。

642

Home Pro
お役立ち度 ★★

Q 保存したシステムイメージから復元するには

A [イメージでシステムを回復]を使います

ワザ640で作成したシステムイメージからシステム全体を復元できます。復元は[PCの起動をカスタマイズする]からパソコンを再起動し、[イメージでシステムを回復]を選択して、画面の指示に従って操作します。なお、パソコンがまったく起動しないときは、ワザ643で解説する「回復ドライブ」から起動することで、トラブル解決のメニューを表示できます。

ワザ023を参考に、[設定]の[システム]-[回復]の画面を表示しておく

1 [今すぐ再起動]をクリック

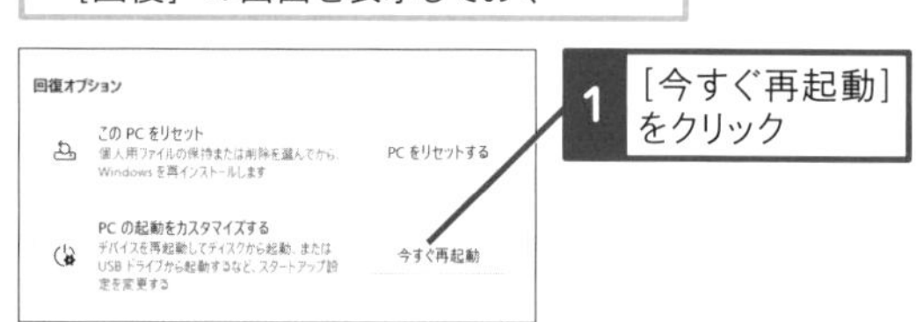

再起動後に[オプションの選択]が表示された

2 [トラブルシューティング]をクリック

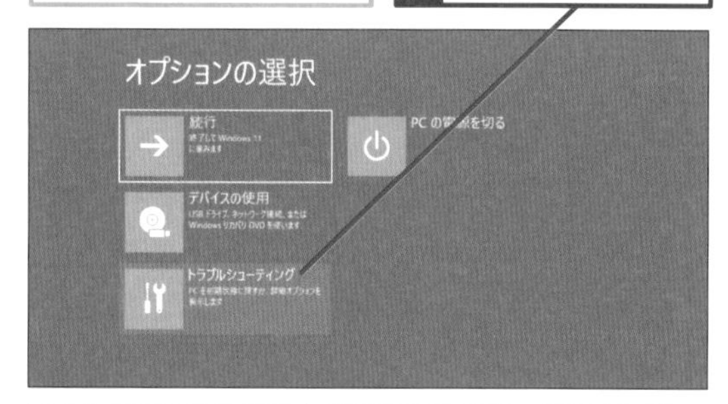

3 [詳細オプション]をクリック

4 [その他の修復オプションを表示]をクリック

5 [イメージでシステムを回復]をクリック

画面の指示に従って復元作業を進める

643

Home Pro

お役立ち度 ★★☆

Q 回復ドライブって何？

A 起動しないときの修復用です

回復ドライブはパソコンがまったく起動しないときのトラブルシューティングに利用する起動用ドライブです。あらかじめ回復ドライブをUSBメモリーに作成しておき、パソコンをそのUSBメモリーから起動すると、トラブルを解決して、パソコンを正常に起動するためのメニューが表示されます。回復ドライブは［回復ドライブの作成］で作成します。

ワザ429を参考に、［検索］を表示しておく

1 「回復ドライブ」と入力

2 ［回復ドライブ］をクリック

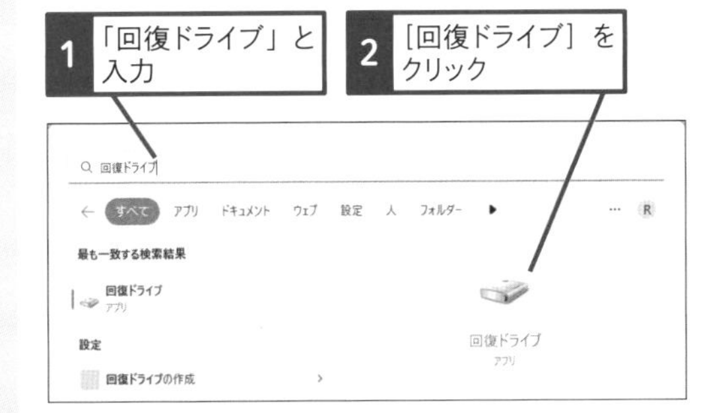

［ユーザーアカウント制御］が表示されたら、［はい］をクリックする

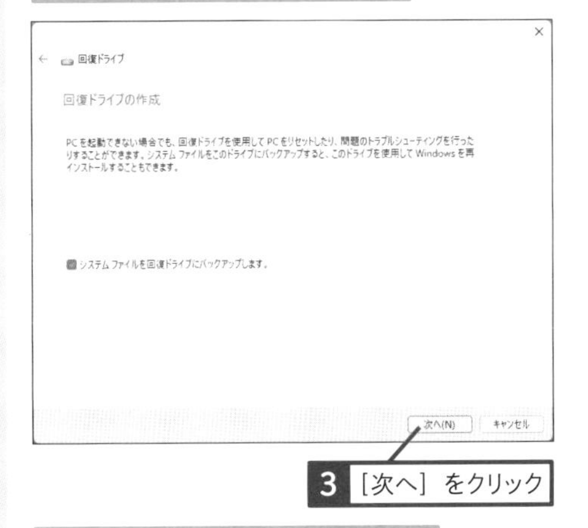

3 ［次へ］をクリック

手順に沿って回復ドライブを作成する

関連 429 使いたいアプリをすぐに見つけるには ▶P.234

644

Home Pro

お役立ち度 ★★☆

Q パソコンが起動しなくなったときは

A 回復ドライブでパソコンを起動します

パソコンがまったく起動できなくなったときは、ワザ643で作成した回復ドライブから起動できます。回復ドライブからパソコンを起動するには、パソコンに回復ドライブを接続して、BIOSやUEFIの設定画面を表示します。設定画面が表示されたら、回復ドライブのメディアを起動ドライブにしてからBIOSやUEFIの設定画面を閉じると、回復ドライブからパソコンを起動できます。なお、BIOSやUEFIの設定方法は、マニュアルやメーカーのサイトで確認しましょう。また、［イメージでシステムを回復する］を選ぶと、パソコンが初期化され、データがすべて消えてしまうので、慎重に実行しましょう。

回復ドライブのメディアを起動ドライブにして、パソコンの電源を入れる

1 ［Microsoft IME］をクリック

2 ［トラブルシューティング］をクリック

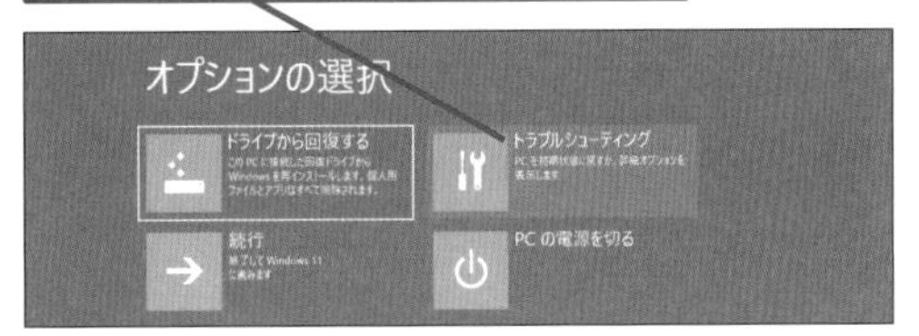

3 ［イメージでシステムを回復］をクリック

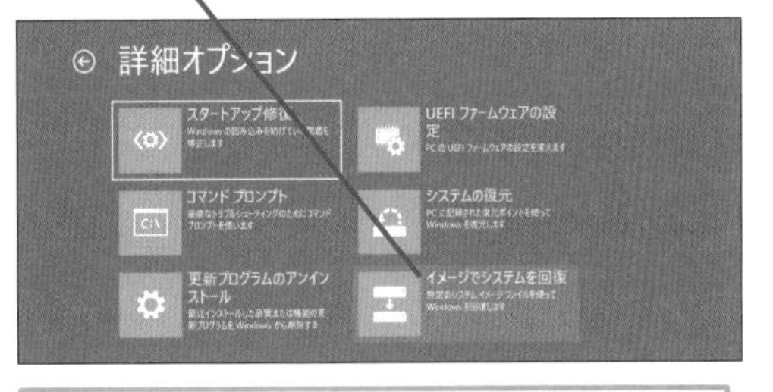

画面の指示に従って、パソコンの初期化を実行する

ショートカットキーの便利ワザ

ショートカットキーを覚えておくと、マウスではなく、キーボードの操作でWindowsのさまざまな機能を使うことができるので便利です。ここでは代表的なショートカットキーを説明します。

645

Home Pro

お役立ち度 ★★★

Q [設定] 画面をすばやく表示するには

ショートカットキー

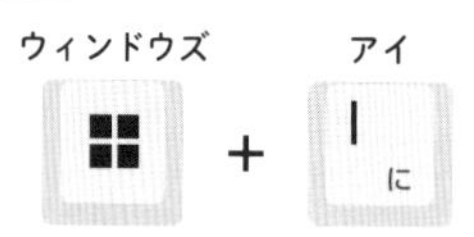

Windowsの各種設定をすばやく実行するのに便利な機能です。[設定] アプリをすぐに起動できます。

関連 023 [設定] と [コントロールパネル] はどう使い分けるの? ▸ P.41

646

Home Pro

お役立ち度 ★★★

Q エクスプローラーに新しいタブを追加するには

ショートカットキー

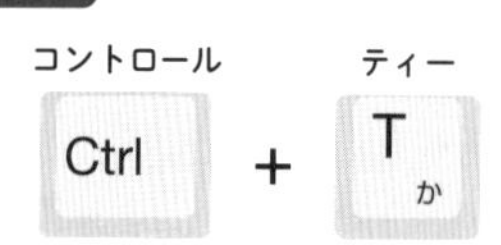

最新版のWindows 11 (22H2) で追加されたショートカットキーです。エクスプローラーに新しいタブを追加します。ファイルのコピーや移動など、複数のフォルダーを同時に表示して、切り替えながら作業するときに使うと便利です。

関連 166 エクスプローラーのタブを追加するには ▸ P.105

647

Home Pro

お役立ち度 ★★★

Q コンテキストメニューをすばやく開くには

ショートカットキー

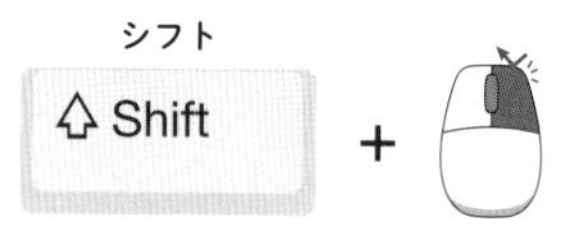

Windows 11では、マウスを右クリックしたときに表示されるメニューが簡易化されています。最新版のWindows 11 (22H2) では、Shiftキーを押しながら右クリックすることで、[その他のオプションを表示] をクリックしたときと同じ詳細なコンテキストメニューを表示できます。

648

Home Pro

お役立ち度 ★★★

Q ファイルの保存場所を簡単にコピーするには

ショートカットキー

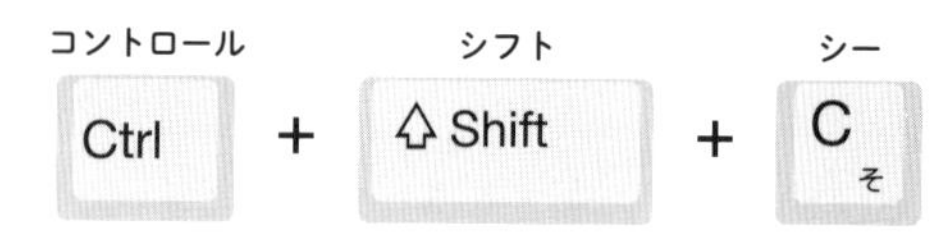

ファイルがどこに保存されているのかを示す「パス」の情報をコピーできます。ドライブ名やフォルダー名を含むファイルの保存場所です。アプリで開きたいファイルを指定するときなどに利用します。

関連 191 フォルダーの場所を確認するには ▸ P.117

649

Home Pro
お役立ち度 ★★★

Q ［スタート］ボタンを右クリックして表示される便利なメニューを表示するには

ショートカットキー

ウィンドウズ エックス
⊞ + X

［スタート］ボタンを右クリックすると、Windows 11の各種設定や管理を行うときに便利なメニューが表示できます。このメニューはショートカットキーで表示することもできます。設定や管理に関係するメニューが集められているのでおぼえておくと便利です。

1 ⊞+Xキーを押す

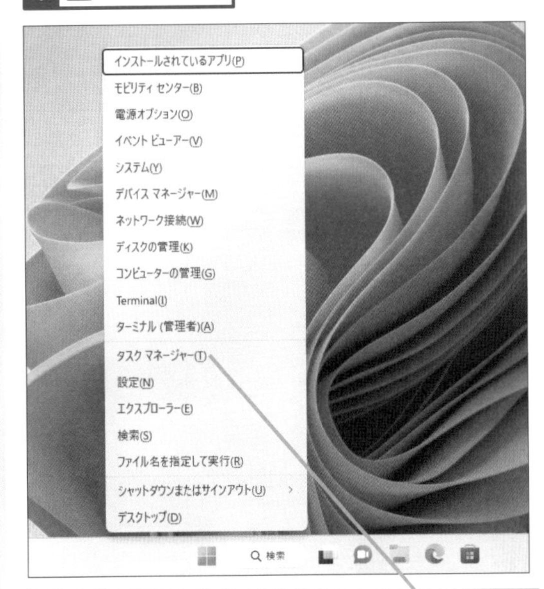

タスクマネージャーなどを起動できるメニューが表示された

メニューが表示された状態で各機能に対応したアルファベットのキーを押すと実行できる

関連 430 デスクトップアプリのファイル名を指定して実行するには ▸P.234

関連 433 反応しなくなったアプリを終了するには ▸P.236

関連 561 周辺機器が正しく認識されていることを確認するには ▸P.299

650

Home Pro
お役立ち度 ★★★

Q 上書き保存するには

ショートカットキー

コントロール エス
Ctrl + S

編集した内容を上書き保存します。上書き保存の操作ができないアプリでは、何も起こりません。

1 Ctrl+Sキーを押す

*ソロキャンプについてのメモ - メモ帳
ファイル 編集 表示
ソロキャンプについてのメモ

上書き保存されて、［*］が非表示になった

ソロキャンプについてのメモ - メモ帳
ファイル 編集 表示
ソロキャンプについてのメモ

651

Home Pro
お役立ち度 ★★★

Q 文字列やファイルなどを切り取りするには

ショートカットキー

コントロール エックス
Ctrl + X

選択した文字列、ファイルなどを切り取ります。切り取った文字列やファイルは、Ctrl+Vキーや⊞+Vキーで貼り付けることができます。

関連 178 ファイルを移動するには ▸P.111

関連 652 文字列やファイルなどをコピーするには ▸P.342

652

Home Pro
お役立ち度 ★★★

Q 文字列やファイルなどをコピーするには

ショートカットキー

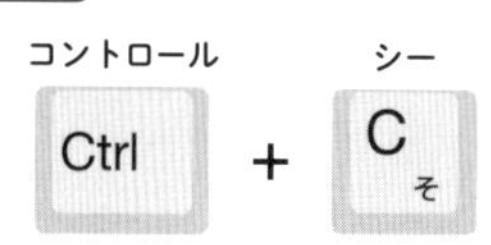

選択した文字列やファイルなどをコピーします。コピーした文字列やファイルは、Ctrl+Vキーや⊞+Vキーで貼り付けることができます。

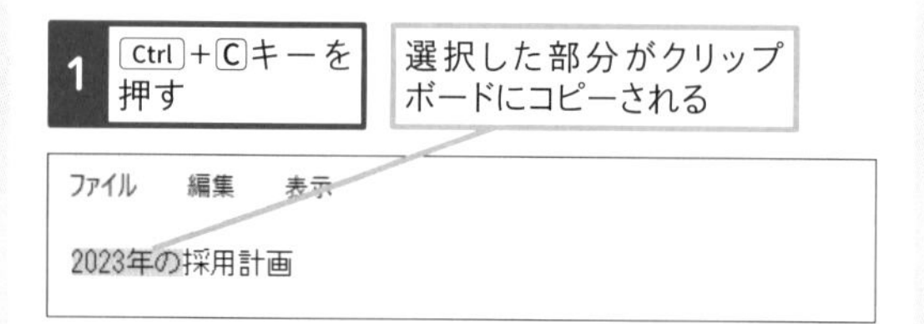

653

Home Pro
お役立ち度 ★★★

Q 新しいウィンドウを作成するには

ショートカットキー

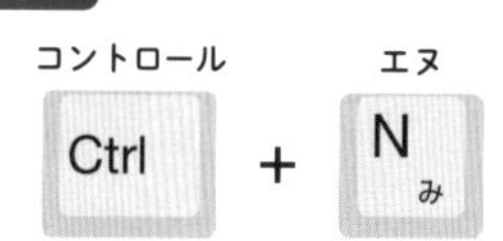

現在操作しているアプリの新しいウインドウを作成して表示します。

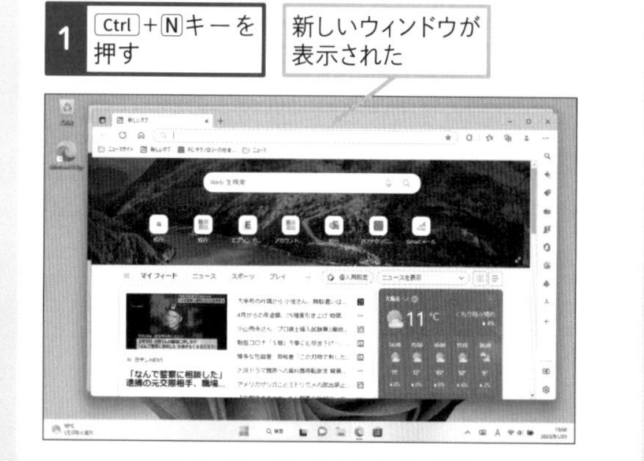

654

Home Pro
お役立ち度 ★★★

Q 文字列やファイルなどをすべて選択するには

ショートカットキー

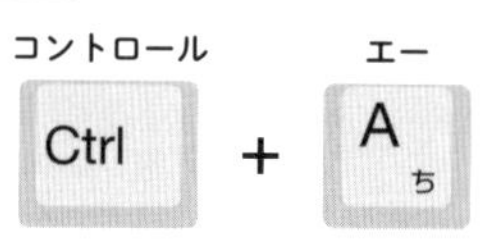

編集中の文字列やエクスプローラーのファイルなどをすべて選択します。

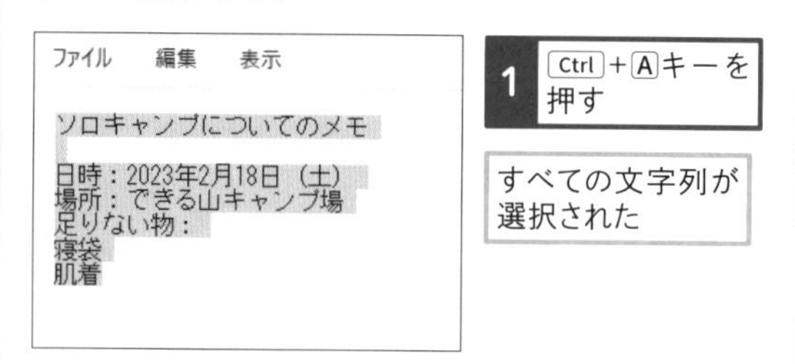

655

Home Pro
お役立ち度 ★★★

Q 文字列やファイルなどを貼り付けるには

ショートカットキー

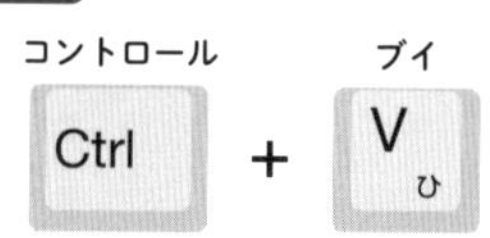

コピーや切り取った文字列やファイルなどを貼り付けます。⊞+Vキーを利用すると、履歴を表示して貼り付けることもできます。

1 Ctrl+Vキーを押す

ファイル 編集 表示

2023年の採用計画

文字列が貼り付けられた

ファイル 編集 表示

2023年の採用計画
（会社説明会のハイブリッド開催について）

656

Home Pro

お役立ち度 ★★★

Q ファイルを開くには

ショートカットキー

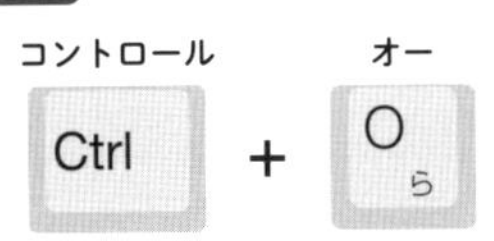

現在操作しているアプリを使って、保存してあるファイルを開きます。

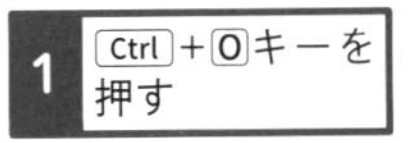

1 Ctrl+Oキーを押す

［開く］ダイアログボックスが表示された

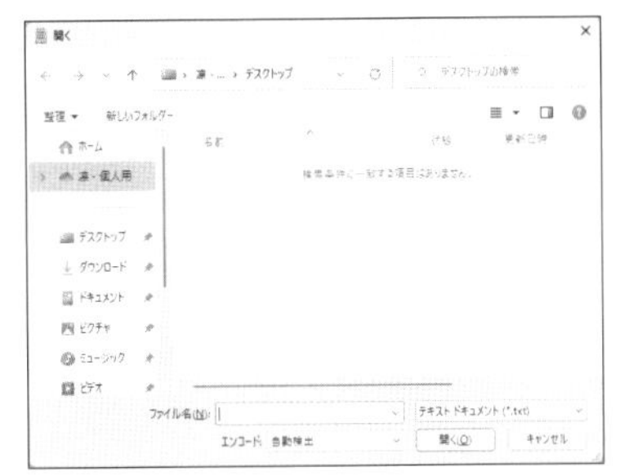

657

Home Pro

お役立ち度 ★★★

Q 直前の操作を元に戻すには

ショートカットキー

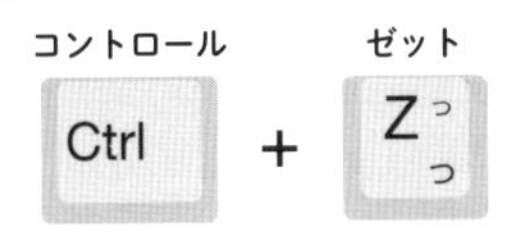

直前の編集操作を元に戻します。間違って編集してしまったときに使います。

間違って2度貼り付けてしまった部分を元に戻したい

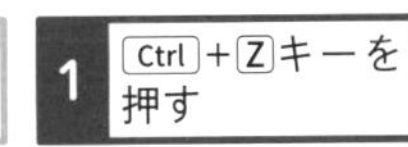

1 Ctrl+Zキーを押す

肌着
固形燃料固形燃料

直前の操作がキャンセルされた

肌着
固形燃料

658

Home Pro

お役立ち度 ★★★

Q ウィンドウを切り替えるには

ショートカットキー

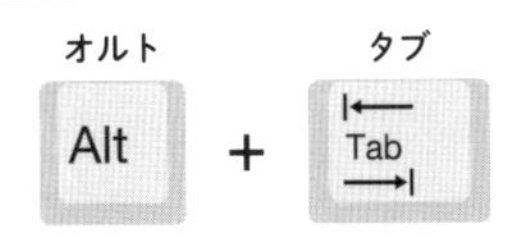

デスクトップに起動しているすべてのウィンドウのサムネイルを表示します。さらにAlt+Tabキーを押すと、ウィンドウを切り替えることができます。

1 Alt+Tabキーを押す

ウィンドウの縮小画面が一覧で表示された

659

Home Pro

お役立ち度 ★★★

Q ウィンドウを縮小するには

ショートカットキー

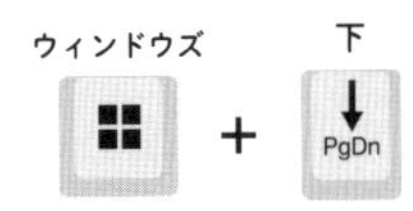

ウィンドウが最大化されているときは、ウィンドウの大きさを元に戻します。最大化されていないときは、ウィンドウを最小化します。

1 ⊞+↓キーを押す

ウィンドウが縮小された

付録 ショートカットキー一覧

Windows全般の操作

Snipping Toolを起動	⊞+Shift+S
新しいウィンドウを開く	⊞+N
新しいフォルダーを作成	Ctrl+Shift+N
アドレスバーを選択	Alt+D
ウィジェットを表示	⊞+W
ウィンドウを切り替え	Alt+Tab
ウィンドウを最小化	⊞+↓
ウィンドウを最大化	⊞+↑
ウィンドウを左右にスナップ	⊞+←／→
ウィンドウをすべて最小化	⊞+M
ウィンドウを閉じる	Ctrl+W
エクスプローラーのタブ追加	Ctrl+T
エクスプローラーを起動	⊞+E
[絵文字]を表示	⊞+.
拡大鏡	⊞++
仮想デスクトップを移動	⊞+Ctrl+←／→
仮想デスクトップを作成	⊞+Ctrl+D
仮想デスクトップを終了	⊞+Ctrl+F4
画面の表示方法を選択	⊞+P
画面ロック	⊞+L
クイック設定を開く	⊞+A
クリップボード履歴を表示	⊞+V
検索の開始	⊞+S
コンテキストメニューを表示	Shift+右クリック
最小化されたウィンドウを復元	⊞+Shift+M
[スタート]ボタンの右クリックメニューを表示	⊞+X
スタートメニューを表示	⊞
スナップレイアウトメニューを表示	⊞+Z
[設定]を表示	⊞+I
選択したファイルを実行	Enter
タスクバー上のアプリを切り替え	⊞+T
タスクバー隅のアイコンを選択	⊞+B
タスクバーを選択	⊞+T
タスクビューを表示	⊞+Tab
タスクマネージャーを起動	Ctrl+Shift+Esc
デスクトップを一時的に表示	⊞+,
デスクトップを表示	⊞+D
パスをコピー	Ctrl+Shift+C
ファイル名を指定して実行	⊞+R
ファイル名を変更	F2
ファイルを完全に削除	Shift+Delete
ファイルを削除	Delete
プロパティを開く	Alt+Enter
ヘルプを表示	⊞+F1
ほかのウィンドウを最小化／復元	⊞+Home

Microsoft Edgeの操作

InPrivateブラウズを開始	Ctrl+Shift+N
Webキャプチャを実行	Ctrl+Shift+S
Web選択を実行	Ctrl+Shift+X
新しいウィンドウを表示	Ctrl+N
新しいタブを表示	Ctrl+T
アドレスバーに移動	Ctrl+L
ウィンドウを複製	Ctrl+N
閲覧データを削除	Ctrl+Shift+Delete
お気に入りバーを表示	Ctrl+Shift+B
お気に入りを表示	Ctrl+Shift+O
音声で読み上げる	Ctrl+Shift+U
開発者ツールを表示	Ctrl+Shift+I

キーワード検索を開始	Ctrl + E
現在のタブを閉じる	Ctrl + W
現在のページを印刷	Ctrl + P
コレクションを表示	Ctrl + Shift + Y
サイドバーを表示／非表示	Ctrl + Shift + /
[設定など] を表示	Alt + F
全画面表示に切り替え	F11
選択したリンク先に移動	Enter
タブを複製	Ctrl + Shift + K
次のページに進む	Alt + →
表示しているページを更新	Ctrl + R または F5
表示中のページをお気に入りに追加	Ctrl + D
表示の拡大率を100%にする	Ctrl + 0
表示を拡大	Ctrl + +
表示を縮小	Ctrl + −
ダウンロード履歴を表示	Ctrl + J
直前に閉じたタブを開く	Ctrl + Shift + T
ブラウザータスクマネージャーを表示	Shift + S
ページ内を検索	Ctrl + F
ページの先頭に移動	Home
ページの先頭に向かって大きくスクロール	Page Up
ページのソースを表示	Ctrl + U
ページの末尾に移動	End
ページの末尾に向かって大きくスクロール	Page Down
ページの読み込みを中止	Esc
ページを上方向にスクロール	Shift + space
ページを下方向にスクロール	space
[ホーム] タブを表示	Alt + Home
前のページに戻る	Alt + ← または Back space
履歴を表示	Ctrl + H

日本語入力の操作

ひらがな変換	F6 または Fn + F6
全角カタカナ変換	F7 または Fn + F7
半角変換	F8 または Fn + F8
全角英数変換	F9 または Fn + F9
半角英数変換	F10 または Fn + F10

プログラム共通の操作

アプリを終了	Alt + F4
印刷	Ctrl + P
上書き保存	Ctrl + S
切り取り	Ctrl + X
コピー	Ctrl + C または Ctrl + Insert
削除	Delete または Back space
新規作成	Ctrl + N
すべて選択	Ctrl + A
貼り付け	Ctrl + V または Shift + Insert
ファイルを開く	Ctrl + O
元に戻す	Ctrl + Z

ダイアログボックスの操作

強調表示されたボタンを押す	Enter
ダイアログボックスの項目を実行する	Alt +かっこ内の英字キー
ダイアログボックスを閉じる	Esc
チェックボックスのオン／オフを切り替える	チェックボックスが選択されている状態で space
次の項目に進む	Tab
次のタブに移動する	Ctrl + Tab
前の項目に戻る	Shift + Tab
前のタブに移動する	Ctrl + Shift + Tab
～番目のタブに移動する	Ctrl +数字キー（1 ～ 9）

キーワード解説

本書に登場する用語の中から、パソコンを使ううえで重要な310のキーワードをまとめました。関連するほかのキーワードがある項目には→が付いています。併せて読むことで、はじめて目にする専門用語でも難なく理解できます。

アルファベット

AAC（エーエーシー）
Advanced Audio Codingの略。音声データの圧縮フォーマットの1つで、MP3よりも音質、圧縮率ともに優れている。
→MP3、フォーマット

ALAC（エーエルエーシー）
Apple Lossless Audio Codecの略。アップルが規格化した音声データの圧縮形式のこと。Apple Lossless形式とも呼ばれる。圧縮されたデータから元のデータに戻すことができる可逆圧縮が利用されており、音質が劣化しないため、ハイレゾ音源として利用されることがある。
→FLAC

Android（アンドロイド）
Googleがスマートフォンやタブレットなどの機器向けに開発したOSのこと。国内で発売されているスマートフォンの多くが搭載している。

BCC（ビーシーシー）
Blind Carbon Copyの略。メールの写しをほかの人にも送信したいときに利用する。BCCに入力したメールアドレスは、どのメールの写しにも表示されないので、誰にメールを送っているのかを知られたくないときに利用する。

Bing（ビング）
マイクロソフトが提供している検索サイト。画像や動画、地図、ニュースなど、さまざまな情報を検索できる。
→検索サイト

BitLocker（ビットロッカー）
Windowsに搭載されているデータの暗号化機能。ハードディスクやSSD、USBメモリーのデータを暗号化することで、大切なデータを保護できる。BitLockerを有効にするにはWindows 11 Pro、またはEnterpriseエディションが必要。
→USBメモリー、ハードディスク

Bluetooth（ブルートゥース）
2.4GHz帯を利用し、数～数百メートルの距離で、パソコン同士やパソコンと対応機器間をワイヤレスで通信するための規格。バージョンによって転送速度や転送距離が異なり、5.2では最大2Mbpsで400mでの通信が可能。ヘッドセットやキーボード、マウスをはじめ、さまざまな周辺機器が対応している。

Blu-ray Disc（ブルーレイ ディスク）
青色レーザー光を利用して記録量を飛躍的に増大させた光学メディア。容量は1層で25GB、2層で50GB。BDXLでは3層で100GB、4層で128GBとなる。

BMP形式（ビーエムピーケイシキ）
データを圧縮せずに格納する画像形式。古くから存在し、幅広い環境で利用可能。
→JPEG形式、ファイル

CATV（シーエーティービー）
Cable Televisionの略。電波ではなく、ケーブルを使って配信されるテレビ放送のこと。また、テレビ放送が配信されるケーブルを利用したインターネット接続のことを指すこともある。
→インターネット

CC（シーシー）
Carbon Copyの略。メールの写しをほかの人にも送信したいときに利用する。CCに入力したメールアドレスは、ほかの受取人すべてのメールに表示される。ほかの人に知られたくないときはBCCを利用する。
→BCC、メール

CD-R（シーディーアール）
「Compact Disc-Recordable」の略で、データの書き込みに対応したCDのこと。一般的には700MB（音楽80分相当）のデータを書き込める。データの書き換えに対応したCD-RW（Compact Disc-ReWritable）もある。

Clipchamp（クリップチャンプ）
Windows向けの動画編集アプリ。動画や画像などの素材を集めてつなぎ合わせたり、テンプレートを使って簡単にオリジナルの動画を作成したりできる。

Cookie（クッキー）
Webブラウザーとサーバーの間で相互にやり取りされるデータのこと。サイトの閲覧情報などを記録するために利用される。
→Webブラウザー、アカウント、サーバー

CPU（シーピーユー）
Central Processing Unitの略。パソコンの頭脳とも言えるもっとも重要な部品。主なCPUにインテルの「Core i」シリーズやAMDの「Ryzen」などがある。

DVD-R（ディーブイディーアール）
書き込み可能なDVDメディアのこと。容量は4.7GB。一度しかデータを書き込むことができないが、メディアの価格が安く、パソコンや家庭用ハードディスクレコーダーなどで利用できる。

DVD-Video（ディーブイディービデオ）
DVDメディアへ動画を記録する際のデータの収録形式。市販のDVDソフト向けなどで広く使われる。

DVI（ディーブイアイ）
Digital Visual Interfaceの略。パソコンとディスプレイを接続するための規格の1つで、映像信号がアナログではなく、デジタルで伝送されるため、画面のにじみなどが発生しない。

FLAC（フラック）
Free Lossless Audio Codecの略。オーディオ圧縮形式の1つ。圧縮されたデータから元のデータに戻すことができる可逆圧縮が利用されており、音質が劣化しないため、ハイレゾ音源として広く利用されている。
→ALAC

Gmail（ジーメール）
Googleがインターネットで提供しているWebメールサービス。Gmailのアカウントを取得すると無料で利用できる。
→Google、Webメール

Google（グーグル）
世界最大の検索サイト（Google.com/Google.co.jp）をはじめ、さまざまなクラウドサービスの提供、Androidプラットフォームの開発などをしている米国の企業の名称。同社が提供する検索サイトを指して、「Google」と呼ぶこともある。
→Android、検索サイト

GPS（ジーピーエス）
全地球測位システム（Global Positioning System）の略。人工衛星を利用して、GPSに対応したデバイスが地球上のどこにあるのかを検出することなどに使われる。
→位置情報

HDMI（エイチディーエムアイ）
High-Definition Multimedia Interfaceの略で、大画面テレビやAV機器のために作られたデジタル映像・音声入出力の規格。フルHD（1,920×1,080ピクセル）や4K（3,840×2,160ピクセル）の映像信号を扱える。ほとんどのテレビはHDMIの入力コネクターを搭載している。

HEIF（ヒーフ）
High Efficiency Image File Formatの略称。画像のエンコード形式の1つで、高品質な画像を保存できる。画像以外のさまざまなデータを合わせて格納できるという特徴を持つ。

HTML（エイチティーエムエル）
Hyper Text Markup Languageの略。WebページやHTMLメールは、HTMLで記述される。HTMLの内容は「タグ」と呼ばれる命令で書かれ、文字や画像の表示、計算の実行などを指示できる。

HTTP（エイチティーティーピー）
Hyper Text Transfer Protocolの略。インターネットのサーバーからWebブラウザーへWebページの情報を送信するためのプロトコルのこと。
→インターネット、サーバー、プロトコル

IME（アイエムイー）
Input Method Editorの略。英数字以外の文字をキーボードから入力するために使われるプログラムのこと。日本語、韓国語、中国語などの入力時に使われる。
→プログラム

IMEパッド（アイエムイーパッド）
さまざまな方法で文字の入力をサポートする支援ツール。手書きの文字認識による入力や画数、部首、文字コードなどからの文字入力ができる。

InPrivateブラウズ（インプライベートブラウズ）
Webブラウザーを使ったときの個人的な情報を保護できるMicrosoft Edgeの機能。履歴や入力した情報、Cookieなどをパソコンに記録せずにWebページを閲覧できる。
→Cookie、Microsoft Edge、履歴

Internet Explorer（インターネット エクスプローラー）
Windows 10までに標準搭載されていたマイクロソフト製のWebブラウザー。Windows 8.1までは既定のWebブラウザーだった。Windows 11から非搭載となった。
→Microsoft Edge、Webブラウザー

iPhone（アイフォーン）
アップルから発売されているスマートフォン。初代は2007年に発売。iOSと呼ばれるOSを搭載している。

IPアドレス（アイピーアドレス）
インターネットに接続されたネットワーク機器に割り当てられる一意なアドレスのこと。パソコンなどのネットワーク機器はIPアドレスにより識別されることで通信を実行できる。
→インターネット、ネットワーク

iTunes（アイチューンズ）
アップルが提供している音楽を再生・管理するためのアプリ。音楽CDの音楽をMP3形式などの音声データに変換してパソコンに取り込み、iPhone、iPadに転送できる。また、取り込んだ音声データから音楽CDを作成することもできる。
→iPhone、MP3

JPEG形式（ジェイペグケイシキ）
画像をフルカラーかつ高い圧縮率で記録できる形式。多くのデジタルカメラで採用されている。
→デジタルカメラ、ファイル

LAN（ラン）
Local Area Networkの略。LANケーブルや無線通信を利用して、パソコンや周辺機器を接続するネットワークの総称。
→ネットワーク、無線LAN

Microsoft 365（マイクロソフト サンロクゴ）
マイクロソフトが提供しているクラウドサービス。OfficeやOutlook.com、OneDriveなどのサービスを提供する。家庭向けのMicrosoft 365 Personal/Familyでは、月額料金を支払うことで、WordやExcelなどのOffice製品を利用できる。管理機能やセキュリティ機能が充実した法人向けのサービスもある。
→OneDrive、Outlook.com

Microsoft Defender ウイルス対策（マイクロソフトディフェンダーウイルスタイサク）
ウイルスやスパイウェアを発見・駆除するために、Windowsに標準搭載されたアプリ。元々はスパイウェア対策ソフトとしてWindows 7/Vistaに搭載されていた。Windows 11ではWindows セキュリティの一機能として統合されている。
→Windowsセキュリティ、アプリ、ウイルス、スパイウェア

Microsoft Edge（マイクロソフト エッジ）
Windows 11に搭載されているWebブラウザー。高機能なのが特徴。コレクションと呼ばれるページの収集機能など、多くの機能を搭載。Google Chromeの拡張機能もインストールできる。
→Webブラウザー、拡張機能

Microsoft Store（マイクロソフトストア）
Windowsに対応したアプリやコンテンツを販売するオンラインストア。ストアでは無料のアプリや有料のアプリ、ゲーム、ビジネスツールなど、いろいろなアプリが提供されている。また、映画などを購入することもできる。

Microsoftアカウント（マイクロソフトアカウント）
マイクロソフトのさまざまなオンラインサービスを利用できるアカウント。WebメールのOutlook.com、クラウドストレージのOneDriveなど、複数のサービスを1つのMicrosoftアカウントだけで利用できる。Windows 11はこれらのオンラインサービスと高度に融合している。
→OneDrive、Outlook.com、アカウント

MOV（エムオーブイ）
アップルが開発した動画ファイル形式のこと。元々は同社製の動画再生アプリ「QuickTime」のために作られた。Windows 11では標準でMOV形式の動画を再生できる。
→MP4

MP3（エムピースリー）
MPEG1 Audio Layer-3の略。音声データ圧縮フォーマットの1つで、対応機器が多く、汎用性が高いのが特徴。
→MPEG形式、フォーマット

MP4（エムピーフォー）
正しくはMPEG-4（エムペグフォー）という名称で、動画ファイル形式の1つ。MPEG-4形式ファイルの拡張子のことを表すこともある。
→MP3、MPEG形式

MPEG形式（エムペグケイシキ）
動画の形式の1つ。MPEG1/2/4の3つの形式がある。MPEG1はビデオCD、MPEG2はDVDビデオ、MPEG4はスマートフォンやデジタルカメラで記録できる動画、Webサイトで配信される動画などで利用されている。
→DVDビデオ、デジタルカメラ

MVNO（エムブイエヌオー）
Mobile Virtual Network Operator（仮想移動体通信業者）の略。自社で携帯電話ネットワークの設備を持つNTTドコモやKDDI（au）、ソフトバンクなど携帯電話事業者から回線を借りてサービスを提供する通信業者のこと。大手キャリアと比較すると利用できるサービスが限られるが、料金が安い。

NAS（ナス）
Network Attached Storageの略。ネットワークを介してデータをやり取りするタイプの外付けハードディスク。
→ネットワーク、ハードディスク

NumLock（ナムロック）
キーボードの特殊キーの1つ。NumLockキーを押すと、テンキーで数字を入力できるモードに切り替えられる。
→テンキー

OCR（オーシーアール）
Optical Character Readerの略。手書き文字や印刷された文字などをスキャナーで読み取り、パソコンで扱える文字データに変換するプログラムのこと。
→スキャナー、プログラム

OneDrive（ワンドライブ）
マイクロソフトが提供するクラウドストレージサービス。インターネット上のサーバーにファイルを保存したり、保存したファイルをほかの人と共有したりできる。
→インターネット、オンデマンド、サーバー、ファイル

OneNote（ワンノート）
Windows用のノートアプリ。テキストや手書きのメモを書くことができるほか、Microsoft Edgeで表示されているWebページのクリッピングなどもできる。スマートフォンのOneNoteアプリとの連携も可能。
→Microsoft Edge

OS（オーエス）
Operating Systemの略。コンピューターが動作するための基本ソフトのこと。Windows 11はOSの1つ。

Outlook.com（アウトルックドットコム）
マイクロソフトが提供しているWebメールサービス。outlook.jpやoutlook.comなどのドメインのメールアドレスを無料で取得して、Microsoftアカウントとして利用できる。Webブラウザーだけでなく、［メール］アプリなどからもメールを送受信できる。
→Microsoftアカウント、Webブラウザー、Webメール、アカウント、アプリ

PDF（ピーディーエフ）
Portable Document Formatの略。アドビ（旧アドビシステムズ）が開発した文書をやり取りするためのファイル形式。OSやアプリに依存せず、さまざまなOS上でPDF形式の文書を表示することが可能。
→OS、アプリ、ファイル

PIN（ピン）
Personal Identification Numberの略。さまざまな機器やサービスの利用者が本人であることを識別するための暗証番号のこと。4桁以上の数字が使われる。Windows 11はあらかじめ自分が決めたPINでサインインできる。
→Microsoftアカウント、パスワード

PowerToys（パワートイズ）
マイクロソフトが開発したWindowsのカスタマイズツール。ウィンドウ配置や画像サイズ変更、ファイル名変更など、標準では提供されていない便利な機能を利用できる。

RAW画像（ローガゾウ）
デジタルカメラで撮影した画像を圧縮しない状態で保存できる画像フォーマット。ホワイトバランスの調整なども撮影後に行なえる。デジタル一眼レフカメラや一部のデジタルカメラで撮影できる。RAWには「生の」という意味がある。
→デジタルカメラ、フォーマット

SDカード（エスディーカード）
フラッシュメモリーと呼ばれるメモリー（記憶装置）が使われている周辺機器。フラッシュメモリーはパソコンのメモリーとは違い、記録したデータが自然に消えることはない。カードの大きさによって通常のSDカード、ミニSDカード、マイクロSDカードなどの種類がある。
→デジタルカメラ、メモリーカード

Skype（スカイプ）
マイクロソフトが提供している連絡用アプリ。インスタントメッセージやファイル共有に加え、マイクやカメラのある環境なら、音声通話やビデオ通話が利用できる。
→アプリ、ファイル

Snipping Tool（スニッピングツール）
Windowsのアプリ。画面のスクリーンショットを保存したり、スクリーンショットに自由に文字を入れたり、絵を描くこともできる。
→スクリーンショット

SNS（エスエヌエス）
Social Networking Serviceの略。インターネット上でコミュニケーションを促進するサービスのこと。プロフィール機能やメッセージの送受信、ユーザー同士のリンク機能などがあるのが一般的。代表的なSNSにはTwitter、Facebook、LINE、Instagramなどがある。
→インターネット

SSD（エスエスディー）
Solid State Driveの略。フラッシュメモリーにデータを記録するストレージ。ハードディスクの代わりにパソコンに搭載されている。ハードディスクに比べて、データの読み書きが高速で、低消費電力・低発熱でもある。
→ハードディスク

SSID（エスエスアイディー）
Wi-Fiのネットワークを区別するための識別子。自宅と隣の家など、電波が届く範囲にあるネットワークをお互いに区別するため、アクセスポイント（親機）に設定する名前。Service Set IDentifierの略称。
→アクセスポイント、ネットワーク、無線LAN

SSL/TLS（エスエスエル／ティーエルエス）
SSLはSecure Socket Layerの略。インターネットを利用した通信をするときに、個人情報などの重要な情報を安全にやり取りするしくみのこと。SSLによる通信は暗号化されるため、第三者による傍受や改ざんから守られる。TLS（Transport Layer Security）はSSLの新しい名称。
→暗号化、インターネット

Teams（チームズ）
マイクロソフトが提供するチームやグループで作業をするためのコラボレーションツール。チャット、音声通話などのコミュニケーションに加え、大人数でビデオ会議もできる。

Thunderbolt（サンダーボルト）
インテルとAppleが共同開発したデータ転送用インターフェースの名称。高速な伝送が可能で、映像信号なども いっしょに伝送できる。USB Type-Cと同じ形状のコネクタを利用する。

TPM（ティーピーエム）
Trusted Platform Moduleの略。セキュリティ情報の生成や保管などを専門に処理するモジュールのこと。専用のチップのほか、CPUの機能としても提供される。Windowsではサインインや Bitlockerで使われる。
→Bitlocker、CPU、サインイン

TRIM（トリム）
SSDの未使用領域にある古いデータを内部的に削除するためのコマンド。新しいデータをすぐに書き込めるようにして性能を向上させることができる。
→SSD

Ubuntu（ウブントゥ）
Linuxのディストリビューションの1つ。Linuxはオープンソースのプロジェクトで、元のLinuxからさまざまな派生バージョンが生まれた。そうした派生バージョンをディストリビューションと呼ぶ。同じLinuxでもディストリビューションによって機能が異なる。
→Windows Subsystem for Linux

UEFI（ユーイーエフアイ）
Unified Extensible Firmware Interfaceの略。従来のBIOSに置き換わるシステムプログラムで、BIOSと同様にパソコンがハードウェアにアクセスする際の橋渡しをする役割を持つ。
→ストレージ、プログラム

URL（ユーアールエル）
Uniform Resource Locatorの略。インターネットの特定の場所やファイルを表すために使われる。単にアドレスと呼ばれることもある。Webページのアドレスは「http://」、または「https://」ではじまる。
→インターネット

USB（ユーエスビー）
Universal Serial Busの略。パソコンのインターフェースの1つ。パソコンにプリンターやDVDドライブなどの周辺機器を接続するために利用する。
→インターフェース、周辺機器、プリンター

USBメモリー（ユーエスビーメモリー）
インターフェースとしてUSBを利用したフラッシュメモリーのこと。数GB程度から数TB超まで、さまざまな容量の製品がある。パソコンからは外付けのストレージとして使うことができる。
→ストレージ、ハードディスク

Web版Office（ウェブバンオフィス）
OneDriveに保存されたWord文書、Excelワークシート、PowerPointプレゼンテーション、OneNoteノートブックなどの各OfficeファイルをOfficeアプリがなくてもWebブラウザーだけで閲覧や簡易的な編集ができるサービス。マイクロソフトが提供している。
→OneDrive、OneNote、Webブラウザー

Webブラウザー（ウェブブラウザー）
Webページを閲覧するためのアプリ。Windows 11にはMicrosoft Edgeが搭載されている。
→Internet Explorer、Microsoft Edge、アプリ

Webメール（ウェブメール）
Webブラウザーを使って、メールを送受信するためのサービスのこと。代表的なサービスには、Outlook.comやGmailなどがある。Webブラウザーだけでなく、スマートフォンのアプリやパソコンのメールソフトを使ったメールの送受信もできるようになっている。
→Outlook.com、クラウド、メール

Wi-Fi（ワイファイ）
無線による通信を利用してデータの送受信を行なうネットワーク（無線LAN）のこと。スマートフォンやパソコン、ゲーム機など、多くの機器に搭載されていて、Wi-Fiを通じて、インターネットに接続することもできる。なお、Wi-Fiは業界団体が付けたブランド名称である。
→無線LAN

Windows Hello（ウィンドウズ ハロー）
Windowsに搭載されている高度な認証機能のこと。従来のパスワードの代わりに、指紋や顔など、他人のそれとは明らかに異なる特徴を利用した生体認証などを利用できる。生体認証の代わりにセキュリティチップを併用したPINによる認証なども利用できる。
→指紋認証、パスワード

Windows Media Player（ウィンドウズ メディア プレーヤー）
Windowsに標準で搭載されている音楽や映像、画像などのメディアを楽しむためのアプリ。メディアの管理や音楽の取り込み、音楽CDの作成などもできる。

Windows Subsystem for Linux（ウィンドウズ サブシステム フォー リナックス）
WindowsでLinuxを動作させる仕組みのこと。UbuntuやSUSEといったLinuxのディストリビューションを動作させるために有効化する必要がある。
→Ubuntu

Windows Update（ウィンドウズ アップデート）
マイクロソフトが提供しているWindowsの更新プログラムのダウンロードサービス。Windows Updateを利用して、Windowsを最新の状態にできる。

Windowsサンドボックス（ウィンドウズサンドボックス）
デスクトップ上で、Windowsの仮想マシンを手軽に利用するための機能。「砂場」のように、Windowsの環境に影響を与えることなく、さまざまなアプリを動作させたり、セキュリティのテストなどができる。Windows 11 Pro、またはEnterpriseエディションで利用可能。
→仮想マシン

Windowsスポットライト（ウィンドウズスポットライト）
ロック画面に表示される写真。Windowsスポットライトを利用すると、さまざまな風景写真や世界の名所の写真が自動的に選択され、ロック画面に表示される。
→ロック画面

Windowsセキュリティ（ウィンドウズ セキュリティ）
マルウェアの検出やファイアウォールなど、Windowsのセキュリティに関する機能がひとまとめになったユーザーインターフェイスのこと。[設定] から起動できる。

WMA（ダブリューエムエー）
Windows Media Audioの略。Windows Media Playerで再生できる音声データ形式。

Xbox（エックスボックス）
マイクロソフトが開発したコンピューターゲームのブランド名。Windowsベースの家庭用ゲーム機のXboxコンソールやWindows向けのゲーム、オンラインコミュニティなどのサービスが提供されている。

Xbox Game Bar（エックスボックスゲームバー）
Windows用のゲーミング環境サポートアプリ。ゲーム画面の録画や配信、友だちとのコミュニケーションができるソーシャル機能などを備えている。

ZIP形式（ジップケイシキ）
圧縮されたファイル形式の1つ。Windows 11は標準機能でZIP形式のファイルを展開したり、圧縮したりできる。
→圧縮ファイル、展開、ファイル

あ

アイコン
データの種類や処理方法、処理の内容や対象を絵や記号で表した小さなシンボルのこと。データの種類を抽象化したデザインになっている。

アカウント
IDとパスワードのこと。インターネットに接続するためのアカウント、Windowsにサインインするためのアカウント、メールサーバーに接続するためのアカウントなど、さまざまな種類がある。
→インターネット、サーバー、サインイン、メール

アクセシビリティ
コンピューターを誰もが支障なく、快適に利用できるようにするための支援機能のこと。文字や色を見やすく変更したり、画面上の文字を読み上げたり、音声で文字を入力したりできる。

アクセスポイント
Wi-Fiのネットワークを管理する親機のこと。接続先として識別するためのSSIDを管理したり、通信を暗号化するための暗号化設定などを管理したりする。
→SSID、Wi-Fi、暗号化、ネットワーク

圧縮ファイル
ファイルやフォルダーのサイズを小さくしたファイルのこと。複数のファイルを1つのファイルにまとめることができるので、データをアップロードする際に利用されることが多い。元のファイル形式によっては、サイズが小さくならないこともある。
→ZIP形式、ファイル、フォルダー

アップグレード
アプリやOSを新しいバージョンにする作業のこと。一般的に、以前から利用しているデータはそのまま使えるのが特徴。アップデートやバージョンアップと呼ばれることもある。Windows 11はWindows 10からアップグレードできる。

アップデート
プログラムを最新のものに書き換えて更新すること。Windowsを構成するさまざまなプログラムの問題点を修正したり、セキュリティ対策ソフトで最新の定義ファイルを取得したりするときなどに行われる。
→ファイル、プログラム

アップロード
インターネット上のサーバーにファイルを保存すること。たとえば、クラウドストレージサービスに保管する文書をサーバーに保存することをいう。
→インターネット、クラウド、サーバー、ファイル

アドレスバー
Webブラウザーやエクスプローラーのアドレスを示すボックス。アドレスバーにURLを入力するとWebページを、パスを入力するとフォルダーを開くことができる。
→URL、Webブラウザー、パス、フォルダー

アプリ
ワープロソフトや表計算ソフトなど、特定の作業をするためのプログラムのこと。
→プログラム

アプリストア
WindowsにAndroid向けアプリをインストールするためのプラットフォームのこと。Amazonが提供している「amazon appstore」を利用している。
→Android

アンインストール
パソコンにインストールして使えるようにしたアプリをストレージから消去すること。
→アプリ、インストール、ストレージ

暗号化
データの形を一定のルールに従って変え、そのルールを知らない人や機器から内容を判断されないようにすること。情報の漏えいや盗聴を防ぐために利用される。

暗号化キー
Wi-Fiでデータを暗号化するときに利用する文字列。暗号化が設定されたアクセスポイントに接続する場合、アクセスポイントで設定された暗号化キーをパソコンで入力する。
→Wi-Fi、アクセスポイント、無線LAN

位置情報
パソコンやタブレットを使用している現在位置を特定するための情報。通信回線やGPS情報（GPS内蔵の場合）を利用する。[天気] アプリや [地図] アプリなどで、現在地の天気や地図上の現在地を表示する。
→GPS、アプリ、インターネット、無線LAN

インクジェットプリンター
インクジェットの印刷方式を採用したプリンター。インクを用紙に吹き付けて印刷するしくみから「インクジェット」と呼ばれ、低価格なのが特徴。

インストール
アプリをインターネット、またはCD/DVDなどからパソコン内蔵のストレージにコピーして、使えるようにするための作業のこと。セットアップと呼ぶこともある。
→アプリ、インターネット、コピー、プログラム

インターネット
世界中のコンピューターを相互に接続したネットワークのこと。電子メールやWebページ、ビデオ会議などのサービスは、インターネットを利用したサービス。
→LAN、ネットワーク、メール

インターフェース
パソコンではUSBやHDMIなどのハードウェアインターフェースを指すことが多く、ハードウェア同士がデータをやり取りするための手順や方法のことを指す。ハードウェアインターフェースが違う機器は接続できない。
→HDMI、USB

インポート
別のシステムで作成されたデータを取り込んで使えるようにすること。Webメールの連絡先、ブラウザーのお気に入りなどを移行するときに利用する。

ウィジェット
Windows 11の機能の1つ。タスクバーのアイコンをクリックして表示できる画面で、アプリの最新情報やニュースなどをすばやく表示できる。
→タスクバー

ウイルス
パソコンのファイルなどに感染して、パソコンにさまざまな悪影響を与える悪意のあるプログラムのこと。メールなどを利用して自分自身をほかのパソコンに感染し、被害を拡大させる。「コンピューターウイルス」と呼ばれることもある。
→ファイル、プログラム、メール

ウィンドウ
デスクトップでアプリやファイル、フォルダーを操作する画面のこと。窓を開けるように操作することができる。ウィンドウには作業領域のほかに、メニューやツールバーなどで構成されている。
→アプリ、ツールバー、デスクトップ、メニュー

エクスプローラー
フォルダーやファイルを管理するための機能。Windows 11ではタスクバーにエクスプローラーのアイコンから起動できる。タブを利用して、1つのウィンドウで複数のフォルダーを切り替えながら表示できる。
→ウィンドウ、タスクバー、タブ、ファイル、フォルダー

エディション
OSのバージョンや提供形式のこと。パソコンで使えるWindows 11には、Home、Pro、Enterpriseなどのエディションがあり、それぞれ利用できる機能に違いがある。Enterpriseは企業向けに提供される。

［応答不可］モード
作業に集中するためのモード。有効にすると、重要な通知だけを受け取ったり、通知を完全に非表示にしたりできる。

お気に入り
登録したWebページをいつでも簡単に表示させるための機能。お気に入りにWebページを登録すると、URLを入力しなくてもWebページを見ることができる。
→URL

オフラインスキャン
Windowsの起動前にマルウェアのスキャンを行なうための、Microsoft Defender ウイルス対策の機能。Windowsの起動中に除去が難しいマルウェアは、オフラインスキャンで検出し、削除できることがある。
→Microsoft Defender ウイルス対策

オンデマンド
利用者からの要求があったときに、すぐに応じてサービスやデータを配信する機能のこと。OneDriveではすべてのファイルをパソコンに同期せず、ファイルを開こうとした時点でダウンロードが行なわれる「オンデマンド」に対応している。
→OneDrive

オンラインソフト
インターネットで提供されているアプリ。オンラインソフトには、無料で利用できるフリーソフトと利用するには料金を支払う必要があるシェアウェアがある。
→インターネット、ダウンロード、フリーソフト

か

カーソル
アプリやOSの画面上で、文字を入力できる位置などを示す記号のこと。

解像度
画像の細かさを表す値。解像度が高い画像はきめが細かく、解像度が低い画像は粗い。一般的に、解像度は「1,920×1,080ドット」のように、画像の縦と横のドット数（ピクセル数）で表すことが多い。
→画素数

回復ドライブ
Windowsのトラブルシューティングを行なうための起動ドライブ（USBメモリー）のこと。Windowsが起動しなくなったときは、回復ドライブを使ってパソコンを起動し、トラブルの除去やバックアップからの復元などを行なうことができる。
→USBメモリー、バックアップ

隠しファイル
通常の方法では表示されないファイルのこと。Windowsの動作に欠かせない重要なファイルなどが隠しファイルとして設定されている。
→ファイル

拡張機能
アプリに新たな機能を加えるためのしくみ。Microsoft Edgeにはさまざまな拡張機能が用意されていて、インストールすることで機能を追加できる。
→Microsoft Edge

拡張子
ファイルの内容を識別する文字列のこと。ファイル名の最後の「.」(ピリオド) 以降の部分が拡張子と呼ばれ、ファイル名は「explorer.exe」のように名前と拡張子とで構成される。エクスプローラーの標準の設定では表示されない。
→エクスプローラー、ファイル

仮想デスクトップ
実際のデスクトップではなく、疑似的なデスクトップを利用して1台のパソコンで複数のデスクトップを使うための機能のこと。Windows 11ではタスクビューから仮想デスクトップを利用できる。
→タスクビュー

仮想マシン
現在、動作しているOS上で、別のOSを仮想的に動作させるしくみのこと。CPUなどをソフトウェア的に動作させるため、仮想マシンと呼ばれる。仮想マシンを使うと、Windows上で別のOSがインストールされたパソコンを動作させることができる。
→OS

家族のメンバー
Windowsでは主となるMicrosoftアカウントに、複数のアカウントを関連付けできる。子どものアカウントを関連付けすることで、保護者のアカウントから子どものアカウントに対して、パソコンの利用制限をかけることができる。
→アカウント、ファミリーセーフティ

画素数
画像を構成する点（ドット、ピクセルともいう）の数。解像度を表す単位としても使われる。デジタルカメラではイメージセンサーの仕様を表すときに使う。
→デジタルカメラ

かな入力
キーボードから50音を入力するときの方式の1つ。「かな入力」はキーボードに書かれたかな文字を直接、入力する方式のことを指す。
→ローマ字入力

管理者
特別な権限を持ったユーザーのこと。管理者はアプリのインストールやパソコンの設定変更、標準ユーザーへのパソコンの利用制限などができる。
→アプリ、標準ユーザー

関連付け
特定のファイルを開いたり、編集したりするときに利用する「既定のアプリ」を設定すること。
→アプリ、ファイル

既定のアプリ
ファイルを開いたり、何らかの処理を実行したりするとき、Windowsが標準で利用するアプリ。もしくは標準で利用するアプリを変更する設定のこと。
→関連付け

機内モード
パソコンから発信される電波をすべてオフにするモードのこと。機内モードにすると、Wi-FiやBluetoothなどの通信機能がオフになる。運航中の飛行機内では電子機器による電波の発信が禁止されていたことから「機内モード」と呼ばれる。
→Bluetooth、Wi-Fi

休止状態
Windowsの省電力機能の1つ。メモリーの状態をストレージに保存して、電源を切断する。復帰するときは、その内容がメモリーに読み込まれる。Windows 11では標準で表示されず、内部的に利用される。
→ハードディスク、メモリー

共有
ファイルなどを他人が参照できるような状態にすること。OneDriveでは共有を設定すると、自分以外の人がファイルを参照したり、編集したりできるようになる。

記録型DVD
データの記録ができるDVD±R/RW/-RAMなどのDVDの総称。

近距離共有
LANなどのネットワークを介さず、BluetoothやWi-Fiを利用して、近くにある情報機器と直接、ファイルを送受信するための機能。
→Bluetooth、LAN、Wi-Fi

クイックアクセス
エクスプローラーの機能の1つ。よく使うフォルダーが表示され、フォルダーをすばやく開ける。あらかじめ［デスクトップ］や［ドキュメント］などのフォルダーが登録されており、自分でフォルダーを登録することもできる。
→エクスプローラー、フォルダー

クイック設定
通知領域をクリックすると表示されるボタンまたは領域のこと。［Wi-Fi］や［集中モード］など、よく使われる機能をすばやく呼び出せる。
→通知領域

クラウド
クラウドコンピューティングと呼ばれることもある。さまざまなデータをパソコンに保存するのではなく、インターネットのサービスを利用して、保存したり、活用することを指す。Windowsで利用できるクラウドストレージ「OneDrive」もクラウドサービスの1つ。
→OneDrive

クラウド候補
WindowsのIMEに搭載されている機能。かな漢字変換をするときに表示される単語や文章の候補は、パソコンに保存されている辞書から選ばれるが、さらにインターネットに収集・保存されている辞書の内容も表示される。
→IME、インターネット

クリック
マウスのボタンを「カチッ」と押してすばやく離す操作のこと。単に「クリック」というときは、マウスの左ボタンを押す操作を指す。右ボタンを押す操作のことは「右クリック」という。
→マウス、右クリック

クリップボード
コピーや貼り付けの操作をするための特別な記憶領域のこと。コピーを実行すると、その内容がクリップボードに保存される。直後に貼り付けを行なうと、クリップボードに保存されたデータが貼り付けられる。
→コピー、貼り付け

ゲームバー
ゲーム画面やゲームプレイの動画を記録、配信するためのユーザーインターフェイス。ゲームに限らず、さまざまなアプリの操作を動画として、記録することができる。
→Xbox Game Bar

言語バー
日本語など、変換が必要な言語を使った入力をするときに使われるツールのこと。バー状の形をしているところから言語バーと呼ばれる。タスクバーの通知領域に表示させることもできる。
→IME、タスクバー、通知領域

検索サイト
Webページを探すためのページのこと。膨大な情報を保持したデータベースから、入力されたキーワードに合ったWebページをリストアップする。GoogleやBing、Yahoo! JAPANが代表的。
→Bing、Google

検索プロバイダー
インターネットで検索するためのサービスのこと。検索エンジンとも呼ばれる。Microsoft Edgeのアドレスバーにキーワードを入力すると、設定された検索プロバイダーの検索キーワードの候補が表示される。
→Microsoft Edge

検索ボックス
Webブラウザーなどのアプリに用意されている検索のための入力ボックスのこと。キーワードを入力して、アプリ名やファイルなど、関連する項目を検索できる。
→アプリ、ファイル

公衆無線LAN
さまざまな店や鉄道、駅、公共機関で提供されている、一般に開放されている無線LANのこと。誰でも無料で使えるものと有料のサービスがある。「無線LANスポット」や「Wi-Fiスポット」と呼ばれることもある。
→Wi-Fi

更新アシスタント
Windowsを最新バージョンにアップグレードするためのプログラム。アップグレード対象となるパソコン上で、マイクロソフトのページからプログラムをダウンロードして実行することで、最新のWindowsへとアップグレードすることができる。
→アップグレード

更新プログラム
Windowsを最新の状態にアップデートするためのプログラムのこと。不具合の修正をするための品質更新プログラムと機能を追加するための機能更新プログラムの2種類がある。通常はWindows Updateで配信される。
→アップデート

互換モード
以前のバージョンのWindowsに対応したアプリをWindows 11で実行するためのモード。プロパティで設定できる。Windows 11で正常に動作しないアプリは、互換モードを使えば、動作する可能性がある。
→アプリ、プロパティ

コピー
文字列やファイルなどを複製するための操作。選択した文字列やファイルをコピーすると、その内容がクリップボードに保存される。内容を複製するには貼り付けを実行する。
→クリップボード、貼り付け、ファイル

ごみ箱
使わなくなったファイルやフォルダーを削除するときに使うフォルダー。デスクトップにアイコンで表わす。
→アイコン、デスクトップ、ファイル、フォルダー

コレクション
Microsoft Edgeに搭載されている情報収集機能のこと。WebページやWebページ内のテキストや画像などをカテゴリごとに保管できる。調べものに活用すると便利。
→Microsoft Edge

コンタクトシート
1枚の用紙に複数の画像を並べる印刷形式のこと。

コンテクストメニュー
マウスで右クリックしたときに表示されるメニューのこと。選択対象や操作の状況によって、メニューの内容が変化する。Windows 11ではシンプルな階層構造のメニューが採用されている。
→マウス、右クリック、メニュー

コントロールパネル
Windowsの設定を行なう機能を集めたウィンドウのこと。Windows 11ではほとんどの設定が［設定］の画面から行なうように変更された。
→ウィンドウ、［設定］

さ

サーバー
インターネット上で特定の情報を保存し、パソコンなどと情報のやり取りをするコンピューターのこと。メールを保存するためのコンピューターをメールサーバー、Webページのサーバーを Webサーバーと呼ぶ。

再起動
シャットダウンを行なったあとで、高速スタートアップを無効にした状態からパソコンを起動する機能。電源のオン、オフやシャットダウンのあとで、電源をオンにする方法とは動作が異なる。
→シャットダウン

最近
タスクバーのアイコンから利用するジャンプリストに表示される項目で、最近編集したファイルを開ける。
→ジャンプリスト、タスクバー、ファイル

最近追加
最近インストールしたアプリの一覧をスタートメニューに表示する機能。
→アプリ、スタートメニュー

サインアウト
特定のユーザーが利用できるパソコンの操作環境を終了させること。Windowsの場合は起動中のアプリが終了し、サインインができるロック画面が表示された状態になる。
→アプリ、サインイン、ロック画面

サインイン
Windowsやオンラインサービスを利用するための認証手続きのこと。IDとパスワードを入力することで、利用者が特定され利用者専用の画面やサービスが提供される。

サブスクリプション
定期的に一定の料金を支払うことで利用できる形態のサービスのこと。OfficeやOneDriveを使うためのMicrosoft 365のほか、映画や音楽などをインターネット経由で楽しむためのサービスなどがある。
→Microsoft 365、OneDrive

サポート期限
メーカーが定めるユーザーサポートの終了までの期限のこと。サポート期限が切れたOSやアプリは、開発が凍結される。通常、サポート期限の切れたOSやアプリに不具合が見つかっても修正されることはなく、継続して利用することが難しくなる。
→OS、アプリ

サムネイル
対象物の内容を小さく並べて一覧で表示する機能。画像の内容をアイコンで表示したり、起動中のウィンドウの内容をタスクバー上の小さな画面で表示したりする場合もサムネイル表示と呼ぶ。
→アイコン、ウィンドウ、タスクバー

シェイク
ウィンドウのタイトルバーをドラッグして左右にすばやく動かすことで、ドラッグ中のウィンドウ以外をすべて最小化する機能。Windows 11では、標準では無効になっている。
→タイトルバー

システムディスク
Windowsを実行するために必要なファイルが保存されているディスクのこと。同じような用語にドライブを示す「システムドライブ」や領域を示す「システムパーティション」などもある。
→システムファイル

システムの復元
OSやアプリの設定といったパソコンの状態を元に戻すためのWindowsの機能。あらかじめ復元ポイントと呼ばれるチェックポイントを作成しておくと、その時点の状態に戻すことができる。
→OS、アプリ、復元ポイント

システムファイル
Windowsの実行に必要なファイルのこと。システムファイルを削除してしまうと、Windowsが正常に動作しなくなる場合がある。

自動再生
パソコンに装着されたメディアの内容を自動的に画面上に表示したり、アプリで開いたりするための機能。CDやDVDを光学ドライブにセットしたときをはじめ、USBメモリーを接続したときなどに通知が表示され、その後の動作の選択をユーザーに促す。
→CD-R、DVD-R、USBメモリー、通知、プログラム

指紋認証
指紋を使った認証技術、または認証方式のことで、生体認証の1つ。指紋は個人で異なるため、第三者が詐称することはできない。
→Windows Hello

シャットダウン
パソコンの電源を切る前に実行するWindowsの終了処理のこと。未保存のデータを保存したり、起動したプログラムを終了したりといった処理が行なわれる。ほとんどのパソコンは、シャットダウン後に電源も切れる。
→プログラム

ジャンプリスト
タスクバーのアイコンから、対応するファイルを直接、実行できる機能。過去に使ったファイルを開いたり、よく使う機能を実行したりできる。
→タスクバー、ファイル

周辺機器
パソコンに接続できる外付けドライブやプリンター、スキャナー、USBメモリーなどの総称。
→USBメモリー、スキャナー、プリンター

ショートカット
別のフォルダーやストレージにあるファイルやアプリを参照するための特別なアイコンのこと。ショートカットのアイコンには矢印が表示される。
→アイコン、アプリ、ファイル、フォルダー

詳細ウィンドウ
エクスプローラーで［表示］から［表示］の［詳細ウィンドウ］をクリックすると、右側に表示される領域。選択したファイルのサイズや更新日時など、ファイルについての情報が表示される。
→ウィンドウ、エクスプローラー、ファイル

診断データ
診断データとはWindowsの動作状況を記録したデータのこと。Windowsに何らかの問題が発生したときに解決の手がかりにするためマイクロソフトが利用する。診断データの内容は［診断データビューア］で確認できる。

スキャナー
書類や写真などを画像データとしてパソコンに取り込む周辺機器。OCR機能付きの場合、読み込んだ画像内の文字をテキストデータとして抽出できる。
→OCR、周辺機器

スクリーンショット
パソコンに表示されている画面や画面の一部を画像ファイルとして保存する操作のこと。

スタートメニュー
［スタート］ボタンをクリックしたときに表示されるメニューのこと。ここからアプリの起動やWindowsの終了など、基本操作ができる。
→アプリ、メニュー

ステータスバー
ウィンドウの最下部に表示される領域のこと。アプリの状態（ステータス）が表示されるため、ステータスバーと呼ばれる。
→アプリ、ウィンドウ

ストリーミング再生
音楽や動画のデータをサーバーから受信しながら再生する方式のこと。音楽や動画を再生するときに、すべてのデータをダウンロードせずにコンテンツを再生できる。
→サーバー、ダウンロード

ストレージ
コンピューターで扱うプログラムやデータなどを保存する場所の総称。データのみを格納する場所を指すために使われることもある。ストレージにはハードディスク、SSD、クラウドストレージ、メモリーカードなどさまざまなものがある。
→SSD、ハードディスク

ストレージセンサー
ストレージの空き領域が少なくなったとき、不要なファイルを削除して、空き領域を増やす機能。ごみ箱のファイルや一時ファイルなどを自動的に削除してくれる。
→ごみ箱

ストレッチ
タッチ操作の1つ。2本の指を同時にタッチして、その指を開くように外側に移動させる操作のこと。表示を拡大するときなどに使う。

スナップレイアウト
画面を左右に分割して、複数のウィンドウを表示できる機能。画面中央の分割バーの位置を左右に移動して、表示幅を調整できる。
→アプリ、ウィンドウ、デスクトップ

スパイウェア
パソコンに記録されている個人情報を収集する特殊なプログラム。Windows セキュリティで防止できる。
→Windows セキュリティ、プログラム

スマートフォン連携
Windowsとスマートフォンでデータを同期するためのアプリ。スマートフォンの写真をパソコンで閲覧したり、スマートフォン経由でパソコンからSMSの送受信をしたりできる。ただし、対応しているのはAndroid搭載の一部機種のみ（2023年2月現在）。
→Andoroid

スライド
タッチ操作の1つ。タッチした指を離さずに上下左右へ移動する操作。画面のスクロールや項目の移動などに利用する。

スライドショー
写真や画像があるフォルダーのすべての写真を画面に次々に表示するための機能。［フォト］アプリなどを利用すればスライドショーを表示できる。

スリープ
Windowsの終了方法の1つ。ディスプレイや機器などへの電源供給を停止し、データ保持に必要な最低限の電力だけを使う状態でパソコンを終了させる。

スワイプ
タッチ操作の1つ。画面をはじくように指を動かす操作のこと。ロック画面の解除やウィジェットの表示などで使う。
→ウィジェット、タスクビュー

セーフモード
Windowsの起動モードの1つ。Windowsに問題が発生して、正常に起動ができないときは、セーフモードを利用すれば､正常に起動できることがある。通常はセーフモードで起動させる必要はない。

セキュアブート
パソコンの起動時に、マルウェアなどの不正なプログラムが読み込まれることを防ぐためのセキュリティ機能。起動時にOSの署名情報などをチェックして、不正なプログラムでは起動が停止するようになる。
→ウイルス、マルウェア

セキュリティ対策ソフト
インターネットやLAN、USBメモリーなどを介したウイルス感染､インターネットからの不正アクセス､迷惑メールなどからパソコンを守るための総合的なセキュリティ対策をするためのソフトウェア。ウイルスに感染したパソコンを復旧したり、パソコンがウイルスに感染しているかをチェックすることもできる。
→LAN、インターネット、ウイルス

［セキュリティの警告］ダイアログボックス
ファイルのダウンロード、アプリのインストール、許可されていない通信など、セキュリティに問題が生じる可能性があるときに表示される。
→アプリ、インストール、ダイアログボックス、ダウンロード、ファイル

セキュリティホール
アプリやOSの問題の1つで、ウイルスの感染経路にもなる重大な欠陥。脆弱性（ぜいじゃくせい）とも呼ばれる。ウイルスや不正アクセスはアプリやOSのセキュリティホールを利用し、侵入を試みる。こうしたセキュリティホールを修正するため、アプリやOSはアップデートやセキュリティパッチが配布される。
→OS、アプリ、ウイルス

［設定］
Windows 11でパソコンの各種設定を行なう画面のこと。コントロールパネルと同様に、パソコンやWindowsの動作について、さまざまな設定ができる。
→コントロールパネル

セットアップ
パソコンのアプリやOSをインストールして、使える状態にする作業のこと。使える状態にしたあとの初期設定作業を含め、セットアップと呼ぶこともある。
→OS、アプリ、インストール

ソフトウェア
パソコンで動作するプログラムの総称。アプリと呼ばれることもある。
→アプリ、プログラム

た

ダイアログボックス
アプリがユーザーの操作を求めるために表示する小さなウィンドウのこと。ユーザーが適切に応答をすることでアプリの操作を続行できる。
→アプリ、ウィンドウ

タイトルバー
ウィンドウ上部に表示されている領域のこと。アプリの名称や開いているファイル名などがウィンドウの名称として表示される。
→アプリ、ウィンドウ、ファイル

ダウンロード
インターネット上のサーバーから、ネットワークを通じてパソコンのストレージにファイルをコピーする作業のこと。
→インターネット、コピー、サーバー、ネットワーク、ファイル

タスクバー
デスクトップの最下部に表示される領域のこと。実行中のアプリや表示中のフォルダーがアイコンで表示される。アイコンをクリックして、ウィンドウを切り替えられる。
→アプリ、デスクトップ、フォルダー

タスクビュー
現在実行しているアプリのウィンドウをサムネイル形式で一覧表示する機能。アプリの切り替えなどに利用する。
→アプリ、仮想デスクトップ、サムネイル

タスクマネージャー
Windowsの標準アプリの1つ。起動中のアプリの実行状態を確認できるほか、応答がなくなったアプリを強制終了させるときにも利用する。
→アプリ

タッチキーボード
パソコンの画面に表示されるキーボードのこと。「タッチ」して使うことから、タッチキーボードと呼ばれる。ソフトウェアキーボードと呼ばれることもある。

タッチパネル
指やスタイラスペンなどで表面に触れることで、パソコンを操作できる表示装置。タッチ操作に対応したパソコンや外付けディスプレイなどで利用できる。

タブ
ウィンドウの上部などに表示された表示を切り替えるための見出しのこと。Microsoft Edgeで複数のWebページを見比べたり、エクスプローラーで複数のフォルダーを操作したりと、1つのウィンドウで複数の表示を切り替えながら使うための機能。
→Microsoft Edge、ウィンドウ、エクスプローラー、フォルダー

ダブルクリック
マウスのボタンを「カチカチッ」と、すばやく2回押す操作のこと。

著作権
自分や他人が作った、文章、音楽、映画、アプリなどを保護するための権利。

ツールバー
機能を簡単に使えるようボタンを並べた領域のこと。

追記
すでにデータが記録されているDVD-Rなどのメディアに、後からデータを追加して記録すること。DVD-R/RW/RAMにはファイルを追記できる。
→DVD-R、ファイル

通知メッセージ
リムーバブルメディアやデジタルカメラなどをパソコンに接続したときに、画面の右下に表示される四角い通知のこと。通知メッセージをクリックすると、どのような操作をするのかを選択できる。Windows 11では通知メッセージを見逃してしまっても、通知領域から再度確認できるようになっている。
→通知領域

通知領域
タスクバーの右端にあるアイコンの表示領域のこと。アプリを実行したり、パソコンの状態に変化があると、通知領域に小さなアイコンが表示されることがある。
→アイコン、アプリ、タスクバー

テーマ
ウィンドウの配色やデスクトップの背景、効果音などのデザインをまとめて設定できる機能。
→ウィンドウ、デスクトップ

ディスククリーンアップ
ストレージに保存されている不要なファイルをまとめて削除する機能。ごみ箱のファイルやWebページの表示に利用される一時ファイルなどを削除できる。
→ごみ箱、ハードディスク、ファイル

テザリング
スマートフォンなどの単体で通信可能な機器をパソコンに接続して、パソコンで通信するための機能のこと。テザリング（tethering）には「つなぎ止める」「縛る」などの意味がある。

デジタルカメラ
SDカードなどにデジタルデータとして撮影した画像を記録するカメラのこと。
→SDカード

デジタル署名
ファイルや情報が正当な発信者や製造者から提供されているかどうかを証明するためのもの。電子証明書と呼ばれることもある。
→ファイル

デジタルビデオカメラ
ビデオを撮影するためのデジタルカメラ。ビデオを記録するためにSDカードや内蔵メモリーなどが記録媒体として利用されている。
→SDカード、メモリー

デスクトップ
アプリやファイルを操作するウィンドウを表示する領域のこと。
→ウィンドウ、ファイル

デバイス
プリンターやハードディスク、キーボード、マウスなど、パソコンに接続する周辺機器の総称。

デバイスマネージャー
パソコンを構成する各種のハードウェアや周辺機器の接続状態、さまざまなドライバーを管理するためにWindowsの機能のこと。
→周辺機器、ドライバー

デフラグ
パソコンを使い続けていると、ハードディスクのデータが細かく分割された状態でストレージに記録される「断片化」が起こる。デフラグは断片化を解消して、ストレージを最適化する作業のこと。SSDでは代わりにTRIMが実行される。
→最適化、ストレージ

展開
圧縮ファイルから、元のファイルを取り出す操作のこと。
→圧縮ファイル、ファイル

テンキー
数字や記号を入力するために配置されたキーのこと。キーボードの右側に配置されていることが多い。モバイルノートパソコンではNumLockキーを押すことでキーボードの一部をテンキーとして利用できることがある。USB接続の外付けタイプも販売されている。
→NumLock

電源プラン
［省電力］や［バランス］など、消費電力や性能ごとに設定されたパソコンの動作モードのこと。処理性能や画面の明るさなどを利用状況に応じて、切り替えられる。

添付ファイル

メールは本文とは別に、ファイルを添付して、送信することができる。添付ファイルはメールの本文に付属して、送信されるファイルのことを指す。
→ファイル、メール

動画配信サービス

インターネットの動画配信サービスの形態の一種。インターネットに接続した状態で利用するストリーミング再生が一般的だが、コンテンツをダウンロードしておき、オフラインで視聴できるサービスもある。
→ストリーミング再生

同期

OneDriveなどクラウドストレージで、サーバー（クラウド）とパソコンなど、複数のデバイスの間で、ファイルなどのデータを同じ状態にすることを「同期」と呼ぶ。
→サーバー

ドライバー

周辺機器を動作させるために必要な特別なプログラムのこと。OSと周辺機器の橋渡しの役割を果たしている。
→周辺機器、デバイスマネージャー、プログラム

ドライブ

ハードディスクやSSD、DVDなど、データを記憶させるための装置の総称。ハードディスクはハードディスクドライブ、DVDはDVDドライブと呼ぶ。
→SSD、ハードディスク

ドラッグ

アイコンなどを目的の位置まで移動する操作のこと。主にファイルをコピーしたり、移動したりするときの操作。
→アイコン、コピー、ファイル、マウス

な

ナビゲーションウィンドウ

エクスプローラーの左側に表示される領域。ナビゲーションウィンドウでフォルダーを階層ごとに表示できる。［クイックアクセス］なども表示されている。
→OneDrive、ウィンドウ、クイックアクセス、フォルダー

入力モード

［ひらがな］や［半角英数］など、キーボードから文字を入力する方式。
→IME

ネットワーク

複数のパソコンや周辺機器をLANケーブルや無線LAN（Wi-Fi）などで接続し、データをやり取りできる状態にした範囲のこと。パソコンをネットワークに接続した場合、そのパソコンが利用できる範囲は格段に広がる。
→LAN、インターネット、周辺機器、ハブ

は

ハードディスク

パソコンに搭載されているデータ記憶装置（ストレージ）の一種。高速回転する円盤に磁気を利用して、情報を記録したり、記録された情報を読み取ったりする。
→SSD

背景

デスクトップのウィンドウやアイコンの奥に表示される画像、または指定する色。背景に使う画像を「壁紙」と呼ぶこともある。Windowsでは複数の画像を指定し、一定の間隔で切り替えることができる。
→アイコン

パス

ストレージに含まれているファイルがどのドライブのどのフォルダー階層にあるのかを表す文字列のこと。英語では「Path」と表記する。
→ドライブ、ファイル、フォルダー

パスワード

インターネットのサービスやWindows搭載のパソコンなどを利用するとき、利用者が本人かどうかを確認するための合言葉のこと。パスワード単体で使われることは少なく、ユーザー名など利用者を識別する名称とともに使われる。
→PIN

バックアップ

パソコン上のデータや設定などをほかの記憶媒体に複製して、多重化すること。データや設定が故障や操作ミスなどで失われた場合にバックアップから復元できる。

ハブ

いくつかの装置を接続するための機器のこと。ネットワークの中心で相互にネットワークを接続する機器をハブと呼ぶ。ハブ（Hub）は車輪などの中心部という意味。
→ネットワーク

パブリックネットワーク

Windowsファイアウォールのプロファイルを切り替えるためのカテゴリの1つ。外部からの通信を標準で遮断することで、ほかのパソコンからも見られないようにする。Windows 11では外出先だけでなく、自宅でもパブリックネットワークの利用が推奨される。
→ネットワーク、プライベートネットワーク

貼り付け

ソフトウェアやファイルなどの基本操作の1つ。選択した文字列やファイルをコピーすると、コピーされた内容はクリップボードと呼ばれる場所にいったん保存される。貼り付けを実行すると、コピーしたデータをその場所に貼り付けられる。
→クリップボード、コピー、ファイル

光回線
光ファイバーによる高速インターネット接続サービスのこと。「FTTH」（Fiber To The Home）とも呼ばれる。
→インターネット

ビデオ会議
映像や音声をインターネット経由でやり取りすることで、離れた場所にいる人とオンラインで会議ができるようにする機能のこと。TeamsやZoomなど、さまざまなアプリで利用できる。
→Teams

標準ユーザー
機能が制限されたユーザーのこと。管理者と異なり、システムの設定を変更できないほか、アプリのインストールなども実行できない。
→アプリ、インストール、管理者

ピンチ
タッチ操作の1つ。2本の指を同時にタッチして、その指を狭めるように内側に移動させる操作のこと。表示を縮小するときなどに使う。
→ストレッチ

ピン留め済み
スターメニューの表示項目の1つ。スタートメニュー上に常に表示される状態で固定されているアプリのこと。よく使うアプリを固定しておくと便利。
→スタートメニュー

ファイアウォール
パソコンとネットワークの通信を監視し、不正アクセスを防止する機能。インターネットを介して通信するアプリを起動したとき、ファイアウォールの機能によって、[Windowsセキュリティの重要な警告] ダイアログボックスが表示されることがある。
→アプリ、インターネット、ダイアログボックス、ネットワーク、不正アクセス

ファイル
ストレージに保存されたひとまとまりのデータのこと。Windowsでは「ファイル」が「アイコン」として表示される。
→アイコン、ストレージ、ファイル

ファイル履歴
[ドキュメント] や [ピクチャ]、[画像] など、ユーザーのファイルをバックアップするための機能。ファイル履歴を使うと、一定時間ごとにユーザーのファイルが自動的にバックアップされる。そのため、間違って削除したファイルを復活できるだけでなく、間違って修正したファイルを元に戻すこともできる。
→バックアップ、ファイル

ファミリーセーフティ
保護者のMicrosoftアカウントに子どものアカウントを関連付け、利用できる時間や閲覧できるWebページに制限を設定したり、子どもの利用状況のレポートを確認したりできる機能。
→家族のアカウント

フィッシング
「fishing」ではなく、「phishing」とつづる。悪意のある第三者が金融機関や企業を装ったメールを送り、本物ではない偽のWebページに誘い込んでクレジットカード番号や銀行口座などの個人情報を盗み出す詐欺の手法。

フォーマット
ハードディスクやSSD、USBメモリーなどの内容をすべて消去して、初期状態に戻すこと。ファイルやドライブ、データや様式、書式などを指すこともある。ワープロなどでは「書式」と同じ意味で使うこともある。
→SSD、ドライブ、ハードディスク、ファイル

フォルダー
複数のファイルをまとめて整理し、保存するしくみのこと。ファイルが「書類」だとすると、フォルダーは「書類ケース」にたとえられる。フォルダーは階層構造になっていて、フォルダーの中にさらに新しいフォルダーを作れる。
→ドライブ、ハードディスク、ファイル

復元
バックアップしておいたデータをパソコンに戻すこと。
→バックアップ

復元ファイル
システムの設定を元に戻せるようにするために、パソコンが自動で保存するファイルのこと。削除すると、システムの復元を利用できなくなったり、戻せるポイントが制限されたりする。
→システムの復元、ファイル

復元ポイント
アプリのインストール前やパソコンのシステムが変更される直前に保存される状態のこと。システムに何らかのトラブルが発生して、以前の状態に戻したいときなどに利用する。
→アプリ、インストール

不正アクセス
所有者の許可なく、不正にデータやアカウントを操作する行為のこと。

プライベートネットワーク
Windowsファイアウォールのプロファイルを切り替えるためのカテゴリの1つ。自分のパソコンにあるデータを共有し、他のパソコンからアクセスできるようにしたいときなどに選択する。
→ネットワーク、パブリックネットワーク

フリーソフト
インターネットで自由にダウンロードできるソフトウェア（オンラインソフト）のうち、無料で使えるもの。
→オンラインソフト、ダウンロード

プリンター
パソコンのデータを用紙やCD-Rのラベル面などに記録する周辺機器のこと。パソコンからUSBケーブルなどで転送したデータをインクなどで用紙に記録できる。
→インクジェットプリンター、レーザープリンター

プレビューウィンドウ
エクスプローラーの右側に表示される領域。[表示] タブの [プレビューウィンドウ] ボタンをクリックすると、テキストファイルや画像ファイルを開かなくても内容を確認できる。

ブログ
時系列に書かれた日記のようなWebページのこと。その記事に対して、ほかのユーザーが自由にコメントを書いたり、ブログ同士で簡単に相互に情報を共有（相互リンク）したりできる。

プログラム
コンピューターがどのような命令で動けばいいのかを示した指示書のようなもの。すべてのアプリやOSは、プログラムである。
→OS、アプリ

プロセッサ
入力されたデータを一定のルールに従って、変換したり、演算したり、加工したりするための装置のこと。一般的には、パソコンの処理の中心を担うCPUのことを指す。
→CPU

プロトコル
パソコンが他のコンピュータや機器と通信するための手順のこと。メールアプリはSMTPやIMAPという規格を利用してメールサーバーにメールを送信したり、受信したりする。
→サーバー、メール

プロバイダー
インターネット接続サービスを提供する会社のこと。プロバイダーと契約し、接続に必要なアカウントの発行を受けることで、インターネットに接続できるようになる。
→アカウント、インターネット、プロバイダー

プロパティ
プロパティ（Property）は「性質」や「特性」という意味。パソコンではファイルやフォルダーなどの特性などを表す情報のこと。たとえば、「ファイルのプロパティ」ではファイルの種類や保存場所、サイズなどの情報が表示される。
→ファイル

プロファイル
Microsoft Edgeにサインインしているユーザーの設定のこと。Microsoft Edgeではユーザーごとにプロファイルを作成して、プロファイル単位で履歴やお気に入り、パスワードなどを保存する。複数のユーザーを作成して切り替えることもできる。
→Microsoft Edge、お気に入り、パスワード

ホームページ
Webブラウザーで閲覧できる情報のこと。「Webページ」とも呼ばれる。元々はWebブラウザーに最初に表示されるページを示す言葉だったが、ページのもっとも上位にあるページを示す「トップページ」と混用されたのち、現在の意味に転じた。
→Webブラウザー

ポインティングデバイス
マウスやタッチパッドなどのような機器の総称。画面上のマウスポインターを移動させるために利用する。
→マウス、マウスポインター

ま

マウス
パソコンの入力装置の1つで、Windowsを操作するために使う。マウスを動かすと、画面に表示されたマウスポインターも同様に動き、ボタンを押すことで、Windowsやアプリにさまざまな指示ができる。
→アプリ、マウスポインター

マウスポインター
マウスを動かすと、それに同期して動く画面のシンボル。通常は白い矢印が表示される。
→マウス

マルウェア
パソコンに有害な影響を与える目的で作成された悪意のあるソフトウェアやアプリのこと。パソコンがマルウェアに感染すると、正常に動作しなくなったり、保存されているデータやパスワードなどの個人情報がインターネットに流出したりする可能性がある。
→ウイルス、スパイウェア

右クリック
マウスの右側にあるボタンを一度、押して、離す操作のこと。通常、ショートカットメニューが表示される。対象となる項目の機能を呼び出したり、何か操作をしたりするときに利用する。
→コンテクストメニュー、マウス

無線LAN（ムセンラン）
ケーブルを使わずに、電波を使って通信するLANのこと。Wi-Fi、ワイヤレスLANと呼ばれることもある。
→LAN、Wi-Fi

メール
パソコンで書いた電子的な手紙をインターネットを使って配信するしくみのこと。Eメールや電子メールと呼ばれることもある。
→Webメール、インターネット

メールアドレス
インターネットでメールをやり取りするときに使うアドレス（宛先）のこと。宛先のメールアドレスが間違っていると、相手にメールは届かない。

メールサーバー
メールの送信や受信などの機能を提供するインターネット上のサーバーのこと。受信サーバー（POPサーバーやIMAPサーバー）、送信サーバー（SMTPサーバー）など、機能ごとに用意されることもある。
→インターネット、サーバー、メール

迷惑メール
広告メールなど、不特定多数に送信されるメールのこと。スパムメールと呼ばれることもある。
→メール

メディアプレーヤー
オーディオファイルや動画ファイルを再生するためのWindows標準アプリ。

メニュー
マウスでクリックしたときなどに表示される操作可能な項目を表わすウィンドウのこと。
→ウィンドウ、マウス

メモ帳
Windowsに標準で付属しているテキストエディターのこと。テキストファイルを読み込んで編集できる。

メモリー
パソコンのデータを一時的に記憶しておくための部品や領域のこと。Windowsそのものの実行やアプリの状態を記憶するために使われる。
→アプリ

メモリーカード
デジタルカメラなどで、撮影した画像を記録するために使う小型の記憶媒体。
→SDカード、デジタルカメラ

モード
スタートメニューやウィンドウの背景色を設定するモードのことで､明るい色調の［ライト］や暗い色調の［ダーク］などを選択できる。
→ウィンドウ、スタートメニュー

文字コード
コンピューターで文字を扱うために定めた規格のこと。日本語を扱うことができる文字コードには「JIS」「シフトJIS」「EUC-JP」「Unicode」などがある。

文字化け
Webブラウザーやメールソフトで、特定の文字が正しく表示されない状態のこと。
→Webブラウザー、メール

や

夜間モード
画面の明るさを自動的に調整するモードのこと。目に優しい色調にすることで、夜間にパソコンを利用する場合でも眠りを妨げるような刺激を軽減する「夜間モード」と呼ばれる。夜間モードを有効にすると、画面全体が本来の色味で表示されず、青色の成分が少ない暖かめの色で表示される。

ユーザーアカウント
パソコンのユーザーを識別するためのIDとパスワードのこと。WindowsではおもにMicrosoftアカウントをユーザーアカウントとして利用する。ユーザーアカウントはそのパソコンに対して実行できる権限により、管理者と標準ユーザーに区別される。
→アカウント、管理者、標準ユーザー

ユーザーアカウント制御
UAC（User Account Control）とも呼ばれる。パソコンのシステムに変更が加えられる操作を実行した場合などに［ユーザーアカウント制御］ダイアログボックスが表示される。
→ダイアログボックス

ユーザーインターフェース
パソコンと利用者がやり取りするための方法や表示形式のこと。ウィンドウに配置されたボタンやウィザード、ダイアログボックスなどがユーザーインターフェースの一部。利用者はユーザーインターフェースに沿って、パソコンを操作する。
→ウィンドウ、ダイアログボックス

よく使うもの
タスクバーにあるエクスプローラーのアイコンを右クリックしたときに表示されるジャンプリスト内の項目。頻繁にアクセスするフォルダーなどが表示される。
→エクスプローラー、ジャンプリスト、タスクバー

ら

ライセンスキー
ソフトウェアをインストールするために必要な一連の英数字のこと。シリアルキーと呼ばれることもある。ライセンスキーがないと、ある期間で使えなくなるソフトウェアもある。
→インストール

リカバリー
パソコンを購入したときと同じ状態にする操作のこと。リカバリーを実行すると、ストレージがフォーマットされ、それまでにあったデータやアプリはすべて消えてしまう。
→アプリ、ストレージ、フォーマット

リボン
Officeやワードパッドなどのアプリに表示される画面上部の領域のこと。用途に合わせてタブが表示され、状況に応じた操作項目がリボンに表示されるため、適切な操作を選ぶことができる。
→アプリ、ウィンドウ、ワードパッド

履歴
Webブラウザーに記録される過去に表示したWebページの情報のこと。WebページのタイトルとURLなどが記録される。履歴の一覧から選ぶだけで、もう一度、Webページを表示できる。
→URL

リンク
Webブラウザーに表示されるほかのWebページへジャンプするための目印。リンクが設定されている文字列や画像をクリックすると、そこに設定されているリンク先のWebページを表示できる。
→Webブラウザー

ルーター
ネットワーク間を接続するハードウェア。1つのネットワークにルーターを組み合わせることで、複数台のパソコンをインターネットに一度に接続できる。Wi-Fiの親機として利用できる機種もある。
→Wi-Fi、ネットワーク

レーザープリンター
プリンターの印刷方式の1つ。コピー機と同じように、トナーを用紙に転写して、印刷する方式のプリンター。高速に印刷できるため、ビジネス用途に向いている。

ローカルアカウント
Windows内のみで管理されるユーザーアカウントのこと。Microsoftアカウントに関連付けされていない個々のパソコンで動作する従来のWindowsにおけるユーザー名とパスワードに該当する。Microsoftアカウントと紐づけされるマイクロソフトのサービスを利用できないなど、Windowsの一部機能の利用に制限がある。
→Microsoftアカウント

ローマ字入力
キーボードからかなを入力するときの方式の1つ。キーボードで「DEKIRU」とローマ字を入力すると、該当する「できる」というかなが入力できる。
→かな入力

ロック
Windowsの画面を切り替え、操作できない状態にすること。あらかじめパスワードやPINを設定しているときは、それらを入力して、ロックを解除する。これによって第三者にパソコンを不正利用される可能性が低くなる。
→PIN、パスワード

ロック画面
パソコンが不正に利用されるのを防ぐための画面。パソコンをロックすることが目的なので「ロック画面」と呼ばれる。ロック画面はWindowsの起動直後やユーザーがサインアウトしたときに表示される。
→サインアウト

ロビー
Teamsでビデオ会議をするときに、ユーザーが待機するエリアのこと。ロビーに待機しているユーザーを会議の主催者が承認することで、ユーザーがビデオ会議に参加できる。
→Teams

わ

ワードパッド
Windowsに標準で搭載されているワープロアプリ。デスクトップで動作し、文書の作成だけでなく、Wordで作成された文書を表示することができる。日本語以外の多くの言語の文書も表示できる。
→アプリ、デスクトップ

索引

た

な

は

ま

や

ら

本書を読み終えた方へ

できるシリーズのご案内

※1：当社調べ　※2：大手書店チェーン調べ

パソコン関連書籍

できるExcel 2021

Office2021 & Microsoft 365両対応

羽毛田睦土＆
できるシリーズ編集部
定価：1,298円
（本体1,180円+税10%）

表計算の基本から、関数を使った作業効率アップ、データ集計の方法まで仕事に役立つExcelの使い方がわかる！ すぐに使える練習用ファイル付き。

できるWord 2021

Office2021 & Microsoft 365両対応

田中亘＆
できるシリーズ編集部
定価：1,298円
（本体1,180円+税10%）

文書作成の基本から、見栄えのするデザイン、マクロを使った効率化までWordのすべてが1冊でわかる！ すぐに使える練習用ファイル付き。

できるPowerPoint 2021

Office2021 & Microsoft 365両対応

井上香緒里＆
できるシリーズ編集部
定価：1,298円
（本体1,180円+税10%）

PowerPointの基本操作から作業を効率化するテクニックまで、役立つノウハウが満載。この1冊でプレゼン資料の作成に必要な知識がしっかり身に付く！

読者アンケートにご協力ください！

https://book.impress.co.jp/books/1122101145

「できるシリーズ」では皆さまのご意見、ご感想を今後の企画に生かしていきたいと考えています。
お手数ですが以下の方法で読者アンケートにご協力ください。
ご協力いただいた方には抽選で毎月プレゼントをお送りします！

※プレゼントの内容については「CLUB Impress」のWebサイト（https://book.impress.co.jp/）をご確認ください。

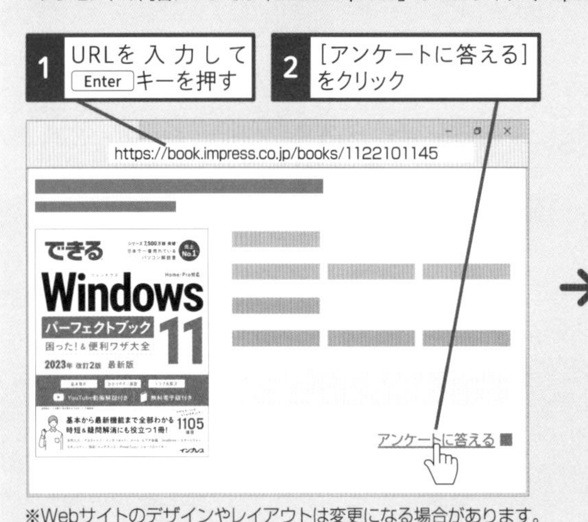

※Webサイトのデザインやレイアウトは変更になる場合があります。

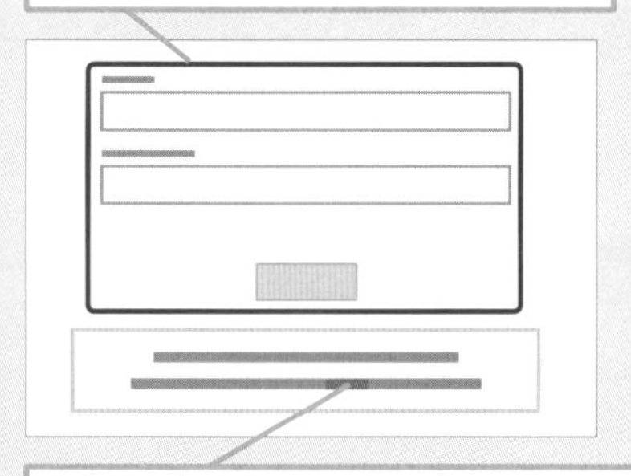

◆会員登録がお済みの方
会員IDと会員パスワードを入力して、［ログインする］をクリックする

◆会員登録をされていない方
［こちら］をクリックして会員規約に同意してからメールアドレスや希望のパスワードを入力し、登録確認メールのURLをクリックする

■著者

法林岳之（ほうりん　たかゆき）info@hourin.com

1963年神奈川県出身。パソコンのビギナー向け解説記事からハードウェアのレビューまで、幅広いジャンルを手がけるフリーランスライター。特に、スマートフォンや携帯電話、モバイル、ブロードバンドなどの通信関連の記事を数多く執筆。「ケータイWatch」（インプレス）などのWeb媒体で連載するほか、ImpressWatch Videoでは動画コンテンツ「法林岳之のケータイしようぜ!!」も配信中。主な著書に『できるWindows 11 2023年 改訂2版』『できるZoom ビデオ会議やオンライン授業、ウェビナーが使いこなせる本 最新改訂版』『できるChromebook 新しいGoogleのパソコンを使いこなす本』『できるはんこレス入門PDFと電子署名の基本が身に付く本』『できるテレワーク入門 在宅勤務の基本が身に付く本』『できるゼロからはじめるパソコン超入門 ウィンドウズ11対応』『できるfitドコモのiPhone14/Plus/Pro/Pro Max 基本＋活用ワザ』『できるfit auのiPhone14/Plus/Pro/Pro Max 基本＋活用ワザ』『できるfit ソフトバンクのiPhone 14/Plus/Pro/Pro Max 基本＋活用ワザ』『できるゼロからはじめる Androidスマートフォン超入門 改訂3版』（共著）（インプレス）などがある。

URL：http://www.hourin.com/takayuki/

一ヶ谷兼乃（いちがや　けんの）ikenno@kanoya.net

1963年鹿児島県出身。ITアドバイザー。1970年代から常に最新のコンピューターに触れ、単にエキスパートの視点からでなく、1ユーザーとしての立場からのモノの見方を大切にした内容を心がけている。PC本体からサーバー、ネットワーク、クラウド、セキュリティなどが専門分野。主な著書に『できるWindows 11 2023年 改訂2版』（インプレス）などがある。

清水理史（しみず　まさし）shimizu@shimiz.org

1971年東京都出身のフリーライター。雑誌やWeb媒体を中心にOSやネットワーク、ブロードバンド関連の記事を数多く執筆。「INTERNET Watch」にて「イニシャルB」を連載中。主な著書に『できるWindows 11 2023年 改訂2版』『できるZoom ビデオ会議やオンライン授業、ウェビナーが使いこなせる本 最新改訂版』『できるChromebook 新しいGoogleのパソコンを使いこなす本』『できるはんこレス入門PDFと電子署名の基本が身に付く本』『できる 超快適Windows 10パソコン作業がグングンはかどる本』『できるテレワーク入門在宅勤務の基本が身に付く本』などがある。

原著作者　広野忠敏

STAFF

シリーズロゴデザイン　山岡デザイン事務所<yamaoka@mail.yama.co.jp>
カバー・本文デザイン　伊藤忠インタラクティブ株式会社
カバーイラスト　こつじゆい
本文イラスト　松原ふみこ・福地祐子
DTP制作　町田有美
校正　トップスタジオ

編集制作　高木大地

デザイン制作室　今津幸弘<imazu@impress.co.jp>
　鈴木　薫<suzu-kao@impress.co.jp>
制作担当デスク　柏倉真理子<kasiwa-m@impress.co.jp>

編集　小野孝行<ono-t@impress.co.jp>
編集長　藤原泰之<fujiwara@impress.co.jp>

■商品に関する問い合わせ先

このたびは弊社商品をご購入いただきありがとうございます。本書の内容などに関するお問い合わせは、下記のURLまたは二次元バーコードにある問い合わせフォームからお送りください。

https://book.impress.co.jp/info/

上記フォームがご利用いただけない場合のメールでの問い合わせ先

info@impress.co.jp

※お問い合わせの際は、書名、ISBN、お名前、お電話番号、メールアドレス に加えて、「該当するページ」と「具体的なご質問内容」「お使いの動作環境」を必ずご明記ください。なお、本書の範囲を超えるご質問にはお答えできないのでご了承ください。

- ●電話やFAXでのご質問には対応しておりません。また、封書でのお問い合わせは回答までに日数をいただく場合があります。あらかじめご了承ください。
- ●インプレスブックスの本書情報ページ https://book.impress.co.jp/books/1122101145 では、本書のサポート情報や正誤表・訂正情報などを提供しています。あわせてご確認ください。
- ●本書の奥付に記載されている初版発行日から1年が経過した場合、もしくは本書で紹介している製品やサービスについて提供会社によるサポートが終了した場合はご質問にお答えできない場合があります。

■落丁・乱丁本などの問い合わせ先

FAX 03-6837-5023

service@impress.co.jp

※古書店で購入された商品はお取り替えできません。

できるWindows(ウィンドウズ) 11(イレブン) パーフェクトブック 困(こま)った！ &(アンド) 便利(べんり)ワザ大全(たいぜん) 2023年(ねん) 改訂(かいてい)2版(はん)

2023年3月11日 初版発行

著 者 法林岳之(ほうりんたかゆき)・一ヶ谷兼乃(いちがやけんの)・清水理史(しみずまさし) &(アンド) できるシリーズ編集部(へんしゅうぶ)

発行人 小川 亨

編集人 高橋隆志

発行所 株式会社インプレス
〒101-0051 東京都千代田区神田神保町一丁目105番地
ホームページ https://book.impress.co.jp/

印刷所 株式会社広済堂ネクスト

ISBN978-4-295-01602-1 C3055

Printed in Japan